科学出版社"十四五"普通高等教育本科规划教材

海洋微生物学

（第三版）

张晓华 等 编著

中国海洋大学教材建设基金资助

科 学 出 版 社

北 京

内 容 简 介

本书主要由中国海洋大学从事海洋微生物学研究的相关人员结合自身教学与科研实践并参考国内外最新文献编写而成。全书共分为15章，包括海洋微生物学概论、海洋原核生物的结构及特性、海洋细菌、海洋古菌、海洋真核微生物、海洋病毒、海洋极端环境中的微生物、海洋微生物在生态系统中的作用、海洋环境中活的非可培养状态细菌、鱼类的微生物病害及防治、海洋微生物的开发利用、海洋微生物的采样技术、海洋微生物的分离培养与保藏技术、海洋细菌的分类与鉴定技术、海洋环境微生物的检测技术。本书内容丰富、层次分明、图文并茂、实用性强，力求从个体和群体水平上阐述海洋微生物学的基本规律，突出该学科的重点、难点和生长点。

本书适合作为高等院校海洋生物学、水产学、海洋学、海洋环境学、海洋生态学、海洋化学、海洋地质学、海洋药物学等相关专业本科生和研究生的教材，也可供相关专业研究人员参考。

图书在版编目（CIP）数据

海洋微生物学/张晓华等编著. —3 版. —北京：科学出版社，2024.6
（科学出版社"十四五"普通高等教育本科规划教材）
ISBN 978-7-03-076551-2

Ⅰ.①海…　Ⅱ.①张…　Ⅲ.①海洋微生物–高等学校–教材　Ⅳ.①Q939

中国国家版本馆 CIP 数据核字（2023）第 188701 号

责任编辑：岳漫宇　尚　册 / 责任校对：宁辉彩
责任印制：肖　兴 / 封面设计：刘新新

科学出版社 出版
北京东黄城根北街 16 号
邮政编码：100717
http://www.sciencep.com
北京建宏印刷有限公司印刷
科学出版社发行　各地新华书店经销
*
2009 年 1 月第 一 版于青岛大学出版社出版
2016 年 8 月第 二 版
2024 年 6 月第 三 版　开本：787×1092 1/16
2024 年 6 月第二十九次印刷　印张：32 1/2
字数：771 000
定价：258.00 元
（如有印装质量问题，我社负责调换）

《海洋微生物学》（第三版）
编写委员会

主要编著者： 张晓华

其他编著者（按作者贡献度排序）：

刘吉文	于　敏	战渊超	史晓翀	莫照兰	张蕴慧
王晓磊	杨世民	李　伟	高　凤	于淑贤	李　静
张钰琳	何新新	王金燕	冉凌蔓	刘荣华	翟欣奕
顾冰玉	薛春旭	朱晓雨	陈　星		

第三版前言

《海洋微生物学》（第二版）于 2016 年由科学出版社出版，目前已成为三十余所涉海高等院校的海洋微生物学教材。本书是这本教材的最新版。海洋微生物学是一门发展极为迅速的前沿学科，也是现代海洋科学最重要的研究领域之一。近些年来，新方法和新技术在海洋科学中的应用，进一步推动了海洋微生物学的迅速发展，中国学者也在其中作出了重要贡献。为了紧跟海洋微生物学快速发展的步伐，有必要对原有教材进行修订和完善。经过六年多持续不断地修订，《海洋微生物学》（第三版）终于面世。

《海洋微生物学》（第三版）在第二版的基础上，主要在以下几个方面进行了修订。

（1）更新内容。对所有章节的内容进行了全面梳理和提升，新版教材由第二版的 16 章精简为 15 章。同时，参考国内外最新文献和书籍并结合编著者团队的教学经验与研究成果对章节内容进行了大幅度更新，融入了海洋微生物学领域的前沿技术和最新成果。多数章节的更新内容达 40%以上。

（2）增改图片。图片由原来的 176 幅增加到 206 幅（包括黑白图片 61 幅和彩色图片 145 幅），使教材更加生动、有趣，利于读者对实验过程和现象的理解。增加的图片多为作者原创，如绘制了海洋微生物学的发展历程简图，并对原来的许多图片进行了修订。

（3）突出知识点和概念。对教材中的知识点和概念进行了梳理与归纳，使知识点更加突出、概念更加严谨，便于学生掌握。

（4）标准化微生物中文译名。原核微生物的中文名称（个别名称例外）已按照中国典型培养物保藏中心"原核微生物名称翻译及分类查询"网站（2023 年 11 月）订正。

（5）提高可读性。结合作者、审阅者、海洋微生物学的初学者等多个层面的意见，对教材的语言反复锤炼，力求简明扼要、通俗易懂，增加可读性。

（6）提高内容的准确性。根据各章节涉及的不同研究领域，共聘请 30 位不同研究领域的海洋微生物学专家对教材内容进行逐章审阅，每章由 2 位专家严格把关，提高内容的准确性。

全书共分为 15 章，第 1 章为海洋微生物学概论；第 2～6 章介绍海洋微生物的形态、结构及生物学特性，包括海洋细菌、海洋古菌、海洋真核微生物和海洋病毒；第 7 章介绍海洋极端环境中的微生物；第 8 章介绍海洋微生物在生态系统中的作用；第 9 章介绍海洋环境中活的非可培养状态细菌；第 10 章介绍鱼类的微生物病害及防治；第 11 章介绍海洋微生物的开发利用；第 12～15 章介绍海洋微生物的研究技术，包括海洋微生物的采样技术、海洋微生物的分离培养与保藏技术、海洋细菌的分类与鉴定技术，以及海洋环境微生物的检测技术。

本书初稿完成后，承蒙中国科学院海洋研究所肖天研究员（第 1 章）、自然资源部第三海洋研究所邵宗泽研究员（第 1 章）、山东大学陈冠军教授（第 2 章）、山东大学张熙颖教授（第 2 章）、自然资源部第二海洋研究所许学伟研究员（第 3 章）、山东大学杜宗军教授（第 3 章）、上海交通大学王风平教授（第 4 章）、深圳大学李猛教授（第 4 章）、中国地质大学孙军教授（第 5 章）、自然资源部第三海洋研究所骆祝华研究员（第 5 章）、中国海洋大学汪岷教授（第 6 章）、厦门大学张锐教授（第 6 章）、上海交通大学张宇研究员（第 7 章）、自然资源部第一海洋研究所曲凌云研究员（第 7 章）、厦门大学张瑶教授（第 8 章）、厦门大学汤凯教授（第 8 章）、兰州理工大学陈吉祥教授（第 9 章）、浙江师范大学苏晓梅副教授（第 9 章）、中国水产科学院黄海水产研究所史成银研究员（第 10 章）、中国水产科学院南海水产研究所冯娟研究员（第 10 章）、中国海洋大学牟海津教授（第 11 章）、中国水产科学院黄海水产研究所李秋芬研究员（第 11 章）、中国极地研究中心俞勇副研究员（第 12 章）、清华大学深圳国际研究生院王勇教授（第 12 章）、中山大学李文均教授（第 13 章）、中国科学院海洋研究所孙超岷研究员（第 13 章）、自然资源部第三海洋研究所赖其良副研究员（第 14 章）、山东大学穆大帅副教授（第 14 章）、宁波大学张德民教授（第 15 章）、上海海洋大学刘如龙副教授（第 15 章）给予审阅；在编写过程中还得到了国内外许多同仁的热心帮助，在此谨致谢忱。

本书的部分研究内容和成果得到国家自然科学基金项目（92251303、91751202 和 41730530）、国家重点研发计划政府间国际科技创新合作重点专项（2018YFE0124100）与中央高校基本科研业务费专项（202172002）的资助，本书的出版还获得中国海洋大学教材建设基金的资助，在此一并表示诚挚的感谢。

近些年来，海洋微生物学发展非常迅速，新知识、新技术和新方法不断涌现，所涉及的内容与多个涉海学科存在交叉。囿于编著者知识水平，书中难免有不当之处，恳请读者提出宝贵意见。

编著者谨识

2023 年 11 月

第二版前言

本书是《海洋微生物学》（2007 年）的新版。作为"十一五"国家重点规划图书，该书的第一版得到了广大同行和青年学生的厚爱，已成为广大高等院校和科研院所的首本海洋微生物学教材。目前，海洋微生物学已成为现代科学最重要的领域之一。近些年来，新方法和新技术在海洋领域的应用，进一步推动了海洋微生物学科的迅速发展。为了紧随海洋微生物学快速发展的步伐，有必要对原有教材进行修订和提高。自《海洋微生物学》第一版出版以来，作者就开始对其中的内容进行更新和订正。经过 8 年多持续不断地修订，终于迎来了《海洋微生物学》第二版的面世。

《海洋微生物学》第二版在第一版的基础上，吸取各方面意见，主要在以下几个方面进行了修订。

（1）更新内容。海洋微生物学是一门发展极为迅速的前沿学科。第二版除新增了"第 7 章 深海和极地海洋微生物"和"第 16 章 现代生物技术在海洋微生物研究中的应用"两个章节外，还参考国内外最新文献和书籍并结合科研团队的研究成果对其他 14 个章节的内容进行了大幅度更新，增加了海洋微生物学领域的前沿技术和最新研究成果。

（2）增加插图和复习题。黑白图片和彩色图片分别由原来的 55 幅和 14 幅，增加到 104 幅和 72 幅，利于读者对许多典型实验现象的理解，使课本更加生动、有趣。此外，每一章之后增加了复习题，便于学生对所学内容进行复习巩固。

（3）增强实践性。本书增加了实验操作内容，如"第 14 章 海洋微生物的分离与培养技术"增加了海洋微生物分离培养的新方法及详细步骤，"第 15 章 海洋细菌的分类与鉴定技术"全面阐明了海洋新菌分类和鉴定的详细过程及基本步骤。

（4）突出概念并提高可读性。针对在第一版教材使用过程中学生提出的建议，对教材中的概念进行了理顺，使概念更加突出。此外，书中语言也从作者、审阅者、海洋微生物的初学者多个层面反复锤炼修改，力求增加可读性。

（5）专家逐章审阅。由于本教材为综合性教材，而每位专家所熟悉的领域不同，因此编者聘请各个研究方向的专家对书写内容逐章审阅，严格把关。

全书共分 16 章，第 1 章为海洋微生物学概论；第 2～6 章讲述海洋微生物的形态、结构及生物学特性，包括海洋细菌、海洋古菌、海洋真核微生物和海洋病毒；第 7 章讲述深海和极地海洋微生物；第 8 章讲述海洋微生物在海洋生态系统中的作用；第 9 章讲述海洋环境中活的非可培养状态细菌；第 10 章讲述鱼类的微生物病害；第 11 章讲述海洋微生物的开发利用；第 12～16 章讲述海洋微生物的研究技术，包括海洋微生物的采样技术、海洋微生物的多样性研究技术、海洋微生物的分离与培养技术、海洋细菌的分类与鉴定技术，以及现代生物技术在海洋微生物研究中的应用。

本书初稿完成后，承蒙潍坊医学院赵乃昕教授（第 1 章、第 3 章、第 15 章）、中国科学院海洋研究所肖天研究员（第 2 章、第 8 章）、国家海洋局第三海洋研究所邵宗泽研究员（第 3 章）、国家海洋局第二海洋研究所许学伟研究员（第 3 章、第 12 章、第 15 章）、上海交通大学王风平教授（第 4 章）、上海同济大学张传伦教授（第 4 章）、天津科技大学孙军教授（第 5 章）、台湾海洋大学彭家礼教授（第 5 章）、中国海洋大学姜勇副教授（第 5 章）、中国海洋大学汪岷教授（第 6 章）、中国水产科学院黄海水产研究所史成银研究员（第 6 章）、中国水产科学院黄海水产研究所梁艳副研究员（第 6 章）、中国极地研究中心俞勇副研究员（第 7 章）、厦门大学张瑶教授（第 8 章）、兰州理工大学陈吉祥教授（第 9 章）、中国水产科学院黄海水产研究所莫照兰研究员（第 10 章）、中国海洋大学牟海津教授（第 11 章）、国家海洋局第一海洋研究所曲凌云研究员（第 11 章）、中国水产科学院黄海水产研究所李秋芬研究员（第 13 章）、山东大学威海分校杜宗军教授（第 14 章）、山东大学张熙颖副教授（第 14 章）、国家海洋局第三海洋研究所赖其良副研究员（第 15 章）、宁波大学张德民教授（第 16 章）给予审阅；在编写过程中还得到了国内外许多同仁的热心帮助，对他们的热心帮助深表谢意。

　　本书的部分研究内容和成果得到国家自然科学基金项目（30771656、40876067、30831160512、41276141、41476112 和 41221004）、科技部国际科技合作重点项目（2012DFG31990）、国家 863 计划项目（2012AA092103）、国家 973 计划项目（2013CB429700）和中国大洋协会国际海域资源调查与开发项目（DY125-15-R-03）的资助，本书的出版还获得中国海洋大学教材出版基金的资助，编者在此一并表示诚挚的感谢。

　　近些年来，海洋微生物学发展非常迅速，新知识、新技术和新方法不断出现，所涉及的内容存在多学科交叉问题。限于我们的知识和水平，书中不当之处在所难免，恳请读者和同行专家提出宝贵意见。

编者谨识
2015 年 12 月

第一版前言

海洋微生物学是近几十年来发展最快的新兴学科之一。虽然 1838 年就发现海洋细菌的存在，但是由于科研手段的局限性，较长时期人们对海洋微生物存在的本质及其在世界大洋水团内物质循环中的重要性缺乏认识，甚至曾有人质疑高盐高静水压的海洋环境中会有细菌存在。随着现代科学技术的快速发展，各种探索海洋奥秘的大洋计划在经济发达国家相继启动，与海洋相关的研究已成为国际上关注的热点。在海洋环境中，海洋微生物以其在海洋中存在的特殊地位和作用，引起众多海洋相关学科学者的重视，已逐渐成为海洋科学研究中多学科的重要交叉点。海洋微生物学在这样的背景下得以快速发展，国内外从事海洋微生物学研究的队伍不断壮大，而且研究人员不再仅仅局限于生命和水产学科，其他如地质、化学、环境、生态、海洋、石油化工以及医药等相关学科的人员也涉足海洋微生物学的研究领域。近年来在此领域有大量的研究成果、方法相继报道，相关研究文献层出不穷，特别是对深海极端微生物的深入研究，大大地推动了海洋微生物学科的发展。现在，海洋微生物学已成为微生物学中一门极具生命力的分支与交叉学科。

20 世纪 80 年代以前，主要以培养法从表型水平研究海洋微生物，学科发展较慢，具有影响力的海洋微生物学专著也较少，主要有美国 C.E. ZoBell 编著的 *Marine Microbiology*（1946）；苏联学者 A.E. 克里斯编著的《海洋微生物学——深海》（1959，有中译本）；日本多贺信夫编写的《海洋微生物学》（1974）；R.R. Colwell 编写的 *Marine and Estuarine Microbiology Laboratory Manual*（1975）。此后，对海洋微生物的研究逐渐转入基因水平及分子生物学时期，有影响力的专著明显增多。主要有 R.R. Colwell 编写的 *Biotechnology in the Marine Sciences*（1984）；Brian Austin 编著的 *Marine Microbiology*（1987）；R.R. Colwell 和 D.J. Grimes 编写的 *Nonculturable Microorganisms in the Environment*（2000）；John Paul 编写的 *Marine Microbiology: Methods in Microbiology*（2001）以及 C.B. Munn 编著的 *Marine Microbiology: Ecology & Applications*（2003）。

我国海洋微生物学的研究开创于 20 世纪 60 年代前后，中国海洋大学（原山东海洋学院）在我国海洋微生物学发展史上占有重要地位，时任副教务长的薛廷耀教授是我国海洋微生物学的开创先师。他先是在中国科学院海洋研究所建立起海洋微生物研究室并兼任室主任，研究人员有孙国玉、丁美丽及陈骉，最早研究的是海洋小球菌及硫杆菌。随后，他在山东海洋学院海洋生物系建立了微生物实验室并主持教学和科研工作，助教人员为纪伟尚和徐怀恕，最先研究的是海洋发光细菌和铁细菌。他于 1962 年编译出版的《海洋细菌学》，是我国迄今仅有的一本系统阐述海洋微生物基础知识的论著。他还坚持在"东方红"号调查船上建立了海洋微生物调查实验室，为微生物的资源开发创造了条件。此后，徐怀恕教授（1936.7—2001.6）对开拓、发展我国海洋微生物学的研究作出了重要贡献，他和美国马里兰大学的著名海洋微生物学家 R. R. Colwell 教授一起在世界上首次提出了"细菌的活的非可培养状态（viable but nonculturable state，VBNC）"理论，在国际上引起了很大的反响并负有盛名。在国内，他与其同仁一起本着"探究作用机理、联系实践应用、改革与创新研究方法"的原则，拓宽了海洋微生物学的研究领域，对海洋细菌腐蚀与附着的机理、VBNC 状态细菌的检测、海水养殖动物细菌性病害的诊断与免疫、有益菌的开发与利用等方面进行了大量开拓性研究；参与主持了海上有控生态系细菌学研究、欧盟项目和英国达尔文项目等多项国际合作项目。他和 R. R. Colwell 教授一起筹建了联合国教科文组织中国海洋生物工程中心（UNESCO/BAC/BETCEN），徐怀恕教授任中心主任，R. R. Colwell 教授任中心顾问。该中心既是与国外联系的桥梁，又是科技信息交流的平台。通过中心的互动交流，与国外多所相关知名大学建立了科技交流或联合培养关系，极大地推动与促进了海洋微生物学的发展以及人才的培养。

徐怀恕教授长期从事海洋微生物学研究，撰写海洋微生物学教材是他生前的夙愿。本实验室曾在 20 世纪 80 年代就开设了"海洋微生物学"本科课程，并自编了讲义（理论部分和实验部分）。实验室从 20 世纪 80 年代中期开始陆续培养海洋微生物学研究方向的硕士研究生，90 年代中期开始培养该方向的博士研究生。在科研和教学过程中，积累了大量有关海洋微生物的理论知识与实践经验。多年来，在原有讲义的基础上，不断进行补充与更新，已经有了相当的积累。针对目前国内缺乏较系统的海洋微生物学教材的现状，我们认为有必要尽快出版海洋特色鲜明、应用范围较广的海洋微生物学教材。本次编著的《海洋微生物学》教材，也是为了完成徐怀恕教授的遗愿。

全书共分 14 章，第 1 章讲述海洋环境中的微生物；第 2～6 章讲述海洋微生物的形态、结构及生物学特性，包括海洋细菌、海洋古菌、海洋真核微生物和海洋病毒；第 7 章讲述海洋微生物在海洋生态系统中的作用；第 8 章讲述海洋环境中活的非可培养状态细菌；第 9 章讲述鱼类的微生物病害；第 10 章讲述海洋微生物的利与弊；第 11～14 章讲述海洋微生物的研究方法，包括海洋微生物的采样技术、海洋细菌的定性和定量检测技术、海洋微生物的分离与培养技术以及海洋细菌的分类和鉴定技术。

本书初稿完成后，承蒙国家海洋局第一海洋研究所孙修勤研究员（第 1 章）、山东大学张长铠教授（第 2、第 10 章）、武汉大学陶天申教授（第 3 章）、中国科学院微生物研究所向华研究员（第 4 章）、中国海洋大学宋微波教授（第 5 章）、中国海洋大学胡晓钟教授（第 5 章）、中国海洋大学梁英教授（第 5 章）、青岛科技大学田黎研究员（第 5 章）、中国水产科学院黄海水产研究所梁艳博士（第 6 章）、中国科学院海洋研究所肖天研究员（第 7 章）、中国海洋大学俞开康教授（第 9 章）和国家海洋局第一海洋研究所陈皓文研究员（第 10 章）给予审阅；本书的大部分绘图由胡晓倩同学和贾爱荣同学绘制；本实验室多项国际合作项目的合作伙伴、英国赫里奥特-瓦特大学生命科学院院长、著名的海洋微生物学和鱼病学家 Brian Austin 教授在百忙中为本书作序；在编写过程中还得到了国内外许多同仁的热心帮助，对他们的热心帮助深表谢意。

本书的部分研究内容和成果得到欧洲共同体国际合作项目（TS3-CT94-0269）、英国达尔文国际合作项目（162/8/065）、国家自然科学基金项目（39870581、30371119、30371108）、教育部新世纪优秀人才支持计划（NCET-04-0645）、国家 863 计划项目（2007AA09Z434）及国家 973 计划项目（2006CB101803）的资助。本书的出版获得中国海洋大学教材出版基金的资助。编者在此一并表示诚挚的感谢。

近些年来，海洋微生物学发展非常迅速，新知识、新技术和新方法不断出现，所涉及的内容存在多学科交叉问题。由于我们的知识和水平有限，本书内容难免有疏漏和不足之处，恳切希望读者和同行专家提出宝贵意见。

编者谨识

2007 年 8 月

目　　录

第 1 章　海洋微生物学概论

本章彩图请扫二维码

地球的形成始于约 46 亿年前，那时地球处于高温状态；直至 44 亿～35 亿年前，地球开始变冷，并形成海洋和大气。此后，起源于古代海洋的单细胞生物（原始蓝细菌）出现，其成为了目前发现并存活至今的、最早的生命形式。距今 25 亿年前，生命形式发生了变化，一部分单细胞生物进化成多细胞生物。随着生物生存环境的进一步改变，一些物种从海洋迁移到淡水或陆地。现今，海洋面积约占地球表面的 71%，平均深度约为 3800 m。浩瀚的蓝色海洋为生命提供的空间，几乎是陆地和淡水加在一起的 300 多倍。亘古至今，沧海桑田，微生物始终是海洋生态系统的重要组成部分，其生物量占海洋总生物量的 95%以上。

1.1　海洋微生物及其重要性

1.1.1　什么是海洋微生物？

海洋是地球上最大的生态系统，蕴藏着巨大的微生物生物量。那么到底什么是海洋微生物（marine microorganism）呢？不同的学者对海洋微生物的定义有所不同，目前广为认同的定义是：分离自海洋环境，其正常生长需要海水，可在寡营养、低温条件（也包括海洋中高压、高温、高盐等极端环境）下长期存活并能持续繁殖子代的微生物。有一些来源于陆地的耐盐或广盐种类，在淡水和海水中均可生长，则称其为兼性海洋微生物。

现在普遍认为，能在实验室条件下培养出来的海洋微生物种类还不到其总数的 1%。对 16S rRNA 基因序列的分析研究显示，海洋中的绝大多数微生物都未获得纯培养，因此通过传统微生物学的分离培养方法获得的海洋微生物远远无法代表海洋中微生物的多样性及其所在环境中的真实类群。

1.1.2　海洋微生物的重要性

在最初对微生物世界开展研究时，微生物学家就提出了海洋微生物的多样性、海洋微生物在海洋生态系统中的作用、海洋微生物与其他海洋生物之间的互作、海洋微生物对人类的重要性等问题。微生物最显著的特征是其巨大的多样性及底物利用的广谱性，因此它们几乎可以在地球上任何地方生长和繁殖。人们在许多曾经认为不可能存在任何生命的地方都发现了微生物的存在。

尽管海洋微生物在环境中占优势，有着活跃的生命活动，但是由于海洋微生物不能用肉眼观察到且不容易被培养出来，因此以往其存在的重要性常被忽视。直至最近 30 年，大多数微生物学家才意识到海洋微生物的重要性。首先，当前的主流观点认为生命起源于海洋，而海洋微生物是公认的地球上最初的生命形式，其中海底热液系统被认为与生命诞生初期的地球环境相似，因此生活在海底热液环境下的微生物便成为科学家研究生命起源的理想对象。其次，海洋微生物在全球生态系统中发挥着至关重要的作用，是海洋物质循环与能量流动的主要驱动力，广泛参与碳、氮、硫、磷和铁等元素循环，其生命活动影响着地球的物理性质和地质化学特性。最后，由于海洋微生物具有分布广、数量多、代谢类型多样、适应能力强等特点，是抗菌、抗病毒及抗肿瘤等新型生物活性物质的重要来源，也是高科技产业重要催化剂的来源，并且海洋微生物在海洋污染环境的生物修复、节能减排、人类健康及生物材料等方面有更多的应用，具有巨大的经济和社会效益。

1.2 海洋微生物学的发展历程

海洋微生物学是开始较早而发展较晚的学科，其日益彰显出的重要性使得该学科成为近年来发展迅速的新兴学科之一。纵观其发展历程，可分为 4 个阶段（图 1-1），即对海洋微生物的早期认识阶段（1676~1950 年）、海洋微生物学的迅速发展阶段（1951~1976 年）、分子生物学时代（1977~1995 年）和基因组时代（1996 年至今）。在各发展阶段中，众多科学家共同致力于不断推动海洋微生物学研究的突破与发展。

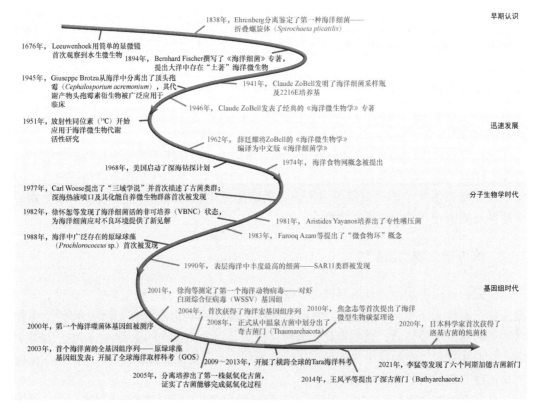

图 1-1 海洋微生物学的发展历程

1.2.1　1676～1950 年——对海洋微生物的早期认识

海洋微生物丰度高，且多样性丰富，但由于其个体小，不易于被发现和研究。最早于 1676 年，荷兰著名的科学家列文虎克（Antonie van Leeuwenhoek）用简单的单镜头显微镜首次观察到水生微生物的存在。然而，直到 160 多年后，海洋微生物才被分离培养出来。

最早关于海洋细菌的报道和描述包括德国学者 Christian G. Ehrenberg 于 1838 年首次分离并描述的海洋细菌——折叠螺旋体（*Spirochaeta plicatilis*），Ferdinand Cohn 于 1865 年分离并报道的奇异贝日阿托氏菌（*Beggiatoa mirabilis*），以及 Eug Warming 于 1876 年报道的紫硫螺菌（*Thiospirillum violaceum*）、罗氏硫螺菌（*T. rosenbergii*）和杆状无色硫杆菌（*Achromatium mulleri*）3 种海洋细菌等。1884 年，法国学者 Adolph-Adrien Certes 在一次海洋航行中，分离培养出 96 株深海细菌，这是首次关于深海细菌培养的报道。1894 年，德国学者 Bernhard Fischer 撰写了第一本海洋微生物学专著《海洋细菌》，提出大洋中存在"土著"海洋微生物。1914 年，俄国学者 B. L. Issatchenko 撰写了专著《北冰洋细菌的研究》，阐述了海洋细菌存在的重要性，为研究微生物在大洋水团物质循环中的作用奠定了基础。从 1918 年开始，C. B. van Niel 在美国斯坦福大学霍普金斯海洋研究站开展夏季微生物学课程，对海洋微生物学研究起到重要的促进作用。

在 1939 年第 5 版的《伯杰氏鉴定细菌学手册》（*Bergey's Manual of Determinative Bacteriology*）中，记载了 1335 种细菌，其中只有 86 种分离自海洋。那时，人们对这些细菌的研究极不全面，但已经开始认识到海洋微生物的潜在应用价值，并将目光转向海洋活性物质的开发利用，其中一个典型的例子是头孢菌素（cephalosporin）的发现及应用。1945 年，意大利药理学家 Giuseppe Brotzu 教授从意大利撒丁海岸分离出一株顶头孢霉（*Cephalosporium acremonium*），发现其代谢产物对伤寒有一定的治疗作用。经鉴定，该代谢产物中含有头孢菌素 N 与头孢菌素 C 两种抗菌物质，此后经过不断开发，其衍生物被广泛应用于临床，开创了海洋微生物来源活性物质应用的历史。

20 世纪上半叶出现了两位对海洋微生物学发展起重要推动作用的科学家——Selman Waksman（1888～1973 年）和 Claude ZoBell（1904～1989 年；图 1-2）。Waksman 首次在美国伍兹霍尔（Woods Hole）海洋研究所建立了海洋细菌学实验室，主要研究海洋细菌的生物地球化学作用，关注细菌在有机物降解过程中的作用。ZoBell 也是海洋微生物学的奠基人和先驱科学家之一，他学术思想严谨、勤奋认真，毕生致力于海洋微生物事业，直至晚年仍按时进入实验室。他在海洋微生物的采样、培养、基本特征、分布规律等方面建立了系统的基础研究方法和基础理论。经过近 10 年的研究，他试用了各种金属采样装置，终于发现了它们污染与抑菌的弊端，并于 1941 年发明了 J-Z 无菌海水采样瓶。J-Z 无菌海水采样瓶至今仍然是研究海洋细菌最经济、简便的海水采集装置。1932～1942 年，ZoBell 每周都在他所在的斯克利普斯（Scripps）海洋研究所门前的栈桥采集海水 5～6 次并进行细菌计数，经过 10 年的统计得出了"海洋异养菌的数量变化与海水中有机质的浓度有关，与季节无关"的结论。他所撰写的《海洋微生物学》（1946 年）被世界各国引为经典之作。1962 年，我国学者薛廷耀教授将此著作编译为中文版《海洋细菌学》，第一次为我国高等院校提供了海洋微生物学及其相关专业的教学参考书，也为有关科研工作者提供了参考资料，极大地推动了我国海洋微生物学研究工作的开展。

图 1-2   Claude ZoBell 于 1952 年 11 月在斯克利普斯（Scripps）海洋研究所栈桥上准备采水瓶
（引自 Smithsonian Ocean 网站）

在此阶段，Waksman 和 ZoBell 分别于 1934 年和 1946 年绘制出了海洋碳循环的概念图，强调了细菌在海洋生物地球化学循环中的核心地位。但在当时，受研究方法与储备数据的限制，人们尚无法验证细菌在海洋生态系统，甚至在生物地球化学循环中的重要作用。直到 1983 年"微食物环（microbial loop）"理论被提出，这一超前论断才重新进入了人们的视线并引起了重视。

1.2.2   1951～1976 年——海洋微生物学的迅速发展

第二次世界大战之后，海洋学与其他自然科学一样，发展十分迅速。更多的研究者开始关注海洋微生物的群落结构与生态功能。

1951 年，Einer Steeman-Nielsen 开始将放射性同位素（^{14}C）应用于海洋微生物代谢活性研究中。利用同位素示踪微生物细胞对碳原子的吸收，不需要在实验室中培养微生物，就可以量化微生物在食物网中的活性。

1954 年，美国佐治亚大学海洋研究所的工作人员开始对其所在的萨佩洛岛周围的河口海岸湿地生态系统展开研究。1962 年，John Teal 发现海岸湿地生态系统中的微生物能够降解植物产生的碎屑——落叶，并从中富集有机氮和磷，从而为湿地动物提供更多的营养物质。Eugene P. Odum 于 1963 年提出腐殖碎屑是海洋生态系统的重要组分。这些研究结果表明海岸湿地食物网在很大程度上是建立在微生物量十分庞大的腐殖碎屑上的。

1959 年，苏联学者 A. E. Kahcc 结合多年的深海大洋调查研究工作，撰写了《海洋微生物学》，这是第一部系统表述深海微生物的专著，总结了包括太平洋、印度洋、大西洋、北冰洋、南大洋等几乎全球深海大洋从洋面到洋底的微生物的生存情况，阐明了海洋深处微生物在有机和无机化合物变化过程中的作用，以及海洋微生物学在生产实践中的应用及与其他学科的相互关系。1964 年，我国学者孙国玉和李世珍教授将此专著译成中文版《海洋微生物学——深海》，同样为我国高等院校相关专业的学生和科研人员学习与了解海洋微生物学，特别是认知深海微生物，提供了非常有价值的学习参考资料，促进了我国海洋微生物的调查研究工作的开展。

1965 年，Robert E. Johannes 发现个体小的浮游生物相对个体大的浮游生物倾向于拥有更高的代谢速率。3 年后，他和 Lawrence Pomeroy 通过实验证实了在单位体积内，以微生物为代表的小型浮游生物拥有高于大型浮游生物 10 倍的呼吸速率。1971 年，Holger Jannasch 开始在伍兹霍尔海洋研究所海洋生物学实验室举办微生物生态学夏季课程。

1974 年，John Steele 归纳并正式提出海洋食物网的概念，将所有微生物简称为细菌，认为它们仅在海底起到降解粪便的作用。此理论忽略了所有的浮游细菌和异养原生生物及其重要的生态作用。至此，原有海洋微生物食物网的不足之处日渐暴露。在此期间，Pomeroy 在 *BioScience* 期刊发表综述文章，对浮游食物网中个体较小的浮游生物的能量流动进行了重新描述，其中包括能量在小型浮游植物、海洋细菌及其原生生物捕食者之间的流动。虽然这个理论历经波折才得以发表，并且在其问世的最初几年并未得到广泛认可，但其仍被认为是为海洋浮游食物网赋予了新的关键性定义。

在深海采样方面，1968 年美国启动了深海钻探计划，随后日本及欧洲等国家和地区也相继发起了关于深海环境及生物圈的调查探测计划（详见 12.2.2 节），拉开了各国对于深海生物圈研究的幕布，促进了全球海洋微生物学的发展。

1.2.3　1977～1995 年——分子生物学时代

1977 年，Carl Woese 首次提出利用小亚基核糖体 RNA（small subunit ribosomal RNA，SSU rRNA；原核生物为 16S rRNA，真核生物为 18S rRNA）基因序列作为分子标记，确定各种生命（包括海洋微生物）之间的亲缘关系（即三域学说），并首次描述了古菌类群。SSU rRNA 基因测序技术的发展，极大地促进了海洋环境中未培养微生物多样性的研究。例如，1984 年，采用 16S rRNA 基因克隆测序的方式揭示了热液喷口（hydrothermal vent）共生生物中未培养微生物的群落组成。1990 年，分子克隆和 DNA 测序技术首次应用于海洋浮游微生物的研究，结果发现了表层海洋中丰度最高的细菌——SAR11。1992 年，Edward Delong 和 Jed Fuhrman 发现海洋古菌在近岸与深海水体中大量存在。

John Hobbie 于 1977 年首次使用核孔滤膜和荧光染料进行海洋微生物计数。相较于传统的平板涂布计数法，荧光显微技术实现了对海洋环境中微生物的直接计数，使人们认识到每毫升海水中的微生物数量为几十万到几百万个，而非原来通过平板涂布计数法得出的仅几百到几千个。至此，检测海水中微生物数量随时间的变化，以及估算细菌生长率的方法步骤得以大大简化，变得轻而易举。

　　1977 年，人类首次在深海中发现了热液喷口，随后发现了能在这种高温高压条件下生长的化能自养微生物群落。因为深海中具有很高的静水压力，其微生物类群难以培养。1979 年，Aristides Yayanos 实验室从深渊海沟中培养出了第一株嗜压菌（piezophile），并于 1981 年培养出了专性嗜压菌（obligate piezophile）。R. R. Colwell 和她当时的学生 Jody Deming 随后证明深海动物肠道中的全部微生物可能都是嗜压菌。

　　1979 年，John Waterbury 在阿拉伯海航次中，首次观察到发荧光的微小细菌，即聚球藻（Synechococcus sp.），此后发现聚球藻在几乎所有海水中都有很高的丰度，在食物链中发挥重要的作用。1988 年，Sallie Chisholm 使用流式细胞术发现了一种丰度更高的蓝细菌，即原绿球藻（Prochlorococcus sp.），为地球提供了大约 20%的氧气。流式细胞术对检测海水中的聚球藻和原绿球藻的丰度作出了重要贡献。

　　同时，更加精细准确地研究微生物活性的方法相继涌现，如放射性同位素标记技术促进了微生物代谢活性研究的开展。由于胸腺嘧啶是参与合成 DNA 的基本成分且很少通过呼吸作用消耗掉，J. A. Fuhrman 和 F. Azam（1982）建议用氚标记的胸腺嘧啶来估算细菌在生物量水平上的生产速率。此外，标记微生物代谢常用的有机底物（如氨基酸、糖类）也被用于测定微生物的代谢活性或生长速率。1985 年，David Kirchmam 等利用经放射性同位素标记的亮氨酸建立了海洋细菌合成蛋白质的速率的测定方法。该方法的快速推广应用，使得世界各海域细菌生产力的相关数据与日俱增。在此期间，为了测定深海细菌在原位条件下的生物量及活性，Holger W. Jannasch 和 Aristides Yayanos 等相继研发了深海原位高保真取样设备，以保证采样点的原位压力。

　　除细菌外，海洋异养原生生物的研究也得到了长足的发展。1981 年，Yu I. Sorokin 等首次对大洋中异养鞭毛虫和纤毛虫的丰度与生物量进行了定量研究。在形态学方面，J. M. Sieburth 等关注从病毒到原生生物的各类微生物，并于 1978 年对海洋中各种大小的浮游微生物进行了标准化描述，将其根据粒径划分为微微型（pico-，0.2~2 μm）、微型（nano-，2~20 μm）及小型（micro-，20~200 μm）浮游微生物。随着人们对海洋微生物认识的不断加深，这种界定方法在此期间不断调整（图 1-3），但仍被应用于对水体中微生物粒径的常规描述。1982 年，P. G. Davis 和 J. M. N. Sieburth 利用吖啶橙（acridine orange）染色和电子显微镜技术，对海洋中不产色素的细菌、噬菌体及鞭毛虫进行计数与估算，使得海洋原生生物生态学研究进入了一个崭新的阶段。此外，虽然人们在此时已开始关注海洋病毒，但是直到 1990 年，日本学者才应用荧光显微镜发现了海水中有丰度极高的病毒颗粒。

　　20 世纪 80 年代初，国际合作日渐加强，学者总结了海洋微生物学方面的研究成果，一系列涉及海洋细菌和原生动物的综述性论文相继发表，微生物在海洋中扮演的角色被重新审视，"微食物环"理论便是在此时提出的。

　　1983 年，Azam 指出，在海洋食物网中，微型生物之间形成了单独的摄食关系，称为"微食物环"。与经典食物网不同，微食物环起始于异养细菌对溶解有机物的降解利用，且植食性原生生物可能是能量由个体较小的浮游植物流向多细胞浮游动物的一个重要途径。同年，H. W. Ducklow 等总结了几乎所有关于细菌和原生生物在海洋食物网中的作用的概念与数据，对 Pomeroy 等在 1974 年提出的微生物参与的食物网进行了细化，并强调浮游植物进行初级生产所必需的无机营养（如氮和磷），是通过异养微生物间的复杂捕食关系得到再生的。

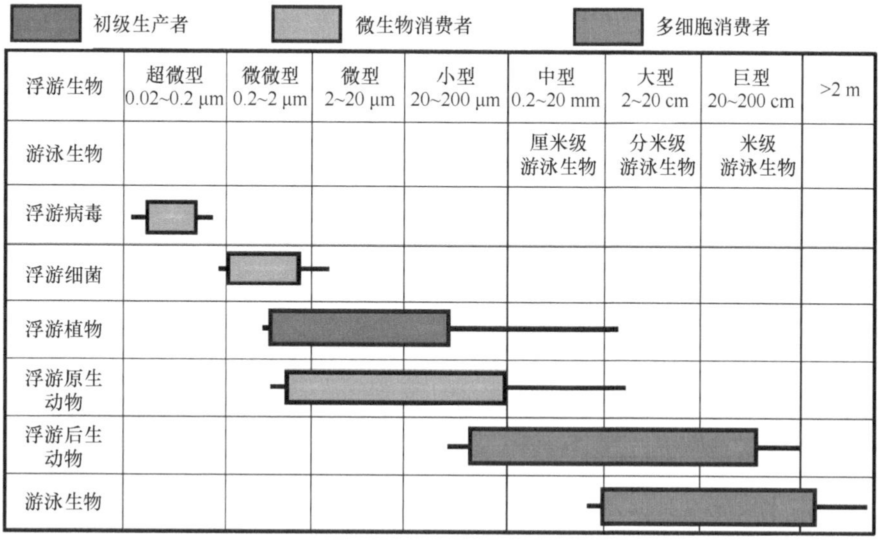

初级生产者
微生物消费者
多细胞消费者
浮游生物
超微型 0.02~0.2 μm
微微型 0.2~2 μm
微型 2~20 μm
小型 20~200 μm
中型 0.2~20 mm
大型 2~20 cm
巨型 20~200 cm
>2 m
游泳生物
厘米级游泳生物
分米级游泳生物
米级游泳生物
浮游病毒
浮游细菌
浮游植物
浮游原生动物
浮游后生动物
游泳生物

图 1-3　自由生活的浮游生物分类（修改自 Sieburth，1987；Omori and Ikeda，1992）

1988 年，B. F. Sherr 等对微食物环模型进行了进一步扩充，提出多细胞浮游生物的碎屑食物网其实是由经典的大型浮游植物和异养的微食物环两部分共同支撑的。此后，随着对海洋病毒研究的深入，微食物环中又加入了病毒裂解细菌和浮游植物对能量流动的影响（图 1-4）。至此，海洋微食物环的模型基本形成（详见 8.1.1 及 8.1.2 节）。

三级消费者
（以鱼为食物的鱼）
次级消费者
初级消费者
（食草动物、浮游动物）
初级生产者
（浮游植物、蓝细菌）
纤毛虫
化能有机营养型
原生生物
溶解有机物
(DOM)
细菌
病毒

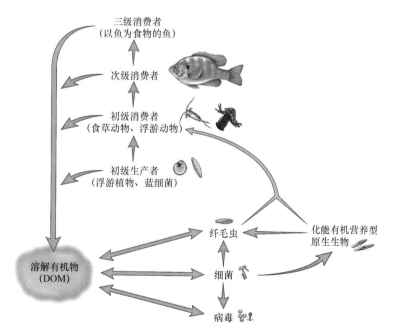

图 1-4　海洋微食物环模型（修改自 Willey et al.，2020）

在海洋微生物的开发利用方面，美国研究者在 20 世纪 70 年代首次将微生物引入海洋石油污染治理的研究。最初，他们筛选得到了一批具备氧化石油能力的海洋细菌，并进行了一系列石油降解能力的测定及条件优化的研究。后来，随着对石油烃降解机制、代谢途径认识的不断深入及通过质粒改造等手段，微生物在石油污染的生物修复中发挥着越来越大的作用。此外，随着人们对"益生菌"认识的深入，利用海洋微生物中潜在的益生菌改善水产养殖环境的研究也在此时开始起步。1982 年，徐怀恕等首次发现了海洋细菌的另一种存活状态——活的非可培养（viable but nonculturable，VBNC）状态（详见第 9 章），这不仅为部分细菌应对不良环境的能力提供了新的解释，而且对水产及人类潜在病原菌的检测提出了新的挑战。

1.2.4 1996 年至今——基因组时代

利用分离培养的方式研究微生物群落具有非常大的局限性，因此科学家开始采用 DNA 测序的方式来检测环境中是否存在微生物基因，并研究它们的功能。1996 年，科学家将海洋环境中的大片段 DNA 克隆到大肠杆菌中，以研究未培养微生物的代谢功能，由此首次发现了细菌视紫红质（bacteriorhodopsin），并鉴定出这是一种与人眼视紫红质相似的蛋白质，可以捕获光能。

2003～2005 年，原绿球藻、聚球藻、小梨形菌（*Pirellula* sp.）、庞氏鲁杰氏菌（*Ruegeria pomeroyi*）、冷红科维尔氏菌（*Colwellia psychrerythraea*）以及硅藻假微型海链藻（*Thalassiosira pseudonana*）等多种海洋微型生物的全基因组序列被陆续公布，海洋微生物学进入基因组时代。

2004 年，J. Craig Venter 采用鸟枪法宏基因组（shotgun metagenome）技术，测定了马尾藻海（Sargasso Sea）的环境基因组概貌，鉴定出一百多万个以前未知的基因（图 1-5）。

图 1-5　从海洋中提取的 DNA 用于确定海洋生物类群的示意图（引自 Smithsonian Ocean 网站）

越来越多的证据表明海洋微生物在海洋生态系统中发挥着至关重要的作用，21 世纪以来国际上开展了大量海洋航次，重点研究多个洋盆的微生物。2003 年，全球海洋取样科考（global ocean sampling expedition，GOS）采集了从大西洋到太平洋跨度 8000 km 的 41 个站点的海水样品，收集了数量空前的海洋微生物多样性和丰度的信息。2010 年，马拉斯皮纳科考（Malaspina expedition）环绕地球，研究了深海微生物的代谢多样性。2009～2013 年开展的 Tara 海洋科考（Tara ocean expedition）横跨全球，对了解海洋中微生物的多样性作出了重要贡献。

2015 年，首次在深海热液喷口发现的洛基古菌门（Lokiarchaeota），显示出与更复杂的真核生物之间存在着协同进化关系。科学家发现该古菌与真核生物基因组共有 100 多个行使复杂细胞功能的基因，结果表明这些古菌是与真核生物亲缘关系最近的原核生物。随后，越来越多的洛基样古菌被发现，共同组成了阿斯加德（Asgard）古菌超门，研究结果表明阿斯加德古菌很有可能是真核生物的祖先。

最近 30 年，在多种因素的共同推动下，海洋微生物学发展迅速，成为"主流"科学的前沿，成为目前最为活跃和发展最快的学科之一。有力的新技术手段（尤其是分子生物学技术、同位素示踪和深海探索技术等）使得人们对海洋中微生物的丰度、多样性、代谢活性及其在整个地球生态系统中的作用有了一系列重大的发现。这些发现使人们意识到，海洋微生物在维持地球生态系统稳定中扮演着重要角色，而且与人们所面对的多种问题（如人口的增长、渔业的过度开发、气候变化、环境污染等）有重大关系。通过对海洋微生物及其与其他生物相互作用的研究，人们了解到海洋微生物在食物网、共生现象及致病性等方面发挥重要作用。例如，有一些海洋微生物可引起疾病并带来损失，因此有必要研究其致病过程以对其进行有效防控。此外，海洋微生物对正在发展的生物技术领域中的新产品和新工艺开发也有重要的影响。

当下，海洋微生物学已发展成为一门独立的学科，也是一门与其他许多学科密切相关的交叉学科。截至 2021 年 5 月，共有 2.51 万个原核生物物种被正式命名，其中有约 1/3 分离自海洋。通过算法预测，地球上存在约 10^{12} 个微生物物种，因此还有大量的海洋微生物有待发现。海洋中各物种并非是孤立存在的，因此在新物种发现之余，更加有必要对各类海洋微生物间的相互作用及其与其他海洋生物（如海洋动物及藻类等）间的相互作用进行深入探讨。

1.3　海洋微生物的主要类群

微生物通常是指一些非常微小、肉眼看不到的生物（直径一般小于 0.1 mm）。然而，微生物学家所关心的许多方面与微生物的群体活性和分子特征有关，而并非仅用显微镜来观察个体细胞。通常而言，微生物学主要包括对细菌、古菌、真菌和病毒的研究，其中的每个类群都是一个单独的研究领域。微生物这个术语是指在显微镜分辨范围内的生命形式，但实际上，有些大的"微生物"不需要显微镜就能观察到，所以这个定义也并非面面俱到。有些科学家认为微生物的区别特征是个体小、有细胞结构和渗透性（即通过吸收周围环境中的营养成分而生长）。渗透性特征对微生物来说非常重要，然而这个特征将会排除掉许多微小的原生生物，它们中有许多营吞噬营养（吞入颗粒）。一般来说，这些"类似植物"或者"类似动物"的原生生物群体通常是由植物学家或动物学家所提出的。然而，有许多海洋原生生物是混合营养型的，既可营光合营养又可营吞噬营养，如甲藻（dinoflagellates，或称腰鞭虫）（详见 5.3.3 节），所以强调其与植物或者动物的相似性是毫无意义的。另外，病毒虽然没有细胞结构，但是由生物大分子构成的，且在电子显微镜的观察范围内，它在细胞内能够复制增殖，具有明显的生命特征，因此也是微生物学家的重点研究对象。在海洋环境中相互作用的微生物具有高度的多样性，经常无法进行人工分类。本书中所指的微生物包括所有微小的生命形式，如细菌、古菌、真菌、原生生物（原生动物和单细胞藻类）及病毒。

1.3.1　细胞型生物

1.3.1.1　细胞

所有的生物可根据其是否具有细胞结构划分为细胞型生物和非细胞型生物。细胞型生物均由一个或多个细胞构成。所有细胞的关键结构是细胞膜（主要由脂类和蛋白质组成）与由细胞膜包裹的细胞质，细胞质中含有可以执行新陈代谢、生长及复制功能的细胞结构、大分子物质和化学成分，以及指导细胞生长、复制与进化的遗传物质（DNA 和 RNA）。细胞是高度动态的结构，在细胞质和外界环境间的物质交换过程中，细胞膜起关键作用。所有的细胞中都含有核糖体，其由蛋白质和含有蛋白质合成信息的 RNA 组成。通过酶和基因的表达调节，细胞的新陈代谢活动和信息加工过程协调一致，从而保证细胞的平衡生长和精确复制。

虽然已知的所有细胞都具有以上特征，但根据细胞结构的不同，细胞又可以分为原核细胞和真核细胞两种，这在电子显微镜下的细胞切片中非常明显。原核细胞的内部结构比较简单，没有细胞器的分化，仅靠内膜系统执行所有代谢活动，核糖体分散在细胞质中，遗传物质没有核膜包围。真核细胞相对较大，结构较为复杂，有具特殊功能的细胞器，细胞核有膜包围。除个别的厌氧原生动物外，所有的真核生物都有线粒体，用于呼吸链的电子传递过程。在营光合营养的真核生物细胞内，叶绿体执行光能传递反应，从而产生能量进行新陈代谢。真核生物的细胞器和原核细胞大小相似，并具有很多原核生物的特征，这些事实（当然还有其他证据）表明它们是由原核生物的祖先进化而来的。大多数原核生物是单细胞结构，而许多真核生物是多细胞结构。但有少数海洋原核生物比真核生物细胞大得多，有的具有明显的多细胞结构形式或者在生命周期中有分化现象，有的具有复杂的细胞内结构。

1.3.1.2　生物界分类的系统发生方法

以前，生物学家通常根据形态学和生理学特征对生物进行分类，但是这些特征对微生物分类的作用很小。20 世纪 70 年代，Carl Woese 和他的同事开创了利用 SSU rRNA 序列来分析原核生物多样性的方法。这个方法的先进性，以及同时出现的分子生物学技术的重大进步和计算机处理大量信息能力的提升，使我们对生命世界的看法焕然一新。

核糖体由两个亚单位组成，可以通过高速离心分开。原核生物核糖体的沉降系数（sedimentation coefficient）是 70S，包含 50S 和 30S 两个亚基。真核生物具 80S 核糖体，其由 60S 和 40S 亚基组成。由于多种原因，SSU rRNA（原核生物中的 16S rRNA 和真核生物中的 18S rRNA）基因成为系统发生研究中使用最多的分子标记基因（图 1-6）。由于 rRNA 的二级结构在核糖体中非常重要，并在蛋白质合成中起关键作用，因此 rRNA 分子的核苷酸序列在进化中变化非常慢。实际上，SSU rRNA 的某些序列片段是高度保守的，通过比对可确定生物的相似性及分类地位。

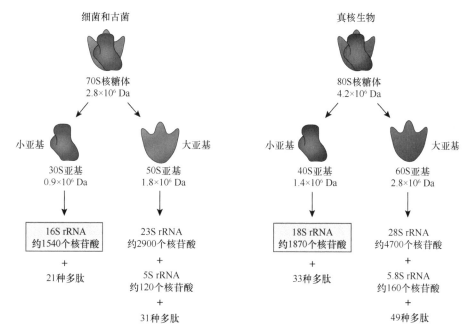

图 1-6　原核生物和真核生物核糖体组成示意图（修改自 Munn，2020）

近年来，随着测序技术的不断发展与革新，科学家同时利用多种手段，如核心基因组、多位点序列分型等方法，对生物类群进行鉴定与进化关系分析。

1.3.1.3　生命三域树

利用 SSU rRNA 序列分析，Carl Woese 于 1977 年确立了细胞生命中 3 个明显的世系，称为域（domain）。细菌域（Bacteria domain）和古菌域（Archaea domain）具有原核细胞结构，而真核生物域（Eukarya domain）具有更复杂的真核细胞结构。

构建系统发生的"生命树"，可以假定 3 个域由一个"共同祖先"分化而来（图 1-7）。从这一假设的祖先出发，生命主要朝两个方向进化。一个分支进化为细菌域，而另一个分支又进一步分化，形成了古菌域和真核生物域。目前，三域分类系统被微生物学家普遍接受。生命三域分类系统的最大贡献，就是认识到古菌并不是细菌域中的一个特殊类群。细菌域和古菌域是两个完全不同的类群，虽然都有简单的细胞结构，但它们拥有各自的进化历史，古菌域在系统发生中与真核生物域的亲缘关系更近。

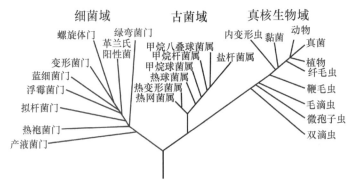

图 1-7 生命的三域树

系统树的根是假设的共同祖先，它从细胞形成前的生命即始祖生物（progenote）进化而来，但这个简化的树并未把域间大量的水平基因转移考虑在内

不同来源的证据（尤其是对真核生物细胞器中核酸和蛋白质的分子分析）支持了真核生物是由原始的原核细胞经过一系列内共生事件进化而来的理论。从表 1-1 中可以看出，真核生物域细胞与古菌域细胞的几项特征（尤其是蛋白质的合成机制）相同，一些特征（尤其是细胞膜脂）和细菌域细胞相同。根据 Margulis 的假设，内共生事件导致了真核生物中叶绿体（可能从蓝细菌祖先演化而来）和线粒体（可能从原始细菌祖先演化而来）的进化。在现代海洋系统中，有许多证据支持这个假说。内共生的过程（也就是通过吞噬营养和混合营养而保留细胞器）在海洋原生生物中是非常普遍的。

表 1-1 区分生命三域的主要细胞特征（修改自 Willey et al.，2020）

特征	细菌域	古菌域	真核生物域
细胞结构	原核	原核	真核
共价闭合环状 DNA	是	是	否
DNA 中有无组蛋白	无	有	有
质粒 DNA	有	有	几乎没有
膜脂结构	由酯键连接	由醚键连接	由酯键连接
核膜	无	无	有
细胞壁有无肽聚糖	通常有	无	无
核糖体结构	70S	70S	80S（细胞器中为 70S）
蛋白质合成中的起始 tRNA	N-甲酰甲硫氨酸	甲硫氨酸	甲硫氨酸（细胞器中为 N-甲酰甲硫氨酸）
延伸因子对白喉毒素的敏感性	无	有	有
mRNA 的 5′端帽和 3′端多聚 A 尾	无（部分有多聚 A 尾，但作用与真核不同）	无	有
RNA 聚合酶	一种（含 4 个亚基）	多种（含 8～12 个亚基）	3 种（含 12～14 个亚基）
启动子结构	Pribnow 框	TATA 框	TATA 框
内含子	无	无	多数基因中有
操纵子	有	有	无
是否需转录因子	不需要	需要	需要
蛋白质合成对氯霉素、链霉素和卡那霉素的敏感性	有	无	无

推进人们对进化理解的一个重要因素是对水平基因转移（horizontal gene transfer）认识的增加。随着基因组学研究的不断深入，有越来越多的证据表明在域内或域间有大量的基因传递。细菌域和古菌域含有极为相似的基因序列，真核生物中也含有来自细菌域和古菌域的基因，甚至发现一些细菌和古菌中含有真核生物的基因。

1.3.2　非细胞型生物——病毒

除细胞型生物以外，海洋中还存在着大量的非细胞结构的微生物，即病毒。病毒丰度是细菌和古菌丰度总和的 15 倍之多。然而，由于病毒个体极其微小，通常直径仅为 20～400 nm（细菌：1～10 μm；古菌：0.5～1 μm），因此其只有原核生物（即细菌和古菌）生物量的 5%左右（图 1-8）。

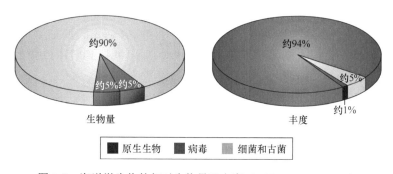

图 1-8　海洋微生物的相对生物量及丰度（Willey et al.，2020）

病毒粒子（virus particle）的基本成分是核酸和蛋白质。核酸（DNA 或 RNA）位于中心，称为核心（core）或基因组（genome），蛋白质包在核心周围，形成了衣壳（capsid）。衣壳由许多衣壳粒（capsomer）构成。核心和衣壳合称核衣壳（nucleocapsid）。有些病毒在核衣壳外面还有一层包膜（envelope），它是核衣壳在成熟后穿过细胞膜（或核膜）以"出芽"方式向细胞外释放的过程中获得的。为了复制，病毒必须感染活的细胞，从而借助宿主的代谢系统合成自身的组分。对于病毒的起源，许多人认为病毒可能是由细菌逐渐丢失遗传信息，只保留少量必要基因而进化成的专性寄生物。还有一个更合理的解释是，它们是来自宿主细胞的 RNA 或 DNA，但脱离了宿主细胞的代谢控制。支持这种观点的主要证据是病毒的基因组经常含有一些与宿主细胞的特殊序列相似的序列。病毒在主要的细胞生物（细菌、古菌、原生生物、真菌、植物和动物）中都有寄生，但是目前对感染海洋生物的病毒还知之甚少。毫无疑问，病毒通过介导基因转移在进化中扮演重要角色。

1.4　海洋微生物的主要特征

微生物多为单细胞，以无性繁殖为主，且多与其所处的外界环境直接接触。按常规来说，任何环境因素的异常变化对微生物来说都是"致命"的，但"易变异"的特性使其产生了形式多样的适应环境变化的能力。微生物的大小、形态、结构、生理功能及其物质与能量代谢的多样性，是其长期对所处环境的适应变化而自然选择的结果。海洋微生物虽与陆生类群有许多共性，但是特殊、复杂多变的海洋环境使其产生许多不同的特性，尤其是海洋细菌，具有极强的多样性与适应性，令人惊叹。

1.4.1 大小

海水中的多数微生物细胞要比陆生细菌小得多。近年来，伴随微孔滤膜技术、落射荧光显微镜直接计数法和流式细胞术的发展，人们才发现海洋微生物的丰度如此之高。细胞的大小对生命的物理过程有重要影响，对于微小的生物来说，分子扩散速率是影响胞内外物质运输的最重要因素。如果通过吸收（或渗透）的方式来摄取营养，小细胞比大细胞的效率更高，其关键在于细胞的比表面积（即表面积与体积的比例）。对于球形细胞来说，体积是半径立方的函数（$V=4/3\pi r^3$），而表面积是半径平方的函数（$SA=4\pi r^2$）。当细胞的大小增加时，体积（V）的增加要比表面积（SA）的增加多得多。SA/V 值大的细胞获得营养的效率高，能达到较高的细胞密度。多数海洋原核生物的细胞体积小、SA/V 值大，多数细胞直径小于 $0.6\ \mu m$，部分种类小于 $0.3\ \mu m$，细胞体积仅为 $0.03\ \mu m^3$。

海水中极小的微生物细胞被称为超微细菌（ultramicro bacteria），对于决定它们个体大小的原因曾引起很大的争议。一种解释是，细胞的大小是由遗传物质决定的，事实也证明在细胞分裂周期中这些细胞的大小保持不变。另一种解释则是营养缺乏导致了生理变化，比如一些可培养细菌会在饥饿状态下变小。由于海洋环境中的大多数细菌尚不能被人工培养，因此难以确定海洋细菌的个体比一般细菌小是否由遗传决定。近期对一些寡营养海洋环境中的可培养细菌研究表明，增加营养不会使细胞增大。如果营养成分受到严格限制，自然选择会有利于小细胞。对于种群中的不同成员来说，这两种解释都有可能。

细胞利用不同的策略来增加比表面积，从而提高扩散和运输的效率。事实上，球形是细胞摄入营养成分效率最低的形状。许多海洋细菌呈细长丝状（如螺旋菌和许多蓝细菌）或者具有附属结构（如出芽细菌与有柄细菌）。还有些微生物的细胞膜有大量的内陷或皱褶，这样也可以增加比表面积。表 1-2 列举了一些代表性海洋微生物的大小和体积。

正如表 1-2 中所列，虽然大多数海洋细菌非常小，但有一些明显例外。费氏刺骨鱼菌（*Epulopiscium fishelsoni*）和纳米比亚硫珍珠菌（*Thiomargarita namibiensis*）是以前发现的最大的两种原核生物，其细胞比一些真核细胞还大。费氏刺骨鱼菌具有特殊的细胞膜表面，其以某种方式折叠，使表面积显著增加。纳米比亚硫珍珠菌中具有大量的硫颗粒，并且细胞中含有一个大液泡，使表面积明显增加。2022 年报道的一种华丽硫珍珠菌（*Ca.* Thiomargarita magnifica），单个细胞长度可达 2 cm（详见 3.3.3.4 节）。

表 1-2　代表性海洋微生物的大小（Munn，2020）

生物	特征	大小 ᵃ/μm	体积 ᵇ/μm³
短浓核病毒（*Brevidensovirus*）	二十面体状 DNA 病毒，感染虾类	0.02	0.000 004
颗石藻病毒（*Coccolithovirus*）	二十面体状 DNA 病毒，感染海洋颗石藻	0.17	0.003
热碟菌（*Thermodiscus* sp.）	盘状，极端嗜热古菌	0.08×0.2	0.003
Ca. Pelagibacter ubique（SAR11）	新月形，普遍存在的海洋浮游细菌	0.1×0.9	0.01
Megavirus chilensis	巨大病毒，感染海洋变形虫	0.44	0.045
原绿球藻（*Prochlorococcus* sp.）	球形，占优势的海洋光合细菌	0.6	0.1
Ostreococcus	球形，绿藻纲藻类，已知最小的真核生物	0.8	0.3
弧菌（*Vibrio* sp.）	弯曲杆状，近岸海区中常见，并与动物和人类疾病相关的细菌	1×2	2
Pelagomonas calceolata	适应低光照环境的光合鞭毛虫	2	24
拟菱形藻（*Pseudo-nitzschia* sp.）	具翼硅藻，产有毒的软骨藻酸	5×80	1 600
海生葡萄嗜热菌（*Staphylothermus marinus*）	球形，极端嗜热古菌	15	1 800
Thioploca auracae	丝状，硫细菌	30×43	40 000
多边舌甲藻（*Lingulodinium polyedrum*）	甲藻，可引起发光性赤潮	50	65 000
贝日阿托氏菌（*Beggiatoa* sp.）	丝状，硫细菌	50×166	314 000
费氏刺骨鱼菌（*Epulopiscium fishelsoni*）	杆状，鱼肠内的共生细菌	80×600	3 000 000
纳米比亚硫珍珠菌（*Thiomargarita namibiensis*）	球形，硫细菌	300ᶜ	14 137 100

　a. 直径×长度，只给出一个值的表示球形细胞的直径；b. 估算值，计算过程中假设形状为球形或圆柱状；c. 已发现的最大直径可达 750 μm

　　同时，如表 1-3 所示，海洋真核微生物的大小差别也很大。许多异养原生生物，尤其是一些鞭毛虫，长度为 1～2 μm，这种大小类似于人们所熟悉的许多原核生物。正如前面所提到的，最近人们才意识到这些如此小的细胞在海洋生物地球化学过程中承担着至关重要的作用，许多小的原生生物能够吞噬与自己同等大小的细菌，甚至能够捕食更大的生物。许多鞭毛虫、纤毛虫、硅藻和甲藻类群个体较大，体长可达 200 μm，一些类变形虫种类（放射虫和有孔虫类）甚至更大，肉眼可见。

表 1-3　根据生物大小对浮游生物分类（Munn，2020）

	类别	大小/μm	微生物类群	
粒径 ↓	超微型浮游生物（femtoplankton）	0.02～0.2	病毒 ᵃ	丰度 ↑
	微微型浮游生物（picoplankton）	0.2～2	细菌 ᵇ、古菌、某些鞭毛虫	
	微型浮游生物（nanoplankton）	2～20	颗石藻、硅藻、甲藻、鞭毛虫	
	小型浮游生物（microplankton）	20～200	纤毛虫、硅藻、甲藻、有孔虫、酵母	

　a. 有些巨大病毒长度超过 1 μm；b. 有些丝状蓝细菌及硫氧化细菌个体较大，分属粒径更大的组中（表 1-2）；箭头指向由小到大

1.4.2　形态结构特征

1.4.2.1　形态特征

　　对全球多个海域的研究发现，海洋微生物的形态是多种多样的，海洋细菌也呈多形

性，难以用基本的球状、杆状和螺旋状概括。通过荧光显微镜、共聚焦激光扫描显微镜、电子显微镜等技术，越来越多不同形态的海洋微生物被发现。

早期的研究认为，海洋细菌中球菌数目较少，绝大多数是杆菌，约 20%是螺旋菌。这主要是基于培养法对水深小于 50 m 的表层海水研究得出的结论，现在看来实际情况远非如此。海洋垂直分层调查及球状古菌的发现表明，表层水域和深海水域均有大量球菌的存在，而且发现有些细胞存在特殊形态。另外，一些杆菌和弧菌的 VBNC 状态（详见第 9 章）也多呈球状。球菌的表面积虽然较杆菌、螺旋菌小得多，但其抗深海静水压力的能力较强。

通过透射电镜观察，海洋病毒粒子的衣壳多为二十面体对称结构，分为有尾和无尾两大类，有时还会有附属结构。其他海洋微生物如微藻、原生动物等，由于其营养类型、运动性等特征不同，形态特征更为复杂多变，如鞭毛虫表面排列有整齐的鞭毛可用于运动；甲藻多呈球状、不定形丝状和变形虫状。

1.4.2.2 结构特征

海洋细菌多为革兰氏阴性，这反映了其细胞壁的结构成分。海水中约 95%的细菌为革兰氏阴性，这一比例高于海底沉积物，而陆地土壤中革兰氏阴性菌不足 50%。海洋中产休眠体芽孢的细菌种类较少，而土壤中的许多细菌是产芽孢的。自 1982 年徐怀恕等首次发现细菌的 VBNC 状态以来，大量研究表明 VBNC 状态可能是海洋细菌的主要抗逆性休眠体的存活形式（详见第 9 章）。

海洋中 75%～85%的细菌类群具有鞭毛，可进行活跃运动。海洋细菌多具有鞭毛显然与其适应水环境有关。与陆生种类相比，海洋细菌的鞭毛具有特殊性和多样性。例如，多数海洋弧菌具有极生单鞭毛，但有时也可见 3 条极生鞭毛，还有些海洋细菌具有 3～12 条成束的鞭毛，如费氏另类弧菌（*Aliivibrio fischeri*；又称费氏弧菌 *Vibrio fischeri*）、火神弧菌（*V. logei*）和哈维氏弧菌（*V. harveyi*）。海洋螺菌可借助胞质流动做旋转运动，有利于降低海水阻力，且菌体两端各具一束鞭毛，形成双动力，可极为灵活地进行趋化或驱避运动。极生鞭毛还有助于海洋细菌的附着，菌体附着后体表会产生以黏多糖为主要成分的、较短的侧生鞭毛（lateral flagella），其主要作用是使菌体牢固地附着于固体表面，但有时也会使菌体在一些表面产生移动，出现涌动（swarming）现象。海洋蓝细菌尽管没有鞭毛，但却能借胞质动力和胞外黏液进行滑行运动。螺旋形蓝细菌则行旋转运动。

1.4.3 生理特征

1.4.3.1 对温度的耐受力

陆生细菌的最适生长温度一般在 30～37℃，而大多数海洋细菌具有热敏感性，不适于在 30℃以上的环境中生长。大洋细菌的最适生长温度通常为 18～22℃，海洋生物的病原菌多适于在 25～28℃的温度下生长。许多海洋细菌能够在 0～4℃条件下缓慢生长，甚至在-5℃以下也有细菌能够生长。

　　然而，在海洋中也发现了一些超高温细菌，比如发现在海底热液喷口处 120℃的海水中仍有细菌能正常生存。120℃是已知的一切细菌包括芽孢的极限致死温度，已不能用"抗热性"一词解释了，因为这涉及对生命科学、酶化学、蛋白质化学等许多概念性质的重新认识和定位。目前，高温微生物已成为研究的热点，如能利用高温微生物进行发酵，可以加快运转、省去冷却水、减少污染、提高酶制产品的稳定性，这无疑将会为发酵工业带来一场革命。对海洋低温菌的研究也已引起一些科学家的重视，如若能利用低温菌发酵生产不饱和脂肪酸，将会为人类带来极大的福祉。

　　相较于海洋细菌，人们对海洋古菌的研究与认识过程则恰恰相反。由于古菌最早是从极端环境中分离的，因此人们最初认为它们只生活在极端环境中。例如，分离自加利福尼亚湾 2000 m 水深的甲烷火菌属（Methanopyrus）古菌，它们生活在温度为 80～110℃的海底黑烟囱壁上，并可以在最高 122℃的环境下生长繁殖，但在温度下降到 80℃时停止生长。此外，热变形菌纲（Thermoprotei）、古生球菌目（Archaeoglobales）、热球菌目（Thermococcales）、甲烷球菌目（Methanococcales）等古菌是深海热液喷口所特有的类群。在低温环境中，古菌在深海冷泉、北极冰川及南北极海域的发现也证实了嗜低温海洋古菌的存在。随着分子微生物学的发展，人们发现古菌广泛存在于各类海洋环境中，而并非仅生长在极端环境。

1.4.3.2　对盐度的需要

　　海洋细菌的一个基本特征是在海水环境中才能生长，而在淡水环境中一般不能生长。钠离子是海洋细菌生长所必需的，但不是唯一的必需成分，海洋细菌的生长还需要钾、镁、钙、磷、铁等其他主要成分。因此，不能仅用 NaCl 溶液的浓度来表示海洋细菌所需的海水盐度。一般来说，不论海水盐度的大小如何，各主要成分之间的浓度比例都基本恒定，即"海水组成恒定性"原则。实际上，不同海区和不同海水深度中，海水的某些成分存在一定的差异，盐度也不完全一致。在盐度为 40 以上的环境中生长的微生物可视为嗜盐种类，一些极端嗜盐菌甚至可在盐度为 150～300 的死海中生长。多数海洋细菌在盐度为 30 的海水培养基中生长良好，而分离自河口环境、红树林区的细菌宜在盐度为 15～20 的咸水培养基中培养。

1.4.3.3　对氧气的需要

　　分离自海洋环境的细菌绝大多数是兼性厌氧菌，海洋水体中还存在少数专性好氧菌，而海底沉积物中则存在较多的专性厌氧菌。在海洋中发现的趋磁细菌，大多适宜在有氧和无氧过渡区的微氧环境中生长，为微好氧菌。海洋细菌对氧需求的差异，是其能量代谢类型多样性的反映，也是其适应环境多样性的表现。兼性厌氧菌在有氧条件下比在厌氧条件下生长好，这是因其具有两种产能方式，在有氧时产能更多。在光合细菌中，既有好氧的蓝细菌，能在有光环境中进行产氧的光合磷酸化而产生能量；又有厌氧的绿硫细菌，在透光厌氧条件下进行不产氧的光合磷酸化而产生能量。而对于兼性厌氧的光合细菌，其产能方式则随环境条件的不同而改变：在有光厌氧的条件下进行不产氧的光合磷酸化，在无光厌氧的条件下则进行基质水平磷酸化，而在有氧环境中则又会进行氧化磷酸化而产生能量。通常好氧菌是以 O_2 为最终电子受体进行有氧呼吸，厌氧菌则多以无机氧化物为最终电子受体进行无氧呼吸。反硝化作用通常是在厌氧环境中进行的，但海洋中有些好氧反硝化菌可在好氧或微好氧条件下以 O_2 和 NO_3^{2-} 作为最终电子受体进行呼吸代谢。

1.4.3.4 营养类型的多样性

对于微生物营养类型的划分，通常是将利用有机物的称为异养型，利用无机物的称为自养型，一些行捕食生活的称为吞噬营养型（phagotroph）。然而，海洋微生物中有许多种类是混合营养型（mixotroph），很难用一种营养型的标准将其严格区分开来。有些自养菌也能行异养生活，反之有些异养菌也兼有自养性。有些蛭弧菌可营异养腐生生活，多以"吃"细菌为生，营吞噬营养的寄生生活。进行光能自养的单细胞甲藻类群中有许多是兼营异养型生活，如原多甲藻属（Protoperidinium）和裸甲藻属（Gymnodinium）几乎全是吞噬营养型。

1.4.3.5 色素的产生

海洋真光层水域中有半数以上的是产色素细菌，而在深层海水中很少发现产色素细菌。常见的色素颜色包括黄色、橙黄色、棕色、红色或浅红色、绿色、深蓝色和黑色等。色素的种类包括光合色素与保护性色素（如类胡萝卜素和藻蓝素等）。除光合细菌外，海洋中常见的可产色素的种类有黄杆菌属（Flavobacterium）、假交替单胞菌属（Pseudoalteromonas）、假单胞菌属（Pseudomonas）、交替单胞菌属（Alteromonas）和弧菌属等。产色素的非光合细菌多生活在表层水域，色素可帮助表层水域的细菌免受或少受阳光辐射的损害，起到类似"遮阳伞"的保护作用。此外，许多产色素的海洋细菌在实验室暗处长期培养会失去产色素的能力。

1.4.3.6 发光现象

虽然发光现象并非海洋细菌的普遍性生理特性，但是已知的发光菌绝大部分分离自海洋生物的体表或海水中。目前，已报道的淡水发光菌仅有霍乱弧菌易北河生物型（Vibrio cholerae biotype albensis），其在含有 1.2% NaCl 的培养基上会发光，但这种性状在重复传代后可能会丧失。海洋发光菌最早由 Bernhard Fischer（1852～1915 年）记载，包括印度发光杆菌（Photobacterium indicum）、磷光发光杆菌（P. phosphorescens）、费氏另类弧菌等 9 种。后来，人们又陆续从海洋生物的体表和海水中分离出多种发光细菌，如哈维氏弧菌，该菌是为纪念 E. N. Harvey 而定名的。Harvey 是生物发光基础研究的先驱，他认为生物发光是海洋生物的一种显著特性。

常见的海洋发光细菌除以上种类外，还有火神弧菌、灿烂弧菌（V. splendidus）、坎氏弧菌（V. campbellii）、明亮发光杆菌（P. phosphoreum）、鲹发光杆菌（P. leiognathi）、曼达帕姆发光杆菌（P. mandapamensis）、羽田氏希瓦氏菌（Shewanella hanedai）、武氏希瓦氏菌（S. woodyi）等。海洋中发光的生物种类除细菌外，还有一些腔肠动物、甲壳动物、被囊动物等。甲藻是目前发现的唯一能发光的藻类，如夜光藻（Noctiluca sp.）、膝沟藻（*Gonyaulax* sp.）、梨甲藻（*Pyrocystis* sp.）等。

1.4.3.7　共附生现象

海洋微生物几乎都具有附着特性，胞外多具有一层自身分泌的黏多糖，利于其附着于固体表面。有鞭毛的细菌种类还能借助鞭毛进行附着生活。海洋细菌附着于非生物表面后，还可吸引藻类、真菌、原生动物等共同附着，通过形成生物被膜而互利共存。海洋细菌也可以附着在生物体表，多为互利共栖。例如，一些海鱼（如大西洋鲱）为适应环境变化而引起体表变色，但引起变色的色素是由在其体表附着生长的细菌所产生的。另外，发光菌也多在海洋生物体表附着生长。藻类的培养多是带菌培养，在海藻中很容易分离到海洋酵母，这也是它们之间互利共栖的有力证明。

互生关系如果达到相互依赖、密不可分的程度则可称为共生现象。许多海洋细菌能与其他生物形成共生关系，如海洋软体动物瓣鳃类中的一些船蛆能钻穿海水中的木材而居住其中，并以食木为生，但其不能直接消化木纤维，而是依靠与之共生的一些纤维素分解菌帮助其降解木纤维。研究发现，许多海洋动物的发光器官之所以能够发光，实际上是因为与之共生的发光细菌所起的作用。例如，与夏威夷鱿鱼发光器官共生的是费氏另类弧菌。海洋动物的发光器官有利于其诱捕食物。此外，海洋红树根部有许多与之共生的内生真菌，有助于红树对养分的吸收利用。

1.4.4　培养特征

1.4.4.1　分离培养难

海洋细菌多具有黏附性，菌体容易黏着在一起而产生聚集现象，因此平板划线法通常很难将单个菌体完全分开而得到纯培养。即使用稀释涂布平板法，有时也需在稀释菌液中添加表面活性剂（如 0.05%吐温 80），并进行充分振荡，以防止分散菌体的重新聚集。

人工合成培养基是依据微生物的原生态环境因素及生长条件而设计的。虽然 ZoBell 最早设计的 2216E 基础培养基适于多数常见的、适应性强的海洋异养菌的生长，但仍有许多海洋异养菌不能在这种培养基上正常生长。与陆生细菌相比，海洋细菌在基础培养基上通常生长缓慢，代时（generation time）较长，在平板上形成的菌落也相对较小。目前，有 99%以上的海洋细菌尚不能获得纯培养。究其原因，对海洋细菌的原生态环境因素、生存条件、附生及共生性、VBNC 状态等方面缺乏了解，可能是传统培养法难以对众多海洋细菌分离培养的主要原因。因此，必须改革传统的培养模式，发展多元化的培养方式和培养条件（详见第 13 章），才能适应新形势下开发利用海洋微生物资源的需要。

1.4.4.2　保存难

与陆生细菌不同，海洋细菌尤其是来自大洋的细菌，很难在 4℃条件下长期保存。其可能的原因如下：①有些海洋细菌在 4℃条件下还会继续生长代谢，最后会进入衰亡期而自然死亡；一些产蛋白水解酶活力强的细菌会因酶的累积而产生自溶（autolysis）；产抑菌物质的细菌也会因产物累积量的增大而造成对自身的抑制；一些产酸的硫杆菌也会因酸量的超标而无法生存。②许多海洋细菌在 10℃ 以下会形成 VBNC 状态的休眠体，用常规培养法不能使其繁殖（详见第 9 章）。海洋细菌一般需要在超低温条件下才能长期保存。

1.5 海洋微生物的栖息环境

1.5.1 海洋环境

1.5.1.1 海洋环境概述

海洋生态系统是地球上最大的生态系统，海洋生物踪迹超过生物圈的 90%。海洋覆盖面积约为 3.6×10^8 km^2（地球表面的 71%），水体的总重量约为 1.41×10^{18} t，容纳 1.4×10^{21} L 水（地球总量的 97%）。海洋的平均深度是 3800 m，有大量的深海海沟，其中最深的是太平洋的马里亚纳海沟，约为 11 000 m。海底有大量的山脉，包含地球 90% 以上的火山爆发点。

地球上有五大洋，最大的太平洋占地球表面积的 28%，比整个陆地面积还大。大西洋是第二大洋，位于非洲、欧洲、南大洋及美洲之间。印度洋位于非洲、南大洋、亚洲和澳大利亚之间。南大洋位于南纬 60° 和南极洲之间。北冰洋位于北极圈以北，是最小的大洋。陆地与大洋连接的海域称为边缘海，多数边缘海以海域所处的地理位置而命名，如地中海、加勒比海、波罗的海、白令海、南海等。大陆坡位于大陆架的延伸处，海水较浅，离岸距离为几千米到几十万米，缓慢倾斜至深度为 100～200 m 处。深海平原覆盖了大部分的海底，几乎构成一个平台表面，但是在不同的地方被洋中脊、深海海沟、海底山脉和火山活动点所打断。

海洋表面由于风的作用而不断运动，产生海浪和各种海流。局部受热的气团引发的风带产生了大洋的主要表层流系统。地球的自转使水的运动发生偏斜，导致大的水团之间产生边界流。这些海流和边界流影响海洋营养成分与生物的分布。根据海洋表面温度，海洋生态系统可分为 4 个主要的生物地理区，即极地、冷温带、暖温带（亚热带）和热带（赤道）。这些地带的界线不是绝对的，可随季节而变化。

中国近海包括渤海、黄海、东海、南海及台湾以东的太平洋一隅（为西太平洋边缘海的一部分）。我国海域横跨热带、亚热带和温带三个气候带，拥有四大类型海洋生态系统，包括滨海湿地生态系统、珊瑚礁生态系统、上升流生态系统和深海生态系统，地理位置得天独厚，海洋生物资源种类繁多。

1.5.1.2 海水的主要成分

海水偏弱碱性（pH 为 7.5～8.4），主要是氯离子和钠离子的水溶液，另外还含有 80 种以上的元素成分及多种无机盐类。海水的主要离子成分比例约为：钠 55%、氯 31%、硫酸根 8%、镁 4%、钙 1% 和钾 1%，其含量超过总盐含量的 99%。另外 4 种微量离子成分，即碳酸氢根、溴、硼酸根和锶，它们的总含量不足海水总盐含量的 1%。海水中还有许多痕量元素，如铁，浓度低于 0.001 mg/L。这些元素对维持海洋微生物的生长和海洋生态系统的生产力是非常关键的。

海水的盐度是指 1 kg 海水中所含溶解物质的总量，它是描述海水特性的基本物理参数之一，其单位为 g/kg，符号为 S。海水中各种成分的浓度根据地理位置和物理因素的不同而有所变化。人们习惯参考海水的盐度，以千分比（‰）来表示所溶解物质的浓度。大多数海水的盐度为 32～37，平均值接近 35。大洋的盐度比较稳定，一般为 34～37，有时因降雨或蒸发而有所不同。亚热带海洋由于温度较高而盐度最高，而温带海洋由于蒸发少而盐度低。在赤道附近，降雨使海水盐度相对较低。在近岸地带，海水被来自河流和陆地径流的淡水大量稀释，其盐度为 10～32。在一些封闭地区，如红海及阿拉伯海湾，盐度可高达 44。在极地区域，因冰的形成导致淡水减少，盐度也会增加。

1.5.1.3　太阳辐射和温度

光照影响初级生产力。对于进行光合作用的微生物，光照对其生态功能起关键性作用。不同波长的光进入海水的程度取决于多种因素，尤其是云的遮挡、极地冰的覆盖、空气中的尘埃及太阳辐射角度（太阳辐射角度随着季节及落在地球表面的位置不同而发生变化）等。光可以被生物或者悬浮颗粒吸收或散射出去。即使在清澈的大洋水域中，光合作用仍然受可利用光照的限制，只能在水深小于 200 m 的水体中进行，该水层被称为真光层（euphotic zone，又称透光层）。蓝光具有最强的穿透能力，因而位于真光层较低部分的光合营养微生物，有可能具有高效收集蓝光的光捕获系统。在浑浊的近岸海水中，当季节性浮游生物繁盛时，真光层可能只有几米。

太阳辐射也会导致海水的热分层。在热带海洋中，持续的太阳能输入可使水面温度上升到 25～30℃，并形成与深水处显著不同的温度。一年中，在水深 100～150 m 处，有一个明显的温跃层（thermocline），该层之下温度突然下降至 10℃，甚至更低，这些水层之间几乎没有过渡。在极地海域中，水一直比较冷，只在夏季有一个短暂且轻微的温跃层。在其他时期，因为海水表面的风力产生的湍流使不同深度的海水发生混合，所以海水无明显分层。温带海洋的温跃层随季节会有较大的变化，在冬天由强风和低温导致海水的强烈混合；在春季形成的温跃层，使夏季的浅水层形成一个明显的暖水域；随着海洋变冷、风力加强，温跃层会在秋季中断。伴随着光照强度的季节变化而发生的温度层化效应和垂直混合对光合效率及异养微生物活动有重要影响。

1.5.2　水体生境

在近岸海域，海水一般比较浅，而在大洋区域，海水比较深。根据海水深度，海洋水体可以分为海洋浅层（epipelagic zone；0～200 m，又称真光层）、海洋中层（mesopelagic zone；200～1000 m）、海洋半深层（bathypelagic zone；1000～4000 m）、海洋深层（abyssopelagic zone；4000～6000 m）和深渊层（hadal zone；>6000 m）（图 1-9）。以上

生境中都有微生物存在。光能自养生物主要在真光层进行光合作用。水和大气的界面含有丰富的有机质，通常微生物的含量也最高。海洋水体与陆地交界处是大陆架最浅的部分，即潮间带，又被称作沿海带，只占大陆架很小的一部分。该区带通常含有丰富的有机碎屑，许多种类的沿海动植物定居于此。

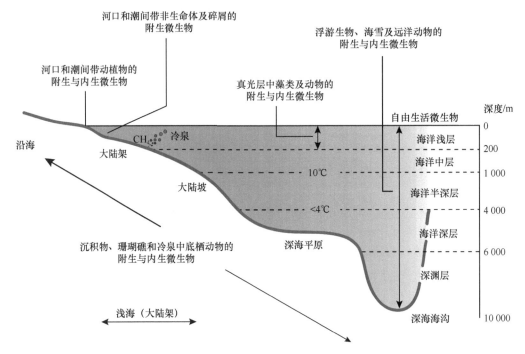

图 1-9　海洋的主要生态区和海洋微生物的栖息地（未按比例）（修改自 Munn，2020）

　　浮游生物一般是指那些悬浮在水体中，没有足够的移动力来抵抗大规模水流的生物，传统上是指浮游植物（phytoplankton）和浮游动物（zooplankton）。但是，当考虑光合细菌和原生生物时，传统上的"植物"和"动物"概念并不十分合适。本书中的浮游植物包含蓝细菌。按照此种分类，可以将水生细菌命名为浮游细菌（bacterioplankton），而将病毒命名为浮游病毒（virioplankton）。另外有一种根据大小对浮游生物进行分类的方法，见表 1-3。根据这种分类方法，病毒构成了超微型浮游生物，细菌构成了微微型浮游生物，原生生物则包含微微型浮游生物、微型浮游生物或小型浮游生物。

1.5.3　海雪

　　"海雪（marine snow）"是指海水中下降的颗粒状有机物，由无机颗粒的聚集体、活的浮游生物细胞、浮游生物碎片及浮游动物的排泄物组成，通过浮游植物和细菌释放的胞外多糖类物质黏附在一起。之所以这样命名，是因为这些颗粒物在水下被照亮时，特别像降落的雪花（图 1-10A）。大多数颗粒物的直径为 0.5 μm 到几微米，经过不断碰撞和凝结形成聚集体，体积不断增大，在平静的水面中可以增大到几厘米。形成海雪核心的通常是尾海鞘废弃的"住室（house）"。水华（藻华）结束时，即将死亡的硅藻会在其细胞壁中产生大量的黏多糖，因此也会凝结成大量的海雪。此外，聚集的鞭毛虫和纤毛虫捕食时会产生水流，可吸附周围水域中的颗粒物，使海雪颗粒增大。

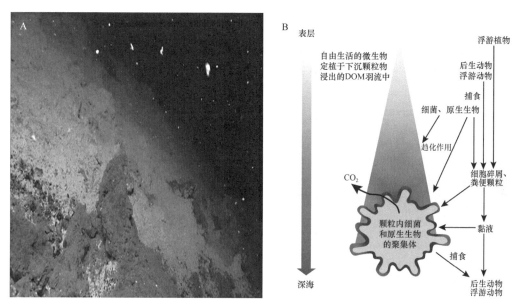

图 1-10　海雪及与其形成和归宿相关的微生物过程

A. 正在沉降的海雪[引自美国国家海洋和大气管理局（NOAA）图片库]; B. 海雪颗粒在水体中下沉时，与其形成和归宿有关的微生物过程示意图（Munn, 2020）。DOM, 溶解有机物

　　海雪主要在深度 200 m 以浅的水体中产生，大的颗粒每天可下沉 100 m，可在几天内从海洋表面沉降到深部。该过程是将一定比例光合作用合成的有机质，从表层输送到深水及海底的主要方法。然而，聚集物中也包含着有活性的细菌和以细菌为食的原生动物。海雪中的微生物数量一般是 $10^8 \sim 10^9$ 个细胞/mL，是海水中的 100~10 000 倍。由于微生物的有氧呼吸作用会造成无氧微生境，因此各种需氧和厌氧微生物占据海雪颗粒中不同的微生境。当颗粒物下沉时，有机质会被颗粒中微生物所产生的胞外酶降解。由于溶解的速率大于重新聚合的速率，因此溶解的物质从海雪中泄漏。当海雪颗粒由于扩散作用和水平对流而散布时，会留下一些营养碎屑的尾迹，可作为化学信号吸引一些小的浮游动物来吞食消化这些颗粒。这些拖尾状的颗粒物也为浮游细菌提供了浓缩的营养源（图 1-10B）。因此，表层海水中大量的有机质在其下降时发生再循环，而少部分则到达了海底，可以被底栖生物消化利用，或者形成沉积物。

1.5.4　沉积物

　　大部分大陆架（continental shelf）和大陆坡（continental slope）被陆源或岩成沉积物所覆盖。这些沉积物来源于陆地的侵蚀，流入海洋成为泥粒、沙或砾石等。沉积物中矿物的组分反映了岩石的种类和风化的类型。大的河流每年可向海洋中转运数百万吨的泥沙，其中的大部分沉积到大陆边缘或者被海底洋流稀释为悬浮物。在深海中，大约75%的海底被深海黏土及软泥所覆盖。深海黏土是大陆的尘土被风卷入海洋形成的，同时混入火山灰及来自陨星碰撞的宇宙尘土。这些黏土累积得非常慢，每1000年累积不足1 mm厚，而生物软泥每1000年可累积4 cm厚。

生物软泥中30%以上的沉积物质来源于生物，主要是由浮游生物中的原生生物躯壳与黏土混合而成的，根据成分可分为钙质软泥和硅质软泥两种。在靠近大陆的浅水中软泥通常并不明显，但钙质软泥覆盖了近50%的大洋底部，它们主要由颗石藻（coccolithophore）和有孔虫（foraminifera）的碳酸钙外壳沉积而成。硅质软泥是由硅藻壳（硅藻细胞壁）和放射虫（radiolarian）形成的，其组分为硅晶体（$SiO_2 \cdot nH_2O$）。

生物软泥的积累速度依赖于浮游生物的裂解速率以及被混入的其他沉积物稀释的程度。对于颗石藻和有孔虫类来说，深度对溶出度影响重大。在靠近海洋表面温度相对较高的地方，海水中的碳酸钙是饱和的。当钙质壳下沉时，由于在低温高压的水中二氧化碳含量增加，碳酸钙变得更加易于溶解。"碳酸盐补偿深度"是指从表面水体中输入的碳酸盐与深水中溶解的碳酸盐相平衡的深度，这个深度在不同的海域有所不同，如在极区为3000 m，而在热带为5000 m。基于这个原因，钙质软泥在水深超过5000 m时难以形成。同样的，并非所有硅藻壳中的硅质都可以到达海洋底层。在硅藻壳下降过程中，细菌对硅藻壳的分解起重要作用。尽管如此，经过长时间尺度的累积，大西洋和太平洋中大部分区域的沉积物达500～1000 m厚（在一些地区更厚些）。

氧气在水中的饱和度使其只能渗透到沉积物几厘米深处，在该深度之下所有微生物对有机物的分解活动都是在厌氧条件下进行的，它们可使用的电子受体包括硝酸盐、铁锰氧化物、硫酸盐和CO_2等。缺氧沉积物也是甲烷产生和分解的重要场所。实际上，水体中的某些区域也可能是完全缺氧的（详见7.3节），因为在这些区域，高营养物浓度促进了微生物对氧气的消耗。例如，黑海150～2000 m深的海底都没有自由氧，委内瑞拉和墨西哥的沿岸海区外也存在大片的缺氧盆地。海洋深部沉积物及沉积物下方岩石中微生物，是目前研究的热点，需要特殊的大洋钻探设施才能获得这些特殊环境中的样品（详见第12章）。

在沉积物和水体的分界面及海底边界层也存在较强的微生物活动。海底边界层是指与沉积物表面毗连的10 m或更厚的匀质水层。沉积物和水体的分界面含有高浓度的微粒状有机碎片和可溶性有机物，它们可以变成矿物微粒的吸附物。微生物栖息地的结构和组成可以被深海底的"风暴"及洞穴动物的活动所改变，其能够移动和重新悬浮沉积物。浮游生物来源的有机碎屑像雪花一样不停地降落，浓缩的营养物输入也可能以大型动物尸体的形式到达海底。例如，延时摄影（time-lapse photography）观察到鲸尸体快速下降过程中吸引了大量动物群体，并且在相关的微生物研究中也发现了一些新的细菌，这些细菌在生物工程方面有潜在的应用价值。这里发现的硫氧化细菌类群与热液喷口和冷泉（cold seep）附近发现的类群非常类似。其他可以为微生物提供特殊栖息地的沉积物环境类型包括盐沼、红树林和珊瑚礁等。

1.5.5　海冰

在极区，冬天温度很低以至于大面积的海水冻结成冰，有些冰形成与海岸毗连的冰区，有些形成一块块流动的浮冰。在温度低于–1.9℃时，海水结冰，这是盐度为35 的海水的结冰点。海冰形成的第一步是冰针的微小晶体在海水表面堆积，通过风和浪的作用形成团块，称为油脂状冰（grease ice）。这些油脂状冰转变成薄饼状浮冰，然后冻结在一起，形成结实的冰覆盖在海面上。在冬季最冷的时段，北极和南极地区被冰覆盖的总面积，接近地球表面积的 10%（南极约为 $1.8×10^7$ km^2，北极约为 $1.5×10^7$ km^2）。在片冰形成的过程中，浮游微生物陷入冰结晶层之间，海浪运动使更多的微生物进入正在形成的油脂状冰中。冬天，在极区靠近冰和空气的分界面，温度可能低至–20℃，然而在冰和水的分界面的温度保持在大约–2℃。当海水结冰时，会形成纯水的晶格（crystalline lattice），将盐从结晶结构中排出。冰中液相的盐度升高，其冰点进一步降低。这些低温、高密度、高盐度（达到150）的水在冰中形成盐水袋或盐水通道（brine pocket or brine channel），在–35℃时仍可保持液体状态。冰的密度比海水小，因而高于海平面，浓盐水从通道中排入海冰下面的海水中。因此，海冰和淡水形成的冰在本质上是不同的。

海冰的结构为微生物提供了不同微小生境的"迷宫"，其温度、盐度、营养物质浓度和光投射度各有不同。这使得独特的嗜冷生物如微藻、原生动物、细菌和病毒等的混合微生物群落可以在该处定居并进行活跃的代谢活动。微生物的代谢活动，包括其产生大量的冷冻保护化合物和胞外多聚物，也导致微环境发生变化。在海冰中占据优势的、营光合作用的生物是羽纹硅藻目（Pennales），主要分布于冰水交界处冰的下半部分，上半部分主要为小的甲藻。海冰中的甲藻密度是表面水域的 1000 倍。另外，海冰中生存有原生生物和异养细菌，包括一些具有开发利用潜力的新物种，它们能够适应高盐低温环境。通过光合作用，微藻对极区的初级生产力起到虽小但很重要的贡献作用。例如，海冰对南极海洋初级生产力的贡献仅仅是总量的 5%左右，但是它增加了短暂夏季的初级生产力，为冬季的食物网提供了丰富的食物源。在南极的冬季，海冰下表面的微藻是磷虾等甲壳动物的重要食物来源，而后者又是南极海洋中鱼类、鸟类及哺乳动物的主要食物。

1.5.6　热液喷口和冷泉

海底热液喷口和冷泉是非常特殊且极端的微生物生存环境（详见 7.2 节）。热液喷口最早于 1977 年发现于东太平洋洋中脊 2500 m 深处的海底，后来发现其广泛分布于海底扩张中心，喷口处的流体温度可高达 350℃以上。伴随着热液喷口出现的"黑烟囱（black smoker）"是由高温、低密度、富含金属硫化物的热液流上升遇冷后形成的沉淀产生的。在热液喷口附近生长着大量的包括巨型管虫、蠕虫、蛤类、贻贝类在内的特殊生物群落，形成了一种独特的生命绿洲。后来的研究表明，热液喷口附近的海水中含有大量的化能自养菌，它们可以利用氧化热液中的硫化物所释放的能量来固定 CO_2。这种代谢活动支持了不依赖光合作用的许多营养水平的食物链。热液喷口附近的许多动物组织中也含有大量的化能自养菌作为其共生菌。以前，人们认为生命最终依赖于光合作用固定二氧化碳，但是热液喷口的发现及其生物群落的研究提出了一种独特的非光合作用依赖的生命维持方式。热液喷口由于具有高温、高压、高毒（以硫化物为主）等特点，为微生物提供了一种特殊的栖息地，并被认为是生命的起源地。

冷泉是指富含甲烷、硫化氢等气体的流体从海底沉积物表面渗漏或者喷发形成的地质构造，多分布于大陆架和板块交界处。在冷泉处，高浓度的甲烷支持大量的营化能自养的微生物群体的生长，包括自由生活的细菌和古菌及无脊椎动物的共生菌。在冷泉处也分布有大量的有孔虫类。一些冷泉区域还富含碳氢化合物。

1.5.7 活的生物

在各种动物、藻类和沿海植物的表面都有许多微生物定植，这些生物通过分泌或滤取有机化合物而营造了一种高营养的环境。许多生物可以选择性地促进特定微生物的表面定植或阻碍另一些微生物的定植，这可能是因为这些生物会产生某些特殊的化合物而抑制微生物生长或干扰微生物的黏附。一旦特定的微生物定植于生物表面，这些微生物可能会进一步影响其他类型微生物的定植。对这些过程的研究在控制生物污损（biofouling）中有显著的应用价值。同表面定植即外生的（epibiotic）关系一样，微生物也可以在体腔内、组织内或活生物的细胞内形成内生的（endobiotic）关系，如生活在热液喷口的管状蠕虫就靠其体内的硫细菌产生有机物而维持生命（图 1-11）。

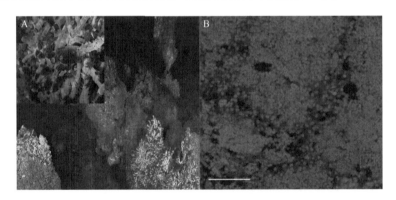

图 1-11　管状蠕虫及其体内的硫细菌（Forget et al.，2015）
A. 管状蠕虫及其栖息环境；B. 荧光显微镜下的管状蠕虫切片，绿色为 GAM42a 探针，示γ-变形菌纲细菌，蓝色为 4′,6-二脒基-2-苯基吲哚（DAPI）染色，比例尺=50 μm

许多微藻如硅藻和甲藻的表面上有附生细菌，或者与它们成为内共生关系。海藻和海草表面有大量的细菌（高达 10^6 个/cm^2），且随物种、地理位置和气候条件的不同而变化。目前，有关海藻和海洋植物的微生物性疾病正在逐渐被认识，然而该领域的研究明显不足，本书暂不涉及该领域的内容。海洋动物的表面及消化道为大量微生物提供了栖息环境。这种相互关系通常对宿主和微生物是互利的。另外，在海洋动物和微生物之间也存在共生关系。海洋微生物还会造成海洋哺乳动物、鱼类、无脊椎动物等的微生物性疾病，我们将在后文对鱼类的微生物性疾病进行阐述（详见第 10 章）。

1.5.8　生物被膜和微生物席

生物被膜（biofilm）是指细菌吸附于固体表面后，分泌多糖复合物，并结合周围的有机和无机成分，相互粘连而形成的具有生理功能的细菌群落。在海洋环境中，所有物体如岩石、植物、动物的表面都可能被生物被膜所侵占，生物被膜对微生物在固体表面定植起支配作用。在过去几十年中，研究者对生物被膜进行了大量的研究，逐渐认识到这些生物被膜的形成包含复杂的理化过程和生物群落的相互作用。

微生物席（microbial mat）是指在沉积物表面，微生物的代谢活动产生的环境梯度造成了生态系统的演替，使微生物混合群体定植形成几毫米到几厘米厚的多层结构。根据营养成分和环境条件的不同，微生物席中可能含有多种类型的细菌、古菌、原生生物和真菌与病毒，以及微生物分泌的聚合物和沉积物成分。微生物席在浅水区和潮间带水域中特别重要。微生物席的组成受物理因素如光、温度、水组分及流速的影响，同时也受化学因素如 pH、氧化还原电位、氧分子和其他化学物质（尤其是硫、氮与铁离子）的浓度以及溶解有机化合物的影响。光合细菌和硅藻是分层的微生物席中的重要组分，且物种组成和分布带是由穿透到微生物席中的光波的强度与波长决定的。光通常只能穿透到微生物席的约 1 mm 处，在这之下形成无氧条件。氧气和硫梯度的形成及每天的变化对微生物席中生物的分布有重要影响。

生物被膜形成的具体描述详见 2.4.2 节，微生物席中不同细菌所起的作用也将在后面章节中详细描述。生物被膜在生物污损中也有很大的经济价值，将在第 11 章中讨论。

主要参考文献

美国国家海洋和大气管理局(National Oceanic and Atmospheric Administration, NOAA). http://www. photolib.noaa.gov/index.html[2020-6-8].

美国史密森尼国家自然历史博物馆海洋(Smithsonian Ocean). https://ocean.si.edu/milestones-marine-microbiology[2020-4-8].

张偲, 等. 2013. 中国海洋微生物多样性. 北京: 科学出版社.

张晓华, 等. 2016. 海洋微生物学. 2 版. 北京: 科学出版社.

Auguet JC, Barberan A, Casamayor EO. 2009. Global ecological patterns in uncultured Archaea. ISME J, 4: 182-190.

Azam F, Long RA. 2001. Oceanography-sea snow microcosms. Nature, 414: 495-498.

Ducklow HW. 1983. Production and fate of bacteria in the oceans. Bioscience, 33: 494-501.

Forget NL, Perez M, Juniper SK. 2015. Molecular study of bacterial diversity within the trophosome of the vestimentiferan tubeworm *Ridgeia piscesae*. Mar Ecol, 36: 35-44.

Fuhrman JA, Azam F. 1982. Thymidine incorporation as a measure of heterotrophic bacterioplankton production in marine surface waters: evaluation and field results. Mar Biol, 66: 109-120.

Fuhrman JA, Suttle CA. 1993. Viruses in marine planktonic systems. Oceanography, 6: 51-63.

He Y, Li M, Perumal V, Feng X, Fang J, Xie J, Sievert SM, Wang FP. 2016. Genomic and enzymatic evidence for acetogenesis among multiple lineages of the archaeal phylum Bathyarchaeota widespread in marine sediments. Nat Microbiol, 1: 16035.

Jannasch HW, Wirsen CO. 1977. Retrieval of concentrated and undecompressed microbial populations from the deep sea. Appl Environ Microbiol, 33: 642-646.

Jiao N, Herndl GJ, Hansell DA, Benner R, Kattner G, Wilhelm SW, Kirchman DL, Weinbauer MG, Luo T, Chen F, Azam F. 2010. Microbial production of recalcitrant dissolved organic matter: long-term carbon storage in the global ocean. Nat Rev Microbiol, 8: 593-599.

Kirchman DL. 2008. Microbial Ecology of the Oceans. 2nd ed. New Jersey: John Wiley & Sons Inc. Kirchman DL, K'Nees E, Hodson RE. 1985. Leucine incorporation and its potential as a measure of protein synthesis by bacteria in natural aquatic systems. Appl Environ Microbiol, 49: 599-607.

Liu Y, Makarova KS, Huang WC, Wolf YI, Nikolskaya AN, Zhang X, Cai M, Zhang CJ, Xu W, Luo Z, Cheng L, Koonin EV, Li M. 2021. Expanded diversity of Asgard archaea and their relationships with eukaryotes. Nature, 593: 553-557.

Locey KJ, Lennon JT. 2016. Scaling laws predict global microbial diversity. Proc Nat Acad Sci USA, 113: 5970-5975.

Madigan MT, Bender KS, Buckley DH, Sattley WM, Stahl DA. 2018. Brock Biology of Microorganisms. 15th ed. Harlow, UK: Pearson Education Limited.

Munn CB. 2020. Marine Microbiology: Ecology and Applications. 3rd ed. London: CRC Press, Taylor & Francis Group.

Odum EP, de la Cruz AA. 1963. Detritus as a major component of ecosystems. AIBS Bulletin (later BioScience), 13: 39-40.

Odum EP, Smalley AE. 1959. Comparison of population energy flow of an herbivorous and a deposit-feeding invertebrate in a salt marsh ecosystem. Proc Natl Acad Sci USA, 45: 617-622.

Omori M, Ikeda T. 1992. Methods in Marine Zooplankton Ecology. Malabar: Krieger Publishing Company.

Oren A, Garrity GM. 2014. Then and now: a systematic review of the systematics of prokaryotes in the last 80 years. Antonie van Leeuwenhoek, 106: 43-56.

Pomeroy LR. 1974. The ocean's food web, a changing paradigm. Bioscience, 24: 499-504.

Sherr EB, Sherr BF. 1988. Role of microbes in pelagic food webs: a revised concept. Limnol Oceanogr, 33: 1225-1227.

Sieburth JM. 1987. Contrary habitats for redox-specific processes: methanogenesis in oxic waters and oxidation in anoxic waters. In: Sleigh MA. Microbes in the Sea. Chichester: Ellis Horwood: 11-38.

Takai K, Nakamura K, Toki T, Tsunogai U, Miyazaki M, Miyazaki J, Hirayama H, Nakagawa S, Nakagawa S, Nunoura T, Horikoshi K. 2008. Cell proliferation at 122℃ and isotopically heavy CH_4 production by a hyperthermophilic methanogen under high-pressure cultivation. Proc Natl Acad Sci USA, 105: 10949-10951.

Torrella F, Morita RY. 1981. Microcultural study of bacterial size changes and microcolony and ultramicrocolony formation by heterotrophic bacteria in seawater. Appl Environ Microbiol, 41: 518-527.

Volland JM, Gonzalez-Rizzo S, Gros O, Tyml T, Ivanova N, Schulz F, Goudeau D, Elisabeth NH, Nath N, Udwary D, Malmstrom RR, Guidi-Rontani C, Bolte-Kluge S, Davies KM, Jean MR, Mansot JL, Mouncey NJ, Angert ER, Woyke T, Date SV. 2022. A centimeter-long bacterium with DNA contained in metabolically active, membrane-bound organelles. Science, 376: 1453-1458.

Willey JM, Sandman KM, Wood DH. 2020. Prescott's Microbiology. 11th ed. New York: McGraw Hill Education.

Yang F, He J, Lin X, Li Q, Pan D, Zhang X, Xu X. 2001. Complete genome sequence of the shrimp white spot bacilliform virus. J Virol, 75: 11811-11820.

Yayanos AA. 1986. Evolutional and ecological implications of the properties of deep-sea barophilic bacteria. Proc Natl Acad Sci USA, 83: 9542-9546.

复习思考题

1. 什么是海洋微生物？试结合实际阐述海洋微生物的重要性。
2. 请从进化地位、主要类群、主要特征等方面论述海洋微生物与陆生微生物的异同点，并结合其生境说明为什么有这些区别。

3. 结合海洋微生物发展史说明海洋微生物在海洋生态系统中的作用。

4. 试简述海洋微生物学发展的几个阶段及其重要成就，并结合现阶段较热门的两个研究技术说明其特点与价值。

5. 三域分类系统指什么？请简述三域间有哪些主要差异。三域分类系统还有哪些不足之处？

6. 海洋微生物都有哪些生理特征？

7. 请简述海雪的定义及其组成，以及海雪在海洋物质循环中的作用。

8. 什么是生物被膜和微生物席？列举其生态意义及对人类生产活动的影响，并结合其特点与调控机制，展望如何减小其对人类生产生活的影响。

9. 请阐述海洋微生物学这门学科的研究意义及最新进展，并选取一个感兴趣的方向对其发展方向进行展望。

10. 试述海洋微生物的主要作用，列举海洋微生物应用于生产的实例，设想海洋微生物还可以应用于哪些领域。

（张晓华　张钰琳　张蕴慧　刘吉文　于　敏）

本章彩图请扫二维码

第2章 海洋原核生物的结构及特性

本章将介绍海洋原核生物（prokaryote）的主要结构特征并概述其营养、生长及代谢过程，为后面章节中对海洋细菌和古菌类群的详细描述提供背景知识。虽然在长期的进化过程中，细菌和古菌分别进化成完全不同的两个类群，但它们的细胞结构基本一致，在显微镜下的形态也十分类似，同属原核生物。尽管本书采用的是基于分子系统发育学的生物界"三域"分类系统，但是在本章中仍将细菌和古菌放在一起讨论。

细菌和古菌已进化了30亿～40亿年。它们中的有些种类可以利用光能固定CO_2而成为光能自养菌，有些可以利用无机物氧化获取能量而成为化能自养菌，有些则可以利用有机物氧化获取能量而最终成为化能异养菌。从进化的角度讲，微生物诞生于海洋，海洋孕育了地球上的微生物。海洋中的微生物是地球生态系统中最重要的组成部分，其微生物种类繁多，据统计有100万至2亿种。长期以来，多数微生物学家都沿用纯培养方法获得细菌，这种方法是由19世纪的微生物学先驱者Robert Koch发明的，通过分离纯化获得细菌的单菌落后对其进行研究。然而，纯培养方法并不能解答涉及海洋微生物的所有科学问题，因为在已知的原核生物中，只有很小的一部分可以被培养。更重要的是，在包括海洋环境在内的自然界中，微生物群落中不同微生物之间往往存在着各种相互的联系，其代谢活动相互依赖，而纯培养方法阻隔了微生物群落中不同物种之间的相互联系，因此有必要强调海洋生态环境中微生物相互作用的重要性。

2.1 海洋原核生物的形态结构

2.1.1 原核生物的细胞形态

海洋原核生物与陆生原核生物的细胞形态在显微镜下基本是相似的，有球形或卵球形（球菌）、杆状（杆菌）、弧状（弧菌）和螺旋状（螺旋菌）等多种形态。然而，某些类群的海洋原核生物还有独特的形态，如紧密盘绕的螺旋形（螺旋体），具柄、芽或菌丝[如浮霉菌属（*Planctomyces*）和柄杆菌属（*Caulobacter*）]，以及星形或四方形（某些古菌）等（图2-1）。许多海洋放线菌具有丝状体结构，而有的海洋疣微菌门（Verrucomicrobia）细菌具有环状结构。典型原核细胞的直径为1～5 μm，但海洋原核细胞的大小却存在巨大的差异，其直径为0.1～750 μm。原核微生物细胞绝大多数是单细胞形态，近年来在海洋细菌中也发现了多细胞原核生物，如多细胞趋磁原核生物，有桑葚形、菠萝形等形态（详见2.1.5.4节）。

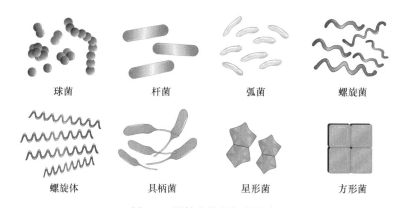

球菌　　　　杆菌　　　　弧菌　　　　螺旋菌

螺旋体　　　具柄菌　　　星形菌　　　方形菌

图 2-1　原核生物的细胞形态

尽管原核生物的细胞形态多样，但是其细胞的基本结构相同。图 2-2 是一幅原核生物细胞的结构示意图。图中上半部分显示的一般构造存在于所有原核生物中，而图中下半部分显示的一些结构则仅在特定类型的原核生物中存在。不同类型的原核生物细胞，其不同的内部和表面结构与微生物群体的生理生态特性息息相关。

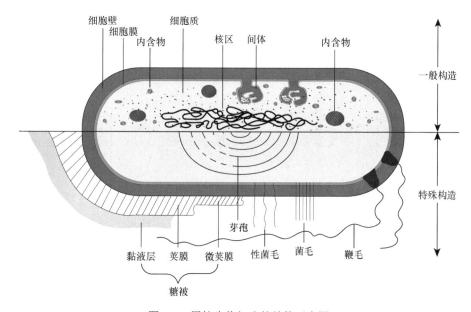

图 2-2　原核生物细胞的结构示意图

2.1.2　细胞壁

已知的海洋原核生物在质膜外大多具有某种类型的细胞壁（cell wall）。细胞壁具有固定细胞的外形并在渗透压不适宜的环境下保护细胞的作用。细菌和古菌同属于原核生物，但其细胞壁的结构和组分却具有较大的差异。

细菌细胞壁的关键组分是肽聚糖（peptidoglycan），它是由两种交替存在的氨基糖残基即 N-乙酰葡糖胺（N-acetyl glucosamine）和 N-乙酰胞壁酸（N-acetyl muramic acid）及四肽侧链构成的链状大分子聚合物。相邻主链的氨基酸侧链之间形成交联，构成一种网状大分子，使肽聚糖获得了很高的机械强度。尽管氨基酸的种类和交联性质存在着差异，但绝大多数海洋细菌的肽聚糖有着基本相同的结构。

革兰氏染色法（Gram staining）由丹麦病理学家 Christain Gram 于 1884 年创立，他在用结晶紫与番红复染的病理切片中发现细菌有规律地出现两种颜色（紫色和红色）。用这种差别染色法可将细菌区分为革兰氏阳性菌（G⁺）和革兰氏阴性菌（G⁻）两大类型，这在早期对未知细菌的鉴定非常有用。革兰氏阳性菌具有由肽聚糖构成的、较厚的简单细胞壁（图 2-3）。细胞壁中还含有一种酸性多糖，叫磷壁酸（teichoic acid），主要成分为甘油磷酸或核糖醇磷酸。革兰氏阴性菌则有一种相对较薄但更为复杂的细胞壁（图 2-4），这类细胞壁有一层很薄的肽聚糖（但没有磷壁酸），在肽聚糖层外还有一层外膜（outer membrane）。

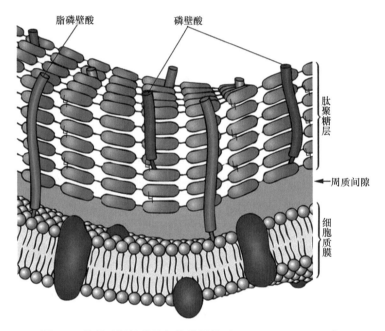

图 2-3 革兰氏阳性菌的细胞壁结构（Prescott et al.，2002）

革兰氏阴性菌的外膜（又称外壁层）是由脂双层和蛋白质构成的复合物，但它与质膜明显不同。外膜通过一种脂蛋白锚定在肽聚糖层上。外膜含有脂多糖（lipopolysaccharide，LPS），其是革兰氏阴性菌细胞外膜所特有的化合物，具有某些重要的性质。脂多糖由核心多糖、类脂 A 及具有种属特异性的 *O*-多糖侧链构成（图 2-5）。脂多糖具有免疫原性（immunogenicity），主要由 *O*-抗原（*O*-多糖侧链）决定。根据 *O*-抗原中多糖侧链序列不同而划分的血清型，是区分细菌种间差别的重要指标。脂多糖可刺激补体的活化和相关的宿主应答，这对病原菌的致病作用如某些病原弧菌（*Vibrio* spp.）和杀鲑气单胞菌（*Aeromonas salmonicida*）引起的鱼类败血症，以及疫苗的开发都具有非常重要的意义。脂多糖还是细胞内毒素（endotoxin）的物质基础，内毒素的主要化学成分是脂多糖外层的类脂 A，是造成人类出血、发热、休克等症状的主要因子。

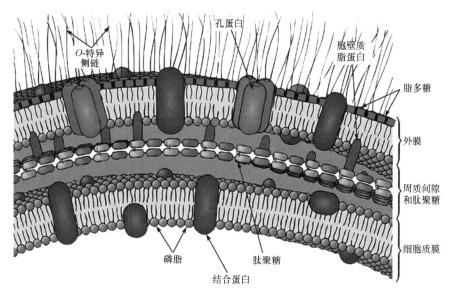

图 2-4　革兰氏阴性菌的细胞壁结构（Prescott et al.，2002）

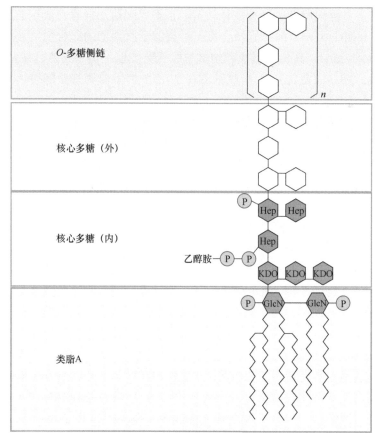

图 2-5　脂多糖的基本结构

图中未标注名称的六边形代表各类六碳糖（己糖）。O-多糖侧链序列即使在同一种细菌中也会由于菌株间的差异而有所不同。Hep，L-甘油-D-甘露庚糖；KDO，2-酮-3-脱氧辛糖酸；GlcN，氨基葡萄糖

外膜蛋白也具有许多显著的特性。最主要的外膜蛋白也称为膜孔蛋白（porin），具有三聚体结构，是低分子量溶质穿过外膜的通道。其他外膜蛋白则是铁和其他关键营养物质的受体，可将它们输送入细胞内。这些外膜蛋白的一个重要特性是它们的合成并非组成型表达，往往会因特定物质的浓度而被阻遏或诱导。例如，在海洋细菌中，必需营养元素铁离子可以通过铁载体（siderophore）运输至细胞内部，而编码铁载体及其外膜受体的基因仅在铁离子缺乏的情况下才表达。在实验室中培养的细菌，通常会因被供给过量的铁，而导致其外膜结构和物理性质与在高度缺铁的自然环境中生长的野生型细菌相比有较大差异。有些外膜蛋白还可以感知环境的改变，如压力、温度、pH 和基于信号系统的信息交流等因素的变化。

外膜是细菌细胞质膜外的另一层渗透性屏障，由于两者的渗透选择性不同，有一些物质可以穿过两层膜，而有的物质只能透过一层膜，但不能透过另一层膜。内外两层膜之间的空间称为周质空间（periplasmic space，又称周质间隙），是革兰氏阴性菌的重要特征，许多锚定蛋白和运输蛋白均位于此处。周质空间的一些蛋白质，如某些酶和毒素，除非它们有特殊的分泌机制，只要细胞不裂解，它们就不会被释放出来，但含有周质成分的外膜小泡（outer membrane vesicle）或许可以从细胞表面释放出来。

相对而言，古菌细胞壁的成分变化较多，且不像细菌那样含有真正的肽聚糖。如某些产甲烷菌（methanogen）的细胞壁含有一种类似于肽聚糖的化合物，被称为假肽聚糖（pseudopeptidoglycan），其化学组成和结构与肽聚糖类似，但不含有胞壁酸、D 型氨基酸和二氨基庚二酸，而是含有 L 型氨基酸和 N-乙酰塔罗糖氨基糖醛酸（N-acetyltalosaminuronic acid；又称 N-乙酰塔罗黏酸）。而某些嗜盐菌（halophile）的细胞壁则是由富含酸性氨基酸（如天冬氨酸和谷氨酸）的糖蛋白组成的，以利于维持细胞的稳定性，防止细胞在高渗条件下皱缩。革兰氏染色法也适用于古菌，但很少作为鉴定方法。具有假肽聚糖或其他复杂细胞壁的古菌经革兰氏染色呈阳性，因为它们具有较厚的网状结构的细胞壁，在使用乙醇脱色时会收缩，从而使结晶紫染料不被乙醇洗脱掉，但是那些具有表面层（S 层）的古菌通常呈革兰氏阴性。

表面层（surface layer，简称 S 层）是某些细菌和古菌的一种特殊表层结构，通常包被在细胞壁表面，由单一蛋白质或糖蛋白亚单位构成，并自我组装成晶格状晶体结构（lattice-like crystalline structure）（图 2-6A～C）。几乎在细菌和古菌的所有系统发育学类群的细胞表面都能找到 S 层，它可能代表了一种从极早期阶段进化发展而来的最简单的生物膜类型。微生物不同物种的 S 层蛋白的氨基酸组成基本是相似的，分子质量为 40～200 kDa。由于 S 层蛋白含有较高比例的天冬氨酸和谷氨酸，其等电点偏酸性，通常为 4～6。对芽孢杆菌科细菌的研究结果表明，其 S 层蛋白外表面为中性，内表面则分布有较多的酸性侧链基团，具有较多的负电荷。S 层蛋白在转录后通常会发生修饰，包括蛋白质磷酸化和蛋白质糖基化（古菌一般为糖基化）。S 层蛋白排列的对称形式主要有倾斜状（p1 或 p2）、四边形（p4）和六边形（p3 或 p6）等晶格（图 2-6D～F）。

S 层的主要功能是保护细胞免受机械力、热力及渗透压力的伤害。在大多数古菌中，S 层相当于其细胞壁。某些产甲烷古菌有两个 S 层，最外面的 S 层把细胞群包入一个鞘中。但是在细菌中，S 层往往仅作为细胞壁外部的一个附加表层。在鱼类病原菌杀鲑气单胞菌中，S 层可增强细菌突破宿主防御的能力。另外，S 层的特殊性，使其在疾病诊断、疫苗制备、仿生学和分子生物学等方面具有重要的应用价值。

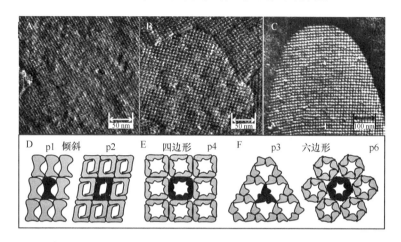

图 2-6　不同细菌的 S 层显微形态和不同晶体类型的图解说明（Schuster and Sleytr，2009）

A. 嗜热脂肪地芽孢杆菌（*Geobacillus stearothermophilus*）呈倾斜的 S 层结构，原子力显微图像（比例尺=50 nm）；B. 球形赖氨酸芽孢杆菌（*Lysinibacillus sphaericus*）呈四边形的 S 层结构，原子力显微图像（比例尺=50 nm）；C. 一株革兰氏阳性菌呈六边形的 S 层结构，电子显微镜图像（比例尺=100 nm）；D. 倾斜的晶体结构，一个形态单元（深灰色）由一个（p1）或两个（p2）相同的亚单位组成；E. 4 个亚单位组成四边形的晶体类型；F. 六边形晶体类型由 3 个（p3）或 6 个（p6）亚单位组成

2.1.3　细胞质膜和其他内膜结构

2.1.3.1　细胞质膜

细胞质膜（cytoplasmic membrane）也称为细胞膜（cell membrane），是双磷脂层膜，其上镶嵌有多种蛋白质，厚 8～10 nm。根据流动镶嵌模型，细胞膜通常是一种高度动态的结构，其主体是磷脂双分子层，有 200 多种蛋白质镶嵌在双层脂质体中。细胞质膜是一种具选择性的通透膜，它可以选择性地从环境中吸收水分和其他营养物质，并向外排出代谢废弃物以完成细胞物质交换。小分子水溶性和脂溶性化合物可以自由透过质膜，但是极性分子和离子一般不能自由透过质膜。

细胞膜可被钙、镁和藿烷类（hopanoid）化合物所稳定，后者是一种类固醇化合物，由藿烷（hopane）衍生而来。由于藿烷类化合物难以被分解，因此在环境中较容易积累。据估计，全球沉积在藿烷类化合物中的碳约有 10^{12} t，差不多与现今所有生物中的有机碳一样多。石油和煤等化石燃料中的很大一部分由藿烷类化合物组成，多由大洋中沉降的细菌积累而来。因为不同种细菌产生的藿烷类化合物的结构有差异，所以这些化合物常常被用来作为海洋沉积物中微生物群落分析的标志物。

细菌和古菌的细胞膜具有显著差别，细菌细胞膜中磷脂的脂肪酸通过酯键与甘油连接，而多数古菌的磷脂是由重复五碳单位组成的烃结构（类异戊二烯）的脂肪醇，而不是脂肪酸，通过醚键与甘油连接。许多古菌，特别是来自高温环境如热液喷口（hydrothermal vent）附近的种属，具有二酰甘油四醚组成的单层细胞膜（图 2-7）。

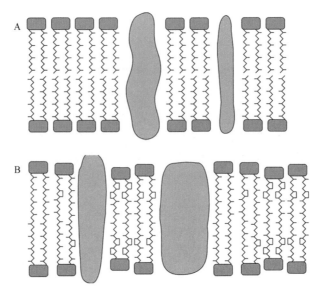

图 2-7　古菌细胞质膜的结构（Prescott et al.，2002）
A. 由结合蛋白和含有 20 个碳原子的二醚侧链形成的双分子层；B. 由结合蛋白和含有 40 个
碳原子的四醚侧链形成的单层细胞膜

细胞质膜除凭借选择通透性和多种转运蛋白在控制物质进出细胞方面起到重要作用外，也是能量产生和保存的重要部位。在代谢过程中，与质膜结合的电荷携带者使膜产生电荷分离。这一电荷分离过程便构成了膜内外的电化学势能差，进而转化成化学能。原核生物用来产生这一梯度的氧化还原反应千变万化，但是能量转换的"通用货币"总是 ATP 分子。当质子从特殊的进出口穿过质膜时，其蕴含的能量便被捕获用于 ADP 向 ATP 的转化过程中。

2.1.3.2　其他内膜结构

原核生物细胞内一般不含由细胞膜分化而成的复杂细胞器结构（如线粒体和叶绿体等）。然而，在一些海洋原核生物，尤其是具有高呼吸活性的光能自养菌（photoautotroph）和化能自养菌（chemoautotroph）中，其细胞内存在由细胞膜内陷褶皱形成的一些未分化的管状、层状或囊状的内膜结构，如有"拟线粒体"之称的间体（mesosome）、相当于叶绿体的载色体（chromatophore）、类囊体（thylakoid）及羧酶体（carboxysome）等。

生长在弱光下的光能营养菌比生长在强光下的种类能产生更多的载色体内膜结构和色素，以便高效地捕获光能。蓝细菌（cyanobacteria）中密集折叠的膜体称为类囊体，是由多层膜片折叠而成的片层结构，具有光合系统Ⅰ和光合系统Ⅱ，它们含有叶绿素 a 和用于获得光能的辅助色素（accessory pigment）。化能自养菌可由质膜密集包裹一些膜片形成精巧的细胞内膜系统，称为羧酶体（详见 2.1.5.3 节）。甲基营养菌（methylotrophic bacteria）在氧化甲烷时也产生类似的内膜系统，但是它们在利用其他一碳化合物时产生的细胞内膜系统却远不如它们在氧化甲烷时发达。

气泡在海洋光能自养菌如蓝细菌、嗜盐古菌和产甲烷古菌的生存中尤为重要。气泡有一层 2 nm 厚的透气壁，由两种疏水蛋白组成，它们围成的中央空腔可使细胞质中的气体扩散进来，从而增加细胞的浮力。这使光能营养菌在水体中能够保持在合适的光照强度区。来自深层栖息地的生物也具有狭窄的气泡，这是因为它们对水压有更强的抵抗力。

2.1.4　拟核与核糖体

2.1.4.1　拟核

原核生物不像真核生物那样具有完整的细胞核，其核物质没有特定的形态和结构，也不为核膜所包裹，仅较集中地分布在细胞质的特定区域内，称为拟核（nucleoid），也称为核区。细菌和古菌的基因组往往以单一环状 DNA 分子的形式存在，它们包括了与细胞结构和"管家（housekeeping）"相关的大部分基因（详见 2.5 节）。尽管它不像真核生物那样具有真正的染色体，但由于该环状 DNA 分子在遗传实验中表现为单独的连锁群（single linkage group），因此也被称为染色体（chromosome）。拟核附着于质膜上，DNA 的复制就在此处发生，当细胞分裂时，膜的生长导致了拟核的分裂。

2.1.4.2　核糖体和蛋白质合成

原核生物的 70S 核糖体（ribosome）是由两个分别为 50S 和 30S 的亚基组成的复杂结构，每个亚基都含有一定数量的多肽和核糖体 RNA（rRNA）分子。核糖体负责将信使 RNA（mRNA）核苷酸碱基序列中的遗传信息翻译成多肽的氨基酸序列。尽管细菌和古菌的核糖体大小相同，转录和翻译机制基本相似，但它们具有几个重要的区别：古菌的蛋白质合成具有与真核生物相似的一些特征，其起始密码子与甲硫氨酰-tRNA 结合，而在细菌中，甲硫氨酸被修饰为 N-甲酰甲硫氨酸；细菌中将 DNA 信息转录成 mRNA 的酶（DNA 依赖性 RNA 聚合酶）有 4 个多肽亚基，而在古菌中该 RNA 聚合酶则有 8 个亚基，与真核生物中的 RNA 聚合酶类型更相似；细菌的蛋白质合成可以被多种抗生素抑制，如利福霉素和氯霉素，但这两种抗生素不影响古菌中蛋白质的合成；另外，细菌和古菌的延长因子的结构也显著不同。以上证据表明细菌与古菌这两个域在进化早期就分道扬镳了，而古菌在进化中与真核生物有更为密切的关系。

在翻译完成后，由 mRNA 合成的蛋白质按其内在机制折叠形成三级结构。蛋白质的折叠取决于其一级结构即氨基酸序列中氨基酸的组成及排列顺序。此外，在新生蛋白质的折叠过程中，往往会有各种伴侣蛋白（chaperonin）帮助其折叠，以确保不会发生不恰当的折叠和聚合。所有的原核生物都含有伴侣蛋白，当细胞遭受突然的胁迫（stress），如升温（热激反应）时，伴侣蛋白的合成会显著增加。那些在热液喷口附近发现的嗜热原核生物中含有极高浓度的伴侣蛋白，用来保护新形成的蛋白质免受高热的损害。

2.1.5　内含物

在许多原核生物细胞质中常含有一些颗粒状结构，称为内含物（inclusion），如聚羟基烷酸酯、硫颗粒、羧酶体、磁小体、聚磷酸盐颗粒、多肽颗粒等。内含物大多属于细胞内储藏物或结构成分，根据内含物主要成分的性质可分为脂类、糖类、含氮化合物和无机物等。内含物常因菌种而异，即使同一种菌，颗粒的多少也随菌龄和培养条件不同而有很大变化。当某些营养物质过剩时，细菌往往会将其聚合成各种储藏颗粒；当营养缺乏时，这些颗粒物又被分解利用。海洋原核生物细胞内主要含有以下几类内含物。

2.1.5.1 聚羟基烷酸酯

许多海洋细菌和古菌可产生聚羟基烷酸酯（polyhydroxyalkanoate，PHA），这是原核生物特有的一种与类脂相似的碳源和能源储存物质，具有代表性的 PHA 是聚β-羟丁酸（poly-β-hydroxybutyric acid，PHB）。PHA 易被脂溶性染料（如苏丹黑）染色，而不易被普通碱性染料染色。PHA 和 PHB 属于生物塑料，其应用前景广阔。

2.1.5.2 硫颗粒

某些化能自养的硫细菌在其胞内可形成直径达 1 μm 的大型液态硫内含物，称为硫颗粒（图 2-8），可占细胞重量的 30%。硫颗粒可在周质空间或胞质内储存，外包一层质膜。硫细菌可在氧化 H_2S 的过程中获得能量并以固态硫颗粒的形式储存硫元素。当环境中缺少 H_2S 时，细菌能通过进一步氧化这些元素硫来获取能量。能储存硫颗粒的细菌为硫氧化细菌，根据细菌行使生理功能的不同，可以将这类硫氧化细菌分为光能营养型和化能营养型。光能营养型硫氧化细菌主要是不产氧光合细菌。化能营养型硫氧化细菌依靠含硫化合物的氧化获得能量，形成 ATP 来固定二氧化碳。除硫氧化细菌在胞内积累硫颗粒（图 2-8A、B、D）外，还有一些细菌在胞外积累硫颗粒（图 2-8C）。

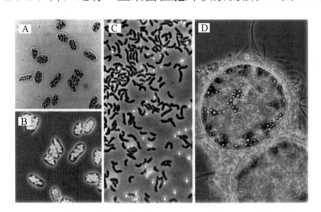

图 2-8　含有硫颗粒的不同细菌（Shively，2006）

A. 布德氏类着色菌（*Isochromatium buderi*），光学显微镜；B. 巴氏着色菌，倒置相差显微镜；C. 运动外硫红螺菌（*Ectothiorhodospira mobilis*），胞外硫颗粒，光学显微镜；D. 纳米比亚硫珍珠菌（*Thiomargarita namibiensis*），光学显微镜。

放大倍数：1000×

2.1.5.3 羧酶体

许多蓝细菌与其他自养原核生物如硝化杆菌属（*Nitrobacter*）和硝化球菌属（*Nitrococcus*），胞内往往含有规则的多角形结晶状内膜结构，称为羧酶体，直径约 120 nm，包在一层内膜中。它可作为 CO_2 固定的关键酶类——5-磷酸核酮糖激酶和 1,5-二磷酸核酮糖羧化酶的储存场所。这类自养微生物通过卡尔文循环（Calvin cycle）合成磷酸己糖。一些光能自养菌和化能自养菌的细胞中均可发现羧酶体的存在，通过羧酶体的包装提高了 5-磷酸核酮糖激酶和 1,5-二磷酸核酮糖羧化酶在 CO_2 固定过程中的催化效率。

2.1.5.4　磁小体

磁小体（magnetosome）是趋磁细菌（magnetotactic bacteria）内由细胞内膜包裹的磁性颗粒。趋磁细菌是一类能够沿着磁力线运动的特殊细菌。趋磁细菌最早于 1963 年由意大利学者 Bellini 在淡水中发现，但直到美国学者 Blakemore 于 1975 年在 *Science* 报道了从海泥中发现的趋磁细菌后，该类细菌才引起科学界的广泛关注。趋磁细菌细胞中含有由 Fe_3O_4 或 Fe_3S_4 组成的磁小体链（图 2-9），使细菌沿着地球磁场的方向以极生鞭毛运动。在北半球分离到的趋磁细菌一般顺着地球磁力线向地球北极运动，称为趋北型（north-seeking，NS）；在南半球，趋磁细菌一般逆着地球磁力线朝着地球南极运动，称为趋南型（south-seeking，SS）；在赤道附近则既有趋向地球北极的，也有趋向地球南极的。趋磁细菌利用这个习性与趋氧反应相结合，使其能够在沉积物中较快地到达氧浓度适宜（如微氧环境）和营养浓度适宜的区域。

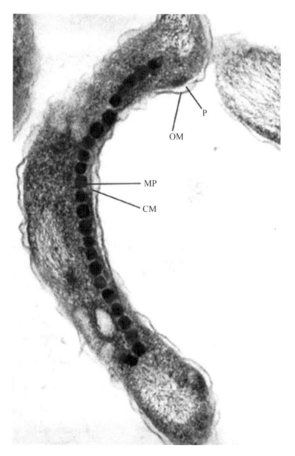

图 2-9　趋磁螺旋菌（*Magnetospirillum magnetotacticum*）的透射电镜照片（Prescott et al.，2002）

图中可见电子密度高的磁小体长链。OM. 外膜；CM. 细胞质膜；P. 周质空间；MP. 磁小体颗粒

　　尽管研究最深入的趋磁细菌是在淡水泥浆中被发现的，但最近的研究表明，趋磁细菌广泛存在于盐沼（salt marsh）和其他的海洋沉积物中，在我国近海潮间带沉积物中也有大量的趋磁细菌被发现。迄今为止发现的趋磁细菌主要隶属于变形菌门（Proteobacteria）的α-变形菌纲（Alphaproteobacteria）、γ-变形菌纲（Gammaproteobacteria）和δ-变形菌纲（Deltaproteobacteria）与硝化螺菌门（Nitrospirae）及 candidate division OP3，其中α-变形菌纲是趋磁细菌中占比最大的一类。其最常见的菌属有水螺菌属（*Aquaspirillum*）和磁螺菌属（*Magnetospirillum*）等。尽管趋磁细菌很难培养，但是应用磁收集的方法，可较容易地从环境样品（沉积物中）中分离到趋磁细菌。在深海沉积物中发现的含磁铁矿结晶的微体化石（microfossil），被认为是来源于至少 5000 万年以前的趋磁细菌。

　　除单细胞趋磁细菌以外，近年来还发现了多细胞趋磁原核生物（multicellular magnetotactic prokaryote，MMP），其是由多个含有磁小体的单细胞构成的多细胞聚集体。该多细胞聚集体作为一个完整的个体，以二分裂方式进行繁殖。目前，MMP 仅在沿海潟湖、湿地、盐湖和潮间带等环境中被发现。已发现的 MMP 根据形态可分为桑葚形和菠萝形。图 2-10 为采集自山东荣成月湖的桑葚形 MMP。

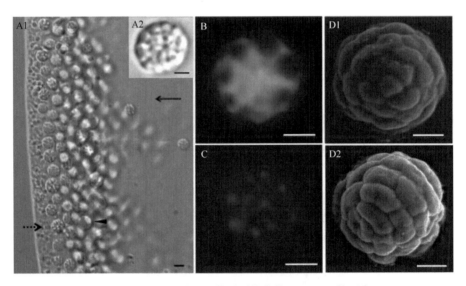

图 2-10　采集自山东荣成月湖的桑葚形多细胞趋磁原核生物（MMP）的形态（Zhang et al.，2014）
A. 从月湖潮间带沉积物中采集到的趋磁细菌表现出多种细胞形态。球形 MMP 的微分干涉相差显微镜照片如图 A1 和 A2 所示。实线箭头所指为外加磁场线的方向；黑色三角和虚线箭头分别指向椭圆形 MMP 和单细胞趋磁细菌；B. 戊二醛固定的 MMP 被蓝光激发后的荧光照片；C. 尼罗红染色显示 MMP 中的脂粒和聚羟基脂肪酸；D. 沿桑葚形 MMP 对称轴（D1）或垂直于对称轴（D2）的扫描电镜照片。比例尺：A1=5 μm；D1 和 D2=1 μm；其他均为 2 μm

　　磁小体为稳定的单磁畴晶体，主要由 Fe_3O_4 组成，在含硫丰富的环境中分离出的趋磁细菌，其磁小体还含有硫化铁（Fe_3S_4）等成分。磁小体的合成是在基因水平上调控的。磁小体对细胞的生长和存活不是必需的，但它的存在使趋磁细菌能够沿着磁力线定位于无氧环境和微好氧环境中，以利于细菌更好地生长。

　　多数趋磁细菌中的磁小体呈链状（单链或多链）沿细胞长轴排列，形成一个"生物磁铁"感应外界磁场。这些磁小体大小均匀，尺寸为 25～120 nm，外有脂质膜。磁小体的形状具有多样性，典型的形态有立方八面体状（cuboctahedral shaped）、棱柱状（prismatic shaped）和子弹头状（bullet-shaped）等，此外还有薄片状、球状和不规则形状等。单个磁小体的形态、大小依细菌种类的差异而不同，同种细菌合成的磁小体的晶型具有严格的特异性。

由于磁小体在材料学、生物医学、电子学、光学、磁学、能量储存和电化学领域具有巨大的应用潜力，因此对趋磁细菌与磁小体的研究已成为科研热点。例如，磁小体属于纳米级颗粒，具有大小均匀、颗粒外有脂质膜包被、不易聚集和无毒性等特点，是酶、药物和其他生物活性分子的理想载体；同时，磁小体还是非常好的磁性材料，在很多领域具有潜在的应用价值。

2.1.5.5　聚磷酸盐颗粒

许多海洋原核生物可产生聚磷酸盐颗粒（polyphosphate granule）作为能量储存体，其也是细菌特有的磷素储藏养料（图 2-11）。因其可被蓝色染料（如亚甲蓝或甲苯胺蓝）染成紫红色，故又称为异染粒（metachromatic granule）。聚磷酸盐颗粒大小为 0.5～1.0 μm，在磷含量较高的环境下形成。该组分最早在迂回螺菌（*Spirillum volutans*）中被发现，因此又被称为迂回体（volutin）。其在细菌中具有多种功能，除可以储藏磷素外，聚磷酸盐也可在细菌的许多反应中作为能量供体，如 AMP 磷酸转移酶可以利用 AMP 和聚磷酸盐生成 ADP。此外，聚磷酸盐颗粒的电子密度及富集焦磷酸盐（PPi）、聚磷酸盐和钙、镁等阳离子的特征，与许多真核细胞（藻类、酵母、原生生物以及人类血小板细胞）中的细胞器——酸钙体（acidocalcisome）的特性非常相似。

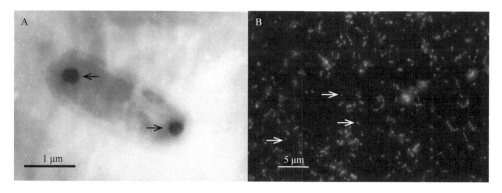

图 2-11　盐单胞菌（*Halomonas* sp.）YSR-3 聚磷酸盐颗粒的显微观察（Ren et al.，2020）
A. 透射电子显微镜（TEM）下拍摄（10 000×），箭头所指的深色颗粒为聚磷酸盐颗粒（直径约 400 nm）；B. DAPI 染色后在荧光显微镜下拍摄（100×），细胞显示蓝色，箭头所指为聚磷酸盐颗粒，呈亮黄色

2.1.5.6　淀粉

淀粉（starch）是有些细菌细胞内主要的碳素和能源储存物质。蓝细菌可以通过光合作用形成大量由 α-1,4 糖苷键连接而成的淀粉，积聚成淀粉粒。当培养基或环境中的碳氮比较高时，会促进细胞淀粉粒的积累。

2.1.5.7 其他内含物

蓝细菌往往还会合成富含精氨酸和天冬氨酸的多肽，并积聚成肽颗粒，被用作氮的储备。有些光合细菌及嗜盐古菌含有蛋白膜包围的气泡，使其具有浮力。

2.1.6 荚膜和糖被

许多海洋原核生物同陆生原核生物一样，会在一定的营养条件下，分泌一种黏液性的胞外基质，附着在细胞壁外，称为糖被或糖萼（glycocalyx）。糖被的成分一般是多糖，也有的多糖中穿插有蛋白质或多肽，通常形成网状结构。根据糖被的结构和厚度的不同，又可分为荚膜（capsule）、微荚膜（microcapsule）和黏液层（slime layer）等种类。荚膜一般具有外缘，结构较硬，并稳定地附着在壁外。荚膜的厚度一般为 0.2 μm 至数微米。厚度小于 0.2 μm 的称为微荚膜，在光学显微镜下不易被看到。黏液层则没有明显的外缘，其结构松散并能向环境基质扩散。荚膜的折光率低，且不易着色，所以常用碳素墨水进行负染色进而将其衬托出来。

荚膜的形成与环境条件有关，当环境中的碳氮比高时有利于荚膜的形成。糖被在海洋细菌中的首要意义在于促进其对植物、动物和无机物表面的附着，从而导致生物被膜（biofilm）的形成（图 2-12）。

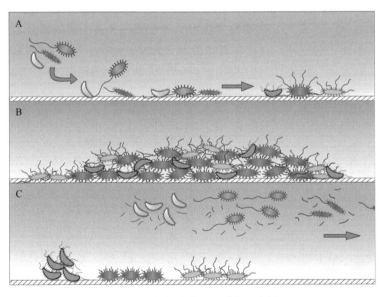

图 2-12 生物被膜形成过程示意图

A. 浮游细菌首先附着于物体表面（有时用鞭毛附着），附着后细菌的形态和生理状态很快发生改变，并分泌胞外多糖基质；B. 附着后细菌形成由微菌落构成的结构复杂的生物被膜；C. 微菌落中的一些细菌又变成浮游细菌的形态和生理状态，降解基质中的物质，游到别处去建立新的生物被膜

细菌糖被往往也是藻类孢子和无脊椎动物幼虫固着于固体表面的重要因素，这些过程在船舶和一些海洋建筑物生物污损中的重要意义将在第 11 章中讲述。这些黏稠的胞外聚合物的释放往往会使细菌和海水中悬浮的有机碎屑发生凝聚，从而导致海雪（marine snow）颗粒的形成。此外，海洋中很大一部分溶解有机碳也有可能是源自海洋细菌的糖

被。黏液层作为细菌的保护层，可以防止噬菌体的附着和有毒化学物质的渗透。对病原菌来说，荚膜的存在可以抑制宿主吞噬细胞对病原菌的吞噬作用，而在自由生活状态下，它可以抑制原生动物对其的摄取。然而，一个奇特的现象是，可能因为荚膜中有额外的营养，海洋中许多捕食性鞭毛虫（grazing flagellate）非常喜欢摄食有荚膜的浮游细菌。

2.1.7　鞭毛及菌毛

2.1.7.1　鞭毛

　　许多海洋细菌和古菌因为有鞭毛（flagellum）而可以游动，鞭毛的多少因菌种的不同而不同。原核生物鞭毛呈长螺旋细丝状，其通过一个镶嵌于细胞膜和细胞壁上的钩状结构附着在细胞上，基体（basal body）部分嵌入膜中（图 2-13）。在海洋细菌中，最常见的鞭毛着生方式是在细胞的一端附着一条鞭毛（极生单鞭毛）或多条鞭毛（极生丛生鞭毛）。有些种群有周生鞭毛（peritrichous flagella）。周生鞭毛遍布细胞的表面，这种鞭毛非常细，只有使用特殊染料对其进行染色后才能在光镜下观察到，而利用透射电镜或扫描电镜技术可以很容易观察到。鞭毛的数量和位置在菌种分类中是重要的形态判断指标。一些海洋细菌如弧菌类在与某些固体表面接触时可以改变鞭毛的组织方式，这在细菌定植和生物被膜形成过程中起着重要作用。

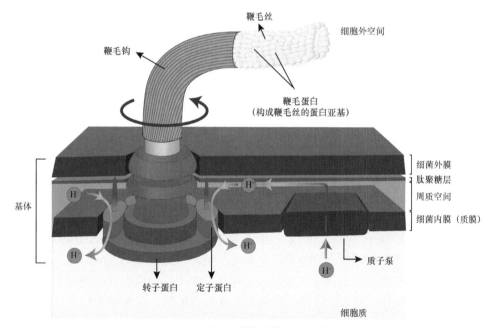

图 2-13　革兰氏阴性菌鞭毛的结构

鞭毛主要由三部分组成：基体、鞭毛钩和鞭毛丝。鞭毛旋转是由质子流通过定子蛋白驱动的，其机制可能类似于 ATP 合酶所使用的机制。由定子蛋白和转子蛋白组成的鞭毛马达可以 100 r/s 以上的速度旋转。鞭毛在顺时针或逆时针旋转时，鞭毛马达中的质子流始终向细胞质方向流动

　　细菌鞭毛的直径约 20 nm，长 5～10 μm，由单一蛋白（single protein）即鞭毛蛋白（flagellin）的亚基组成，这些蛋白质在细胞质中合成并通过细丝的中央孔道被运送到鞭

毛顶端。

基体像微型马达一样旋转从而产生运动。鞭毛具有刚韧性，像螺旋桨一样运动。基体令人称奇的结构和鞭毛丝精致的自我组装过程已引起工程师的注意，它们有用于开发纳米技术的潜力。大肠杆菌（*Escherichia coli*）的鞭毛运动机制已被广泛研究，基体的旋转是由质子通过散布在膜上的环状物周围的蛋白亚单位从细胞外进入细胞内引起的。然而，在弧菌中（很可能也在大多数其他海洋细菌中）质子被钠离子所代替，这在碱性（pH 为 8）海水中具有优势。钠离子驱动的鞭毛马达转动非常快，弧菌鞭毛可以 1700 r/s（游动速度达 400 μm/s）的速度旋转。最近研究证实，实际上大多数海洋细菌都同时拥有质子和钠离子驱动的鞭毛马达。

隶属α-变形菌纲的海洋趋磁细菌 MO-1 具有高速游动能力，它的游动速度高达 300 μm/s，每秒的游动距离相当于其身长的 100 倍。其鞭毛装置的结构较为特殊。通常情况下，细菌鞭毛或单独运作或通过形成松散的一束来提供动力。而在 MO-1 的鞭毛装置中，共有 7 条鞭毛丝（filament）和 24 条鞭毛纤维（fibril），通过糖蛋白的外鞘包装成紧密的一簇作为运动单位，它们的基体错综缠绕成一个六边体结构（图 2-14），这与脊椎动物骨骼肌中的粗肌丝和细肌丝的排布十分类似。具有外鞘结构的鞭毛装置的直径是单一鞭毛的 8 倍，是大肠杆菌鞭毛装置的 4 倍。直径的增大使鞭毛产生更强的动力，比没有外鞘的鞭毛产生多达 9 倍的动力。而且，在 MO-1 的鞭毛装置中，7 条鞭毛丝和 24 条鞭毛纤维很可能采用一种反向旋转的运动方式，可最大程度地减小相互之间的摩擦，获得较快的运动速度。MO-1 的特殊构造的鞭毛很可能代表了一种较为"先进"的运动结构，其运动机制有待进一步阐明。

当副溶血弧菌（*V. parahaemolyticus*）、创伤弧菌（*V. vulnificus*）和解藻酸弧菌（*V. alginolyticus*）在固体表面或黏性环境中生长时，其细胞形态会发生显著变化，细胞停止正常分裂，长度延伸到约 30 μm。同时，它们开始大量合成侧生鞭毛（lateral flagella）及正常的极生鞭毛（polar flagellum）（图 2-15）。极生鞭毛对细胞非固着生活时的运动非常有效，而侧生鞭毛可帮助细胞在黏性环境中运动。在实验室中，可通过琼脂平板表面的涌动（swarming）现象观察到细菌的鞭毛运动。在自然环境中，弧菌的涌动可使其采取固着的生活方式，这对表面生物被膜的形成和其在宿主组织中的定植有重要意义。极生鞭毛像一个传感器，当介质黏性增加而阻碍了它的旋转时，就会诱导侧生鞭毛的表达。利用化学试剂使钠离子流量受到限制，也能诱导出涌动现象。对钠泵的遗传分析，使我们了解了它的作用机制，但是目前我们对鞭毛信号如何调控基因表达，从而使细胞分裂发生改变并诱导合成不同的鞭毛所知甚少。在弧菌中，极生鞭毛（由钠离子驱动）包被于由外膜形成的鞘中，目前仍不清楚的是鞭毛在鞘内旋转，还是鞭毛和鞘作为一个单位一起旋转，而侧生鞭毛（由质子驱动）似乎没有鞘。

人们对古菌鞭毛的合成和结构所知甚少，其基本结构类似于细菌鞭毛。古菌鞭毛由多种蛋白质构成，且比细菌的鞭毛更加纤细（约 13 nm）。古菌鞭毛很可能由于太细而无法使鞭毛蛋白亚基通过中央孔道。鞭毛基体由一个中央杆状物和嵌于细胞壁与细胞膜中的一系列环组成，约含 20 种蛋白质。古菌鞭毛基体类似于革兰氏阴性菌的鞭毛基体，但所含蛋白质有所不同。

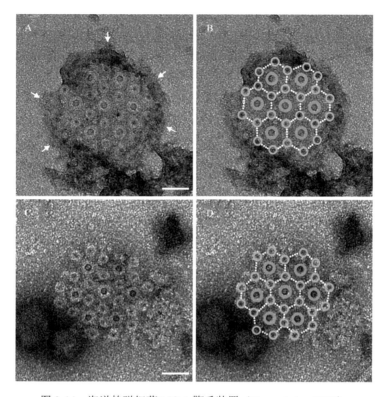

图 2-14　海洋趋磁细菌 MO-1 鞭毛装置（Ruan et al.，2012）

A. 去垢剂洗脱鞭毛后对其基底构架进行的电镜负染图，白色箭头代表其外膜（比例尺=50 nm）；B. 结构同图 A，大的黄棕色圆圈代表鞭毛丝，小的黄绿色圆圈代表鞭毛纤维；C. 结构同图 A，鞭毛外鞘由 pH 为 11 的碱性溶液洗脱（比例尺=50 nm）；D. 结构同图 C，颜色标注同图 B

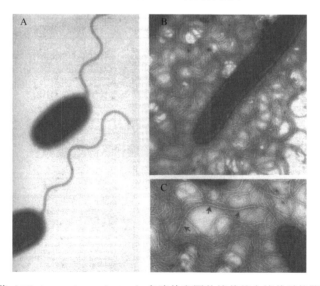

图 2-15　副溶血弧菌（*Vibrio parahaemolyticus*）在液体和固体培养基中培养时的鞭毛类型（Thompson et al.，2006）

A. 在液体中培养时，副溶血弧菌细胞具有带鞘的极生单鞭毛，细胞的大小约为 1 μm×2 μm；B 和 C. 在固体上培养时，副溶血弧菌细胞变长，除具有带鞘的极生单鞭毛外，还具有无数无鞘的侧生鞭毛。C 中箭头指向极生鞭毛部分溶解的鞘，带鞘的极生鞭毛的直径约为 30 nm，无鞘的侧生鞭毛的直径约为 15 nm

2.1.7.2 趋化性和相关行为

在光镜下观察能够运动的细菌如大肠杆菌时，会发现它们以一种随机的方式运动。它们沿着一条相对直的路径前进，在一个短暂的"翻滚（tumble）"后，又顺着另一个方向前进。翻滚是由鞭毛旋转方向的改变（图 2-16）和细胞的重新定位引起的，这由水分子的撞击造成（布朗运动）。通过数字成像系统（digital imaging system）对单一细菌进行三维运动观察，可以发现这类细菌在中性环境中的运动是完全随机的。但是，如果环境中存在引诱剂（attractant）或驱避剂（repellent）时，细菌翻滚频率就会发生变化，随机运动就有了偏向性，即趋化性（chemotaxis）。随着引诱剂浓度的增加，细胞翻滚的频率会降低，游动的时间加长并朝引诱剂来源的方向运动，即正趋化性（positive chemotaxis）（图 2-16）。细菌能感觉到胞外相关化学物质浓度的细微变化，它通过细胞表面一系列的化学感受器（chemoreceptor）和化学信号系统（包括蛋白质甲基化的改变）向鞭毛基部的"翻滚发生器（tumble generator）"传递信息。而在进行负趋化性（negative chemotaxis）运动时，细菌则会随着驱避剂浓度降低而使其翻滚次数减少，游动时间变长。细菌的这种趋化性运动是一个复杂的过程，涉及大量蛋白质的调控。

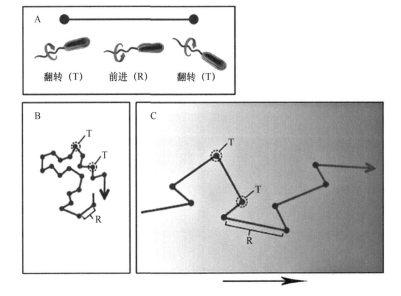

图 2-16　细菌的趋化性运动（仿自 Talaro，2012）

A. 通常而言，当极生鞭毛逆时针旋转时细菌会向前游动，当细菌顺时针旋转时细菌会停止游动并发生翻转，翻转后再向新的方向游动；B. 环境中不存在引诱剂或驱避剂时细菌的随机移动；C. 细菌在接近引诱剂时会增加其前进时间并定向运动

关于细菌的趋化性，已在大肠杆菌和一些其他肠道细菌中进行了广泛研究，但在海洋细菌中的研究相对较少。在生长于富营养环境的表层水体海洋细菌中，已发现趋化运动可带来很大的生存优势。许多研究表明，海洋细菌对宿主表面的趋化性是几种海洋致病菌和共生菌定植时的重要条件。但是，大洋中的海洋细菌则采取一种"来来回回（back and forth）"或"前进与反转（run and reverse）"的运动方式，而不是采用"偏向性随机运动"方式，从而更大程度地定位在有适宜营养浓度的区域。

　　许多细菌具有向着光线运动的能力，即趋光性（phototaxis），它们能够感知不同波长可见光强度的变化并游向光强更高的区域，这在海洋光合细菌中很常见。有一类嗜盐光合古菌，如盐沼需盐小杆菌（*Halobacterium salinarum*）具有独特的视紫红质分子（即细菌视紫红质），可用作鞭毛运转的光感受器（photoreceptor）。它们的光化学反应机构比一般光合细菌简单得多，可进行无叶绿素参与的光合作用。与细菌趋光性相反的是，还有些细菌具有避光运动的能力。

　　其他的趋避性运动包括趋向或远离高氧浓度（趋氧性，aerotaxis）和高离子浓度（趋渗性，osmotaxis）的运动。趋磁性（magnetotaxis）是某些海洋细菌和淡水泥沼细菌的一种特化反应，这些细菌含有磁小体（详见 2.1.5.4 节），具有趋磁性和避开高浓度氧的能力，它们能够借助磁场导向更容易地运动到化学物质和氧气浓度适宜的区域。

2.1.7.3　滑行运动

　　除鞭毛运动外，有一些细菌能够在固体表面或液、气界面进行滑行运动（gliding motility）。细菌的滑行运动不涉及鞭毛，仅在细菌接触固体表面水膜的情况下才会发生。部分蓝细菌及黏细菌目和噬纤维菌目的细菌具有滑行运动功能。滑行运动对于蓝细菌及噬纤维菌属（*Cytophaga*）和黄杆菌纲（Flavobacteria）的成员在微生物席（microbial mat）中对氧气和营养物质梯度的响应极其重要。对于滑行运动的蓝细菌而言，最普遍的运动机制是一种喷射推动（jet propulsion），即通过细胞表面的微孔排出黏液以推动自身运动。但是，在黄杆菌属（*Flavobacterium*）中，可能存在一种利用类似于鞭毛马达的旋转马达，可给特殊的外膜蛋白输送动力，使细胞外膜像棘轮一样运动，类似于坦克在履带上的运动。目前，有关细菌滑行运动的详细机制还有待人们继续探讨。

2.1.7.4　菌毛

　　菌毛（pilus 或 fimbriae）是许多细菌表面存在的毛发样蛋白质细丝。典型的菌毛直径 3～5 nm，长约 1 μm。一个细胞可能有不同类型的菌毛，每一类型的菌毛往往由单一蛋白质组成，每一类菌毛蛋白质的氨基酸顺序又具有显著的菌株差异性。

　　最常见的菌毛是与细菌表面附着相关的菌毛，一些微生物学家将这种具有黏附性结构的菌毛称为"纤毛"。黏附性菌毛在致病菌与动物黏膜相互作用中的功能已被深入研究。菌毛上往往具有受体识别位点，这可以用来解释为什么特定种类的细菌会特异性地附着于特定的宿主或组织上。宿主对细菌附着的免疫反应在抵抗感染方面非常重要。黏附性菌毛往往由质粒或噬菌体编码。人类致病菌霍乱弧菌（*V. cholerae*）就是一个很好的例子，霍乱弧菌的菌毛在感染中发挥了至关重要的作用，菌毛基因的获得和表达是这种生活在河口及海洋的细菌得以传播到人类内脏的重要因素。菌毛还可能与费氏另类弧菌（*Aliivibrio fischeri*）对乌贼感光器官的侵染有关。另一个例子是玫瑰杆菌类群（*Roseobacter* clade）对无脊椎动物幼虫的黏附，在玫瑰杆菌中菌毛发展成一种"紧固（hold-fast）"形式，增加了其黏附力。柄杆菌属和生丝微菌属（*Hyphomicrobium*）细菌的菌毛在对固体表面的附着中扮演着类似的角色。

除普通的黏附性菌毛外,一些细菌细胞还具有Ⅳ型菌毛(type Ⅳ pilus)。它们负责一种被称为蹭行运动(twitching motility)的细菌表面运动。在该运动中,菌毛能可逆地伸长和收缩,使得细菌能突然产生急促运动,运动距离可达数微米。蹭行运动在生物被膜的形成和发展中尤为重要。菌毛还可能与海洋细菌的许多其他代谢过程有关,因此有必要针对这一领域开展进一步的研究。

在细菌的菌毛中,有一种特殊菌毛,称为性菌毛(sex pilus),比普通菌毛长而粗,常常有几微米长,仅由涉及接合生殖(conjugation)的供体(雄性)细菌形成。细菌通过性菌毛能够与其他细菌发生接合生殖,供体菌的接合性质粒(conjugative plasmid)或其携带的宿主染色体遗传物质可以通过性菌毛向受体菌转移,实现遗传物质的交换。接合性质粒可编码性菌毛蛋白及从供体菌向受体菌转移 DNA 所需的整套工具。在海洋环境中,性菌毛在细菌细胞间的基因转移方面有重要作用,如编码抗生素抗性和降解活性的基因往往通过性菌毛发生横向转移。另外,性菌毛是某些噬菌体的受体,F^+ RNA 质粒作为检测粪便污染海水的指示剂,已得到实际应用。最近,在数种古菌(尤其是嗜热菌)中也发现了接合性质粒。

2.2 海洋原核生物的能量代谢

2.2.1 能量来源和碳源

代谢(metabolism)是指一个细胞内所有生化反应的总和,包括分解代谢和合成代谢。在分解代谢中,细胞将大分子物质分解,部分物质被彻底氧化产生能量,产生的能量再被用于合成大分子物质或其他生命活动。ATP 是细胞的能量"货币",微生物代谢活动中所涉及的能量主要是 ATP 形式的化学能。

按照微生物的能量来源进行区分,可将微生物分为化能营养型(chemotroph;通过无机物或有机物的氧化产生 ATP)和光能营养型(phototroph;利用光能作为能量来源产生 ATP)。化能营养型又可进一步分为化能无机营养型(chemolithotroph;仅通过无机化合物获取能量)和化能有机营养型(chemoorganotroph;通过有机化合物获取能量)。化能无机营养型仅存在于细菌和古菌中,而化能有机营养型存在于细胞型微生物的所有类群中。

按照微生物的碳源进行区分,可将其分为自养生物(autotroph)和异养生物(heterotroph)。自养生物可以 CO_2 作为唯一碳源或主要碳源生长,而异养生物以有机物作为碳源生长。自养生物是主要的生产者,可以将 CO_2 固定为细胞中的有机物,这些有机物可被异养生物利用。大多数化能无机营养型和光能营养型也是自养型,但是有些类群(如紫色非硫细菌和有些硫氧化化能无机营养型)可在异养型和自养型之间转化。混合营养型(mixotroph)指的是生物同时具有无机营养与有机营养的类型。比如,有些硫氧化细菌并非完全的化能无机营养型,它们缺少一些关键酶,不能合成特定的有机物,补充特定有机物后才能生长。微生物的营养类型见表 2-1。

表 2-1　微生物的营养类型（修改自 Munn，2020）

营养类型	能量来源	碳源	氢或电子来源	代表性的例子
光能无机自养型	光	CO_2	无机物	蓝细菌、紫硫细菌、藻类
光能有机异养型	光	有机化合物	有机化合物或 H_2	紫色非硫细菌、好氧不产氧细菌、含视紫质细菌和古菌
化能无机自养型	无机物	CO_2	无机物	硫氧化细菌、氢细菌、产甲烷菌、硝化细菌和古菌
化能有机异养型	有机化合物	有机化合物	有机化合物	许多细菌和古菌、全部真菌、吞噬营养型原生生物
混合营养型（无机自养和有机异养相结合）	无机物	有机化合物	无机物	有些硫氧化细菌，如贝氏硫细菌
混合营养型（光能自养和有机异养相结合）	光+有机化合物	CO_2+有机化合物	无机物或有机化合物	吞噬营养型光合原生生物（一些鞭毛虫和甲藻）

2.2.2　光能营养菌的能量产生

光能营养菌能够捕获光能为自身的代谢活动提供能量，其将捕获的光能通过光合磷酸化作用合成生物通用能量 ATP。

2.2.2.1　光合磷酸化与光合色素

光合磷酸化（photophosphorylation）是指光能营养菌利用捕获的光能驱动 ADP 的磷酸化而合成 ATP，将光能转化为化学能的过程。光合磷酸化作用可根据反应过程的不同分为循环式光合磷酸化（cyclic photophosphorylation）和非循环式光合磷酸化（non-cyclic photophosphorylation）两种方式。

在循环式光合磷酸化作用中，光反应中心激发出的高能电子以闭路循环的方式流动并与 ADP 磷酸化过程相偶联。例如，在紫色细菌中，光反应中心的细菌叶绿素（bacteriochlorophyll）P870 吸收光量子进而转变为激发态 P870* 并释放出一高能电子，释放出的这一高能电子经过由脱镁细菌叶绿素分子（BPheo）、辅酶 Q（CoQ）、细胞色素 b（Cyt b）和细胞色素 c（Cyt c）组成的电子传递链传递后返回，使带正电的细菌叶绿素 P870+ 又接受电子而被还原（图 2-17A）。在该作用类型中，高能电子在传递过程中释放的能量推动了 ADP 的磷酸化而形成 ATP，且这一过程中只存在一个光反应中心（单作用中心），不释放氧气。绿硫细菌等不产氧的光合细菌也均采用此方式进行光合作用。

在非循环式光合磷酸化作用中，受光激发释放出的高能电子经电子传递链偶联 ATP 的合成后，不再回到起始部位而用于还原其他氧化型物质。在非循环式光合磷酸化中，存在两个光反应中心，即光反应中心Ⅰ（PSⅠ）和光反应中心Ⅱ（PSⅡ）。例如，在蓝细菌中，PSⅡ的叶绿素（chlorophyll）P680 受光激发后释放出的电子，经过由质体醌（PQ）、Cyt b、细胞色素 f（Cyt f）和质体蓝素（PC）组成的电子传递链后不返回带正电的叶绿素 P680+，而是传递给 PSⅠ中受光激发释放出电子而带正电的叶绿素 P700+。电子由 PQ 经 Cyt b 传递给 Cyt f 时产生 ATP。叶绿素 P680+ 接受水光解产生的电子被还原为 P680，而叶绿素 P700 中被释放的电子则被用来还原烟酰胺腺嘌呤二核苷酸（磷酸）[NAD(P)$^+$]（图 2-17B）。由于该作用过程中被氧化的叶绿素分子在接受来自水中电子的同时形成氧气，故又称为产氧的非循环式光合磷酸化作用。高等植物和藻类同样进行此类光合作用。

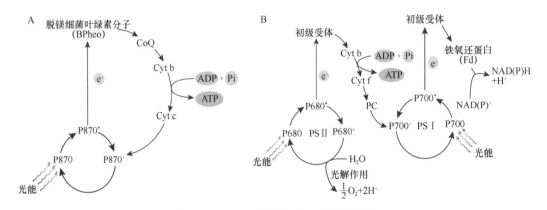

图 2-17　光能营养菌的光合磷酸化作用
A. 光合细菌（以紫色细菌为例）的循环式光合磷酸化作用；B. 蓝细菌的非循环式光合磷酸化作用

在光合磷酸化过程中，光能被用于从 H_2O、H_2S 和某些其他还原性物质中移出电子，激活的电子被用于产生 ATP，多数光能营养菌用其在暗反应中将 CO_2 固定形成有机物，成为细胞物质（光能自养）。事实上，地球上所有的生命都直接或间接地依赖阳光进行这些反应，而且在生命进化的早期，这种采集光能的简单代谢很可能就形成了。光合磷酸化从被光能激活的电子中"诱捕"光能，使其进入化学性质稳定的分子（ATP）中，以用于其他耗能生化过程。

微生物中存在着各种光化学系统，但是真正的光合作用仅发生在特定类型的细菌中。这些细菌具有含镁的主要光合色素，形成复杂的结构，并含有额外的辅助色素以保证其对不同波长光的有效采集。光合色素包括主要色素和辅助色素。主要色素是细菌叶绿素或叶绿素，二者的分子结构均是由 4 个吡咯环组成的一种以镁为中心核的大卟啉环化合物，并且在第三个吡咯环外还有一个戊碳环。两者的不同之处在于：①细菌叶绿素与叶绿素在吡咯环上连接有不同的侧链基团（图 2-18）；②不产氧的光合细菌具有细菌叶绿素 a、细菌叶绿素 b、细菌叶绿素 c、细菌叶绿素 d、细菌叶绿素 e 和细菌叶绿素 g 共 6 种类型，而蓝细菌具有叶绿素 a 和叶绿素 b；③细菌叶绿素的吸收光谱波长在 700 nm 以上（750～1050 nm），而蓝细菌和藻类中叶绿素的吸收光谱波长在 700 nm 以下。

光合作用的辅助色素包括类胡萝卜素（carotenoid）和藻胆素（phycobilin）。类胡萝卜素是一类由 40 个碳原子组成的不饱和烃类化合物，其主要作用包括：①将光能传递给细菌叶绿素；②起光氧化保护剂的作用，保护细菌叶绿素免受强光伤害；③以其组成成分和数量影响吸收光谱的波长，在菌体所带的颜色方面起决定作用。迄今已提取的类胡萝卜素有 30 多种，根据生物合成途径和化学结构可将其分为 5 类。不同的光合细菌所含的细菌叶绿素与类胡萝卜素的种类和数量比例不同，因而呈现不同的颜色。例如，一般情况下红螺菌科（Rhodospirillaceae）的细菌呈黄色或紫色等鲜艳颜色，而绿菌科中的细菌呈绿色。前者因类胡萝卜素含量高掩盖了细菌叶绿素而呈现不同颜色，在不含或含有少量类胡萝卜素的变异株中，菌体则呈现细菌叶绿素的蓝绿色。每种细菌在特定培养条件下会呈现特征颜色，因此这可以作为菌种鉴定的辅助手段。藻胆素常与蛋白质结合成为藻胆蛋白，藻胆素的 4 个吡咯环形成直链共轭体系，不含镁和叶绿醇链，具有收集和传递光能的作用。

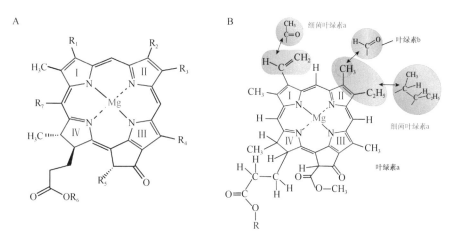

图 2-18　光能营养微生物中主要光合色素的化学结构

A. 细菌叶绿素的化学结构（$R_1 \sim R_7$ 表示侧链基团）；B. 叶绿素（叶绿素 a、叶绿素 b 和细菌叶绿素 a）的化学结构。图中给出了叶绿素 a 的完整结构。在此基础上，只有一个基团（图中蓝色区域部分）改变则产生叶绿素 b，有两处结构（图中黄色区域部分）改变即为细菌叶绿素 a。图中 R 表示侧链基团，吡咯环用红色表示

2.2.2.2　产氧光合作用

产氧光合作用（oxygenic photosynthesis）是指以水作为电子供体，最终产生氧气的光合作用。产氧光合作用对初级生产力的贡献最大，而产氧的蓝细菌在海洋的物质循环过程中扮演着极为重要的角色。产氧光合作用由相互偶联的两个光合系统完成。在蓝细菌中，光合色素叶绿素（有叶绿素 a 和叶绿素 b 两种主要类型）与辅助色素被装配成排，称为色素天线（antenna），它们占据了相当大的表面积以获得最大的光通量。光系统 I 吸收波长大于 680 nm 的光，并将能量传递至专门的反应中心——叶绿素 P700。光系统 II 捕获低波长的光并把它们传递到叶绿素 P680。光系统 I 吸收光能后会达到一种非常活跃的状态，它提供了一个经由叶绿素 a 和铁硫蛋白到达铁氧还蛋白的高能电子。该电子可以循环地通过电子传递链回到 P700，在这一过程中完成 ATP 的合成（循环光合磷酸化）。电子同样也可以通过两个光系统的非循环途径，产生 ATP 并把 $NADP^+$ 还原为 NADPH。这些过程被称为光合作用的光反应。在暗反应中，ATP 和 NADPH 分子被用于还原 CO_2，使其固定到碳水化合物中。

2.2.2.3　不产氧光合作用

不产氧光合作用（anoxygenic photosynthesis）是指在绿色和紫色光能营养菌中，由于缺乏光系统 II，不能将水作为非循环电子传递过程中的电子供体，而进行的不产生氧

的光合作用。这些细菌是严格的厌氧生物，生活于表层沉积物和微生物席中。细菌在这种光反应中不能产生足够的还原力以生成 NADPH，因此它们主要以 H_2S、H_2、S 以及丁酸、乳酸、琥珀酸等有机化合物作为还原 CO_2 的电子供体。

不产氧光合细菌（anoxygenic photosynthetic bacteria）的分布范围较广，主要属于变形菌门（α-变形菌纲、β-变形菌纲和γ-变形菌纲）、绿菌门（Chlorobi）、绿弯菌门（Chloroflexi）、厚壁菌门（Firmicutes）等门类。一些可进行光合作用的变形菌门的细菌通常被称为紫色细菌（purple bacteria），分为紫硫细菌（purple sulfur bacteria）和紫色非硫细菌（purple nonsulfur bacteria），这些细菌已被研究多年。紫色细菌有多种形态（杆状、卵形和螺旋形），该种群的代表种类存在于α-变形菌纲、β-变形菌纲和γ-变形菌纲中。与蓝细菌、藻类和植物不同，这些细菌在光合作用中不产氧，因而这一类群的发现对于阐述光合作用的机制具有重要的理论意义。紫色细菌以细菌叶绿素为光合色素，细菌叶绿素和作为辅助色素的类胡萝卜素共同作用，使细菌呈现特殊的颜色。色素位于细胞质膜多层折叠的鞘内，这样可使细菌充分利用可吸收的光。细菌叶绿素有多种类型，如细菌叶绿素 a、细菌叶绿素 b、细菌叶绿素 c、细菌叶绿素 d 和细菌叶绿素 e，它们能吸收不同波长的光线。不同种类的紫色细菌所含的细菌叶绿素、相关蛋白的光吸收特性以及在光合作用过程中还原二氧化碳的电子供体类型，决定了其生存环境和生态功能。

紫硫细菌（全部归属γ-变形菌纲）在浅湖和硫磺泉（sulfur spring）的无氧沉积物中最为常见，这是因为在沉积物的一定深度内既存在无氧条件和高浓度的 H_2S，又有足够的光线。一些种类如荚硫菌属（*Thiocapsa*）和外硫红螺菌属（*Ectothiorhodospira*）等也存在于浅海的沉积物中，紫硫细菌以 H_2S 或其他还原态无机硫化合物作为还原剂，生长时产生的元素硫沉积在细胞内。

紫色非硫细菌（全部归属α-变形菌纲和β-变形菌纲），又称红螺细菌，可以有机化合物或氢气作为电子供体在黑暗和有氧或无氧的条件下生长。紫色非硫细菌的许多种类是兼性光合细菌，它们既可以利用二氧化碳和氢气进行自养光合作用，又可以有机物作为碳源进行异养光合作用。海洋中的紫色非硫细菌种类有红螺菌属（*Rhodospirillum*）和红微菌属（*Rhodomicrobium*）等。

2.2.2.4 嗜盐古菌的光合作用

相对细菌而言，对古菌光合作用的研究较少。目前了解到能进行光合作用的一些古菌成员（如极端嗜盐菌）不含细菌叶绿素或叶绿素，而是依靠一种色素蛋白——细菌视紫红质（bacteriorhodopsin）及其结合的类胡萝卜素类色素视黄醛（retinal）进行光合作用。在低氧浓度、强光照条件下生长的嗜盐古菌内生细胞膜上会出现这种光合蛋白。光能被用于形成质子泵，产生 ATP。利用细菌视紫红质进行能量转换被认为是古菌在海洋表面获取太阳能的主要能量转换机制，尤其是在营养匮乏的海域。

2.2.3 化能异养菌的能量产生

化能异养菌的产能性氧化反应包括有氧呼吸（aerobic respiration）、无氧呼吸

（anaerobic respiration）和发酵（fermentation）。

2.2.3.1　呼吸作用

呼吸作用（respiration）是指微生物在降解底物的过程中，将释放出的电子通过位于细胞膜上的电子传递链传给外源无机电子受体，从而生成水或其他还原型无机产物并释放出能量的过程。在大多数微生物中，电子传递链包括黄素蛋白、铁硫蛋白、醌和细胞色素蛋白等组分。在专性需氧菌和兼性厌氧菌中，含铁的细胞色素蛋白是关键组分，但是它们并不存在于所有的需氧古菌中。在化能异养菌中，它们通过氧化有机物来实现呼吸作用。另外，细菌和古菌呼吸代谢的多样性是基于它们能够利用多种特殊的代谢底物。

最常见的呼吸作用是有氧呼吸，行有氧呼吸的微生物具有完整的电子传递链，其底物氧化的最终电子受体是 O_2。通过有氧呼吸，有机底物可以被彻底氧化，产生的能量多，如 1 分子葡萄糖完全氧化可净产生 36 个 ATP。在无氧呼吸中，最终的电子受体不是 O_2，而是 NO_3^-、NO_2^-、SO_4^{2-}、CO_2、S、Mn^{4+}、Fe^{3+} 等氧化物或氧化态的元素物质。行无氧呼吸的微生物的电子传递链不完整，底物氧化产生的 ATP 少于有氧呼吸。

在缺氧的海洋沉积物中，微生物以不同电子受体进行厌氧呼吸，其中硫酸盐还原作用尤为重要。硫酸盐还原细菌（sulfate reducing bacteria，SRB）通常与以简单有机组分和 H_2 为底物的微生物组成联合体（consortia）。比如，硫酸盐还原细菌可与厌氧甲烷氧化古菌（anaerobic methanotrophic archaea，ANME）组成联合体进行互利共生。

2.2.3.2　发酵

发酵是化能异养菌在无氧条件下氧化有机物产生能量的过程。在发酵作用中，往往是底物的氧化与有机物的还原相偶联，不经过呼吸链进行电子传递。发酵作用对有机物的氧化不彻底，仅能释放出有机底物含有的一小部分能量。发酵型微生物可以是严格厌氧菌（strict anaerobe）或兼性厌氧菌（facultative anaerobe）。兼性厌氧菌在有 O_2 存在时通常能够通过呼吸作用来生长，厌氧条件下通过发酵作用进行生长，并完成有机底物的转化。每个底物分子通过发酵产生的 ATP 量要比有氧呼吸和无氧呼吸产生的少得多，因此兼性厌氧菌在有氧条件下会生长得更好。

海洋细菌和古菌（尤其是那些在沉积物、动物消化道和微生物席中的与降解有机物相关的微生物）中存在很多种发酵途径，底物范围包括糖类、氨基酸、嘌呤、嘧啶等。个别的微生物种类仅能利用有限的几种底物进行发酵，而另一些种类则能利用多种底物进行发酵。在用生化方法鉴定细菌种类时，发酵终产物的特征是一个重要的判定标准。

2.2.4　化能自养菌的能量产生

化能自养菌的能源来自无机物（如 NH_4^+、H_2S、H_2 和 Fe^{2+} 等）氧化产生的化学能，通过电子传递链合成 ATP，并以 CO₂（或碳酸盐）为唯一碳源或主要碳源进行生长。由于这些化能自养菌的能源和碳源都是无机物，因此它们可以在完全无机的环境中生长繁殖，在海洋生物地球化学循环中发挥着重要的作用。无机物氧化产生 ATP 的量通常较少，因此这些细菌需要氧化大量的无机物才能生长，所以化能自养菌的生长较为缓慢。由于氧气是能效最高的电子受体，因此许多化能自养菌是严格好氧菌。然而，在缺氧沉积物和深海海水中，也存在一些厌氧的化能自养菌，它们利用硫酸盐、硝酸盐和亚硝酸盐作为电子受体，这对于维持海洋生态环境的平衡具有重要的作用。常见的化能自养菌包括硝化细菌、硫氧化细菌、氢氧化细菌等。

2.2.4.1 硝化细菌

硝化细菌（nitrifying bacteria）是指能够氧化无机氮化合物以获取能量，并把二氧化碳合成为有机物的一类自养细菌。硝化细菌分布在变形菌门的几个分支中，其中 γ-变形菌纲中的硝化细菌只在海洋中被发现。海洋中的硝化细菌存在于悬浮颗粒和沉积物的上层，包括亚硝化单胞菌属（*Nitrosomonas*）和亚硝化球菌属（*Nitrosococcus*）、硝化杆菌属和硝化球菌属。亚硝化细菌可以把氨氧化成亚硝酸盐，而硝化细菌则把亚硝酸盐氧化成硝酸盐。长期以来，人们认为硝化作用必须通过这两类菌的共同作用才能完成。氨氧化细菌（ammonia-oxidizing bacteria）即亚硝化细菌，是专性化能自养菌，通过卡尔文循环固定二氧化碳。亚硝酸氧化细菌（nitrite-oxidizing bacteria）即硝化细菌，通常也是专性化能自养菌，但也可以利用简单的有机化合物，因此属于混合营养型。近年来，科学家已发现能够直接把氨转变成硝酸的硝化细菌，被称为全程硝化细菌（complete ammonia oxidizer 或 comammox）。

硝化细菌在海洋氮循环中发挥着重要作用，在浅海沉积区和上升流以下区域的作用更为明显。和光合细菌一样，硝化细菌有很多内部结构以增加其膜的表面积。硝化作用是一个严格的好氧过程，通常在沉积物几毫米的深度内才存在足够的氧，但穴居的蠕虫可增加沉积物更深区域中的氧含量。在水体中，因植物光合作用会释放氧气，因此硝化作用的速率较高。同时，硝化作用产生的硝酸盐刺激植物生长，对海草的生长非常重要。

评估硝化细菌的丰度和群体结构是比较困难的。尽管大多数硝化细菌可在实验室中培养，但是化能自养的能源类型意味着细菌生长缓慢且研究起来比较困难。免疫荧光方法显示出海洋亚硝化球菌（*Nitrosococcus oceani*）和类似细菌在海洋环境中广泛分布，其生物量为 $10^3 \sim 10^4$ CFU/mL。这类菌对大洋中氨的氧化有重要作用。硝化螺菌属（*Nitrospira*）同样分布广泛，目前通常使用同位素（用 $^{15}NO_3^-$ 或 $^{15}NH_4^+$）或针对硝化作用酶的不同抑制剂（如硝酸异丙酯可抑制氨单加氧酶）对其行为及其对氮循环的贡献开展研究。

2.2.4.2 硫氧化细菌

许多类群的细菌以元素硫（S）或还原态含硫化合物（S^{2-}、$S_2O_3^{2-}$）作为电子供体进行化能无机营养代谢，以氧气为电子受体，最终形成硫酸，这类细菌被称为硫氧化细菌（sulfur-oxidizing bacteria，SOB）。绝大多数硫氧化细菌属于严格自养型（通过产生 NADH 固定 CO_2）或混合营养型（利用有机物作为碳源）。硫杆菌属（*Thiobacillus*）是最常见的硫氧化细菌，能以 H_2S、元素硫或硫代硫酸盐作为电子供体。丝状细菌，如贝日阿托氏菌属（*Beggiatoa*）、硫发菌属（*Thiothrix*）和硫卵形菌属（*Thiovulum*），在海洋环境中分布也很广泛。这些细菌通常是严格好氧菌，常分布在海洋硫含量丰富的沉积物顶部几毫米处。该类菌具有趋化性，能主动寻找合适的氧浓度和硫化物。它们在热液喷口和冷泉（cold seep）处的含量也很丰富，可自由生活或者与动物共生，是这两种生态系统中的初级生产者。贝日阿托氏菌属和其他丝状细菌通常有滑动性，互相缠绕而形成比较厚的微生物席，与硫酸盐还原细菌和光合细菌等形成复杂的群落结构。尽管贝日阿托氏菌属通过氧化无机硫化物获得能量，但它并不含固定 CO_2 的酶，因此可用一系列的有机物作为碳源。

2.2.4.3　氢氧化细菌

许多细菌能以氢气作为电子供体，而以氧气作为电子受体，被称为氢氧化细菌（hydrogen-oxidizing bacteria）。氢气是有机物裂解后的常见产物，许多细菌都可将其用作电子供体。在海洋生境中发现的氢氧化细菌类群主要包括变形杆菌属（*Proteus*）、产碱菌属（*Alcaligenes*）、假单胞菌属（*Pseudomonas*）和罗尔斯通氏菌属（*Ralstonia*）等。大多数氢氧化细菌不仅能够利用还原态的有机化合物进行异养生长，还可以固定 CO_2 进行自养生长。氢氧化细菌通常存在于沉积物和悬浮颗粒中，该处氧的浓度较低（<10%），因此适于该菌生长。

2.3　海洋原核生物的营养及生长

2.3.1　营养要素

原核生物的营养要素包括常量营养物、微量营养物和微量元素。C、O、H、N、S 和 P 是细胞中最重要的大分子物质如核酸、蛋白质、糖类及脂类的主要组成元素。一些阳离子如 K^+、Ca^{2+}、Mg^{2+} 和 Fe^{3+} 等的有效含量是维持各种细胞组分（如酶与辅酶）的结构和功能所必需的。除这些主要营养物外，大多数细菌还需要多种微量元素，如 Mn、Co、Zn、Mo、Cu 和 Ni。一些异养生物因缺乏合成某些产物的生化途径，还需要现成的低浓度生长因子（growth factor）或者微量有机营养物，如氨基酸、嘧啶、嘌呤和维生素等。不同微生物的生境差异使得其对营养要素的需求也不尽相同（表 2-2）。

海洋细菌和古菌的一个特殊性质是它们需要 Na^+，这与它们生存在海洋环境有密切关系。有人将那些对 Na^+ 有绝对需求（通常为 0.5%～5.0%），并且当培养介质中的 Na^+ 被 K^+ 替代后停止生长的海洋原核生物定义为真正的海洋原核生物，这样就可将它们与来源于陆地和淡水环境中的种类区分开。尽管大多数陆地和淡水环境中的原核生物与海洋种类之间，生长时需要的最低和最高 NaCl 浓度有巨大的差异，但是它们生长的最适

NaCl 浓度与海水种类相似（3.0%～3.5% NaCl）。大多数海洋原核生物是中度嗜盐菌，耐盐菌能在 NaCl 浓度高达 15%的介质中生长，而嗜盐细菌与古菌可在饱和 NaCl 浓度下生存和生长。

表 2-2 两种不同生境微生物的营养要素差异（Talaro，2012）

	硫氧化酸硫杆菌 （*Acidithiobacillus thiooxidans*）	结核分枝杆菌 （*Mycobacterium tuberculosis*）
生境（栖息地）	硫矿泉	人体肺部
营养类型	化能自养（硫氧化菌）	化能异养（能引起人体肺结核）
必需元素（主要来源）		
碳	二氧化碳	少量 L-谷氨酸，葡萄糖、油酸、清蛋白和柠檬酸盐
氢	水、氢离子	上述营养物质、水
氮	铵（NH_4^+）	铵、L-谷氨酸
氧	氧气	氧气
磷	PO_4^{3-}	PO_4^{3-}
硫	元素硫、SO_4^{2-}	SO_4^{2-}
其他		
维生素	无	维生素 B_6、生物素
无机盐	钾、钙、铁和氯	钠、氯、铁、锌、钙、铜和镁
主要能量来源	硫氧化	葡萄糖氧化

2.3.2 细菌的生长周期

原核生物在生长过程中，必须合成细胞膜、细胞壁的组成成分，近 400 种 RNA 分子、2000 种蛋白质和一整套的基因组拷贝。这些组分活性的相互协调依靠基因表达产物的复杂调控作用。除了极少数种类（如芽生细菌和柄细菌），大多数原核生物的生殖都是通过二均分裂的方式将细胞分裂成两个基本同样大小的细胞。在最佳或较佳的环境下生长时，在分裂前细胞的质量已经加倍，DNA 复制和细胞分裂主要是由细胞质量的增长速率来调节的。

在实验室条件下，所培养细菌的生长周期（growth cycle）主要包括延滞期（lag phase）、指数期（exponential phase）、稳定期（stationary phase）和衰亡期（decline phase）（图 2-19）。

细菌接种至培养基后，它们需要适应新的培养条件，会不均衡生长（通常细胞不立即分裂），细胞增殖缓慢，此时称为延滞期。细胞在这一时期会合成在优势环境下生长所必需的代谢物、酶、辅酶、核糖体和运输蛋白，为后续的生长奠定物质基础。

在适宜条件下，细菌经过一定时间的延迟后，会进入一个快速生长期，进行指数性生长，此时称为指数生长期或指数期。人们通常在这一时期估算细菌的生长速率，以世代时间（generation time，简称代时）来表示。代时即单个细胞每完成一次分裂所需的倍增时间。不同的细菌种类的代时的长短有很大的差异。在实验室最适条件下，大肠杆菌的代时大约为 20 min，而海洋细菌的代时通常比较长。温度、pH 和可利用的 O_2（对需

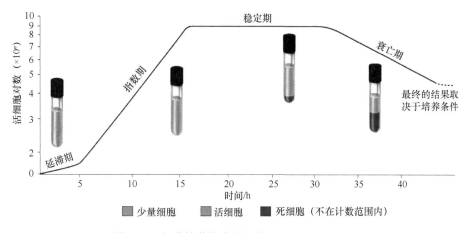

图 2-19　细菌培养的生长周期（Talaro，2012）

氧菌而言）等环境因子，对细菌的生长速率有重要影响。一般来说，生长速率会随着温度的升高而加快，从 10℃海水中分离的大多数海洋细菌的代时为 7～9 h，而分离自 25℃条件下的海洋细菌 0.7～1.5 h 就可增殖一代。所有的微生物都有其生长的最低温度、最适温度和最高温度，这反映了它们在特殊生境中的适应特征。当培养温度高于最低生长温度时，随着温度的升高，微生物的代谢速率加快，代时也会缩短。微生物的最高生长温度通常仅比最适生长温度高几度，这主要取决于微生物的酶和膜系统的热稳定性。有些海洋原核生物的代时也可能非常短。例如，副溶血弧菌在 37℃实验室的富营养条件下可以每 10～12 min 分裂一次（尽管正常河口生境不可能达到这一温度），而极端嗜热菌中的激烈火球菌（*Pyrococcus furiosus*）在 100℃条件下，每 37 min 可增殖一次。在低温这一极端条件下，一些嗜冷菌在 0℃时可以生长，但其代时可能为数天。

经过持续的指数增长，细菌便进入了稳定期。在这一时期，细菌的生长速率变慢，一部分细胞继续生长分裂，而一些细胞则衰亡，细菌的活菌数量处于一种动态平衡状态。这是因为：①经过一定时间的生长代谢，培养基中的营养物质特别是限制性营养因子已耗尽；②生长过程中有害代谢产物积累，出现了自我抑制；③一些密度依赖信号限制了菌体的生长增殖。

当培养基中营养物质的枯竭或是代谢产物的积累使细胞衰亡处于优势时，培养即进入衰亡期，此时细胞呈多种形态或畸形，细胞死亡率增加，产生自溶（autolysis）。死亡数远大于新生数，群体出现负增长。

2.3.3　细胞活力

许多研究表明，由于海洋的寡营养性，大洋中的大多数细菌非常小，与分离自海水并在实验室条件下培养的、由于饥饿形成的超微细菌在形态上极为相似。这一例证产生了这样一种观点，即海洋细菌是"正常"细胞经历了细胞大小的缩减、在永久的近饥饿状态下形成的，实际上浮游细菌在自然环境下多处于休眠状态。事实上，从 19 世纪 80

年代起积累的许多证据表明,海洋中自然形成的小细胞细菌要比较大细胞的细菌更具有活性。人们曾认为处于休眠状态的大部分细胞,在补加培养基后,仍可被诱导产生较高的代谢活性。然而,测定海洋异养原核生物的原位生长速率仍是一个很大的难题。利用依赖于不同荧光染料的流式细胞术等现代技术,可以测定细菌细胞的生物量。许多研究都利用荧光染料对核酸染色,以区分死细菌和活细菌,而另外一些研究则利用荧光染料来测定呼吸活性。其中一种方法是将核酸染色的方法与用基因探针标记的透性染料和非透性染料结合起来,测定细胞膜的完整性和 DNA 的含量。尽管许多研究结果相互矛盾,但是最有可能的假说是,在大洋中许多浮游原核生物是有代谢活性的,而且它们个体变小是长期处于寡营养状态下的一种生理性适应,以此保证在寡营养环境中有效利用稀少的营养成分。

自然生境中的水生细菌通常会进入"活的非可培养(viable but nonculturable,VBNC)状态",以提高生存力来抵抗外界的不利条件(如营养贫乏及 pH、温度、压力和盐度的改变等)。VBNC 状态存在于大多数革兰氏阴性菌及少数革兰氏阳性菌中,在人类、鱼和无脊椎动物的病原菌中也常有发现。这种特殊的存活状态对于研究土著海洋致病菌生态学以及由陆地引入的病原菌和指示菌的存活特征尤为重要。在实验室特定培养条件的诱导下,细菌可以由生长状态转变为 VBNC 状态。人们必须将这种变化与海洋原核生物的大部分个体所处的"不可培养的"状态与处于"非培养"的正常状态区分开来,两者之间有根本区别。后者可被描述为"未被培养的",尽管用常规的方法不能培养出来,但在用稀释法及其他新的培养技术(详见第 13 章)培养方面,已经取得了很大的进步。VBNC 状态细菌的生物学特性及主要检测方法详见第 9 章。

2.3.4 营养物浓度对生长的影响

在实验室培养条件下,所提供的大多数营养物浓度远远超出微生物平衡生长所需的浓度。因此,在营养物浓度高的环境下培养的细菌,最终生物量(细胞数或细胞质量)会高一些,但是生长速率并不依赖于营养物的浓度。细菌细胞具有可以将营养物转运至细胞中的特殊机制,以用于细胞的生长。然而,当限制性营养因子浓度非常低,达到浓度极限时,生长速率则会降低。

微生物细胞往往通过特定的载体蛋白向细胞内输送营养物质,这些特殊的载体蛋白横跨于细胞膜上,从而形成通道,可以使营养物及一些其他物质通过它进入细胞。通常情况下,这些载体蛋白对运输的底物具有专一性。质子动力势可以驱动简单的跨膜运输。当外部营养物浓度高于细胞内浓度时会发生促进扩散,而当外部营养物浓度相当低时,菌体细胞可采用主动运输的方式使细胞获得营养。当底物被转运通过细胞膜后,载体蛋白就会发生构型变化,使底物在细胞膜内侧被释放,这一过程往往需要质子动力势或 ATP 水解释放能量。微生物的另外一种需要消耗能量的跨膜运输方式被称作基团转位(group translocation,又称基团移位),底物在被转运至细胞内时会经过化学修饰。许多细菌完成这一过程都要利用磷酸转移酶系统,这是一类可以将糖类等分子磷酸化的酶类。在许多革兰氏阴性菌中,氨基酸、肽和糖类可能最终会通过外膜上的膜孔蛋白进入周质空间，在此处它们可以与特殊的结合蛋白相结合，这些结合蛋白对底物有极高的亲和力。这也就意味着当营养物以微摩尔或纳摩尔这样极低的浓度存在时，微生物细胞也能在这些结合蛋白的作用下吸收这些营养物。然后，周质结合蛋白将营养物转移到跨膜蛋白上，进行跨膜的主动运输。寡营养细菌必须具备十分有效的运输系统，以保证在胞内外极高的浓度梯度下，营养物能够进入细胞，最常用到的可能是由 ATP 驱动的周质结合蛋白系统。

生长效率（growth efficiency）可以被定义为所得产物的量（g）与所利用底物的量（mol）的比率。生长效率还可以用每摩尔底物所产生的能量来表达，以 ATP 的形式表示（y_{ATP}）。在恒定条件下对细菌进行培养（恒化培养）的研究中发现，y_{ATP} 的数值经常比理论上通过生化途径预测得到的数值低许多。这是因为生物需要一定的能量维持运输、内部 pH 平衡及跨膜质子梯度，还要维持 DNA 修复及其他重要的细胞功能。这些功能优先于生长所需的生物合成。在低生长效率（因营养限制）时，细胞会利用大部分底物来维持胞内的能量水平。当底物浓度低于一定阈值时，细胞会利用所有底物仅维持存活而非生长。细胞通常会保持最大的潜在能量状态，使其能够在条件变化时重新快速生长。我们也许可以得出这样的结论，即大洋中的原核微生物通常处于一种持续的低营养状态，且营养物质转化为能量的效率也非常低。估算细菌在海洋系统碳通量（carbon flux）和生产力中的作用时，营养水平和生长效率是重要因素。因为海洋中营养物浓度通常很低，所以相应的细菌生长效率也很低，并且细菌细胞所摄取的大部分能量主要用于自身能量的维持，特别是用于主动转运和合成用于获取营养的胞外酶等。在海洋的寡营养环境条件下，尽管大量的有机物被利用，但细菌的净生长量很低。然而，海洋环境在营养上并非是均一的，许多海洋原核生物的存活状态与局部区域的有机物浓度密切相关。

2.4　海洋原核生物的群体感应与生物被膜

2.4.1　细菌的群体感应

群体感应（quorum sensing，QS），又称密度感应，是微生物间的一种交流机制，在细菌中研究得比较清楚。细菌在生长过程中会向周围环境分泌一些化学信号分子，并通过感应信号分子的浓度，监测其种群密度。当信号分子浓度达到一定阈值后，可被细菌的信号分子受体蛋白识别，调控相关基因的表达，从而激活一些在高种群密度下对细菌有利的行为，如毒力基因的表达、胞外水解酶的产生、生物发光、生物被膜的形成、细菌涌动、抗生素合成，以及铁载体产生等。

许多微生物可以合成 QS 信号分子，并通过不同的群体感应通路来调控基因的表达。QS 信号分子在不同种类微生物中具有显著差异。目前发现的 QS 信号分子主要可归为以下几种类型：革兰氏阴性菌的 N-酰基高丝氨酸内酯（N-acylhomoserine lactone，AHL）类信号分子、革兰氏阴性和阳性菌通用的自诱导物-2（autoinducer-2，AI-2）类信号分子、革兰氏阳性菌的自诱导肽（autoinducing peptide，AIP）类信号分子、海洋弧菌特有的霍乱弧菌自诱导因子-1（cholerae autoinducer-1，CAI-1）类信号分子、一些植物病原菌中的扩散信号因子（diffusible signal factor，DSF）、假单胞菌中的喹诺酮类信号（*Pseudomonas* quinolone signal，PQS）分子等（图 2-20）。一般认为，AHL、AIP、CAI-1、DSF 和 PQS 用于微生物的种内交流，而 AI-2 则用于微生物的种间交流。在这些信号分子中，研究最多的是 AHL，其结构高度保守，不同种类细菌产生的 AHL 均以高丝氨酸五元内酯环为主体，在酰基侧链长度（一般为 4～18 个碳原子）、碳链饱和度以及第 3 位碳原子的取代基上有所差异。目前已报道可产生 AHL 的细菌至少有 37 个属、超过 100 个种，大多来自变形菌门。

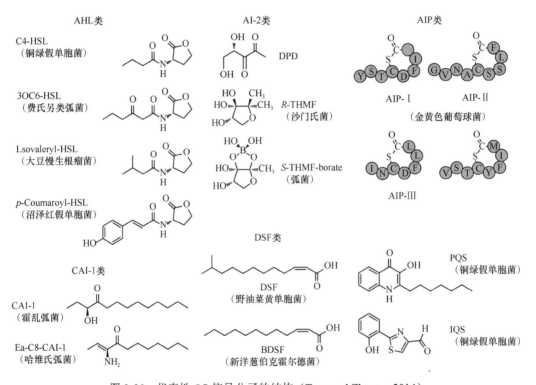

图 2-20　代表性 QS 信号分子的结构（Tang and Zhang，2014）

Ea-C8-CAI-1，烯胺-辛酰-霍乱弧菌自诱导因子-1；C4-HSL，*N*-丁酰-高丝氨酸内酯；3OC6-HSL，*N*-3-氧代己酰-高丝氨酸内酯；Isovaleryl-HSL，*N*-异戊酰-高丝氨酸内酯；*p*-Coumaroyl-HSL，*N*-对香豆酰-高丝氨酸内酯；DPD，4,5-二羟基-2,3-戊二酮；*R*-THMF，(2*R*,4*S*)-2-甲基-2,3,3,4-四羟基四氢呋喃；*S*-THMF-borate，(2*S*,4*S*)-2-甲基-2,3,3,4-四羟基四氢呋喃-硼酸酯；BDSF，新洋葱伯克霍尔德菌扩散信号因子；PQS，假单胞菌喹诺酮信号分子；IQS，综合群体感应信号分子

　　通常情况下一种细菌只利用一种 QS 信号分子及相关通路，但是也有一些细菌利用多套不同的 QS 通路，如哈维氏弧菌（*V. harveyi*）拥有 4 套 QS 系统（AHL、CAI-1、AI-2 和一氧化氮依赖型通路）。铜绿假单胞菌（*Pseudomonas aeruginosa*）拥有两套完整的 AHL 类的 QS 通路（RhlI/R 和 LasI/R）、PQS 通路及综合群体感应信号（integrating QS signal，IQS）通路，其中一个含有能识别 *N*-3-氧代十二酰-高丝氨酸内酯（*N*-3-oxododecanoyl-homoserine lactone，3OC12-HSL）的 LuxR 类受体蛋白 QscR，这些 QS 通路形成一个分级复杂的调控网络来调控其毒力因子的表达，以适应环境。

　　在海洋环境中，QS 最易发生于具有高细菌密度的微生境中，如动物的发光器官、微生物席、生物被膜、颗粒有机物（particulate organic matter，POM）、藻际环境以及其他营养丰富的环境，已有学者从以上环境中直接萃取、鉴定出多种 AHL 类信号分子。目前，从海洋环境中分离到的 AHL 产生菌多属于细菌域变形菌门的 α-变形菌纲和 γ-变形菌纲。

QS 的发生可分为几个关键的步骤：信号分子的产生、信号分子的释放、受体蛋白对信号分子的识别，以及转录调控因子对靶基因的转录调控作用。费氏另类弧菌的 LuxI/R 系统是最简单的 QS 通路，而哈维氏弧菌在此基础上进化出了一套平行的 QS 调控网络，包括 LuxM/N（AHL 类）、LuxS/PQ（AI-2 类）、CqsA/S（CAI-1 类）和 NO/H-NOX/HqsK（一氧化氮信号）。在 AHL 类 QS 中，AHL 信号分子合成酶 LuxM 负责合成信号分子 3OHC4-HSL（HAI-1）。在 AI-2 系统中，LuxS 负责合成 4,5-二羟基-2,3-戊二酮（4,5-dihydroxy-2,3-pentanedione，DPD），DPD 分子随后由自发的环化和水合反应形成（2*R*,4*S*）-2-甲基-2,3,3,4-四羟基四氢呋喃（*R*-THMF）和（2*S*,4*S*）-2-甲基-2,3,3,4-四羟基四氢呋喃（*S*-THMF）（图 2-20）。其中 *R*-THMF 分子可被肠沙门氏菌（*Salmonella enterica*）直接作为 AI-2 信号分子利用，而 *S*-THMF 分子则需要和硼酸进一步反应形成 *S*-THMF-硼酸酯分子，随后才能被弧菌属的细菌利用。在 CAI-1 类的 QS 中，由合成酶 CqsA 合成烯胺-辛酰-霍乱弧菌自诱导因子-1（Ea-C8-CAI-1）。在这三套系统中，与合成酶对应的信号分子受体 LuxN、LuxPQ 和 CqsS 同时具有磷酸酶和激酶活性。

2.4.2 细菌的生物被膜

海洋细菌的生理特性受到种群密度及与其他微生物相互作用的极大影响，而附着性是其显著特征之一。自由存在的浮游细菌，与生物被膜相关的细菌和海雪等颗粒中的细菌的生理特性显著不同。尽管在一个多世纪之前已经认识到生物被膜是如何形成的，但是最近几年人们才在生物被膜的生理学研究领域取得重大突破，这在很大程度上得益于共聚焦激光扫描显微镜（confocal laser scanning microscope，CLSM）和荧光原位杂交（fluorescence *in situ* hybridization，FISH）技术取得的长足进步。细菌和硅藻类都能够在环境（尤其是营养物的可获取性）的引导下，启动生物被膜的形成（图 2-21）。细菌在从浮游状态到附着状态转变的过程中，其形态和生理都发生了很大的变化。单种细菌在生物被膜形成过程中所发生的变化，已经在实验室中进行了大量的研究，并被认为是一种由单细胞向多细胞生活方式发展的形式（有研究者将其比作组织）。

一般来说，生物有机分子（主要是多糖和蛋白质）会在几分钟之内吸附于任何置于海水中的物体表面，形成一层条件膜（conditioning film）。细菌在物体表面定植（colonization）的起始步骤，通常包括细菌向物体表面的移动和细菌胞外黏液层的改变，而黏度的改变会引起细菌在靠近物体表面时移动能力下降。这时，细菌在静电引力和范德瓦耳斯力的作用下，会短暂和可逆地趋向表面。细菌在与物体表面的接触过程中，经历了细胞形态和鞭毛合成的巨大变化，这主要受基因表达调控的影响。细菌一旦固着，其鞭毛合成可能就会被抑制。与生物被膜形成相关的特定基因的表达，往往与基底物质的性质密切相关。实验研究发现，细菌会在惰性物体表面（如浸入海水的塑料、玻璃或不锈钢块等）迅速定居，但其表达的基因与在有机物（如几丁质）覆盖的表面定居时表达的基因有明显不同。一些海洋异养细菌遇到几丁质时，就会选择性表达几丁质酶（chitinase），所以它们能够利用几丁质作为营养来源。当细菌在甲壳动物表面定居时，这一特性显得尤为重要。

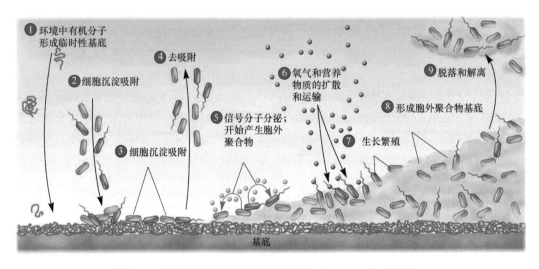

图 2-21　生物被膜形成示意图（修改自 Joanne et al.，2008）

细菌附着于固体表面后，除了其鞭毛的合成被抑制，另一个重要的生长变化是合成大量的胞外聚合物（extracellular polymeric substance，EPS）。这些聚合物的产生为细菌细胞提供了一个坚固而有黏性的骨架，将众多细胞固定在一起。胞外聚合物的化学和物理特性与分泌量取决于细菌的种类、特定底物的浓度及环境条件。由于存在酸类物质（如D-葡糖醛酸、D-半乳糖醛酸、D-甘露糖醛酸、丙酮酸等）、磷酸盐或者硫酸盐，绝大多数胞外聚合物为聚阴离子。这些胞外聚合物的长链之间通常会发生交联，形成复杂网状的结构包围着细胞，即糖被。由于胞外聚合物形成的二级结构及其与其他分子（如蛋白质和脂类）之间的相互作用，可能会形成一种凝胶状结构，因此使生物被膜具有刚性和柔韧性。成熟的生物被膜通常是由柱状物（pillar）和孔道（channel）组成的复杂结构。当柄细菌（stalked bacteria）和硅藻生长在密实的生物被膜上时，其柄（stalk）的长度可能会增加。生物被膜一旦建立，细菌便密集排列且其代谢会转换为产生胞外聚合物。虽然此时的细胞代谢活跃，但是细胞分裂的速度却很慢。

当海雪颗粒在水体中沉降时，海雪中细菌分泌的胞外酶导致海雪颗粒上有机质的降解，产生的许多可溶性有机物又作为营养物被其他浮游生物所利用，而胞外酶活性可能为低密度自由生活的细菌提供很少的"回报"。除互利共生关系外，在土壤或动物肠道等密集群落处，微生物间还存在着广泛的拮抗作用，一些细菌可以产生抗生素和细菌素（bacteriocin）以抑制其他种类细菌的生长。在海洋环境中，也存在微生物之间的拮抗作用。最近的一些研究表明，已分离到的许多颗粒相关微生物对其他浮游微生物具有拮抗活性。这种拮抗作用很可能广泛存在于沉积物、微生物席及动植物表面的生物被膜中。

细菌的群体感应与生物被膜的形成关系密切，通过对细菌群体感应系统的研究，人们对营附着生活的海洋微生物群落的生理学和生态学有了更为深刻的了解。在生物被膜形成过程中，群体感应参与细胞密度的自我监控、化学信号分子的分泌及调控基因的表达。这使得生物被膜中的微生物细胞形成一个整体，能够同时表达大量的酶或毒素，如一些腐生微生物对有机物的快速降解和病原菌的侵染现象。通过研究单种细菌的生物被膜发现，AHL 的产生对决定成熟生物被膜的三维结构是十分重要的。正常生物被膜很难从物体表面去除，而不产 AHL 的突变株产生的密集堆积型生物被膜则很容易被去除。虽然目前对由多物种构成的海洋生物被膜的群体感应知之甚少，但这是一个热点研究领域。细菌可能会利用其他种类产生的信号分子，也可能会通过产生特殊的酶来抑制或降解这些信号分子。在成熟的生物被膜中，细菌、藻类、原生动物和病毒之间都会有相互作用，越来越多的证据表明生物被膜内不同微生物间的水平基因转移大大加强，而水平基因转移在进化成具有新特征的生物的过程中有极为重要的意义。最近研究发现，与海雪相关的细菌能够产生 AHL，说明在这些密集存在的群体中，群体感应对于细菌胞外酶的产生和细菌间的拮抗作用是十分重要的。

2.5　海洋原核生物的基因组学

2.5.1　核基因组

原核生物基因组往往以单一环状 DNA 分子的形式存在于拟核中，包含细胞中的完整遗传信息，能编码生长和复制所需的所有结构蛋白、酶与调节蛋白等功能性蛋白与 RNA 分子。与真核生物不同，细菌和古菌基因组通常包含很少的非编码 DNA。原核生物的基因组大小与基因数量成正比，且与个体生存方式密切相关。调控细胞核心功能（如能量产生、DNA 复制和蛋白质合成）的基因数量非常稳定，该部分基因在小基因组原核生物中所占比例较高。基因组较大的原核生物，除含有调控细胞核心功能的基因外，还会有较高比例的功能基因，主要参与营养物质转运、信号转导、转录调控、DNA 修复、运动性和趋化性等，使其适应各种营养和环境条件等的能力更强。基因组较大的原核生物通常具有多种调控通路和特化的代谢功能。

表 2-3 列出了代表性海洋细菌和古菌的基因组大小。

如表 2-3 所示，有一些浮游细菌具有很小的基因组。OM43 和 SAR11 是海洋中丰度最高的生物类群，其培养菌株是已知基因组最小的自由生活生物。人们提出了基因组精简（genome streamlining）理论来解释这种基因组减小的现象，即生物体通过进化消除非必需基因，从而获得繁殖优势。如上所述，所有细菌和古菌通过去除非编码 DNA 来简化基因组，而某些种类如 OM43 和 SAR11 的基因组进一步发生精简，并专门利用海洋环境中特有的几类低浓度含碳化合物。对此，有一种解释是，通过减少 DNA 而进行高效复制的生物在种间竞争中更有优势。庞大的种群规模将增加这种选择压力，这就是

表 2-3　代表性海洋细菌和古菌的基因组大小（Munn，2020）

微生物	大小/Mb	可读框/bp	注解
细菌			
Ca. Ruthia magnifica	1.16	1099	在热液喷口发现的巨型蛤中的胞内专性硫氧化化能自养共生菌
Ca. Riegeria santandreae	1.34	1344	扁形动物专性胞内硫氧化化能自养共生菌
Ca. Atelocyanobacterium thalassa ALOHA	1.44	1148	缺乏光系统和二氧化碳固定功能的固氮蓝细菌；共生，依赖藻类宿主的营养生长
Strain HTCC218　（OM43 clade）	1.30	1354	甲基营养菌，代谢 C1 化合物（但不代谢 CH₄）；OM43 类群的培养株，是基因组最小的自由生活原核生物之一
Ca. Pelagibacter ubiqueHTCC1062（SAR11 clade）	1.31	1354	化能异养菌，SAR11 类群的培养株；是基因组最小的自由生活原核生物之一
风产液菌（*Aquifex aeolicus*）VF5	1.59	1526	超嗜热化能自养菌；拥有鞭毛，具运动性
海洋原绿球藻（*Prochlorococcus marinus*）MED4	1.66	1716	蓝细菌，产氧光合生物中丰度最高的高光适应菌株
海栖热袍菌（*Thermotoga maritima*）MSB8	1.86	1858	厌氧和超嗜热的发酵型化能异养菌
泉生水弧菌（*Hydrogenovibrio crunogenus*）XCL-2	2.43	2244	硫氧化化能无机自养菌
海洋原绿球藻（*Prochlorococcus marinus*）MIT9313	2.14	2275	在海洋中层发现的菌株，适应更加多变的营养条件
Ca. Endoriftia persephone	3.20	无数据	热液喷口管虫的胞内共生菌，但保留了自由生活阶段的基因；硫氧化化能无机自养菌
海洋亚硝化球菌（*Nitrosococcus oceani*）ATCC19707	3.53	3095	好氧氨氧化化能自养菌（γ-变形杆菌）
集胞藻（*Synechocystis* sp.）PCC6803	3.57	3168	产氧光合蓝细菌，在真光层丰度高
食菌蛭弧菌（*Bdellovibrio bacteriovorus*）HD100	3.78	3541	捕食性细菌，能穿入其他细菌细胞内进行复制并引起细胞裂解
游海假交替单胞菌（*Pseudoalteromonas haloplanktis*）TAC125	3.97（两条染色体）	3494	嗜冷性化能异养菌，适于在低温及活性氧自由基存在的条件下生长
费氏另类弧菌（*Aliivibrio fischeri*）ES114	4.28（两条染色体）	3814	具有两条染色体的化能异养菌，自由生活或与鱿鱼发光器官共生
弧形柄杆菌（*Caulobacter vibrioides*）NA1000	4.04	3886	化能异养菌，具有浮游生活和附着生活的复杂生命周期
庞氏鲁杰氏菌（*Ruegeria pomeroyi*）DSS-3	4.60	4306	玫瑰杆菌类群，通过代谢二甲基巯基丙酸内盐（DMSP）在硫循环中起重要作用，具有许多氨基酸和羧酸转运蛋白
副溶血弧菌（*Vibrio parahaemolyticus*）RMID2210633	5.12（两条染色体）	4692	化能异养菌，在海洋和河口广泛分布，在浮游动物和甲壳动物的几丁质表面存活；在 37℃ 时具有高复制率，人类病原菌
红海束毛藻（*Trichodesmium erythraeum*）IMS101	7.75	4549	产生分化细胞（固氮异形胞）的丝状蓝细菌，时序调控光合作用和固氮作用
岛生红小梨形菌（*Rhodopirellula islandica*）K833	7.43	6851	营化能异养的浮霉菌，具有内部隔室的复杂细胞结构

续表

微生物	大小/Mb	可读框/bp	注解
古菌			
骑行纳米古菌（*Nanoarchaeum equitans*）Kin4-M	0.49	536	超嗜热古菌，是适宜粒状火球古菌（*Ignicoccus hospitalis*）的专性共生菌；是已知最小的古菌之一，基因组极小，缺少大多数代谢途径的基因
适宜粒状火球古菌（*Ignicoccus hospitalis*）KIN4/1	1.30	1442	来自海底火山的超嗜热化能自养古菌，用 H_2 还原硫；骑行纳米古菌的宿主
詹氏甲烷球菌（*Methanococcus jannaschii*）DSM2611	1.74	1762	来自热液喷口的超嗜热专性厌氧菌；以 H_2+CO_2 产生甲烷
Ca. Nitrosopumilus maritimus SCM1	1.65	1795	在深海中氧化极低浓度 NH_3 的化能自养菌
激烈火球菌（*Pyrococcus furiosus*）DSM3638	1.91	1990	超嗜热专性厌氧菌，来自热液喷口的化能异养菌；运动能力高
共生餐古菌（*Cenarchaeum symbiosum*）A	2.05	2017	附着于小轴海绵（*Axinella* sp.）的嗜冷化能自养氨氧化古菌
闪烁古生球菌（*Archaeoglobus fulgidus*）DSM4304	2.04	2413	来自热液喷口的超嗜热专性厌氧菌，能进行硫酸盐还原的化能自养古菌
嗜乙酸甲烷八叠球菌（*Methanosarcina acetivorans*）C2A	5.75	4542	来自海洋和沿海沉积物的具有多种代谢功能的古菌，能通过多种底物（包括乙酸盐）产生甲烷；是已知的最大基因组的古菌

在浮游细菌和古菌中基因组较为精简的原因之一。基因组极度精简还可最大程度地减小细胞尺寸，增加表面积与体积比，从而有效地吸收痕量的营养物质。海洋原绿球藻（*Prochlorococcus marinus*）的基因组极度精简，该菌在表层海水中是丰度最高的光能自养菌。对于该菌而言，不同生态型的菌株由于需要适应不同深度的光照水平和可用性氮源，其基因组大小和基因数量存在很大差异。总之，基因组精简可使微生物更易于获取或有效利用稀有资源，使之在寡营养环境中更好地生存。

适应低浓度营养物质的微生物被称为寡营养菌（oligotroph），它们在稳定的生态位中具有"缓慢而稳定（slow and steady）"的生活方式，其基因组的组成随进化时间变化很小。宏基因组（metagenome）数据显示海洋原核生物的基因组平均大小较陆生原核生物低，说明具有寡营养生活方式的原核生物在海洋环境中是最丰富的。相对而言，其他微生物被称为富营养菌（copiotroph），通常附着于各种颗粒性物质或固体表面，具有"盛宴或饥荒（feast or famine）"的生活方式，在高底物浓度下可快速生长，并且仅对高浓度的营养物质作出反应。许多具有较多基因数量的海洋细菌都采用该生存策略，具有根据当下条件而采取不同代谢方式的能力。因各种可变因素（如不同营养物质的可利用性、氧气、光线、温度、压力、表面附着性或昼夜节律等）都会影响微生物细胞的生长，这就要求生物体具有更广泛的酶和运输系统以及更有效的基因表达调控系统。

共生和寄生微生物通常拥有最小的基因组（表 2-3）。在该情况下，生物体或许存在着不同的进化机制，在这种进化机制中，微生物的许多代谢功能依赖于宿主完成。在进化过程中，基因组的减小被认为是有效种群数量减少产生的遗传漂变（genetic drift）造成的，从而减少了重组和水平基因转移的机会。另外，在这类微生物中，正选择压力导致它们可通过宿主提供代谢功能而丢失自身的相关基因，仅保留细胞结构和中心代谢所必需的核心基因。从表 2-3 可以看出，与自由生活的硫氧化细菌相比，与巨型蛤共生的硫氧化细菌具有高度简化的基因组，而与管虫共生的细菌的基因组大小与其自由生活的近缘种相似。虽然两者都是胞内共生菌，但巨型蛤共生菌专性地依赖于其寄主，并通过巨型蛤卵进行垂直传播，而管虫共生菌有一个自由生活阶段，每一代宿主会重新获得其共生菌。

具有最小基因组的细菌和古菌多是其他微生物的寄生菌。骑行纳米古菌（*Nanoarchaeum equitans*）依赖于其宿主——适宜粒状火球古菌（*Ignicoccus hospitalis*）的大多数核苷酸、氨基酸和脂类，其基因组高度精简。*Ca.* Atelocyanobacterium thalassa（UCYN-A）本是一种蓝细菌，但其缺少了进行光合作用和固定 CO_2 的许多组件，依赖于其单细胞藻类宿主获得能量和含碳化合物；作为回报，它可为宿主提供氮源。

细菌基因组最常见的形式是单条环状染色体。DNA 分子的长度可达细胞长度的 1000 倍以上，全长可能超过 1 mm，通过超螺旋和蛋白质对其二级结构进行稳定压缩，可使其被包裹进直径为 1 μm 或更小的细胞中。细胞对 DNA 进行卷曲、折叠和包装，使得复制、转录和翻译过程能够有效进行。放线菌等原核微生物则具有线形染色体。快速生长的细菌可能含有一个以上拷贝的染色体。

2001 年，研究人员首次发现霍乱弧菌具有两条染色体。大染色体（约 2.9×10^6 bp）上含有大部分管家基因和主要的致病因子；小染色体（约 1.1×10^6 bp）上则含有许多未知功能的基因及一些与基因捕获（gene capture）和宿主定植（host colonization）相关的基因。小染色体约占全部基因组大小的 1/4，明显比质粒大。此后，研究人员发现在其他的弧菌、假交替单胞菌、极端耐辐射菌等细菌中也含有多条染色体，它们通过获取额外的基因为其适应复杂多变的海洋环境提供了优势。

尽管古菌像细菌一样具有小而紧凑的基因组，但其核物质的组织更为复杂且多变。在某些古菌种类中，DNA 结构的包装和稳定通过超螺旋实现，而另一些种类则含有带正电的蛋白质，即组蛋白，这些组蛋白的氨基酸序列与真核生物同源。在这些古菌中，类似真核生物的组蛋白与 DNA 结合形成类似真核生物的核小体结构，而细菌的 DNA 则没有类似结构。一些超嗜热古菌还具有其他类型的 DNA 促旋酶，可诱导 DNA 进一步超螺旋，使其免于高温变性。古菌的 DNA 复制过程也不同于细菌，尽管大多数古菌具有单条环状染色体，但通常具有多个复制起点，并且其复制复合物和聚合酶的结构往往与真核生物相似。

2.5.2 质粒

研究发现，在原核生物的染色体外还存在一些具有自我复制功能的遗传因子，将其称为质粒（plasmid）。许多海洋细菌和古菌中都含有质粒。尽管质粒的复制依赖于染色体编码的酶，但其复制独立于染色体。质粒往往携带 1~30 个基因，这些基因不是宿主的主要代谢过程基因，所以质粒对原核生物细胞来讲并不是必需的，但可在特定条件下赋予细菌某种选择性优势。质粒通常通过接合生殖等方式在群体中迅速传播，以多种方式增强群体适应性,如质粒往往含有抗生素抗性基因、致病性(如毒素或定植因子)基因或难降解有机化合物(如烃类物质)降解基因。

除了接合生殖,遗传物质从一个细菌转移到另一细菌还可以通过转化与转导这两种重要的机制来实现。细胞裂解后释放到环境中的 DNA 可能会被其他细菌的细胞吸收,这就是遗传物质的转化(transformation)作用。像 DNA 这样的大分子通常不能穿过质膜,但有些细菌在细胞分裂的特定阶段或用氯化钙等方法处理后,可具备吸收外源 DNA 的能力,将细菌细胞这种能够吸收外源 DNA 的状态称为感受态(competence),这是 DNA 重组实验中将重组质粒转入宿主菌株的原理。细菌基因还可以通过噬菌体的普遍性转导(generalized transduction)进行转移。即细菌的部分 DNA 片段可被偶然装进病毒粒子,后者可黏附到另一细菌上并将组装进来的 DNA 分子转移至新的宿主细胞内。如果被转移的 DNA 与宿主 DNA 有一定的同源性,它就可以被整合或重组到染色体上。温和噬菌体(temperate phage)的 DNA 可以整合到细菌染色体上,并在由溶原状态转变为裂解状态的切离(excision)过程中,部分噬菌体就可能会携带宿主的部分 DNA,这时就会发生特定基因的转导。

基因的水平转移过程在微生物的生物进化与多样性发展中具有重大意义。越来越多的证据表明,在生物进化过程中这些遗传物质的交换是影响海洋原核生物多样性,以及与其他生命形式之间相互作用的主要因素,它的重要意义将随着海洋生物基因组测序的进展而越来越明确地显示出来。

主要参考文献

张晓华, 等. 2016. 海洋微生物学. 2 版. 北京: 科学出版社.

Belas R. 2014. Biofilms, flagella, and mechanosensing of surfaces by bacteria. Trends in Microbiology, 22: 518.

Joanne M, Linda M, Christopher J. 2008. Prescott, Harley and Klein's Microbiology. New York: McGraw Hill.

Lukjancenko O, Ussery DW. 2014. *Vibrio* chromosome-specific families. Front Microbiol, 5: 73.

Munn CB. 2003. Marine Microbiology: Ecology and Applications. London and New York: BIOS Scientific Publishers.

Munn CB. 2011. Marine Microbiology: Ecology and Applications. 2nd ed. London and New York: BIOS Scientific Publishers.

Munn CB. 2020. Marine Microbiology: Ecology and Applications. 3rd ed. London: CRC Press, Taylor & Francis Group.

Nickerson CA, Schurr MJ. 2006. Molecular Paradigms of Infectious Disease. New York: Springer Publisher.

Prescott LM, Harley JP, Klein DA. 2002. Microbiology. 5th ed. Ohio: McGraw-Hill Companies, Inc.

Ren SY, Li XQ, Yin XL, Luo CP, Liu F. 2020. Characteristics of intracellular polyphosphate granules and phosphorus-absorption of a marine polyphosphate accumulating bacterium, *Halomonas* sp. YSR-3. J Oceanol Limnol, 38: 195-203.

Ruan J, Kato T, Santini CL, Miyata T, Kawamoto A, Zhang WJ, Bernadac A, Wu LF, Namba K. 2012. Architecture of a flagellar apparatus in the fast-swimming magnetotactic bacterium MO-1. Proc Nat Acad Sci USA, 109: 20643-20648.

Schuster B, Sleytr UB. 2009. Composite S-layer lipid structures. J Struct Biol, 168: 207-216.

Shively JM. 2006. Inclusions in Prokaryotes. New York: Springer Publisher.

Talaro KP. 2012. Foundation in Microbiology. 8th ed. Ohio: McGraw-Hill Companies, Inc.

Tang K, Zhang XH. 2014. Quorum quenching agents: resources for antivirulence therapy. Mar Drugs, 12: 3245-3282.

Thompson FL, Austin B, Swings J. 2006. The Biology of Vibrios. Washington D.C.: ASM Press.

van Kessel MA, Speth DR, Albertsen M, Nielsen PH, den Camp HJO, Kartal B, Jetten MS, Lucker S. 2015. Complete nitrification by a single microorganism. Nature, 528: 555-559.

Zhang R, Chen YR, Du HJ, Zhang WY, Pan HM, Xiao T, Wu LF. 2014. Characterization and phylogenetic identification of a species of spherical multicellular magnetotactic prokaryotes that produces both magnetite and greigite crystals. Res Microbiol, 165: 481-489.

Zhang WY, Zhou K, Pan HM, Yue HD, Jiang M, Xiao T, Wu LF. 2012. Two genera of magnetococci with bean-like morphology from intertidal sediments of the Yellow Sea, China. Appl Enviroment Microbiol, 78: 5606-5611.

复习思考题

1. 何为革兰氏染色法，并阐述革兰氏阴性和阳性菌细胞壁结构的主要区别。

2. 简述原核生物细胞的基本结构，试列举细菌与古菌细胞结构的主要区别。

3. 简述细菌 S 层的结构和功能，古菌 S 层有何特殊之处？

4. 列举细菌内含物有哪些？并以其中一种为例简述其形成意义。

5. 简述鞭毛的基本结构及其对细菌生存的意义。

6. 细菌主要的运动形式有哪些？如何根据细菌在不同介质中的运动形式来推测细菌具有的鞭毛及菌毛结构？

7. 请联系具体生境简述细菌合成 ATP 的方式（根据不同的营养方式）。

8. 光合细菌的类群有哪些？请举例分类说明。

9. 化能自养菌主要有哪些类群？简述其能量来源及其对生物地球化学循环的意义。

10. 细菌生长分为几个时期？每个时期的主要特征是什么？

11. 简述如何确定细菌的细胞活性。

12. 简述细菌群体感应的定义、群体感应信号分子类型及群体感应通路的几个关键的步骤。

13. 试举例阐明细菌群体感应对其在海洋环境中生存的意义。

14. 细菌质粒与小染色体的区别主要有哪些？小染色体对细菌具有哪些生存意义？

15. 查阅资料阐述细菌基因组学在海洋微生物研究中取得的成就及应用前景。

（张晓华　何新新　于　敏）

第 3 章　海 洋 细 菌

尽管海洋细菌的多数门类已经在实验室条件下获得了纯培养,然而绝大多数属种级别的分类单元仅从环境样品中获得了其遗传信息。因此,目前我们对不同类群细菌的了解程度还存在较大的差异。对于那些尚不能在实验室培养的细菌,人们只能根据它们与被广泛研究的模式菌株(type strain)或参比菌株(reference strain)之间的关系、它们的生境,以及与其活动相关的地球化学证据来推测其可能具有的特性。随着测序技术和生物信息学研究的高速发展,我们现在可以通过从环境样品中获得的基因组序列来预测代谢通路及可能的生物地球化学作用。本章第 1 节和第 2 节分别介绍细菌分类系统和海洋细菌的主要类群,后面部分重点介绍一些已被培养的细菌类群及其主要特征。

3.1　细菌分类系统

目前,国际上有 3 个比较全面且影响较大的细菌分类系统,即美国细菌学家协会(现称美国微生物学会)出版的《伯杰氏系统细菌学手册》、苏联克拉西里尼科夫的《细菌和放线菌的鉴定》和法国普雷沃的《细菌分类学》。其中《伯杰氏系统细菌学手册》最具权威性,是当前国际上普遍采用的细菌分类系统。该手册最早成书于 1923 年,第 1 版名为《伯杰氏鉴定细菌学手册》(*Bergey's Manual of Determinative Bacteriology*),主要编者为美国学者 D. Bergey 等。此后,该手册由其他学者不断修订,并且于 1936 年成立了管理机构——伯杰氏手册基金会(Bergey's Manual Trust);从 1974 年的第 8 版起,编写队伍不断壮大并进一步国际化,手册内容愈加丰富。

随着 G+C 含量、核酸杂交和 16S rRNA 基因序列测定等新技术与新指标的引入,原核生物的分类从以往的以表型、实用性鉴定指标为主的旧体系,逐步转变为以鉴定遗传型为主的系统发育分类新体系。于是,从 20 世纪 80 年代初,该手册组织了 20 余国的 300 多位专家,合作编写了 4 卷本的新手册,定名为《伯杰氏系统细菌学手册》(*Bergey's Manual of Systematic Bacteriology*),并于 1984~1989 年分 4 卷陆续出版。该书在表型分类的基础上,广泛采用细胞化学分析、数值分类方法和核酸分析等技术,尤其是使用了 16S rRNA 基因序列分析技术,有助于阐明细菌间的亲缘关系。

自从 1984 年发行第 1 版《伯杰氏系统细菌学手册》以来,细菌分类学取得了长足的进展,发表了大量的新属,新定名的种的数量也成倍增长,特别是 rRNA、DNA 和蛋白质的测序,使细菌的系统发育分析变得可行。1994 年,引人瞩目的《伯杰氏鉴定细菌学手册》第 9 版出版,值得指出的是,此版并不是该系列第 8 版后的新版,而是《伯杰氏系统细菌学手册》第 1 版的缩写本,其目的在于将全书 4 卷的内容简化为鉴定用的表格,以便读者使用。《伯杰氏系统细菌学手册》第 2 版在前版的基础上,积累了大量的细菌系统发育学方面的信息,于 2001 年起分成 5 卷陆续发行,目前已经全部出版。

为了紧跟微生物世界知识爆炸的新形势，自 2015 年起，伯杰氏手册基金会以数字出版的方式发行了《伯杰氏古菌和细菌系统学手册》（*Bergey's Manual of Systematics of Archaea and Bacteria*，BMSAB），在线提供了原核生物类群的分类学、系统学、生态学、生理学及其他生物学特性的描述，每年增加约 100 个新属和 600 多个新种。

表 3-1 是细菌域的 33 个门及纲和代表属的名称，包括《伯杰氏系统细菌学手册》第 2 版细菌域的 23 个门及此后陆续增加的 10 个门。这些门类全部具有可培养菌株，那些仅由 DNA 序列描述的门类未被包括在内。需要特别说明的是，近几年部分细菌门的名称已发生变化，表 3-1 中进行了标注，但由于新命名尚未获得学界的公认，因此本书仍采用原有的名称。

表 3-1　细菌域的门、纲和代表属的名称

1　遥远杆状菌门（**Abditibacteriota**）
　　遥远杆状菌属（*Abditibacterium*）

2　酸杆菌门（**Acidobacteria**），新命名酸杆菌门（**Acidobacterioa**）
　　酸杆菌属（*Acidobacterium*）

3　放线菌门（**Actinobacteria**）（高 **G+C** 革兰氏阳性菌），新命名放线菌门（**Actinomycetota**）
　　• 放线菌纲（Actinobacteria）
　　放线菌属（*Actinomyces*）、链霉菌属（*Streptomyces*）、微球菌属（*Micrococcus*）、节杆菌属（*Arthrobacter*）、棒杆菌属（*Corynebacterium*）、分枝杆菌属（*Mycobacterium*）、诺卡氏菌属（*Nocardia*）、游动放线菌属（*Actinoplanes*）、丙酸杆菌属（*Propionibacterium*）、高温单孢菌属（*Thermomonospora*）、弗兰克氏菌属（*Frankia*）、马杜拉放线菌属（*Actinomadura*）、双歧杆菌属（*Bifidobacterium*）

4　产液菌门（**Aquificae**），新命名酸杆菌门（**Aquificota**）
　　产液菌（*Aquifex*）、产氢菌属（*Hydrogenobacter*）

5　装甲菌门（**Armatimonadetes**），新命名装甲菌门（**Armatimonadota**）
　　装甲菌属（*Armatimonas*）

6　暗黑杆菌门（**Atribacterota**）
　　暗黑杆菌属（*Atribacter*）

7　拟杆菌门（**Bacteroidetes**），新命名拟杆菌门（**Bacteroidota**）
　　拟杆菌属（*Bacteroides*）、卟啉单胞菌属（*Porphyromonas*）、普雷沃氏菌属（*Prevotella*）、黄杆菌属（*Flavobacterium*）、鞘脂杆菌属（*Sphingobacterium*）、屈挠杆菌属（*Flexibacter*）、噬纤维菌属（*Cytophaga*）

8　嗜热丝菌门（**Caldiserica**），新命名嗜热丝菌门（**Caldisericota**）
　　嗜热丝菌属（*Caldisericum*）

9　衣原体门（**Chlamydiae**），新命名衣原体门（**Chlamydiota**）
　　衣原体属（*Chlamydia*）

10　绿菌门（**Chlorobi**），新命名绿菌门（**Chlorobiota**）
　　绿菌属（*Chlorobium*）、暗网菌属（*Pelodictyon*）

11　绿弯菌门（**Chloroflexi**），新命名绿弯菌门（**Chloroflexota**）
　　绿弯菌属（*Chloroflexus*）、滑柱菌属（*Herpetosiphon*）

12　产金色菌门（**Chrysiogenetes**），新命名产金色菌门（**Chrysiogenota**）
　　产金色菌属（*Chrysiogenes*）

13　蓝细菌门（**Cyanobacteria**）
　　原绿球藻属（*Prochlorococcus*）、聚球藻属（*Synechococcus*）、颤藻属（*Oscillatoria*）、鱼腥藻属（*Anabaena*）、念珠藻属（*Nostoc*）、真枝藻属（*Stigonema*）、宽球藻属（*Pleurocapsa*）

14　脱铁杆菌门（**Deferribacteres**），新命名脱铁杆菌门（**Deferribacterota**）
　　脱铁杆菌属（*Deferribacter*）、地弧菌属（*Geovibrio*）

15　奇异球菌门（**Deinococcus**），新命名奇异球菌门（**Deinococcota**）
　　奇异球菌属（*Deinococcus*）

续表

16　网状球菌门（**Dictyoglomi**），新命名网状球菌门（**Dictyoglomota**）
　　网状球菌属（*Dictyoglomus*）

17　迷踪菌门（**Elusimicrobia**），新命名迷踪菌门（**Elusimicrobiota**）
　　迷踪菌属（*Elusimicrobium*）

18　丝状杆菌门（**Fibrobacteres**），新命名丝状杆菌门（**Fibrobacterota**）
　　丝状杆菌属（*Fibrobacter*）

19　厚壁菌门（**Firmicutes**）（低 G+C 革兰氏阳性菌），新命名芽孢杆菌门（**Bacillota**）
　　• 梭菌纲（Clostridia）
　　梭菌属（*Clostridium*）、消化链球菌属（*Peptostreptococcus*）、真杆菌属（*Eubacterium*）、脱硫肠状菌属（*Desulfotomaculum*）、韦荣氏菌属（*Veillonella*）
　　• 芽孢杆菌纲（Bacilli）
　　芽孢杆菌属（*Bacillus*）、显核菌属（*Caryophanon*）、类芽孢杆菌属（*Paenibacillus*）、高温放线菌属（*Thermoactinomyces*）、乳杆菌属（*Lactobacillus*）、链球菌属（*Streptococcus*）、肠球菌属（*Enterococcus*）、李斯特氏菌属（*Listeria*）、明串珠菌属（*Leuconostoc*）、葡萄球菌属（*Staphylococcus*）

20　梭杆菌门（**Fusobacteria**），新命名梭杆菌门（**Fusobacteriota**）
　　梭杆菌属（*Fusobacterium*）

21　出芽单胞菌门（**Gemmatimonadetes**），新命名出芽单胞菌门（**Gemmatimonadota**）
　　出芽单胞菌属（*Gemmatimonas*）

22　基里巴斯礁门（**Kiritimatiellaeota**），新命名基里巴斯礁门（**Kiritimatiellota**）
　　基里巴斯礁属（*Kiritimatiella*）、童第周氏菌属（*Tichowtungia*）

23　黏结球形菌门（**Lentisphaerae**），新命名黏结球形菌门（**Lentisphaerota**）
　　黏结球形菌属（*Lentisphaera*）

24　硝化螺菌门（**Nitrospirae**），新命名硝化螺菌门（**Nitrospirota**）
　　硝化螺菌属（*Nitrospira*）

25　浮霉菌门（**Planctomycetes**），新命名浮霉菌门（**Planctomycetota**）
　　浮霉菌属（*Planctomyces*）

26　变形菌门（**Proteobacteria**），新命名假单胞菌门（**Pseudomonadota**）
　　• α-变形菌纲（Alphaproteobacteria）
　　红螺菌属（*Rhodospirillum*）、立克次氏体属（*Rickettsia*）、柄杆菌属（*Caulobacter*）、根瘤菌属（*Rhizobium*）、布鲁氏菌属（*Brucella*）、硝化杆菌属（*Nitrobacter*）、甲基杆菌属（*Methylobacterium*）、拜叶林克氏菌属（*Beijerinckia*）、生丝微菌属（*Hyphomicrobium*）、玫瑰杆菌属（*Roseobacter*）、鞘氨醇单胞菌属（*Sphingomonas*）
　　• β-变形菌纲（Betaproteobacteria）
　　伯克霍尔德氏菌属（*Burkholderia*）、产碱菌属（*Alcaligenes*）、丛毛单胞菌属（*Comamonas*）、亚硝化单胞菌属（*Nitrosomonas*）、嗜甲基菌属（*Methylophilus*）、硫杆菌属（*Thiobacillus*）、奈瑟氏球菌属（*Neisseria*）
　　• γ-变形菌纲（Gammaproteobacteria）
　　弧菌属（*Vibrio*）、假交替单胞菌属（*Pseudoalteromonas*）、着色菌属（*Chromatium*）、亮发菌属（*Leucothrix*）、军团菌属（*Legionella*）、假单胞菌属（*Pseudomonas*）、固氮菌属（*Azotobacter*）、埃希氏菌属（*Escherichia*）、克雷伯氏菌属（*Klebsiella*）、变形菌属（*Proteus*）、沙门氏菌属（*Salmonella*）、志贺氏菌属（*Shigella*）、耶尔森氏菌属（*Yersinia*）、嗜血杆菌属（*Haemophilus*）
　　• δ-变形菌纲（Deltaproteobacteria）
　　脱硫弧菌属（*Desulfovibrio*）、蛭弧菌属（*Bdellovibrio*）、黏球菌属（*Myxococcus*）、多囊菌属（*Polyangium*）
　　• ε-变形菌纲（Epsilonproteobacteria）
　　弯曲杆菌属（*Campylobacter*）、螺杆菌属（*Helicobacter*）
　　• ζ-变形菌纲（Zetaproteobacteria）
　　海深渊菌属（*Mariprofundus*）

27　螺旋体门（**Spirochaetes**），新命名螺旋体门（**Spirochaetota**）
　　螺旋体属（*Spirochaeta*）、疏螺旋体属（*Borrelia*）、密螺旋体属（*Treponema*）、钩端螺旋体属（*Leptospira*）

28　互养菌门（**Synergistetes**），新命名互养菌门（**Synergistota**）
　　互养菌属（*Synergistes*）

29　软壁菌门（**Tenericutes**）
　　支原体属（*Mycoplasma*）、脲支原体属（*Ureaplasma*）、螺原体属（*Spiroplasma*）、无胆甾原体属（*Acholeplasma*）

30	热脱硫杆菌门（Thermodesulfobacteria），新命名热脱硫杆菌门（Thermodesulfobacteriota）
	热脱硫杆菌属（*Thermodesulfobacterium*）
31	热微菌门（Thermomicrobia），新命名热微菌门（Thermomicrobiota）
	热微菌属（*Thermomicrobium*）
32	热袍菌门（Thermotogae），新命名热袍菌门（Thermotogota）
	热袍菌属（*Thermotoga*）、地袍菌属（*Geotoga*）
33	疣微菌门（Verrucomicrobia），新命名疣微菌门（Verrucomicrobiota）
	疣微菌属（*Verrucomicrobium*）

除了上述两版的《伯杰氏系统细菌学手册》，还有一部重要的细菌分类书籍——《原核生物》（*The Prokaryotes*）。该书的第 2 版（1992 年）完全遵照原核生物系统发育的顺序，详细描述了每个分支中的细菌属或更高分类单元的特征，从而反映了原核生物在分类和系统发育上的最新进展。该书的第 3 版分 7 卷，共 7000 余页，于 2006 年 10 月出版发行，尽管其内容丰富，但还未被原核生物分类学者广泛引用。

3.2　海洋细菌的主要类群概述

对于地球上细菌和古菌物种的数量问题，不同的科学家得出了不同结论。Yarza 等（2014）根据 Silva 数据库中近全长的 16S rRNA 基因序列推断出所有细菌和古菌的物种数量分别为 140 万个和 5.3 万个，其中海洋中的细菌和古菌种类占大部分。然而，目前被分离鉴定的原核微生物物种却仅有约 2 万个。随着测序数据量的增加，相信会有更多的海洋微生物被发现。

目前，细菌域可培养菌株共分为 33 个门，多数门的主要分支都能在海洋环境中被发现。当采用 16S rRNA 基因序列来分析海洋环境中的细菌多样性时，其主要分支的数目可能超过 100 个，然而其中许多分支只含有尚不能被培养的种类。

图 3-1 显示了海洋环境中不同细菌门类的出现频率。变形菌门（Proteobacteria）是细菌中数量最为庞大且生理状态最为多样的类群之一，因此人们在研究细菌多样性时往往会受变形菌门的影响。变形菌门中的所有成员都是革兰氏阴性菌，但其代谢类型却多种多样。

有关海洋浮游细菌的研究发现，16S rRNA 基因序列克隆与可培养的细菌中丰度最高的种类是完全不相关的。由于变形菌门中γ-变形菌纲（Gammaproteobacteria）的多数成员能在常规的琼脂培养基上形成菌落，因此很容易从世界各地的水体中被分离出来，该类群的成员以前一直被认为是最具优势的海洋细菌。一些最常见的海洋细菌，如弧菌属（*Vibrio*）、交替单胞菌属（*Alteromonas*）、假交替单胞菌属（*Pseudoalteromonas*）、假单胞菌属（*Pseudomonas*）、埃希氏菌属（*Escherichia*）、沙门氏菌属（*Salmonella*）等都隶属于γ-变形菌纲。然而，采用不依赖于培养的分子生物学方法的研究表明，α-变形菌纲（Alphaproteobacteria）的成员在浮游细菌中更占优势。α-变形菌纲的 SAR11 类群被认为是海洋中最丰富的细菌，尤其是在寡营养海域的表层水体中；该纲的 SAR116 类群成员也无处不在。相比之下，经常检测到的γ-变形菌纲的成员 SAR86 类群，其系统发育关系与同纲中能够培养的成员存在很大差异，这表明目前分离获得的菌株仅代表真实海洋细菌多样性的一小部分。

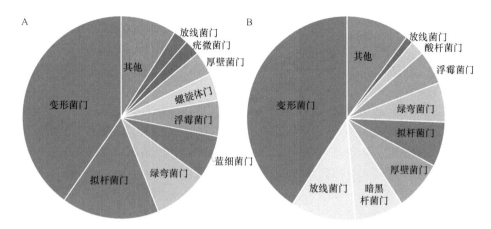

图 3-1 海洋环境中不同细菌门类的出现频率（修改自 Schloss et al., 2016）
A. 海水样品；B. 海洋沉积物和热液喷口样品

海洋沉积物中的细菌多样性远高于海水环境，其优势细菌类群也与海水有较大差异。研究结果显示，海洋沉积物中最具优势的细菌为γ-变形菌纲的伍斯氏菌科（Woeseiaceae）或称 JTB255 类群，该科成员根据 16S rRNA 基因序列可分为至少 15 个不同的分支，但目前仅有一个种被分离培养出来。

2004 年成立的国际海洋微生物普查项目（International Census of Marine Microbes，ICoMM），其主要任务是对通过高通量测序技术等获得的海洋微生物多样性知识进行协调并归纳成目录。ICoMM 的一个重要发现是认识到不同微生物可操作分类单元（operational taxonomic unit，OTU）的丰度有显著差异，并提出了稀有生物圈（rare biosphere）的概念。尽管稀有微生物的丰度很低，但它们在生态系统中可能发挥重要的作用。

根据微生物的命名规则，由于未培养微生物没有模式菌株，也没有重要表型特征信息，因此不能被确认为有效种。然而，在某些情况下，如果某种微生物在系统发生上显著区别于已培养的微生物，且能根据其基因组信息获得形态结构、代谢及其他关键特征信息，也可以给这类微生物一个临时名称，即在名称前面添加"暂定（Candidatus，简称 Ca.）"一词。

3.3 变 形 菌 门

变形菌门是细菌域中最大的一个门，16S rRNA 基因高通量测序结果表明，该门是海水和沉积物中丰度最高的门类（基于 2015 年 Silva 数据库的分析结果见图 3-1），通常约占海洋细菌总量的 1/2。该门的细菌种类多，形态、生理和生活史具有多样性。其在形态上有杆状、球状、弯曲状、螺旋状、出芽状、丝状等；在营养方式上，有光能自养型、光能异养型、化能自养型和化能异养型。

根据 16S rRNA 基因序列，将变形菌门分为 6 个系统发育分支（即 6 个纲），依次是

α-变形菌纲、β-变形菌纲（Betaproteobacteria）、γ-变形菌纲、δ-变形菌纲（Deltaproteobacteria）、ε-变形菌纲（Epsilonproteobacteria）和ζ-变形菌纲（Zetaproteobacteria）。在这6个纲中均有来自海洋的细菌种类，其中α-变形菌纲和γ-变形菌纲在海洋浮游细菌中尤为重要。

3.3.1 α-变形菌纲

α-变形菌纲是海洋细菌中丰度最高的纲，绝大多数是寡营养类型。有些种类是海洋中丰度最高的微生物类群之一，如SAR11、SAR116、OCS116和OM75类群；有些种类能够进行光合作用，如玫瑰杆菌属（*Roseobacter*）和赤杆菌属（*Erythrobacter*）；有些种类具有独特的代谢类型，如代谢一碳（C1）化合物的甲基杆菌属（*Methylobacterium*）、化能自养型的硝化杆菌属（*Nitrobacter*）、具固氮作用的根瘤菌属（*Rhizobium*）；有些类群是重要的病原菌，如立克次氏体属（*Rickettsia*）等。另外，该纲中的许多类群在形态上具有明显的特征，如柄杆菌属（*Caulobacter*）和生丝微菌属（*Hyphomicrobium*）等。

3.3.1.1 SAR11 类群

SAR11类群被认为是海洋水体中最丰富的细菌，在海水中的数量可高达2.4×10^{28}个细胞，约占海洋中浮游微生物数量的25%。SAR11类群的16S rRNA基因序列几乎分布于所有的海水环境，尤其是寡营养海域中，从近岸浅海到水深超过一万米的深海中都有发现。其在海水中的丰度随水深逐渐降低，40～60 m水深处丰度最高；几乎占表层水体微生物数量的30%～40%和中层水体微生物数量的20%。

在SAR11序列刚被发现时，系统发育分析表明其属于α-变形菌纲，但与该纲中所有能够培养的种类均有较大差异，且SAR11序列具有高度多样性，具有5个独立的分支。目前SAR11类群的成员，如暂定遍在远洋杆菌（*Ca.* Pelagibacter ubique），已被培养出来，其形态和生理生化特征已被陆续报道。在实验室条件下，SAR11菌株的代时大约是2 d，其在海水中达到的最高浓度是10^5～10^6个细胞/mL。其细胞呈月牙形（图3-2），长为0.4～0.9 μm，直径为0.1～0.2 μm。细胞体积只有0.01 μm³（不及大肠杆菌的1/100），细胞的高比表面积（表面积/体积）无疑是SAR11细菌能够在大洋的寡营养条件下繁殖的关键因素。SAR11具有精简的基因组，基因组大小仅有1.54 Mb（约为大肠杆菌的1/3）。另外，研究发现侵染SAR11的病毒在海洋中也具有很高的丰度。

SAR11是一类寡营养异养细菌，可有效利用极低浓度的、低分子量的活性溶解有机物（dissolved organic matter，DOM）如氨基酸、有机酸、膦酸酯、多胺类、相容性介质、挥发性有机物等进行生存。此外，SAR11既可产生温室气体如CH_4、CO_2、甲硫醇等，又可产生"冷室气体"二甲基硫（dimethyl sulfide，DMS），在全球生物地球化学循环和气候变化中发挥重要作用。

3.3.1.2 SAR116 类群

SAR116类群的成员也是无处不在的，尤其在海洋的表层水和近岸浅海水中普遍存在，有时丰度可达细菌种群的 10%以上。目前 SAR116 类群的成员 *Ca. Puniceispirillum marinum* 已被培养出来，该菌株在对数期呈短弧状，在稳定期至衰亡期呈长螺旋形，具有变形菌视紫红质（proteorhodopsin）。

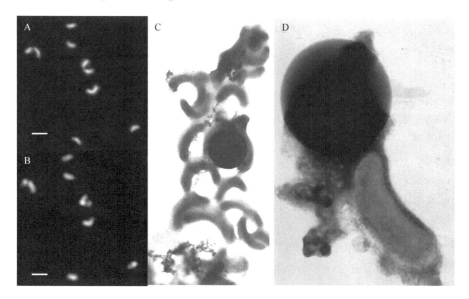

图 3-2　SAR11 已培养菌株的显微照片（Rappé et al.，2002）
A、B. 同一视野用 DNA 特异染料 DAPI 染色（A）和用 Cy3 标记的 SAR11 细胞寡核苷酸探针杂交（B）后的荧光显微照片，比例尺（A、B）=1 μm；C、D. SAR11 菌株 HTCC1062 的透射电镜照片（C. 有阴影的细胞及典型的 SAR11 形态；D. 负染的细胞；C 和 D 中的乳胶颗粒直径为 0.514 μm）

3.3.1.3　玫瑰杆菌

玫瑰杆菌类群（*Roseobacter* clade），简称玫瑰杆菌，隶属α-变形菌纲红杆菌目（Rhodobacterales），其成员在 16S rRNA 基因序列上的相似性达到 89%以上，属于亚科水平，目前已经有超过 60 个属被分离鉴定。值得注意的是，玫瑰杆菌类群中一个属的名字称为玫瑰杆菌属（*Roseobacter*），但是国际上海洋微生物学家通常提及的玫瑰杆菌是指玫瑰杆菌类群。玫瑰杆菌是全球表层海水中分布最广、数量最多的浮游细菌类群之一，约占某些近海浮游细菌群落的 20%和大洋群落的 5%。据估计，在表层海水中有一半以上的玫瑰杆菌在海水中自由生活，其余则附着在浮游植物和碎屑颗粒表面。另外，它们在深海和沉积物中也经常被发现。

玫瑰杆菌比传统意义上的异养细菌具有更加多样化的能量代谢途径，在海洋碳和硫的循环中扮演重要的角色。它们是海洋中好氧不产氧光合细菌（aerobic anoxygenic photosynthetic bacteria，AAPB）的主要类群，可通过一系列的光合色素来吸收光能，另外个别谱系可以利用变形菌视紫红质和黄视紫红质（xanthorhodopsin）吸收光能。这种好氧生长但其光合作用不产氧的代谢方式，打破了过去一直认为细菌的不产氧光合作用是一个厌氧过程的观念。同样的，玫瑰杆菌在海洋硫循环中作用重大，其部分种属如鲁杰氏菌属（*Ruegeria*）、玫瑰变色菌属（*Roseovarius*）、亚硫酸盐杆菌属（*Sulfitobacter*）、陆丹氏菌属（*Loktanella*）等，可将某些浮游藻类分泌的二甲基巯基丙酸内盐

（dimethylsulfoniopropionate，DMSP）转化成 DMS。后者是一种活性气体，能促进云的形成，从而起到调节气候的作用。此外，很多玫瑰杆菌携带一氧化碳脱氢酶关键基因 *coxL*（如庞氏鲁杰氏菌 *Ruegeria pomeroyi*）和硫氧化关键基因 *soxB*，这使得它们可以通过氧化低价态的无机物包括一氧化碳和硫来获得能量。

海洋中很多微环境是缺氧的，而很多玫瑰杆菌都含有异化型硝酸盐还原酶和异化型亚硝酸盐还原酶，使得它们能够在缺氧时进行无氧呼吸。部分玫瑰杆菌还拥有编码同化型硝酸盐还原酶和同化型亚硝酸盐还原酶的基因，使得这些菌能够利用硝态氮作为营养源，从而缓解了海水中铵态氮的限制。另外，像抑云玫瑰变色菌（*Roseovarius nubinhibens*）和反硝化玫瑰杆菌（*Roseobacter denitrificans*）等还具有不同寻常的介导横向基因传递的基因转移因子（gene transfer agent），使得这些菌能迅速地获得新的基因，从而不断地适应新的海洋生态微环境。

海水中 99% 的浮游态细菌尚未被培养，对未培养的玫瑰杆菌的多样性研究主要从宏基因组学和单细胞基因组学这两个方面展开。目前，公共数据库中已有近百个海洋玫瑰杆菌基因组序列，经分析发现其大小为 2.5~5.7 Mb，G+C 含量为 37%~70%，变化范围大。通过宏基因组学的分析手段发现，纯培养的玫瑰杆菌的基因组序列与在海水宏基因组中所含的玫瑰杆菌的同源序列大相径庭。某些有重要生态功能的基因有差异地分别富集于宏基因组中的玫瑰杆菌和可培养的菌的基因组中，而这些基因恰好可作为区分寡营养型（oligotrophic）与富营养型（copiotrophic）海洋细菌的标志基因。这暗示了海洋中未培养的玫瑰杆菌趋向于寡营养型，而可培养的玫瑰杆菌趋向于富营养型。另一个重要的发现是，宏基因组中玫瑰杆菌的片段在 G+C 含量上呈现出双峰分布，包括一个中心在 42% 的主峰和另一个在 54% 的次级峰，而可培养的玫瑰杆菌的 G+C 含量呈现单峰分布，在 62% 处达到峰值（图 3-3）。此外，宏基因组中玫瑰杆菌的序列含有较少的非编码的 DNA（图 3-3）。

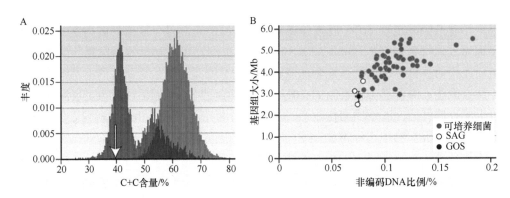

图 3-3　未培养的[包括单细胞（SAG）、宏基因组（GOS）]和可培养的玫瑰杆菌的基因组特性（Luo and Moran，2014）

A. G+C 含量分布，箭头代表 SAG 玫瑰杆菌 G+C 含量的平均值；B. 基因组大小和非编码 DNA 比例的关系

3.3.1.4　立克次氏体

立克次氏体属（*Rickettsia*）隶属于立克次氏体目（Rickettsiales），一般呈球状或杆

状，多在动物细胞中营专性细胞内寄生。立克次氏体活跃地穿入宿主细胞，并在细胞质内繁殖，导致宿主细胞裂解。鲑鱼鱼立克次氏体（*Piscirickettsia salmonis*）是鲑鱼的一种主要病原菌。虽然目前对海洋立克次氏体的研究依然很少，但在海水养殖的病虾中也分离出了几种立克次氏体，表明它很有可能也是许多海洋动物的病原。值得指出的是，鱼立克次氏体属（*Piscirickettsia*）与立克次氏体属在系统分类上相距甚远，前者隶属γ-变形菌纲，而后者隶属α-变形菌纲。此外，鱼立克次氏体在形态上与隶属α-变形菌纲的埃立希氏体属（*Ehrlichia*）相似。

3.3.1.5 柄杆菌目

柄杆菌目（Caulobacterales）的独特之处在于其细胞质可突起或具有附属物，将其称为菌柄（prosthecae）。有柄细菌的比表面积增加，可使它们在营养贫乏的水体中繁衍，菌柄也可使这些好氧细菌停留在氧气充足的环境中以避免沉入到沉积物中。通常这些细菌首先占据物体光秃的表面，在生物被膜（biofilm）的形成中有特别重要的作用，对软体动物幼虫的附着和生物污损也有非常重要的影响。与几乎所有其他细菌不同的是，这一群细菌成员在生活周期中，细胞并不进行二均分裂，而是"母细胞"保持其形状和形态特性，以出芽的方式脱落下小的"子细胞"。这是由细胞的极化作用引起的，也就是说，新的细胞壁物质是从一个点开始形成的，而不像其他细菌是从中间插入形成的。

柄杆菌目中一些细菌如柄杆菌属（*Caulobacter*）具有独特的菌柄，使细菌牢固地附着在水环境中的藻类、石头或其他物体表面上。其子代细胞具有运动性，通过涌动到其他位置而占据新的物体表面。新月柄杆菌（*Caulobacter crescentus*）已被作为细胞分化的模式细菌开展了大量的研究，其细胞周期受到 3 个关键调控蛋白的控制，相当精确地支配细胞周期事件中基因表达的偶联（图 3-4）。

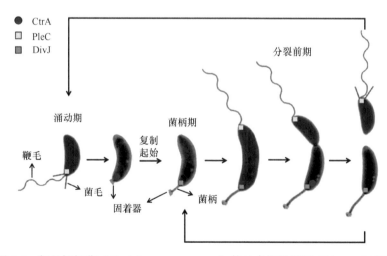

图 3-4　新月柄杆菌（*Caulobacter crescentus*）的二态细胞周期（Munn，2020）

关键调控蛋白 CtrA、PleC 和 DivJ 的精确时空表达模式，以协调细胞极化、DNA 复制、细胞分裂和鞭毛合成。细胞的红色为人工添加，以表明活性 CtrA 的存在和分布

值得一提的是，隶属α-变形菌纲生丝微菌目（Hyphomicrobiales）的生丝微菌属（*Hyphomicrobium*）（图 3-5）和红微菌属（*Rhodomicrobium*）也具有菌丝状细胞突起，它们是由菌丝状突起上出芽脱落而产生子代细胞。

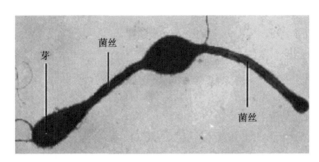

图 3-5 生丝微菌属（*Hyphomicrobium*）的细胞形态负染电镜照片（Prescott et al., 2002）

细胞有菌丝（hypha）和芽（bud）

3.3.2 β-变形菌纲

β-变形菌纲 16S rRNA 基因序列占海洋样品原核生物该基因序列的 5%～10%，其代谢类型多样。许多类群属于富营养型异养菌，通常附着于海洋动物和藻类表面，有些类群属于化能自养菌，包括硫氧化细菌（以氧气、硝酸盐或亚硝酸盐作为电子受体）和铁氧化菌（$Fe^{2+} \rightarrow Fe^{3+}$）。它们通常存在于沉积物或微生物席（microbial mat）的有氧层和无氧层的界面，在代谢类型上与α-变形菌纲细菌存在相似之处，倾向于利用海洋缺氧环境中有机质被降解后释放出来的小分子物质作为营养物质。比如，有些细菌可利用氢、氨、甲烷和挥发性脂肪酸等小分子物质作为营养物质。β-变形菌纲细菌的丰度与海水中的盐度密切相关，其较为适应盐度低的海水环境。

β-变形菌纲的重要属包括产碱菌属（*Alcaligenes*）、无色小杆菌属（*Achromobacter*）、丛毛单胞菌属（*Comamonas*）、伯克霍尔德氏菌属（*Burkholderia*）、亚硝化单胞菌属（*Nitrosomonas*）、嗜氢菌属（*Hydrogenophilus*）、嗜甲基菌属（*Methylophilus*）、硫杆菌属（*Thiobacillus*）和奈瑟氏球菌属（*Neisseria*）等。硫杆菌属于化能自养菌，也是最主要的无色硫细菌（colorless sulfur bacteria）。OM43 是近海环境中一种常见的甲基营养菌（methylotroph），已有纯培养菌株如 HTCC2181 和 HIMB624，可以降解除甲烷以外的一碳（C1）化合物，其基因组极小，仅约为 1.33 Mb。

3.3.3 γ-变形菌纲

γ-变形菌纲是变形菌门中已报道物种数量最多的纲，在代谢特征上有极大的多样性，其中许多重要的属是化能异养型及兼性厌氧型细菌，另一些属则是好氧的化能异养型、光能自养型、化能自养型或甲基营养型等。γ-变形菌纲中的许多类群尚未获得纯培养，包括许多难培养的硫氧化细菌。以下重点介绍已培养的类群。

3.3.3.1 弧菌科

1. 弧菌科分类

弧菌科（Vibrionaceae）是弧菌目（Vibrionales）中唯一的一个科。弧菌科是海洋环境中最常见的细菌类群之一，且是海水和海洋生物的正常优势菌群。弧菌科是目前研究最多、了解较为清楚的海洋细菌，其分类学研究进展较快，被研究和描述的弧菌种类越来越多。1974 年，《伯杰氏鉴定细菌学手册》第 8 版收录的弧菌仅有 5 种；2005 年，《伯杰氏系统细菌学手册》第 2 版收录的弧菌达 63 种；截至 2021 年 1 月，已合格发表（即被 *IJSEM* 国际刊物认可）且目前仍在沿用（即仍属于弧菌属）的弧菌多达 130 种。

值得一提的是，徐氏弧菌（*Vibrio xuii*）是 1996 年从山东省莱州市大华育苗场的中国对虾养殖水体中分离出来的，以我国著名海洋微生物学家徐怀恕的名字命名。帕希尼氏弧菌（*Vibrio pacinii*）分离自中国对虾健康幼体，以首次发现霍乱病原菌的意大利著名解剖学家 Filipo Pacini 的名字命名。

弧菌科目前共有 12 个属，除弧菌属（130 种）外，还包括另类弧菌属（*Aliivibrio*；6 种）、链状球菌属（*Catenococcus*；1 种）、海胆单胞菌属（*Echinimonas*；1 种）、肠弧菌属（*Enterovibrio*；5 种）、格里蒙特氏菌属（*Grimontia*；3 种）、利斯顿氏菌属（*Listonella*；2 种）、副发光杆菌属（*Paraphotobacterium*；1 种）、发光杆菌属（*Photobacterium*；36 种）、盐水弧菌属（*Salinivibrio*；5 种）、独特弧菌属（*Thaumasiovibrio*；2 种）和贝隆氏属（*Veronia*；2 种）。

根据表型特征鉴别弧菌属种类的主要依据如下。

（1）形态：短杆状、弯曲状、偶尔呈"S"形或螺旋形，革兰氏染色阴性。

（2）鞭毛：多以单一的极生鞭毛（图 3-6A）运动，偶尔可见一端 3～12 根的丛生鞭毛，如费氏另类弧菌（*Aliivibrio fischeri*，又称费氏弧菌 *Vibrio fischeri*）和火神弧菌（*V. logei*）。生长在固体基质上能形成许多侧生鞭毛，其附着性明显。

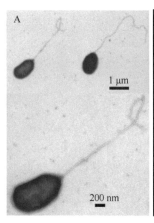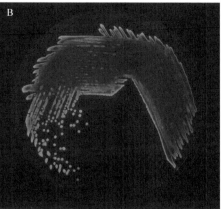

图 3-6　鉴别弧菌属种类的部分表型特征

A. 非典型弧菌（*Vibrio atypicus*）的电镜复染照片（Wang et al.，2010）；B. 哈维氏弧菌（*Vibrio harveyi*）的发光现象（Zhang et al.，2020）

（3）菌落形态：在 2216E 培养基上，多产生突起、光滑、边缘整齐的乳白色菌落。有些种类能够产生色素，如火神弧菌呈橘黄色，产气弧菌（*V. gazogenes*）为红色，黑美人弧菌（*V. nigripulchritudo*）为蓝黑色。另外，弧菌一般能在硫代硫酸盐柠檬酸盐胆盐蔗糖（thiosulfate citrate bile salts sucrose，TCBS）琼脂培养基上生长，其中无法发酵蔗糖的菌落呈绿色，而能够发酵蔗糖的菌落呈黄色。

（4）生长条件：对盐度适应范围广，最适盐度为 30，钠离子能刺激所有弧菌生长，而在缺钠条件下一般不生长。所有种在 20℃均生长，大部分种在 30℃能正常生长，少数能在 37℃甚至 40～43℃的条件下生长。最适 pH 为 6.0～9.0，大多数种能耐受中度碱性环境，霍乱弧菌（*V. cholerae*）甚至可以在 pH 为 10 的环境中生长。

（5）生理和代谢：营养方式为化能异养，生活方式为兼性厌氧。发酵葡萄糖产酸，氧化酶和过氧化氢酶阳性，对特异的弧菌抑制剂 O/129 敏感，DNA 的 G+C 的摩尔百分比为 35%～50%。在厌氧条件下，弧菌多以混合酸发酵的方式代谢。几乎所有种类均含超氧化物歧化酶（superoxide dismutase，SOD）。此外，以哈维氏弧菌（*V. harveyi*）为代表的许多弧菌种类均能够发光（图 3-6B）。

弧菌在固体表面的最初定植、生物被膜形成、作为共生体及病原菌方面起重要作用。许多弧菌可引起海水鱼类、甲壳类和贝类等动物发生弧菌病，有些致病性弧菌病害已成为海水动物养殖业发展的重要障碍之一，常造成巨大的经济损失。

2. 海洋弧菌的分布与有机碳循环

弧菌广泛分布于海洋环境中，尤其是近岸和河口区域，是这些生境中可培养细菌的优势类群，其占比高达 10%。弧菌的分布受各种环境因子的影响，尤其是温度、盐度和溶解有机碳。弧菌可以利用多种大分子有机化合物，包括几丁质、褐藻胶和琼脂等。许多弧菌具有很短的复制时间（代时短至 10 min），可使它们在短时间内达到较高的生物量。尽管弧菌数量通常只占总微生物种群的一小部分（约占近岸水体总浮游细菌的 1%），但已有研究表明，它们在各种富营养条件下（如发生藻类水华时增加的有机物以及来自撒哈拉沙漠沙尘暴沉降的铁离子）可暴发性繁殖。因此，弧菌可能对海洋（尤其近海区域）有机碳循环产生巨大的影响（图 3-7）。

3. 病原性海洋弧菌

已知能感染鱼类或人类，造成病害的病原性海洋弧菌已超过 20 种。其中能感染人类引起疾病的超过 10 种，以霍乱弧菌、副溶血弧菌（*V. parahaemolyticus*）和创伤弧菌（*V. vulnificus*）三者的感染最为严重，对人类危害较大。

霍乱是通过水和食物传播的严重消化道疾病，经常发生于卫生条件（尤其是饮水卫生）不良的发展中国家。根据世界卫生组织年报，在 2003～2004 年，单非洲就发生至少 15 000 个霍乱感染的实例。大多数感染实例发生于夏季，由患者食用鱼、虾和牡蛎传播。霍乱弧菌一旦经由受污染的食物或饮水进入人体，则会附着于人体肠道上皮组织，并分泌霍乱毒素（cholera toxin），该毒素可引起患者发生严重的水样腹泻，甚至死亡。

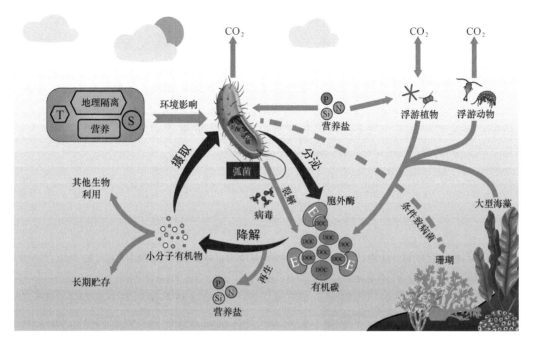

图 3-7　弧菌在有机碳循环中的作用（Zhang et al.，2018）
T，温度；S，盐度；E，胞外酶；DOC，溶解有机碳

副溶血弧菌产生热稳定直接溶血素（thermostable direct hemolysin，TDH）和 TDH 相关溶血素（TDH related hemolysin，TRH）两类溶血素，能引起感染者患胃肠炎，出现下痢、反胃、呕吐、腹绞痛、头痛和轻度发烧等病症。创伤弧菌是唯一一种易于经外伤感染人体的海洋弧菌，感染伤口会起水泡、红肿发炎，甚至形成蜂窝组织炎，严重者甚至会引发致死性败血症。荚膜多糖（capsular polysaccharide）是创伤弧菌的主要毒力因子，与感染者体内出现的发炎症状密切相关。解藻酸弧菌（*V. alginolyticus*）、哈维氏弧菌、辛辛那提弧菌（*V. cincinnatiensis*）、拟态弧菌（*V. mimicus*）、霍氏格里蒙特氏菌（*Grimontia hollisae*）和美人鱼发光杆菌美人鱼亚种（*Photobacterium damselae* subsp. *damselae*）等病原弧菌对人类的感染不常见，病例呈散发性。

已发现的海洋动物弧菌科病原菌有解藻酸弧菌、鳗利斯顿氏菌（*Listonella anguillarum*，又称鳗弧菌 *V. anguillarum*）、坎氏弧菌（*V. campbellii*）、非 O1 型霍乱弧菌、辛辛那提弧菌、解珊瑚弧菌（*V. coralliilyticus*）、费氏另类弧菌、哈维氏弧菌、鱼肠道弧菌（*V. ichthyoenteri*）、火神弧菌、拟态弧菌、奥氏弧菌（*V. ordalii*）、副溶血弧菌、杀扇贝弧菌（*V. pectenicida*）、杀对虾弧菌（*V. penaeicida*）、解蛋白弧菌（*V. proteolyticus*）、海弧菌（*V. pelagius*）、杀鲑另类弧菌（*Aliivibrio salmonicida*）、灿烂弧菌（*V. splendidus*）、蛤弧菌（*V. tapetis*）、塔氏弧菌（*V. tubiashii*）、创伤弧菌、霍氏格里蒙特氏菌和美人鱼发光杆菌等。大部分致病弧菌能够同时感染多种海水养殖动物，只有少数几种仅感染某一类或两类水产养殖动物。

4. 弧菌的发光现象

细菌的发光（luminescence）现象在海洋系统中很常见，发光细菌在海水中可自由生活、附着在有机颗粒上、在海洋动物肠道中共栖，或作为发光器官的共生菌。同一种发光细菌可能具有多个生态位，且不同生态位之间并非截然独立，而是互有关联。例如，寄生于南极磷虾或深海鱼类体表的发光细菌，在宿主死后迅速生长，使宿主出现明显发光现象；该发光现象导致宿主易被掠食性鱼类捕食，发光细菌借此进入捕食者肠道生长繁衍，成为新宿主肠道内的共生细菌。

目前，已被分离培养的海洋发光菌大多隶属于弧菌科，最常见的种类是明亮发光杆菌（*Photobacterium phosphoreum*）、鳆发光杆菌（*P. leiognathi*）、费氏另类弧菌、哈维氏弧菌（图 3-6）、坎氏弧菌和火神弧菌。霍乱弧菌、地中海弧菌（*V. mediterranei*）、东方弧菌（*V. orientalis*）、灿烂弧菌、杀鲑另类弧菌和创伤弧菌等种类的少数分离株也具发光能力。此外，羽田氏希瓦氏菌（*Shewanella hanedai*）和武氏希瓦氏菌（*S. woodyi*）两种非弧菌种类也具发光现象。

费氏另类弧菌常与海洋中特定鱼类和头足类生物形成紧密的共生关系。它们密集生存于宿主发光器官内，借此获得比较安全且营养丰富的生存环境。宿主则可借助共生细菌发光，取得惊吓、驱退捕食者，诱捕饵料生物及呼朋引伴、求偶等效果。费氏另类弧菌在浮游、宿主体表附着或肠道内共生状态下都能生存繁衍，因此一般认为宿主的发光器官与外界有相通的管道，这些菌由此进出发光器官。海洋动物发光器官中内共生的发光细菌，除可从亲代中传承外，还可从周围海水中获得。

哈维氏弧菌除广泛分布于沿岸水域外，也常出现于海水养殖池，一旦感染池中鱼虾，往往给养殖场造成严重的损失。此外，明亮发光杆菌可被用作检测水中毒物污染的指示生物，因为该菌的发光强度对毒性物质浓度相当敏感；环境中毒物浓度与该菌的发光强度呈负相关，即毒物浓度愈高，该菌的发光强度愈弱。

5. 弧菌发光的调控机制

细菌发光的反应机制如图 3-8 所示，起作用的萤光素酶（luciferase）是一种多功能氧化酶，能够同时催化还原态的黄素单核苷酸（flavin mononucleotide，$FMNH_2$）和长链脂肪醛（RCHO）（如十四醛）的氧化，产生处于激发状态的中间分子，从而发出波长约 490 nm 的蓝绿光。所有发光细菌的萤光素酶都是由 α-亚基（约 40 kDa）和 β-亚基（约 35 kDa）构成的二聚体，二聚体由 *lux* 操纵子中的 *luxA* 和 *luxB* 基因编码。重组 *lux* 基因技术已被广泛应用于监控基因表达的报告系统，其在生物工程学上有非常重要的应用。

费氏另类弧菌与许多真核生物呈共生关系，生存于宿主发光器官中，为宿主提供光线。光线的发射与宿主发光器官中细菌的密度密切相关，由群体感应（quorum sensing，QS）控制（详见 2.4.1 节）。发光器官中费氏另类弧菌的密度可达 10^{10} 个细胞/mL。费氏另类弧菌生长时，向细胞外释放自诱导分子，这些分子与细菌一起贮存在发光器官内部。据推测，特化的真核生物发光器官是自诱导分子能够积累至有效浓度并能介导信号传递的唯一场所。费氏另类弧菌通过检测自诱导分子的浓度，而引起信号级联反应，最终导致发光。

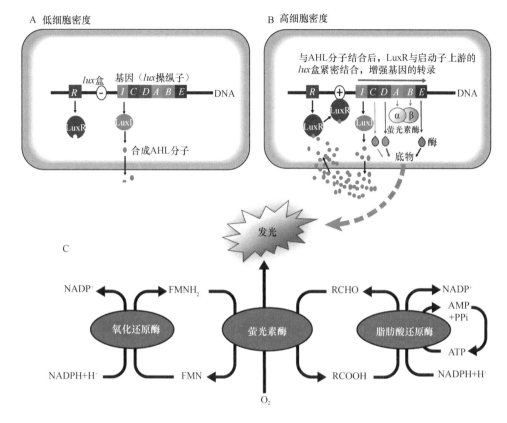

图 3-8　细菌的发光反应（Munn，2020）

luxA 和 *luxB* 基因编码萤光素酶的α亚基和β亚基。*luxCDE* 基因编码从脂肪酸形成长链醛底物（如十四碳）的转移酶、合成酶和还原酶

费氏另类弧菌发光所需的萤光素酶由 *luxCDABE* 操纵子基因编码，调节蛋白 LuxI 和 LuxR 构成 QS 的部件。LuxI 是自诱导分子合成酶，可合成一种 *N*-酰基高丝氨酸内酯（*N*-acylhomoserine lactone，AHL）类自诱导分子，即 *N*-3-氧代己酰-高丝氨酸内酯（*N*-3-oxohexanoyl homoserine lactone，3OC6-HSL）（图 3-9）。LuxR 由两个结构域构成，N 端结构域可与自诱导分子结合，而 C 端结构域可与萤光素酶操纵子的启动子上游的 *lux* 盒序列结合，激活下游基因转录。在低细胞密度时，萤光素酶操纵子的转录水平低，只能产生少量自诱导分子。由于萤光素酶编码基因直接位于 *luxI* 基因下游，因此只产生低水平的光线。

AHL 自诱导分子可以透过细胞膜自由扩散，因此细胞内外的自诱导分子浓度是一致的。随着费氏另类弧菌的生长，自诱导分子积聚到一个浓度阈值（1~10 µg/mL）时，LuxR 的 N 端结构域与自诱导分子相互作用，暴露出 LuxR 的 C 端 DNA 结合域，使 LuxR 能够与萤光素酶的启动子结合并激活其下游基因的转录。这一作用导致自诱导分子的数量和发光强度均呈指数增加。

弧菌的 QS 系统非常复杂，参与调控多种基因的表达。费氏另类弧菌除 LuxI/R 介导的 AHL 信号系统外，还有一个类似于哈维氏弧菌的 LuxM/N 通路（AinS/R）及 AI-2 通路（详见 2.4.1 节）。而哈维氏弧菌的 QS 系统由 4 套通路（AHL、CAI-1、AI-2 和 NO 通路）构成，不仅调控发光现象，还可调控 III 型分泌（type III secretion，TTS）系统、铁载体（siderophore）、多糖和金属蛋白酶的产生等。除费氏另类弧菌和哈维氏弧菌以外，目前对鳗利斯顿氏菌、霍乱弧菌、副溶血弧菌和创伤弧菌等的 QS 系统也进行了详细的研究，QS 成为细菌中基因表达控制的最重要的机制之一。

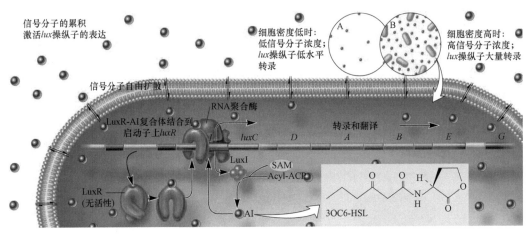

图 3-9　费氏另类弧菌（*Aliivibrio fischeri*）发光的调控（修改自 Joanne et al.，2008）

发光现象由 *luxI* 和 *luxR* 调控，*luxI* 编码自诱导分子合成酶。A. 在细胞密度低时，*luxI* 和 *luxR* 的转录水平较低；B. 随着细胞密度的增加，细胞周围的自诱导分子浓度增加。调节蛋白 LuxR 是 *lux* 操纵子启动子的抑制因子。当 LuxR 与自诱导分子结合时，它与启动子上游的 *lux* 盒紧密结合，并激活其右侧操纵子的转录。自诱导分子的产生呈指数增加，促进发光现象的产生

3.3.3.2　肠杆菌科

隶属肠杆菌目（Enterobacterales）的肠杆菌科（Enterobacteriaceae）是γ-变形菌纲中较大的、成员组成明确的一个科。它们以在温血动物的肠道中作为偏利共生菌和病原菌而著名，包括埃希氏菌属、沙门氏菌属、沙雷氏菌属（*Serratia*）、肠杆菌属（*Enterobacter*）、克雷伯氏菌属（*Klebsiella*）和爱德华氏菌属（*Edwardsiella*）。以上 6 个属均是发酵型的兼性厌氧菌，氧化酶呈阴性、革兰氏染色阴性、杆状，通常以周生鞭毛运动。这些特性可以将它们与其他革兰氏阴性菌如弧菌属、假单胞菌属及交替单胞菌属区分开来。肠杆菌可从陆源污染的近岸海水中分离出来，另外也可在鱼和海洋哺乳动物的肠道中发现。除此之外，肠杆菌并不被认为是土著的海洋种类，它们在海洋环境中可被用作粪便污染的指示菌。通常检查的大肠菌群（coliform）是卫生细菌学名词，而不是细菌分类单元名称，它指的是在水体中 24 h 内可发酵乳糖产酸产气的革兰氏阴性菌的总称。它的存在和数量可反映水和食物等被粪便污染的程度，也间接地反映了存在肠道致病菌和肠道病毒的可能性。

3.3.3.3　假单胞菌属、交替单胞菌属、假交替单胞菌属和希瓦氏菌属

假单胞菌属隶属于假单胞菌目（Pseudomonadales），而交替单胞菌属、假交替单胞菌属和希瓦氏菌属（*Shewanella*）均隶属于交替单胞菌目（Alteromonadales）。

这是一组好氧性杆状细菌,其分类地位比较接近,具有与弧菌目及肠杆菌目较近的亲缘关系。

假单胞菌属通常发现于土壤和植物材料中,有的还是人类的病原菌,然而假单胞菌属也可从近岸海水、大洋海水甚至极地深海沉积物中分离到,且有些种类与海洋植物和动物关系密切。

交替单胞菌属经常用海洋琼脂(marine agar)平板分离得到,因能产生各种各样的色素使其菌落呈现鲜明的颜色而容易被识别。在基于培养的研究中交替单胞菌经常占优势,因此推测它们可通过降解有机质在元素循环中起主要作用。然而,交替单胞菌在以分子生物学手段为基础的研究中并不占优势,因此较难判断其生态作用。

假交替单胞菌属在近海、深海和极地环境中均分布较广。该属细菌能够产生多种生物活性物质,如胞外多糖,可使其适应高盐和低温环境,并可提高其在反复冻融过程中的耐受性。因此,在条件苛刻的极地环境中,假交替单胞菌属仍可具有生长优势,从而能够有效地竞争营养物质和生存空间。分离自深海沉积物中的假交替单胞菌还可以降解多环芳烃,对其再矿化过程及海洋碳循环有重要作用。该属的许多种类还可以产生色素,而且产色素和不产色素的假交替单胞菌所产生的生物活性物质有较大差别。

希瓦氏菌属通常可从海藻、贝类、鱼和海洋沉积物的表面分离得到,部分种类可以引起鱼的腐败,有一些则是极端嗜压种类。希瓦氏菌的代谢作用具有多样性,它们可以将对有机质或氢的氧化过程和对一系列的电子受体的还原过程相耦合。在缺氧的环境下,它们还能利用包括 Fe^{3+}、Mn^{4+}在内的多种物质作为电子受体。这对于全球铁、锰及其他微量元素的循环有重要意义,而且在微生物燃料电池的开发,以及对受到有机物、金属和放射性核素等污染的水体或沉积物的修复方面有很大的应用前景。

3.3.3.4　辫硫菌属和硫珍珠菌属

辫硫菌属(*Thioploca*)、硫发菌属(*Thiothrix*)和硫珍珠菌属(*Thiomargarita*)隶属于硫发菌目(Thiotrichales),是丝状的化能自养硫氧化菌,在无氧沉积物的硫化物氧化过程中具有重要作用。辫硫菌是多细胞丝状细菌,通常以束状形式存在,外包共同的鞘,鞘中含有硫元素颗粒。辫硫菌属是目前已知的最大的细菌之一,细胞直径为 15~40 μm,菌丝长数厘米,含有成千个细胞。辫硫菌属的 3 个菌种即智利辫硫菌(*T. chileae*)、阿劳科辫硫菌(*T. araucae*)和海洋辫硫菌(*T. marina*)均已被描述。20 世纪 90 年代末期,在南美的太平洋沿岸发现了辫硫菌的巨大菌席,该区域的上升流造成了高 NO_3^-浓度水体,底层水变得缺氧。辫硫菌的暴发非常密集,海面辫硫菌湿重高达 1 kg/m²。H_2S 的无氧氧化与 NO_3^- 的还原相偶联。每个细胞在外周区含有很薄的细胞质,内部有一个占细胞体积80%的液泡,液泡中储有高浓度的 NO_3^-(高达 500 mmol/L),用作硫化物氧化的电子受体。细菌可以自养生长或以有机分子为碳源营混合营养生长。辫硫菌菌丝伸到海水表层吸收 NO_3^-,然后穿过外鞘向下伸入到沉积物的 5~15 cm 深度去氧化由硫酸盐还原反应产生的硫元素。

　　纳米比亚硫珍珠菌（*Thiomargarita namibiensis*）（图 3-10）于 1999 年被发现，是目前最大的原核生物之一。其球形细胞的直径通常为 100~300 μm，有的直径甚至高达 750 μm。纳米比亚硫珍珠菌在纳米比亚的沿海沉积物中含量很高，以丝状形式存在，外包共同的黏液鞘。在显微镜下硫颗粒发出闪烁的白色，如一串闪亮的珍珠链，因此取名为硫珍珠菌。此海岸的水文地理条件使得大量的营养物质聚集于水表面，大量浮游植物的生长导致有机物沉积到海底，被细菌降解形成大量的 H_2S。纳米比亚硫珍珠菌利用 NO_3^- 氧化硫化物。和辫硫菌一样，纳米比亚硫珍珠菌细胞内含有一个大的液泡，NO_3^- 储存于液泡中，硫元素则储存于细胞周质中作为营养物储备，这样细菌就可在无外界营养物的条件下生长几个月。

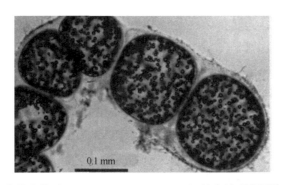

0.1 mm

图 3-10　一串纳米比亚硫珍珠菌（*Thiomargarita namibiensis*）的光镜观察照片（Prescott et al.，2002）
注意其外部的黏液鞘和细胞内的硫颗粒

　　2022 年，根据《科学》杂志报道，一种肉眼可见的细菌被发现，被命名为华丽硫珍珠菌（*Ca*. Thiomargarita magnifica），它来自加勒比海格兰德特雷岛红树林，是目前已发现的最大的细菌，单体最大长度为 2 cm。

3.3.3.5　大洋螺菌目

　　大洋螺菌目（Oceanospirillales）最初因具有螺旋状的细胞形态而被命名，通常具有不满一圈到多圈的螺旋，能够进行螺旋状运动或快速的直线游动。实际上用电镜观察浓缩的海水，发现螺旋形是海洋细菌中很常见的形状。大洋螺菌目成员的生理特性（如最适生长温度、好盐性及对有机物的利用能力）和生态功能变化多样，甚至"螺旋"这个名称也不是一个可靠的区别特征，因为有几个属的形态是杆状的而不是螺旋状的。

　　大洋螺菌目中的一些种类是以著名的海洋生态学家名字命名的（表 3-2）。大洋螺菌目细菌多为好氧菌，但也有些种类是微好氧的或厌氧的。大洋螺菌目细菌的一个重要特征是能够降解复杂的有机化合物，毫无疑问在海水生源要素的循环中起着非常重要的作用。该目中有一些种类在烃类的生物降解中非常活跃，可应用于环境生物修复；有些种类在硫循环中非常重要，尤其在降解 DMSP 的过程中非常重要。

表 3-2　大洋螺菌目代表性类群的特性（修改自 Munn，2011）

属	代表种	特性	生境/重要特性
大洋螺菌属 (Oceanospirillum)	拜氏大洋螺菌（O. beijerinckii） 海生大洋螺菌（O. maris） 线形大洋螺菌（O. linum） 多球大洋螺菌（O. multiglobuliferum）	螺旋状；两极丛生鞭毛；最适生长温度 25～32℃；最适 NaCl 浓度 0.5%～8%；G+C 含量 45%～50%	贝类的肠道、近岸海水及海藻中
海螺菌属 (Marinospirillum)	极小海螺菌（M. minutulum） 巨大海螺菌（M. megaterium）	螺旋状；单极或两极丛生鞭毛；最适生长温度 15～25℃；最适 NaCl 浓度 2%～3%；G+C 含量 42%～45%	营养丰富的环境如鱼或贝类肠道中
食烷菌属 (Alcanivorax)	泊库岛食烷菌（A. borkumensis） 亚德食烷菌（A. jadensis）	杆状；不运动；最适生长温度 20～30℃；最适 NaCl 浓度 3%～10%；G+C 含量 53%～64%	在油污染的海水或沉积物中常见；降解正构烷烃（n-alkanes）
海神单胞菌属 (Neptunomonas)	食萘海神单胞菌（N. naphthovorans）	杆状；G+C 含量 46%	油污染的沉积物中；降解多环芳烃
海单胞菌属 (Marinomonas)	普遍海单胞菌（M. communis） 地中海单胞菌（M. mediterranea）	杆状；单极或两极鞭毛；最适生长温度 20～25℃；最适 NaCl 浓度 0.7%～3.5%；G+C 含量 46%～49%	分离自大洋和近岸海水中；产生多酚氧化酶（黑色素生物合成）

食烷菌属（Alcanivorax）是典型的可降解烷烃类有机质的菌属，尽管它们可以利用的有机物种类很多，但主要为 9～32 个碳链长度的烷烃及其衍生物。该属的细菌在海洋中分布广泛，在表层海水、深海海水、热液喷口等多种海洋环境中均有发现。相较于无污染水体的低丰度而言，其在受石油污染的水体和海岸线丰度很高，几乎占据整个石油降解微生物群落的 80%～90%。正因其"四海为家"的分布特点和降解多种石油烷烃的能力，其在海洋环境中的石油生物降解及生态环境修复中具有重要作用。

3.3.3.6　伍斯氏菌科

1999 年，日本学者在水深 6400 m 的日本海沟沉积物样品中克隆到一条编号为 JTB255 的细菌 16S rRNA 基因序列，其属于变形菌门的 γ-变形菌纲，与具有硫氧化功能的化能自养菌的系统发育关系最为相近。之后，JTB255 类群被发现广泛存在于海洋底栖环境，是全球海洋沉积物微生物区系的核心成员。2016 年，杜宗军等从威海近海的海洋沉积物中首次分离培养出 JTB255 类群，命名为伍斯氏菌科，该科目前仅有隶属于伍斯氏菌属（Woeseia）中的一个物种——海洋伍斯氏菌（Woeseia oceani）。伍斯氏菌/JTB255 类群在深海表层沉积物中的细胞数可高达 5.0×10^{26} 个，这一数字虽然低于海洋细菌 SAR11 类群的预计细胞数量（2.4×10^{28} 个），但如果算上深层沉积物及其他环境中的生物量，伍斯氏菌可能是全球最丰富的细菌类群之一，并推测其为海洋沉积物中生物量最大的细菌类群。

对伍斯氏菌/JTB255 类群的基因组分析发现，该类群可能是一类既能营化能自养生活，又能进行化能异养代谢的兼养型微生物，目前分离到的菌株都可以利用有机物进行生长。人们从伍斯氏菌/JTB255 类群的基因组中注释到了编码糖基水解酶、肽酶、乙醇脱氢酶的基因，还注释到了编码硫代硫酸盐氧化的 Sox 途径、参与亚硫酸盐氧化的腺苷-5′-磷酸硫酸还原酶（AprAB）、镍铁氢化酶以及碳固定途径的关键酶——1,5-二磷酸核酮糖羧化酶的基因，据此推测伍斯氏菌/JTB255 类群可能具有氢或硫氧化驱动的化能自养代谢潜力，且随后的同位素示踪实验证实了其硫氧化能力。

此外，研究表明伍斯氏菌/JTB255 类群为兼性厌氧菌，其基因组具有编码细胞色素 c 氧化酶的基因，可以利用细胞色素 c 氧化酶来进行有氧呼吸。其还具有由 *nirS* 和 *norB* 编码的亚硝酸盐还原酶，能够通过反硝化途径来进行无氧呼吸。

3.3.4 δ-变形菌纲

尽管δ-变形菌纲内包含的属的数量不多，但它们在形态和生理上有着较大的多样性。这些细菌均为化能异养型，可分为两个类群：一个类群能捕食其他生物，如蛭弧菌和黏细菌；另一个类群能在厌氧条件下将硫酸盐或硫还原成硫化物，并能氧化有机物。

3.3.4.1 蛭弧菌

蛭弧菌属（*Bdellovibrio*）隶属于蛭弧菌目（Bdellovibrionales），是δ-变形菌纲中的一类细小的螺旋形细菌，其与众不同之处在于可捕食其他的革兰氏阴性菌。蛭弧菌附着于被捕食者上，钻穿宿主细胞壁并在周质空间繁殖，最终引起宿主细胞裂解，并释放出多达 30 个子代个体（图 3-11）。蛭弧菌广泛分布于海洋环境中，尽管还不了解其全部的生态作用，但其可能在控制其他细菌的数量上有重要意义。

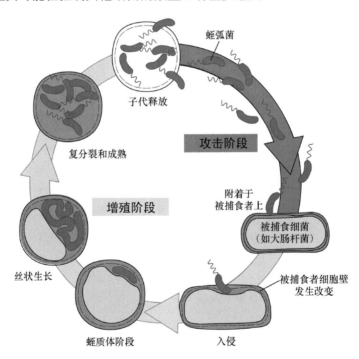

图 3-11 蛭弧菌的生活周期示意图（修改自 Laloux，2020）

3.3.4.2 黏细菌

黏细菌（myxobacteria）主要隶属于黏细菌目（Myxococcales），是原核生物中少数具有复杂多细胞行为的细菌类型之一，具有明显的社会学特征，能在细胞间通过信号的传递与感应协同摄食、运动，并通过细胞聚集发育形成子实体。在适当的培养条件下，黏细菌可产生异常丰富的次级代谢产物，在生活周期中可产生子实体和抗逆性强的黏孢子（图 3-12），还具有特殊的滑行运动（gliding motility）。细菌的滑行运动也存在于蓝细菌、噬纤维菌属（cytophaga）及绿色非硫细菌中。由于滑动细菌缺乏鞭毛，因此在液体培养基中静止不动。然而当它们与固体表面接触时，就可以滑动，并留下黏液的痕迹。迄今为止，滑行运动的机制还不十分清楚。滑动的速度可以很快，有一些噬纤维菌的速度可达 150 μm/min。滑动性为细菌提供了许多有利条件。许多化能异养滑动细菌可活跃地消化不溶性大分子底物，如纤维素和几丁质等，而滑行运动为细菌寻找这些底物提供了方便。滑动细菌可使细菌处于适合其生长的环境中，如光强度、氧气、H_2S、温度和其他理化条件等。

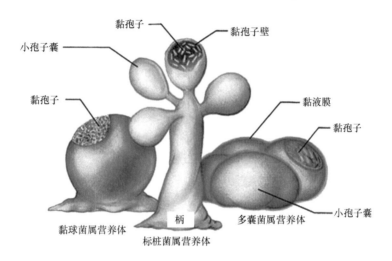

图 3-12　几种典型的黏细菌子实体结构示意图（Prescott et al.，2002）

　　尽管黏细菌在系统分类上被归为细菌，但其某些生物学特性却更多地表现出与真核生物的相似性，对细胞分化、发育和生物进化的研究具有重要意义。因其特殊的生活史，黏细菌几乎无处不在。从南极洲到热带，海平面到高海拔地区，热带雨林到荒芜的沙漠，都曾发现它们的足迹。黏细菌会分泌干燥、高抗逆性的黏孢子，使其看起来并不适宜在海洋环境中生存。然而，随着培养技术的优化，人们陆续发现了可耐海水盐度的黏细菌。在北海（North Sea）表层沉积物中，黏细菌的 16S rRNA 基因比例高达 13%。一项全球范围的调查发现，来自地中海、大西洋、太平洋、印度洋及其他气候区的绝大多数沉积物样品中均发现了黏细菌。该类群在海洋沉积物中分布广泛，但其在沉积物群落结构中的作用仍需进一步探索。

3.3.4.3　硫和硫酸盐还原细菌

　　大多数硫或硫酸盐还原细菌（sulfate reducing bacteria，SRB）的成员被归为 δ-变形菌纲，目前也有人将其归为新门——脱硫菌门（Desulfobacterota），它们在无氧海洋环境的硫循环中非常重要。SRB 以有机化合物或氢作为电子供体，以 SO_4^{2-} 或元素硫作为电子受体，获得能量进行代谢和生长，进行异化硫酸盐还原。其与同化硫酸盐还原的不同之处在于后者将还原的硫固定于细胞成分（如半胱氨酸）中。由于 SRB 代谢可产生 H_2S，因此可使无氧泥浆、沉积物和腐烂的海藻中发出特征性臭气，并因形成 FeS 沉淀 而使海洋沉积物变黑。H_2S 有很强的毒性，可以影响许多海洋生物的生存，但许多化能 营养菌和光能营养菌都可以利用 H_2S 参与海洋硫循环。

从海洋沉积物中已经分离出了大量的 SRB，并依据形态学特征、生理生化特征及 16S rRNA 基因对它们进行了分类。目前已记载的 SRB 超过 25 种（它们也存在于土壤、 动物肠道和淡水生境中），代表性的例子及其特征见表 3-3。有些 SRB 可以将乙酸盐或 乙醇作为氧化底物来还原元素硫（不是通常的 SO_4^{2-}），从而形成 H_2S，而有些 SRB 以一 系列有机化合物或氢气作为氧化底物来还原 SO_4^{2-}。另外，一些革兰氏阳性菌和古菌也 可进行硫酸盐还原作用。

表 3-3　海洋硫或硫酸盐还原细菌的一些属（Munn，2011）

属	形态	最适温度/℃	DV	DNA（G+C 摩尔百分比）/%
硫酸盐还原，不利用乙酸盐				
脱硫弧菌属（*Desulfovibrio*）	弯曲的杆状，运动	30～38[①]	+	46～61
脱硫微菌属（*Desulfomicrobium*）	杆状，运动	28～37	–	52～57
脱硫橄榄样菌属（*Desulfobacula*）	卵形或球形	28	ND	42
硫酸盐还原，氧化乙酸盐				
脱硫杆状菌属（*Desulfobacter*）	卵形或弯曲的杆状，可能运动	28～32	–	45～46
脱硫杆菌属（*Desulfobacterium*）	卵形，可能有气泡	20～35	–	41～59
异化硫还原，还原硫酸盐				
脱硫单胞菌属（*Desulfuromonas*）	杆状，运动	30	–	50～63
短硫还原菌属（*Desulfurella*）	短杆状	52～57	–	31

注：DV=desulfovoridin，是一种用于化学分类的色素；+代表阳性，–代表阴性，ND 代表无数据。
① 该属中包含一种嗜热菌

在动物共生体中发现 SRB 与硫氧化细菌有互养共栖关系，SRB 在甲烷的厌氧氧化 中与古菌也有互生关系。然而，并非所有的 SRB 都是专性厌氧菌，也有许多种类在微 生物席中可与好氧性蓝细菌共存。

近年来，从海洋沉积物中发现了一种电缆细菌（cable bacteria），属于δ-变形菌纲中 的脱硫球茎菌科（Desulfobulbaceae），可通过远距离电子传递将氧还原反应与硫化物氧 化反应相耦合（图 3-13）。

3.3.5　ε-变形菌纲

ε-变形菌纲是变形菌门中除 ζ-变形菌纲外最小的纲，目前也有人将其归为新门——弯曲杆菌门（Campylobacterota）。其细胞呈杆状、弯曲状或螺旋状，但都很细。其代表属弯曲杆菌属（*Campylobacter*）和螺杆菌属（*Helicobacter*）均为人类或动物的病原菌。而生活于海洋中的ε-变形菌纲细菌则多发现于热液喷口、热液沉积物、微生物席等这种黑暗、厌氧（或微好氧）及富含硫质的环境中，其通过化能无机方式对 CO_2 进行固定。

同样，在波罗的海的氧化还原反应跃层处也发现有丰度较高的氧化硫单胞菌属（*Sulfurimonas*）细菌，并证实其在该区域的自养活动中占主导作用。该跃层区为有氧缺氧的转变区，富含硫化物，且常常伴随着黑暗条件下 CO_2 的高固定率。尽管目前对于该纲细菌在整个海洋环境中的分布及细菌各自适应的代谢机制还没能尽数揭晓，但是其对黑暗条件下能量产生的贡献是毋庸置疑的。

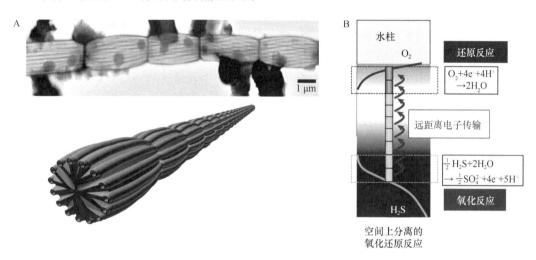

图 3-13　电缆细菌的超显微结构和硫氧化过程（Munn，2020）

A. 电缆细菌的超显微结构。上图是多细胞丝状体的透射电镜合成图；下图是丝状体模型，展示了细胞连接处包含周质空间导电纤维和内部结构的嵴。B. 电缆细菌的硫氧化过程，展示了远距离电子传递将氧还原反应与硫化物氧化反应相耦合

3.3.6　ζ-变形菌纲

ζ-变形菌纲是变形菌门的第 6 个纲，也是最新发现的纲。目前该纲只含有 1 个有效种，即铁氧化深海菌（*Mariprofundus ferrooxydans*）。该菌是微好氧、嗜中性铁氧化化能自养菌，以二价铁离子作为能量来源，于 1996 年分离自夏威夷罗希海山的富铁低温热液喷口。该菌与固体表面接触时，可生长出由铁氧化物包裹的螺旋状菌柄（图 3-14）。此外，该菌细胞内还含有多聚磷酸体，可能用于为细胞提供能量和磷酸盐。

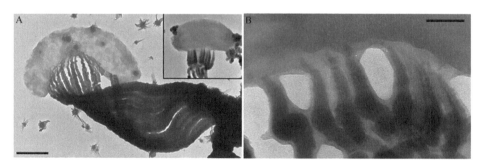

图 3-14　铁氧化深海菌（*Mariprofundus ferrooxydans*）的透射电镜照片（Chan et al.，2011）

A. 细胞与菌柄连接，而菌柄由许多纤丝组成，内框为小的细胞和菌柄，两者的放大倍数相同，可以看出小细胞产生的菌柄较细，且菌丝的数量也较少，比例尺=500 nm；B. 细胞-菌柄交界面的透射电镜照片，可以看出纤维锥度朝向细胞，是由高电子密度的中心和低电子密度的外壳组成，比例尺=100 nm

3.4 蓝细菌门

3.4.1 基本特征

蓝细菌门（Cyanobacteria）是一个种类繁多、多样性很高的类群，其成员在光合作用中可以释放氧气。蓝细菌含有叶绿素 a（chlorophyll a）及辅助光合色素——藻胆素（phycobilin），利用水作为供氢体，在光照下同化 CO_2，并释放出氧气。因为蓝细菌含有蓝色的色素——藻蓝蛋白及绿色的叶绿素，所以以前被称为"蓝绿藻"。实际上，许多海洋种属的蓝细菌含有藻红蛋白，使细胞呈橘红色而不是蓝绿色。尽管蓝细菌是原核生物，而且是细菌域的一个较大的分支，但许多海洋生物学家和分类学家仍然习惯上将其作为藻类的一个分支而称为蓝藻。蓝细菌在陆地和水环境中分布非常广泛，甚至在高温和高盐环境中都有存在。在海洋环境中，蓝细菌作为浮游植物是初级生产力的重要贡献者；同时，蓝细菌也存在于海冰、表层沉积物以及无生命物体、藻类和动物表面的微生物席中。一些海洋蓝细菌在培养时需添加 NaCl 和其他海盐成分才能生长，而另一些种类则可以耐受不同的盐度。此外，对蓝细菌纯培养的研究结果表明，许多蓝细菌可以厌氧生长，某些蓝细菌可以利用 H_2S、H_2 或还原态的有机物作为电子供体，而某些蓝细菌可进行异养光合作用。然而，人们对这些营养类型在海洋环境中的作用知之甚少。

3.4.2 形态和分类

蓝细菌的形态多样，有的是单细胞的，有的是由带分枝的丝状体或没有分枝的丝状体组成。单细胞蓝细菌以二分裂、多分裂或通过释放外孢子的顶端细胞进行繁殖；丝状体通过断裂或释放菌丝/菌殖段（很小的、能运动的、松散连接的细胞链）进行繁殖。许多类型的蓝细菌细胞集合在一起，外被黏液鞘包围。叶绿素 a 存在于被称为类囊体的光合作用双片层上，片层外表面具有颗粒（即藻胆蛋白体），其含藻胆蛋白色素（图 3-15）。许多蓝细菌能形成起浮力作用的胞内气泡，这些气泡由蛋白膜构成的气囊组成，能使菌体生活在有光区。气泡、黏液鞘和色素还可保护细胞免受太阳射线的损害。

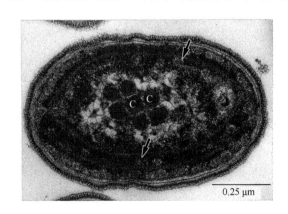

图 3-15　深蓝聚球藻（*Synechococcus lividus*）的类囊体和羧酶体（Willey et al.，2020）

箭头表示类囊体，C 为羧酶体

　　蓝细菌的运动方式只有滑行运动，而无鞭毛运动。滑行运动对蓝细菌在物体表面的定植非常重要，运动速度最高可达每秒 10 μm，其沿细胞的长轴运动，同时还能分泌多糖黏液。滑行的机制可能有两种：一种是由细胞壁中的蛋白纤丝收缩引起的，从纤丝的一端向另一端传递，而另一种是由细胞隔膜附近的一排孔分泌黏液引起的。一些蓝细菌，如念珠藻属（*Nostoc*），只在生活周期的某些阶段才会运动。聚球藻属（*Synechococcus*）可以不用鞭毛就能在液体培养基中滑行。

　　以前植物学家基于形态学特征对蓝细菌进行分类，系统发育分析表明原有的分类系统存在较大争议，目前细菌学家正在对蓝细菌的分类系统进行调整。

3.4.3　固氮作用

　　海洋蓝细菌的主要分支中都含有具固氮作用（nitrogen fixation）的种类。固氮过程的关键酶为固氮酶，由两个蛋白质组构成，可与铁、硫和钼结合。在海洋环境中，固氮作用是由多种异养菌和自养菌完成的，对海洋初级生产力有重要贡献。因为固氮酶对氧非常敏感，所以固氮作用通常在没有氧气产生的晚上进行。大多数固氮菌都是厌氧菌，但蓝细菌是好氧菌，为此许多蓝细菌的固氮作用是在拥有特殊结构的异形胞（heterocyst）中完成的。异形胞是由丝状蓝细菌的营养细胞特化而成，细胞壁增厚、多层，核物质不集中在核区，也没有类囊体等细胞器。异形胞内仅含少量藻胆素，具光系统 I，但不含光系统 II，因此为保护固酶提供了一个无氧的环境。然而，一种比较常见的海洋固氮菌束毛藻属（*Trichodesmium*）却不含异形胞。最近报道，束毛藻可以于几分钟内在产氧光合系统与对氧敏感的固氮系统之间互相转化。束毛藻在富营养和亚营养条件下均可形成高密度的水华（图 3-16）。

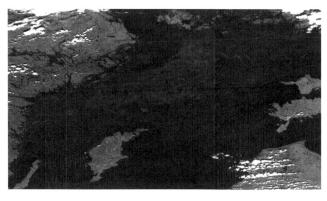

图 3-16　卫星拍摄的波罗的海大规模浮游生物（可能含有有毒蓝细菌）暴发照片
（引自 NOAA/NASA，2014）

3.4.4　原绿球藻属和聚球藻属

　　尽管在海洋环境中有许多种蓝细菌，但是其在世界各地的海洋中含量最高的两个属是原绿球藻属（*Prochlorococcus*）和聚球藻属，两者均属于超微型蓝细菌。原绿球藻仅分布于海洋环境中，而聚球藻则在海洋和淡水环境中均有分布。这些蓝细菌通过光合作用固定 CO_2，是海洋初级生产力的主要贡献者，为海洋食物链提供 15%～40%的碳源。

原绿球藻个体很小（直径约 0.6 μm），在海洋中分布很广且密度高达 10^5～10^6 个细胞/mL，是地球上最丰富的光能自养细菌，但直到 1988 年这类细菌才被发现。原绿球藻类囊体内含叶绿素 a 和叶绿素 b，不含藻胆素。原绿球藻的光合作用结构比较特殊，可以生活在光照强度较弱（低于表面光照的 1%）的深层海水中。由于原绿球藻细胞小，比表面积很大，这样可以帮助其在寡营养海水中获取营养物。聚球藻仅含一种叶绿素，即叶绿素 a。其胞内的藻红蛋白、藻蓝蛋白和发色团聚在一起，形成藻胆体（phycobilisome）的杆状体，并通过别藻蓝蛋白（allophycocyanin）内核连接到光合系统，藻胆体是聚球藻主要的光捕获天线。

3.4.5　微生物席和叠层石

丝状蓝细菌在微生物席的形成过程中发挥重要作用。在沉积物和上覆水（overlying water）的界面会发展出复杂分层的微生物群落。丝状蓝细菌如席藻属（*Phormidium*）、颤藻属（*Oscillatoria*）和鞘丝藻属（*Lyngbya*）常与单细胞蓝细菌如聚球藻和集胞藻属（*Synechocystis*）一起作为生物被膜的主要成员。在生物被膜中，光线、O_2、H_2S 和其他化学成分的浓度梯度变化剧烈。在晚上，微生物席变为无氧状态，H_2S 的浓度升高。微生物席中还存在不产氧光合细菌及好氧和厌氧的化能异养菌。蓝细菌和生物被膜中的其他运动性细菌可以在微生物席中迁移，从而找到适合生长的区域。其滑行运动过程中会产生多糖黏液，使微生物群落的结构更加紧密。

叠层石（stromatolite）是指由丝状原核生物及其周边沉积物形成的微生物席化石。叠层石分布广泛、形态多样，其在地球史上最繁盛的时期是中元古代（16 亿年前到 10 亿年前）。现代叠层石主要生长于潮间带（图 3-17）。古老的叠层石可能由厌氧光合细菌形成，但是现代的叠层石中蓝细菌和异养细菌的混合群体占优势。

图 3-17　生长于潮间带的叠层石（Prescott et al.，2002）

3.5 拟杆菌门

拟杆菌门（Bacteroidetes）是细菌域的主要分支之一，多样性极高，在系统发育上与绿菌门的亲缘关系最近。该门细菌在形态和生理上均具有较大差别，多为好氧或兼性厌氧的化能异养菌，能够滑行运动并能产生各种各样的胞外酶。它们在海水和沉积物中广泛分布，在降解复杂的有机质方面发挥重要作用，用实验室常规的平板培养方法很容易被分离培养出来。

该门由 6 个纲组成，包括鞘脂杆菌纲（Sphingobacteria）、黄杆菌纲（Flavobacteria）、拟杆菌纲（Bacteroidia）、噬几丁质菌纲（Chitinophagia）、噬纤维菌纲（Cytophagia）和腐败螺旋菌纲（Saprospiria）。以前这类细菌被统称为噬纤维菌属-黄杆菌属-拟杆菌属组（*Cytophaga-Flavobacterium-Bacteroides* group，CFB group）。该门的重要属包括噬纤维菌属（*Cytophaga*）、黄杆菌属（*Flavobacterium*）、拟杆菌属（*Bacteroides*）、食纤维素属（*Cellulophaga*）和附着杆菌属（*Tenacibaculum*）等，其中附着杆菌属主要包括以前属于屈挠杆菌属（*Flexibacter*）的海洋种类。鞘脂杆菌纲的一些代表性种类见图 3-18。

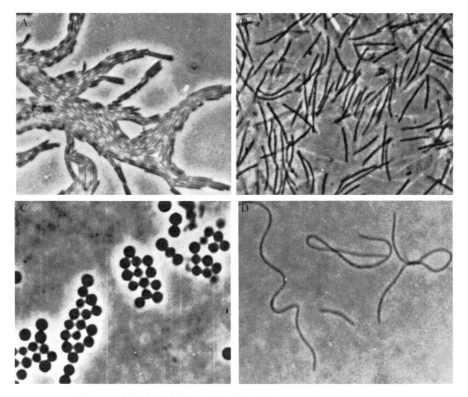

图 3-18　鞘脂杆菌纲的一些代表性种类（Prescott et al.，2002）

A. 噬纤维菌（*Cytophaga* sp.；1150×）；B. 拟黏球生孢噬纤维菌（*Sporocytophaga myxococcoides*），在琼脂上的营养细胞（1170×）；C. 拟黏球生孢噬纤维菌成熟的微包囊（microcyst；1170×）；D. 华美屈挠杆菌（*Flexibacter elegans*）的长线状细胞（1100×）

噬纤维菌属和黄杆菌属的许多海洋菌株含有特殊的 flexirubin 类黄色素和类胡萝卜素（carotenoid）。如果把海洋沉积物、海雪（marine snow）和动植物表面的样品接种到海洋琼脂平板上，并在室温条件下进行好氧培养，噬纤维菌和黄杆菌能产生有颜色的菌落，因此很容易被分离出来。该类细菌的显著特征之一是具有滑行运动（详见 3.3.4.2 节）。

该类细菌的另一个显著特征是能够产生各种各样的胞外酶，包括各种不同种类的碳水化合物活性酶，用于降解大分子聚合物，如琼脂、纤维素和几丁质等。一般来说，琼脂能够抵抗细菌的降解，这也是将琼脂选作细菌培养基凝胶剂的依据，但是经常发现噬纤维菌属、黄杆菌属和拟杆菌属的许多海洋分离菌株能够软化琼脂或在琼脂平板上形成漏斗状凹陷。这些细菌产生的水解酶可以降解复杂的有机物，如浮游植物的细胞壁、藻类多糖及甲壳动物的外壳等，具有非常重要的生态学意义。黄杆菌还可以降解海洋多环芳烃，因此在难降解有机物的循环中发挥重要作用。

有些拟杆菌门的种类对鱼类和无脊椎动物有致病性。许多种类有嗜冷性，通常可从冷水的海洋生境和海冰中分离出来。拟杆菌属的正常生境是哺乳动物的消化道，但也存在于被污染的水体中，或在海洋中持续生存很长时间。

3.6 厚壁菌门和放线菌门

革兰氏阳性菌中主要有两个大的分支，即厚壁菌门（Firmicutes）和放线菌门（Actinobacteria）。厚壁菌门成员是单细胞，具有低 G+C 含量（摩尔百分比）；而放线菌门成员多数可形成菌丝体，具有高 G+C 含量。

3.6.1 厚壁菌门

厚壁菌门是一个数量多且多样性高的细菌门类，细胞壁很厚，主要成分为肽聚糖，基因组 G+C 含量低。

3.6.1.1 芽孢杆菌属

芽孢杆菌属（*Bacillus*）隶属于芽孢杆菌纲（Bacilli），可以产生芽孢，其种类多，一般营好氧生活。芽孢杆菌最初以土壤腐生菌而闻名，但它们也是海洋沉积物中的重要菌群。有些种类因最初是从海洋沉积物中分离出来而被命名，如海洋芽孢杆菌（*Bacillus marinus*）。其独特之处是能产生具有极大抗逆性的芽孢，可抵抗高温、射线和干燥等恶劣环境，有些甚至能存活几千年。利用培养法可从海洋沉积物中分离到高比例的芽孢杆菌，这些芽孢杆菌很可能是由芽孢萌发形成的。近年来发现海洋沉积物中含有高丰度的芽孢，与菌体细胞的丰度几乎等同，其在深层沉积物中甚至超过菌体细胞的丰度。然而，利用分子生物学方法对沉积物中微生物的多样性进行研究时，发现芽孢杆菌的丰度并不是很高，可能与芽孢中 DNA 难以提取有关。

3.6.1.2 梭菌属

梭菌属（*Clostridium*）隶属于梭菌纲（Clostridia），也属于芽孢形成菌。不同于芽孢杆菌，梭菌属营严格厌氧生活。梭菌属有多种发酵途径，可形成有机酸、乙醇和氢气，有些种类还能有效地固氮。梭菌属在无氧海洋沉积物的分解和氮循环中起主要作用。另外，肉毒梭菌（*Clostridium botulinum*）在鱼类产品中可产生毒素。

3.6.1.3　费氏刺骨鱼菌

费氏刺骨鱼菌（*Epulopiscium fishelsoni*）（图 3-19）隶属于梭菌纲，是已知的体积最大的细菌之一。其最初发现于大堡礁（Great Barrier Reef）和红海的刺尾鱼（surgeonfish）消化道中，是它们的共生生物（symbiont），因为个体较大曾被误认为是一种原生生物。费氏刺骨鱼菌细胞呈杆状，可达 600 μm×80 μm，并有特殊的细胞内结构。大量的 DNA 围绕着细胞周质形成核体网。细胞质中含有小管、液泡和囊状物，与真核原生生物细胞质中的情形类似。这些结构被认为参与胞内营养物质的运输和代谢废物的排泄。其繁殖方式也非常特殊，费氏刺骨鱼菌是"胎生的（viviparous）"，即新的细胞在母体细胞内形成，然后母体细胞局部裂解，并释放出子代细胞。这个过程和内生孢子（芽孢）的形成类似，同样是孢子从母体中分离。尽管目前这类菌还未能培养出来，但最近 16S rRNA 基因测序结果表明，费氏刺骨鱼菌与多胞锥柱杆菌（*Metabacterium polyspora*）的亲缘关系最近，后者通常在其动物宿主——豚鼠中产生多个内生孢子进行繁殖。基于其系统发育关系研究和形态学观察，推测费氏刺骨鱼菌子细胞是从内生孢子形成过程中进化而来的。

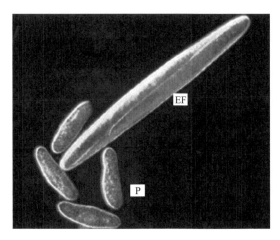

图 3-19　费氏刺骨鱼菌（*Epulopiscium fishelsoni*）（200×）（Prescott et al.，2002）

EF. 费氏刺骨鱼菌；P. 草履虫（*Paramecium* sp.）

3.6.1.4　其他的厚壁菌门细菌

葡萄球菌属（*Staphylococcus*）、乳杆菌属（*Lactobacillus*）和李斯特氏菌属（*Listeria*）均隶属于芽孢杆菌纲，它们是好氧或兼性厌氧、过氧化氢酶阳性的球菌或杆菌，具有典型的呼吸代谢。其偶尔可从海洋样品中分离出来，但可能在海洋微生物群落中只占少数。它们还可能是鱼类加工后腐败和食物中毒的重要诱因。海豚链球菌（*Streptococcus iniae*）

和另外一些种类是温水鱼的重要病原菌，而鲑肾杆菌（*Renibacterium salmoninarum*）是鲑鱼的专性病原菌。

3.6.2 放线菌门

放线菌门是一类革兰氏染色阳性或可变的需氧菌、兼性厌氧菌或厌氧菌，具有含胞壁酸的坚硬细胞壁，有些种类的细胞壁含有磷壁酸。放线菌门成员形态多样，是革兰氏阳性菌中形态分化最为复杂的一个类群，大多数放线菌可形成基内菌丝（substrate mycelium）和气生菌丝（aerial mycelium）。气生菌丝发育成熟后可形成孢子、孢子链和孢子囊（sporangia）、孢囊孢子（sporangiospore）等形态结构；有的放线菌为球状或短杆状。典型的放线菌在培养基上形成表面干燥的圆锥形菌落，经常被气生菌丝覆盖。其通过二分裂或产生孢子的方式进行繁殖。DNA G+C 含量范围从略低于 50 mol%到超过70 mol%。

放线菌门成员广泛分布于海水、海洋沉积物、红树林、海藻、海洋无脊椎动物等各种海洋生境中，是海洋生态系统中细菌群落的重要组成部分。16S rRNA 基因的研究表明海洋放线菌种类繁多，由于它们在土壤中的丰度很高，因此沿岸沉积物中的放线菌很有可能来自陆地的土壤流失，然而在深海样品中也有放线菌存在。海洋种类中主要有海生红球菌（*Rhodococcus marinonascens*）和盐孢菌属（*Salinispora*），其已被培养出来并对其进行了详细研究。此后，又有许多海洋放线菌新种属如耐碱刺孢放线菌（*Spinactinospora alkalitolerans*；图 3-20）和青岛盐生放线菌（*Salinactinospora qingdaonensis*）从海洋环境中被分离出来。海洋放线菌能降解纤维素、几丁质、蛋白质和脂质等有机化合物，因此对有机物的矿化有着重要作用；海洋放线菌还是次级代谢产物（包括抗生素）的重要来源。

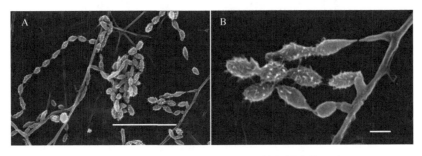

图 3-20 耐碱刺孢放线菌（*Spinactinospora alkalitolerans*）的扫描电镜照片（Chang et al.，2011）
图片显示该菌的孢子和孢子链。比例尺：A. 10 μm；B. 1 μm

放线菌门划分为 6 个纲：放线菌纲（Actinobacteria）、酸微菌纲（Acidimicrobiia）、红蝽菌纲（Coriobacteriia）、腈基降解菌纲（Nitriliruptoria）、红杆菌纲（Rubrobacteria）和嗜热油菌纲（Thermoleophilia）。该门的重要属包括分枝杆菌属、链霉菌属、诺卡氏菌属和盐孢菌属等。截至 2021 年 7 月，由世界海洋物种目录（World Register of Marine Species，WoRMS）统计的海洋放线菌共计 94 种，分布于放线菌纲、酸微菌纲和腈基降解菌纲等 3 纲 13 目 31 科 56 属。相对于已报道的近 4000 种放线菌，海洋放线菌数仅约占 2.4%。

3.6.2.1　分枝杆菌属

隶属于放线菌纲的分枝杆菌属（*Mycobacterium*）是生长缓慢的好氧性杆状细菌，其DNA 的 G+C 摩尔百分比很高，并有独特的细胞壁成分，使其能抗酸染色。它们作为腐生菌广泛分布于沉积物、珊瑚、鱼类和海藻的表面。有些种类如海分枝杆菌（*Mycobacterium marinum*）是鱼类和海洋哺乳动物的病原菌，甚至能够传染给人类。

3.6.2.2　链霉菌属

隶属于放线菌纲的链霉菌属（*Streptomyces*）是放线菌门中最大的属，目前有 973种。链霉菌属为需氧的非抗酸放线菌，具有复杂的生命周期，能形成广泛分枝的基内菌丝和气生菌丝。其适应海洋环境的能力较强，在海水、海藻、浅海沉积物乃至马里亚纳海沟上万米深的沉积物中都可以分离到，是海洋放线菌中的优势类群。海洋链霉菌的耐盐性普遍高于陆地链霉菌，前者的一些成员属于专性嗜盐菌。海洋链霉菌比其他属的海洋放线菌成员对甲壳素和纤维素有更强的降解能力，可参与分解海洋环境中的难降解有机物。

3.6.2.3　盐孢菌属

盐孢菌属（*Salinispora*）隶属于放线菌纲小单孢菌科（Micromonosporaceae），可形成广泛分枝的基内菌丝，带有单一或团簇光滑的表面孢子。目前该属仅包含三个物种：沙栖盐孢菌（*Salinispora arenicola*）、热带海洋盐孢菌（*Salinispora tropica*）和太平洋盐孢菌（*Salinispora pacifica*）。盐孢菌属主要分布于热带及亚热带海洋沉积环境，是首个被证实的专性海洋放线菌，即生长类型为海水依赖型。该属能合成丰富的次级代谢产物，共分离获得新型次级代谢产物 30 余种，其中高效抗肿瘤化合物盐孢菌素 A，已被美国食品与药品监督管理局（FDA）批准为孤儿药物 Marizomib。

3.6.2.4　其他的海洋放线菌

迪茨氏菌属（*Dietzia*）、红球菌属（*Rhodococcus*）、土壤球菌属（*Agrococcus*）、微球菌属（*Micrococcus*）、盐水小杆菌属（*Salinibacterium*）、小单孢菌属（*Micromonospora*）、疣孢菌属（*Verrucosispora*）等成员均是常见的海洋放线菌，其中前两种隶属于红蝽菌纲，后 5 种隶属于放线菌纲。迪茨氏菌属和红球菌属的一些菌株能够降解难溶性有机物，如多环芳香族化合物（荧蒽、菲）；深海来源的红平红球菌（*Rhodococcus erythropolis*）具有腈水合酶/酰胺酶系统，可以降解腈类化合物；有些类群，如分枝杆菌属（*Mycobacterium*）和农球菌属（*Agrococcus*），可以降解海洋中的 DMSP，表明其可能是海洋硫循环中的一环。

此外，*Ca.* Actinomarinales 是最近被命名的一个放线菌所属目，代表一类营浮游生活、主要生活在真光层水体的海洋放线菌类群。*Ca.* Actinomarinales 的 DNA G+C 含量和基因组大小均低于普通放线菌，可通过一种新型视紫红质营光能异养生活。

3.7 浮霉菌门、疣微菌门和黏结球形菌门

3.7.1 浮霉菌门

浮霉菌门（Planctomycetes）是细菌域中深度分支的门，具有许多独特的细胞结构和形态特征。其以出芽的方式进行分裂，并以玫瑰花式结构附着于固体表面。目前浮霉菌门由 2 纲 7 目 116 种组成，多数物种被发现于近 5 年。浮霉菌门的菌柄与前面描述的变形菌门细菌的菌柄（见 3.3.1.5 节与 3.3.6 节）不同，前者是一个分离的蛋白附属物而不是细胞的延长。浮霉菌的另一个独特之处是其细胞壁具有由富含胱氨酸和脯氨酸的蛋白质构成的 S 层。浮霉菌具有一段可运动的生活周期，游动细胞有鞭毛的一端附着在物体表面，从另一端出芽脱落形成一个新细胞。16S rRNA 基因分析发现越来越多的海洋浮霉菌，包括浮霉菌属（Planctomyces）和小梨形菌属（Pirellula），目前还有许多种类尚未被培养出来。浮霉菌门细菌生长非常缓慢，在基于分离培养的研究中的生长不足以代表其生长的真实性。鉴于它们的附着机制，浮霉菌与海雪的关系尤其密切，该门细菌可能在异养碳循环中起主要作用。

浮霉菌门中有些物种的某些特性与真核细胞有相似之处，即细胞内具有清晰的内膜结构，使遗传物质与代谢成分分开。在隐球出芽菌（Gemmata obscuriglobus）中，其染色质被双层的"核被膜（nuclear envelope）"所包裹（图 3-21），类似于真核生物的核膜。

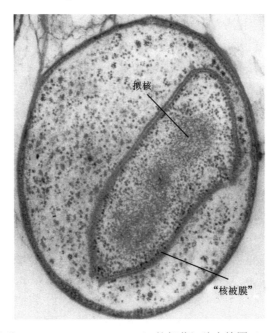

拟核

"核被膜"

图 3-21　隐球出芽菌（Gemmata obscuriglobus）的超薄切片电镜图（Madigan et al.，2018）

细胞的拟核周围包裹着"核被膜（nuclear envelope）"。细胞直径约为 1.5 μm

浮霉菌门的有些类群可在厌氧或缺氧条件下通过氧化 NH_4^+、还原 NO_2^- 生成 N_2，这些类群被称为厌氧氨氧化细菌（anammox bacteria），在海洋氮循环中发挥重要作用，对

海洋氮气的产生可能有 30%～70%的贡献率。厌氧氨氧化细菌具有特殊的膜间隔区域，即厌氧氨氧化体（anammoxosome）（图 3-22A），其是厌氧氨氧化作用发生的场所，其膜上有由环丁烷组成的梯形醚状脂质。这种致密的醚状脂质对细菌自身有保护作用，使其免受厌氧氨氧化作用生成的有毒中间产物肼所造成的伤害。细胞最外层为由蛋白质亚基晶体排列组成的 S 层（图 3-22B）。厌氧氨氧化细菌生长缓慢（14～21 d/代），难以分离纯化，迄今仍未获得纯培养菌株。

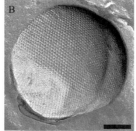

图 3-22　厌氧氨氧化细菌的细胞（van Teeseling et al.，2014）

A. 厌氧氨氧化细菌的细胞模型；B. 厌氧氨氧化细菌 "Ca. Kuenenia stuttgartiensis" 细胞表面 S 层的投射电镜照片。
比例尺=200 nm

3.7.2　疣微菌门

疣微菌门（Verrucomicrobia）中的疣微菌属（Verrucomicrobium）和突柄杆菌属（Prosthecobacter）因具有胞质突出形成的两个到多个突起而得名（图 3-23）。细菌域的这个门被描述得很少，只从土壤和海洋样品中分离到极少几种可培养的菌株，但是通过16S rRNA 基因的序列分析表明其成员的生境多种多样，如土壤、沼泽、湖泊、海洋沉积物等。虽然在海洋沉积物和海雪中发现了疣微菌门的 DNA 序列，但是对于其生理特性及在海洋生境中的作用至今仍所知甚少。

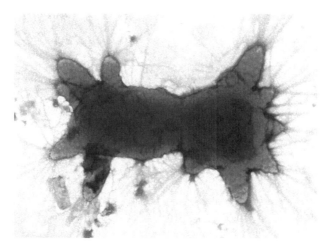

图 3-23　多刺疣微菌（Verrucomicrobium spinosum）的透射电镜复染图片（Madigan et al.，2018）

细胞表面有多疣的菌柄。细胞直径约 1 μm

3.7.3 黏结球形菌门

　　黏结球形菌门（Lentisphaerae）在系统发育上与衣原体门（Chlamydiae）及疣微菌门比较接近，包含两个革兰氏阴性菌属，即黏结球形菌属（*Lentisphaera*）（图 3-24）和食谷菌属（*Victivallis*），两者均可产生胞外黏液物质，在海洋沉积物、鱼类和珊瑚体内均有分布。目前，该门的细菌多通过 16S rRNA 基因测序技术得以鉴定，而对于其在海洋生态系统中发挥的作用仍需进一步研究。

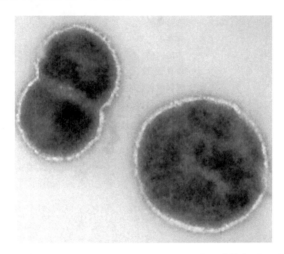

图 3-24　类蛛网黏结球形菌（*Lentisphaera araneosa*）HTCC2155^T 的细胞形态（Cho et al., 2004）

电镜负染照片，可见其细胞周边的胞外多糖（exopolysaccharide，EPS）

3.8　绿菌门、绿弯菌门、硝化螺菌门和脱铁杆菌门

3.8.1　绿菌门

　　绿菌门（Chlorobi），又称绿硫细菌（green sulfur bacteria），是一小群严格厌氧、光能无机营养的细菌，细胞呈草绿色或呈棕色。其形态多样，有球形、椭圆形、直或弯曲的杆状。有些种类单独生长，其他类群形成链状和聚集成簇。绿菌门成员可以 H_2S、硫元素和 H_2 作为电子供体。当硫化物被氧化时，硫颗粒会在细胞外累积，硫元素还可继续被氧化为硫酸盐。大多数属需要生长因子，包括生物素、硫胺素、烟酸和对氨基苯甲酸等。

　　绿菌门成员具有独特的细胞学特性，含有特殊的吸收光能的复合体，称为载色体（chromatophore），又称色素体（chlorosome）（图 3-25），其中含有细菌叶绿素（bacteriochlorophyll，BChl）和类胡萝卜素。绿硫细菌与其他光合微生物最大的不同之处在于具有以细菌叶绿素（BChl）为主要组分的天线复合体结构，类似的天线细菌叶绿素（antenna BChl）只在系统发育上较远的绿弯菌门（Chloroflexi）的成员中被发现。细菌叶绿素是一种特殊的可收集光能的光合色素，位于细胞质膜和载色体上，而载色体则着生在细胞质膜上。

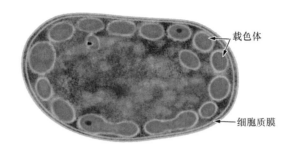

图 3-25　典型的绿硫细菌（Willey et al.，2020）

捕捉光线的载色体围绕细胞质膜内侧。天线细菌叶绿素（细菌叶绿素 c、细菌叶绿素 d 或细菌叶绿素 e）将光能传输到细胞
质膜上的细菌叶绿素 a

载色体呈椭圆形囊泡状，通过蛋白质基板（proteinaceous baseplate）附着在细胞质膜上，基板上含有细菌叶绿素 a（BChl a）分子。载色体膜是一种特殊的单层脂肪膜，而不是通常的双层膜。在载色体中，细菌叶绿素 c、细菌叶绿素 d 或细菌叶绿素 e（BChl c、BChl d 或 BChl e）与类胡萝卜素和脂类结合在一起，组装成棒状结构（rodlike structure）。由这些色素捕获的光线通过基板上的 BChl a 转移到位于细胞质膜的反应中心，反应中心中也含有 BChl a。光合磷酸化产生的 ATP 被用于以还原性三羧酸循环（reductive tricarboxylic acid cycle，rTCA 循环）途径固定 CO_2（8.1.2.1 节）。只有好氧菌才能利用人们熟知的卡尔文循环途径进行 CO_2 固定。

绿菌门成员在缺氧、有光和硫化物存在时才能生长，通常存在于潮间带的泥滩、微生物席及沉积物中。尽管它们不具有鞭毛且多数类群不能运动，但是有些种类可以进行滑行运动。有些种类含有气泡，可以调整其在水体中的深度，以达到最适的光照强度和 H_2S 浓度。有些不含气泡的种类，被发现于硫化物丰富的沉积物中。

绿硫细菌在代谢上和变形菌门的紫硫细菌相似，但不同于紫硫细菌的是，这类细菌生长时产生的硫元素分泌到细胞外而不是沉积在细胞内。大多数种还可将硫元素进一步氧化为硫酸盐。

3.8.2　绿弯菌门

绿弯菌门（Chloroflexi）是一组在细菌系统发育树上呈深度分支的古老细菌。典型的绿弯菌门细菌是丝状的（图 3-26），可进行滑行运动，多数种类呈绿色，但有些种类呈棕色。该门的成员分布非常广泛，其代谢类型多样，包括不产氧光合作用（anoxygenic photosynthesis）、营好氧或厌氧异养生活等，有些种类是嗜热菌。革兰氏染色阴性，但细胞壁结构与革兰氏阳性菌更为接近，不含脂多糖，但存在多糖；其肽聚糖结构比较特殊，以 D-鸟氨酸代替了内消旋-二氨基庚二酸。系统发生分析显示绿弯菌门和其他的光合细菌具有不同的起源。

绿弯菌属（*Chloroflexus*），隶属于绿弯菌纲（Chloroflexia）绿弯菌目（Chloroflexales），又称绿色非硫细菌（green nonsulfur bacteria）。该属是丝状的、可进行滑行运动的光合细菌，可在琼脂表面以 0.01～0.04 μm/s 的速度滑行。绿弯菌属细菌中含有与绿菌门成员类似的载色体（3.8.1 节），上面附着有 BChl c。细胞质膜上的捕光复合物（light-harvesting complex）中含有 BChl a。绿弯菌属细菌生理代谢方式多样，有些是兼性厌氧菌，另一些是厌氧菌；有些是化能异养菌，但大多数是光能异养菌。它们可以硫化物或氢气作为电子供体。异养生长时，其能量来源于丙酮酸盐、乙酸盐、甘油和葡萄糖的氧化。自养生长时，它们采用特殊的 3-羟基丙酸循环（3-hydroxypropionate cycle，3-HP 循环）途径固定 CO_2（8.1.2.1 节）。

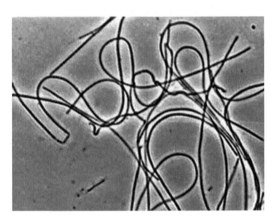

图 3-26　丝状绿弯菌门细菌（引自美国能源部联合基因组研究所网站）

滑柱菌属（Herpetosiphon），隶属于绿弯菌纲（Chloroflexia）滑柱菌目（Herpetosiphonales），是不能进行光合作用的类群。该属可进行滑行运动，是好氧化能异养菌，能进行有氧呼吸。

SAR202 类群属于绿弯菌门中的未培养类群，在深海中占有很高的丰度（约 9%），由宏基因组组装的基因组分析结果显示，SAR202 类群可以有机硫化物为碳源和硫源，在深海硫循环中发挥重要作用，还有些类群可能在微型生物碳泵中发挥重要作用。

3.8.3　硝化螺菌门

硝化螺菌门（Nitrospirae）的基本特征为革兰氏阴性，弯曲、弧形或螺旋形细胞。其代谢方式多样，大部分为好氧、化能自养菌，包括亚硝酸盐氧化细菌（nitrite oxidizing bacteria，NOB）、异化硫酸盐还原细菌和趋磁细菌等类群。该门目前有 4 个属，即硝化螺菌属（Nitrospira）、钩端螺菌属（Leptospirillum）、磁杆菌属（Magnetobacterium）和热脱硫弧菌属（Thermodesulfovibrio），其中硝化螺菌属细菌分离自海洋，热脱硫弧菌属是嗜热、嗜酸、厌氧的细菌。

硝化螺菌属是一类硝化细菌，分离自不同的海洋环境，如海水和海洋沉积物中，可将亚硝酸盐氧化成硝酸盐，被认为是自然环境中亚硝酸盐氧化的主要驱动力。其细胞呈松散螺旋状至弧菌状，周质空间的厚度是其他革兰氏阴性菌的 2 倍（图 3-27）。亚硝酸盐只作为能源，但异养生长好于自养生长。海水对其生长十分必要。其最适生长条件是培养基中含有 70%～100% 的海水，并添加亚硝酸盐、丙酮酸盐、甘油、酵母膏或蛋白胨等物质。此外，近年来发现的全程硝化细菌（comammox），能够把氨直接氧化为硝酸盐，也被暂时归于硝化螺菌属，分别被命名为 *Ca*. Nitrospira nitrosa 和 *Ca*. Nitrospira nitrificans。

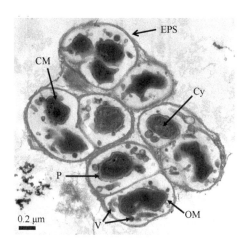

图 3-27　硝化螺菌属细菌 *Nitrospira defluvii* 的透射电镜照片（Nowka et al.，2015）

V，膜泡；CM，细胞质膜；Cy，细胞质；P，细胞周质；OM，细胞外膜；EPS，胞外聚合物

3.8.4　脱铁杆菌门

脱铁杆菌门（Deferribacteres）为革兰氏阴性菌，呈棒状或弧状，嗜中温或高温，是一类通过专性或兼性厌氧代谢获得能量的细菌，可利用多种电子受体，如 Fe（III）、Mn（IV）、S、Co（III）和硝酸盐，部分还可进行发酵代谢。该门类的细菌多生长于含有还原氢离子、高温、高盐、富含硫化物的环境中。其中深海脱铁杆菌（*Deferribacter abyssi*）是分离自大西洋中脊深海热液喷口的嗜热厌氧化能自养菌，它的生存依赖于热液喷口的高温及特殊的化学生境，通过利用 Fe（III）和 S 氧化 H_2 获取能量。为了防止被热液冲离，该属细菌会以微生物席的方式黏附于岩石上，或者通过鞭毛感知温度和化学信号，向适宜的生境移动。

3.9　酸杆菌门、出芽单胞菌门和螺旋体门

3.9.1　酸杆菌门

酸杆菌门（Acidobacteria）细菌分布广泛、代谢类型多样，有些成员具有嗜酸的特性。由于该门细菌的绝大多数尚未被分离培养，因此其生态作用及代谢类型尚不清楚。该门的代表属为酸杆菌属（*Acidobacterium*），该属的特征是嗜酸、化能异养，且含甲基萘醌，分离自酸性矿物环境。

3.9.2　出芽单胞菌门

出芽单胞菌门（Gemmatimonadetes）目前仅有三属得到正式命名，即出芽单胞菌属

（*Gemmatimonas*）、出芽玫瑰菌属（*Gemmatirosa*）和长微菌属（*Longimicrobium*），是一类革兰氏阴性菌，通过出芽方式进行繁殖（图 3-28）。

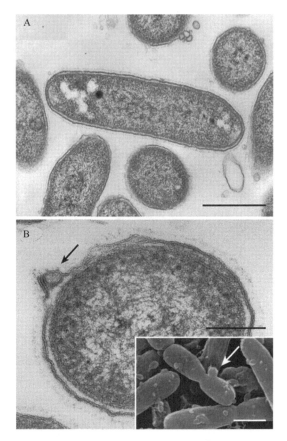

图 3-28　橙色出芽单胞菌（*Gemmatimonas aurantiaca*）T-27[T] 的电镜照片（Zhang et al., 2003）

A. 透射电镜照片显示该革兰氏阴性菌的细胞结构，比例尺=0.5 μm；B. 该菌株的透射电镜（大图）和扫描电镜（小图）照片显示不对称细胞分裂，比例尺=0.25 μm（小图：比例尺=0.5 μm）

尽管该门细菌的 16S rRNA 基因序列在土壤和海洋环境中广泛存在，但目前仅有少数菌株被成功分离鉴定。该门细菌的广泛分布表明其在海洋生态系统中很可能发挥重要作用，但目前尚未对其有所研究。

3.9.3　螺旋体门

螺旋体门（Spirochaetes）是一类很有特点的细菌。和螺旋菌不同，螺旋体门细菌是一类菌体柔软、细长、紧密盘绕弯曲呈螺旋状的革兰氏阴性菌；与原虫有类似之处，该门菌体外无鞭毛，运动机制独特。这是因为螺旋体门细菌细胞中有一根至多根内生鞭毛（internal flagella）或称轴丝（axial filament），位于细胞膜和细胞壁间的周质空间中。内生鞭毛屈曲收缩，像刚性螺旋一样旋转，从而引起原生质柱以相反的方向旋转，导致菌体弯曲且不平稳地运动。有些属如脊螺旋体属（*Cristispira*）和螺旋体属（*Spirochaeta*）广泛分布于海洋生境，但是对于它们的生态功能知之甚少。其中在海洋沉积物中发现的许多种类严格厌氧，它们也可能是海洋动物肠道中的重要菌群。脊螺旋体属在某些软体动物的消化道中有发现，但尚未被培养。

3.10　产液菌门、热袍菌门和奇异球菌-栖热菌门

3.10.1　产液菌门

产液菌门（Aquificae）细胞呈杆状，中度嗜热或极度嗜热，分离自海洋或陆地超高温温泉。该门目前含有一纲二目三科，分别是产液菌科（Aquificaceae）、热产水菌科（Hydrogenothermaceae）和还原硫杆菌科（Desulfurobacteriaceae）。该门大部分细菌营化能自养生活，少部分营化能异养生活，其中的产液菌科和热产水菌科均为好氧或微好氧的种类，通过利用 O_2 氧化 H_2 或 S 来获取能量，而还原硫杆菌科的成员均为严格厌氧型，通过还原硫酸盐、硝酸盐及单质硫获取能量。

该门的模式属为产液菌属（Aquifex），该属细菌可利用 H_2 将 O_2 还原形成 H_2O。产液菌属及其相关类群在细菌域的系统发育树上形成了一个深度分支。16S rRNA 基因和其他几个基因的序列分析结果表明，这个类群和细菌域假定祖先的亲缘关系最近。产液菌属如嗜火产液菌（A. pyrophilus）（图 3-29）和风产液菌（A. aeolicus）是极端嗜热菌（DNA 的高 G+C 含量使其适宜高温度生长，最高可达 95℃），并且是化能自养菌，在海洋热液喷口处的初级生产力中起主要作用。它们以 H_2、硫代硫酸盐或元素硫为电子供体，以 O_2 或硝酸盐为电子受体而生长（风产液菌仅可以用 O_2 作为电子受体，而嗜火产液菌两者均可利用），并通过还原性三羧酸循环这一特殊途径来进行 CO_2 的固定。显而易见，这些细菌的极端嗜热特性在生物工程学领域有较大的前景。可以利用海水培养基，在微好氧条件下于 90℃对产液菌属进行富集培养。风产液菌的全基因组序列已经发表，它的基因组很小，只有大肠杆菌的 1/3 左右。另外，人们还从深海和近岸的热液系统中分离出该门的另一个菌种，即海热产水菌（Hydrogenothermus marinus）。

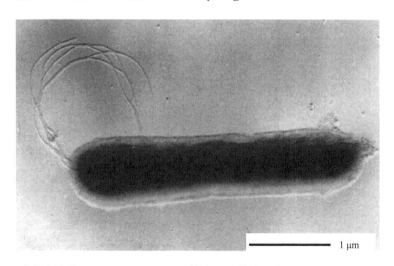

图 3-29　嗜火产液菌（Aquifex pyrophilus）的电子显微镜照片（Reysenbach et al.，2001）

3.10.2 热袍菌门

热袍菌门（Thermotogae）细菌广泛分布于世界各地，主要生长在低盐火山岩或高温环境中，如浅海或深海系统及陆地油田等。该门在细菌域的系统发育树上也形成了一个深度分支。其中，热袍菌属（*Thermotoga*）可在高达 90℃ 的环境下生长，它与产液菌门是迄今为止已知的具有较高生长温度的两类细菌。

热袍菌属细胞呈杆状，单个或成对存在，杆状细胞外环绕有典型的鞘状外层结构（"袍"），细胞的末端伸出气球状结构，靠鞭毛运动。热袍菌属核糖体的功能和其他细菌非常不同，利福平和其他抗生素不影响其蛋白质的合成，并已经得到这些基因序列分析的印证。热袍菌属细菌经革兰氏染色后呈阴性，但是其肽聚糖的氨基酸成分不同于其他细菌，脂类中还含有不同寻常的长链脂肪酸。热袍菌属广泛分布于地热区域，在浅海和深海的热液喷口处亦有分布。不同菌种的最适生长温度也不同，极端嗜热种类如海栖热袍菌（*T. maritima*）（图 3-30）和那不勒斯热袍菌（*T. neapolitana*）的最适生长温度从 55℃ 到高达 80~95℃。它们为发酵型的、厌氧的化能异养菌，能利用多种碳水化合物，也能固氮，并将元素硫还原为 H_2S。

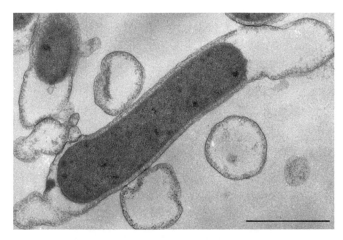

图 3-30　海栖热袍菌（*Thermotoga maritima*）（Willey et al.，2020）
从细胞两端延伸出疏松的鞘，比例尺=1 μm

与产液菌门细菌一样，热袍菌门细菌产生的胞内及胞外高度热稳定性酶可能会给化学工业和食品工业等需要生物催化的行业带来巨大效益。海栖热袍菌产生的重组木聚糖酶可在 100℃ 保持数小时活性，此类木聚糖酶在纸浆和造纸工业中具有巨大的应用潜力。高度热稳定的淀粉酶可用于淀粉加工，高温葡萄糖异构酶则可用于玉米糖浆的生产。海栖热袍菌产生的重组 Ultma™ DNA 聚合酶具有校对能力，现已经商业化生产。

3.10.3 奇异球菌-栖热菌门

奇异球菌-栖热菌门（Deinococcus-Thermus）是一群对环境具有高度抗逆性的球状细菌，包括系统发育上相关、但又彼此独立的三个目——奇异球菌目（Deinococcales）、特吕珀菌目（Trueperales）和栖热菌目（Thermales）。在进化关系上，本门可能是革兰氏阳性菌与革兰氏阴性菌之间的过渡体，因为其出现在绿弯菌门、变形菌门等之前，但出现在革兰氏阳性菌之后。虽然该门所有菌株都具有革兰氏阴性菌的明显特征——外膜，但是却表现出许多革兰氏阳性菌的特征。奇异球菌目的典型特征是营养细胞可抵抗多种辐射，拥有两个属，即奇异球菌属（Deinococcus）和奇异杆菌属（Deinobacterium）。栖热菌目细菌的典型特征是抗热，其中热液喷口海栖热菌（Marinithermus hydrothermalis）分离自东太平洋海隆深海热液喷口。截至 2022 年，该门的 8 个属（45 个种）的基因组序列都可以在京都基因和基因组数据库（Kyoto Encyclopedia of Genes and Genomes database，KEGG database）和美国国家生物技术信息中心（National Center for Biotechnology Information，NCBI）中查到。

耐辐射奇异球菌（Deinococcus radiodurans）为奇异球菌目的代表菌，尽管其革兰氏染色阳性，却有着类似革兰氏阴性菌的细胞外膜。该菌具有极强的抗电离辐射的能力。得益于其多拷贝的基因组、较强的染色体间基因重组能力及强大的 DNA 修复能力，其在 5000 Gy 强度的辐射下，仍能保持完整的生存力。相比之下，大肠杆菌在 1000 Gy 强度的辐射下，几乎全部被灭活。

主要参考文献

美国能源部联合基因组研究所. http://www.digitaluniverse.net/treeoflife/topics/view/51cbfc53f702fc2ba8122658/[2021-9-7].

陶天申, 杨瑞馥, 东秀珠. 2007. 原核生物系统学. 北京: 化学工业出版社.

杨瑞馥, 陶天申, 方呈祥, 张利平. 2010. 细菌名称双解及分类词典. 北京: 化学工业出版社.

张晓华, 等. 2016. 海洋微生物学. 2 版. 北京: 科学出版社.

Alauzet C, Jumas-Bilak E. 2014. The Phylum Deferribacteres and the Genus Caldithrix. The Prokaryotes: Other Major Lineages of Bacteria and the Archaea. 4th ed. Heidelberg: Springer: 595-611.

Anonymous. 2023. International Journal of Systematic and Evolutionary Microbiology (IJSEM) (2000~2023). UK: Society for General Microbiology. http://ijs.sgmjournals.org/

Balcázar JL, Pintado J, Planas M. 2010. Vibrio hippocampi sp. nov., a new species isolated from wild seahorses (Hippocampus guttulatus). FEMS Microbiol Lett, 307: 30-34.

Brinkhoff T, Fischer D, Vollmers J, Voget S, Beardsley C, Thole S, Mussmann M, Kunze B, Wagner-Döbler I, Daniel R, Simon M. 2012. Biogeography and phylogenetic diversity of a cluster of exclusively marine Myxobacteria. ISME J, 6: 1260-1272.

Chan CS, Fakra SC, Emerson D, Fleming EJ, Edwards KJ. 2011. Lithotrophic iron-oxidizing bacteria produce organic stalks to control mineral growth: implications for biosignature formation. ISME J, 5: 717-727.

Chang X, Liu W, Zhang XH. 2011. Spinactinospora alkalitolerans gen. nov. sp. nov., an actinomycete isolated from marine sediment. Int J Syst Evol Microbiol, 61: 2805-2810.

Cho JC, Vergin KL, Morris RM, Giovannoni SJ. 2004. Lentisphaera araneosa gen. nov., sp. nov., a transparent exopolymer producing marine bacterium, and the description of a novel bacterial phylum, Lentisphaerae. Environ Microbiol, 6: 611-621.

Du ZJ, Wang ZJ, Zhao JX, Chen GJ. 2016. Woeseia oceani gen. nov., sp. nov., a chemoheterotrophic member of the order Chromatiales, and proposal of Woeseiaceae fam. nov. Int J Syst Evol Microbiol, 66: 107-112.

Eloe EA, Malfatt F, Gutierrez J, Hard K, Schmidt WE, Pogliano K, Pogliano J, Azam F, Bartlett DH. 2011.

Isolation and characterization of a psychropiezophilic *Alphaproteobacterium*. Appl Environm Microbiol, 77: 8145-8153.

Garrity GM. 2005. Bergey's Manual of Systematic Bacteriology. 2nd ed. Vol. 2: The Proteobacteria. New York: Springer-Verlag.

Griffiths E, Gupta RS. 2004. Distinctive protein signatures provide molecular markers and evidence for the monophyletic nature of the Deinococcus-Thermus phylum. J Bacteriol, 186: 3097-3107.

Gupta RS. 2014. The Phylum Aquificae. The Prokaryotes. Berlin Heidelberg: Springer: 417-445.

Joanne M, Linda M, Christopher J. 2008. Prescott, Harley and Klein's Microbiology. New York: McGraw Hill.

Laloux G. 2020. Shedding light on the cell biology of the predatory bacterium *Bdellovibrio bacteriovorus*. Front Microbiol, 10: 3136.

Lee J, Kwon KK, Lim SI, Song J, Choi AR, Yang SH, Jung KH, Lee JH, Kang SG, Oh HM, Cho JC. 2019. Isolation, cultivation, and genome analysis of proteorhodopsin containing SAR116-clade strain *Candidatus* Puniceispirillum marinum IMCC1322. J Microbiol, 57: 676-687.

Lenk S, Moraru C, Hahnke S, Arnds J, Richter M, Kube M, Reinhardt R, Brinkhoff T, Harder J, Amann R, Mußmann M. 2012. Roseobacter clade bacteria are abundant in coastal sediments and encode a novel combination of sulfur oxidation genes. ISME J, 6: 2178-2187.

Lomstein BA, Langerhuus AT, D'Hondt S, Jogensen BB, Spivack AJ. 2012. Endospore abundance, microbial growth and necromass turnover in deep sub-seafloor sediment. Nature, 484: 101-104.

Luo H, Löytynoja A, Moran MA. 2012. Genome content of uncultivated marine *Roseobacters* in the surface ocean. Environ Microbiol, 14: 41-51.

Luo H, Moran MA. 2014. Evolutionary ecology of the marine roseobacter clade. Microbiol Mol Biol Rev, 78: 573-587.

Luo H, Swan BK, Stepanauskas R, Hughes AL, Moran MA. 2014. Evolutionary analysis of a streamlined lineage of surface ocean *Roseobacters*. ISME J, 8: 1428-1439.

Madigan MT, Bender KS, Buckley DH, Sattley WM, Stahl DA. 2018. Brock Biology of Microorganisms. 15th ed. Harlow: Pearson Education Limited.

McDaniel LD, Young E, Delaney J, Ruhnau F, Ritchie KB, Paul JH. 2010. High frequency of horizontal gene transfer in the oceans. Science, 330: 50.

Moran M A, Belas R, Schell MA, Gonzalez JM, Sun F, Sun S, Binder BJ, Edmonds J, Ye W, Orcutt B, Howard EC, Meile C, Palefsky W, Goesmann A, Ren Q, Paulsen I, Ulrich LE, Thompson LS, Saunders E, Buchan A. 2007. Ecological genomics of marine *Roseobacters*. Appl Environ Microbiol, 73: 4559-4569.

Munn CB. 2011. Marine Microbiology: Ecology and Applications. 2nd ed. London and New York: BIOS Scientific Publishers.

Munn CB. 2020. Marine Microbiology: Ecology and Applications. 3rd ed. London: CRC Press, Taylor & Francis Group.

Nelson KE, Clayton RA, Gill SR, Gwinn ML, Dodson RJ, Haft DH, Hickey EK, Peterson JD, Nelson WC, Ketchum KA. 1999. Evidence for lateral gene transfer between Archaea and Bacteria from genome sequence of *Thermotoga maritima*. Nature, 399: 323-329.

Nowka B, Off S, Daims H, Spieck E. 2015. Improved isolation strategies allowed the phenotypic differentiation of two *Nitrospira* strains from widespread phylogenetic lineages. FEMS Microbiol Ecol, 91: 1-11.

Oren A, Garrity GM. 2020. Validation list no. 193. List of new names and new combinations previously effectively, but not validly, published. Int J Syst Evol Microbiol, 70: 2960-2966.

Oren A, Garrity GM. 2021. Valid publication of the names of forty-two phyla of prokaryotes. Int J Syst Evol Microbiol, 71: 005056.

Prescott LM, Harley JP, Klein DA. 2002. Microbiology. 5th ed. Ohio: McGraw-Hill Companies, Inc.

Rappé MS, Connon SA, Vergin KL, Giovannoni SJ. 2002. Cultivation of the ubiquitous SAR11 marine bacterioplankton clade. Nature, 418: 630-633.

Reysenbach AL, Huber R, Stetter KO, Ishii M, Kawasumi T, Igarashi Y, Eder W, L'Haridon S, Jeanthon C, Phylum BI. 2001. Aquificae phy. nov. *In*: Boone DR, Garrity G, Castenholz RW. Bergey's Manual of Systematic Bacteriology. Heidelberg: Springer: 359-367.

Schloss PD, Girard RA, Martin T, Edwards J, Thrash JC. 2016. Status of the archaeal and bacterial census: an update. mBio, 7: e00201-00216.

Singer E, Emerson D, Webb EA, Barco RA, Kuenen JG, Nelson WC, Nelson WC, Chan CS, Comolli LR, Ferriera S, Johnson J, Heidelberg JF, Edwards KJ. 2011. *Mariprofundus ferrooxydans* PV-1 the First Genome of a Marine Fe(II) Oxidizing *Zetaproteobacterium*. PLoS One, 6(9): e25386.

Thompson FL, Austin B, Swings J. 2006. The Biology of Vibrios. Washington D.C.: ASM Press.

van Kessel MA, Speth DR, Albertsen M, Nielsen PH, den Camp HJO, Kartal B, Jetten MS, Lucker S. 2015. Complete nitrification by a single microorganism. Nature, 528: 555-559.

van Teeseling MC, de Almeida NM, Klingl A, Speth DR, Op den Camp HJ, Rachel R, Jetten MS, van Niftrik L. 2014. A new addition to the cell plan of anammox bacteria: "*Candidatus* Kuenenia stuttgartiensis" has a protein surface layer as the outermost layer of the cell. J Bacteriol, 196: 80-89.

Varaljay VA, Gifford SM, Wilson ST, Sharma S, Karl DM, Moran MA. 2012. Bacterial dimethyl-sulfoniopropionate degradation genes in the oligotrophic North Pacific Subtropical Gyre. Appl Environ Microbiol, 78: 2775-2782.

Volland JM, Gonzalez-Rizzo S, Gros O, Tyml T, Ivanova N, Schulz F, Goudeau D, Elisabeth NH, Nath N, Udwary D, Malmstrom RR, Guidi-Rontani C, Bolte-Kluge S, Davies KM, Jean MR, Mansot JL, Mouncey NJ, Angert ER, Woyke T, Date SV. 2022. A centimeter-long bacterium with DNA contained in metabolically active, membrane-bound organelles. Science, 376: 1453-1458.

Wang Y, Zhang XH, Yu M, Wang H, Austin B. 2010. *Vibrio atypicus* sp. nov., isolated from the digestive tract of Chinese prawn (*Penaeus chinensis* O'sbeck). Int J Syst Evol Microbiol, 60: 2517-2523.

Willey JM, Sandman KM, Wood DH. 2020. Prescott's Microbiology, 11th ed. New York: McGraw Hill Education.

Yarza P, Yilmaz P, Pruesse E, Glöckner F O, Ludwig W, Schleifer KH, Whitman WB, Euzéby J, Amann R, Rosselló-Móra R. 2014. Uniting the classification of cultured and uncultured bacteria and archaea using 16S rRNA gene sequences. Nat Rev Microbiol, 12: 635-645.

Yooseph S, Nealson KH, Rusch DB, McCrow JP, Dupont CL, Kim M, Johnson J, Montgomery R, Ferriera S, Beeson K, Williamson SJ, Tovchigrechko A, Allen AE, Zeigler LA, Sutton G, Eisenstadt E, Rogers YH, Friedman R, Frazier M, Venter JC. 2010. Genomic and functional adaptation in surface ocean planktonic prokaryotes. Nature, 468: 60-66.

Zhang H, Sekiguchi Y, Hanada S, Hugenholtz P, Kim H, Kamagata Y, Nakamura K. 2003. *Gemmatimonas aurantiaca* gen. nov., sp. nov., a Gram-negative, aerobic, polyphosphate-accumulating micro-organism, the first cultured representative of the new bacterial phylum Gemmatimonadetes phyl. nov. Int J Syst Evol Microbiol, 53: 1155-1163.

Zhang XH, He X, Austin B. 2020. *Vibrio harveyi*: a serious pathogen of fish and invertebrates in mariculture. Mar Life Sci Tech, 2: 231-245.

Zhang XH, Lin H, Wang X, Austin B. 2018. Significance of *Vibrio* species in the marine organic carbon cycle – a review. Sci China Earth Sci, 61: 1357-1368.

Zhao Y, Temperton B, Thrash JC, Schwalbach MS, Vergin KL, Landry ZC, Ellisman M, Deerinck T, Sullivan MB, Giovannoni SJ. 2013. Abundant SAR11 viruses in the ocean. Nature, 494: 357-560.

复习思考题

1. 描述细菌分类系统，并列举几种主要细菌类群及其特征。

2. 可以进行光合作用的海洋细菌门类较为丰富，那么它们在进行光合作用时有怎样的适应结构（细胞结构或光合色素）呢？请根据典型门类进行列举。

3. 简述蓝细菌门的特点，它在固氮方面具有怎样的优势？

4. 可自养生活的细菌门类有哪些？它们分别以何种代谢方式进行生存？

5. 在海洋细菌的鉴定方面，表型特征是十分重要且直观的指标。试总结海洋弧菌的主要表型特征以作为弧菌鉴定的重要参考。

6. 以弧菌为例阐明细菌群体感应的调节机制。

7. 简述微生物席与叠层石的形成过程。

8. 简述蛭弧菌的生活周期及其意义。

9. 什么是滑行运动？其与鞭毛运动有什么区别？哪些细菌能进行滑行运动？

10. 简述放线菌的生态意义及其潜在应用价值。

（张晓华　王金燕　刘吉文　李　静）

第4章 海洋古菌

16S rRNA 基因分类法的应用证实了古菌是原核生物中一个完全独立的域。其他信息尤其是古菌核糖体的性质、复制、转录及翻译的机制方面，也支持古菌是单系群（monophyletic group）这一观点。现在已确定，之前认为古菌（先前称为古细菌 archaeobacteria）是细菌的一个独特子分支的观点是完全错误的。古菌存在于多种环境中，在海洋中有着很高的丰度并且种类众多。

4.1　古菌分类系统

随着分子生态学和组学技术的广泛应用，人们对自然界中古菌多样性的认识得到了显著提升。古菌最初仅由 2 个门类即泉古菌门（Crenarchaeota）和广古菌门（Euryarchaeota）构成，到 2021 年已扩展至近 30 个门类（图 4-1）。除广古菌门外，其他古菌门又被划分为 3 个超门（superphylum），即 TACK、DPANN 和阿斯加德古菌。其中，TACK 因其成员奇古菌门（Thaumarchaeota）、曙古菌门（Aigarchaeota）、泉古菌门和初生古菌门

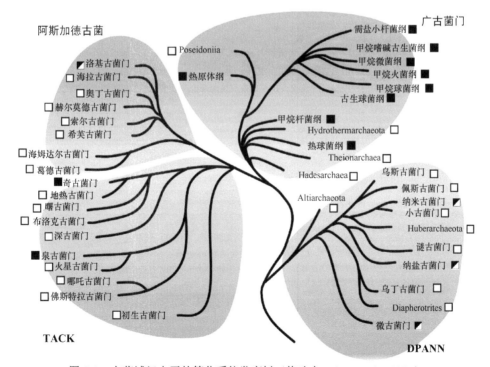

图 4-1　古菌域门水平的简化系统发育树（修改自 Tahon et al.，2021）

"■"表示该门已有纯培养菌株作为模式菌株保存至公共菌种库，"◪"表示该门在文献中已有描述的纯培养或共培养菌株，
"□"表示该门没有记录过有纯培养的代表菌株。分支的长度并不能反映系统发育关系

（Korarchaeota）的名称而得名，该超门还包括深古菌门（Bathyarchaeota）和佛斯特拉古菌门（Verstraetearchaeota）等。DPANN 最初命名时包含 Diapherotrites、小古菌门（Parvarchaeota）、谜古菌门（Aenigmarchaeota）、纳盐古菌门（Nanohaloarchaeota）和纳米古菌门（Nanoarchaeota），后来发现乌斯古菌门（Woesearchaeota）等也应归入其中。阿斯加德古菌是 2017 年最新命名的超门，由洛基古菌门（Lokiarchaeota）、索尔古菌门（Thorarchaeota）、奥丁古菌门（Odinarchaeota）和海姆达尔古菌门（Heimdallarchaeota）等组成。广古菌门不属于上述任何一个超门，具有高度物种多样性，以产甲烷古菌、厌氧甲烷氧化古菌和极端嗜盐古菌为代表类群。表 4-1 是目前古菌域的超门、门、纲和主要属的名称。

表 4-1　古菌域的超门、门、纲和主要属的名称

1　广古菌门（**Euryarchaeota**）
- 甲烷杆菌纲（Methanobacteria）
  甲烷杆菌属（*Methanobacterium*）、甲烷短杆菌属（*Methanobrevibacter*）、甲烷球形菌属（*Methanosphaera*）、甲烷嗜热菌属（*Methanothermus*）
- 甲烷球菌纲（Methanococci）
  甲烷球菌属（*Methanococcus*）、产甲烷热球菌属（*Methanothermococcus*）、甲烷热球菌属（*Methanocaldococcus*）、甲烷火温菌属（*Methanotorris*）
- 甲烷微菌纲（Methanomicrobia）
  甲烷微菌属（*Methanomicrobium*）、甲烷袋状菌属（*Methanoculleus*）、产甲烷袋菌属（*Methanofollis*）、产甲烷菌属（*Methanogenium*）、甲烷裂片形菌属（*Methanolacinia*）、甲烷平面菌属（*Methanoplanus*）、甲烷粒菌属（*Methanocorpusculum*）、甲烷螺菌属（*Methanospirillum*）、产甲烷卵石状菌属（*Methanocalculus*）、甲烷八叠球菌属（*Methanosarcina*）、甲烷类球菌属（*Methanococcoides*）、产甲烷盐菌属（*Methanohalobium*）、嗜盐产甲烷菌属（*Methanohalophilus*）、甲烷叶菌属（*Methanolobus*）、食甲基甲烷菌属（*Methanomethylovorans*）、甲烷微球菌属（*Methanimicrococcus*）、甲烷盐菌属（*Methanosalsum*）、甲烷鬃毛状菌属（*Methanosaeta*）
- 需盐小杆菌纲（Halobacteria）
  需盐小杆菌属（*Halobacterium*）、盐盒菌属（*Haloarcula*）、盐棒菌属（*Halobaculum*）、盐二型菌属（*Halobiforma*）、盐球菌属（*Halococcus*）、富盐菌属（*Haloferax*）、盐几何形菌属（*Halogeometricum*）、盐微菌属（*Halomicrobium*）、盐杆状古菌属（*Halorhabdus*）、盐红菌属（*Halorubrum*）、唯盐菌属（*Halosimplex*）、盐土生古菌属（*Haloterrigena*）、无色需碱菌属（*Natrialba*）、需苏打线菌属（*Natrinema*）、嗜盐碱杆菌属（*Natronobacterium*）、嗜盐碱球菌属（*Natronococcus*）、嗜盐碱单胞菌属（*Natronomonas*）、嗜盐碱红菌属（*Natronorubrum*）
- 热原体纲（Thermoplasmata）
  热原体属（*Thermoplasma*）、嗜酸古菌属（*Picrophilus*）、亚铁原体属（*Ferroplasma*）
- 热球菌纲（Thermococci）
  热球菌属（*Thermococcus*）、古球菌属（*Palaeococcus*）、火球菌属（*Pyrococcus*）
- 古生球菌纲（Archaeoglobi）
  古生球菌属（*Archaeoglobus*）、铁古球菌属（*Ferroglobus*）、地球形菌属（*Geoglobus*）
- 甲烷火菌纲（Methanopyri）
  甲烷火菌属（*Methanopyrus*）

2　**TACK**
- 泉古菌门（**Crenarchaeota**）
  - 热变形菌纲（Thermoprotei）
    热变形菌属（*Thermoproteus*）、高温分枝菌属（*Caldivirga*）、热棒菌属（*Pyrobaculum*）、热枝菌属（*Thermocladium*）、火山热泉杆菌属（*Vulcanisaeta*）、热丝菌属（*Thermofilum*）、暖球形菌属（*Caldisphaera*）、脱硫古球菌属（*Desulfurococcus*）、酸叶菌属（*Acidilobus*）、气火菌属（*Aeropyrum*）、粒状火球古菌属（*Ignicoccus*）、葡萄嗜热菌属（*Staphylothermus*）、斯梯特氏菌属（*Stetteria*）、恐硫球菌属（*Sulfophobococcus*）、热碟菌属（*Thermodiscus*）、耐热球形古菌属（*Thermosphaera*）、热网菌属（*Pyrodictium*）、栖高温古菌属（*Hyperthermus*）、火裂片菌属（*Pyrolobus*）、硫化叶菌属（*Sulfolobus*）、酸双面菌属（*Acidianus*）、生金球菌属（*Metallosphaera*）、栖冥河菌属（*Stygiolobus*）、硫还原球菌属（*Sulfurisphaera*）、硫化球菌属（*Sulfurococcus*）
- 奇古菌门（**Thaumarchaeota**）
  近古菌属（*Cenarchaeum*）、亚硝化侏儒菌属（*Nitrosopumilus*）、亚硝化球形菌属（*Nitrososphaera*）、亚硝化热泉菌属（*Nitrosocaldus*）、亚硝化细杆菌属（*Nitrosotalea*）、亚硝化古菌属（*Nitrosoarchaeum*）
- 地热古菌门（**Geothermarchaeota**）、曙古菌门（**Aigarchaeota**）、布洛克古菌门（**Brockarchaeota**）、深古菌门（**Bathyarchaeota**）、火星古菌门（**Marsarchaeota**）、哪吒古菌门（**Nezhaarchaeota**）、佛斯特拉古菌门（**Verstraetearchaeota**）、初生古菌门（**Korarchaeota**）

续表

3	阿斯加德古菌（Asgard archaea）

> 洛基古菌门（**Lokiarchaeota**）

普罗米修斯古菌属（*Ca.* Prometheoarchaeum）

> 海拉古菌门（**Helarchaeota**）、奥丁古菌门（**Odinarchaeota**）、赫尔莫德古菌门（**Hermodarchaeota**）、索尔古菌门（**Thorarchaeota**）、希芙古菌门（**Sifarchaeota**）、海姆达尔古菌门（**Heimdallarchaeota**）、葛德古菌门（**Gerdarchaeota**）、巴德尔古菌门（**Baldrarchaeota**）、霍德尔古菌门（**Hodarchaeota**）、包尔古菌门（**Borrarchaeota**）、卡瑞古菌门（**Kariarchaeota**）、悟空古菌门（**Wukongarchaeota**）、涅尔德古菌门（**Njordarchaeota**）、西格恩古菌门（**Sigynarchaeota**）、弗雷古菌门（**Freyrarchaeota**）

4	DPANN

> 纳米古菌门（**Nanoarchaeota**）

纳米古菌属（*Nanoarchaeum*）

> 乌斯古菌门（**Woesearchaeota**）、佩斯古菌门（**Pacearchaeota**）、小古菌门（**Parvarchaeota**）、**Huberarchaeota**、谜古菌门（**Aenigmarchaeota**）、纳盐古菌门（**Nanohaloarchaeota**）、乌丁古菌门（**Undinarchaeota**）、**Diapherotrites**、微古菌门（**Micrarchaeota**）、**Altiarchaeota**、科学古菌门（**Kexuearchaeota**）

上述古菌类群中的绝大多数还没有被培养出来，目前人们对这些海洋古菌的了解还仅限于从环境样品中测序得到的古菌基因组序列，这些古菌的进化地位和生态作用正在不断被验证和接受。本章将对在海洋中丰度高、分布广且目前研究较为深入的古菌门类进行介绍。

最开始人们认为海洋古菌只生存于以高温、高盐和厌氧等为主要环境特征的海洋极端生境中（如缺氧沉积物、深海热液喷口与高盐内陆海等）。而自 20 世纪 90 年代，人们首次发现古菌也存在于近海等非极端环境海域以来，古菌在全球范围的海洋中陆续被发现，且其在微生物群落中占相当大的比例，对海洋生态系统有举足轻重的作用。此外，在海洋生物体内也存在与之共生的古菌。

一般来说，海洋中的古菌丰度总体低于细菌，但随着环境因素的变化，不同栖息环境中古菌的数量和种类会出现明显的差异。例如，海水中的古菌主要以广古菌门中的海洋 II 型古菌（Marine Group II，MG-II）和奇古菌门中的海洋 I 型古菌（Marine Group I，MG-I）为主，但二者的丰度随水深变化呈相反的趋势。MG-II 可营光能异养生活，其丰度随水深增加而减少，而 MG-I 为化能自养类群，在寡营养的深层海水中丰度更高。与海水不同，沉积物中的古菌以广古菌门、深古菌门、奇古菌门和阿斯加德古菌等类群为主，氧气存在与否对海洋底栖古菌的群落组成具有较大影响。比如，产甲烷古菌是无氧沉积环境中碳循环的重要驱动者。

4.2　广 古 菌 门

4.2.1　产甲烷古菌

产甲烷古菌（methanogen）一般是指来自厌氧环境中的广古菌类群，广古菌门中的许多成员执行有机物厌氧生物降解的最后一步，即产生甲烷。古菌合成的甲烷可占地球上每年甲烷总产量的一半以上。产甲烷古菌（图 4-2）一般是中温菌（mesophile）或嗜热菌（thermophile），可以从人类/无脊椎动物消化道、缺氧沉积物、酸/碱性土壤和腐烂物等多种环境中分离得到。海洋中的产甲烷古菌主要分布于缺氧沉积物中，也可作为船蛆（shipworm）和其他海洋无脊椎动物消化道中纤毛虫的内共生微生物。深海热液喷口也是产甲烷古菌的重要栖息地，嗜热产甲烷菌（thermophilic methanogens）是热液微生物群落的重要组成部分。总体而言，在所有已描述的产甲烷古菌中大约1/3来自海洋，它们呈现高度多样化的生理特征。产甲烷古菌的存在是海洋缺氧沉积物中能够产生大量甲烷的主要原因，这些甲烷大多以甲烷水合物的形式被隔绝了几千年，其作为未来能源具有重要的开采价值。

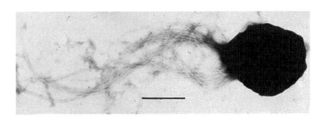

图 4-2　产甲烷古菌——詹氏甲烷球菌（*Methanococcus jannaschii*）（Talaro，2005）

该古菌有运动性，生存于海底的热液喷口，以氢气为能源。比例尺是 0.5 μm

产甲烷古菌在形态和生理上呈现高度多样性（表 4-2），主要分为 5 纲 7 目，包括甲烷杆菌目（Methanobacteriales）、甲烷球菌目（Methanococcales）、甲烷八叠球菌目（Methanosarcinales）、甲烷微菌目（Methanomicrobiales）、甲烷火菌目（Methanopyrales），以及近年来才发现的甲烷胞菌目（Methanocellales）和甲烷马赛球菌目（Methanomassiliicoccales）。其中，甲烷八叠球菌目和甲烷杆菌目在海洋与陆地环境中均有分布，且前者是海洋中的优势类群。绝大多数甲烷球菌目和甲烷火菌目（该目目前仅有 1 个种）成员分离自海洋环境，相比之下，甲烷微菌目、甲烷胞菌目和甲烷马赛球菌目则主要分布于淡水环境。Methanofastidiosa 是近期从厌氧污水处理环境中被描述和命名的一个纲，属于广古菌门，代表产甲烷古菌的第 6 个纲。

产甲烷古菌一般通过 3 条途径进行甲烷合成，其中多数属为氢营养型产甲烷古菌（hydrogenotrophic methanogens），利用 H_2（有时为甲酸盐），以 CO_2 为氧化剂产生能量，并可合成自身细胞物质。用于产生 ATP 的产能反应式（通过产生 1 个质子原动力）为

$$CO_2 + 4H_2 \rightarrow CH_4 + 2H_2O$$

乙酸营养型产甲烷古菌（acetotrophic methanogens）可通过歧化作用将乙酸分解为 CO_2 和甲烷。还有些甲基营养型产甲烷古菌（methylotrophic methanogens）利用甲基化合物（如甲醛、甲胺、二甲基硫和甲醇）来合成甲烷，该过程中甲基化合物发生歧化反应，一部分被氧化为 CO_2，同时释放出电子用于另一部分的还原。氢依赖的甲基营养型是一种特殊的甲烷合成途径，该过程的电子供体为氢气，而非甲基化合物，与传统的甲基营养型具有明显区别。除此之外，研究还发现部分种属可利用丙酮酸盐或一氧化碳合成甲烷。过去认为像糖和脂肪酸等分子不能直接用来生成甲烷，而是通过产甲烷古菌与细菌互养的方式最终转化为甲烷。细菌发酵的终产物为 H_2、CO_2 和乙酸盐，这些都可以被产甲烷古菌所利用。然而，近年的研究发现甲氧基化芳香化合物（methoxylated aromatic compound）和长链烷烃等复杂化合物也可被产甲烷古菌用作底物来合成甲烷。

甲烷的产生过程依赖于一组辅酶（coenzyme），它们以载体的形式将一碳单元（C1

unit) 从底物转移到产物 (CH₄)。其他辅酶负责把电子从氢气或其他供体中传递出去。这些酶类是这群古菌所特有的。其中，甲基辅酶 M 还原酶 (methyl-coenzyme M reductase, Mcr) 复合物存在于上述所有甲烷合成途径中，催化甲烷合成的最后一步（限速）反应，即将甲基辅酶 M 还原为甲烷。

表 4-2 部分海洋沉积物及热液喷口处产甲烷古菌的特点 (Liu and Whitman, 2008; Munn, 2011)

目（或属）	细胞形态	主要底物	最佳生长温度/℃
甲烷杆菌目（**Methanobacteriales**）			
甲烷杆菌属（*Methanobacterium*）	杆状	H_2、甲酸盐	37～45
甲烷短杆菌属（*Methanobrevibacter*）	杆状	H_2、甲酸盐	37～40
甲烷嗜热菌属（*Methanothermus*）	杆状	H_2	80～88
甲烷球菌目（**Methanococcales**）			
甲烷球菌属（*Methanococcus*）	不规则球形	H_2、甲酸盐	35～40
产甲烷热球菌属（*Methanothermococcus*）	球形	H_2、甲酸盐	60～65
甲烷热球菌属（*Methanocaldococcus*）	球形	H_2	80～85
甲烷火温菌属（*Methanotorris*）	球形	H_2	88
甲烷微菌目（**Methanomicrobiales**）			
甲烷袋状菌属（*Methanoculleus*）	不规则球形	H_2、甲酸盐	20～55
产甲烷菌属（*Methanogenium*）	不规则球形	H_2、甲酸盐	15～57
甲烷裂片形菌属（*Methanolacinia*）	不规则杆状	H_2	40
甲烷螺菌属（*Methanospirillum*）	螺旋状	H_2、甲酸盐	30～37
甲烷八叠球菌目（**Methanosarcinales**）			
甲烷八叠球菌属（*Methanosarcina*）	不规则球形簇	H_2、甲胺、甲酸盐	35～60
甲烷类球菌属（*Methanococcoides*）	不规则球形	甲胺	23～35
甲烷火菌目（**Methanopyrales**）			
甲烷火菌属（*Methanopyrus*）	链杆状	H_2	98

极端嗜热古菌——詹氏甲烷球菌 (*Methanococcus jannaschii*) 是热液喷口处地球化学活动所产生的 H_2 和 CO_2 的初级消费者，被公认为海底热液喷口菌群中最重要的成员之一，对其的研究也较为透彻。詹氏甲烷球菌是第一个获得完整全基因组序列的古菌，它的基因组大小为 1.66 Mb，包括 1700 余个基因。其中，与能量产生及细胞分裂等过程有关的基因和细菌的类似，而负责复制、转录和翻译等过程的基因则与真核生物更加相似。这一结果支持了生命三域是从一个共同的祖先进化而来的观点。

甲烷火菌属 (*Methanopyrus*) 最早也分离自海洋热液环境，是已知最嗜热的生物之一，能在 110℃ 的高温下快速繁殖（代时为 1 h）。该属仅有的种坎氏甲烷火菌 (*Methanopyrus kandleri*) 是唯一一种可在 100℃ 以上高温条件下合成甲烷的菌种。虽然它也可利用 H_2 和 CO_2 产生甲烷，但在系统发生上与其他产甲烷古菌相差甚远，而且其质膜上含有特殊的膜脂和热稳定化合物。

除了高温热液环境，产甲烷古菌还能生存于寒冷的环境中，目前仅有少数几株嗜冷产甲烷古菌被分离培养，它们的最高生长温度都低于 30℃，这些低温种属主要属于甲基营养型，这可能是由于低温环境中缺乏与其竞争甲基营养物质的其他类群微生物。

虽然产甲烷古菌是专性厌氧菌，但也能从有氧的微生物席（microbial mat）表面和海水中发现，它们可能存在于海水颗粒内部的厌氧区（氧已被其他生物的呼吸活动耗尽），使得这些区域的溶解甲烷含量很高。在深水中，沉降的有机物发生强烈的异养氧化，也可导致氧气耗尽和甲烷产生。此外，甲烷也能产生于有氧的海洋上层水体，已发现 SAR11、弧菌等多种海洋细菌类群能够在有氧条件下降解甲基膦酸酯，释放甲烷。

4.2.2　厌氧甲烷氧化古菌

多年来，海洋沉积物中产生的大量甲烷气体的去向一直是一个谜。人们在近海沉积物中发现大量的甲烷储层（reservoir of methane），主要以晶体（crystalline）的甲烷水合物形式存在，看起来与冰类似，因此也被称为可燃冰。甲烷水合物易于燃烧，是一种潜在的新型能源，可作为日益减少的石油的替代物。与作为燃料来源一样受到人们关注的是甲烷的去向，因为它是一种重要的温室气体，海底甲烷的周期性释放也许在地球历史上的气候变化中起很重要的作用。如上所述，甲烷主要是由广古菌门中的部分类群通过厌氧过程产生的。而长期以来，所有利用甲烷作为营养物的微生物都被认为是好氧的，直到地球化学家注意到海洋深层沉积物中合成的甲烷在向上扩散的过程中浓度逐渐降低，并在到达有氧区前消失，人们才了解到在厌氧环境中也存在一些微生物可以利用甲烷。他们怀疑在沉积物中可能发生了甲烷的氧化反应，并以某种方式将电子转移到硫酸盐中。Hinrichs 等（1999）采用稳定同位素技术并结合 16S rRNA 基因测序研究发现，未知古菌参与了这一过程，甲烷作为碳源参与了古菌脂类的合成。那么，厌氧甲烷氧化的发生是否由互养共栖的微生物菌群所介导呢？为了回答这个问题，马克斯·普朗克（Max Planck）海洋微生物研究所的 Antje Boetius 等应用荧光原位杂交技术分别对海洋沉积物中的古菌和硫酸盐还原细菌进行检测，并结合共聚焦激光扫描显微镜（confocal laser scanning microscope，CLSM）进行显微观测。他们的研究结果令人惊异，发现一些古菌细胞被硫酸盐还原细菌构成的外壳（shell）紧紧围绕（图 4-3）。这是首次对古菌和细菌间紧密的互养结合进行观察，图 4-4 显示了厌氧甲烷氧化古菌和硫酸盐还原细菌间的共生模型图，两者一起进行了如下的反应。

$$CH_4 + SO_4^{2-} \rightarrow HCO_3^- + HS^- + H_2O$$

根据 16S rRNA 基因序列分析，厌氧甲烷氧化古菌（anaerobic methanotrophic archaea，ANME）可分为三大类：ANME-1（可分为 ANME-1a、ANME-1b）、ANME-2（可分为 ANME-2a、ANME-2b、ANME-2c、ANME-2d）和 ANME-3。其中，ANME-1 构成一个独立的分支，与甲烷八叠球菌目和甲烷微菌目相近，而 ANME-2 和 ANME-3 均属于甲烷八叠球菌目。荧光原位杂交结果显示，ANME-2 和 ANME-3 的细胞呈球形，而 ANME-1 的细胞为杆状。厌氧甲烷氧化是一个吸能过程，因此需要外源的电子受体（如硫酸盐）才能发生，这也是 ANME 常与硫酸盐还原细菌互养共生的重要原因（图 4-3）。ANME-1 和 ANME-2 往往与脱硫八叠球菌属（*Desulfosarcina*）/脱硫球菌属（*Desulfococcus*）相结合，而 ANME-3 被发现能与脱硫葱头状菌属（*Desulfobulbus*）耦合在一起。ANME 与硫酸盐还原细菌间的电子传递是目前研究的热点，有证据表明，细胞表面的细胞色素

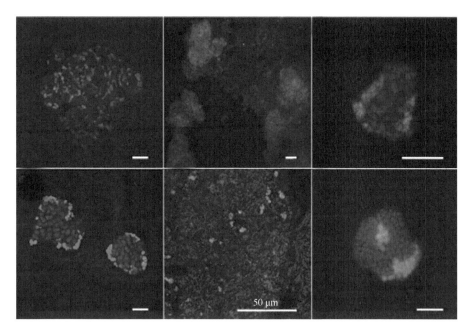

图 4-3　FISH 或酶联荧光原位杂交（CARD-FISH）显示由不同类群厌氧甲烷氧化古菌与硫酸盐还原细菌形成的聚集体（Knittel and Boetius，2009）

绿色细胞为硫酸盐还原细菌，红色细胞为厌氧甲烷氧化古菌。除另外说明，比例尺=5 μm

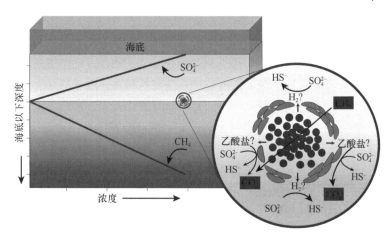

图 4-4　海洋沉积物中甲烷的厌氧氧化模型图（DeLong，2000）

在甲烷和硫酸盐交界处，由于互利共生的存在，甲烷和硫酸盐浓度都比较低。在共生体中，
红色细胞代表厌氧甲烷氧化古菌，外围的绿色细胞为硫酸盐还原细菌

c 蛋白或纳米导线（由菌毛构成）在二者之间的电子传递中发挥重要作用。由于 ANME 与产甲烷古菌的分类地位很近，因此甲烷的厌氧氧化和甲烷的产生过程被认为是可逆反应。例如，研究者在 ANME-2a 中找到了与甲烷产生相关的全部基因，并发现这些基因在环境中能够表达。

　　并非所有的 ANME 都与硫酸盐细菌共生在一起，有些也可利用硝酸盐和金属离子等作为电子受体，独立完成甲烷的氧化。除此之外，甲烷的氧化也能耦合亚硝酸盐的还原，但该过程是由一种特殊的细菌类群所完成的。细菌门类 NC10 中的 *Ca.*

Methylomirabilis oxyfera 能够还原亚硝酸盐，在体内微环境中产生氧气，从而耦合甲烷的有氧氧化。*Ca.* Methylomirabilis oxyfera 已被发现广泛存在于河流、湖泊、湿地和海洋等多种自然生境中。

厌氧甲烷氧化反应的产物具有重要的生态学效应。例如，Michaelis 等（2002）发现 ANME 是黑海中甲烷渗漏处（methane seep）大块礁状微生物席（massive microbial reef-like mat）内的重要微生物类群，覆盖在高 4 m 的碳酸盐沉淀礁上，ANME 将甲烷氧化为 HCO_3^-，引起环境的碱度增加，可促进碳酸盐岩的形成。另外，硫酸盐被还原所生成的硫化物能够在由管虫（tube worm）、蟹类及一些巨大硫化物氧化菌（giant sulfide-oxidizing bacteria）构成的化能合成共生体（chemosynthetic symbioses）中被利用，这些生物组成了一张"厚毯（thick carpet）"覆盖在海底的甲烷营养联合体（methanotrophic consortia）上。这种类型的甲烷氧化可能在地球的较早时期就进化出来了，并且很可能先于大气层中氧的出现（产氧光合作用大约出现在 30 亿年前）。

4.2.3 热球菌目

热球菌目（Thermococcales）是一类严格厌氧、极端嗜热的化能异养古菌，其最适生长温度在 80℃以上。其共包括 3 个属：热球菌属（*Thermococcus*）、火球菌属（*Pyrococcus*）及古球菌属（*Palaeococcus*）。目前，在热球菌目中已发现 42 个菌种，其中热球菌属 33 个、火球菌属 6 个、古球菌属 3 个。这类古菌广泛分布于各种海洋高温硫质环境中，如深海和浅海热液喷口。由于这类微生物具有生长速度快、适应能力强的特点，往往成为环境中的主导微生物类群，而且由于它们可将单质硫还原为 H_2S，因此在诸多海洋高温生态系统的碳、硫循环中扮演着重要角色。在古菌域系统发育树上，热球菌目具有与细菌域中产液菌属（*Aquifex*）和热袍菌属（*Thermotoga*）相似的进化位置，它们均位于各自域系统发育树的根部，可能是各自域中最早进化出的分支，具有地球早期生命的特征。

速生热球菌（*Thermococcus celer*）的直径为 0.8 μm，是运动性很强、专性厌氧的化能异养球菌。它能分解蛋白质和碳水化合物等多种底物，并以硫作为电子受体，最适生长温度是 80℃。激烈火球菌（*Pyrococcus furiosus*）的性质与热球菌属相似，但其最适生长温度为 100℃，最高生长温度可达 106℃。雅氏火球菌（*Pyrococcus yayanosii*）A1 菌株分离自大西洋中脊的阿沙兹（Ashadze）热液区，是目前世界上唯一一株严格嗜压的极端嗜热古菌，其最适生长温度为 98℃，最适生长压力为 52 MPa，最高生长压力可达 120 MPa 以上。

热球菌目是一类重要的极端嗜热古菌，由其产生的多种酶已被人们研究，如淀粉酶、普鲁兰酶、α-葡糖苷酶和蛋白酶等胞外酶，以及 DNA 聚合酶和脱氢酶等胞内酶。虽然热球菌目的生物量无法与细菌相比，在细胞直接应用上有较大的局限性，但通过基因工程手段将这些酶的编码基因导入工程菌株进行表达，可以大幅度提高产量。其中 DNA 聚合酶已被广泛应用于科研领域。

4.2.4 古生球菌属和铁古球菌属

古生球菌属（*Archaeoglobus*）属于极端嗜热（最适生长温度为 83℃）的硫酸盐还原

古菌，存在于热液喷口的浅沉积物处和海底火山口周围。它们是专性厌氧菌，能将硫酸盐还原作用与氢和某些有机物的氧化作用进行偶联，最后生成 H_2S。虽然古生球菌属构成了广古菌门系统发育中截然不同的一个分支，但它却能合成甲烷产生过程中所需的一些重要辅酶。对闪烁古生球菌（*Archaeoglobus fulgidus*）的基因组进行分析，结果发现该菌的一些基因是和产甲烷古菌共有的。该菌可在生长时产生少量的甲烷（<0.1 μmol/mL），但其基因组中却缺少甲基辅酶 M 还原酶这一关键酶。目前，关于该菌能产生少量甲烷的代谢途径还不清楚。古生球菌属也出现在储油层中，并引起北海油田和北极油田提取的原油发生硫化物的"酸化（souring）"。

铁古球菌属（*Ferroglobus*）的成员属于极端嗜热的铁氧化菌，也被发现于热液喷口处，它们不能还原硫酸盐，而是一类能进行铁氧化和硝酸盐还原的化能自养菌。

4.2.5 极端嗜盐菌

极端嗜盐菌（extreme halophile）生活在 NaCl 浓度大于 9%的环境中，其中有很多种类甚至能生活在饱和 NaCl 溶液（35%）中。极端嗜盐菌的细胞形态多样，包含立方形、锥形、球形和杆状等（图 4-5A），它们分布于盐湖如犹他州的大盐湖（Great Salt Lake）和中东地区的死海（the Dead Sea in the Middle East）、超高盐度的厌氧盆地，以及沿海日晒盐田（solar saltern）中（图 4-5B），盐田按连续（continuous）或半连续（semi-continuous）的方式运转，可终年保持相对稳定的盐浓度。用传统微生物学和 16S rRNA 基因测序方法分析显示，随盐浓度的升高，微生物多样性呈下降趋势。当 NaCl 浓度达到 11%时，细菌种类与近海海水中的较为相似（大多数海洋细菌是中度嗜盐菌），而古菌的种类则很稀少。然而，当 NaCl 浓度超过 15%时，盐红菌属（*Halorubrum*）、需盐小杆菌属（*Halobacterium*）（图 4-5C）、盐球菌属（*Halococcus*）（图 4-5D）和盐几何形菌属（*Halogeometricum*）等嗜盐古菌则变为优势菌种。

极端嗜盐古菌属于需盐小杆菌科（Halobacteriaceae），目前已被分离鉴定的有 42 属，大部分类型都可在海水演化的各类高盐极端环境中被发现。嗜盐古菌的革兰氏染色结果显示其具阴性菌的特征，有的种类含有非常大的质粒，DNA 含量可占基因组的 30%。它们是化能异养菌，常常利用氨基酸或有机酸作为能量来源。极端嗜盐古菌要承受如此大的胞外 Na^+浓度，需要把大量的 K^+注入细胞内，以维持胞内高渗透压，防止细胞脱水。如果胞外没有如此高浓度的 Na^+，细胞就会崩解，这可能是因为 Na^+能稳定细胞壁中大量带负电的酸性氨基酸。

盐沼需盐小杆菌（*Halobacterium salinarum*）和其他一些嗜盐古菌的细胞膜可以呈现红色与紫色两种区段。红膜区含有防止细胞受光化学损伤的类胡萝卜素，以及用作氧化磷酸化呼吸链载体的细胞色素和黄素蛋白等，而在膜上呈斑片状的紫膜区含有一种细菌视紫红质（bacteriorhodopsin），它能吸收光能进行独特的光合磷酸化来合成 ATP。之所以称其为细菌视紫红质，是因为它的结构与动物眼中的视紫红质色素（rhodopsin pigment）非常相似。

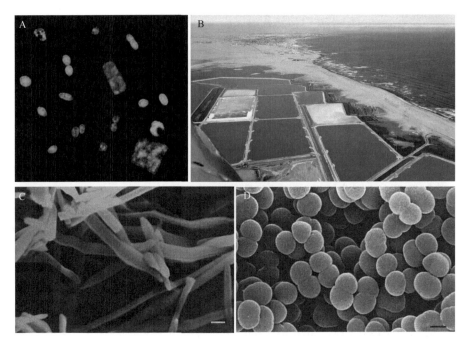

图 4-5　极端嗜盐古菌

A. 取自澳大利亚盐田样品的荧光显微染色照片，细胞形状包含球形、杆状和立方形；B. 具有极度高盐和矿物含量的太阳能蒸发池（Willey et al.，2020）；C. 盐沼需盐小杆菌（*Halobacterium salinarum*），培养时间短时呈长杆状，扫描电镜照片，比例尺=1 μm；D. 鳕盐球菌（*Halococcus morrhuae*），扫描电镜照片，比例尺=1 μm（Prescott et al.，2002）

嗜盐菌在高盐浓度、低氧分压的光照条件下生长时，可在细胞膜上形成一种特殊的、呈六边形格子状的紫色斑，这种紫色斑膜又称为紫膜（purple membrane）。紫膜的颜色是由膜上的细菌视紫红质决定的。紫膜由 75%的蛋白质（即细菌视紫红质）和 25%的脂质组成，它的总面积可以覆盖细胞膜表面的一半左右，其所含的蛋白质完全相同，分子质量大约为 26 kDa，是一条含有 248 个氨基酸的多肽单链。

细菌视紫红质是一种与视黄醛（retinal）结合形成的色素蛋白，视黄醛负责吸收光，产生质子动力（proton motive force）来合成 ATP。视黄醛所吸收的光能并非用来进行化学合成，而是为质子泵提供电势梯度，以激活 ATP 的产生，进而为 Na^+ 泵和 K^+ 泵提供能量，起到排盐作用；或在营养缺乏时提供低水平代谢所需的能量。盐沼需盐小杆菌也含有其他类型的视紫红质。嗜盐菌视紫红质（halorhodopsin）能利用光能将 Cl^- 转入细胞来平衡 K^+ 的转运。另外，两种视紫红质分子作为光感受器，影响鞭毛旋转，成为其具有趋光性的结构基础。嗜盐光合古菌可通过两条产能途径获取能量，一条是有氧条件下的氧化磷酸化途径，另一条是有光存在的独特的光合磷酸化途径。实验表明，在波长为 550～600 nm 的光照下，其合成 ATP 的速率最高，而这一波长范围恰与细菌视紫红质的吸收光谱一致。嗜盐菌的鞭毛受趋光性与菌体浮力的双重调节，有助于其处于良好的生长条件中。嗜盐菌紫膜光合磷酸化功能的发现有重要的理论与实践意义，既是研究化学渗透的一个理想的实验模型，也为人类利用太阳能及海水淡化等生产实践活动带来极大的推动力。

近几年的研究表明，在海洋变形菌门和拟杆菌门的细菌中，有些种类可合成可吸收光能的色素蛋白,其功能与细菌视紫红质非常相似,称为变形菌视紫红质(proteorhodopsin)。目前发现海洋真光层中含变形菌视紫红质的细菌数量非常丰富,可占微生物总量的 13% 之多,因此变形菌视紫红质介导的新型光合作用很可能在海洋生态系统的物质和能量循环中占有不可忽视的地位。

4.2.6　Marine Group Ⅱ

Marine Group Ⅱ (MG-Ⅱ) 是海洋中的主要浮游古菌类群之一,代表热原体纲 (Thermoplasmata) 中的一个目 (*Ca.* Poseidoniales)。它是海洋中的特有类群,广泛分布于全球表层海水中,几乎不存在于沉积物中。MG-Ⅱ喜好温暖和相对高营养的环境,因此其丰度呈现"近海高、远海低""表层高、深层低"的特点。在富营养的近海环境中,每升海水中的 MG-Ⅱ16S rRNA 基因拷贝数可高达 $10^8 \sim 10^9$ 个,在微生物总量中的占比可超过 60%。根据 16S rRNA 基因序列分析,可将 MG-Ⅱ分为 MG-ⅡA、MG-ⅡB 和 MG-ⅡC 三个亚类,其中 MG-ⅡA 和 MG-ⅡB 亚类的丰度与多样性远高于 MG-ⅡC 亚类。MG-ⅡA 主要存在于表层海洋,而 MG-ⅡB 在全水柱均有分布,但多位于真光层以下水体。MG-ⅡA 和 MG-ⅡB 的丰度还表现出不同的季节变化规律,如在地中海表层海水中,二者分别在夏季和冬季占据优势地位。

目前尚没有 MG-Ⅱ的纯培养菌株,因此对其功能的描述大多依赖于分子生态学的方法。2012 年,Iverson 等从近海表层水的宏基因组数据中拼装出第一个完整的 MG-Ⅱ全基因组序列(2.06 Mb),发现其拥有视紫红质编码基因,以及蛋白质和脂质降解相关基因,因此推测 MG-Ⅱ营光能异养生活。然而,在从深海中获得的 MG-Ⅱ基因组中并未发现视紫红质基因。MG-Ⅱ编码的蛋白质还含有许多黏附结构域,Ⅱ型/Ⅳ分泌系统(将黏附蛋白运输到细胞表面)的发现使得人们推测 MG-Ⅱ更喜好营颗粒附着生活。许多研究也发现 MG-Ⅱ主要附着在颗粒物上,而并非自由生活。

MG-ⅡA 和 MG-ⅡB 的基因组也具有诸多差异,例如,前者的基因组显著大于后者,具有更强的碳水化合物代谢能力和运动能力,表明 MG-ⅡA 能够更好地适应高有机质环境,为其在海表和夏季占据优势提供了遗传基础。相比之下,MG-ⅡB 在氨基酸的代谢能力上更具优势,并具有与硫酸盐和硝酸盐还原相关的基因,可能有助于该类群适应氧气相对匮乏的环境。另外,MG-ⅡB 还拥有一些在 MG-ⅡA 中罕见的琼脂和几丁质等大分子有机质降解基因,表明其具有更强的利用难降解有机质的潜能,可能在深海的碳循环过程中发挥一定作用。

与 MG-Ⅱ相比,同属于广古菌门的 Marine Group Ⅲ(MG-Ⅲ)和 Marine Group Ⅳ (MG-Ⅳ)在海洋中的丰度则相对较低,且它们主要生活在深层海洋中。MG-Ⅲ最早是在东北太平洋深层水中发现的,而 MG-Ⅳ最先在南极海域发现,主要存在于深层水中。目前,国际上有关这两个类群的生态特性的报道较少。基于基因组的分析结果显示,MG-Ⅲ可能是一种兼性厌氧菌,具有降解糖类和脂类化合物的潜能。表层与深层海水中的 MG-Ⅲ的代谢特性具有明显区别,前者具有光裂合酶和视紫红质编码基因,营光能异养生活。除上述类群外,广古菌门中还含有许多目前尚未被培养的类群,包括

Hadesarchaea 和 Thermoprofundales 等，这些类群广泛存在于海洋沉积物中，认识其生态功能对理解生物地球化学循环有着十分重要的意义。

4.3 泉 古 菌 门

尽管泉古菌门在系统发生上与前面提到的广古菌门截然不同，但它们中的许多种类呈现出与广古菌门相似的生理特征，包括极端嗜热特性。目前，所有的可培养泉古菌均为嗜热或超嗜热物种，许多还具有嗜酸特性。大多数泉古菌门中的可培养菌是从陆地温泉中发现的，也有一些种类发现自海底热液喷口。泉古菌门可利用的电子供体和电子受体的范围很广，营化能自养或者营化能异养生活，大多数是专性厌氧菌。

随着分子生态学技术的发展，一些与泉古菌亲缘关系较近的类群被发现在海水中广泛存在，并将其称为中温泉古菌（mesophlic Crenarchaeota），该发现使人们一度认为泉古菌并非只生存于高温环境中。然而，综合进化和代谢分析的结果，这些中温泉古菌后来被独立分为一个新的门——奇古菌门（详见 4.4 节）。而目前已知的泉古菌包括热变形菌目（Thermoproteales）、脱硫古球菌目（Desulfurococcales）和硫化叶菌目（Sulfolobales）三个目，其中脱硫古球菌目多分布于海底热液环境，这里将对该目进行重点介绍。

脱硫古球菌目属于超嗜热菌（hyperthermophile），最适生长温度为 85～106℃。从浅海和深海热液区分离到的若干菌种都属于脱硫古球菌目。其标准属即脱硫古球菌属（*Desulfurococcus*）属于专性厌氧球菌，其产能反应式为

$$H_2+S \rightarrow H_2S$$

脱硫古球菌目的热网菌属（*Pyrodictium*）种类细胞呈蝶状，凭借极细的空心导管（hollow tubule）与附着在硫晶体上的类菌丝体层（mycelium-like layer）相连。大多数热网菌属的种类是化能自养型，通过氢的氧化和硫的还原获取能量。但是，深海热网菌（*P. abyssi*）是异养型，能将多肽发酵成 CO_2、H_2 和脂肪酸。

该目火叶菌属中的延胡索酸火叶菌（*Pyrolobus fumarii*）是已知的生长温度最高的生物（113℃）之一（目前已知古菌的最高生长温度是 121℃），被发现于热液喷口处的黑烟囱壁上。其细胞呈有裂叶的球形（lobed cocci），细胞壁由蛋白质组成，属于兼性厌氧、专性化能自养菌，在极端环境下，该类群很可能是初级生产力的重要来源。其反应式如下。

$$4H_2+NO_3^-+H^+ \rightarrow NH_4^+ +2H_2O+OH^- \qquad (a)$$
$$5H_2+S_2O_3^{2-} \rightarrow 2H_2S+3H_2O+2e^+ \qquad (b)$$

或者

$$2H_2+O_2 \rightarrow 2H_2O \qquad (c)$$

该目的粒状火球古菌属（*Ignicoccus*）为氢氧化硫还原型化能自养菌，有着与其他古菌不同的结构。它具有外膜，像一个疏松的囊袋（loose sac）包围在细胞周围，将很大的周质空间围在里面，周质空间中还含有负责转运的囊泡。后来还发现该属的一种菌，其表面被另一种与之共生的、极小的球形古菌所覆盖（图 4-6）。

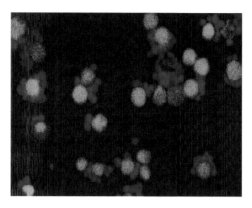

图 4-6　粒状火球古菌属（*Ignicoccus*）和骑行纳米古菌（*Nanoarchaeum equitans*）的电镜
照片（Willey et al.，2020）

绿色较大细胞为粒状火球古菌属，附着其上的红色细胞为骑行纳米古菌

热棒菌属（*Pyrobaculum*）所属物种有着各种各样的营养方式。有些种类将硫的还原作用与有机物的氧化作用相偶联进行厌氧呼吸，而其他种类则是化能自养型，其反应式如下。

$$H_2+NO_3^- \longrightarrow NO_2^-+H_2O \tag{a}$$

或者

$$H_2+2Fe^{3+} \longrightarrow 2Fe^{2+}+2H^+ \tag{b}$$

海生葡萄嗜热菌（*Staphylothermus marinus*）能形成球菌的聚集体（aggregate of cocci），是化能异养菌，和深海热网菌一样，能将多肽发酵为 CO_2、H_2 和脂肪酸。它广泛分布于浅海和深海热液系统中，是有机物的主要分解者。它也是已知古菌中细胞最大的成员，虽然正常状况下其直径仅有 1 μm，但在高营养浓度下可达到 15 μm。

4.4　奇 古 菌 门

早期一直认为海洋古菌只生存于海洋极端生境中。1992 年，DeLong 和 Fuhrman 等通过 16S rRNA 基因分析，发现常规海水中也有古菌分布，并将两个新发现的分支命名为 MG-Ⅰ和 MG-Ⅱ。MG-Ⅰ在进化上是嗜热泉古菌的姐妹分支，因此最开始将其称为中温泉古菌。随后，一些与 MG-Ⅰ进化相近的分支，如 SAGMCG-1（South African gold mine Crenarchaeotic group 1）、FFS（Finnish forest soil Crenarchaeota）、ALOHA 和 pSL12 等相继被发现。起初人们认为这些中温泉古菌是由嗜热泉古菌进化而来的，然而在 2008 年，Brochier-Armanet 等通过核糖体小亚基和大亚基联合基因的进化分析及比较基因组学分析发现，中温泉古菌与广古菌门的亲缘关系更为相近，并且其发生要早于嗜热泉古菌与广古菌的分化。同时，考虑到中温泉古菌的多样性与嗜热泉古菌和广古菌相当，他们建议将这些中温泉古菌划分为一个新的门类——奇古菌门。这一名称随即得到了科研工作者的广泛接受与使用。然而，在最新提出的分类体系中（Silva rRNA 数据库），奇古菌门被重新划归为泉古菌门下的一个纲（Nitrososphaeria）。在这一分类系统未被广泛接受的背景下，本书依然沿用"奇古菌门"这一名称进行介绍。

　　奇古菌门在海水、土壤和沉积物等多种生境均有分布，包括 Group Ⅰ.1a、Ⅰ.1a-associated、Ⅰ.1b、Ⅰ.1c、Ⅰ.1d 和 ThAOA（嗜热氨氧化古菌）等多个分支。其中，Ⅰ.1a 和 Ⅰ.1b 在自然界中分布最为广泛，Ⅰ.1a 为海洋环境中的优势古菌类群，其又可分为 α、γ、μ 和 λ 等多个亚类，且不同的亚类栖息在不同的生态环境中。Group Ⅰ.1a-associated、Ⅰ.1b 和 Ⅰ.1c 主要分布于陆地土壤环境，Ⅰ.1c 的分布与 pH 相关，其在酸性土壤中的丰度可占总古菌丰度的 85%。

　　MG-Ⅰ是海洋中丰度最高的古菌类群（图 4-7），属于奇古菌门 Group Ⅰ.1a。MG-Ⅰ在真光层以下海水中所占的比例可高达 39%，是海洋浮游生物中最丰富菌群的代表。海洋中原核生物的总量通常随着深度的增加而减少，表层水体为 $10^5 \sim 10^6$ 个细胞/mL，1000 m 以下为 $10^3 \sim 10^5$ 个细胞/mL。细菌在真光层海水中占主导地位，而在真光层以下，以 MG-Ⅰ为代表的古菌数量逐渐升高至与细菌持平甚至超过细菌数量，这种情况一年四季保持不变。结合细胞密度值和不同深度海水体积的数据进行估计可知，世界上所有海水中共含有大约 1.3×10^{28} 个古菌细胞和 3.1×10^{28} 个细菌细胞。而大约 10^{28} 个细胞，即 20% 的微微型浮游生物（picoplankton）被奇古菌门所占据，这表明它们演化出的独特的生存策略使其能够在整个海洋水体中广泛存在。表层与深层海洋中的 MG-Ⅰ构成明显不同的进化分支，表层以亚硝化侏儒菌属（*Nitrosopumilus*）和 *Ca.* Nitrosopelagicus（属于浅水柱型 A）为优势类群，而深海则被一种未被培养的类群（属于深水柱型 B）所占据。然而，在水深超过 6000 m 的深渊区域，生活在其中的 MG-Ⅰ类群却与表层海水分支的亲缘关系更近。除海水外，MG-Ⅰ也存在于海洋沉积物，包括有氧和缺氧沉积物中，但在有氧环境中的丰度更高，并且沉积物中的 MG-Ⅰ多样性显著高于水体环境。奇古菌门在不同生境中的分布引起了人们对其演化历史的研究，其最早祖先出现在约 21 亿年前的热泉环境，之后演化出可耐受低温的土壤类群。随着海水氧含量的不断增加，奇古菌门由陆地进入海洋，并快速扩张至深海生境。

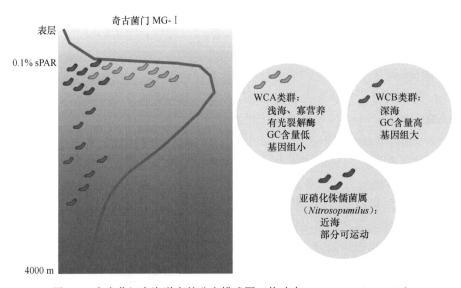

图 4-7　奇古菌门在海洋中的分布模式图（修改自 Santoro et al.，2019）

sPAR，表层光合有效辐射；WCA，Water Column A 类群；WCB，Water Column B 类群

多数奇古菌门类群能介导需氧氨氧化反应（Ⅰ.1c、Ⅰ.1d、ALOHA 和 pSL12 除外）。2005 年，Könneke 等从热带水族馆中分离到首株奇古菌门Ⅰ.1a 类群所属菌株——海洋亚硝化侏儒菌（*Nitrosopumilus maritimus*）SCM1（图 4-8），并发现该菌能在有氧的条件下对氨进行氧化。随后，研究学者从热泉中富集到加尔加亚硝化球菌（*Nitrososphaera gargensis*），并从土壤环境中分离到维也纳亚硝化球菌（*Nitrososphaera viennensis*），它们均具有氨氧化能力且属于Ⅰ.1b。氨氧化反应的关键酶为氨单加氧酶（ammonia monooxygenase），由 AmoA、AmoB 和 AmoC 三个亚基组成。编码 AmoA 亚基的 *amoA* 基因由于具有较高的保守性，是目前应用较为广泛的一种分子标记基因，用来检测环境中的氨氧化古菌（ammonia-oxidizing archaea，AOA）。氨氧化古菌的广泛存在颠覆了以往人们对氨氧化反应仅能由细菌驱动的认知。在深海大洋等氨浓度较低的环境下，氨氧化古菌的丰度和活性甚至高于细菌。除了直接氧化氨，这些氨氧化古菌还能分解尿素和氰酸盐等以获取氨。在奇古菌门介导的氧化氨的过程中，会形成温室气体氧化亚氮（N_2O），从而引发重要的生态效应，但关于 N_2O 产生的代谢机制尚不清楚。一项最新的研究表明，海洋奇古菌门在无氧条件下可自行产氧，用于氨的氧化，且该反应伴随 N_2O 和 N_2 的释放，此结果揭示了奇古菌门在参与氮元素循环中的新功能，并为解释其在厌氧环境中的存在及生命活动提供了重要线索。

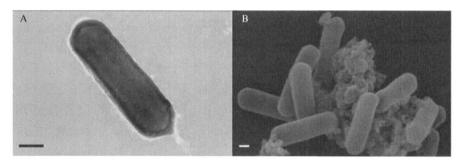

图 4-8　海洋亚硝化侏儒菌（*Nitrosopumilus maritimus*）SCM1 的电镜照片（Könneke et al.，2005）
A. 电镜负染照片，比例尺=0.1 mm；B. 喷镀金/钯薄膜（Au/Pd-sputtered）细胞的扫描电镜照片，比例尺=0.1 mm

海洋奇古菌门将氧化氨所释放的能量用于 CO_2 的固定，因此它们主要营化能自养生活。Ingalls 等（2006）用化合物特异性同位素示踪技术，示踪了有机碳和无机碳可掺入到深海水体古菌脂类中，证实 MG-Ⅰ 是自养菌，其碳源为 CO_2。但也有部分海洋 MG-Ⅰ 菌株能够利用一些小分子有机物，是专性混合营养型（mixotroph），此结果提供了海洋食物网中化能无机营养与有机物同化吸收相耦合的直接证据。MG-Ⅰ 不能合成过氧化氢酶，因此其对小分子有机物（如 α-酮戊二酸等）的利用可能是用于过氧化氢的清除，而并非用于生长。

某些奇古菌门的种属还能与海洋生物共生。共生泉古菌与冷水海绵的一种 *Axinella mexicana* 构成共生关系，其占海绵组织相关菌群的 65%，在 10℃时生长良好。目前发现很多其他的海绵种类与古菌也有共生关系，所以这种共生关系可能普遍存在。海绵中含有非常丰富的天然产物，因此与海绵共生的古菌很可能在生物工程方面有很大的开发和应用前景。越来越多的证据显示，海绵中的许多天然产物实际上是由聚集在组织中的微生物合成的，因此分离与研究这些古菌具有很高的科学和经济价值潜力。

4.5 深 古 菌 门

深古菌门（以前被称为 miscellaneous crenarchaeotal group，MCG）是海洋沉积环境中分布最为广泛的、丰度与活性最高的一类古菌，可占总古菌群落的 90% 以上。早先的研究将 MCG 归类为奇古菌门，而后上海交通大学微生物海洋学研究组通过 rRNA 基因及核心基因组数据分析，认为该类群在系统发育上处于一个较深的位置（与门相当），又因为其主要分布于深层沉积物中，所以将其命名为深古菌门。除分布于各种海洋沉积环境中外，深古菌门在湖水、热泉、地下水和土壤等环境中也有分布。

海水和淡水环境中的深古菌门类群具有显著差异。根据 16S rRNA 基因序列分析，可将深古菌门划分为至少 25 个亚类，不同的亚类呈现出一定的栖息地偏好性，如亚类 1 和 8 喜好海洋环境，而亚类 5 和 11 则主要分布于淡水环境。在不同深度海洋沉积物中，深古菌门类群的分布也有差异，这种差异可能取决于硫化物和有机质的浓度及可用性。

深古菌门目前尚未获得纯培养。通过单细胞测序、大片段质粒构建及宏基因组测序分析发现，深古菌门具有降解蛋白质、碳水化合物、脂肪酸和芳香族化合物的潜力，可将这些复杂化合物发酵为氢气（图 4-9）。然而，部分深古菌门还具有通过还原性乙酰辅酶 A 途径（Wood-Ljungdahl 途径）和卡尔文循环（Calvin cycle）固定 CO_2 的能力。Yu 等（2018）发现添加木质素能显著刺激深古菌门（亚类 8）的生长，在该富集体系中，木质素作为能源，而 CO_2 则作为碳源，表明深古菌门能同时利用无机物和有机物，营混合营养生活。另外，在从澳大利亚煤层气井来源的深古菌门基因组中还发现了与甲基营养型甲烷产生/氧化相关的基因，表明其可参与甲烷代谢。由于以往认为古菌中仅广古菌门所属类群能够代谢甲烷，因此这一发现表明甲烷代谢可能出现在深古菌门和广古菌门

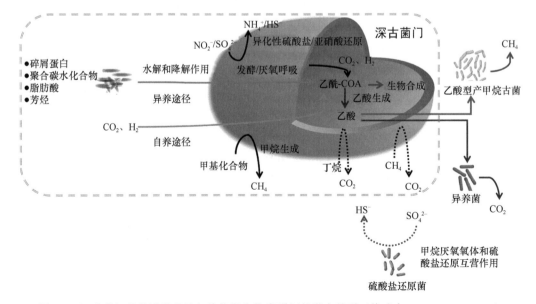

图 4-9 深古菌门的代谢潜能及与其他微生物类群间的潜在关联（修改自 Zhou et al.，2018）

的分化之前。尽管海洋来源的深古菌门中也含有甲烷代谢参与基因，但并未找到甲烷代谢的关键酶——甲基辅酶 M 还原酶的编码基因。值得提及的是，在深古菌门中发现的同型产乙酸（homoacetogenesis）的潜能，首次为古菌具有该代谢能力提供了证据。尽管其主要分布于深部沉积环境，但部分深古菌门类群含有细菌叶绿素和视紫红质编码基因，因此也可能具有光驱动的代谢反应。在氮和硫代谢方面，异化性硝酸盐和硫酸盐还原基因也被发现存在于特定深古菌门类群中，表明它们可能在氮和硫元素的循环中起重要作用。

4.6 初生古菌门

人们利用分子生物学手段在美国黄石公园检测到一类古菌——初生古菌门，目前尚未将其培养出来。Elkins 等（2008）通过对黄石公园黑曜石池中沉积物的厌氧富集得以首次对初生古菌门的细胞进行特征描述，富集得到的古菌细胞呈超薄纤维状形态（图 4-10），将其命名为 "*Ca.* Korarchaeum cryptofilum"。随后的全基因组测序分析表明，其可通过多肽发酵耦合质子还原形成 H_2。该菌嘌呤合成能力和一些辅酶因子的缺失，说明其需要依附于其他微生物。McKay 等（2019）近期从一个初生古菌门物种（*Ca.*

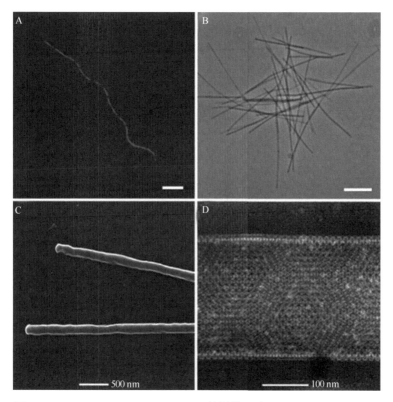

图 4-10 *Ca.* Korarchaeum cryptofilum 的显微照片（Elkins et al.，2008）

A. 荧光原位杂交，比例尺=5 μm；B. 富集后的相差显微照片，比例尺=5 μm；C. 纯化细胞的扫描电镜照片；
D. 负染后的电镜照片

Methanodesulfokores washburnensis）的基因组中发现了负责甲烷生成的关键基因 *mcrA* 以及异化亚硫酸盐还原酶编码基因（*dsrAB*），表明其可能通过甲烷生成和硫还原获取能量。这是首次发现 *mcrA 和 dsrAB* 基因共存于同一物种中，由于 *mcrA* 也可参与甲烷的氧化，因此该类群或许能独立完成厌氧甲烷氧化和亚硫酸盐还原过程。

初生古菌门几乎只生存于高温环境中，包括陆地热泉和海洋热液喷口环境（热液流体、烟囱及沉积物等）。在基于 16S rRNA 基因的系统发育树上，海洋初生古菌门类群与陆源类群形成截然不同的进化分支，该门类群可能最早起源于海洋，之后迁移至陆地环境。

4.7　纳米古菌门

纳米古菌门迄今只有一种，即骑行纳米古菌（*Nanoarchaeum equitans*），是与另一种古菌——粒状火球古菌共生的专性共生菌。纳米古菌的细胞直径约 400 nm，基因组只有 0.48 Mb，是迄今所知的最小生物。该菌极端嗜热，在 100℃条件下依然可以生存。

德国雷根斯堡大学的 Harald Huber 等研究了冰岛区域海底热液喷口处的极端嗜热菌群。他们在硫化物、H_2 和 CO_2 存在的条件下，于 90℃对热液区样品进行厌氧培养（置于特殊的高温发酵罐），进而发现了由粒状火球古菌构成的大的球形菌体，其表面附有很多极小的球菌（图 4-6）。利用荧光显微镜可以观察到这些小球菌含有 DNA，电子显微拍摄显示它们的直径为 400 nm 左右。所有对这些小细胞进行培养的尝试都失败了，甚至使用了粒状火球古菌提取物也未能培养成功。然而，粒状火球古菌的生长率并未因这些小细胞的有无而受到影响，没有它们也照样生长。当 Huber 课题组准备用 16S rRNA 基因方法鉴定这些细胞的时候，获得了令人惊奇的发现——粒状火球古菌的 rRNA 基因能够成功扩增，但对这些小细胞的扩增却失败了。然而，通过 DNA 印迹法（Southern blotting）可以检测出细胞混合液里含有两种 SSU rRNA，随后对小细胞的 rRNA 进行了分离测序。序列分析显示，它与已知的古菌相近，但与现有的泉古菌门、广古菌门和初生古菌门（目前仅知环境样品中的 DNA 序列）都有较大差异。故这些小细胞属于一个新的古菌门，因其体积小而被称为纳米古菌门。其细胞直径（400 nm）和基因组大小（0.48 Mb，大约是大肠杆菌基因组的 1/10）比较接近预期的细胞生命低限。目前，还无法判断纳米古菌是否是生命的"原初（primitive）"形式（即非常类似于那些地球历史早期出现的生命），还是一个"高度进化（highly evolved）"的共生体。后来人们在深海热液喷口和陆地温泉中也发现了类似的序列，表明这些生物体广泛分布于热系统（thermal system）中。骑行纳米古菌的全基因组序列中缺乏与脂质、辅酶、氨基酸和核苷酸合成相关的基础代谢基因，表明该菌为专性共生菌，需从宿主中获得生长所需的基本物质。这种不寻常的微生物对生物工程学来说具有重要意义，也许能够帮助回答生命本质这一根本问题。

后来的研究发现了一系列与纳米古菌门亲缘关系较近的古菌门类，包括 Diapherotrites、小古菌门、谜古菌门、纳盐古菌门，加上纳米古菌门，它们在系统发生上代表一个单系类群，被命名为 DPANN 超门（上述 5 个古菌门的拉丁文名称首字母）。随后又有研究发现包括乌斯古菌门在内的至少 6 个门（表 4-1）也属于 DPANN，进一步扩充了该超门的种群多样性。绝大多数 DPANN 成员具有较小的细胞和基因组,缺乏基础代谢基因,其生长所需的基础大分子物质由与其共生的古菌提供。近年来已获得了多个 DPANN 与其宿主的共培养体系。DPANN 成员在自然环境中广泛分布,包括地下水、淡水、土壤以及海水、海洋沉积物和热液喷口等海洋环境,其在低氧或厌氧环境中丰度更高。以乌斯古菌门为例,该门成员在淡水和海洋环境中均有分布,其不同亚类的生境偏好性具有显著差异,该门的绝大多数类群属于营养缺陷型(auxotroph),无法独立生活,但也存在不依赖于宿主的,可在厌氧环境下独立进行异养和发酵代谢的亚类,表明其具有极高的物种多样性和多样化的生存策略。

4.8 阿斯加德古菌

2015 年,Spang 等在位于北大西洋的 Loki's Castle 热液喷口附近的沉积物中首次组装出深海古菌类群/海洋底栖类群 B(Deep-Sea Archaea Group/Marine Benthic Group B)的基因组,进化基因组学分析显示其可能代表一个古菌新门,将其命名为洛基古菌门。洛基古菌门是当时发现的与真核生物亲缘关系最近的类群,被认为与真核生物拥有一个共同的祖先。相应地,在其基因组中找到了多种真核特征蛋白(eukaryotic signature protein),包括形成细胞骨架的肌动蛋白、鸟苷三磷酸酶(GTPase)和内体分拣转运复合体(endosomal sorting complex required for transport,ESCRT)等,表明在真核生物进化之前的原始细胞(很可能为阿斯加德古菌的祖先)中就具备了形成细胞骨架和进行吞噬的潜力,很可能为其捕获线粒体祖细胞(progenitor)提供了基础。

随后,一些与洛基古菌门亲缘关系较近的古菌门类相继被发现,包括索尔古菌门、奥丁古菌门和海姆达尔古菌门。2017 年,Zaremba-Niedzwiedzka 等将上述 4 个门类归为一个超门,称为阿斯加德古菌(Asgard,源于北欧神话),并从其中鉴定出了更为多样的真核特征蛋白。在这之后,阿斯加德古菌的成员得到了进一步扩展,研究发现其在全球范围内广泛分布,但更多地生存于无氧的沉积物(河流、热泉、河口、红树林、海洋、热液喷口等)和土壤中。与此同时,新的阿斯加德古菌成员仍不断被发现。例如,Liu 等(2021)从不同环境中发现了 6 个新的阿斯加德古菌门类,并将其中一个命名为悟空古菌门(Wukongarchaeota)。在此基础上,Xie 等(2022)从热泉和热液沉积物中获得了 3 个新的阿斯加德古菌门,分别命名为涅尔德古菌门(Njordarchaeota)、西格恩古菌门(Sigynarchaeota)和弗雷古菌门(Freyrarchaeota)。

日本科学家历时 12 年培养,从深海沉积物中获得了迄今唯一一株阿斯加德古菌 Ca. Prometheoarchaeum syntrophicum MK-D1 培养物(图 4-11)。该菌株呈小球状、厌氧,与硫酸盐还原细菌或产甲烷古菌一起营专性共生生活。该菌可通过降解氨基酸产生 H_2/甲酸供其共生细菌使用,而后者为其提供维生素和氨基酸等,以此维系共生生活。根据基因组预测,多数阿斯加德古菌还具有降解蛋白质、糖类和烃类等有机质的能力,营异养生活,而个别类群还具有利用有机质和无机碳的混合营养代谢模式。与之不同的是,上述提及的悟空古菌门则具有依赖于氢氧化的化能自养代谢模式。

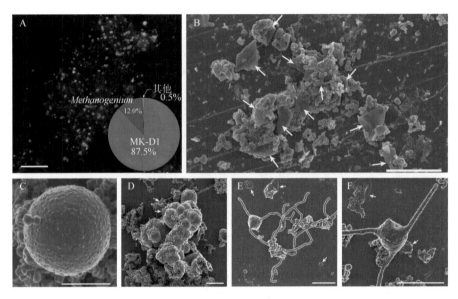

图 4-11 *Ca.* Prometheoarchaeum syntrophicum MK-D1 及其共生菌的显微照片

（Imachi et al.，2020）

A. 荧光染色照片（比例尺=10 μm）：MK-D1 为绿色（荧光原位杂交），其他菌为紫色（DAPI 染色），饼状图示基于 SSU rRNA 基因测序的微生物多样性分析；B. MK-D1 和共生菌产甲烷菌（*Methanogenium* sp.）共培养物的扫描电镜图像，箭头指示 *Methanogenium* sp.细胞（比例尺=5 μm）；C. MK-D1 扫描电镜图像（比例尺=500 nm）；D. 覆盖类胞外聚合物的 MK-D1 细胞聚集体的扫描电镜图像（比例尺=1 μm）；E、F. 扫描电镜示 MK-D1 细胞的长分枝状（E）及杆状（F）膜质突起（比例尺=1 μm）

阿斯加德古菌纯培养菌株的获得，为推测古菌与真核生物间的进化关系奠定了重要基础。菌株 MK-D1 虽然不具备复杂的细胞内部结构，但却具有特殊的胞外突起状结构，可能有助于其缠绕和捕获变形菌线粒体前体。这一发现为真核生物起源于阿斯加德古菌提供了外在形态学证据的支持。随着阿斯加德古菌新类群的发现，古菌和真核生物间的进化关系将会变得更加明晰。

4.9　古菌细胞膜脂及其应用

细菌细胞膜是由脂肪酸与甘油通过酯键相连而形成的磷脂双分子层结构，而在古菌中，甘油分子通过醚键与不含活性官能团的碳长链分子结合，构成单分子层膜。单分子层结构提高了古菌细胞膜的坚固程度，使古菌能够生存于高温和高盐等恶劣的外界条件中。古菌的醚脂类化合物结构十分稳定，能够在各种恶劣的自然环境中不被降解，因此已被用作研究古菌多样性、代谢机制及演化的生物标志物。

古菌的特定生物标志物是含有异戊二烯侧链的醚脂，包括核心膜脂、甘油二醚和甘油四醚类物质。不同的古菌类群具有不同的脂质组成，其中甘油二烷基甘油四醚（glycerol dialkyl glycerol tetraether，GDGT）是一类常用的生物标志物。GDGT 可分为类异戊二烯 GDGT 和支链 GDGT。类异戊二烯 GDGT 根据其分子中的环戊烷数量，又可分为 GDGT-0～GDGT-8 等。GDGT-0 是可培养古菌（除嗜盐古菌）中最常见的 GDGT，常被发现于甲烷氧化区域，可能与嗜甲烷古菌相关。GDGT-1～GDGT-4 主要来源于嗜热泉古菌、嗜热广古菌（热原体目）及奇古菌门。GDGT-5～GDGT-8 是热泉等高温环境中的特有脂质，迄今为止，这些 GDGT 分子尚未在中温的古菌培养物和环境样品中被发现。泉古菌醇（crenarchaeol）及其同分异构体是一类特殊的 GDGT，其分子中含有 4 个环戊烷结构及 1 个环己烷结构（图 4-12）。泉古菌醇是奇古菌门类群特有的脂质，它的多元环结构能够将细胞膜变得更加松弛，从而使这些古菌能够适应普遍低温的海洋环境。

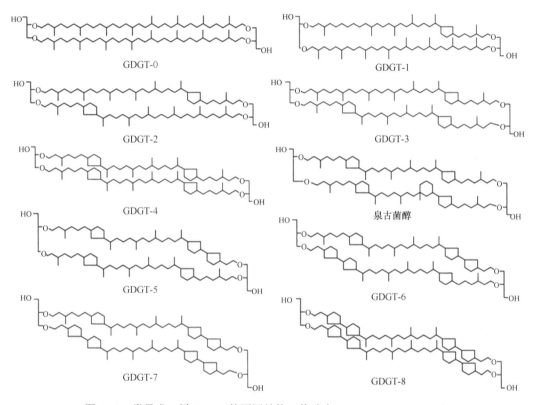

图 4-12　类异戊二烯 GDGT 的不同结构（修改自 Schouten et al.，2013）

　　虽然类异戊二烯 GDGT 是古菌的特有膜脂，但是很少有 GDGT 分子只存在于某一纲水平的类群中。泉古菌醇是奇古菌门类群的特有脂质，最初人们认为其主要来源于泉古菌 MG-Ⅰ并因此得名，但现在 MG-Ⅰ已被归为奇古菌门。为保持一致性，目前仍沿用泉古菌醇这一名称。多数研究报道发现，泉古菌醇与奇古菌的丰度具有显著的正相关性，表明泉古菌醇可作为奇古菌类群的标志物，用于表征奇古菌类群的生态分布。活着的微生物具有完整的极性膜脂，在细胞死亡后，膜脂的极性头基很快被降解，其核心脂部分积累到沉积物中，成为古菌分子化石。因此探讨完整极性膜脂的分布特征能够指示活着的微生物类群。

　　研究表明，类异戊二烯 GDGT 分子中的环结构数目和温度相关，海洋表层沉积物中的类异戊二烯 GDGT 分子中的环戊烷结构的数量与表层海水温度有很好的线性相关性，因此科学家提出了 TEX_{86} 指标：$(GDGT-2+GDGT-3+cren')/(GDGT-1+GDGT-2+GDGT-3+cren')$（cren′为泉古菌醇的同分异构体），并将其用于年平均表层海水温度的定量描述及古温度的重建。

不同于类异戊二烯 GDGT,支链 GDGT 并非以类异戊二烯为碳骨架结构,它的碳链中具有数目不等的甲基支链和数目更少的环戊烷结构(0～2 个),而且没有环己烷结构(图 4-13)。核磁共振波谱结果表明,支链 GDGT 中的甘油分子与古菌类异戊二烯 GDGT 相比,具有相反的立体化学结构,与细菌来源的膜脂质结构相近,因此推测细菌可能是支链 GDGT 的主要来源。虽然支链 GDGT 能在海洋环境中合成,但多数研究发现支链 GDGT 广泛分布于陆生环境中,包括土壤、泥炭、湖水和湖泊沉积物等。多种证据显示,产支链 GDGT 的微生物可能属于营异养生活的细菌酸杆菌门类群,在酸杆菌门细菌培养物中也检测到了支链 GDGT 的骨架结构化合物。然而,环境样品中支链 GDGT 的结构多样性远比在细菌培养物中发现的要多,表明支链 GDGT 可能还有其他来源。

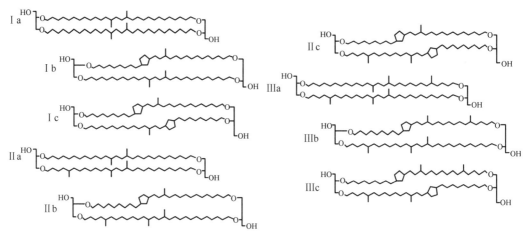

图 4-13 支链 GDGT 的不同结构(修改自 Schouten et al.,2013)

土壤侵蚀和河流搬运等过程使近海环境受到陆地系统的极大影响,探讨近海沉积物中有机物的来源已成为海洋有机化学家关注的焦点之一。根据支链 GDGT 主要来源于陆地环境的特性,科学家建立了 BIT 指标[(Ⅰa+Ⅱa+Ⅲa)/(Ⅰa+Ⅱa+Ⅲa+泉古菌醇)](图 4-13),根据近海沉积物中不同结构的支链 GDGT 和泉古菌醇的丰度来指示土壤有机物向海洋系统的输入情况。当 BIT 等于 1 时,表明沉积物全部来自土壤有机物;而当 BIT 等于 0 时,表明有机物全部来自海洋。

主要参考文献

张晓华, 等. 2016. 海洋微生物学. 2 版. 北京: 科学出版社.

Baker BJ, De Anda V, Seitz KW, Dombrowski N, Santoro AE, Lloyd KG. 2020. Diversity, ecology and evolution of Archaea. Nat Microbiol, 5: 887-900.

Bhattarai S, Cassarini C, Lens PNL. 2019. Physiology and distribution of archaeal methanotrophs that couple anaerobic oxidation of methane with sulfate reduction. Microbiol Mol Biol Rev, 83: e00074-18.

Brochier-Armanet C, Boussau B, Gribaldo S, Forterre P. 2008. Mesophilic Crenarchaeota: proposal for a third archaeal phylum, the Thaumarchaeota. Nat Rev Microbiol, 6: 245-252.

DeLong EF. 1990. Resolving a methane mystery. Nature, 407: 577-579.

DeLong EF. 1992. Archaea in coastal marine environments. Proc Natl Acad Sci USA, 89: 5685-5689.

Delong EF. 2000. Resolving a methane mystery. Nature, 407: 577-579.

Elkins JG, Podar M, Graham DE, Makarova KS, Wolf Y, Randau L, Hedlund BP, Brochier-Armanet C, Kunun V, Anderson I, Lapidus A, Goltsman E, Barry K, Koonin EV, Hugenholtz P, Kyroides N, Wanner G, Richardson P, Keller M, Stetter Ko. 2008. A korarchaeal genome reveals insights into the evolution of the Archaea. Proc Natl Acad Sci USA, 105: 8102-8107.

Fuhrman JA, McCallum K, Davis AA. 1992. Novel major archaebacterial group from marine plankton. Nature, 356: 148-149.

Guy L, Ettema TJG. 2011. The archaeal 'TACK' superphylum and the origin of eukaryotes. Trend Microbiol, 19: 580-587.

Hinrichs KU, Hayes JM, Sylva SP, Brewer PG, DeLong EF. 1999. Methane-consuming archaebacteria in marine sediments. Nature, 398: 802-805.

Huber H, Hohn MJ, Rachel R, Fuchs T, Wimmer VC, Stetter KO. 2002. A new phylum of Archaea represented by a nanosized hyperthermophilic symbiont. Nature, 417: 63-67.

Imachi H, Nobu MK, Nakahara N, Morono Y, Ogawara M, Takaki Y, Takano Y, Uematsu K, Ikuta T, Ito M, Matsui Y, Miyazaki M, Murata K, Saito Y, Sakai S, Song C, Tasumi E, Yamanaka Y, Yamaguchi T, Kamagata Y, Tamaki H, Takai K. 2020. Isolation of an archaeon at the prokaryote–eukaryote interface. Nature, 577: 519-525.

Ingalls AE, Shah SR, Hansman RL, Aluwihare LI, Santos GM, Druffel ERM, Pearson A. 2006. Quantifying archaeal community autotrophy in the mesopelagic ocean using natural radiocarbon. Proc Natl Acad Sci USA, 103: 6442-6447.

Iverson V, Morris RM, Frazar CD, Berthiaume CT, Morales RL, Armbrust EV. 2012. Untangling genomes from metagenomes: revealing an uncultured class of marine Euryarchaeota. Science, 335: 587-590.

Karner MB, DeLong EF, Karl DM. 2001. Archaeal dominance in the mesopelagic zone of the Pacific Ocean. Nature, 409: 507-510.

Knittel K, Boetius A. 2009. Anaerobic oxidation of methane: progress with an unknown process. Ann Rev Microbiol, 63: 311-334.

Könneke M, Bernhard AE, de la Torre JR, Walker CB, Waterbury JB, Stahl DA. 2005. Isolation of an autotrophic ammonia-oxidizing marine archaeon. Nature, 437: 543-546.

Kraft B, Jehmlich N, Larsen M, Bristow LA, Könneke M, Thamdrup B, Canfield DE. 2022. Oxygen and nitrogen production by an ammonia-oxidizing archaeon. Science, 375: 97-100.

Liu J, Yu S, Zhao M, He B, Zhang XH. 2014. Shifts in archaeaplankton community structure along ecological gradients of Pearl Estuary. FEMS Microbiol Ecol, 90: 424-435.

Liu Y, Makarova KS, Huang WC, Wolf YI, Nikolskaya AN, Zhang X, Cai M, Zhang CJ, Xu W, Luo Z, Cheng L, Koonin EV, Li M. 2021. Expanded diversity of Asgard archaea and their relationships with eukaryotes. Nature, 593: 553-557.

Liu YC, Whitman WB. 2008. Metabolic, phylogenetic, and ecological diversity of the methanogenic archaea. Ann N Y Acad Sci, 1125: 171-189.

Lloyd KG, Schreiber L, Petersen DG, Kjeldsen KU, Lever MA, Steen AD, Stepanauskas R, Richter M, Kleindienst S, Lenk S, Schramm A, Jørgensen BB. 2013. Predominant archaea in marine sediments degrade detrital proteins. Nature, 496: 215-218.

McKay LJ, Dlakić M, Fields MW, Delmont TO, Eren AM, Jay ZJ, Klingelsmith KB, Rusch DB, Inskeep WP. 2019. Co-occurring genomic capacity for anaerobic methane and dissimilatory sulfur metabolisms discovered in the Korarchaeota. Nat Microbiol, 4: 614-622.

Meng J, Xu J, Qin D, He Y, Xiao X, Wang F. 2014. Genetic and functional properties of uncultivated MCG archaea assessed by metagenome and gene expression analyses. ISME J, 8: 650-659.

Michaelis W, Seifert R, Nauhaus K, Treude T, Thiel V, Blumenberg M, Knittel K, Gieseke A, Peterknecht K, Pape T, Boetius A, Amann R, Jørgensen BB, Widdel F, Peckmann J, Pimenov NV, Gulin MB. 2002. Microbial reefs in the Black Sea fueled by anaerobic oxidation of methane. Science, 297: 1013-1015.

Munn CB. 2011. Marine Microbiology: Ecology and Applications. 2nd ed. New York: Garland Science,

Taylor & Francis Group.

Munn CB. 2020. Marine Microbiology: Ecology and Applications. 3rd ed. London: CRC Press, Taylor & Francis Group.

Orsi WD, Smith JM, Wilcox HM, Swalwell JE, Carini P, Worden AZ, Santoro AE. 2015. Ecophysiology of uncultivated marine euryarchaea is linked to particulate organic matter. ISME J, 9: 1747-1763.

Prescott LM, Harley JP, Klein DA. 2002. Microbiology. 5th ed. Ohio: McGraw-Hill Companies, Inc.

Qin W, Amin SA, Martens-Habbena W, Walker CB, Urakawa H, Devol AH, Ingalls AE, Moffett JW, Armbrust EV, Stahl DA. 2014. Marine ammonia-oxidizing archaeal isolates display obligate mixotrophy and wide ecotypic variation. Proc Natl Acad Sci USA, 111: 12504-12509.

Rinke C, Rubino F, Messer LF, Youssef N, Parks DH, Chuvochina M, Brown M, Jeffries T, Tyson GW, Seymour JR, Hugenholtz P. 2019. A phylogenomic and ecological analysis of the globally abundant Marine Group II archaea (*Ca.* Poseidoniales ord. nov.). ISME J, 13: 663-675.

Rinke C, Schwientek P, Sczyrba A, Ivanova NN, Anderson IJ, Cheng JF, Darling A, Malfatti S, Swan BK, Gies EA, Dodsworth JA, Hedlund BP, Tsiamis G, Sievert SM, Liu WT, Eisen JA, Hallam SJ, Kyrpides NC, Stepanauskas R, Rubin EM, Hugenholtz P, Woyke T. 2013. Insights into the phylogeny and coding potential of microbial dark matter. Nature, 499: 431-437.

Santoro AE, Richter RA, Dupont CL. 2019. Planktonic marine archaea. Annu Rev Mar Sci, 11: 131-158.

Schleper C, Jurgens G, Jonuscheit M. 2005. Genomic studies of uncultivated archaea. Nat Rev Microbiol, 3: 479-488.

Schouten S, Hopmans EC, Damsté JSS. 2013. The organic geochemistry of glycerol dialkyl glycerol tetraether lipids: a review. Org Geochem, 54: 19-61.

Spang A, Saw JH, Jørgensen SL, Zaremba-Niedzwiedzka K, Martijn J, Lind AE, van Eijk R, Schleper C, Guy L, Ettema TJG. 2015. Complex archaea that bridge the gap between prokaryotes and eukaryotes. Nature, 521: 173-179.

Tahon G, Geesink P, Ettema TJG. 2021. Expanding archaeal diversity and phylogeny: past, present, and future. Annu RevMicrobiol, 75: 17.1-17.23.

Talaro KP. 2005. Foundation in Microbiology. 5th ed. New York: The McGraw-Hill Companies, Inc.

Willey JM, Sandman KM, Wood DH. 2020. Prescott's Microbiology. 11th ed. New York: McGraw-Hill Education.

Xie R, Wang Y, Huang D, Hou J, Li L, Hu H, Zhao X, Wang F. 2022. Expanding Asgard members in the domain of Archaea sheds new light on the origin of eukaryotes. Sci China Life Sci, 65: 818-829.

Yang Y, Zhang C, Lenton TM, Yan X, Zhu M, Zhou M, Tao J, Phelps TJ, Cao Z. 2021. The evolution pathway of ammonia-oxidizing archaea shaped by major geological events. Mol Biol Evol, 38: 3637-3648.

Yu T, Wu W, Liang W, Lever MA, Hinrichs KU, Wang F. 2018. Growth of sedimentary Bathyarchaeota on lignin as an energy source. Proc Natl Acad Sci, 115: 6022-6027.

Zaremba-Niedzwiedzka K, Caceres EF, Saw JH, Bäckström D, Juzokaite L, Vancaester E, Seitz KW, Anantharaman K, Starnawski P, Kjeldsen KU, Stott MB, Nunoura T, Banfield JF, Schramm A, Baker BJ, Spang A, Ettema TJG. 2017. Asgard archaea illuminate the origin of eukaryotic cellular complexity. Nature, 541: 353-358.

Zhou Z, Pan J, Wang F, Gu JD, Li M. 2018. Bathyarchaeota: globally distributed metabolic generalists in anoxic environments. FEMS Microbiol Rev, 42: 639-655.

复习思考题

1. 描述古菌分类系统并列举几种主要的古菌类群及其特征。
2. 简述极端嗜热古菌的主要类群及特征。
3. 奇古菌门类群的起源及代谢特征。

4. 奇古菌门 MG-I 类群的生态分布和生物地球化学作用。

5. 海洋中未培养广古菌门的主要类群及其生态学功能。

6. 根据产甲烷古菌和厌氧甲烷氧化古菌的代谢特点，谈谈古菌参与的碳循环途径。

7. 从古菌的形态特点及代谢机制说明其是怎样适应极端环境的。

8. 目前学术界一般认为，地球上最早出现的生命形式是包括细菌和古菌在内的原核生物，之后才进化出细胞结构更为复杂的真核生物，但对于"真核生物是由古菌进化而来还是与古菌拥有一个共同祖先"这一问题还存在争议，从生理学和遗传学的角度，谈一谈你的看法。

（刘吉文）

本章彩图请扫二维码

第 5 章　海洋真核微生物

海洋真核微生物主要包括海洋原生生物（protist）和海洋真菌（fungi）。原生生物最初被用来代表那些不适于归类到植物、动物或真菌界的简单真核生物。它被划分为两大分支，即原生动物（protozoa）和原生植物（prophyta）或称真核微藻（microalgae），二者分别代表动物和植物的原始形式。

5.1　真核微生物概述

5.1.1　真核微生物的主要类群

传统上，原生动物和原生植物分别是动物学家与植物学家的研究对象，而且发展出了各自的分类方案。然而，不管利用超微结构还是分子生物学对其进行研究（主要根据 SSU rRNA 基因序列），结果都显示藻类和原生动物在系统发育上不是单源的。由此可见，不同的藻类谱系（algal lineage）在几个不同的时机独立进化而来，并通过内共生作用各自获得了叶绿体。此外，还有一些原生生物兼具植物与动物的典型营养特征，因此原生动物和微藻不能用作正式的分类术语，但是用其称呼那些带有相同生物学和生化特征的生物体还是可行的。近年来，许多生物学家已经开始应用分子生物学方法重新建立原生生物的分类方案（图 5-1），由于目前仍然处于探讨阶段，传统的分类方法仍在沿用。

在本章并没有给出一个正式的分类方法，仅对在海洋环境中特别重要的海洋原生生物的特性进行了简单的描述。许多原生动物是海洋动物的重要寄生虫，在此不再赘述，大型多细胞海洋藻类（大型海藻）亦不在本章范围内。

海洋真菌是一类具有真核结构、能形成孢子、营腐生或寄生生活的海洋生物。真菌在系统发育上被认为是单源的，隶属于真菌界（Fungi Kingdom）。绝大多数真菌是腐生或寄生营养的，即从环境或宿主中吸收营养，且不能进行光合作用或吞噬作用。目前，人们对海洋真菌的研究要比对原生生物的研究落后得多。

5.1.2　真核细胞的结构与功能

原生生物和真菌都是真核生物，与原核生物不同，二者都含有一个由双层核膜包被的细胞核。由与核膜相连接的管道和囊泡（vesicle）组成的膜系统称为内质网（endoplasmic reticulum），是脂肪酸合成和加工的场所，在内质网上排列的核糖体是蛋白质合成的场所，而原核生物的核糖体则分散于细胞质中。高尔基体（Golgi apparatus）是一系列扁平的膜状囊泡，负责加工蛋白质并向细胞外转运，且能产生溶酶体

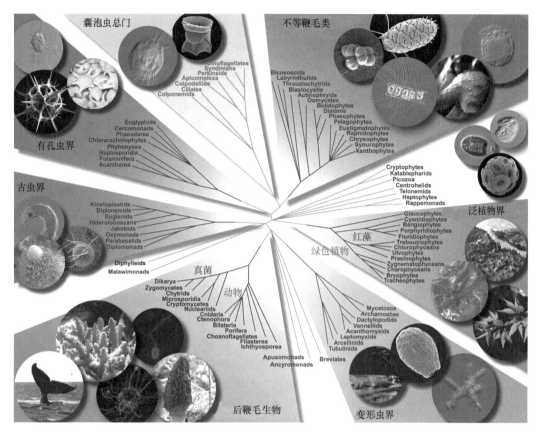

图 5-1 主要真核生物类群可能的系统发育树（Burki，2014；Worden et al.，2015）

（lysosome）。溶酶体是一种由膜包围的囊泡且含消化酶，其与细胞中的液泡（vacuole）融合后可消化吞噬泡内的食物或降解已损坏的细胞物质使其被再利用。

原生生物和真菌在其生活史的大部分时间进行无性繁殖，一般只有在生存条件较恶劣（如饥饿）时才进行某种类型的有性生殖，即由两个细胞的细胞核发生减数分裂，形成配子（核）。一般的多细胞生物通常是二倍体（即含两套同源染色体），而在原生生物和真菌生活史上占主导地位的是二倍体还是单倍体，这要依据具体的种类而言，因为不同种类之间的差别很大。甚至有些种类是多倍体，有多套基因组。

细胞骨架（cytoskeleton）是由直径约为 24 nm 的中空微管（由微管蛋白构成）和直径约为 7 nm 的微丝（由两根肌动蛋白单纤维丝互相缠绕而成）组成的。在原生生物中还有很多种其他的细丝。微管一般在细胞表面下伸展，用于维持细胞的基本形状，或集结成束形成细胞的延伸物，如伪足。微丝为细胞提供了支持框架。细胞骨架系统为胞内结构的移动（如核分裂末期的染色体分离）提供了支撑。细胞骨架还有一个功能就是使细胞做变形运动（amoeboid movement），这对于海洋放射虫（radiolarian）和有孔虫（foraminifera）有特殊意义。变形运动主要依靠肌动蛋白（actin）交联状态（crosslinking state）的改变来完成。质膜的重排会使原生生物进行吞噬作用（phagocytosis），使食物颗粒或捕获的小生物进入细胞，包在食物泡中，随后与溶酶体融合。

在原生生物主要谱系（major lineage）中几乎半数都存在鞭毛。主要的海洋鞭毛虫

（flagellate）包括眼虫（euglenoid）、甲藻（dinoflagellate，或称腰鞭虫）和领鞭虫（choanoflagellate）等类群。真核生物的鞭毛（flagellum）有9+2结构，即由9对外周微管和2根中央微管构成，鞭毛外有一层膜。每对微管中都含有动力蛋白，它沿着一根毗邻的微管移动，快速而反复地弯曲使鞭毛进行拍动。纤毛（cilium）的基本构造与鞭毛类似，但是鞭毛相对较长，且运动方式更多样化。纤毛一般覆盖在细胞表面或排列成簇状，可以同步拍动使细胞移动或引起水流，从而将颗粒状食物导入细胞。鞭毛和纤毛通过基体（basal body）锚定在细胞上。这种锚定方式在超微结构上差异较大，可作为分类指标。真菌不含鞭毛或纤毛。

线粒体（mitochondrion）存在于所有的真菌和大多数原生生物中，含有与呼吸有关的酶系，是能量转化的场所。它是一种由细胞膜分化而成的由双层单位膜包围的、具有外膜和高度折叠内膜的细胞器。内膜的折叠部分称为嵴（cristae），它在不同的真核生物中的性质有所差异。线粒体根据嵴的形状分为3种类型：①薄片状，如真菌、植物和动物；②泡状，如囊泡虫（alveolate）和不等鞭毛虫类（stramenopiles）；③管状，如眼虫和动体类（kinetoplastid）。有些原生生物不含线粒体，其中大多数是动物寄生虫（animal parasite），但有些无线粒体且营自由生活的原生生物则可能在海底无氧沉积物、微生物席和颗粒中占优势。已有的分子生物学研究表明，线粒体是内共生细菌（endosymbiotic bacteria）的后代，很有可能来自变形菌门（Proteobacteria）。

光合原生生物（photosynthetic protist）含有叶绿体（chloroplast）。叶绿体中内膜的排列方式和光合色素的性质是光合原生生物的传统分类标准之一。叶绿体可能起源于原始真核细胞内共生的蓝细菌（cyanobacteria）。

5.2 原 生 动 物

原生动物是一类无明显亲缘关系的单细胞真核生物的泛称。从系统发育上讲，它是一个非单源起源的混合体。相对于多细胞的"后生动物（metazoan）"，原生动物的共同结构特征为：它们都是单细胞动物或由其形成的简单（无明确细胞分化）群体。与高等动物体内的细胞不同，它们自身即可作为一完整的有机体，并以其各种特化的细胞器（organelle），如鞭毛、纤毛、伪足、吸管、胞口、胞肛、伸缩泡、射出体等来完成诸如运动、摄食、营养、代谢、生殖和应激等一切生理活动。作为细胞来讲，它们无疑是最复杂和最高等的细胞，在形态结构及生物学特征上均表现出极大的多样性（图5-2）。原生动物绝大部分种类的个体大小为5～200 μm，在海洋中分布十分广泛。

5.2.1 微型浮游鞭毛类

在传统分类上，异养鞭毛类被认为是原生动物亚门（Protozoa）鞭毛纲（Mastigophora）的"动鞭毛类（zooflagellate）"，但是其中许多具有叶绿体的自养种类则被称为"植鞭毛类（phytoflagellate）"，并被分入了不同的藻类分支。眼虫这一类群给基于传统的动物或植物的分类方案带来了最大挑战。由于它们中有些是光合营养的，有些是吞噬营养

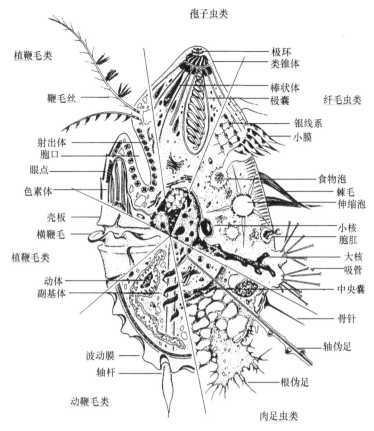

图 5-2 原生动物的细胞模式（宋微波等，1999）

的，还有些是腐生营养的，因此过去在分类上既被划入眼虫门（Euglenozoa），又被归为裸藻门（Euglenophyta）。本节将仅对微型浮游生物（2～20 μm）中的异养型和混合营养型鞭毛类作简单叙述。由于落射荧光显微镜（epifluorescence microscope，EFM）和流式细胞术（flow cytometry，FCM）的出现，人们发现这些类型的生物体在浮游生物中丰度非常高，而且在微型生物食物网中起重要作用。在所有捕食细菌的生物中，微型浮游鞭毛类的捕食效率最高，之后其本身也会被更大的原生生物如纤毛虫（ciliate）和甲藻所捕食，从而在食物网中与后生浮游生物（metazoan plankton）相关联。这类生物中的许多种类可以在实验室中进行分离培养。

海水中最普遍的异养型和混合营养型鞭毛类是金滴虫类（chrysomonad），如拟球胞滴虫属（*Paraphysomonas*）和棕鞭毛虫属（*Ochromonas*）。它们都有两条鞭毛，一条短而光滑，另一条长且带有绒毛。长鞭毛与细胞运动有关，而短的可用于诱捕（entrap）细菌和其他颗粒。双并鞭虫目（Bicosoecida）有类似的鞭毛排列，但是其常与颗粒黏附或者被包含在名为兜甲（lorica）的帽状结构中，如杯鞭虫属（*Bicosoeca*）和微波豆虫属（*Pseudobodo*）。

动体类（kinetoplastid）属于单细胞鞭毛类，目前在分类上被归于眼虫门。动基体（kinetoplast）为靠近其鞭毛基部的独特结构，经 DNA 染色后可以在光镜下很清楚地观察到。动基体是一种大的单线粒体，其中含有几个互锁的大环染色体（large circular chromosome，又称 maxicircle）和成千的小环 DNA（minicircle）。大环染色体 DNA 编码线粒体酶，小环 DNA 似乎不编码任何完整的蛋白质，但是与 mRNA 的转录后修饰有关。波豆虫科（Bodonidae）波豆虫属（*Bodo*）鞭毛虫是典型的动体类，其卵形细胞长 4～10 μm，在近岸海域极其常见，经常借助拖曳鞭毛（trailing flagellum）游过水面。其通过一条较短的鞭毛推进水流，使自身朝与微管相连的胞咽（cytopharynx）方向移动。

领鞭虫具单生鞭毛，通过细胞顶部周围的一圈触手状细丝（tentacle-like filament）引起水的流动，将细菌诱捕入细胞中的食物泡。有些领鞭虫在细胞周围形成一个精巧的篮子状外壳。附着性的领鞭虫可以在某些物质表面形成稠密的群落。在基于 rRNA 基因构建的系统发育树中，领鞭虫似乎与动物的亲缘关系最近，并且与海绵中发现的摄食细胞（feeding cell）相似。

5.2.2 纤毛虫

纤毛虫主要依据形态学，尤其是生活史中某一阶段细胞的形态和纤毛的排列（图 5-3），进行分类与鉴定。现在已知的纤毛虫近万种，其中海洋种类约占 1/3。海洋

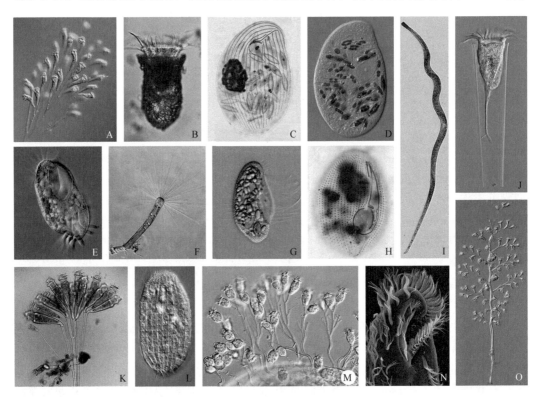

图 5-3　纤毛虫的物种多样性

A. *Epistylis* sp.（未发表）；B. *Tintinnopsis orientalis*（Bai et al.，2020）；C. *Trithigmostoma steini* 蛋白银染色图（未发表）；D. *Trithigmostoma steini*（未发表）；E. *Diophrys oligotrix*（宋微波等，2009）；F. *Discophrya robusta*（未发表）；G. *Schizocalyptra aeschtae*（Long et al.，2007）；H. *Pleuronema* sp. 蛋白银染色图（未发表）；I. *Tracheloraphis prenanti*（Ma et al.，2021）；J. *Eutintinnus lususundae*（Bai et al.，2020）；K. *Epistylis* sp.（未发表）；L. *Apocoleps* sp.（未发表）；M. *Zoothamnium wilberti*（Lu et al.，2020）；N. *Parabistichella variabilis*（Dong et al.，2020）；O. *Zoothamnium alternans*（Wu et al.，2020）

纤毛虫的体长为 5～200 μm。有一类纤毛虫，即砂壳纤毛虫（tintinnid），会造出被称为兜甲的"房子"。兜甲有透明和砂质两种，壳的成分目前还没有定论，多认为透明壳由蛋白质和几丁质构成，砂质壳由蛋白质、酸性多聚糖和从水中收集的颗粒碎片构成。由于砂壳纤毛虫的兜甲较大，能够被细孔浮游生物网收集到，因此海洋纤毛虫成了最早被研究的类群之一。近年来，人们对海洋纤毛虫的兴趣日益增加。由于纤毛虫既能够吞食较小的原生生物和细菌，又能被较大的原生生物和浮游动物（zooplankton）捕食，因此它在海洋食物网的微食物环（microbial loop）中是必不可少的一环。纤毛虫对特定种类的选择性捕食是影响食物网中微生物种群组成的重要因素。因此，目前大量的研究都集中在海洋纤毛虫的丰度和习性上，并得出了许多结论。一般来说，海水中纤毛虫的丰度为 1～150 个/mL，其中沿岸地区的数量最多。纤毛虫的丰度随着海水深度、温度和营养物质浓度等因素的影响变化较大。另外，不同季节也对水层中纤毛虫的数量有较大影响。

海洋纤毛虫通常呈球形、椭球形或圆锥形，胞口（cytostome）周围有一圈纤毛，用于从周围的海水中过滤细菌和小的鞭毛类。食物颗粒进入胞口后，被吞噬体（phagosome）吞噬，然后与细胞质中的溶酶体融合。吞噬体发生酸化，溶酶体中的酶引起食物消化。其中营养成分进入细胞质，而未被消化的废物则被排泄掉。在传统分类模式中，纤毛虫属于原生动物中的纤毛门（Ciliophora）。虽然大多数纤毛虫属于吞噬营养型，但也有些属于兼性营养型，其可在特定环境中行光合自养。其中最重要的是红色中缢虫（*Mesodinium rubrum*），其发现于近岸海域大片的赤潮（red tide）中，其对初级生产力可能有相当大的贡献。这种纤毛虫中含有光能营养的隐滴虫（*Cryptomonas* sp.）作为内共生体（endosymbiont）。

纤毛虫的一个显著特征是同一细胞内含有两个细胞核。体积较大的是大核（macronucleus），也叫体细胞核或者滋养核，一般为多倍体，基因高度表达，主要负责生物体的各种生理生化活动。体积较小的是小核（micronucleus），也叫生殖核，是二倍体，包含物种的全部遗传信息，其作用是在有性生殖过程中将遗传信息传递给子代细胞。纤毛虫的有性生殖为特殊的接合生殖（conjugation），即相互交配的两个细胞经过短暂的部分融合，小核经减数分裂形成单倍体动配子核、静配子核；两细胞间互换动配子核并与对方的静配子核融合，形成新的合子核；合子核经一到数次有丝分裂，重新分化为新的大核和小核，期间旧大核消失，伴随多次细胞质分裂，最终形成与母体细胞核数目相同的成熟子个体（图 5-4）。

5.2.3　放射虫和有孔虫

这两类原生动物大部分都是海洋种类。它们具有变形虫状形态，用伪足移动和摄食。它们中有许多种类直径不超过 100 μm，而有些种类则是已知的最大的单细胞原生生物，直径可达几厘米。

放射虫具有直的针状伪足和硅质内骨骼，其多样性特征可用作种的鉴定。体型较大的种类常离不开表层水域，这可能是因为其与藻类形成共生体并从藻类获取营养物质，而体型较小的则出现于全海域水体及深海沉积物中。放射虫的密度范围很大，可从 10 000 个/m³（如某些太平洋亚热带海域）到少于 10 个/m³（如马尾藻海）。放

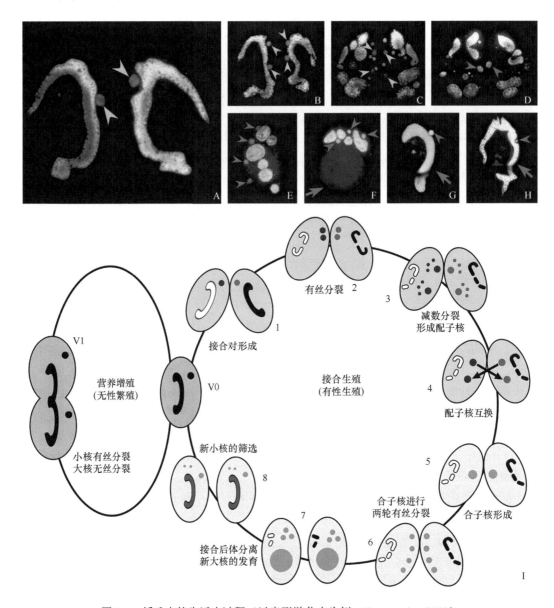

图 5-4　纤毛虫的生活史过程（以扇形游仆虫为例，Jiang et al.，2019）

A. 接合对早期的两个个体（对应图 I-1）；B. 完成配前第一次有丝分裂的接合对（对应图 I-2）；C. 减数分裂后形成动、静配子核（对应图 I-3）；D. 配子核互换后形成合子核（对应图 I-5）；E. 合子核经历两次有丝分裂形成四个子核（对应图 I-6）；F. 新大核开始发育（对应图 I-7）；G. 新大核发育晚期及新小核的筛选（对应图 I-8）；H. 接合生殖结束形成新个体；I. 扇形游仆虫的生活史过程模式图；V0：营养细胞；V1：正在分裂的细胞

射虫的硅质内骨骼沉积于微体化石（microfossil）中，它是沉积物中仅次于硅藻的第二大硅质来源。放射虫细胞由中央的胞质和其外包绕的被膜壁构成，被膜壁上有孔，细胞质从孔中被挤出到被膜外而形成坚硬的伪足。胞质通过流动来捕获其他原生生物和小的浮游动物，然后将其包裹起来在食物泡中消化掉。水合的聚二氧化硅沉积在胞质骨架中。放射虫的繁殖方式是无性的二均分裂或有性的通过产生单倍体配子的配子生殖。

　　有孔虫能分泌碳酸钙形成外壳，其主要生活在大洋的表层水域和深的边缘海（marginal

sea），极少生活在大陆架区域。有孔虫的壳常常形成多房室，房室间隔板有孔相通，因此得名有孔虫。有孔虫的食物包括细菌、浮游植物和小的后生动物。有孔虫只占浮游生物的很小一部分，但其废弃的骨骼却是钙质沉积物的主要来源，在海底积累成大面积的"抱球虫软泥（globigerina ooze）"。块状沉积物形成于新近纪时代，大约距今 2300 万年，随着时间的推移，块状沉积物的位置逐渐升高并以石灰岩的形式出现在欧洲、亚洲及非洲的海底。英国南部著名的多佛港白崖几乎全部是由有孔虫壳构成的。现在每年由有孔虫产生的碳酸钙就有 20 亿 t，但仅有 1%～2%沉积到海底。壳的保存量受水体的生物地球化学循环和沉降率的影响。有孔虫的细胞质分化为两层，外层较为透明、均匀，无内含物，称为外质（ectoplasm）；内层不透明，含有各种内含物，称为内质（endoplasm）。外质围绕着壳并且伸出许多根状或丝状的伪足，主要功能是运动、摄食、消化食物、清除废物和分泌外壳。内质被包在壳里，有一个或几个细胞核，而且含有食物泡。

5.3　真核微藻

真核微藻（microalgae）的一般构造见图 5-5。

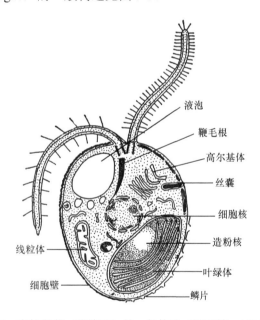

图 5-5　真核微藻（带鞭毛）的一般构造（郑重等，1984）

5.3.1　硅藻

在现在的分类系统中，硅藻（diatom）是异鞭藻门（Heterokontophyta）的一个纲，即硅藻纲（Bacillariophyceae），被认为可能由金藻纲（Chrysophyceae）或迅游藻纲（Bolidophyceae）等有鳞的种类进化而来。硅藻为单细胞或群体生活，可以栖息于几乎所有的水生生境中，它们可以是自由生活的光合自养生物、无色的异养生物，也可以是光合共生生物。硅藻的主要色素有叶绿素 a、叶绿素 c_1、叶绿素 c_2、δ-胡萝卜素、ε-胡萝卜素、岩藻黄素和硅藻黄素等，这些色素决定了硅藻细胞的特征颜色。硅藻是数量最多的真核微藻类群之一，约有 170 属 5500 余种。多年来，硅藻一直被认为是海洋浮游植物的最主要成员，是初级生产力的主要贡献者。

硅藻的典型特征是细胞壁由两层物质组成：内层为果胶（pectin）；外层为硅质（$SiO_2 \cdot xH_2O$）。细胞壁由两个类似于培养皿形状的结构套合而成，套合在外的称为"上壳（epitheca）"；被套合在内的称为"下壳（hypotheca）"。细胞壁表面有许多衍生物，如刺、角毛、突起、翼、筛孔等，这些精致的结构使得硅藻呈现出各式各样的具有美感的形状，并依此可进行物种的鉴定（图 5-6）。硅藻分为中心类和羽纹类两大类，中心类的壳面花纹呈辐射对称，而羽纹类的壳面花纹呈左右对称。

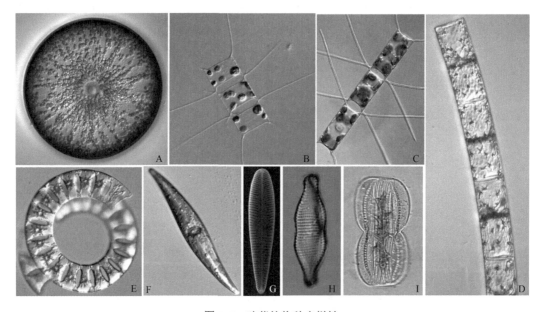

图 5-6　硅藻的物种多样性

A. 威氏圆筛藻（*Coscinodiscus wailesii*）；B. *Chaetoceros pauciramosus*（Chen et al.，2018）；C. *Chaetoceros decipiens*（Li et al.，2017）；D. 薄壁几内亚藻（*Guinardia flaccida*）；E. 浮动弯角藻（*Eucampia zodiacus*）；F. 曲舟藻（*Pleurosigma* sp.）；G. *Pseudogomphonema kamtschaticum*（Li et al.，2020）；H. *Achnanthes coarctata*（Hejduková et al.，2019）；I. 翼茧形藻（*Amphiprora alata*）（A、D～F、I 为作者未发表资料）

硅藻的繁殖分为无性繁殖和有性繁殖。无性繁殖包括有丝分裂、休眠孢子、小孢子和复大孢子（auxospore），但复大孢子往往是通过有性过程产生的。常见的无性繁殖方法是有丝分裂，细胞核、细胞质一分为二。然而由于硅藻细胞壁的结构比较特殊，母细胞的上下壳分开后，新形成的两个子细胞各自再形成新的下壳，这样形成的两个新细胞中，一个与母细胞大小相等，另一个则比母细胞小。这样连续分裂下去，个体将越来越小，到一定限度后，这种小细胞将不再分裂，而是产生一种孢子，以恢复原来的大小，这种孢子则称为复大孢子。

大多数硅藻营浮游生活，也有些硅藻附着于海洋植物、软体动物、甲壳动物和大型动物的表面上——如鲸类的皮肤表面。硅藻可单细胞生活，也可连成链状群体生活。硅藻群体是依靠细胞分泌胶质、细胞壁或细胞壁的衍生物直接连接而成的。分泌胶质的胶质孔在细胞壁上的位置不同，使得硅藻群体呈现多样化，如直链状、螺旋状、星状、折线状、树枝状、念珠状等。大多数硅藻不能运动，但在羽纹类的一些物种中，细胞壁上生有特殊的构造——纵沟，依靠纵沟，硅藻可作直线或曲线轨迹的滑动。近期研究表明，原生质在靠近纵沟末端有很多小而折光很强的颗粒，可能是一种由结晶体或线粒体分泌产生的纤维丝束，可在纵沟内伸缩摆动，使硅藻细胞得以滑动。

　　硅藻是形成温水区大陆架春季藻华和营养上升流区季节性藻华的主要类群。决定硅藻藻华规模的主要因素是营养物质，如硅酸盐。硅藻壳由石英岩（quartzite）或水合的无定形 SiO_2 组成，因此硅元素是硅藻细胞进行分裂的必需元素。在水体中，固态 SiO_2 水解并产生非游离态的原硅酸 $Si(OH)_4$（$=H_4SiO_4$）。通过增加 pH 小于 9 的溶液浓度或降低饱和溶液的 pH，硅酸会自动聚合并形成无定形 SiO_2。无定形 SiO_2 是硅元素在硅藻细胞壁中的沉积形式。虽然硅元素大量存在，但因其难溶于水，导致可用性大打折扣。因此，海洋硅藻的生长可以很快地消耗水层中的硅，使其生长进一步受到抑制。

　　有些种类的硅藻能产生高 SiO_2 含量的壳，在某些水域如南极绕极流（Antarctic circumpolar current），这层壳在硅藻沉降时有很强的抗水解性能。藻华发生之后，伴随的一般是营养物的耗尽及硅藻的聚集和下沉。由此产生的硅藻生物量和沉积物的动态变化对了解海洋的生物地球化学循环非常重要。当硅藻死亡后，它们由于沉降作用而聚集到海底。一些硅质溶解后形成可利用的硅酸，然后随着上升流上升，提供给更多的硅藻以用于生长，从陆地进入海洋的硅酸最后通过形成沉积物而回归陆地。细菌在硅循环中也起非常重要的作用，通常与硅质的溶解利用率相关。

　　约在 1 亿年以前，硅藻就开始在海底沉积，到新生代中期达到顶峰。这形成了很厚的沉积物及沉积岩，现在成了硅藻土矿藏。其具有许多工业应用价值，如用作过滤剂、研磨剂、绝缘剂、吸附剂、填充剂和杀虫剂等。化石硅藻对石油勘探有关的地层鉴定及古海洋地理环境的研究也有重要的参考价值。

　　大多数硅藻是没有毒性的，但有一个例外是伪菱形藻属（*Pseudo-nitzschia*），它能产生一种毒素，称为软骨藻酸（domoic acid）。软骨藻酸可导致吃贝类的人得病，或者造成海洋哺乳动物和海鸟的死亡。

5.3.2　颗石藻类

　　颗石藻（coccolithophore）属于定鞭藻门（Haptophyta），它们是大洋中浮游植物的重要组分。颗石藻细胞外通常覆盖一层或多层方解石（calcite，属三方晶系）质的"鳞片（scale）"，称为颗石粒。颗石粒覆盖细胞的一侧称为近端盾（proximal shield），远离细胞的一侧称为远端盾（distal shield）。颗石粒依据结构可分为同晶颗石（holococcolith）和异晶颗石（heterococcolith），前者晶体结构相对简单，而后者结构更加复杂、精细，并且组成后者的方解石晶粒的排布通常呈放射脊状纹饰。

　　虽然在近代海洋石灰质软泥中，颗石藻仅占很小的一部分，但在白垩纪颗石藻却是含钙浮游生物的主要组分，颗石藻也是中生代（侏罗纪和白垩纪）、古近纪、新近纪白垩（粉笔）与泥灰岩的主要成分。这一类群的化石最早出现在侏罗纪，在白垩纪晚期达到顶峰，而到白垩纪末期许多属已经灭绝了。

　　在颗石藻中研究最清楚的是赫氏艾密里藻（*Emiliania huxleyi*）（图 5-7）。赫氏艾密里藻是全球最大的碳酸钙生产者之一，因其在全球碳循环中的重要作用而被深入研究。另外，它在二甲基硫（dimethyl sulfide，DMS）的产生过程中发挥着重要作用，这对全球气候也有重要影响。在夏日，北欧的斯堪的纳维亚半岛（Scandinavian Peninsula）沿海的富营养水域中经常发生赫氏艾密里藻藻华，其细胞表面的颗石粒使藻华水域在卫星图像中显示出高度可见的白色区域。

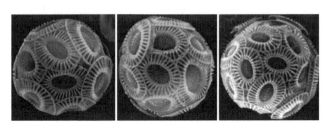

图 5-7　赫氏艾密里藻（*Emiliania huxleyi*）（Paasche et al.，1996）

5.3.3　甲藻

5.3.3.1　基本特征

甲藻，隶属于甲藻门（Dinophyta），目前已知的甲藻约有 130 余属 2000 余种，其中有 1700 余种甲藻生活在海洋中，物种多样性丰富（图 5-8）。最早的甲藻化石记录可以追溯到志留纪，它们能适应各种不同的生态环境。从浮游生活到底栖生活，从极地到热带海洋，从淡水到高盐水都有甲藻的存在。很多物种是广布种，有些物种甚至有很多的

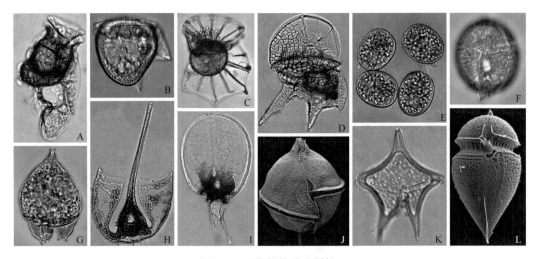

图 5-8　甲藻的物种多样性

A. 美丽帆鳍藻（*Histioneis pulchra*；杨世民等，2014）；B. 具刺鳍藻（*Dinophysis doryphorum*；杨世民等，2014）；C. 中距鸟尾藻（*Ornithocercus thumii*；杨世民等，2014）；D. 最外异甲藻（*Heterodinium extremum*；杨世民等，2016）；E. 扁形原甲藻（*Prorocentrum compressum*；杨世民等，2014）；F. 美丽囊甲藻（*Blepharocysta splendor-maris*；杨世民等，2019）；G. 二足甲藻网状变种（*Podolampas bipes* var. *reticulata*；杨世民等，2019）；H. 板状新角藻（*Neoceratium platycorne*；杨世民等，2016）；I. 圆头新角藻（*Neoceratium gravidum*；杨世民等，2016）；J. 双刺膝沟藻（*Gonyaulax diegensis*；杨世民等，2016）；K. 迷人原多甲藻灵巧变种（*Protoperidinium venustum* var. *facetum*；杨世民等，2019）；L. 帽状尖甲藻（*Oxytoxum mitra*；杨世民等，2019）

生态类型。典型的游动甲藻具有一个上壳和一个下壳，两壳之间有一横沟。上壳和下壳通常具有若干甲片（thecal plate），甲片的准确数目和排列是区分属的重要特征，其内部还有一条纵沟（longitudinal sulcus），垂直于横沟。纵向和横向鞭毛从横沟与纵沟交会区的甲片处伸出，横鞭毛紧贴着横沟呈波浪状，而纵鞭毛则可伸出细胞外，横、纵鞭毛共同摆动使藻体在游动时作螺旋状运动。

甲藻根据细胞壁的构造分为裸露的甲藻或具甲的甲藻两大类，但从亚显微结构来看，其基本构造是相似的，都是由质膜、囊体及微管组成，仅囊体内含物有所不同。从超显微结构水平来看，甲藻普遍具有壳（theca），壳可以是平滑和没有花纹的，如在一些裸甲藻属（*Gymnodinium*）中的壳；也可以是由囊体包含多糖形成的甲片，甲片上通常会有刺（spine）和翼（flange），以适应浮游生活。

甲藻的营养类型差异很大，有自养型（autotroph）、混合营养型（mixotroph）和异养型（heterotroph）。自养型细胞营光合作用；混合营养型细胞是自养型细胞在特定情况下摄取溶解有机物或营吞噬型的生活方式；异养型细胞具有特殊的细胞结构，如捕食茎，它们可以用其吞食其他生物或有机碎片。大约有一半的甲藻营异养生活，如在开阔大洋中营浮游生活的一些属，如原多甲藻属（*Protoperidinium*）和裸甲藻属，它们是全动物营养型（吞食其他生物或有机碎片）。

甲藻细胞质的外层部分往往发生浓缩，有时呈颗粒状，内含多个叶绿体，其呈盘状排列，也有梭形或带状而呈放射排列的。甲藻叶绿体的构造与其他藻类相似，不同之处在于其外膜为 3 层，每个片层由 2~4 个类囊体组成，一般为 3 个。有些物种不具叶绿体，色素溶于细胞质内，细胞通常呈黄色或棕黄色，也有些物种呈粉红色。叶绿体除叶绿素 a、叶绿素 c_2 和 β-胡萝卜素外，还有叶绿素 b、叶绿素 c_1、硅甲黄素、甲藻黄素、新甲藻素、新甲藻黄素和藻胆素等。还有些种与蓝藻和金藻共生，所以还具有这些藻类的色素。

5.3.3.2　有害甲藻水华

自然海水中如果甲藻过量繁殖，往往使水体变色，发出腥臭味，形成"藻华"，藻华发生后，因溶解氧的突然减少或腐败细菌分解产生毒素，会导致动物窒息或中毒。许多甲藻物种是藻华形成的主要原因，如原多甲藻属、裸甲藻属、亚历山大藻属（*Alexandrium*）及原甲藻属（*Prorocentrum*）的某些种和长江口夜光藻（*Noctiluca scintillans*）等。有些甲藻可产生各种毒素，当甲藻生长和繁殖时，这些毒素在其细胞内累积，其中一些被释放到水中。有些浮游动物和滤食性贝类像蛤类、贻贝、扇贝和牡蛎会摄食这些有毒的甲藻，毒素在其体内的组织细胞内积累和浓缩，但对其并无致病作用。然而，鱼类、鸟类及人类等脊椎动物对这些毒素是敏感的，当它们摄食含有甲藻毒素的食物后会生病，甚至死亡。甲藻毒素通常有麻痹性贝毒、腹泻性贝毒、神经性贝毒、西加毒素和溶血性毒素等几类。

5.3.3.3　生物发光和生物钟

近岸海水中发现的甲藻约有 2% 可以发光，其中被了解最多的是夜光藻属（*Noctiluca*）和膝沟藻属（*Gonyaulax*）。它们遍布世界各地，当晚间水面产生破波的时候，会呈现大片磷光（phosphorescence）的壮观景象。甲藻发出的光常常是闪亮的蓝绿光（波长约 475 nm），包含

10^8 个光子，持续约 0.1s。膝沟藻能发红光（波长为 630～690 nm）。发光的刺激因素一般是细胞膜变形产生剪切力（shear force），如鱼引起水的搅动、破碎波或船尾波造成细胞膜的变形而导致发光。与甲藻发光有关的化合物是萤光素（luciferin），它们在萤光素酶（luciferase）的催化下发出光亮。萤光素和萤光素酶是某类化合物的通称，而不特指某一种化学物质。在甲藻中，萤光素是一种线性四吡咯。与甲藻萤光素相连的蛋白质是萤光素结合蛋白（luciferin-binding protein，LBP），它在碱性 pH 下螯合萤光素，而在酸性条件下释放萤光素。

生物发光受昼夜节律（circadian rhythm）的调节，晚上比白天的发光强度高。某些甲藻，如膝沟藻属，每天可在水面和深层水体间垂直移动 30 多米（是细胞直径的 200 万倍）。甲藻的上升和下降受生物钟的调节，当太阳升起的时候，它们早早到达水面的合适位置接收第一缕阳光进行光合作用。当夜晚降临时，它们又下降到合适的深度去利用那些丰富的营养以度过夜晚。在每天的迁徙过程中，细胞会经历不同的光照、温度和营养梯度，而这都是调控细胞昼夜节律的信号。生物发光的 24 h 变化与组成闪烁体的蛋白质的合成和降解有关；它受光照水平的调节，而且可能和某些与 mRNA 相结合的、由生物钟控制的阻遏物（repressor）分子有关。

关于甲藻发光的生态功能主要有两个观点：最可能的功能是用这些迅速、明亮的闪光惊吓潜在的捕食者，使其迷惑；另一个可能的功能称为"防盗报警假说（the burglar alarm hypothesis）"，即通过发光使自己暴露给捕食者的同时，也将捕食者暴露在它们的天敌面前。因此，当这些捕食者发现捕食这些发光的甲藻所带来的风险会使其净收益减少时，便很少去捕食它们了。因此，甲藻的发光减少了其被捕食的压力，虽然某些个体会被吃掉，但整个群体会受益。

5.4 海 洋 真 菌

5.4.1 海洋真菌的定义与物种数量

海洋真菌是一个生态类群，而非分类学意义的类群，泛指海洋环境来源的真菌。海洋真菌可被分为专性海洋真菌和兼性海洋真菌。前者指仅能在海洋或河口环境生长与产孢的真菌，如海壳菌科（Halosphaeriaceae）是典型的专性海洋真菌，几乎全部种类仅能从海洋环境中分离获得。后者指来源于陆生或淡水环境，同时也能在海洋环境中生长与繁殖的真菌。除少部分海洋真菌仅发现于海洋环境，其余大部分种类均可在陆生或淡水环境中发现其踪迹。

几乎所有真菌都可在低于海水盐度的条件下生长，因此耐盐性不能作为区分海洋真菌与陆地真菌的标志。由于人们通常认为真菌主要是陆地生物，因此对海洋栖息地中真菌的研究相对较少。截至 2022 年 7 月，海洋真菌共计 1857 种，隶属于 7 门 22 纲 88 目 226 科 769 属，其中包括微孢子虫的 62 属 138 种（http://www.marinefungi.org）。已报道的近 14 万种真菌中，海洋真菌数仅占 1%左右。随着近年来对海洋微生物的日益重视，不断有新的海洋真菌被分离和鉴定。研究者基于传统分离培养方法，并依据被调查的海洋基质类型与地理分布情况，估计海洋真菌的种类为 1 万～1.25 万种。然而，随着环境 DNA 测序技术的发展与应用，预计海洋环境中大约有 10 万种真菌。

5.4.2　海洋真菌的主要类群及特征

5.4.2.1　依据遗传分化时间划分的海洋真菌类群

　　人们普遍认为现存的陆生与水生真核生物是由起源于海洋环境的具鞭毛和营吞噬营养的单细胞真核祖先进化而来的（图 5-9）。

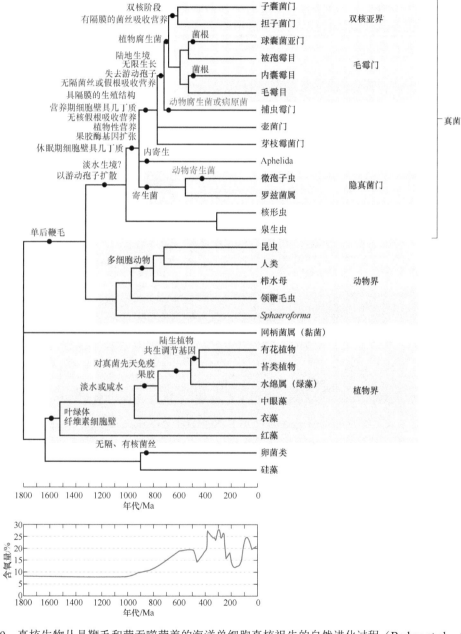

图 5-9　真核生物从具鞭毛和营吞噬营养的海洋单细胞真核祖先的自然进化过程（Berbee et al.，2017）
不同颜色字体表示内容：蓝色表示生境变化；绿色表示从植物或其他非动物来源获取营养；橙色表示从动物获取营养；紫色表示类型或遗传变化

依据真菌及其近缘真核生物遗传分化的时间顺序与营养方式的差异，通常可将真菌划分为低等真菌与高等真菌。低等真菌也被称为早期分化类群，包括 Aphelida、罗兹菌门（Rozellomycota）、微孢子虫（microsporidium）和壶菌门（Chytridiomycota）等类群，营养体多为单细胞，能产生具有鞭毛的游动孢子，主要栖息于水生环境。其中，Aphelida、罗兹菌门和微孢子虫被认为是在大约 10 亿年前由核形虫（nuclearia）和泉生虫（fonticula）的一个分支分化形成的，保留了吞噬营养的营养方式，即将自身具有吞噬或吸收作用的原生质注入寄主细胞内，吞噬寄主细胞的细胞质获取营养（图 5-10）。目前从海洋环境中已发现了几乎所有的低等真菌类群，该类群的分化拉开了生物从单细胞到多细胞、从水生到陆生的进化序幕。

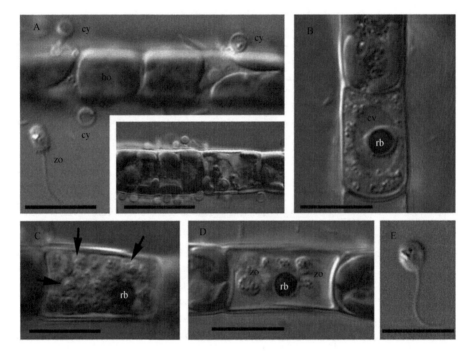

图 5-10　寄生于黄丝藻属 *Tribonema gayanum* CALU-20 的藻状菌（*Aphelidium* sp.）（Karpov et al., 2014）
A. 附着寄主（ho）前的游动孢子（zo）和寄主表面的孢囊（cy）；B. 具有中央液泡（cv）的变形体和残体（rb）；C. 寄生物的多细胞阶段，残体位于边缘，箭头所指为分离的细胞；D. 成熟的游动孢子（zo）；E. 自由游动的游动孢子。比例尺：A～D = 10 μm，A 中的插图 = 15 μm，E = 8 μm

高等真菌主要包括子囊菌门（Ascomycota）和担子菌门（Basidiomycota），分化时间在 8 亿～9 亿年前（图 5-9），已进化出较为复杂的菌体结构（如有隔膜的菌丝、子实体等），以分泌消化酶的方式吸收溶解的营养物质（渗透营养）（图 5-11）。在海洋环境中，真菌与海洋动植物寄主或其残体已经协同进化出了腐生、共生/共附生、寄生/致病等多样化的营养关系。基于传统培养方法与分子标记技术的研究显示，海洋生态系统中高等真菌可能是优势类群。

5.4.2.2　依据菌体形态特征划分的海洋真菌类群

已分离的海洋真菌多属于子囊菌门、担子菌门、芽枝霉门（Blastocladiomycota）、

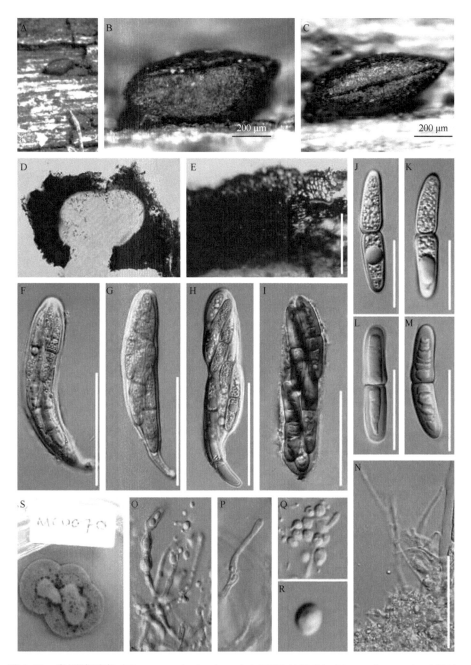

图 5-11　泰国缝裂壳（*Hysterium thailandicum*）MFLU 1800511（Dayarathne et al.，2020）
A～C. 红树寄主植物表面的缝裂囊壳；D. 缝裂囊壳纵截面；E. 子囊壳；F～I. 子囊；J～M. 子囊孢子；N. 拟侧丝；O、
P. 分生孢子梗；Q、R. 分生孢子；S. 麦芽糖琼脂培养基（MEA）上的产孢菌落。比例尺：B、C = 200 μm，E～I = 50 μm，
J～N = 20 μm

壶菌门和无性型真菌（子囊菌与担子菌的无性型阶段）。基于菌体形态特征，海洋真菌通常被划分为丝状真菌与酵母。前者泛指发现于海洋环境，并能在自然条件或海水培养基上以丝状菌丝生长或繁殖的一类真菌。该真菌产生多细胞的菌丝，菌丝不断生长并相互缠绕在一起，形成菌丝体或子实体。该类群营无性生殖或有性生殖，可产生无性孢

子或有性孢子。丝状海洋真菌包括除酵母以外的子囊菌和担子菌，即高等真菌，也包括壶菌、毛霉等能产生菌丝的部分低等真菌类群。酵母是以单细胞生长或繁殖的一类真菌，可分为子囊菌酵母与担子菌酵母。有些酵母的形态具有二型现象，即在特定的生长环境（如培养温度与营养条件的变化）诱导下，单细胞酵母可以生长出具有多细胞的菌丝[如热带假丝酵母（*Candida tropicalis*）]。同时，个别类群如短梗霉属（*Aureobasidium*）兼具酵母与丝状真菌的特征，被称为"类酵母"，在生长过程中可形成具有酵母状孢子与带有隔膜的菌丝体细胞。

海洋酵母的发现可追溯到 1894 年，Fisher 从大西洋中分离到红色和白色的酵母，其分别隶属于色串孢属（*Torula*）和醭酵母属（*Mycoderma*）。随后，许多研究者从不同来源的海洋样品中都分离到酵母，如海水、海洋沉积物、海草、鱼类、海鸟及海洋哺乳类。这些海洋酵母被分成两类：专性海洋酵母和兼性海洋酵母。专性海洋酵母是指迄今为止还未从任何非海洋环境中分离到的酵母，而兼性海洋酵母则被认为来源于陆地生境。目前发现的绝大多数海洋酵母均属于兼性海洋酵母，包括梅奇酵母属（*Metschnikowia*）、克鲁维酵母属（*Kluyveromyces*）、红冬孢酵母属（*Rhodosporium*）、假丝酵母属（*Candida*）、隐球酵母属（*Cryptococcus*）、红酵母属（*Rhodotorula*）和球拟酵母属（*Torulopsis*）等。

丝状海洋真菌的发现可以追溯到 1846 年，第一株海洋真菌——波喜荡球壳菌（*Sphaeria posidonia*，别名 *Halotthia posidoniae*）分离自海草中。在此后的近一个世纪的时间里，有关海洋真菌的研究进展缓慢。直到 1944 年，Barghoorn 和 Linder 报道了 25 种栖生于木头上的海洋真菌并详细地描述了其形态之后，才极大地引起了菌物学家研究海洋真菌的兴趣。木生海洋真菌是数量最多、分布最广的丝状海洋真菌，多数木生真菌都是子囊菌，以漂流木和红树林为主要附着基质，能强烈地分解木材和其他纤维物质，其在热带海域较温带和极地海域分布广泛，在浅海较深海海域分布广泛。海藻也是丝状海洋真菌的主要附着基质之一。近年来，在中国的潮间带地区报道了许多从红藻、褐藻和绿藻上分离到的丝状真菌的新种及中国记录种（图 5-12），对认识海洋真菌在潮间带海藻生命周期中发挥的作用具有重要意义。

5.4.3 海洋真菌的生态功能

真菌是异养生物，且大多数是腐生的，这对于分解环境中复杂的有机物意义重大。海洋真菌是植物组织中纤维素和木酚素的主要降解者，甚至在降解动物组织中的角质素和几丁质的过程中也具有一定的作用。有些真菌是海洋动物（如甲壳类、珊瑚、软体动物和鱼类）或植物（如海藻、潮间带水草和红树根）的病原体，但对其研究较少。在海洋生态系统中，真菌的生态功能主要体现在腐殖质聚集体的形成、碳贡献以及胞外酶对营养循环的作用上。

5.4.3.1 腐殖质聚集体的形成

细菌和真菌是陆地土壤有机质转化的主要参与者。然而，大多数有关海洋沉积物的

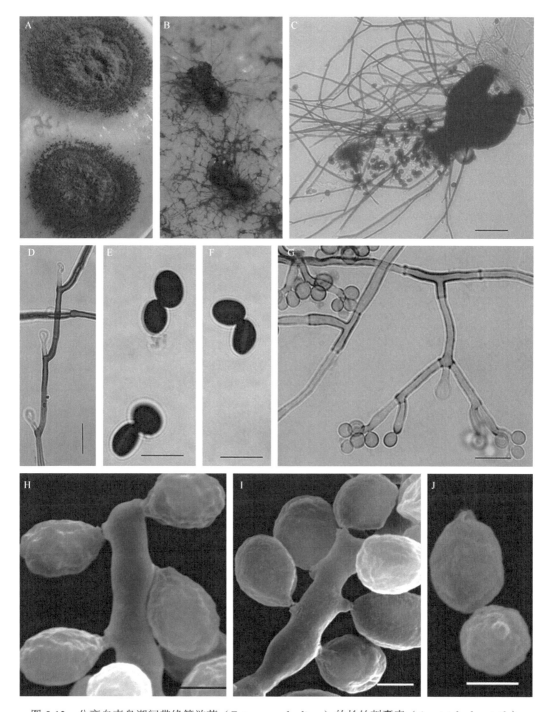

图 5-12　分离自青岛潮间带缘管浒苔（*Enteromorpha linza*）的长丝刺囊壳（*Ascotricha longipila*）
（Cheng et al.，2015）

A. 产生子囊壳的菌落；B、C. 子囊壳；D. 具有不育透明短分支的附属丝；E、F. 子囊孢子；G. 分生孢子梗；
H～J. 产孢细胞和分生孢子。比例尺：C=50 μm，D～G=10 μm，H～J=2 μm

研究仅关注了细菌的代谢活动，真菌在海洋沉积物中的作用却未被重视。还原糖和氨基酸作为陆地沉积物中微生物代谢形成的副产物，经过非酶聚合并形成棕色产物，构成腐殖质。腐殖质与土壤颗粒结合形成微小聚集体。真菌菌丝进一步充当黏合剂，通过将细颗粒捕获到小团聚体中来形成大团聚体。因此，真菌或细菌可以在某些粒度级别中受到保护。Si^{4+}、Fe^{3+}、Al^{3+}和Ca^{2+}等阳离子在陆地微小聚集体中的颗粒之间形成桥梁。

尽管人们普遍认为真菌在聚集体稳定方面的作用比其他土壤类型微生物更大，但一些研究结果显示，它们对聚集的主要贡献是土壤颗粒间的菌丝缠结。有研究表明，在20 MPa压力下从海洋沉积物中分离到的真菌会形成微小聚集体。在腐殖质中微小聚集体染色呈阳性，表明真菌活动可能导致深海沉积物中腐殖质的形成。因此，隐藏在这些微小聚集体内部的真菌可通过形成腐殖质，促进深海栖息地的养分循环。聚集体保护土壤有机质，是土壤中有机质积累和维持的重要生物调节机制，可能同样适用于海洋沉积物生境。

5.4.3.2　碳贡献

营腐生生活的真菌和细菌通过降解与营养循环在有机物质的营养网中起着关键作用。无生命的颗粒有机物（particulate organic matter，POM）和与其相关的腐生微生物细胞构成海洋碎屑。生物和非生物活动产生的溶解有机物（dissolved organic matter，DOM）也是腐生微生物的底物。由于碳是POM和DOM中的主要元素，通常分别被表征为颗粒有机碳（particulate organic carbon，POC）和溶解有机碳（dissolved organic carbon，DOC）。细菌主要生长在有机颗粒的表面，其降解活性也主要局限于颗粒的表面。一方面，与细菌相比，腐生真菌具有更大的优势，能够分解足够大的POM以支持自身生长。另一方面，真菌能借助于菌丝、假根或菌网等结构穿透固体基质。因此，腐生真菌对POM具有较强的降解能力。

从死亡生物体初始阶段浸出的DOM是腐生菌的主要营养来源。腐生细菌和真菌利用降解酶分解复杂的POM以吸收不稳定的溶解养分。原本由大量有机物形成的复杂有机物分子逐渐转化为微生物的生物质。真菌和细菌对碎屑的酶促降解，使其生化性质发生改变。微生物的活动和它们产生的生物量，使海洋环境中的碎屑出现富集，吸引了许多以碎屑为食的动物或食腐者。细菌和真菌对POM的酶促降解，导致DOM以及无机养分释放，进而进入生态系统的物质循环过程。

难降解的有机物质将长期储存于海洋沉积物中，如维管植物的结构多糖，由木质纤维素组成，包括纤维素、半纤维素和木质素。分解维管植物碎屑的过程很复杂，持续时间长达数月。在海洋生态系统中，木质纤维素主要来源于海草、沼泽植物和红树植物的碎屑，其次是大量以木材和其他陆生植物材料形式存在的外来木质纤维素会进入海洋。虽然海洋维管植物对海洋净初级生产力的贡献只占总量的4%，但由于其对微生物分解的强抵抗力，它们贡献了海洋沉积物中近30%的碳储存量。与维管植物相反，由多糖组成的大型藻类组织更容易被细菌和真菌降解。海洋浮游植物碎屑营养丰富，极易分解，大部分进入较高的消费层级。

真菌生物量构成了海洋沉积物中潜在可矿化有机质的一部分。研究人员通过在显微镜下测量荧光增白剂染色的沉积物中真菌的菌丝长度和直径，估算出中印度洋海盆深海沉积物中真菌的有机碳贡献为每克干沉积物 2.3～6.3 μg。然而，同一地点细菌的碳贡献为每克干沉积物 1～4 mg。真菌碳贡献的估算结果可能比实际贡献低得多，因为与磷脂、己糖胺等的生物化学定量方法相比，利用菌丝长度的估算方法可能会使真菌生物量被低估。同时，黑色素和几丁质、真菌细胞壁的聚合物不易降解，而细菌细胞壁的磷脂则容易降解。因此，与细菌介导的碳储存相比，真菌介导的碳储存更持久。

5.4.3.3　真菌胞外酶在海洋营养循环中的作用

已知有几种酶（如碱性磷酸酶、胞外蛋白酶、多聚半乳糖醛酸酶）参与海洋中的营养循环，可作为海洋生态系统营养循环过程的潜在指标。在海洋生态系统中，碱性磷酸酶活性（alkaline phosphatase activity，APA）是指通过碱性磷酸酶将含磷有机质催化产生无机磷的过程，在无机磷酸盐的再生中起着重要作用。有研究显示，中印度洋深海平原沉积物中，在没有任何额外营养时，表现出非常低的 APA，添加碎屑后，APA 增加了 20 倍，表明微生物活动急剧增加。有趣的是，添加细菌抗生素后，APA 的值更高，暗示真菌对深海沉积物中 APA 的贡献占主导地位。这表明海洋真菌可能与陆地和红树林环境中报道的真菌一样，在碎屑物质降解中发挥关键作用。

此外，从中印度洋深海沉积物中分离出的真菌中，有 11% 的菌株显示出低温蛋白酶活性。酵母隐球菌 N6 菌株是从日本海沟 4500～6500 m 深处分离获得的深海酵母株，研究人员从它的培养物上清液中纯化得到两种在低温（0～10℃）下有活性的新型内聚半乳糖醛酸酶，并且即使在静水压力 100 MPa 时，这些酶的水解活性也几乎保持不变。

5.4.4　几种典型生境的海洋真菌多样性与群落组成

真菌广泛分布于海洋环境中，从潮间带高潮线或河口到深海、从浅海沙滩到深海沉积物中都有它们的踪迹，它们可以在多种基质类型（海洋动植物、漂流木、沉积物、海水等）中以寄生、共生或腐生的方式生长、繁殖，因此呈现出多样化的生态分布特征。

5.4.4.1　植物生境

红树林生态系统孕育着极高的真菌多样性，有研究者仅从一种水椰 *Nypa fruticans* 上就报道了 135 种真菌，其中 90 种子囊菌、3 种担子菌和 42 种无性型真菌（Loilong et al.，2012）。有些真菌种类表现出极强的寄主专一性，如间型黑顶喙壳（*Aniptodera intermedia*）和附生丝孢瓶座壳（*Linocarpon appendiculatum*）仅出现于水椰上，其他与该水椰交错生长的红树植物上并未发现上述两种真菌。截至 2019 年，在全球 80 余个国家的 69 种红树林生态系统共报道了大约 500 种真菌，其中有 18 种真菌为核心红树真菌，如子囊菌 *Antennospora quadricornuta*、海洋耐盐座坚壳（*Halorosellinia oceanica*）、*Sammeyersia grandispora*、无性型真菌 *Bactrodesmium linderi*、*Hydea pygmea*、层出黑团孢（*Periconia prolifica*）和担子菌 *Calathella mangrovei*、*Halocyphina villosa*。高通量测序研究显示，红树林的沉积物中伞菌纲（Agaricomycetes）是优势类群，可能在有机物降解方面发挥重要作用。然而，一些植物病原菌，如间座壳属（*Diaporthe*）、球腔菌属（*Mycosphaerella*）、色链格孢属（*Phaeoramularia*）和座枝孢属（*Ramulispora*），经常在红树植物的叶片与树干中被发现，是优势类群。这种群落组成的差异预示着真菌生态功能（腐生与致病）的转变。

大型海藻是重要的初级生产者，在海洋生态系统的物质循环过程中发挥关键作用。真菌与海藻之间形成了多样化的相互关系（腐生、寄生、共生等）。被研究者所熟知的病原真菌 *Lindra thalassiae* 可以导致马尾藻（*Sargassum* sp.）藻体组织（如气囊）的变软和坍塌；海萝球座菌（*Guignardia gloiopeltidis*）可以引起藻类的黑斑病；*Haloguignardia irritans* 侵染褐藻 *Cystoseira* sp.和 *Halidry* sp.的内组织，从而诱导瘿瘤的形成。菌藻共生关系的代表当属丝状真菌墨角藻斑点菌（*Stigmidium ascophylli*）与褐藻 *Pelvetia caniculata*、*Ascophyllum nodosum* 形成的菌藻共生体——地衣。地衣中丝状海洋真菌和藻类或蓝细菌建立了一种亲密的互惠共生关系。丝状海洋真菌产生的菌丝体结构围裹光合作用细胞使地衣能够牢固地结合在岩石表面，也能产生相容性溶质帮助其获取水分和无机营养物，并从光合作用的藻类那里得到有机物。

存在于植物基质上的腐生型真菌是最受关注的一个海洋真菌类群，也被称为木生真菌，其广泛分布于深埋于沙滩、红树林淤泥或漂浮于海水的木质材料上。木生真菌在腐木上形成子实体（图 5-9），并分泌纤维素酶和漆酶降解木质结构，导致木材软腐，子囊菌门中的座囊菌纲（Dothideomycetes）与粪壳菌纲（Sordariomycetes）通常是优势类群。其中，格孢腔菌目（Pleosporales）和小囊菌目（Microascales）是优势目，可以在腐木基质上产生裸露或埋深的子囊壳。木生真菌中担子菌的占比较小，主要为伞菌纲的种类。然而，在北极潮间带和海底的原木上，研究者分离获得了大量的肉座菌目（Hypocreales）和柔膜菌目（Helotiales）种类，说明木生真菌的多样性可能存在地理分化。

与陆生植物相比，海草的内生真菌多样性相对较低，可能与不适宜的理化环境（低氧、高盐）以及其他海洋微生物（如硅藻、细菌等）的干扰性竞争有关。子囊菌中的散囊菌目（Eurotiales）、肉座菌目、煤炱目（Capnodiales）是海草内生真菌的优势类群。海草内生真菌的优势属有曲霉属（*Aspergillus*）、枝孢属（*Cladosporium*）、拟青霉属（*Paecilomyces*）和青霉属（*Penicillium*），这些属也是海水与沉积物中的优势类群。马来西亚半岛的海菖蒲（*Enhalus acoroides*）的内生真菌主要由座囊菌纲、散囊菌纲（Eurotiomycetes）、伞菌纲、酵母纲（Saccharomycetes）组成，而大叶藻（*Zostera marina*）的真菌多样性更为复杂，除上述海菖蒲中的优势纲外，还发现了囊担菌纲（Cystobasidiomycetes）、马拉色菌纲（Malasseziomycetes）以及疑似壶菌门和 Aphelidiomycota 的真菌类群。

5.4.4.2　沿岸水体与沉积物

沿岸海域易于取样，因此一直是基于传统培养方法研究海洋真菌的理想采样对象，目前鉴定的海洋真菌物种约有 90%分离自沿岸海域，优势属种为双核亚界的子囊菌与担子菌的成员。近年来，基于高通量测序的研究结果显示，子囊菌的座囊菌纲、锤舌菌纲（Leotiomycetes）、散囊菌纲和担子菌的伞菌纲、马拉色菌纲、银耳纲（Tremellomycetes）

等真菌数量较多。一些典型的腐生菌[如冠孢属（*Corollospora*）、环柄菇菌属（*Lepiota*）]、病原菌[如油壶菌属（*Olpidium*）、放射毛霉属（*Actinomucor*）以及罗兹菌门种类]，甚至菌根菌[如球囊菌门（Glomeromycota）]在沉积物与海水样品中广泛存在，说明真菌在近岸海洋生态系统的碳、氮循环过程中可能发挥重要作用。

有趣的是，在沿岸海域经常发现早期分化的类群，如壶菌门、毛霉门（Mucoromycota）以及罗兹菌门真菌。研究者基于核糖体大亚基 RNA 宏标记发现，北加利福尼亚州卡特雷特附近海域的沉积物、潮间带海砂以及湿地沉积物中壶菌门序列占比较大，是优势类群。同时，大部分被鉴定为早期分化类群的 DNA 序列与现有的参考序列之间的相似度较低，表明该沿岸海域可能有大量新的早期分化真菌类群。壶菌门和罗兹菌门真菌是海洋藻类、动物或其他真菌的寄生菌，同时也是微食物环的重要组分，在海洋食物网内物质转换过程中发挥关键作用。

5.4.4.3　深海及深层生物圈

通常水深超过 1000 m 的海洋被称为深海，其面积约占海洋总面积的 90%，因此深海生态系统是地球上最大的生态系统之一。深海环境具有高盐、高压、低温（火山口、热液喷口除外）、低氧、黑暗和寡营养的特点，曾经被认为是"海洋沙漠"。然而，研究发现深海环境中的真菌资源十分丰富。早在 2001 年，西班牙学者由从南极德雷克海峡附近海域采集的海水样品中，提取环境 DNA 并扩增 18S rRNA 基因，获得了 24 个代表性序列，并在 3000 m 深海水样中发现了与爪哇青霉（*Penicillium javanicum*）相似度极高的 DNA 序列。这是首次从深海海水样品中获得的真菌 DNA 序列。

随着深海微生物多样性研究的深入，在太平洋、印度洋、大西洋等深海环境的真菌资源陆续被报道，人们在海底沉积物中发现了大量的腐生真菌类群，如子囊菌中的散囊菌纲、粪壳菌纲、座囊菌纲和担子菌中的伞菌纲。同时，研究者在北大西洋和北极海域 1000～3900 m 深水柱中收集的海雪（下沉的有机物颗粒）中发现，如果以生物量计算的话，真菌与网黏菌纲（原生动物）是海雪中的两大主要真核微生物类群，并推测其在深海有机物降解过程中发挥重要作用。来自西太平洋的一项研究发现，开放海域水柱（5～5530 m 水深）中的浮游真菌群落主要由子囊菌、担子菌、壶菌和毛霉菌等类群组成。随着水深增加，腐生型真菌显著减少，而具有多种营养型（同时具有腐生、寄生和共生三种或其中两种营养型）的真菌显著增加。这种不同营养型真菌组成比例的变化，可能是真菌在群落水平上对深海高压、寡营养环境的一种适应机制。

深海环境中的真菌与陆生真菌具有较高的遗传相似性，这可能是由于陆生真菌随地表径流、河流或气流等进入海洋环境，然后沉降于深海环境中。然而，一株分离自印度洋海底沉积物的土曲霉（*Aspergillus terreus*），其孢子可以在 20 MPa 压力下萌发，证实了真菌在深海高压环境中依然保持活性。因此，目前普遍认为来源于陆生环境的深海真菌可能已经适应了深海高压环境。

一直以来，研究者认为海床底层沉积物由于受空间的限制，不利于大的细胞或多细胞微生物生长，阻碍了对微型真核生物（如真菌）的研究。然而，来自国际大洋钻探计划的研究结果彻底改变了这种看法。研究者在坎特伯雷盆地海床下 12～1740 m 处（全新世 1.17 万年前至始新世晚期 3650 万年前）的沉积物中检测出子囊菌和担子菌类群。基于宏转录组学分析，人们进一步检测到 345.5 m 深处有活的真菌，并利用荧光显微镜观察到了丝状真菌的孢子和具有隔膜的菌丝（图 5-13），证实了部分真菌在海床底层沉积物中处于活跃状态并在深层生物圈的碳、氮循环中发挥重要作用。利用国际大洋钻探计划从采自印度洋中脊亚特兰蒂斯浅滩洋壳钻孔（U1473A）的岩屑样品中，研究者分离获得了多个真菌菌株，并发现了在海底 10～780 m 深的岩屑样品中真菌具有代谢活性，证实了真菌参与深部生物圈的有机物再循环过程。

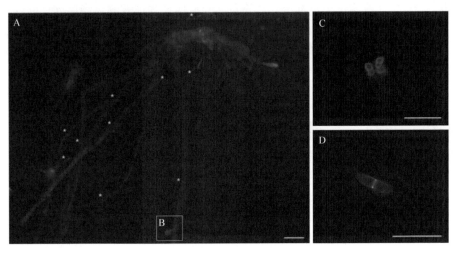

图 5-13　真菌细胞的 Calcofluor 染色观察，来自新西兰坎特伯雷海床底层 4 m 处（A～C）和 400 m 处（D）的沉积物样品（Pachiadaki et al.，2016）
A. 具隔膜的真菌菌丝（白色星号指示隔膜，比例尺 10 μm）；B. 孢子发生；C. 成簇的真菌孢子（比例尺 10 μm）；D. 具有隔膜的真菌孢子（比例尺 10 μm）

5.4.5　影响海洋真菌多样性时空分布格局的因素

诸多环境因素如温度、盐度、水深、溶解氧和营养盐条件等会对海洋环境中的真菌多样性产生影响。同时，海洋真菌同海洋细菌一样，也存在嗜压和嗜冷的类型，如来源于水深超过 500 m 海洋环境中的真菌，明显具有适应高压、低温生长的能力。甚至在水深 5000 m 以上的深海，也发现了海洋真菌的踪迹。

在近岸海域，温度与盐度被认为是影响真菌生长的最为重要的环境因素。担子菌 *Digitatispora marina* 在测试木板上的生长对温度有依赖性的研究结果显示，当温度低于 10℃时，该菌在测试木板上可以生长，而高于 10℃时则停止生长。有些真菌种类如 *Adomia avicenniae*、*Antenospora quadricornuata* 和卤蕨透孢黑团壳（*Massarina acrostichi*）仅在热带海洋里被分离到，而有些种类（如 *Toriella tubulifera*、*Lindra inflata* 和 *Ondiniella torquata*）则主要分布在温带海洋里。当然，有很多种类，如三叉冠孢（*Corollospora trifurcata*）、海洋冠孢（*Corollospora maritima*）和放射鱼雷孢菌（*Torpedospora radiata*）呈现出全球性分布的特点，这可能与其生理上对温度的适应性进化有关。一些游动孢子真菌如 *Althornia*、海壶菌属（*Haliphthoros*）和破囊壶菌属（*Thraustochytrium*；目前被认为隶属于藻物界 Chromista）的生长繁殖对盐度条件有需求，而有些种类如海疫霉属（*Halophytophthora*）则具有较广的盐度耐受范围。一项有关红树林植物 *Acanthus ilicifolius* 真菌多样性的研究清楚地显示了盐度条件对真菌群落变化的影响，海洋真菌在干旱、高盐季节占优势，而陆地真菌在湿润、低盐季节占优势。另外，寄生性壶菌 *Algochytrops polysiphoniae* 对寄主红藻 *Centroceras clavulatum* 的侵染也受到盐度的影响。

海洋中酵母类群的分布受到地理、水文及生物因素的限制。一般而言，酵母种群随着与陆地距离的增加而逐渐减少。近岸环境通常每升水中含有几十到几千个酵母细胞，而低有机质的远海表层海水中每升水仅含有 10 个甚至更少的酵母细胞。人们通常认为海洋环境中普遍存在的酵母种群来源于陆地环境。例如，一些经常可以在海水中发现的酵母种类，在被高度污染的海域中数量最多，表明这些酵母很可能来源于陆源污染，被动地存在于海水中。在河口环境中，酵母细胞数量随着盐浓度的增加而减少，由于地面径流，一些酵母种类在河口环境的丰度比开放的海域更高。例如，许多担子菌类型的酵母多存在于陆生植物叶际，由于雨水冲刷而进入海洋，从而普遍存在。然而，也有一些掷孢酵母类的酵母如掷孢酵母属（*Sporobolomyces*）和布勒掷孢酵母属（*Bullera*）是典型的在叶片上栖息的酵母，在墨西哥附近的太平洋海域很常见，并且存在于近日本的太平洋深海底栖无脊椎动物中，随着海岸距离及深度的增加，海水中出现这些酵母的频率也增大，说明这些属的酵母是海洋环境的"土著"菌。另外，酵母丰度还与海水深度有关，随着海水深度的增加，酵母的丰度通常越来越低。子囊菌门中的酵母，如假丝酵母属、德巴利酵母属（*Debaryomyces*）、克鲁维酵母属、毕赤酵母属（*Pichia*）和酵母属（*Saccharomyces*）在浅水中分布较普遍；而担子菌门的酵母则在深水中分布最为普遍，如红酵母属在 11 000 m 的深度都有发现。

5.4.6　海洋真菌的开发利用价值

高盐高压、寡营养是海洋环境最主要的特征，这使得海洋真菌进化出不同于陆地真菌的遗传代谢机制以适应栖息环境。海洋真菌所产生的各种各样的生物活性物质，如抗生素、抗肿瘤活性物质、不饱和脂肪酸、酶类等，很多在土壤真菌中难以找到，因此其在农业、工业以及医药领域具有重要的开发价值。

早在 1956 年，科学家从丝状海洋真菌顶头孢霉（*Cephalosporium acremonium*）中分离出头孢菌素 C（cephalosporin C），目前其在临床上被广泛应用。此后，其他结构新颖的抗生素，如大环内酯、生物碱和含硫环二肽等，陆续从海洋真菌中分离获得。以 2016 年为例，分离自海洋真菌的新化合物有 470 个，占海洋天然产物新化合物总数（1277 个）的 36.8%，并且 38%～59% 的海洋真菌次级代谢产物显示出抗细菌或抗真菌活性，说明海洋真菌已成为海洋天然产物或药物研究的重要来源。

由于海洋酵母含有丰富的蛋白质、脂质和维生素，因此常被用于开发水产养殖饵料，如用作活幼虫的替代品和有益微生物。另外，酵母能够发酵糖类这一特性，对食品工业生产乙醇，对酿造、啤酒蒸馏和烘焙工业也非常重要。由于酵母还具有能够产生水解酶、高效能地分解底物，以及生长周期短、培养基经济等特点，因此人们可以利用其高效经济地生产各种产品。此外，酵母的一些胞外代谢产物，如有机酸、单细胞油脂、多糖类、糖脂类和酶类均具有重要的商业价值。表 5-1 是在工业和生物技术中具有潜在应用价值的海洋酵母。

表 5-1　在工业和生物技术中具有潜在应用价值的海洋酵母（修改自 Jia et al.，2020）

产物及应用	酵母种类
污染物降解，控制赤潮	假丝酵母属（*Candida*）、红酵母属（*Rhodotorula*）、球拟酵母属（*Torulopsis*）、汉逊酵母属（*Hanseniaspora*）、德巴利酵母属（*Debaryomyces*）、丝孢酵母属（*Trichosporon*）
甘油激酶	汉逊德巴利酵母（*Debaryomyces hansenii*）
芳香多环烃的生物转化	帚状丝孢酵母（*Trichosporon penicillatum*）
在制药中用作膜表面活性剂	熊蜂假丝酵母（*Candida bombicola*）
将对虾壳废物转化成微生物蛋白质	假丝酵母属的种类
发酵产有机酸调节酸度，具有水解脂肪和蛋白质的活性，并产生香味物质	汉逊德巴利酵母
超氧化物歧化酶的抗炎活性	汉逊德巴利酵母
超氧化物歧化酶	酿酒酵母（*Saccharomyces cerevisiae*）
快速微生物传感器测量生物可降解物质	解腺嘌呤阿氏酵母（*Arxula adeninivorans*）
葡糖淀粉酶、甘油相容性溶质	木兰假丝酵母（*Candida magnolia*）
废物转化降解	食用假丝酵母（*Candida utilis*）
碳氢化合物降解	解脂耶氏酵母（*Yarrowia lipolytica*）
胡萝卜素用于食物着色，单细胞油脂	胶红酵母（*Rhodotorula mucilaginosa*）、解腺嘌呤阿氏酵母
活细胞生物降解 2,4,6-三硝基甲苯（TNT）海洋环境污染物、单细胞油脂、柠檬酸	解脂耶氏酵母
α-葡糖苷酶加速同化吸收 β-呋喃果糖苷和 α-吡喃葡糖苷	南极白冬孢酵母（*Leucosporidium antarcticum*）
有益微生物提高香肠发酵的质量	汉逊德巴利酵母
蛋白酶、普鲁兰多糖、黑色素、多聚苹果酸、糖脂	产黑色素短梗霉（*Aureobasidium melanogenum*）
菊粉酶	金黄色隐球酵母（*Cryptococcus aureus*）
减少由互隔交链孢霉引起的番茄采后腐烂病害	沼生红冬孢酵母（*Rhodosporidium paludigenum*）
银纳米粒子，生物乙醇生产	白色假丝酵母（*Canidia albicans*）、热带假丝酵母（*Candida tropicalis*）、汉逊德巴利酵母、地霉属酵母（*Geotrichum* sp.）、荚膜毕赤酵母（*Pichia capsulata*）、发酵毕赤酵母（*Pichia fermentans*）、柳毕赤酵母（*Pichia salicaria*）、小红酵母（*Rhodotorula minuta*）、迪门纳隐球酵母（*Cryptococcus dimennae*）和解脂耶氏酵母

主要参考文献

李 RE. 2012. 藻类学. 段得麟, 胡自民, 胡征宇, 译. 北京: 科学出版社.
李伟. 2019. 海洋真菌分子生态学研究概况、问题与展望. 菌物学报, 38: 1021-1032.
钱树本, 刘东艳, 孙军. 2005. 海藻学. 青岛: 中国海洋大学出版社.
宋微波, 沃伦 A, 胡晓钟. 2009. 中国黄渤海的自由生纤毛虫. 北京: 科学出版社.
宋微波, 等. 1999. 原生动物学专论. 青岛: 青岛海洋大学出版社.

杨世民, 李瑞香, 董树刚. 2014. 中国海域甲藻Ⅰ(原甲藻目、鳍藻目). 北京: 海洋出版社.

杨世民, 李瑞香, 董树刚. 2016. 中国海域甲藻Ⅱ(膝沟藻目). 北京: 海洋出版社.

杨世民, 李瑞香, 董树刚. 2019. 中国海域甲藻Ⅲ(多甲藻目). 北京: 海洋出版社.

张晓华, 等. 2016. 海洋微生物学. 2 版. 北京: 科学出版社.

郑重, 李少菁, 许振祖. 1984. 海洋浮游生物学. 北京: 海洋出版社.

Bai Y, Wang R, Liu W, Warren A, Zhao Y, Hu X. 2020. Redescriptions of three tintinnine ciliates (Ciliophora: Tintinnina) from coastal waters in China based on lorica features, cell morphology, and rDNA sequence data. Eur J Protistol, 72: 125659.

Berbee ML, James TY, Strullu-Derrien C. 2017. Early diverging fungi: diversity and impact at the dawn of terrestrial life. Annu Rev Microbiol, 71: 41-60.

Burgaud G, Edgcomb VP, Hassett BT, Kumar A, Li W, Mara P, Peng X, Philippe A, Phule P, Prado S, Quéméner M, Roullier C. 2022. Marine fungi. *In:* Stal LJ & Cretoiu MS. The Marine Microbiome (vol. 2). Yerseke, Switzerland: Springer.

Burki F. 2014. The eukaryotic tree of life from a global phylogenomic perspective. Cold Spring Harb Perspect, 6: a016147.

Chen ZY, Lundholmb N, Moestrupc Ø, Kownackad J, Li Y. 2018. *Chaetoceros pauciramosus* sp. nov. (Bacillariophyceae), a widely distributed brackish water species in the *C. lorenzianus* complex. Protist, 169: 615-631.

Cheng X, Li W, Cai L. 2015. Molecular phylogeny of *Ascotricha*, including two new marine algae-associated species. Mycologia, 107: 490-504.

Dayarathne MC, Jones EBG, Maharachchikumbura SSN, Devadatha B, Sarma VV, Khongphinitbunjong K, Chomnunti P, Hyde KD. 2020. Morpho-molecular characterization of microfungi associated with marine based habitats. Mycosphere, 11: 1-188.

Dong J, Chen X, Liu Y, Ni B, Fan, X, Li L, Warren A. 2020. An integrative investigation of *Parabistichella variabilis* (Protista, Ciliophora, Hypotrichia) including its general morphology, ultrastructure, ontogenesis, and molecular phylogeny. J Eukaryot Microbiol, 67: 566-582.

Galkiewicz JP, Stellick SH, Gray MA, Kellogg CA. 2012. Cultured fungal associates from the deep-sea coral *Lophelia pertusa*. Deep Sea Res Pt I, 67: 12-20.

Garzoli L, Gnavi G, Tamma F, Tosi S, Varese GC, Picco AM. 2015. Sink or swim: updated knowledge on marine fungi associated with wood substrates in the Mediterranean Sea and hints about their potential to remediate hydrocarbons. Prog Oceanog, 137: 140-148.

Guillou L, Chretiennot-Dinet MJ, Medlin LK, Claustre H, Loiseaux-de Goer S, Vaulot D. 1999. *Bolidomonas*: a new genus with two species belonging to a new algal class, the Bolidophyceae (Heterokonta). J Phycol, 35: 368-381.

Harms H, Schlosser D, Wick LY. 2011. Untapped potential: exploiting fungi in bioremediation of hazardous chemicals. Appl Indust Microbiol, 9: 177-192.

Hejduková E, Pinseel E, Vanormelingen P, Nedbalová L, Elster J, Vyverman W, Sabbe K. 2019. Tolerance of pennate diatoms (Bacillariophyceae) to experimental freezing: comparison of polar and temperate strains. Phycologia, 58: 382-392.

Hildebrand M. 2004. Silicic acid transport and its control during cell wall silicification in diatoms. *In*: Baeuerlein E. Biomineralization: Progress in Biology, Molecular Biology and Application. Weinheim: Wiley-VCH: 158-176.

Jia SL, Chi Z, Liu GL, Hu Z, Chi ZM. 2020. Fungi in mangrove ecosystems and their potential applications. Crit Rev Biotechnol, 40: 852-864.

Jiang Y, Zhang T, Vallesi A, Yang X, Gao F. 2019. Time-course analysis of nuclear events during conjugation in the marine ciliate *Euplotes vannus* and comparison with other ciliates (Protozoa, Ciliophora). Cell Cycle, 18: 288-298.

Jones EBG. 2011. Fifty years of marine myceolgy. Fungal Diversity, 50: 73-112.

Jones EBG, Pang KL, Abdel-Wahab MA, Scholz B, Hyde KD, Boekhout T, Ebel R, Rateb ME, Henderson L,

Sakayaroj J, Suetrong S, Dayarathne MC, Kumar V, Raghukumar S, Sridhar KR, Bahkali AA, Gleason FH, Norphanphoun C. 2019. An online resource for marine fungi. Fungal Divers, 96: 347-433.

Karpov SA, Mamkaeva MA, Aleoshin VV, Nassonova E, Lilje O, Gleason FH. 2014. Morphology, phylogy, and ecology of the aphelids (Aphelidea, Opisthokonta) and proposal for the new superphylum Opisthosporidia. Front Microbiol, 5: 112.

Kutty SN, Philip R. 2008. Marine yeasts—a review. Yeast, 25: 465-483.

Li L, Chen CP, Zhang JW, Liang JR, Gao YH. 2020. Morphology and occurrence of two epibiotic marine gomphonemoid diatoms in China. Nova Hedwigia, 111: 271-285.

Li Y, Boonprakob A, Gaonkar CC, Kooistra WHCF, Lange CB, HernaÂndez-Becerril D, Chen ZY, Moestrup Ø, Lundholm N. 2017. Diversity in the globally distributed diatom genus *Chaetoceros* (Bacillariophyceae): three new species from warm-temperate waters. PLoS One, 12: e0168887.

Loilong A, Sakayaroj J, Rungjindamai N, Choeyklin R, Jones EBG. 2012. Biodiversity of fungi on the palm *Nypa fruticans*. *In*: Jones EBG, Pang KL. Marine fungi and fungal-like organisms. Berlin: Walter de Gruyter GmbH & Co. KG: 273.

Long H, Song W, Warren A, Al-Rasheid K, Chen X. 2007. Two new ciliates from the north China seas, *Schizocalyptra aeschtae* nov. spec. and *Sathrophilus holtae* nov. spec., with new definition of the poorly-outlined genus *Sathrophilus* (Ciliophora, Oligohymenophora). Acta Protozool, 46: 229-245.

Lu B, Shen Z, Zhang Q, Hu X, Warren A, Song W. 2020. Morphology and molecular analyses of four epibiotic peritrichs on crustacean and polychaete hosts, including descriptions of two new species (Ciliophora, Peritrichia). Eur J Protistol, 73: 125670.

Ma M, Xu Y, Yan Y, Li Y, Warren A, Song W. 2021. Taxonomy and molecular information of four karyorelictids in genera *Apotrachelocerca* and *Tracheloraphis* (Protozoa, Ciliophora), with notes on their systematic positions and description of two new species. Zool J Linn Soc, 192: 690-709.

Orsi W D, Edgcomb VP, Christman GD, Biddle JF. 2013. Gene expression in the deep biosphere. Nature, 499: 205-208.

Paasche E, Brubak S, Skattebol S, Young JR, Green JC. 1996. Growth and calcification in the coccolithophorid *Emiliania huxleyi* (Haptophyceae) at low salinities. Phycologia, 35: 394-403.

Pachiadaki MG, Rédou V, Beaudoin DJ, Burgaud G, Edgcomb VP. 2016. Fungal and prokaryotic activities in the Marine subsurface biosphere at Peru Margin and canterbury basin inferred from RNA-based analyses and microscopy. Front Microbiol, 7: 846.

Picard KT. 2017. Coastal marine habitats harbor novel early-diverging fungal diversity. Fung Ecol, 25: 1-13.

Richards TA, Jones MDM, Leonard G, Bass D. 2012. Marine fungi: Their ecology and molecular diversity. Ann Rev Mar Sci, 4: 495-522.

Schmidt RJ, Gooch VD, Loeblich AR, Hastings JW. 1978. Comparative study of luminescent and nonlnminescent strains of *Gonyaulax excavate* (Pyrrhophyta). J Phycol, 14: 5-9.

Singh P, Raghukumar C, Meena RM, Verma P, Yogesh Shouche Y. 2012. Fungal diversity in deep-sea sediments revealed by culture-dependent and culture-independent approaches. Fung Ecol, 5: 543-553.

Sulzman FN, Krieger NR, Gooch VD, Hastings JW. 1978. A circadian rhythm of the luciferin binding protein from *Gonyaulax polyedra*. Comp Physiol, 128: 251-257.

Swift E, Biggley WH, Seliger HH. 1973. Species of oceanic dinoflagellates in the genera *Dissodinium* and *Pyrocystis*: Interclonal and intraspecific comparisons of color and photon yield of bioluminescence. J Phycol, 9: 420-426.

Talaro KP. 2005. Foundations in Microbiology. 5th ed. New York: The McGraw-Hill Companies, Inc.

Worden AZ, Follows MJ, Giovannoni SJ, Wilken S, Zimmerman AE, Keeling PJ. 2015. Rethinking the marine carbon cycle: factoring in the multifarious lifestyles of microbes. Science, 347: 1257594.

WoRMS(World Register of Marine Species). http://www.marinespecies.org/.

Wu T, Li Y, Lu B, Shen Z, Song W, Warren A. 2020. Morphology, taxonomy and molecular phylogeny of three marine peritrich ciliates, including two new species: *Zoothamnium apoarbuscula* n. sp. and *Z. apohentscheli* n. sp. (Protozoa, Ciliophora, Peritrichia). Mar Life Sci Technol, 2: 334-348.

Yarden O. 2014. Fungal association with sessile marine invertebrates. Front Microbiol, 5: 228.

复习思考题

1. 海洋真核微生物可分为哪三大类群？请描述其各自特征并列举常见物种。

2. 请简述纤毛虫的主要形态特征及其有性生殖过程。

3. 近年来，赤潮暴发严重破坏鱼、虾、贝类等资源。试述赤潮的发生原因、主要组成及防治手段。

4. 据你所知，生物发光主要是由哪些生物引起的？试述几种主要发光生物的形态特点及繁殖方式。

5. 海洋真菌广泛分布于海洋环境中，从潮间带高潮线或河口到深海、从浅海沙滩到深海沉积物中都有它们的踪迹。试述丝状海洋真菌和海洋酵母的形态特征、生态分布及研究价值。

6. 试述低等真菌中的 Aphelida、罗兹菌门和微孢子虫等类群与高等真菌子囊菌和担子菌的遗传分化时间，以及它们营养方式的差异。

7. 试述海洋真菌具备哪些主要的生态学功能。

8. 海洋真菌同海洋细菌一样，也存在嗜压和嗜冷等类型，海洋真菌以其独特的代谢方式适应栖息环境，许多种类的代谢产物既在工业上和医药上具有重要价值，也是国内外开发海洋真菌的重点。试阐述海洋真菌在生物技术中的潜在应用价值。

（张晓华　杨世民　李　伟　高　凤　朱晓雨）

第6章 海洋病毒

病毒（virus）是由核酸（DNA 或 RNA）及包裹在其外部的蛋白质衣壳所构成的颗粒。它不能独立生长和代谢，只能通过控制宿主的生物合成来进行自我复制。1955 年，Spencer 首次在海洋环境中发现了病毒。然而直到 1990 年前后，人们才认识到病毒广泛存在于海洋环境中。目前，随着研究的深入，人们逐渐认识到病毒在海洋生态系统中具有重要作用，海洋病毒已发展成海洋微生物学中最有前景的分支学科之一。

病毒在海洋环境中无处不在，从表层海水到深海沉积物都能够发现病毒的身影。据估计，每毫升海水中约有 10^7 个病毒，每克沉积物约含有 10^9 个病毒，而海洋中病毒的总量能够达到 10^{30} 个。因此，海洋病毒是海洋生态系统中最小和最丰富的生物体。尽管病毒颗粒很小，只有 10～200 fg，但考虑到其巨大的丰度，海洋病毒的生物量仅次于原核微生物，位列第二。

海洋病毒的形态多样且颗粒大小各不相同。海水中大多数浮游病毒粒子为五角形或六棱形的二十面体三维对称结构（图 6-1），且存在有尾、无尾等不同的病毒形态，有时还能看到包膜突起或尾纤维等附属物。海洋病毒颗粒的直径通常为 30～100 nm。有的巨型病毒的颗粒大小可达数百纳米，比许多细菌都大。

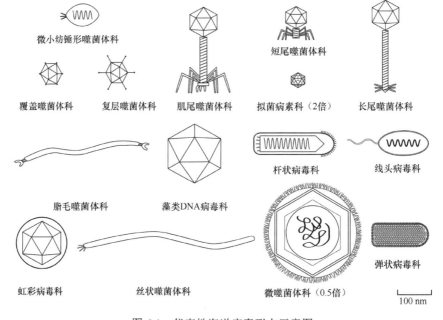

图 6-1 代表性海洋病毒形态示意图

在海洋中，小到细菌大到鲸鱼，所有的细胞都会被病毒感染。表 6-1 中罗列了具有代表性的海洋病毒科及其宿主。据估计，病毒侵染导致了 5%～40%的海洋微生物的死亡。通过侵染并杀死大量海洋微生物，病毒稳定着海洋微生物的群落结构、促进着宿主的多样性，并进一步影响了全球海洋的能量循环和物质循环。

在这一章，我们将以侵染海洋细菌的病毒——海洋噬菌体（marine phage）为例，总结海洋病毒的特点、其和宿主的相互作用以及海洋病毒在海洋环境中的作用，并简单介绍研究海洋病毒的常用方法。最后，我们将介绍几种海洋中重要的病毒，包括感染海洋真核生物的病毒。

表 6-1 感染海洋生物的代表性病毒（修改自 Munn，2020）

科水平病毒类群 [a]	形态	大小 [b]/nm	宿主
双链 DNA 病毒			
肌尾噬菌体科（Myoviridae）	多边形头（二十面体），有可收缩尾巴（螺旋形）	50～110（头部）	细菌
短尾噬菌体科（Podoviridae）	二十面体，有不收缩长尾	60（头部）	细菌
长尾噬菌体科（Siphoviridae）	二十面体，有不收缩长尾	60（头部）	细菌
覆盖噬菌体科（Corticoviridae）	二十面体，有突起	60～75	细菌
复层噬菌体科（Tectiviridae）	二十面体，有突起	60～75	细菌
脂毛噬菌体科（Lipothrixviridae）	棒状，有脂外壳	40×400	古菌
藻类 DNA 病毒科（Phycodnaviridae）	二十面体	130～200	藻类
拟菌病毒科（Mimiviridae）	二十面体，微管状突起	450～650	原生生物、珊瑚、海绵
杆状病毒科（Baculoviridae）	棒状，有包膜，有尾巴	（200～450）×（100～400）	甲壳动物
线头病毒科（Nimaviridae）	有包膜，卵球形，有尾状附属物	120×275	甲壳动物
疱疹病毒科（Herpesviridae）	多种多样，二十面体，有包膜	150～200	软体动物、鱼类、珊瑚、哺乳动物、龟类
虹彩病毒科（Iridoviridae）	圆形，二十面体	190～200	软体动物、鱼类
乳多空病毒科（Papovaviridae）	圆形，二十面体	40～50	软体动物
单链 DNA 病毒			
微噬菌体科（Microviridae）	二十面体，有突起	25～27	细菌
丝状噬菌体科（Inoviridae）	丝状，螺旋形	7×（700～2000）	细菌
细小病毒科（Parvoviridae）	圆形，二十面体	20	甲壳动物
双链 RNA 病毒			
囊病毒科（Cystoviridae）	二十面体，有脂质外套	60～75	细菌
整体病毒科（Totiviridae）	圆形，二十面体	30～45	原生生物
双核糖核酸病毒科（Birnaviridae）	圆形，二十面体	60	软体动物、鱼类
呼肠孤病毒科（Reoviridae）	十二面体，有突起	50～80	甲壳动物、软体动物、鱼类、原生生物

科水平病毒类群 [a]	形态	大小 [b]/nm	宿主
单链 RNA 病毒（正链）			
光滑噬菌体科（Leviviridae）	圆形，二十面体	26	细菌
海洋 RNA 病毒科（Marnaviridae）	圆形，二十面体	25	海藻
小 RNA 病毒科（Picornaviridae）	圆形，二十面体	27～30	海藻、甲壳动物、破囊壶菌、原生生物、哺乳动物
冠状病毒科（Coronaviridae）	杆状，有突起	200 × 42	甲壳动物、鱼类、海鸟
双顺反子病毒科（Dicistroviridae）	圆形，二十面体	30	甲壳动物
杯状病毒科（Caliciviridae）	圆形，十二面体	35～40	鱼类、哺乳动物
野田村病毒科（Nodaviridae）	圆形，二十面体	30	鱼类
披膜病毒科（Togaviridae）	圆形，有外边缘	66	鱼类
单链 RNA 病毒（负链）			
布尼病毒科（Bunyaviridae）	圆形，有包膜，基因组分 3 个节段	80～120	甲壳动物
弹状病毒科（Rhabdoviridae）	子弹状，有突起，基因组分 2 个节段	（45～100）×（100～430）	鱼类
正黏病毒科（Orthomyxoviridae）	圆形，有突起，基因组分 8 个节段	80～120	鱼类、哺乳动物、海鸟
副黏病毒科（Paramyxoviridae）	多种多样，多数有包膜	（60～300）×1000	哺乳动物

a. 目前，国际病毒分类委员会将双链 DNA 病毒中的肌尾噬菌体科细分为 Ackermannviridae、Chaseviridae 和 Herelleviridae；将长尾噬菌体科细分为 Demerecviridae 和 Drexlerviridae；将短尾噬菌体科重新命名为 Autographiviridae。单链 DNA 病毒中的丝状噬菌体科被细分为 Inoviridae 和 Plectroviridae。

b. 对于棒状结构的病毒粒子，其大小用直径×长度表示

6.1 海洋病毒的丰度与生产力

6.1.1 海洋病毒的丰度及分布

海洋病毒的存在方式包括游离、吸附于无机或有机颗粒上，以及宿主的非感染性携带、急性或慢性感染和溶原性侵染等。在海洋中，病毒多以浮游状态存在，其中主要是噬菌体和藻类病毒。近些年，越来越多的研究表明海洋水体中病毒数量极为庞大，其丰度远远高于先前的估计。正如前文所述，病毒被认为是海洋生态系统中丰度最高的生物群体，其丰度是细菌的 5～25 倍，更是比其他海洋生物高出 3～24 个数量级。这就意味着，1L 海水中的病毒数量（约为 10^{10} 个）甚至超过了目前地球上的人口数量（$7.6×10^9$ 个）。

病毒的丰度通常与细菌和浮游植物的数量密切相关。在整个海洋生态系统中，病毒和细菌比（virus-to-bacteria ratio，VBR）约为 10。在不同的环境中这一比率差异极大，

通常为 1~100。海水中病毒的空间分布呈现近岸丰度高、远洋丰度低的特点，这可能与近岸海水营养水平高导致藻类和细菌大量繁殖从而引发病毒的大量增殖相关。此外，病毒的数量在海洋真光层中较多，其丰度随着海水深度的增加而逐渐下降，在深渊环境中病毒的丰度可低至 10^4 个/mL。海洋病毒在海水中的含量也随季节和其他环境参数变化而呈动态变化。研究表明病毒的丰度与海水中叶绿素 a 的含量呈正相关，因而夏季近岸的病毒丰度通常高于冬季。不仅如此，海水是一个高度异质性的环境，微生物在营养物质周围会呈现微尺度上的聚集。因此，在微空间尺度上，病毒丰度可能呈现巨大的波动。

6.1.2　海洋病毒的计数方法

利用噬菌斑实验（plaque assay）可以对海洋中侵染某一特定宿主的噬菌体进行计数。将经 0.2 μm 滤膜过滤后的海水和易感细菌混合后，添加上层琼脂，后将混合物倒在常规琼脂平板之上。随着宿主的生长，噬菌体裂解细胞，形成一个透明的空斑，即噬菌斑（plaque）（图 6-2）。计算平板上噬菌斑的数目能够估算海水中侵染这一宿主的病毒数目。因此，这种方法常被用来分离和计数侵染弧菌（vibrio）和蓝细菌（cyanobacteria）等一些易培养的海洋细菌的噬菌体。

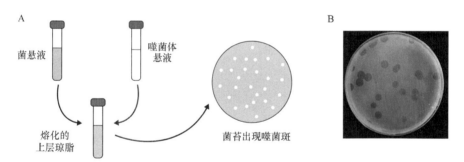

图 6-2　烈性噬菌体的噬菌斑计数法
A. 噬菌斑计数法流程示意图；B. 噬菌斑照片

此外，海洋中有许多生长速度较慢或难以在固体培养基中生长的细菌，分离这些细菌的噬菌体往往采用极限稀释法（dilution to extinction）。例如，侵染海洋中丰度最高的细菌 SAR11 的噬菌体就是通过此种方法被分离和纯化的，进一步研究显示该噬菌体在海洋中具有极高的丰度。

然而，由于海洋中只有不到 1% 的海洋原核生物能够被培养出来，因此无论是噬菌斑实验还是极限稀释法，其使用均受到了限制，无法估算出海洋中病毒的真实丰度。

目前，对海洋浮游病毒最有效的计数方法是对海水样本处理后直接进行显微观察，下文介绍的透射电子显微镜观察、荧光显微镜观察等都隶属于此种方法。这一方法不依赖于对宿主的培养，因此可以全面地了解海洋病毒的丰度。然而，严格地说这些方法所观察到的仅为病毒颗粒，无法知晓其是否具有侵染性，因此也可称之为病毒样颗粒（virus-like particle，VLP）。

Bergh 等在 1989 年首次利用透射电子显微镜（transmission electron microscope, TEM）观察了海水中的病毒颗粒。通过过滤和高速离心，将 20 L 或者更多的海水中的病毒颗粒浓缩。再将浓缩后的样本吸附于金属网格上，利用乙酸双氧铀（uranyl acetate）或者磷钨酸（phosphotungstic acid）染色，最终利用透射电子显微镜进行超显微观察。尽管利用透射电镜观察法对病毒计数是一件非常耗时耗力的工作，且误差较大，但由于其在计数的同时能够观察到病毒的形态，提供病毒的分类信息，因此具有很高的实用价值。

利用荧光显微镜（fluorescence microscope）技术快速评估病毒数量是目前被广泛应用的方法。Suttle 等于 1990 年首次利用该方法对海洋中的病毒进行了计数。该方法使用荧光染料对病毒的核酸进行染色后，利用荧光显微镜进行观察。目前，常用的染剂为 SYBR Green I 和 SYBR-Gold。小体积（通常为 1 mL）的海水被过滤到一个孔径 0.02 μm 的滤膜之上，将滤膜染色 5～10 min 后，放置于载玻片之上，就可以在荧光显微镜下进行观察。病毒粒子在显微镜下是很小的亮点，可以根据亮点的大小将其与被染色的细菌及其他浮游生物区分开（图 6-3）。由于病毒的大小低于光学显微镜的分辨率，用这种方法所看到的病毒只是由荧光染料激发形成的亮光点，因此荧光显微镜不能提供病毒的形态学信息。

图 6-3　海水沉积物样品经过 SYBR Green I 染色后的荧光显微照片
原核生物和病毒颗粒如图所示

流式细胞术（flow cytometry）也可以用于获取病毒的数量。利用荧光信号和前向角散射、侧向角散射将核酸染色后的病毒颗粒与细菌等浮游微生物区分开，从而实现对病毒颗粒的高通量计数。相较于荧光显微技术，流式细胞术计数具有通量高、准确性高和操作简单等优点。然而，考虑到病毒颗粒较小，与海水中的杂质及流式细胞仪本身的噪音较难区分，因此此项技术对流式细胞仪有较高的要求。近年来，由于技术上的进步（包括使用免疫标记或病毒特异性探针），流式细胞术也被用于检测受病毒侵染的细胞数。

此外，荧光定量 PCR 技术也已经应用于海洋病毒的计数。当在某一类病毒中某一段序列具有较高的保守性时，就可以通过定量 PCR 检测此类病毒在海洋中的丰度。然而，由于海洋中的病毒具有极高的多样性，无法设计通用引物实现对整个海洋病毒的检测；不仅如此，PCR 引物的设计又依赖于少数已经被培养出来的病毒的基因组，因此，此项技术只能应用于少数特定病毒类群。

6.1.3 病毒的裂解量与生产力

裂解量（burst size）是指每个宿主细胞裂解后所释放的子代噬菌体的平均数量，这一数值反映了维持病毒种群所需裂解的宿主个数，对认知病毒的生产力和宿主的死亡率十分重要。裂解量越大，用来维持病毒增殖所需的宿主细胞的数量就越少。裂解量可以通过透射电镜观察细胞直接测定，或者利用病毒与宿主的比率，以及为维持病毒产量理论上所需的接触和感染比率来计算。由于研究地点和使用方法不同，裂解量也有很大的变化，但在原位实验中测得的裂解量一般为 10～50，平均为 25。在实验室中，由于可培养细菌代谢旺盛，噬菌体的裂解量更大，平均为 185。

海洋病毒生产力（viral production）对理解海洋病毒的生态学作用、估算海洋病毒所导致的死亡率，从而评估病毒介导的海洋物质循环和能量流动具有十分重要的作用。病毒的生产力受到宿主及环境因素的综合影响。宿主的代谢状态直接影响病毒的生产力。通常病毒的生产力和宿主细胞的生长速率之间存在着正相关关系。代谢旺盛的宿主能够支持病毒产生更多的子代病毒。因此，能够促进宿主生长和代谢的环境因素往往能够促进病毒的生产速率。病毒的生产力随时空变化幅度较大。河口和近海的病毒生产力通常高于外海与大洋区域。在寡营养的开阔大洋，受 C、N、P 等营养元素的限制，病毒生产力通常为 2×10^3 个/(mL·h)至 3×10^6 个/(mL·h)。随着海水深度的增加，海洋病毒生产力呈现下降的趋势。海洋沉积物中的病毒生产力通常要比海水中要高。在需氧和更深的缺氧沉积物中病毒的生产力分别为 $(10\sim400)\times10^6$ 个/(mL·h)和 $(1\sim25)\times10^6$ 个/(mL·h)。温度可能是影响病毒生产力的另一个理化因子。温度升高可以显著提高病毒生产力，而这也可能是由于温度促进了宿主的代谢活力。此外，病毒的生产力也与光照、pH 等环境因素有一定的关系。

目前，海洋病毒生产力可以利用同位素示踪法、稀释法和荧光标记病毒示踪法等方法测定。同位素示踪法是先向海水中添加同位素标记物（如 ^{3}H-Thy、^{14}C-Leu、^{32}P-磷酸盐），后检测病毒粒子中的同位素含量。同位素标记物首先被原核微生物所利用，如果其被病毒侵染，同位素就能够在病毒粒子中被检测到，由此推算病毒的生产力。荧光标记病毒示踪法是利用荧光标记物，如 SYBR Green I，标记浓缩的病毒，将其重新加入自然海水。利用新产生的病毒没有荧光信号这一特点便可以推算出病毒的生产力。稀释法是目前最普遍采用的方法，即通过稀释，降低新侵染（第二轮侵染）发生概率，最终通过检测一定时间内宿主裂解产生的病毒粒子的数量，计算病毒的生产力。

采样地点、时间以及检测方法的不同都会导致病毒的生产力有较大的差异。然而，可以肯定的是，病毒的裂解与原生动物的捕食作用一样对海洋微生物的死亡有非常显著的贡献。据估计，海洋中每秒钟会发生 10^{23} 次病毒的侵染，在任意时刻海洋中有 20%～30%的异养细菌和蓝细菌处于被病毒感染的状态，而每天有 10%～40%的海洋细菌被病毒杀死。

6.1.4　病毒失活

病毒降解（virus decay）反映的是在没有新病毒产生的情况下，病毒颗粒的数量随着时间而下降的现象。通常来说，病毒在还未降解前就会丧失感染性，这往往是由于病毒的核酸或衣壳蛋白发生了不可修复的破坏。

许多物理、化学和生物因子都能影响病毒的感染力。人们对水体中病毒失活的研究大多集中于海水浴场或养殖场，主要是对污水中相关病毒的健康危害性进行研究。可见光和紫外线被认为是影响病毒存活率的最重要因素。在高强度日光下，病毒的降解率可提高到每小时 3%～10%，最高可达 80%。因此，光照显著影响上层海水中的病毒。在清澈海水中，阳光能够降解 200 m 水深处的病毒；即使在十分浑浊的近岸水体中，光对几米深的水中的病毒仍具有杀灭作用。海水中的颗粒物和酶也是导致病毒降解、失活的重要因子。颗粒物能够吸附病毒，导致其识别宿主的蛋白质被屏蔽或损伤，从而使病毒失去侵染活性。细菌和其他浮游微生物能够分泌胞外酶，如蛋白酶或核酸酶。这些胞外酶也能够降解病毒的蛋白衣壳或核酸，最终使其失去侵染活性。

6.2　海洋噬菌体的侵染方式

6.2.1　烈性噬菌体和裂解周期

烈性噬菌体（virulent phage）侵入宿主后，能够通过控制宿主细胞的复制、转录与翻译来复制其自身的核酸，合成蛋白质，然后将这些核酸和蛋白质组装成病毒粒子，引起宿主细胞裂解，完成裂解周期（lytic cycle）。

裂解周期的第一步是吸附到宿主细胞表面，然后与宿主细胞表面的特定受体发生不可逆的结合。研究表明，许多海洋噬菌体具有极强的宿主特异性，甚至无法感染同一种菌的不同株系。另外，海洋中的一些噬菌体具有广泛的宿主范围，能够侵染不同属的物种。例如，海洋中的某些 T4 类蓝细菌噬菌体既能够侵染原绿球藻，又能够侵染聚球藻。最新发现的无尾双链 DNA 噬菌体——奥托吕科斯病毒科（Autolykiviridae），也具有广泛的宿主范围。由于大部分研究都是基于有限数量的可培养噬菌体-宿主体系，现阶段海洋病毒真实的宿主范围尚不清楚。近期，利用 tRNA、规律间隔成簇短回文重复序列（CRISPR）等信息，能够预测宏基因组中病毒序列的可能宿主和推测其宿主范围，为了解海洋病毒的宿主范围提供了另一种途径。

噬菌体和宿主的受体相结合后，噬菌体尾部或衣壳中的酶会降解细菌的细胞壁，形成一个小孔，核酸通过小孔进入细胞。然后，在裂解周期中噬菌体的遗传物质会在细胞质中启动噬菌体蛋白的表达、噬菌体基因组的复制、衣壳和病毒粒子其他部分的合成。当噬菌体组装完成后，大多数噬菌体通过产生破坏细胞膜和细胞壁的酶，引发宿主细胞的裂解，最终释放出子代噬菌体（图 6-4）。

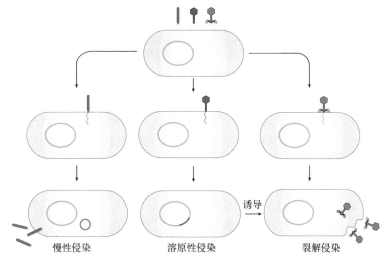

图 6-4 噬菌体的典型侵染方式

6.2.2 温和噬菌体与溶原周期

与烈性噬菌体不同，温和噬菌体（temperate phage）感染细胞后病毒基因组会和宿主 DNA 一起复制但不表达（图 6-4）。通常，沉默的病毒基因组会稳定地整合到细菌基因组中，这种潜伏状态下的噬菌体被称为原噬菌体（prophage），而被温和噬菌体感染的细菌称为溶原性细菌（lysogenic bacteria）。在特定条件下，溶原性细菌可被诱导，进入裂解周期，释放出具有感染性的病毒颗粒。一些实验条件如置于紫外线下照射、温度改变、使用抗生素或其他化学药品处理等，都能够诱导温和噬菌体进入裂解周期。

溶原现象普遍存在于海洋生态系统中。对分离得到的细菌和自然海水进行噬菌体诱导实验发现，海洋中存在着大量的处于溶原状态的噬菌体。此外，对海洋细菌基因组的分析也发现，原噬菌体存在于大多数海洋细菌基因组之中。目前普遍认为进入溶原周期是噬菌体的一种生存策略，其发生的频率与细菌的丰度和活性呈负相关。海洋环境中的浮游微生物往往密度低、生长缓慢，而浮游状态下的烈性噬菌体在与宿主接触前极有可能被降解、失活。通过进入溶原周期，噬菌体可以在宿主数量较低或生长较慢时期存活下来，等待条件改善后再进入裂解周期。多个用可培养细菌进行的研究表明，寡营养大洋表层海水样品中处于溶原状态的细菌可高达 50%，比营养丰富的海岸海水样品中的多。对溶原性细菌的季节性研究也得出相似的结果，处于溶原状态的细菌在冬季较多，即宿主细胞密度较低的时期。然而，目前我们对海洋细菌处于溶原状态的分子机制了解甚少。

原噬菌体基因组的整合与切除提供了一种自然转导机制，因此在物种进化过程中具有十分重要的作用。当宿主的部分基因被包装到成熟的病毒颗粒中，宿主基因就可以从一个细胞转移到另外一个细胞。因此温和噬菌体介导了基因的水平转移（详见 6.4.2 节）。整合到宿主基因组上的原噬菌体还能够影响宿主细胞的表型，调控细菌与环境的相互作用方式，如运动能力、生物被膜形成、防御、毒性和群体感应等（详见 6.4.1 节）。

6.2.3 慢性侵染

除烈性噬菌体和温和噬菌体外，病毒能够通过挤压或出芽的方式从宿主细胞中释放出来，却不杀死宿主，这种侵染方式被称为慢性侵染（chronic infection）。营慢性侵染的病毒与宿主之间的关系更像寄生而非捕食关系（图6-4）。目前，对海洋中营慢性侵染的病毒的相关研究尚处于起步阶段，其中能够侵染细菌的单链 DNA 噬菌体——丝状噬菌体科（Inoviridae），是研究相对较多的类群。对微生物基因组和宏基因组的分析发现了上万条丝状噬菌体序列，暗示营慢性侵染的丝状噬菌体远比想象中更多样化。多个研究显示丝状噬菌体对其宿主的生长、环境耐受性以及致病性具有重大影响。例如，侵染霍乱弧菌（*Vibrio cholerae*）的丝状噬菌体 CTXΦ 编码并表达了导致霍乱的主要毒力因子。然而，目前慢性侵染对海洋环境及生态的影响仍然是完全未知的。

6.3　海洋病毒的多样性

因为病毒可以侵染从大型生物到海洋微生物中的任何一种，不仅如此，人们发现多种病毒可以侵染同一种微生物或大型生物，所以从理论上来说，海洋病毒的多样性是高于其宿主的。由于极高的突变率和频繁的水平基因转移，海洋病毒具有极为丰富的多样性。据统计，在 100 L 的海水中有超过 5000 个病毒基因型，在 1 kg 的沉积物中这一数值甚至可达到 100 万个。正因为病毒有非常高的多样性，在自然环境中即使最为丰富的病毒种类也只占总病毒群落的 2%～3%。

然而，由于技术手段的限制，人们对海洋病毒多样性的认识远远落后于对其宿主多样性的认识。这主要是由于海洋病毒没有类似于细菌 16S rRNA 基因或者真核微生物 18S rRNA 基因的标记物，从而极大地限制了人们对海洋病毒整体多样性的研究。在海洋病毒的研究初期，由于所了解到的病毒基因组信息较少，病毒的多样性只能采取先培养其宿主、再分离纯化病毒的方式进行研究。随着数据库中病毒基因和基因组序列的逐渐增多，人们发现某些病毒类群具有保守性基因，这样就可以设计这些病毒类群的特异性引物，通过克隆文库、高通量测序扩增子等手段研究其多样性。近年来，宏基因组技术的应用，在海洋病毒多样性的研究中掀起了一场革命。宏基因组技术不依赖于保守基因的扩增，十分适合对没有保守基因标记物的病毒的多样性进行研究，因此其应用越来越广泛。

无论采用何种研究方法，这些研究都揭示了病毒具有极高的多样性，并表明许多海洋中的优势病毒并没有被分离培养出来。因此，几乎可以肯定的是，海洋病毒具有地球上最为丰富的多样性，而我们对它们的认知也仅仅是冰山一角。

6.3.1　基于培养方法研究病毒的多样性

利用分离纯化所得到的海洋病毒研究其多样性，被认为是最经典也是不可或缺的海洋病毒多样性研究方法。因为只有病毒和宿主均被分离纯化出来，才能够进行详细的生理、生态和相互作用的研究，如基于病毒头部和尾部形态结构进行的形态多样性分类，基于病毒宿主范围和侵染过程等开展的生理学相互作用研究。截至目前,基于培养方法,人们已经获得了超过 1500 个病毒基因组,其中包括在海洋环境中占有非常重要地位的细菌病毒,如在海洋中分布最为广泛的 SAR11 细菌病毒、玫瑰杆菌病毒,以及海洋初级生产力的主要贡献者蓝细菌(原绿球藻和聚球蓝藻)病毒等。从目前已得到基因组信息的蓝细菌病毒来看,其基因组大小为 30~250 kb,其中含有近 40 个与病毒 DNA 复制、病毒结构相关的核心基因。同时,蓝细菌病毒基因组中也含有一些与宿主代谢有关的辅助代谢基因(auxiliary metabolic gene,AMG),如光合作用基因 *psbA*(编码光系统 Ⅱ 核心反应中心蛋白 D1 的基因)、磷代谢相关基因等(详见 6.4.1 节)。

6.3.2　基于特征基因研究病毒的多样性

通过对已经分离的病毒基因的序列比对发现,特定病毒类群存在相对保守的特征基因。因此,可以在不依赖培养的条件下,通过特异性引物的 PCR 扩增和高通量测序对特定病毒类群的多样性进行研究。这一方法被广泛应用于对蓝细菌病毒和侵染真核藻类的藻类 DNA 病毒科的多样性研究。常见的特征基因包括病毒外壳蛋白基因、末端酶基因、DNA 聚合酶基因和核糖体还原酶基因等。利用这一方法,研究发现即使在这些特定的病毒类群中,单个基因的多样性也非常高。不仅如此,这一方法能够更为详尽地揭示特定病毒类群的基因型,为进一步研究这一病毒类群的多样性及其随时间和空间的动态变化提供了支撑。

6.3.3　基于宏基因组学研究病毒的多样性

海洋病毒宏基因组(virome)分析是在通过过滤、超速离心等技术手段将大部分宿主和病毒分开之后,直接提取病毒总核酸,利用高通量测序来分析其多样性。由于这种方法不依赖于已知的病毒信息,因此不仅能够发现更多的未知病毒,同时还能够了解环境中整个病毒群落的多样性,而非某一特定病毒类群。鉴于此,病毒宏基因组对整个海洋病毒多样性的研究具有重要推动作用。

20 世纪初期,第一个海洋病毒群落的宏基因组被发表,向人们展示了之前未被发现的、极为丰富的海洋病毒多样性。然而,人们同时也在病毒的宏基因组中发现有极高比例的序列(甚至可占到总序列的 90%)无法在现有的基因数据库中找到匹配序列,这个比例远远超过细菌的宏基因组。发生这种情况的主要原因是现有基因数据库中病毒基因相对匮乏,也表明目前人们对病毒多样性的认识还处于起步阶段。随后,多个海盆尺度甚至全球尺度的海洋病毒宏基因组调查相继展开,如 Tara 海洋病毒组(Tara Oceans Virome)、太平洋病毒组(Pacific Ocean Virome)、全球海洋病毒组 2.0(Global Ocean Viromes 2.0)等。这些病毒宏基因组学的研究使得我们对海洋病毒的多样性有了更多的认知,也带来了更多的挑战。

首先,尽管在局部范围、单个水样中海洋病毒的多样性很高,但病毒的分布在全球海洋中具有普遍性,绝大多数病毒的基因型存在于多个水域。目前的宏基因组测序已经近乎囊括了全球表层海水中的所有病毒基因型。其次,全球尺度的调查显示,全球病毒群落的组成和分布似乎是受海洋洋流与海水的分层驱动。再次，由于可培养的病毒基因组有限，因此我们对海洋病毒多样性的认识尚不完善。尽管我们获得了数以万计的病毒序列、基因组，但这些序列所代表的病毒的形态、生理、生态学作用等却无从知晓。最后，到目前为止，绝大多数海洋病毒宏基因组分析都是以双链 DNA（dsDNA）病毒为对象的，对于单链 DNA（ssDNA）及 RNA 病毒的宏基因组分析依然十分有限。有限的海洋 ssDNA 病毒宏基因组的研究表明，海洋中隐藏着数百种以前未知的基因不同的 ssDNA 病毒类群，它们可能是海洋食物网中浮游植物和微型浮游动物的重要病原体。最新的针对全球海洋的 RNA 病毒的分析发现了大量新型的 RNA 病毒；进一步的研究表明 RNA 病毒可能通过侵染生态上具有重要作用的宿主和辅助代谢基因影响整个海洋生态系统。这些研究都为我们更为全面地认识丰富且多样的海洋病毒打下了坚实的基础。

6.4　海洋病毒和宿主的相互作用

6.4.1　病毒影响宿主的代谢与表型

病毒基因组都含有与复制、结构、组装相关的基因，这些基因使得病毒能够入侵、复制和释放，完成整个侵染周期。除这些核心基因外，病毒还携带一些辅助基因，这些基因不仅能够促进病毒裂解与释放，还能够影响宿主的代谢与表型。

原噬菌体通过将自身基因组整合到宿主基因组之中，能够从许多方面改变宿主的生理特点，如运动、生物被膜形成、防御、毒性、产孢、应激反应和群体感应等，因而有利于宿主拓展其生态位，最终帮助噬菌体更好地存活（图 6-5）。其中研究得最为深入的是霍乱弧菌。霍乱弧菌通常是海湾和河口中的正常菌群。当温和性丝状噬菌体 CTXΦ 侵

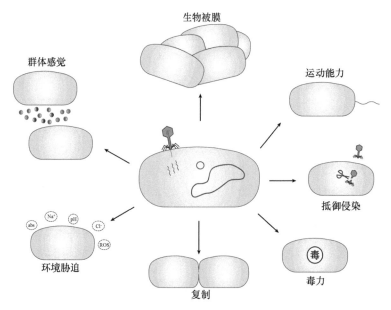

图 6-5　噬菌体对宿主细胞表型的影响（修改自 Hargreaves et al.，2014）

abs，ABS 树脂；ROS，活性氧

染弧菌并整合到其染色体上后，噬菌体所编码的霍乱毒素表达，最终使得弧菌分泌霍乱毒素，导致人类患霍乱。原噬菌体的存在还能够使宿主细胞对于同一种或类似的病毒侵染产生抗性，即重复侵染排斥（superinfection exclusion）。原噬菌体能够编码蛋白以阻碍第二个噬菌体的侵染，从而使溶原性宿主对其他噬菌体的侵染产生免疫。例如，Lambda 噬菌体编码的 CI 阻遏蛋白就能够抑制第二个噬菌体在宿主细胞的复制。此外，有研究表明原噬菌体与大肠杆菌（*Escherichia coli*）的抗生素抗性和运动能力息息相关。

烈性噬菌体中也存在许多本应只存在于细胞基因组中的与代谢相关的基因，这些基因被称作辅助代谢基因。2003 年，Mann 等首次从一株蓝细菌噬菌体的基因组中发现了编码光合作用核心蛋白 D1 的基因 *psbA*。后续的研究发现噬菌体的 *psbA* 基因与宿主的同源，并具有功能。在侵染过程中噬菌体的 *psbA* 能够表达，补充宿主的 D1 蛋白，从而提高噬菌体的裂解量。随着病毒宏基因组的迅猛发展，通过仔细分析病毒宏基因组，更多的辅助代谢基因被发现。例如，从热液羽流的病毒宏基因组中拼接得到了 15 个可能侵染硫氧化菌的病毒基因组。有趣的是，在这些病毒基因组中还发现了硫氧化基因 *rdsr*。因此，研究人员推测病毒的 *rdsr* 基因可能在侵染过程中参与了硫元素的氧化，维持了宿主的基本代谢，有助于提高噬菌体的产量。目前，在海洋噬菌体中发现的辅助代谢基因涉及碳代谢、细胞保护、物质循环（如氮、磷、硫、铁）、脂肪酸代谢、光合作用、嘌呤和嘧啶代谢以及蛋白质合成等多个方面（图 6-6）。从本质上说，辅助代谢基因体现了

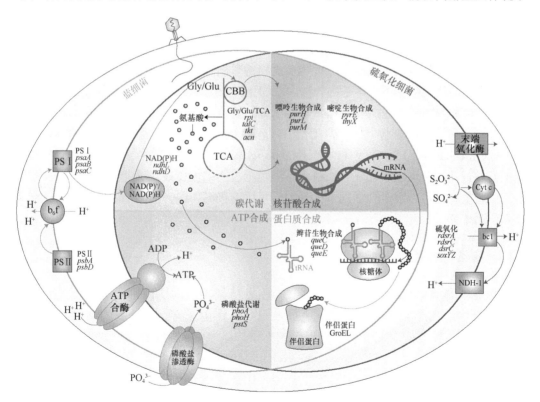

图 6-6　海洋中发现的辅助代谢基因（修改自 Breitbart et al.，2018）

CBB，卡尔文循环；TCA，三羧酸循环；PSⅠ，光反应中心Ⅰ；PSⅡ，光反应中心Ⅱ；Cytc，细胞色素 c；
NDH-1，NADH 脱氢酶

噬菌体对环境的一种适应。由于噬菌体需要活跃的宿主细胞来完成裂解，因此，辅助代谢基因在侵染期间的表达能够维持或补充宿主的关键代谢，从而帮助噬菌体在海洋环境中"生长"。辅助代谢基因的存在与否也与环境因素息息相关。例如，从缺磷环境中分离出的蓝细菌噬菌体含有更多与磷代谢相关的辅助代谢基因，如磷酸盐结合基因 *pstS* 和碱性磷酸酶基因 *phoA*。因此，辅助代谢基因通过影响宿主的代谢，帮助噬菌体更好地适应了海洋环境。

6.4.2　病毒介导宿主的水平基因转移

病毒作为海洋环境中基因交换的重要媒介影响着海洋微生物的多样性。目前认为病毒至少可以通过三种途径介导基因在微生物间的水平基因转移（horizontal gene transfer）。

首先，温和噬菌体提供了一种天然的转导（transduction）机制。如前文（6.2.2）介绍的那样，当原噬菌体进入裂解周期时，如果宿主的部分基因被噬菌体包裹，就可能将宿主基因从一个供体细胞转移到受体细胞中，从而实现了 DNA 在细菌宿主之间的转导。据推算，每年噬菌体参与了海洋中 10^{28} 个 DNA 碱基对的转导。

其次，病毒裂解宿主后会释放大量溶解的 DNA，这些 DNA 可以被其他细胞所利用。因此，通过病毒参与的转化（transformation），基因也能够实现从受体细胞到供体细胞的转移。

最后，近年来的研究表明，基因转移因子（gene transfer agent，GTA）存在于海洋细菌基因组中。基因转移因子是一种类病毒样的颗粒，其形态与噬菌体类似，头部直径 $30 \sim 40$ nm。与噬菌体不同，基因转移因子的蛋白衣壳中并不包裹自身的基因组。相反地，它能够随机携带宿主的基因组片段。因此，基因转移因子能够在细胞之间转移宿主 DNA，从而介导细胞水平基因转移。基因转移因子首次在 α-变形菌纲（Alphaproteobacteria）的荚膜红细菌（*Rhodobacter capsulatus*）中被发现。随着测序技术的发展，基因转移因子也在其他细菌系统甚至古菌中被发现。研究发现在自然微生物群落中，由基因转移因子介导的水平基因转移比例极高，比转导高 $10^3 \sim 10^8$ 倍，比转化高 $10^5 \sim 10^7$ 倍。

6.4.3　病毒与宿主之间的协同进化

在海洋环境中，病毒与其宿主之间存在着持续不断的协同进化，以实现二者在海洋环境中的共存。在病毒裂解宿主的过程中，宿主会通过一系列的防御机制来抵抗病毒侵染，如改变表面受体、利用限制性修饰系统、利用 CRISPR/Cas 系统、原噬菌体的重复侵染排斥和流产感染（abortive infection）等。另外，从病毒的角度来看，宿主的抗性机制限制缩小了它的宿主范围。因此，病毒也进化出多种策略来规避或颠覆上文提到的各种机制，以维持其应有的宿主范围，从而在环境中继续生存。在海洋异养菌、蓝藻和真核藻类等的培养研究中发现，病毒能够诱导敏感型野生菌株突变，从而获得病毒抗性。对海洋噬菌体与宿主细菌的共培养研究显示，随着培养的持续，噬菌体的宿主范围会逐渐发生变化，这暗示着有的噬菌体能够克服宿主的抗性机制，实现对细菌的裂解。因此，海洋病毒和宿主处于永不停止的"军备竞赛"之中，最终实现二者之间的协同进化。

6.5 海洋病毒的重要生态学作用

6.5.1 海洋病毒维持微生物群落的稳态和多样性

对于海洋生态系统中浮游植物、浮游动物及浮游细菌的消亡，除人们熟悉的捕食作用以外，病毒介导的裂解作用也是主导因素之一。表层海洋中由病毒引起的细菌死亡率达到 10%~50%；在一些含氧量低或深海等不利于原生动物生存的环境中，病毒导致的细菌死亡率甚至高达 50%~100%。由于病毒的宿主专一性，病毒不仅能够调控宿主的数量，还会间接影响其群落的结构，从而导致生物群落的演替。著名的"杀死胜利者（kill the winner）"假说提出，病毒侵染宿主的概率与宿主密度相关（图 6-7）。当宿主密度很大时，病毒与宿主接触的概率也就很高，这使得任何种群在竞争中都不能够长期地占据优势地位，因为优势种群更容易被病毒侵染。病毒通过这种方式，能够抑制单一物种的过度繁殖，调整物种间的竞争，从而调节微生物群落的多样性和结构。

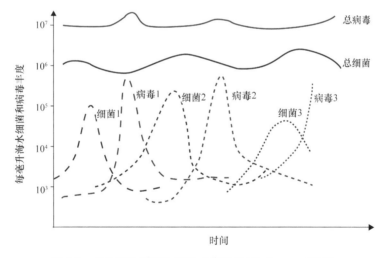

图 6-7 "杀死胜利者"假说（修改自 Kirchman，2008）

水平基因转移是病毒影响细菌群落多样性的另一种方式，可以通过前文介绍的多种方式实现。通过原噬菌体能够实现 DNA 在宿主之间的转导，病毒裂解也能产生大量的溶解 DNA 以用于转化。携带随机宿主 DNA 片段的 GTA 也能够实现基因在不同宿主之间的水平传递。

此外，正如前文提到的，面对病毒的侵染压力时，宿主会进化产生一系列抵御病毒侵染的机制，如改变表面受体等。这种病毒与宿主之间的协同进化，同样为提高宿主多样性作出了贡献。

6.5.2　海洋病毒与生物地球化学循环

　　海洋病毒被认为是海洋物质循环和能量流动的驱动力。病毒通过裂解作用引起大量海洋微生物死亡，释放出细胞碎片和溶解有机物（dissolved organic matter，DOM），这些有机物能够进一步被微生物群落再利用。病毒的这一作用被称为"病毒回流（viral shunt）"（图 6-8）。"病毒回流"减少了碳和营养物质从浮游植物与异养细菌向更高营养层的流动，使得碳源和营养物质流向溶解有机物，从而有效地促进了微生物环。因此，"病毒回流"刺激了细菌对碳、氮、磷、铁等营养元素的呼吸消耗和矿化。据估算，海洋中 6%～26% 的光合作用固定的碳，经过病毒裂解，回流到可溶解有机碳库。由于"病毒回流"的作用，碳元素被滞留于表层的海水，减少了其通过生物泵（biological pump）作用从表层海水到深层海水的沉降。而这部分碳元素最终会以 CO_2 的形式进入大气。因此，"病毒回流"加剧了大气中 CO_2 的含量。

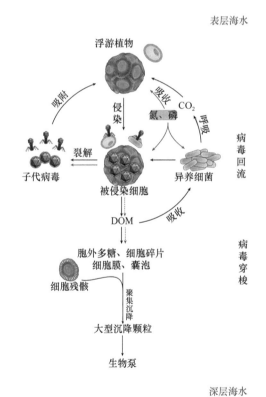

图 6-8　病毒通过"病毒回流"和"病毒穿梭"影响海洋物质循环（修改自 Zimmerman et al.，2020）
黑色箭头表示海洋系统中的碳循环；橙色实线箭头表示营养物质（主要为氮和磷）的吸收与利用；橙色虚线箭头则表示营养物质被利用后所剩下的氮和磷匮乏的裂解产物。DOM，溶解有机物

　　另外，由于病毒颗粒本身氨基酸和蛋白质的相对富集，使得宿主裂解液中的有机碳多为惰性溶解有机碳（recalcitrant dissolved organic carbon，RDOC），如胞外聚合物颗粒、

细胞碎片等。而这些惰性溶解有机碳更容易聚集成大颗粒，使得被病毒侵染的细胞迅速沉降，加速碳元素向海底的沉降，提高了生物泵的效率，这一过程被称为"病毒穿梭（viral shuttle）"。考虑到病毒巨大的数量及病毒导致细胞裂解的比例，病毒穿梭对深海碳库积累具有不可被忽视的贡献。

此外，人们往往着重关注病毒裂解宿主释放碳和营养物质的过程，而忽视了病毒粒子本身的生态效应。虽然单个病毒粒子的含碳量（0.055～0.2 fg）远远小于宿主细胞的含碳量，但是其数量巨大，使得人们无法忽视病毒在海洋碳库中的地位。有研究通过模型估算，认为病毒颗粒中的氮和磷是海洋有机氮库与有机磷库的重要组成部分，在某些海区病毒颗粒中的磷含量甚至可以占到有机磷库的 5%。

6.6 感染海洋真核生物的病毒

6.6.1 感染真核生物的核质巨 DNA 病毒

核质巨 DNA 病毒（nucleocytoplasmic large DNA virus，NCLDV）是一类侵染植物和动物的病原体，包括藻类 DNA 病毒科（Phycodnaviridae）、拟菌病毒科（Mimiviridae）、痘病毒科（Poxviridae）和虹彩病毒科（Iridoviridae）等。这些病毒的基因组较大，编码了数百个功能未知的基因。在海洋生态系统中，核质巨 DNA 病毒能够侵染许多重要的浮游植物和浮游动物，因此受到广泛的关注。随着对藻类 DNA 病毒的深入研究和拟菌病毒中巨型病毒的发现，人们对核质巨 DNA 病毒的起源和进化及其在海洋生态系统中的重要性有了更为深入的认知。

6.6.1.1 藻类 DNA 病毒科（Phycodnaviridae）

藻类 DNA 病毒是一类具有大型的双链 DNA 的病毒家族，其宿主主要是淡水和海洋藻类。它们在形态上有一些相似之处，都为双链 DNA 病毒，通常有脂膜，衣壳呈二十面体对称，直径为 120～220 nm。根据已经分离得到的病毒，其基因组大小为 100～560 kb。目前国际病毒分类委员会（ICTV）已确认了 6 个属，而球石藻病毒属（*Coccolithovirus*）是其中最为著名的一类。

球石藻病毒能够侵染海洋中重要的赫氏艾密里藻（*Emiliania huxleyi*），致使细胞裂解，释放藻类胞内的二甲基硫（dimethyl sulfide，DMS），从而影响全球气候变化。二甲基硫基丙酸内盐（dimethylsulfoniopropionate，DMSP）存在于许多浮游植物中，其作用可能是作为渗透压保护剂（osmoprotectant），保护微藻免受盐浓度变化造成的伤害。许多海洋微生物中存在 DMSP 裂解酶，可将 DMSP 转化成 DMS。DMS 具有高度挥发性，逃逸到空气中可导致硫酸盐的形成。硫酸盐可以作为水蒸气的核，进而形成雾。随着雾的增加，浮游植物的光合作用减弱，使 DMS 的产量降低，直到雾量减少，DMS 的产量才有所回升。因此，这是一个恒定的反馈机制，并且在控制全球气候变化中起重要作用。赫氏艾密里藻是 DMSP 和 DMS 最大的生产者之一，它分布于全球，在温和的海水中周期性形成有害藻华（harmful algal bloom，HAB）。研究人员观察到赫氏艾密里藻水华经常出现快速的衰减，大约有半数的细胞被病毒感染。赫氏艾密里藻具有 DMSP 裂解酶的活性，但是不同株产生的酶量差别很大。球石藻病毒似乎只感染产酶量低的藻株。病毒感染不仅会导致 DMSP 从藻类细胞中释放出来，而且会导致 DMSP 裂解为 DMS。赫氏艾密里藻及病毒对藻类细胞裂解作用的研究，不但与全球的 DMS 产量相关，而且也与全球变暖的研究相关，因为在 DMSP 转变为 DMS 的过程中，沉积物中的方解石板块（calcite plate）被转换成二氧化碳释放到空气中。

另外，藻类 DNA 病毒还能够侵染其他微藻，如游金藻（*Aureococcus anophagefferens*）、球形棕囊藻（*Phaeocystis globosa*）和赤潮异弯藻（*Heterosigma akashiwo*）等。这些微藻都能够大量繁殖，形成水华。因此科学家正在研究如何利用藻类 DNA 病毒来控制有害藻类水华。

6.6.1.2 巨型病毒——拟菌病毒科（Mimiviridae）

2003 年，La Scola 等从阿米巴中分离出一种巨大的双链 DNA 病毒。这种病毒为二十面体，衣壳的直径能够达到 650 nm，基因组为 1.2 Mb。由于它的大小，最初被认为是一种细菌，之后的研究证明它是一种巨型病毒（giant virus），被命名为拟菌病毒（mimivirus，mimick microbe）。在此之后，多个类似的巨型病毒被分离出来，如 mamavirus、megavirus 等。这些病毒携带有近乎完整的遗传信息，能够独立完成大部分的生命活动。尽管它们拥有一些产生能量的基因，但仍然依赖于宿主核糖体将 mRNA 翻译成蛋白质。它们并不进行细胞分裂，而是通过组装颗粒后释放实现复制。因此，它们在本质上仍然是病毒。拟菌病毒并不像绝大多数感染真核生物的 DNA 病毒一样，将自身 DNA 插入宿主细胞的细胞核中进行复制。它们感染棘阿米巴后，会进入潜伏期，在此期间宿主细胞被指示建立一个大型的类似细胞器的"病毒粒子工厂（virion factory，VF）"。拟菌病毒在这些细胞质内的"病毒粒子工厂"中实现复制和转录，但"病毒粒子工厂"却不具备产生能量和 mRNA 翻译的能力。因此，"病毒粒子工厂"的功能与细胞核十分相似，而这一发现表明真核细胞可能是由被病毒感染的祖先细菌进化而来的。

拟菌病毒的发现使得越来越多的科学家开始关注巨型病毒及其生态学意义。科学家对马尾藻海（Sargasso Sea）和全球海洋取样科考（Global Ocean Sampling Expedition，GOS）中的宏基因组进行重新分析，结果显示海洋中存在大量与拟菌病毒同源的序列，进一步的分析表明拟菌病毒家族成员是海洋中继噬菌体之后第二丰富的类群。

不仅如此，越来越多的巨型病毒被分离出来。Deeg 等于 2018 年分离出了一株感染海洋鞭毛虫（*Bodo saltans*）的巨型病毒 *Bodo saltans* virus（BsV）。它是海洋中第一个巨型病毒的分离株，其基因组为 1.39 Mb，能够编码 1227 个可读框，且具有一个复杂的复制机制。BsV 的基因组丢失了几乎所有的与翻译相关的基因，包括 tRNA，但它却携带 tRNA 修复基因，这暗示着 BsV 在感染期间可能依赖于宿主的 tRNA。最近，从高盐湖泊和深海沉积物中分离出了拟菌病毒科的新的病毒属，被称为图邦病毒属（*Tupanvirus*）。图邦病毒不仅病毒颗粒形状特殊且尺寸巨大（图 6-9），而且它的基因组包含翻译所有 20 种标准氨基酸的基因，有多达 70 个 tRNA 的可读框，20 个与氨基酰化和运输相关的可读框，11 个参与翻译的因子以及与 tRNA/mRNA 成熟和核糖体蛋白修饰相关的因子。

其基因组只缺失编码核糖体本身的基因。目前尚不清楚图邦病毒的自然宿主及其在海洋环境中的数量和分布，但它似乎具有广泛的宿主范围，并能够在实验室系统中感染阿米巴和其他原生生物。

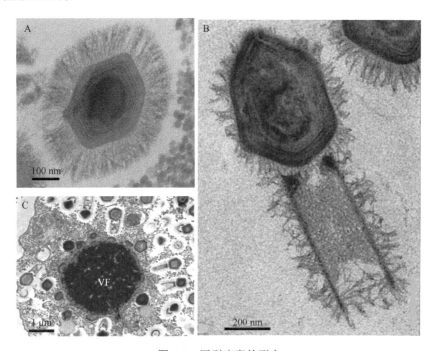

图 6-9　巨型病毒的形态

A. 拟菌病毒的透射电镜图片（La Scola et al.，2008）；B. 图邦病毒的透射电镜图片，突出显示病毒粒子的内部元素；C. 被图邦病毒感染后期，在细胞内可见成熟病毒粒子工厂（VF）（Abrahão et al.，2018）

6.6.2　感染水产养殖动物的病毒

水产养殖，即在水中密集饲养鱼类、软体动物和甲壳动物。这种极高的宿主密度为病毒的繁殖和传播提供了机会。此外，随着国际水产养殖业的蓬勃发展，水生动物病毒突破了地理限制，在不同国家和地区蔓延。在经济海洋生物中发现的病毒种类已达 100 种以上，许多重大的疑难海水养殖生物病害均是由病毒引起的。因此，病害发生成为了制约水产养殖产业发展的重要因素。下文将主要介绍我国对虾及鱼类病毒的研究现状。

6.6.2.1　对虾病毒

目前世界上已报道的对虾病毒包括杆状病毒科、线头病毒科、细小病毒科、呼肠孤病毒科、野田村病毒科、小 RNA 病毒科、弹状病毒科和被膜病毒科共 8 个科的 19 种。对虾病毒病曾造成全世界对虾养殖业的巨大经济损失，因此已成为国内外学者研究的热点之一。

1. 对虾白斑综合征病毒

白斑综合征病毒（white spot syndrome virus，WSSV）是目前对全球对虾养殖业危害最大的病原之一。患病的对虾甲壳上存在明显不透明白色斑点，且白斑结构位于甲壳内侧，主要由碳酸钙组成。白斑综合征病毒不仅具有高致病性，3～10 d可以使养殖对虾死亡，而且宿主范围广泛，能够感染几乎每一种对虾，甚至是其他甲壳动物。

白斑综合征病毒为双链DNA病毒，属于线头病毒科白斑病毒属。该病毒寄生于细胞核内，短杆状、具有双层囊膜，不形成包涵体，呈不完全对称的椭球形（图6-10）。其结构最显著的特点是其囊膜的一端有一长的"尾"状结构，而另一端较平。

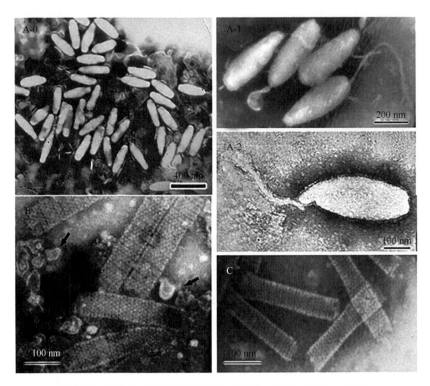

图6-10　纯化的WSSV病毒粒子（黄健，2003；梁艳，2002）
A-0. 纯化的WSSV病毒粒子；A-1、A-2. 完整的WSSV病毒粒子，外具囊膜和尾状结构；
B. 破碎的WSSV病毒粒子，箭头指示脱落的囊膜结构；C. WSSV核衣壳

白斑综合征病毒的传播方式复杂，常见的传播途径有水平传播和垂直传播。携带病毒的亲虾传染仔虾的机会逐年增加，导致仔虾普遍携带病毒。目前人们已建立了一系列用于WSSV流行病学调查研究和检测的技术，包括单克隆抗体技术、酶联免疫吸附试验（ELISA）技术、核酸探针原位杂交技术和PCR检测技术等。

2. 中肠腺坏死杆状病毒

中肠腺坏死杆状病毒（baculoviral midgut gland necrosis virus，BMNV）属杆状病毒科，是一种C型杆状病毒，具双层被膜。中肠腺坏死杆状病毒具有较高的宿主专一性，能够感染日本囊对虾，主要靶器官是肝胰腺，濒死虾的中肠腺细胞出现核肥大、细胞明显坏死的现象。

3. 十足目虹彩病毒

十足目虹彩病毒（decapod iridescent virus）属于虹彩病毒科十足目虹彩病毒属，是大颗粒的二十面体病毒。该病毒能够感染多种重要的养殖虾类。通过虾口粪途径、同类相食途径传播。发病虾类会出现肝胰腺颜色变浅、空肠空胃、停止摄食和活力下降等症状，濒死的个体会失去游动能力，沉入池底。目前可以采用核酸及组织病理学进行检测。

6.6.2.2　鱼病毒

虽然人们早就怀疑病毒是引发鱼类疾病的一种病原体，但直到 20 世纪 60 年代，随着鱼类组织细胞培养方法的发展，对病毒的研究才有了较大的进展。目前，就世界范围而言，已发现多种海水鱼病毒，仅大菱鲆就有 11 种病毒。

1. 鲤春病毒血症病毒

鲤春病毒血症病毒（spring viremia of carp virus，SVCV）主要引起鲤春病毒血症，又称鲤鳔炎病。该病毒属单分子负链 RNA 病毒目弹状病毒科鲤春病毒属。该病毒可导致鲤和锦鲤的大批量死亡，且宿主范围很广，能够感染各种鲤科鱼类。SVCV 主要经水传播，也可垂直传播。对有临床症状的鱼，可采用细胞培养方法分离病毒，也可采用免疫荧光、ELISA 或 PCR 等方法诊断。

2. 传染性胰脏坏死病毒

传染性胰脏坏死病毒（infectious pancreatic necrosis virus，IPNV）是双链 RNA 病毒，也是第一个从细胞中分离出来的鱼类病毒。该病毒广泛存在于淡水、半咸水和海水鱼类及无脊椎动物中。

该病毒直径仅为 60 nm，呈二十面体，无囊膜，对热和酸稳定，对脂溶剂不敏感。在海水养殖中，IPNV 能够引起多种鱼类的大规模死亡。它主要感染育苗池中的稚鱼，使鱼食欲下降并呈螺旋状游泳，导致其肠道出血，死亡率高达 90%。传染性胰脏坏死病毒的毒性变化很大，血清学和分子生物学方法已被广泛应用于该类疾病的诊断及病毒携带者的检测。这种病毒可以水平传播和垂直传播，而且可以通过各国的鲑鱼和鳟鱼卵的进出口传播，已经扩展到许多国家和地区。

3. 淋巴囊肿病毒

淋巴囊肿病是由虹彩病毒科的淋巴囊肿病毒（lymphocystis disease virus，LCDV）引起的一种慢性传染病，主要表现为鱼类皮肤细胞肥肿，身体表面出现乳头瘤样赘生物。该病毒颗粒为六角形立体对称结构，呈晶格状排列，有包膜，完整病毒的直径约为210 nm。这种病害虽然死亡率低，但传染性极强，严重影响多种鱼类的养殖。

6.6.2.3　其他海洋动物病毒

由于病毒存在的广泛性、普遍性，在许多海洋动物上都可找到病毒的踪影。迄今为止，世界上已发现的贝类病毒有 20 余种。我国目前已经在皱纹盘鲍、九孔鲍、栉孔扇贝体内发现了病毒颗粒。

主要参考文献

黄健. 2003. 对虾白斑综合征病毒的分子结构学研究. 北京: 中国科学院研究生院博士学位论文.

梁艳. 2002. 白斑综合征病毒(WSSV)与宿主细胞结合及其粘附蛋白(VAP)定位. 青岛: 青岛海洋大学硕士学位论文.

张晓华, 等. 2016. 海洋微生物学. 2 版. 北京: 科学出版社.

《执业兽医资格考试应试指南(水生动物类)》编写组. 2022. 2022 年执业兽医资格考试应试指南(水生动物类). 北京: 中国农业出版社.

Abrahão J, Silva L, Silva LS, Khalil JYB, Rodrigues R, Arantes T, Assis F, Boratto P, Andrade M, Kroon EG, Ribeiro B, Bergier I, Seligmann H, Ghigo E, Colson P, Levasseur A, Kroemer G, Raoult D, La Scola. 2018. Tailed giant Tupanvirus possesses the most complete translational apparatus of the known virosphere. Nat Commun, 9: 749.

Breitbart M, Bonnain C, Malki K, Sawaya NA. 2018. Phage puppet masters of the marine microbial realm. Nat Microbiol, 3: 754-766.

Dimmock NJ, Easton AJ, Leppard KN. 2016. Introduction to Modern Virology. 7th ed. Hoboken: John Wiley & Sons.

Hargreaves KR, Kropinski AM, Clokie MR. 2014. Bacteriophage behavioral ecology: How phages alter their bacterial host's habits. Bacteriophage, 4: e29866.

Kauffman KM, Hussain FA, Yang J, Arevalo P, Brown JM, Chang WK, VanInsberghe D, Elsherbini J, Sharma RS, Cutler MB, Kelly L, Polz Mf. 2018. A major lineage of non-tailed dsDNA viruses as unrecognized killers of marine bacteria. Nature, 554: 118-122.

Kirchman DL. 2008. Microbial Ecology of the Oceans. 2nd ed. New Jersey: John Wiley & Sons Inc.

La Scola B, Desnues C, Pagnier I, Robert C, Barrassi L, Fournous G, Merchat M, Suzan-Monti M, Forterre P, Koonin E, Raoult D. 2008. The virophage as a unique parasite of the giant mimivirus. Nature, 455: 100-104.

Labrie SJ, Samson JE, Moineau S. 2010. Bacteriophage resistance mechanisms. Nat Rev Microbiol, 8: 317-327.

Lang AS, Westbye AB, Beatty JT. 2017. The Distribution, Evolution, and Roles of Gene Transfer Agents in Prokaryotic Genetic Exchange. Annu Rev Virol, 4: 87-104.

Mackinder L, Worthy C, Biggi G, Hall M, Ryan K, Varsani A, Harper G, Wilson W, Brownlee C, Schroeder D. 2009. A unicellular algal virus, *Emiliania huxleyi* virus 86, exploits an animal-like infection strategy. J Gen Virol, 90: 2306-2316.

Munn CB. 2020. Marine Microbiology: Ecology and Applications. 3rd ed. Boca Raton: CRC Press, Taylor & Francis Group.

Patel A, Noble RT, Steele JA, Schwalbach MS, Hewson I, Fuhrman Ja. 2007. Virus and prokaryote enumeration from planktonic aquatic environments by epifluorescence microscopy with SYBR Green I. Nat Protoc, 2: 269-276.

Samson JE, Magadán AH, Sabri M, Moineau S. 2013. Revenge of the phages: defeating bacterial defences. Nat Rev Microbiol, 11: 675-687.

Suttle CA. 2005. Viruses in the sea. Nature, 437: 356-361.

Weinbauer MG. 2004. Ecology of prokaryotic viruses. FEMS Microbiol Rev, 28: 127-181.

Zhao Y, Temperton B, Thrash JC, Schwalbach MS, Vergin KL, Landry ZC, Ellisman M, Deerinck T, Sullivan MB, Giovannoni SJ. 2013. Abundant SAR11 viruses in the ocean. Nature, 494: 357-560.

Zimmerman AE, Howard-Varona C, Needham DM, John SG, Worden AZ, Sullivan MB, Waldbauer JR, Coleman ML. 2020. Metabolic and biogeochemical consequences of viral infection in aquatic ecosystems. Nat Rev Microbiol, 18: 21-34.

复习思考题

1. 病毒是海洋生态系统中丰度最高的生物群体,但因个体微小而无法直接用光学显微镜观察,有哪些方法可以帮助我们对海洋病毒进行观察和计数?

2. 病毒除了能够导致海洋微生物裂解与死亡,还能够从哪些层面与宿主相互作用?

3. 病毒的多样性研究是帮助我们了解病毒在海洋生态中地位与作用的重要手段,目前可用来研究海洋病毒多样性的方法主要有哪些? 你认为哪种方法更有优势?

4. 在生物地球化学循环中,海洋病毒是因为哪些特点与功能成为不可缺少的一环?

5. 为什么说病毒是海洋中水平基因转移的重要"媒介"?

6. 作为一种非生命体,病毒是否可以在微食物环中起到重要的生态作用?

7. 病毒主要的侵染方式有哪些? 这些侵染方式在宿主和病毒层面分别有怎样的作用?

8. 拟菌病毒的发现给了我们什么样的启发?

9. 常见的能感染鱼类的海洋病毒有哪些? 请列举几种主要类型。

10. WSSV 是目前对全球对虾养殖业危害最大的病原之一,了解其结构、致病性及传播途径是防控对虾感染的基本要求,你对此有何认识?

(战渊超　顾冰玉)

本章彩图请扫二维码

第 7 章　海洋极端环境中的微生物

过去的几十年间，随着研究手段的进步，我们对微生物生存极限的认知在不断突破。尤其是在一些原先认为不可能有生命的区域中发现了微生物的存在，比如深海玄武岩层、深海海沟、热液喷口、冷泉以及极地区域海冰和被冰封的冻土层等。微生物通过改变自身的细胞结构和代谢途径等方式来适应这些极端环境，进化出了能够在高温、低温、高酸、高碱、高盐、高压、高辐射等极端环境中生存的微生物类群（表 7-1），如嗜热菌（thermophile）、嗜冷菌（psychrophile）、嗜酸菌（acidophile）、嗜碱菌（alkaliphile）、嗜盐菌（halophile）、嗜压菌（piezophile）、耐辐射菌（radioresistant bacterium）等。这些能够在极端环境中生长的微生物一般被统称为极端微生物（extremophile）。

表 7-1　目前已知的微生物生存极限条件（修改自 McKay，2014）

环境参数	极限范围	备注
最低温	约−15℃	受限于液态水的存在及细胞内盐溶液的状态
最高温	122℃	受限于液态水的存在及蛋白质稳定性
最大压力	≥140 MPa	
光照	约 0.01 μmol/(m²·s)（直接光照的 5×10^{-6}）	冰层下的微藻及深海环境
pH	0~12.5	
盐度	饱和 NaCl 溶液	饱和度受到温度影响
水活度	0.6	酵母和霉菌
	0.8	细菌
UV	≥1000 J/m²	耐辐射奇异球菌（*Deinococcus radiodurans*）
放射线	50 Gy/h	耐辐射奇异球菌在持续照射下
	12 000 Gy	短暂照射

海洋环境复杂多变，并且存在着大量已知和未知的极端环境。对这些环境中微生物的研究，一方面有助于推进对生命本质的认识，另一方面也有助于开发利用极端微生物酶资源，从而解决工业生产中的苛刻条件与酶蛋白的有限稳定性之间的矛盾。本章重点介绍深海环境、热液与冷泉环境、极地海洋环境中的微生物，及其对所处极端环境的适应机制。

7.1　深海环境和深海微生物概况

7.1.1　深海环境的基本特征

海洋约占地球表面积的 71%，占地球生物圈（生物可生存空间）的 90%，拥有地球上最大的生态系统。海洋中 1000 m（或者 200 m）以深的水域和沉积物被统称为深海环境，其约占全球海域的 95%，是目前探索最少的微生物栖息地之一。

海洋平均深度约为 3800 m，根据海水深度的不同，海洋水体可以分为 5 层。①海洋浅层（epipelagic zone），又称真光层（euphotic zone），一般指从海平面到其以下 200 m 深的水层。由于太阳光充足，生活在其中的初级生产者如浮游植物（phytoplankton）可以进行光能合成作用，因此海洋浅层中的初级生产力产生速率超过呼吸速率，是海洋初级生产力的最主要来源。②海洋中层（mesopelagic zone），指深度为 200～1000 m 的水层。200 m 以下的海洋环境通常被认为是海洋黑暗环境。海洋中层是真光层和几乎完全黑暗的海洋半深层之间的过渡带，含有丰富的异养微生物，它们在有机质矿化及其向深海迁移的过程中发挥着关键作用。③海洋半深层（bathypelagic zone），指深度为 1000～4000 m 的水层。该水层几乎完全黑暗，只有少数发光生物可以提供少量的光源。该水层的平均水温约为 4℃，而且缺乏有机质，但其中的微生物仍可与复杂的有机质相互作用，并对海洋生物地球化学状态的变化作出反应。④海洋深层（abyssopelagic zone），指深度为 4000～6000 m 的水层。这是海洋中食物极端匮乏的地带，几乎没有大型生物出现，大多数是栖息在深海平原上的底栖生物，如小型鱼类、多毛类和甲壳类等。海洋上层沉降的海雪（marine snow）是该区域生物的主要食物来源。虽然海雪是浅层向深层高效输送有机物的载体（部分海雪的最快沉降速度为 500 m/d），然而大部分海雪颗粒通常在到达深渊层之前就已经被异养微生物分解掉了。⑤深渊层（hadal zone），指水深＞6000 m 的水层，主要分布在大洋的海沟中，最深处的马里亚纳海沟水深约 1.1 万 m，深渊层具有无光、低温、高压和寡营养的环境特征，被认为是海洋中最恶劣的环境之一。根据海水深度，海洋半深层、海洋深层和深渊层都属于深海环境。

深海环境多种多样，主要包括深海盆地、大陆架、大陆坡、海山、热液喷口、冷泉、海沟等生境（图 7-1）。海洋环境中各生态系统的大致体积如表 7-2 所示。

图 7-1　深海环境示意图
图中各圆圈所示内容代表该生境中主要的生物/微生物群落

表 7-2 海洋环境中不同栖息地的体积（Orcutt et al., 2011）

生态环境	体积/m³
水体（200 m 以浅）	$3.0×10^{16}$
水体（200 m 以深）	$1.3×10^{18}$
热液羽流	$7.2×10^{13}$（每年）
全部沉积物	$4.5×10^{17}$
大陆架沉积物	$7.5×10^{16}$
大陆坡沉积物	$2.0×10^{17}$
海山沉积物	$1.5×10^{17}$
深渊沉积物	$2.5×10^{16}$
0～10 cm 沉积物	$3.6×10^{13}$
洋壳	$2.3×10^{18}$

在一个半世纪之前，人们普遍认为深海是黑暗、荒凉、寡营养的生命禁区。随着英国"挑战者"号的科学考察（1872～1876 年），人们在深海发现了大量的生物，此次考察因此成为深海科学考察史上的重要里程碑。此后不久，Certes 在 5000 m 以深海域中采集了海水和沉积物样品，并在其中发现了能够耐受高压的细菌，这些细菌能在水体中自由生活。20 世纪初，Portier 用灭菌的密封玻璃瓶采集深海水样时，在不同地点和深度均发现了深海细菌的存在。第二次世界大战后，由于 Benecke 和 ZoBell 的大量工作，深海微生物学开始迅速发展。ZoBell 发明的海洋微生物培养基 2216E，被应用于深海微生物的培养。此外，他还研究了静水压力对细菌活性的影响，并参加了丹麦的 Galathea 号探险，由此拉开了深海微生物前沿性研究的序幕。

尽管深海没有光照，但其同样孕育了丰富多彩的生命形式，维持深海生物生存和生长的碳源与能量绝大多数来源于光合作用产生的有机物。深海有机碳沉降通量约为 2.2 mg C/(m²·d)。除了偶尔会有动物尸体（其沉降速率为 50～500 m/h，在降落到海底前不会被大量分解）等大块有机物，大部分有机物以海雪的形式到达海底，且大部分光合作用产物在沉降过程中被分解，最终只有约 1%可降至海底，因此深海具有寡营养的特征。

除寡营养之外，深海的主要特征还包括高压、低温、洋流缓慢和富氧。深海的平均压力约为 400 个大气压（每增加 10 m 水深，压力增加约 1 个大气压），万米深海的静水压力可高达 100 个大气压以上，因此深海微生物可耐受高压，普遍具有耐压或嗜压特性。深海多数区域的温度在 2～4℃（不包括热液喷口），有利于嗜冷菌的生存。另外，除了少数相对封闭的盆地（如黑海、卡里亚科盆地、挪威和加拿大附近的一些海峡等），绝大部分的深海水体及表层海底沉积物的含氧量较高（约 4 mg/L）。这种现象与深海寡营养环境和深海生物的低耗氧量有关。

7.1.2 深海微生物的数量

深海是地球上最大的生物群落区，其中深海海水中微生物的丰度为 10^4～10^5 个细胞/mL。研究显示，在 0～11 000 m 全水深海水中，原核生物的丰度随深度增加而逐渐降低，深海比表层海水低 2～3 个数量级；在海水和沉积物交界处，原核生物的丰度显著增加。然而，古菌的丰度随深度增加先是逐渐增加，随后逐渐降低，这主要是由于古菌 Marine Group Ⅰ（MG-Ⅰ）类群的丰度随水深先增加后降低。尽管丰度低，但深海微生物具有更高的物种和功能多样性，且根据宏基因组学分析，其还有大量的未知功能基因。

除深海海水外，深海沉积物、洋壳、热液喷口、冷泉等生境也栖息着大量微生物（详见 7.2 节和 7.4 节），它们一起组成了地球上最大的生态系统。随着高通量测序技术的兴起，人们发现深海微生物的多样性比我们通过培养的方法获得的结果要丰富百倍，而且随着研究技术的进步，人们对其多样性的认知还在不断加深。

7.1.3　深海原核微生物的多样性

深海与表层海水中的原核微生物群落组成具有显著差异，真光层 0～200 m 以蓝细菌门（Cyanobacteria）、α-变形菌纲（Alphaproteobacteria）的 SAR11 类群（如 Pelagibacterales）为优势类群，200～4000 m 海水中以奇古菌门（Thaumarchaeota）MG-Ⅰ为优势类群，而在深度超过 6000 m，特别是万米水深的海水中以 γ-变形菌纲（Gammaproteobacteria）为优势类群。此外，深海沉积物中的微生物群落与海水中的也具有显著差异。对于细菌而言，海水以蓝细菌门、变形菌门（Proteobacteria）和拟杆菌门（Bacteroidetes）为优势类群，而沉积物中则是绿弯菌门（Chloroflexi）、黑杆菌门（Atribacterota）、浮霉菌门（Planctomycetes）和变形菌门等类群占优势。古菌在深海海水中以 MG-Ⅰ 和 Marine Group Ⅱ（MG-Ⅱ）为优势类群，而在沉积物中以深古菌门（Bathyarchaeota）、阿斯加德古菌超门（Asgard）和奇古菌门为优势类群。此外，微生物在不同深度沉积物中也呈现显著的种群演替。例如，在南海采集的 0～8 m 的柱状沉积物样品中，奇古菌门和 γ-变形菌纲在表层沉积物占优势，而绿弯菌门和浮霉菌门是深层沉积物的主要类群。

一般认为，海洋环境微生物群落中目前只有不到 1% 的类群获得了纯培养。在深海环境如深海沉积物和洋壳中，这一比例可能更低。这些已获得纯培养的微生物为人们研究其独特的代谢类型、低/高温高压适应机制以及在极端环境下的生存方式提供了实验材料。深海微生物在生物工程方面也大有作用，尤其是嗜低/高温以及高压微生物的研究，促进了相关酶制剂的研究和开发。例如，人们从分离自鲸鱼尸体上的细菌中发现的脂质降解酶已被用作低温去污剂。

深海中培养最多的细菌类群是 γ-变形菌纲，可能是由于最常用的 2216E 培养基较适合它们生长。目前分离获得的 γ-变形菌纲有希瓦氏菌属（*Shewanella*）的深海希瓦氏菌（*S. benthica*）、紫色希瓦氏菌（*S. violacea*）和耐压希瓦氏菌（*S. piezotolerans*），对不同温度和压力均具有良好的适应性，因此它们已成为研究特殊代谢途径的模式类群。其中耐压希瓦氏菌 WP3 是一株低温耐压菌，且具有完整的抗氧化系统，是研究微生物的抗氧化与低温高压适应性关系的良好材料。此外，嗜压的深层发光杆菌（*Photobacterium profundum*）已成为研究低温高压微生物蛋白表达的模式生物。人们在纳米比亚上升流的沉积物中分离得到的目前已知的个体最大的原核生物类群硫珍珠菌属

（*Thiomargarita*），可以参与深海硫氧化和磷循环过程。隶属于 δ- 变形菌纲（Deltaproteobacteria）的深层脱硫弧菌（*Desulfovibrio profundus*）是从深海沉积物中分离到的第一株硫酸盐还原细菌（sulfate reducing bacteria，SRB）。ε- 变形菌纲（Epsilonproteobacteria）细菌多分离自深海热液区，尤其是热液羽流中。另外，在深海热液区分离获得的属于 ζ-变形菌纲（Zetaproteobacteria）的铁氧化深海菌（*Mariprofundus ferrooxydans*）在某些特定区域内是对铁和硫化物进行氧化的主要类群。

绿弯菌门是细菌域中一个多样性较高的类群，其成员广泛分布在深海生态系统中。最近有人从深海中分离了一株绿弯菌门细菌 *Phototrophicus methaneseepsis* ZRK33，属于 *Ca.* Thermofonsia 分支 2。该深海绿弯菌基因组中有完整的光合作用通路，表明其可能有利用光能的潜力。随后，通过深海原位培养实验，并结合转录组学技术证实了该菌株的确在深海生境也能够进行光合作用。此外，含有光合作用通路的绿弯菌在深海热液和冷泉区域也广泛分布，表明它们是深海中重要的光能利用类群。

深海微生物的分离和培养揭示了在黑暗、高压、极端温度以及不同梯度电子受体与供体等环境条件下生命活动的变化，但与整体的微生物多样性相比较，目前为止我们获得的可培养深海微生物种类还很少。因此，我们应该对已获得的可培养深海微生物的基因组以及深海环境样品的宏基因组数据进行深入挖掘，通过深海微生物的基因遗传信息来研究它们的代谢潜能和生活方式，以帮助我们深入了解这些微生物的环境适应机制和生态功能。

7.1.4 深海真核微生物的多样性

真核微生物中囊泡藻界（Chromalveolata）的囊泡虫类（alveolata）是在深海环境中分布最广泛的原生动物类群，包括纤毛虫（ciliate）、顶复虫类（apicomplexan）和甲藻（dinoflagellate）等。热液区沉积物中的真核微生物类群多样性丰富，主要包括裸藻（euglenoid，又称眼虫）、等辐骨虫（acantharean）、囊泡虫（alveolate）、无根虫（apusozoan）、线虫（nematode）、多毛类（polychaete）、不等鞭毛类（stramenopile）等类群。研究发现波豆虫（bodonid）和纤毛虫是热液区硫化物样品中真核生物群落的优势种，结果表明这些原生动物可能是早期的定植者。对失落之城（Lost City）热液区碳酸盐岩石样品的研究表明，除与其他热液区样品一样占据优势地位的纤毛虫和眼虫之外，该样品中还含有丰富的后生动物（metazoa），如多孔动物门（Porifera）、刺胞动物门（Cnidaria）、线虫门（Nematoda）和多毛纲（Polychaeta）类群。此外，囊泡虫、真菌［尤其是从热液区和厌氧环境中分离的担子菌门（Basidiomycota）］与后生动物［包括刺胞动物和桡足类（copepoda）］也被发现存在于热液区的上层水体中。在极地深海海水中，囊泡虫尤其是海洋囊泡虫是多样性最高的浮游真核微生物类群。酵母是深海海水中的优势真菌类群，但其基因型的多样性较低，主要类群包括担子菌门的黑粉菌纲（Ustilaginomycetes）（植物致病真菌）及子囊菌门（Ascomycota）的盘菌亚门（Pezizomycotina）。据报道，在南太平洋萨摩亚群岛瓦鲁鲁海底火山（Vailulu'u Seamount）玄武岩环境中生活的酵母和其他真菌能够形成具有金属氧化活性的微生物席，可能在该环境的金属循环过程中发挥重要作用。

7.1.5　深海病毒的多样性

相比于对深海原核微生物多样性的研究,我们对深海真核微生物和病毒的研究仍处于起步阶段。虽然已经知道病毒可以通过控制细菌种群中某些类群的死亡率及水平基因转移等方式来影响深海微生物的群落组成,但对它们在深海环境中的作用仍然所知十分有限。近期研究表明,平均 80% 的深海异养原核生物最终会被病毒裂解,这可能是在营养相对缺乏的深海环境中营养要素可以快速循环的原因。此外,研究发现深海海水中原核生物很少携带温和噬菌体,而在热液羽流中的原核生物很多都含有温和噬菌体。这可能是原核宿主在热液区生活时,更容易获得有利于其在热液区生活的基因性状的重要机制,但目前关于热液区温和噬菌体影响宿主性状和适应性的机制还不清楚。深海热液区约 50% 的病毒都含有未在其他环境中发现的特殊基因,且不同热液环境中的噬菌体具有不同的群落结构和组成。噬菌体的裂解量是否影响热液环境的生产力,以及自养菌和异养菌的比例等科学问题还需要进一步研究。

7.2　海底热液喷口与冷泉微生物

7.2.1　热液喷口微生物

海底热液喷口(hydrothermal vent)是非常重要的微生物栖息环境。热液喷口最早发现于 1977 年,是美国伍兹霍尔(Woods Hole)海洋研究所的科学家乘坐"阿尔文(Alvin)"号载人深潜器探索东太平洋洋中脊加拉帕戈斯群岛(Galápagos Islands)约 2500 m深的海底时发现的。目前,全球已发现 700 多处活动和非活动热液喷口,还有更多的热液喷口有待发现。热液喷口主要分布于海底扩张中心,如洋中脊(如东太平洋海隆和大西洋中脊)与弧后盆地(如冲绳海槽),主要位于海底 1000~4000 m 深处。目前发现最深的热液喷口位于大西洋开曼群岛南部,水深超过 5000 m。

人们在热液喷口附近发现了新颖独特的高密度生物群落,包括巨型管虫、蠕虫、蛤类、贻贝类、蟹类、水母、藤壶等特殊生物(图 7-2)。人们将这样五彩缤纷、生机勃勃的海底生物世界称为海底"生命绿洲"。

海底热液喷口的形成是由于海水沿海底裂隙向下渗流,与下面被加热的岩石相互作用,改变了海水和岩石的理化性质,进而以热液流体的形式喷发出海底。洋壳的可渗透性结构和热源的位置,决定了热液的循环类型。当冰冷的海水(2~4℃)渗入洋壳后,沿着流动通道逐渐被加热,使镁从海水中进入岩石并产生酸性物质,导致岩石中的其他金属元素被滤出到热液流体中,海水中的硫酸盐被沉淀下来,并还原为硫化氢。当热液流体到达岩浆热源(magma heat source)附近时,其在岩石中发生大量的化学反应。高压下的流体可被加热到 350℃ 以上(最高可达 464℃),导致其密度减小,从而上升到海底表面。在流体上升的过程中,温度逐渐下降,金属硫化物和其他化合物在沿途发生沉淀。热液流体以富含矿物质的超热海水羽流形式被喷发到海洋中，形成了海底热液喷口。

热液羽流与冷海水混合时通常会发生沉淀，有一些沉淀物会形成"烟囱"。根据海底热液温度及喷出的矿物成分，一般将海底热液烟囱划分为黑烟囱（black smoker）、白烟囱（white smoker）和低温喷口。温度较高的羽流（300～400℃）一般是黑色的，这是由于羽流中富含金属硫化物和硫颗粒，且普遍含有铜、锌、铅、锰、镍、铁、汞等主要金属元素以及银和金等贵重金属，当其与冷的含氧海水快速混合时，导致金属硫化物矿物（如黄铁矿和闪锌矿）细粒沉淀出来，冒出黑色烟雾，形成的"烟囱"被称为黑烟囱（图 7-2）。

图 7-2　海底热液喷口的黑烟囱

A. 大西洋海底热液喷口的黑烟囱（引自 NOAA 图片库）；B. 正喷射出硫化亚铁颗粒的海底热液喷口黑烟囱（Munn，2020），图片中展示了密集的巨型管虫（*Riftia pachyptila*）

自热液喷口冒出白色烟雾后形成的"烟囱"，被称为白烟囱，白烟囱中喷出的流体温度较黑烟囱低（100～250℃），且矿物质量较少，多为钡、钙、硅、镁、铁等元素，还存在极高水平的 H_2、CH_4 和其他低分子量的碳氢化合物，其 pH 可高达 11。与相对短暂的酸性火山黑烟囱系统相反，白烟囱系统可活动 10 万年甚至更长时间。最具代表性的白烟囱位于大西洋中部的失落之城热液区（图 7-3）。

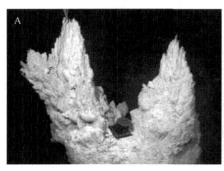

图 7-3　"失落之城"白烟囱系统（Kelley et al.，2005）

A. 活跃的碳酸盐在烟囱上方和侧面形成了几米宽的悬岩架。两尖峰间缺口处的直径约 20 cm 的黑色绿顶圆柱体是置于活跃流中的一项生物实验；B. 图中白色部分为新生的和/或活跃的热液沉积物，棕色至米色部分为不活跃区域

　　研究发现，热液喷口附近除具有大量新颖独特的动物群落以外，热液羽流附近还含有大量的化能自养细菌和古菌，能氧化热液羽流携带的还原性化学物质（如 H_2S、Fe^{2+}、H_2 和 CH_4 等）产生能量，固定 CO_2。化能自养菌固定的碳，可通过共生关系或摄食作用向高等动物转移，形成不依赖光合作用的食物链。目前，已知热液喷口附近许多动物的组织或体表上含有化能自养细菌作为共生菌。此外，细菌群落还可直接支持滤食动物的生长，如蛤类和贻贝类，而虾类则可摄食微生物席（microbial mat）。在发现热液喷口之前，人们认为动物的终极能量来源依赖于光合作用固定的 CO_2，然而热液喷口的生物群落的维持并不依赖于光合作用产生的物质。当然，硫化物的氧化作用依赖于水体中的氧气，而氧气的产生则依赖于光合作用。

　　热液喷口附近缺氧的热液羽流和有氧的冷海水之间的混合以不同的方式与程度进行，产生了具有温度梯度和化学梯度的多样性栖息地。生物群落沿热液羽流到冷海水，呈温度梯度和化学梯度分布，因此流体化学和物理特征对在该区域生活的生物及其代谢活动具有重要影响。由于热液流体缺乏氧气，因此微生物的能量代谢过程在热液喷口附近通常是厌氧的，但经过流体与海水的混合作用，其在较短的空间尺度上会向微需氧和好氧过程转变。热液环境中微生物的主要栖息地包括热液羽流、热液烟囱体、热液沉积物、喷口周围和喷口处的动物等（图 7-4）。热液羽流中的细菌多以悬浮状态存在，丰度为 $5×10^5$ 个细胞/mL 至 $5×10^9$ 个细胞/mL，如此高的波动幅度是由热液羽流和普通海水的不均匀混合造成的。热液羽流中细菌的丰度显著高于一般深海环境，比同一地点的表层海水高 2～3 倍。

　　由于深海热液喷口采样较为困难，因此对该生态系统的了解在很大程度上局限于单次采样，很难进行长期观测。同时，很多热液喷口的微生物难以进行实验室培养，限制了我们对其代谢和生理学的了解。尽管存在这些挑战，但在数据建模、原位生物地球化学研究和组学方法方面仍取得了许多进展，为我们提供了更完整的深海热液喷口生物学全貌。

　　热液喷口附近的许多微生物类群是嗜热细菌或古菌，可在高达 122℃的温度下生存。优势微生物类群包括甲烷球菌目（Methanococcales）、甲烷八叠球菌目（Methano-sarcinales）、产液菌门（Aquificae）、古生球菌纲（Archaeoglobi）、热球菌纲（Thermococci）、δ-变形菌纲、ε-变形菌纲与 γ-变形菌纲中的嗜热菌（thermophile）和超嗜热菌（hyperthermophile）（图 7-5）。以超镁铁质为主体的烟囱中含有厌氧甲烷氧化古菌（anaerobic methanotrophic archaea，ANME）、具氢氧化能力的 β-变形菌纲（Betaproteobacteria）和梭菌目（Clostridiales）细菌等。然而，人们目前对新形成的热液烟囱的微生物定植过程仍知之甚少，推测其可能与能够在冷海水中生活的超嗜热菌有关。目前已在冷羽流中发现了嗜热菌，同时发现喷口周围海水中也存在热液喷口特异类群。已有实验证明，尽管嗜热菌如热球菌（*Thermococcus* spp.）一般在高温下才能生长，但它们也可在寒冷的环境中存活数月，然后在温度升高时迅速复苏。

　　由于膜、蛋白质和核酸的生物化学特性，高温给生命设定了严格的限制。目前已知微生物生长的最高温度是 122℃，该记录由在深海热液喷口发现的坎氏甲烷火菌（*Methanopyrus kandleri*）保持。一些超嗜热菌利用鞭毛在热源附近运动，以避免致命的

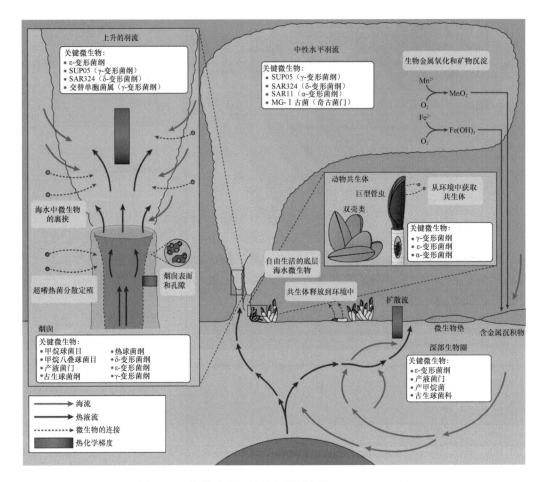

图 7-4 深海热液喷口的微生物栖息地（Dick，2019）

高温，还可黏附在烟囱表面。由于各种微生物具有不同的温度生长范围，热液流体和冷海水之间形成的温度梯度对微生物的分布具有重要作用，热液的地球化学特征也强烈影响着微生物群落的组成和代谢（图 7-5）。微生物采用的固碳途径随热液喷口处不同的地球化学特征和温度特征而改变。例如，还原性三羧酸循环（reductive tricarboxylic acid cycle，rTCA 循环）是一种高效节能但对氧敏感的固碳途径，通过取代三种关键酶使 TCA 循环反向运行，20～90℃热液喷口处的微生物常采用这种固碳途径。尽管热液喷口处的氧含量较低，但仍足以支持以氧作为电子受体的自养微生物的微需氧生长。卡尔文循环（Calvin cycle）的能量消耗较多但耐氧，大多数生长温度<20℃的热液微生物采用这种途径固碳。在温度超过 90℃的热液喷口处生长的微生物大多数都是超嗜热古菌，它们分别通过 Wood-Ljungdahl 途径（Wood-Ljungdahl pathway，WL 途径；又称为还原性乙酰辅酶 A 途径）和二羧酸/4-羟基丁酸循环（dicarboxylate/4-hydroxybutyrate cycle，DC/4-HB 循环）途径进行产甲烷或硫酸盐还原作用以固碳。

在对深海热液生态系统的研究中，中国科学家也作出了重要贡献。2005 年 12 月，中国科考船"大洋一号"在印度洋 2430 m 深的大洋底部发现了一个巨大的"黑烟囱"

堆结区，并获得了热液活动区的生物样本。后续中国科学院海洋研究所等单位又在其他海区发现了多个热液喷口。此外，多家单位也针对热液微生物开展了大量的研究。

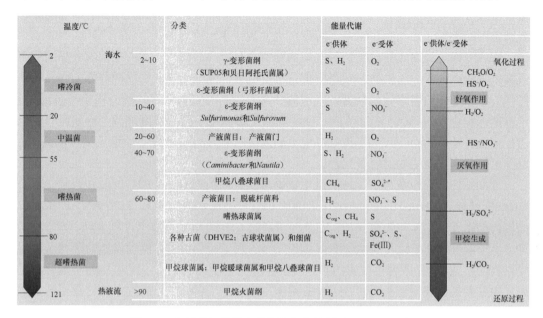

图 7-5　热液喷口的基本理化和生物特征（Dick，2019）
*代表其硫酸盐还原过程由共生伙伴进行

　　深海热液喷口生态系统的发现，从多个方面颠覆了人们对生物学和生态学的认识。第一，这是人们发现的第一个主要由化学能驱动的生态系统。热液喷口生态系统的能量基础是微生物氧化热液中的还原性无机化合物（包括 H_2S、CH_4、H_2 等）产生能量，固定 CO_2 生成有机碳，进而支持了食物链的其余部分。第二，生物在不同营养级之间采用共生方式进行能量转移，如微生物通过共生方式将化学能传递给动物。第三，深海热液喷口重新定义了地球生命的温度上限，为生物技术提供了新资源，并对生命起源和进化理论产生了持久的影响。热液喷口的深度使其免受陨石撞击和火山活动的剧烈冲击，同时热液生态系统具有特殊的化学还原条件、有机碳的非生物合成潜力等特征，使其成为研究生命起源的重要窗口。最近的系统发育研究和地质证据支持了热液喷口是生命起源与早期进化的重要栖息地。同时，在受热液影响的深海沉积物中发现的古菌具有真核生物的特征，这都促使人们重新思考真核生物的起源和进化过程。

7.2.2　冷泉微生物

　　海底冷泉（cold seep）是指富含烃类（如 CH_4 等碳氢化合物）、H_2S、CO_2 等化合物的流体从海底深部通过沉积物中的裂缝向海底表面渗漏或喷发所形成的地质构造，是由板块构造活动和其他地质过程引起的。由于海底冷泉在形成过程中发生了大量的物理和化学反应，因此蕴含着丰富的碳源和能源。冷泉流体的温度与周围海水的温度相同，或者略高于周围海水。之所以将其称为冷泉，是因为要与高温的热液喷口相区别。

冷泉生态系统于 1983 年首次在墨西哥湾 3200 m 深的海底被发现。此后，人们陆续在全球发现数百个冷泉区，从浅水区（15 m）到深海海沟（7326 m）中均有发现，但是多数冷泉分布在水深 200～2500 m 的大陆边缘，喷涌幅度从每年几厘米到几米不等。在我国南海的神狐、台西南和琼东南等海域也发现了多个冷泉区。

海底冷泉是继海底热液喷口后发现的第二个化能自养绿洲，其中生长着大量的双壳贝类、管状蠕虫等大型生物。海底冷泉在地质现象、地球化学、生物类群等方面具有独特性，存在独特的自生碳酸盐岩、气泡流并具有较高的 CH_4 浓度，而且由于冷泉活动，还原性沉积物中的 SO_4^{2-} 浓度降低。生物群落主要以化学能为能量来源。冷泉区具有以 CH_4 为主的烃类供给，沉积物孔隙水中极高浓度的 H_2S 以及环境中的铁、锰金属离子，增加了化能合成微生物的能量来源。

冷泉独特的环境孕育了特殊的微生物群落。由于冷泉区域的 CH_4 渗漏和天然气水合物（natural gas hydrate）的分解活动，上涌的 CH_4 与孔隙水中的 SO_4^{2-} 等在 ANME 和 SRB 的协同作用下发生氧化还原反应，冷泉区渗漏的 CH_4 约 90%可被该过程消耗。该过程又进一步影响环境，导致孔隙水中 H_2S 浓度增加，形成硫化环境，促使碳酸盐矿物及硫化物矿物的形成。冷泉区为自由生活和共生的自养微生物提供了高浓度的 CH_4 与硫化物等充足的营养能源和附着基质，这些微生物作为初级生产者为冷泉生态系统提供了持续的碳源和能量，奠定了冷泉生态系统的基础。

微生物参与的甲烷厌氧氧化作用（anaerobic oxidation of methane，AOM）和同时进行的硫酸盐还原作用（sulfate reduction，SR）是冷泉生态系统中的主要过程，因此 ANME 和 SRB 是海底冷泉沉积物中最主要的微生物类群，两者通常形成联合体（consortia）。ANME 隶属于广古菌门（Euryarchaeota），由于实验室培养存在困难，目前还没有获得 ANME 的纯培养菌株，因此目前主要通过分子生物学方法对其进行研究。根据 16S rRNA 基因序列和生物标志物（biomarker）的稳定同位素分析，ANME 被分为 7 个簇，与隶属于 δ-变形菌纲的 SRB 形成共生关系。不同冷泉站位的主要微生物类群存在较大差异，主要环境影响因子包括沉积物的深度、CH_4 和 SO_4^{2-} 的浓度、可利用的电子供体与受体等。例如，在墨西哥湾冷泉区，沉积物的甲烷-硫酸盐转换带的主要微生物类群是 ANME-1b，而在 CH_4 浓度较高的水合物脊区，主要微生物类群是 ANME-2 和脱硫八叠球菌属（Desulfosarcina）/脱硫球菌属（Desulfococcus）；在黑海沉积物菌席区，主要微生物类群是 ANME-1a 和 ANME-1b。同时，冷泉是复杂且异质性很强的生态系统，冷泉内存在有菌席区、碳酸盐岩区等不同的生境，其主要微生物类群也存在较大的差异。

除 ANME 和 SRB 以外，海底冷泉沉积物中的微生物功能类群还包括产甲烷古菌、硫氧化细菌（sulfur-oxidizing bacteria，SOB）、好氧甲烷氧化细菌如甲基球菌目（Methylococcales）、烃类降解菌等。在不同的冷泉位点，这些微生物类群也会随主要类群一同响应环境因子的变化。比如，在表层沉积物的含氧环境，CH_4 主要被好氧甲烷氧化细菌所氧化，而在沉积物深层的厌氧环境，CH_4 主要被厌氧的 ANME 所氧化。另外，由于冷泉流体中含有大量硫化物作为电子供体，贝日阿托氏菌属（Beggiatoa）和硫珍珠菌属（Thiomargarita）等 SOB 都可以用硝酸盐氧化硫单质并固定 CO_2 进行生长，因此冷泉流体和沉积物交界处有较高丰度的 SOB。此外，虽然冷泉环境的微生物类群在其他环境中也有发现，但在热液和近海沉积物等其他环境的丰度却明显低于冷泉环境。

7.3　深海海沟微生物

深海海沟（oceanic trench）是指位于海洋中的两壁较陡、狭长且水深大于 6000 m 的沟槽，也是海底最深的地方。目前在太平洋、大西洋和印度洋均已发现深海海沟（表 7-3）。其中，位于西太平洋的马里亚纳海沟（Mariana Trench）是已知最深的海沟，其最深处挑战者深渊深达 1.1 万 m。世界上的海沟在空间上互不相连，具有各自独立的生物栖息地。所有海沟的面积加起来大约相当于澳大利亚的国土面积（769.2 万 km^2）。由于深海海沟具有独特的"V"形（V-shape）地势、频繁的浅层地震以及特殊的水动力环境和物质能量循环系统，相对于其他深海环境，深海海沟可能具有更高的沉积通量和有机物埋藏效率。此外，深海海沟具有超高静水压力、低温、相对封闭和"漏斗效应"等特点，孕育着丰富且特殊的生命形式，其生命过程与其他深海生境有很大的区别。

表 7-3　代表性深海海沟的深度

大洋	海沟	深度/m
太平洋	马里亚纳海沟	11 034
	汤加海沟	10 882
	菲律宾海沟	10 545
	千岛海沟	10 542
	克马德克海沟	10 047
	伊豆-小笠原海沟	9 810
	日本海沟	9 504
	秘鲁海沟	8 065
大西洋	波多黎各海沟	9 219
	南桑德韦奇海沟	8 428
印度洋	阿米兰特海沟	9 074

过去受样品采集技术的限制，人们对深海海沟微生物的类群和代谢过程缺乏了解。近年来，随着深海调查技术的进步，深海海沟微生物的生命过程及其开发利用成为当下研究的热点。20 世纪 50 年代，美国和日本科学家先后从全球海沟中分离培养出 100 余株嗜压微生物。Nunoura 等（2015）首次利用 16S rRNA 基因扩增子测序技术，研究了马里亚纳海沟挑战者深渊全水深海水样品中的原核微生物群落结构，发现深渊区微生物的群落结构与上层海水中显著不同。深渊区具有丰富的异养微生物，推测其在有机物降解中发挥重要作用。随后，Liu 等（2019）在挑战者深渊底部水体中发现了高丰度的烷烃降解菌及烷烃降解基因，拓展了人们对微生物在深渊寡营养环境中利用有机物的认识。与此同时，Wang 等（2019）和 Zhong 等（2020）发现氨氧化古菌（ammonia-oxidizing archaea，AOA）是深渊水体中的优势类群，且氨氧化古菌不同生态型的分布随水深发生变化，揭示了它们在深海碳、氮循环中的潜在作用以及对抗高压和寡营养环境的潜在适应性机制。此外，Zheng 等（2020）研究发现马里亚纳海沟中二甲基巯基丙酸内盐

（dimethylsulfoniopropionate，DMSP）合成菌的丰度随水深增加而增加，且敲除 DMSP 合成基因后的菌株在高压条件下的存活率显著降低，而外源添加 DMSP 后突变株存活率得到恢复，说明 DMSP 可以帮助深渊细菌应对高静水压力。

深海海沟表层沉积物中的原核微生物细胞丰度的变化范围为 5.0×10^5 个细胞/cm^3 至 9.6×10^8 个细胞/cm^3，随着沉积物深度的增加，细胞丰度总体呈下降趋势。挑战者深渊浅层沉积物中的主要原核微生物门类为绿弯菌门、变形菌门、放线菌门（Actinobacteria）、浮霉菌门、Patescibacteria、Marinimicrobia、出芽单胞菌门（Gemmatimonadetes）、拟杆菌门、厚壁菌门（Firmicutes）、酸杆菌门（Acidobacteria）和 Zixibacteria。

7.4 海底深部生物圈

到目前为止，人们对海底深部生物圈还没有确切的定义，一般将海底沉积物 1 m（或 1.5 m）以下、生命极限深度（不同的海区深度不同）以上的区域统称为深部生物圈。人类对深部生物圈的探索向往由来已久，但是直到深海沉积物采样技术取得巨大进步以后才得以实现。从深海钻探计划（DSDP，1968～1983 年）、大洋钻探计划（ODP，1985～2003 年）、综合大洋钻探计划（IODP，2003～2013 年），再到最近的国际大洋发现计划（IODP，2013～2023 年），人类逐渐揭开了海底深部生物圈的神秘面纱，同时这也是地球科学历时最长、规模最大、成绩最为突出的国际合作研究计划。

1982 年，Oremland 等从海床下 150 m 深的沉积物间隙水中分离到第一株具有活性的深部生物圈细菌，但是大部分深部生物圈微生物都难以培养，不过考虑到它们极其缓慢的原位生长速率，这种情况也是可以理解的。科学家使用了多种不同的培养方法和培养基以模拟深部生物圈的环境特征，如降低营养物浓度、添加无菌沉积物提取物、低温培养、高压培养等，取得了一些成果。Bale 等（1997）从日本海海床下 80～500 m 深的沉积物中分离到一株嗜压硫还原细菌——深层脱硫弧菌，可在较广的温度范围生长（15～65℃）。Mikucki 等（2003）在日本南部的南海海槽 250 m 深的沉积物中分离到一株产甲烷古菌——海底甲烷袋状菌（*Methanoculleus submarinus*）。另有科学家从东热带太平洋和秘鲁大陆架 1～400 m 深的沉积物中，分离到 100 余株分属 6 个不同分类单元的微生物，其中丰度最高的为厚壁菌门和 α-变形菌纲细菌。

20 世纪 80 年代末，研究深部生物圈微生物的主要方法是荧光染色直接计数法。科学家将来自世界各大洋钻探样品中细菌和古菌的丰度数据进行了汇总。总体而言，微生物丰度从表层的 $(1～5) \times 10^9$ 个细胞/cm^3 到 1000 m 深的 10^6 个细胞/cm^3 逐渐递减。经过估算，深部生物圈的微生物数量约为 2.9×10^{29} 个细胞，约占全球总生物量的 0.6%。然而，目前对深部生物圈微生物的多样性、活性和代谢特征等情况还知之甚少。

深部生物圈微生物如何在营养耗尽的环境中生存尚不清楚，推测可能采用了减小细胞体积、精简基因组等策略。人们将通过 IODP 岩芯提取的 DNA 进行 16S rRNA 基因以及有限的宏基因组分析，发现了硫酸盐还原菌、产甲烷古菌和甲烷氧化古菌的相关序列，但相对于表层沉积物其丰度极低。因此，埋藏的细胞如何在极端能量限制的条件下茁壮成长仍是未解的难题。其中一种原因可能是在海洋环境中，易降解有机物被水体微生物的呼吸作用和表层沉积物微生物的厌氧呼吸作用去除，留下了浓度极低、不易被降解的有机物库，慢慢渗透进了深层沉积物中。生活在深层沉积物中的微生物可能会利用这种难降解的有机物及细胞残留物作为能量代谢的电子供体。然而，由于深层沉积物的代表性微生物尚未被分离培养，我们对这种节能代谢的理解仍非常有限。目前，只能通过宏基因组或单细胞基因组技术获得的有限信息推测，深海海底微生物代谢的主要方式极有可能是各种已知和未知的厌氧呼吸与发酵作用，其他代谢方式不是特别明显。

在厌氧条件下，海水与富含铁的火成岩反应产生氢，这是化能自养型微生物理想的能量来源。尽管这种能量来源在洋中脊很重要，但是在古老寒冷的洋壳，与有机物降解产生的能量相比还是颇为稀少。近年来，天然放射与水反应产生的氢，越来越引起人们的重视。在海洋沉积物中广泛存在的 ^{40}K、^{232}Th 和 ^{238}U，可以辐射分解水并生成氢、过氧化氢、氢自由基及其他高活性产物。这些能量可以为需氧微生物提供少量氧气，并为所有厌氧和需氧微生物提供能量，但只有大部分有机能量耗尽以后，辐射分解产生的能量才会成为主要的能量来源。

在深部生物圈，由于能量的梯度变化，细胞从存活到死亡是一个渐变过程。活跃生长的细胞先变成只代谢不生长的状态，然后变成不代谢的完整细胞，最后变成死细胞。尽管宏基因组测序或者单细胞测序可以描述深部生物圈中的微生物，但是要找到具有代谢活性的类群还需要其他技术来实现。完整极性膜脂（intact polar membrane lipid，IPL）是特定细菌和古菌的生物标志物，其在微生物死后迅速分解，因此定量分析 IPL 被认为是解决上述问题的有效途径。此外，RNA 是不稳定的胞内大分子，因此也可以用来确定微生物细胞是否存活。具有完整核糖体的细胞可以通过荧光原位杂交技术（fluorescence *in situ* hybridization，FISH）进行计数，并且低活性的沉积物细菌可以利用酶联荧光原位杂交技术（catalyzed reporter deposition-fluorescence *in situ* hybridization，CARD-FISH）进行检测。CARD-FISH 计数结果显示，从秘鲁边缘深部生物圈采集的沉积物样品中，只有 10%～30% 的细胞是活细菌，活古菌则更为少见。然而，另外一项结合了 IPL、FISH 和 rRNA 分析的研究却得到了相反的结果，深部生物圈中高达 98% 的微生物为古菌。在深部生物圈中，到底是以细菌为主还是古菌为主迄今为止还不清楚。

7.5 极地微生物

地球的冰冻圈总体积超过 $3.3×10^7$ km³，包括南极洲和格陵兰岛的陆地冰盖，高山冰川和极地海洋冰架，以及南极洲和北冰洋的海冰等，其中储存有大量的冰冻水。地球南北两极具有独特的地理与气候环境特征：南极为一块被大洋环绕的孤立大陆，表面覆盖着的冰层一直延伸到海洋；北极则是一个被海冰覆盖的大洋，四周被陆地围绕。酷寒、强辐射是两极地区普遍的气候环境特征，而寡营养、高盐、高压、干燥等不同的环境特征，增加了极地生境的多样性。在极地海冰、冰川、海水、沉积物、冰雪、岩石、冻土、湖泊、冰芯等不同生境中，都已发现了微生物的存在（表 7-4）。同时，极地还是目前世界上极少受到人类直接污染的原始地区之一。这些因素使得极地微生物及其基因资源不但具有独特的生物多样性，而且保持了其原始状态。在此新发现的大量微生物种属，可以增加人们对极地微生物系统发育组成特性与物种多样性的认识。此外，对极地微生物的研究，还有助于我们在生命起源、进化及探索地外生命方面有所突破。

表 7-4 不同极地生境的面积及生物量（Boetius et al., 2015）

栖息地	平均面积/×10⁶ km²	平均体积/×10³ km³	细胞密度/（个/mL）	总细胞数/个
季节性降雪	47	2	$10^2 \sim 10^5$	$10^{20} \sim 10^{23}$
海冰	25	50	$10^4 \sim 10^7$	$10^{23} \sim 10^{26}$
冰川上生境	17	0.02	$10^4 \sim 10^8$	$10^{23} \sim 10^{27}$
冰川内生境	17	33 000	$10^1 \sim 10^3$	$10^{23} \sim 10^{25}$
冰川下基底层	17	0.02	$10^3 \sim 10^5$	$10^{22} \sim 10^{24}$
冰川下湖水	>0.05	16	$10^2 \sim 10^5$	$10^{21} \sim 10^{24}$
永久冻土	23	300	$10^5 \sim 10^8$	$10^{25} \sim 10^{28}$
低温层合计	112	约 33 400	$10^1 \sim 10^8$	$10^{25} \sim 10^{28}$

7.5.1 海冰微生物

海冰环境在地球上分布广泛，季节性海冰在南北极的冷期覆盖了其大部分区域，构成了独特的生态系统。海冰环境主要包括两种类型的冰：一年冰（first-year ice），秋天形成夏天融化；多年冰（multi-year ice），至少一年不融化而形成的海冰。由于全球气候变暖，目前多年冰处于骤减状态。多年冰面积的快速递减会影响大洋表面的温度、盐度和营养盐等要素，进而对极地微生物群落结构产生影响。同时，海冰面积的快速递减，预示着到 2100 年，多年冰可能不复存在。这些变化又可以通过影响北极微生物的初级生产力和海洋生物的食物网而影响碳元素和其他物质的循环。

海冰比冰川覆盖了更大的地球面积（表 7-4、图 7-6），接近海洋表面的 10%，但由于海冰的平均厚度只有 2～3 m，全球海冰的体积远低于冰川。然而，与冰川冰相比，海冰中的微生物丰度更高。

在极地海洋中，当气温在海水冰点（-1.9℃）以下时，海冰迅速增长。冰冻过程将海盐和微生物细胞浓缩在多孔冰基质中（图 7-7A）。在液态盐水通道中，盐度可能超过海水的几倍，且盐度随冰层厚度的变化而变化，从冰层表层向底层逐渐下降。在这些盐水网格中细菌丰度比海水中更高（按冰融化成水的体积换算），有时可高于10^7 个细胞/mL。相互连接的孔隙使得盐水与微生物能够在冰内的不同栖息地之间垂直和水平移动。在海冰下面聚集的冰藻可以支持极高的细菌数量，每毫克冰藻中可含 10^8 个细菌细胞。虽然细菌在海冰中普遍存在，但它们在海冰底部和表面的丰度更高，原因是在海冰与海水、雪或大气的界面上有更多的盐水、营养物质和初级生产力。新海冰的表面可形成"霜花（frost flower）"（图 7-8A），海冰底层基质中的盐水及其含有的微生物通过向上渗透进入霜花中，其中盐度最高的霜花中微生物丰度高于 10^6 个细胞/mL。此外，夏季融水池（summer melt pond）中具有较低的细菌丰度（10^4 个细胞/mL），只有淡水细菌才能在这种寡营养环境中存活。

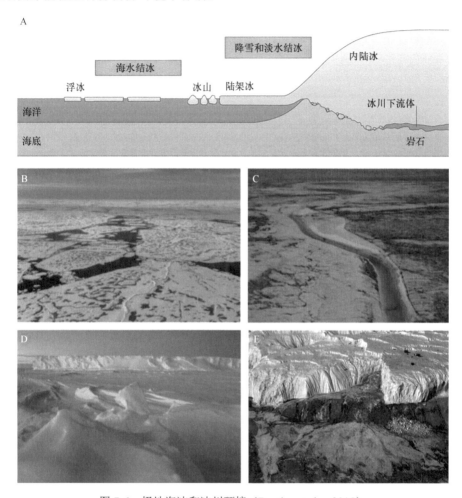

图 7-6　极地海冰和冰川环境（Boetius et al.，2015）
A. 微生物的不同有冰栖息地示意图；B. 北极海冰及冰融池；C. 格陵兰冰盖表面及流动的融水河；D. 南极海冰围绕的冰山；E. 南极泰勒冰川下流出的血色瀑布

　　海冰的温度随季节变化明显。冬季海冰表面的最低温度小于–30℃，而夏季冰融时的最高温度大于 0℃。冰基质中盐水的盐度范围从 240（超过某些海盐的饱和值）到融水时的 0.5（接近淡水）。尽管存在这些极端情况，但是海冰仍然可以在全年都维持微生物的生命活动。在冬天，冰下的海水给海冰底部提供热量（图 7-7A），使盐水在寒冷的表面冰中保持液态从而维持微生物的活性。春夏季阳光充足，光合自养生物在海冰盐水通道和融水池中快速繁殖，形成海冰食物网的基础。该食物网还包括异养细菌、原生生物（如纤毛虫、鞭毛虫和有孔虫）及小型后生动物（如线虫、桡足类、轮虫和多毛类）。食物网的生物量大部分是由海冰硅藻贡献的，如两极物种 *Fragilariopsis cylindrus* 和 *Nitzschia frigida*，以及北极物种 *Melosira arctica*。

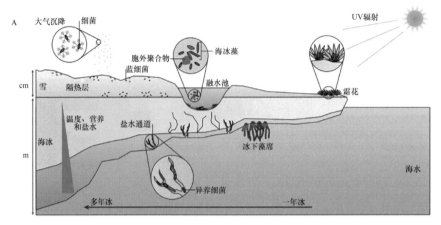

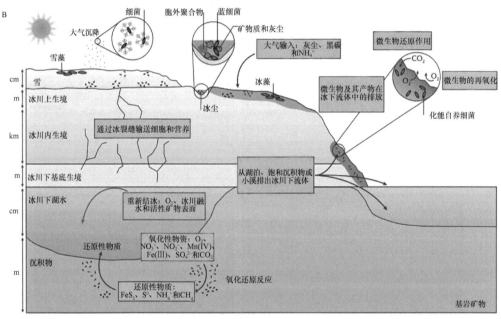

图 7-7　冰水生态系统中的生物地球化学循环过程（Boetius et al., 2015）

A. 雪和海冰微生物过程；B. 冰川上和冰川下的微生物过程

在阳光充足的季节，海冰栖息地是净自养的，其通过释放溶解有机物（dissolved organic matter，DOM）和颗粒有机物（particulate organic matter，POM）为冰中与冰下的生物群落提供养分。夏末由于融化作用，海冰藻类随之沉入海底，从而为深海生物提供食物。根据积雪、光照和营养物质的供应，海冰生产力可以从每天每平方米几毫克到几百毫克不等。海冰盐水通道和融水池中的藻类与细菌之间联系紧密（图 7-7A），藻类提供了较高浓度的 DOM，再加上海冰中较低的摄食压力，这些因素综合导致了海冰相较于下方水体有更高的细菌种群密度，以及更大的细菌细胞个体（直径几微米）。与光合自养真核微生物的生物量和多样性相比，光合细菌在海冰中的丰度很低，但仍检测到了蓝细菌和紫硫细菌的存在。在海冰群落中也发现了古菌，其中奇古菌门的丰度高于广古菌门。

北极和南极海冰的细菌群落主要由黄杆菌纲（Flavobacteria）与 γ-变形菌纲的异养成员组成。黄杆菌纲中的优势属是极地杆菌属（Polaribacter）、嗜冷杆菌属（Psychrobacter）、冷弯曲菌属（Psychroflexus）和黄杆菌属（Flavobacterium），而 γ-变形菌纲中的优势属是居水菌属（Glaciecola）和科维尔氏菌属（Colwellia）。因为黄杆菌纲和 γ-变形菌纲细菌能够利用冰藻产生的高浓度胞外多糖和 DOM，因此在海冰微生物群落中占主导地位。此外，一些细菌还可以通过光驱动蛋白——视紫红质来补充其能量需求。科维尔氏菌属的成员是高效的聚合物降解者，并含有 ω-3 二十二碳六烯酸等多不饱和脂肪酸（polyunsaturated fatty acid，PUFA），这可能与海冰食物网中的营养组成有关。有些海冰菌属如十八碳杆菌属（Octadecabacter）和极单胞菌属（Polaromonas）中的某些类群如空泡极单胞菌（Polaromonas vacuolata），因为可以产生气泡，所以可以在冰融化和再结冰期间使细胞漂浮在水面上。许多细菌最早发现于两极，但仅生活在两极的目前只有伊氏极地杆菌（Polaribacter irgensii）和冷红科维尔氏菌（Colwellia psychrerythraea）。

海冰和海水微生物群落结构在纲水平上存在明显差异，如黄杆菌纲和 γ-变形菌纲细菌通常是海冰中的优势类群，而 α-变形菌纲细菌则是海水中的优势类群。虽然会出现季节性差异，但海冰微生物群落的总体趋势与海冰孔隙中的 DOM 浓度（比海水中的高）密切相关，有利于那些能耐受较高有机质浓度的细菌的存活，而抑制那些寡营养细菌（如 α-变形菌纲和古菌）的生长。另外，一年冰与多年冰之间的微生物群落组成有显著差异，可能是由于多年冰经历了融化—再结冰的循环，其中的微生物群落面临着比一年冰更强的选择压力。在海冰顶部形成的封闭融水池中 β-变形菌纲丰度更高，可能是由于该微生境的盐度较低。这些发现表明，在较强的环境选择压力下，那些能够适应海冰中极端温度和盐度变化以及高效利用这些环境中能量与碳源的微生物会成为优势类群。

7.5.2　冰川微生物

冰川冰包括山地冰川、冰盖、冰原和大陆架冰，覆盖了 10% 以上的地球陆地面积（表 7-4），其平均厚度可达 2 km，包含的淡水可占地球上所有淡水的 70% 以上。冰川中的微生物主要源自大陆土壤、海洋表面的气溶胶和火山灰（图 7-7B）。冰川中微生物的丰度为 $10^2 \sim 10^6$ 个细胞/cm^3。冰川顶部 1 m 的冰层，即冰川上生境（supraglacial habitat），为微生物提供了良好的栖息地。这些栖息地的微生物主要来自大气，通过大气沉降定植于冰川表面，最终在冰川中形成独特的微生物群落。据估计，冰川中共含有约 9.61×10^{25} 个微生物细胞。在清洁的冰表面，微生物含量约为 10^4 个细胞/mL，而在灰尘和其他矿物颗粒聚集的地方，冰融化形成冰尘穴（cryoconite hole），成为冰川生命的重要聚居地，其中微生物含量多达 10^8 个细胞/mL。

与地球上其他冰冻环境相比，冰川对于微生物来说是非常极端的外界环境：低温（环境温度跨度从 –56 ~ 10℃）、高压、低营养、低含水量和黑暗。阳光只能照射到冰层下几米深，其以下的大部分冰川处于无光区，称为冰内带（englacial zone），其细胞数量非常少（$10 \sim 10^3$ 个细胞/mL；表 7-4）。由于该区域缺乏能量、液态水和生存空间，因此成为生命存活的极限环境。然而，冰基质深处有一些细菌在经过漫长的地质时代（geological time-scale）后仍能保持一定活力（如格陵兰冰芯，Greenland ice core），因此这些细菌可以反映古代的沉积条件和环境。人们曾经认为冰川底部没有微生物活动，直到在含有丰富碎屑的冰底样品中发现了大量的活细胞。这可能是由于在冰川底部有液态水的存在，因此与其他大部分冰川区域相比，这里细胞密度更高（$10^3 \sim 10^5$ 个细胞/mL；表 7-4）。在北极和温带的一些冰川中，地表融水通过冰川深处的裂缝下降，并积聚在冰川底部。由于上层冰的压力或地热造成冰的融化，在冰川和冰盖的底部也可以形成液态水。当冰川移动时，它们会碾碎经过的基岩和沉积物，产生更细的物质，称为底砾（basal debris），使其表面积大大增加（图 7-7B）。底砾含有矿物质和沉积的有机碳，与冰下的液态水一起为微生物创造了良好的生存环境。目前，在已取样的所有冰下环境中都检测到了活的微生物，细胞密度为 $10 \sim 10^5$ 个细胞/mL（表 7-4），主要是古菌和细菌，真菌也偶有发现。

生物地球化学、分子生物学和富集培养等分析结果表明，冰下生态系统由于缺乏阳光，存在除光合作用外的几乎所有主要的代谢生活方式，但也从一些冰川层中检测到了属于光合生物的叶绿素及其基因序列。这可能是由于冰川上的水渗透到基底，因此将这些生物或者它们的细胞残骸从地表运输过来。在温带冰川中，这种运输的距离可达数十米。在冰下生态系统中，化能自养生物对无机碳的暗固定取代了光合作用，从而形成冰下食物网的基础。该过程由来自地表和冰下环境的化学能驱动（图 7-7B）。在冰下湖Whillans 中，这种代谢活性（通过放射性标记的碳酸氢盐摄入量测定）固定的碳可达到每天每平方米几微克，这与在其他冰下生态系统中测量的速率相当，包括南极的血瀑布（blood falls，又称锈色冰川）和冰岛的格里姆火山口（Grímsvötn）。在冰下生态系统中也存在异养微生物，它们可以从化能自养的初级生产者的分泌物中获得生物合成所需的有机碳，或者可以利用在冰川形成前沉积的古老有机物。

研究冰川微生物主要是靠钻取深冰的核心区获取样品，而有限的样品仅含有少量的可培养微生物，且细菌 DNA 含量也比较低，因此研究冰川微生物多样性存在很多限制。冰川微生物主要包括放线菌门、厚壁菌门、变形菌门、拟杆菌门、嗜冷真核生物（包括真菌如酵母）、病毒和少量古菌。这些存在于冰川中的微生物有降解不同底物的能力，有些细菌可能采用自养方式生存。此外，冰川中的好氧菌和兼性好氧菌基因组中存在与有氧代谢相关的基因簇，有助于其实现有氧呼吸。在距今 750 000 年的格陵兰岛、南极和中国西藏古老冰川中，已经发现了大量的细菌和真菌，包括很多新菌。对分离纯化后的微生物进行研究发现，一些细菌能够产生色素，同时具有特殊的细胞膜结构以及能产生具有低温冷冻保护作用的聚合物，使其能在寡营养、低温环境中生存。冰川微生物的抗冻蛋白已成为研究热点，该蛋白质可以使菌体消除抑制生长的冰晶。

7.5.3　极地潮间带沉积物微生物

潮间带是指平均最高潮位和最低潮位间的海岸。南极洲的潮间带海岸类型与非极地环境类似，常见巨砾、碎石、硬质岩石和各种粒度的沉积物，但缺少河口和潟湖。南极洲沿岸以陡坡为主，潮间带的宽度一般只有几米，而且经常遍布各种岩石。海岸线上有相当大的比例的浮动冰架，只有极少数区域有潮间带暴露。与其他温带和热带潮间带类似，南极潮间带同样属于强潮（macro-tidal）潮汐带，潮差通常在 1～2 m，每日潮汐和温度波动幅度大。潮汐周期中的空气温度变化幅度可以达到 20℃。在夏季高潮期，潮间带海水温度通常在–2℃至 1℃之间变化。在低潮期，西格尼岛（Signy Island）的潮间带最高温度超过 10℃，乔治王岛（King George Island）可以达到 8℃。冬季潮间带的温度变化幅度更大，可以低于–20℃。除上述恶劣环境外，南极潮间带还存在巨大的盐度变化。由于淡水径流的影响，潮间带盐度可能低至 12 。夏季冰蚀（ice scour）、冬季冰壳（ice encasement）等都对潮间带生物的生存造成严重影响。

极地潮间带的光气候类似于极地海洋和陆地环境，只有在冰雪覆盖层消退后其才会完全暴露，其辐照度水平与陆地相近。因此，潮间带同样暴露在具有生物破坏性的 UV-A和 UV-B 辐射下。近年来，随着南极大部分地区平流层臭氧在春季急剧减少，辐照变得特别强烈。但此时南极潮间带大部分仍被冰雪覆盖，可以有效保护生物群落，使其免受辐射伤害。

长期以来，人们认为南极潮间带几乎没有肉眼可见的生命。直到 20 世纪 60 年代开始，人们在南极潮间带发现了一系列甲壳类、腹足类、帽贝、海星和短生藻类（ephemeral algae）等生物。潮间带的极端冰况阻止了大型藻类的生长，但硅藻和细菌等可以覆盖在岩石表面生长，在夏季为食植动物（herbivore）提供了食物来源。

目前，对极地潮间带微生物多样性的研究还较少，主要集中在某些特殊类群微生物的多样性研究及具有特殊活性的低温菌的分离鉴定方面。例如，Lozada 等（2008）对潮间带沉积物中多环芳烃（polycyclic aromatic hydrocarbon，PAH）降解细菌的种群多样性进行了研究，证明了多种 PAH 降解菌的存在，由此表明南极海域已经受到了人为的石油污染。Pelletier 等（2004）对南极潮间带土著烷烃降解菌降解石油的能力进行了为期3 个月的野外实地观测，用于了解在自然条件下南极生态系统对石油污染的耐受能力及自恢复能力。Engelhardt 等（2001）从潮间带沉积物中分离到一株具有特殊石油降解能力的新菌，该菌株为革兰氏阳性好氧菌，能够降解从 C11 到 C33 的正构烷烃，但无法降解芳香烃。Cristóbal 等（2015）对比格尔海峡（Beagle Channel）潮间带海水及底栖生物肠道内的可培养微生物的多样性进行了研究，获得了多株具有较强蛋白酶分泌能力的菌株，分别属于假交替单胞菌属（Pseudoalteromonas）、假单胞菌属（Pseudomonas）、希瓦氏菌属（Shewanella）、交替单胞菌属（Alteromonas）、气单胞菌属（Aeromonas）和沙雷氏菌属（Serratia）等，并在其中 8 个菌株中都发现了质粒。

2013 年，Fu 等采用宏基因组文库方法，从北极潮间带沉积物中筛选到一种具有新结构的耐低温脂肪酶，该酶与已知脂肪酶的同源性低于 30%，最适反应温度为 35℃，且在 25℃以下不稳定。初步研究表明该酶的耐低温机制可能是由于其结构中含有较多的甲硫氨酸及甘氨酸残基，并形成了大量柔软的环状结构。

2007 年，中国第 23 次南极考察对中山站潮间带沉积物中的微生物多样性进行了研究，结果表明在中山站潮间带砂质沉积物中存在多样性丰富的细菌群落。从沉积物样品中分离到 65 株海洋嗜冷菌。根据其 16S rRNA 基因全长序列进行的系统发育分析表明，这些分离菌株分别属于 α-变形菌纲、γ-变形菌纲、拟杆菌门、放线菌门和厚壁杆菌门等细菌类群的 29 个属，其中有 14 株细菌为潜在的新菌。2011 年，俞勇等从潮间带沉积物中分离到一株含叶绿素的好氧新菌，并对其进行了分类鉴定，命名为南极粉色柠檬菌（*Roseicitreum antarcticum*）。2010 年，李会荣等从潮间带砂质沉积物中分离到一株革兰氏阳性嗜冷菌新菌，并对其进行了分类鉴定，命名为南极栖海沉积物菌（*Marisediminicola antarctica*）。2013 年，张玉忠等从潮间带砂质沉积物中分离鉴定了多株新菌，并对南极麦克斯韦尔湾（Maxwell Bay）及乔治王岛（King George Island）沉积物中产蛋白酶菌株的多样性进行了研究。结果表明，8 个沉积物样品中可培养的产蛋白酶菌株细胞量均达到 10^5 个细胞/g。这些蛋白酶产生菌主要属于放线菌门、厚壁菌门、拟杆菌门及变形菌门，其中 3 个主要类群分别为芽孢杆菌属（*Bacillus*，22.9%）、黄杆菌属（21.0%）及湖食物链菌属（*Lacinutrix*，16.2%）。2021 年，李春阳等从分离自南极潮间带沉积物的嗜冷杆菌中鉴定了一种新型 ATP 依赖性 DMSP 裂解酶 DddX，可以通过两步反应催化 DMSP 转化为 DMS。DddX 在 α-变形菌纲、γ-变形菌纲和厚壁菌门细菌中均有发现，表明这种新型 DMSP 裂解酶可能在 DMSP/DMS 循环中发挥重要作用。2019 年，陈波等从南极东部潮间带沉积物中分离出一株能够在低温下产生类胡萝卜素的菌株，并对其全基因组进行了测序和数据挖掘，为研究南极微生物的低温适应策略提供了参考。

7.5.4 南大洋浮游微生物

南大洋是目前地球上研究最少的海区。该区域频繁的海冰冻融过程使寒冷、高盐的海水沉入海底，产生垂直方向上的温度、盐度和溶氧梯度，并通过独特的海洋动力学过程影响全球的海洋环流和海水分层体系。尽管这一海域微生物数量占到总浮游生物量的70%～75%，且目前人们已经可以用高通量测序等技术揭示微生物群落的结构、空间分布和分类，但由于采样方法和条件的限制，对南大洋微生物群落结构的了解与热带、温带相比仍然很少。另外，对该区域表层海水中微生物群落结构的研究表明，该区域微生物群落存在一个较为稳定的模式。在大多数区域，占主导地位的类群为 α-变形菌纲（特别是 SAR11 类群）细菌，其次是蓝细菌门、γ-变形菌纲、拟杆菌门等。

南大洋的微生物群落组成受多种环境因素的影响，包括洋流、温度、营养物可用性、昼夜和季节光照周期、其他气候变化等。据预测，全球变暖将减少全球海冰的范围，并加剧南大洋升温，从而使南极绕极流向两极移动。人们通过海洋表面温度模型预测，在未来 100 年中，约有 1200 万 km^2 的温暖地表水将取代极地地表水并影响原核微生物群落。光照直接影响光合自养微生物的生长模式，并间接影响参与有机物再矿化的异养微生物的生长和相关代谢过程。此外，养分和矿物质的有效性（如生物可利用铁、硅酸盐、氮和磷的相对比例）对群落组成也有很大的影响。例如，南大洋存在高营养素低叶绿素（high-nutrient, low-chlorophyll，HNLC）区域，由于浮游植物生长所需营养的不平衡，这些区域的浮游微藻数量相对较少。南大洋水域不仅与主要洋流的连通性最小，而且其温度（如两极<0℃、赤道>30℃）、营养物、盐度和日照时数变化较大，这些因素都可能影响微生物的群落组成和扩散。

全球各大海域的水体通过洋流在进行缓慢交换，这也导致了浮游微生物的交换，因此极地海域的浮游微生物与世界其他海域都具有类似的组成。例如，α-变形菌纲中的

SAR11 类群，在从赤道的温暖海水到高纬度的极地冷水中均为主要类群，其他主要类群
还包括 γ-变形菌纲（如 SAR86 类群）及拟杆菌门等。然而，极地海域微生物群落也具
有其自身的特点，这主要表现为南大洋微生物具有不同程度的地方性。对南大洋垂直分
布的微生物群落结构研究表明，其表层群落更容易受到当地环境的影响，而深海群落由
于距离和水体连通性更容易受到扩散的影响。总体来说，南大洋和北冰洋的群落存在显
著差异，只有约 15% 的微生物物种是共同的，如典型的海洋类群 α-变形菌纲、γ-变形菌
纲和黄杆菌纲类群。此外，两极的微生物多样性低于低纬度地区，热带地区被认为是两
极之间地表水中微生物扩散的屏障。对覆盖主要的南大洋水团的微生物群落结构研究证
明，洋流的物理输送（平流，advection）极大地影响着微生物群落组成。通过研究垂直
方向 6 km 深度和水平方向约 3000 km 的纬度间隔测试平流的影响，人们发现当控制环
境因素（即温度、压力、盐度、氧气、硝酸盐、硅酸盐和磷酸盐）与空间距离时，平流
也会影响海洋微生物的群落组成，这可能主要是由于海洋中的扩散具有物理限制，而运
动范围更大的洋流输送增加了微生物在新地点定居的机会。

　　南极锋也会影响南大洋微生物的群落组成。南极锋形成了南极绕极流的边界，影响
了南大洋各区域负责初级生产力的微生物类群的组成。其中，在南极锋以北的初级生产
力主要是蓝细菌，而在南极锋以南的初级生产力主要是真核浮游植物。

　　温度也是影响南大洋微生物群落组成的重要因素。在一项分析了 128 个表层海水宏
基因组（包括 34 个南大洋海水宏基因组）的研究中，对海水中普遍存在的 SAR11 类群
在 –2～30℃ 的不同环境中的分支进行了生物地理学分析，发现南极、温带、热带表层的
环境温度影响微生物不同基因型的分布，从而形成了 SAR11 类群的多样性和全球辐射。

7.6　海洋极端环境微生物的环境适应机制

　　不同海洋极端环境具有不同的环境特性，比如深海的主要特征是低温（除了热液喷
口）、寡营养（除了区域化的有机质富集）和高压，热液喷口的主要特征还包括高温，
海冰环境的主要特征还包括高盐等，因此在研究微生物的环境适应机制时，必须综合考
虑极端环境微生物对这几种因素的综合适应。研究这些极端微生物可以发现一些独特的
生理和遗传性质，帮助我们了解它们在生物地球化学循环中发挥的作用。另外，对这些
极端微生物生长温度、压力等环境因子的极限及其适应机制的研究，对揭示生命起源和
探索地外生命也都有重要作用。

7.6.1　低温

　　深海和两极海水的平均温度为 –1～4℃，而在冬季海冰内流的温度可低达 –35℃。与
海冰不同，深海海水温度十分稳定，基本不受季节变化的影响。嗜冷微生物是指那些最
适生长温度低于 15℃，最高生长温度不高于 20℃，且最低生长温度为 0℃ 或者更低的原
核生物。事实上，许多深海和极地微生物的生长温度范围都非常窄，在常温下不能存活。
因此，在样品的采集和运输、微生物的分离培养过程中需要控制温度。低温条件下，微

生物细胞膜中含有大量的不饱和脂肪酸（unsaturated fatty acid），以维持细胞膜的流动性，同时使营养物质的主动转运高效进行。此外，来自嗜冷菌的蛋白质在低温条件下有较强的柔韧性，与来自其他生物的蛋白质相比，它们有较多的 α 螺旋和较少的 β 折叠。更重要的是，在酶活性部位的特定区域还存在特殊的氨基酸，使底物更容易进入。利用重组 DNA 技术在大肠杆菌（*Escherichia coli*）中对嗜冷酶进行表达和基因操作，大大加速了对其活性和作用机制的研究。对嗜冷菌的脂肪酸与胞外聚合物降解酶（如几丁质酶和木聚糖酶）的研究，在生物工程领域具有重要意义。自从在深海中发现了丰富的古菌（尤其是奇古菌门）（详见第 4 章），微生物学家便对嗜冷古菌的蛋白质进行了越来越多的研究。例如，嗜冷产甲烷菌（methanogen）中延伸因子 II 是过量表达的，而且与嗜温产甲烷菌相比，其对鸟苷三磷酸（GTP）有更高的亲和力，这对于其在低温条件下合成蛋白质非常有利。在浮游生活的奇古菌门中发现了细菌冷休克蛋白的同源基因，说明低温环境促进了两个域之间的基因转移。

耐寒（psychrotolerant）细菌是指那些能够在低至 0℃ 的温度下生长，但最适生长温度为 20～35℃ 的细菌，许多浅海和海岸区域的微生物都属于这一类。有研究统计了 GenBank 上已经获得纯培养的分离自冰川的细菌，发现 G+ 细菌的占比超过 60%。革兰氏阳性菌通常具有复杂的细胞壁，这对细菌抵御低温并在冰冻状态下延长生存时间都具有重要作用。另外，很多革兰氏阳性菌可以形成孢子，因此人们理所当然地认为这些类群可以通过孢子形态耐受低温。然而研究发现，一些可以形成孢子的细菌在低温条件下并没有形成孢子，而是以休眠状态渡过难关。与不能形成孢子的放线菌相比，这些孢子形成菌对低温的适应力还不如前者。除了极低的生存温度，很多耐寒细菌还需要面对一个更加艰巨的难题：冻融循环。水在结冰时会形成晶体，细胞内的水分也不例外，大部分动物细胞在融化后不能恢复活性的最主要原因就是冰晶破坏了细胞结构，但微生物中特殊的抗冻蛋白的热滞后效应可以保护细胞免受冰晶的伤害。水在结冰时还会排出溶质使细胞失水，为了克服这个问题，细菌细胞质中含有多种兼容性溶质，如脯氨酸、甘氨酸、甜菜碱、海藻糖等，可以降低渗透压失调对细胞造成的伤害。

7.6.2 高温

海洋中绝大部分区域是低温环境，但热液喷口的高温环境是例外。目前，已在全球海洋中发现 700 多个热液喷口，热液流温度最高超过 350℃。当这股超高温热液流与周围的低温海水混合时会形成一个温度梯度，具有不同最适温度的嗜热菌生物群落可以沿此温度梯度生活。那些能在 80℃ 以上生活的微生物称为极端嗜热菌（hyperthermophile）。表 7-5 显示了一些代表性海洋极端嗜热菌的最适生长温度。已描述的大多数极端嗜热菌都属于古菌的两大类群——广古菌门和泉古菌门（详见第 4 章）。已有大约 70 种极端嗜热古菌被描述，其中多个种的全基因组已被测序。细菌域中只有两个主要属即产液菌属（*Aquifex*）和热袍菌属（*Thermotoga*）是极端嗜热菌。这两个域的极端嗜热菌在系统发育树上的分支位置都很接近根部。

表 7-5 深海热液环境分离的代表性菌株（修改自 Orcutt et al.，2011）

物种	类型最适温度/℃	耐氧性	碳源	能源利用	地理位置	栖息地
广古菌门						
布恩深渊酸菌 (*Aciduliprofundum boonei*)	嗜热（70℃）	厌氧	异养	有机营养	东太平洋海隆热液喷口	热液喷口
铁匠土球菌 (*Geoglobus ahangari*)	超嗜热（88℃）	厌氧	自养	铁还原	瓜伊马斯盆地热液喷口	热液喷口
印度洋甲烷热球菌 (*Methanocaldococcus indicus*)	超嗜热（85℃）	厌氧	自养	产甲烷菌	印度洋中脊	热液喷口
詹氏甲烷球菌 (*Methanococcus jannaschii*)	超嗜热（85℃）	厌氧	自养	产甲烷菌	东太平洋海隆热液喷口	热液喷口
甲烷球菌 (*Methanococcus* sp.)	超嗜热（85℃）	厌氧	自养	产甲烷菌	瓜伊马斯盆地热液喷口	受热液影响的 沉积物
坎氏甲烷火菌 (*Methanopyrus kandleri*)	超嗜热（122℃）	厌氧	自养	产甲烷菌	印度洋中脊	热液喷口
冲绳产甲烷热球菌 (*Methanothermococcus okinawensis*)	嗜热（60~65℃）	厌氧	自养	产甲烷菌	伊平屋热液区	热液喷口
甲酸甲烷火温菌 (*Methanotorris formicicus*)	嗜热（75℃）	厌氧	自养	产甲烷菌	印度洋中脊	热液喷口
嗜压热球菌 (*Thermococcus barophilus*)	超嗜热（85℃）	厌氧	异养	有机营养	大西洋中脊	热液喷口
耐伽玛射线热球菌 (*Thermococcus gammatolerans*)	超嗜热（88℃）	厌氧	异养	有机营养	瓜伊马斯盆地热液喷口	热液喷口
热球菌（*Thermococcus* sp.）	超嗜热（80℃）	厌氧	异养	有机营养	瓜伊马斯盆地热液喷口	热液喷口
泉古菌门						
水热烟口气火菌 (*Aeropyrum camini*)	嗜热（85℃）	需氧	异养	有机营养	水曜海山	热液喷口
γ-变形菌纲						
嗜热硫微螺菌 (*Thiomicrospira thermophila*)	中温（35~40℃）	微需氧	兼性混 合营养	硫氧化	汤加海沟热液区	热液喷口
ε-变形菌纲						
中大西洋热水口菌 (*Caminibacter mediatlanticus*)	嗜热（50℃）	厌氧	自养	氨化作用	大西洋中脊彩虹热液区	热液喷口
深洋热水口菌 (*Caminibacter profundus*)	嗜热（55℃）	微需氧或 厌氧	自养	硫还原、氨化 作用	大西洋中脊彩虹热液区	热液喷口
嗜热氢单胞菌 (*Hydrogenimonas thermophila*)	嗜热（55℃）	微需氧或 厌氧	自养	硫还原、氨化 作用	印度洋中脊	热液喷口
嗜酸大锅单胞菌 (*Lebetimonas acidiphila*)	嗜热（55℃）	厌氧	自养	硫还原	汤加海沟热液区	热液喷口
卤水硝酸盐裂解菌 (*Nitratifractor salsuginis*)	中温（37℃）	微需氧	自养	硝酸盐还原剂	伊平屋热液区	热液喷口
拱背反硝化菌 (*Nitratiruptor tergarcus*)	嗜热（55℃）	微需氧	自养	硝酸盐还原剂	伊平屋热液区	热液喷口
自养硫螺菌 (*Sulfurospirillum autotrophica*)	中温（25℃）	微需氧	自养	硫氧化	冲绳海槽鸠间岛	受热液影响的 沉积物
发泡底层还原硫杆菌 (*Thioreductor micantisoli*)	中温（32℃）	厌氧	自养	硫还原、硝酸 盐还原剂	伊平屋热液区	受热液影响的 沉积物

物种	类型最适温度/℃	耐氧性	碳源	能源利用	地理位置	栖息地
ζ-变形菌纲						
铁氧化深海菌 (*Mariprofundus ferrooxydans*)	中温（10～30℃）	微需氧	自养	铁氧化	洛尹黑海山热液喷口	热液喷口
梭菌目						
热液口梭菌 (*Clostridium caminithermale*)	嗜热（45℃）	厌氧	异养	有机营养	大西洋中脊	热液喷口
奇异球菌-栖热菌门						
热液口海栖热菌 (*Marinithermus hydrothermalis*)	嗜热（67.5℃）	需氧	异养	有机营养	水曜海山	热液喷口
深层大洋栖热菌 (*Oceanithermus profundus*)	嗜热（60℃）	微需氧	异养	有机营养、无机营养（兼性）	东太平洋海隆热液口	热液喷口
嗜热栖热菌 (*Thermus thermophilus*)	嗜热（75℃）	需氧	异养	有机营养	瓜伊马斯盆地地热液喷口	热液喷口
中大西洋火神栖热菌 (*Vulcanithermus mediatlanticus*)	嗜热（70℃）	微需氧	异养	有机营养、无机营养（兼性）	大西洋中脊彩虹热液区	热液喷口
热袍菌门						
嗜压海水袍菌 (*Marinitoga piezophila*)	嗜热（65℃）	厌氧	异养	硫还原	东太平洋海隆热液喷口	热液喷口
产水菌目						
无机营养浴室菌 (*Balnearium lithotrophicum*)	嗜热（70～75℃）	厌氧	自养	异养、微需氧	水曜海山	热液喷口
大西洋还原硫杆状菌 (*Desulfurobacterium atlanticum*)	嗜热（70～75℃）	厌氧	自养	硫还原、氨化作用	大西洋中脊	热液喷口
太平洋还原硫杆状菌 (*Desulfurobacterium pacificum*)	嗜热（75℃）	厌氧	自养	硫还原、氨化作用	东太平洋海隆热液喷口	热液喷口
嗜氢珀尔女神菌 (*Persephonella hydrogeniphila*)	嗜热（70℃）	厌氧	自养	异养、微需氧	水曜海山	热液喷口
瓜伊马斯热弧菌 (*Thermovibrio guaymasensis*)	嗜热（75～80℃）	厌氧	自养	硫还原、氨化作用	瓜伊马斯盆地地热液喷口	热液喷口
脱铁杆菌门						
深海热线菌 (*Caldithrix abyssi*)	嗜热（60℃）	厌氧	异养	氨化作用	大西洋中脊罗加乔夫热液区	热液喷口
深海脱铁杆菌 (*Deferribacter abyssi*)	嗜热（60℃）	厌氧	自养		大西洋中脊彩虹热液区	热液喷口
还原硫脱铁杆菌 (*Deferribacter desulfuricans*)	嗜热（60～65℃）	厌氧	异养	硫酸盐还原、硝酸盐还原剂、砷酸盐还原剂	水曜海山	热液喷口
厚壁菌门						
中热度火山芽孢杆菌 (*Vulcanibacillus modesticaldus*)	嗜热（55℃）	厌氧	异养	有机营养	大西洋中脊彩虹热液区	热液喷口

如表 7-5 所示，极端嗜热菌的生理类型可以是好氧的也可以是厌氧的，可能是化能自养的也可能是化能异养的。极端嗜热菌细胞膜适应性的改变，保证了其在高温条件下

的稳定性和高效的营养物质转运。例如，古菌的细胞膜含有比细菌细胞膜的酯键更耐热的醚键连接的异戊二烯（ether-linked isoprene）单元，而且极端嗜热菌通常具有单层膜，这都保证了其在高温下更加稳定。嗜热菌还可以通过增加或减少多不饱和脂肪酸含量等方式调节其细胞膜的流动性与稳定性。此外，嗜热菌胞内的酶和结构蛋白在高温条件下有很高的活性与稳定性。与相近种属的中温菌相比，嗜热菌蛋白质的氨基酸组成和三维结构都不同，如在蛋白质二级结构上增加了更加稳定的 α 螺旋，增加脯氨酸及 β 支链残基的比例，减少了不带电的氨基酸残基数量，从而增强关键性的静电相互作用，并结合分子伴侣（主要是热休克蛋白）达到增强蛋白质稳定性的目的。极端嗜热菌胞内蛋白质也有很高比例的疏水区和二硫键，以提高其热稳定性。

7.6.3　高压

水深每下降 10 m 就会增加 1 个大气压（1 标准大气压=0.101 MPa），因此微生物要生活在深海就必须能够承受十分强大的静水压。根据细菌在不同高静水压力（high hydrostatic pressure，HHP）下的生长能力，可以将其分为几类：压力敏感菌（piezosensitive bacteria）、耐压菌（piezotolerant bacteria）、嗜压菌（piezophile）和专性嗜压菌（obligatory piezophile）或称极端嗜压菌（extreme piezophile）（图 7-8）。

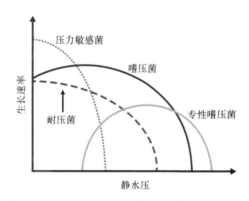

图 7-8　不同类型细菌对压力的耐受性示意图（Xiao et al.，2021）

大多数从近岸环境中分离到的普通细菌，最多只能承受 20 MPa 的压力，而从深海分离得到的一些细菌能够在高静水压力下生长，即所谓的耐压菌或嗜压菌。耐压菌是指能够在相当广的压力范围（1～40 MPa）内生长，但高压并非其最适生长条件的微生物。从水深 3000 m 以浅分离的细菌通常是耐压菌，它们通常不会在 5000 m 以深生长。对耐压菌来说，高压通常使其生长速率和代谢活性降低。但是也有例外，深层发光杆菌 SS9 和紫色希瓦氏菌 DSS12 在 1～70 MPa 压力下的增殖速率几乎维持恒定。

嗜压菌是指最适生长压力高于常压或者在常压下不能生存的微生物。从深度在 4000～6000 m 采集的样品中获得的细菌通常是嗜压菌，这些细菌在 30～40 MPa 下生长最佳。然而，尽管高压是嗜压菌的最适生长条件，但它们也可以在常压下生长。1979年，Yayanose 等首次成功分离了一株嗜压菌——嗜冷单胞菌（*Psychromonas* sp.）CNPT-3，该菌形态与螺旋菌相似，能够在 50 MPa 条件下快速繁殖，但在常压条件下数周都不能产生菌落。专性嗜压菌是指只有在压力超过 40 MPa 时才能生长的微生物，其被带到海面上就会死亡，温度变化或暴露于光照下会加速这种致死效应。例如，Nogi 和 Kato（1999）在马里亚纳海沟挑战者深渊分离到的雅氏摩替亚氏菌（*Moritella yayanosii*）DB21MT-5，能够在 60～100 MPa 下生活，最适生长压力为 70 MPa。

研究者利用特殊的分离技术，如将样品采集到有压力的容器中并在固体硅胶培养基中培养，使得越来越多的专性嗜压菌被培养出来。基因组学研究表明，许多耐压菌或者嗜压菌的亲缘关系较近，如γ-变形菌纲中的希瓦氏菌属、发光杆菌属（*Photobacterium*）、科维尔氏菌属（*Colwellia*）和摩替亚氏菌属（*Moritella*）等。但也发现了一些独特的微生物类群，如在热液喷口附近发现了一些专性嗜压的化能自养古菌，但目前对它们的生理学特性还不太了解。

专性嗜压菌大多生存于营养丰富的环境，如腐烂的动物尸体或者深海动物肠道，因此通常采用富营养培养基进行筛选。但需要注意的是，即使在最佳营养条件下，深海微生物的生长也是极其缓慢的，一次潜艇沉没事故证实了这一点。1968 年，一艘潜艇沉到 1540 m 的海底，舱门开着，舱内有一个被丢弃的塑料盒，里面盛着三明治。10 个月后，潜艇被打捞上来，发现三明治保存完好。在常压条件下，即使将三明治保存在冰箱中，长时间也会导致腐败。海水中还存在寡营养的嗜压菌，能够适应低营养浓度。有科学家设计了一个巧妙的实验，分别用表层海水和底层海水中的 DOM 作为碳源来培养来自深海表层沉积物的两株细菌，结果发现尽管底层海水中的 DOM 并没有减少，但是细菌仍然存活。这也证明深海细菌的代谢活动相当慢或者处于一种休眠状态。

对高压适应性机制研究最为透彻的是细胞膜组成的改变机制。大部分的嗜压细菌中都存在长链多不饱和脂肪酸，并且脂酰链（fatty acyl chain）的分布更为密集。希瓦氏菌属和发光杆菌属的嗜压细菌中含有二十碳五烯酸，而摩替亚氏菌属和科维尔氏菌属中含有二十二碳六烯酸。人们认为这些长链多不饱和脂肪酸对嗜压细菌在低温高压环境中维持细胞膜的流动性有重要作用，但是 Allen 和 Bartlett（2002）研究深层发光杆菌 SS9 时却得出了不同的结论，他们认为单不饱和脂肪酸对嗜压细菌适应深海环境中的作用比多不饱和脂肪酸更重要。另外，深海微生物为了适应深海寡营养的环境，采取的一种策略就是使细胞变小，小到能穿过细菌滤膜（孔径 0.22 μm），这样可以增大细菌的比表面积（详见第 1 章），从而更加有效地获取营养物质。研究发现这种策略对细菌适应深海高压环境也有帮助。在蛋白质水平，高压往往会抑制酶与底物的结合，这可以解释浅海的耐压菌在实验室进行压力培养时代谢速度出现下降的现象。酶对高压的适应机制主要是蛋白质构型的改变，同时脯氨酸和甘氨酸的比例下降。此外，在高压下生长的细胞还含有较高浓度的渗透活性物质，它们可以保护蛋白质在高压下不受水合作用的影响，从而帮助微生物细胞应对高压胁迫。

最近，有研究者利用分子遗传学技术研究了深层发光杆菌和希瓦氏菌这两种嗜压菌对压力反应的调控机制。当深层发光杆菌从正常大气压转移到高压下时，其含有的两种外膜蛋白（OmpH 和 OmpL）的相对丰度发生改变，这些蛋白质作为外膜的孔蛋白（porin）可以协助营养物质通过外膜。OmpH 产量的增加可能会提供更大的通道，这说明压力反应使细菌更容易吸收营养成分（这在深海环境中经常发生）。有一对与 ToxR 和 ToxS 蛋白序列同源的细胞质膜蛋白可以调节 *ompL* 及 *ompH* 基因的转录。ToxR 和 ToxS 蛋白首次发现于霍乱弧菌（*Vibrio cholerae*）中，它们在霍乱弧菌由水生环境到宿主体内的转变过程中，可以感应温度、pH、盐度和其他条件的改变，促进感染因子的表达。它们之间的序列同源性表明这种环境感应系统有某些共同的祖先，由于在不同的生境进化而行使不同的功能。深海希瓦氏菌中也发现了一些压力调控操纵子，其对压力反应起着非常重要的作用。

7.6.4　氧气的毒理效应

根据对氧的需求性，原核生物可以分为好氧菌（aerobic microorganism，aerobe）和厌氧菌（anaerobic microorganism，anaerobe）。那些生长需要氧的存在，并以氧作为其呼吸作用最终电子受体的微生物称为专性好氧菌（obligate aerobe）。能够在有氧条件下进行有氧呼吸，在无氧条件下则进行发酵或无氧呼吸（如硝酸盐呼吸）的微生物称为兼性好氧/厌氧菌。尽管氧对于兼性好氧/厌氧菌不是必需的，但在有氧存在时它们的生长要快得多，因为微生物通过呼吸作用产生的 ATP 更多。微需氧菌（microaerophile）是指进行有氧呼吸，但其需氧量低于空气含氧量的微生物。专性厌氧菌（obligate anaerobe）是指进行无氧呼吸或发酵的微生物。一些厌氧菌种类对氧有一定耐受性却不能生长，但是更多的厌氧菌一旦暴露于 O_2 中就会死亡。耐氧菌（aerotolerant microorganism）是指无论环境中有无氧存在都能进行厌氧生活的微生物，氧对其不造成毒害。海洋细菌和古菌中包含所有的呼吸类型。

活性氧（reactive oxygen species，ROS）对所有细胞都是有毒性的，但是很多细胞具有特定机制可以避免这种毒性。活性氧是基态氧分子获得电子后形成的一类具有高反应活性的物质，包括氧自由基及部分非自由基类物质。其中，氧自由基主要有超氧阴离子自由基（superoxide anion radical，$O_2^-\cdot$）、羟自由基（hydroxyl radical，$\cdot OH$）及过氧羟自由基（hydroperoxyl radical，$HO_2\cdot$）等，非自由基类物质有过氧化氢（hydrogen peroxide，H_2O_2）、单线态氧（singlet oxygen，$^1O_2$）及次氯酸（hypochlorous acid，HClO）等。其中 $^1O_2$ 是氧的一种高能量状态，其会在光化学反应中形成，能够瞬间氧化细胞物质，而光合细菌通过类胡萝卜素等色素可以把 $^1O_2$ 转化成无害形式（淬灭）。因此，很多生活在强光下的非光能营养的海洋生物（如那些在清澈的水表面生长的生物）也经常含有色素。$\cdot OH$ 同样具有很强的破坏性，其可以很快与细胞内化合物发生反应。众所周知，在生物诞生之初地球上是没有氧气的，微生物利用硫作为光合作用的电子受体。微生物随着进化产生了去除氧毒性的机制，使得有氧光合作用成为可能，进而完成了从无氧到有氧的生物圈转换。能够进行好氧生长的生物，通常含有过氧化氢酶（catalase，$2H_2O_2\rightarrow 2H_2O+O_2$）、超氧化物歧化酶（superoxide dismutase，$2O_2^-+2H^+\rightarrow H_2O_2+O_2$）和过氧化物酶（peroxidase，$H_2O_2+NADH+H^+\rightarrow 2H_2O+NAD^+$）。超氧化物还原酶（superoxide reductase，SOR）是一种最初在激烈火球菌（*Pyrococcus furiosus*）中发现的酶，并被认为是古菌所特有的，但是基因组序列分析显示，它可能广泛分布于专性厌氧菌中，用于取代超氧化物歧化酶。这种酶能够将超氧化物还原为 H_2O_2，而不产生 O_2（O_2^-+2H^++还原性细胞色素 c→H_2O_2+氧化性细胞色素 c）（图 7-9）。

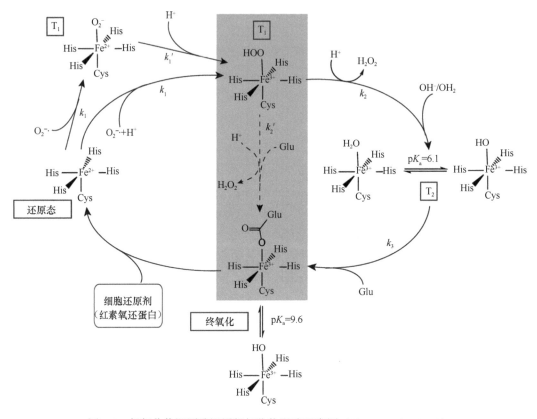

图 7-9　超氧化物还原酶还原超氧化物通路示意图（Sheng et al.，2014）

此外，由过量 ROS 引发的"共适应性"策略通常是微生物在极端条件下对氧化失衡的响应（图 7-10）。高静水压力可能会导致细胞内发生重大代谢变化，因为它会改变溶解气体的浓度和细胞内的氧化状态。"共适应性"策略能够促使微生物同时适应高静水压力及其他多种应力。作为模式生物的深海细菌耐压希瓦氏菌 WP3，其抗氧化防御机制已被证明是细胞应对高静水压力的关键机制。近期，通过证明嗜压特性并不局限于来自高压环境中的菌株，进一步证实了嗜压菌已进化出"共适应性"策略来应对多种类型应力（包括高静水压力）的假设。目前，由高压引起的氧化胁迫对细胞的影响是完全未知的，因此在未来的研究中我们需要特别关注这一问题（图 7-10）。

7.6.5　紫外辐射

紫外辐射对海洋微生物的影响历来备受科学家的重视，大致可分为两方面：一方面，紫外辐射可以促进 DOM 的降解，有利于微生物的摄取；另一方面，其也有可能诱变微生物的 DNA，抑制微生物的生长。野外实验已经证明，细菌直接暴露在自然光下会导致细胞丰度降低、细胞摄取氨基酸能力下降、酶活性降低，以及蛋白质和 DNA 的合成

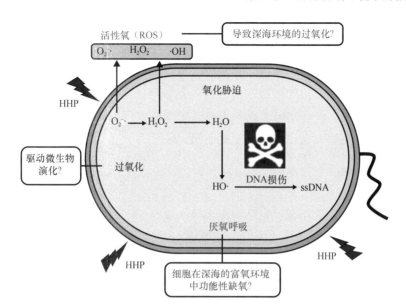

图 7-10　高静水压力引发细胞内过氧化的潜在影响（Xiao et al.，2021）

潜在影响包括：①细胞在深海的富氧环境中功能性缺氧：由于高压诱导会产生细胞内过氧化反应，因此即使是在有氧条件下，细胞也可能倾向于进行厌氧呼吸来避免进一步的过氧化损伤；②导致深海环境的过氧化：高静水压力（HHP）诱导细胞内 ROS 浓度增加，其释放（如病毒攻击的细胞裂解/细胞死亡）到周围区域可能导致周边环境的过氧化；③驱动微生物演化：ROS 的清除被认为起源于生命进化史早期，是生命进化的重要驱动力。然而，目前尚不清楚高静水压力引发的过氧化是否以及如何在推动深层生命进化中发挥作用

受到抑制。根据紫外线类型的不同，其造成的影响也有区别。长波紫外线（UV-A，波长 320~400 nm）通过促进细胞内活性氧和羟自由基的生成等，只会对细胞内的 DNA、蛋白质和脂质造成间接伤害。而中波紫外线（UV-B，波长 280~320 nm）会对 DNA 造成直接伤害，进而导致环丁烷嘧啶二聚体（cyclobutane pyrimidine dimer）和嘧啶 6-4′嘧啶酮［pyrimidine (6-4′)-pyrimidinone］的生成。另外，短波紫外线（UV-C，波长 100~280 nm）对生物的危害最大，但是由于太阳光中几乎所有的 UV-C 都被大气吸收，因此微生物在自然环境下不会受到 UV-C 的影响。细菌与真核生物相比更容易受到紫外辐射的伤害，这是由于细菌细胞小、比表面积大、普遍缺乏细胞色素，且 DNA 在细胞中的占比较高。然而，最近也发现了一些具有细胞色素的细菌，如好氧不产氧光合细菌（aerobic anoxygenic phototrophic bacteria，AAPB）和一些分布于 α-变形菌纲和 β-变形菌纲中具有视紫红质的细菌。人们推测细胞色素的产生与细菌对紫外线的抗性有关，但是 Agogué 等（2005）研究发现，具有细胞色素的细菌其实并不比没有细胞色素的细菌对紫外线的抗性高。另外，Agogué 等（2005）还研究了 90 株从海洋表层分离得到的细菌的紫外线抗性，结果只有 16%的细菌对紫外线敏感。对紫外线具有较高抗性的细菌中，43%来自 γ-变形菌纲，14%来自 α-变形菌纲，8%来自拟杆菌门。其中，γ-变形菌纲的交替单胞菌属、假交替单胞菌属和不动杆菌属（Acinetobacter）对紫外线的抗性最高。

　　紫外辐射对 DNA 的损害是多方面的，然而细菌也可以通过多种途径应对伤害。细菌通过碱基切除来修复碱基损坏，其具有几种直接的碱基损坏逆转机制，涉及转移酶、光裂合酶和氧化脱烷基酶等，均是可专门用来去除有害光产物和烷基化碱基的酶类。细菌还可以利用某些 DNA 修复蛋白来修复 DNA 的三级结构，这对人们理解 DNA 修复的分子基础和基因组稳定性大有帮助。从清澈表层水的珊瑚中分离到的一些细菌，对 UV 辐射有极强的抗性，因为这些细菌可以提高 NAD(P)H 奎宁氧化还原酶的活性，而这是一种强大的抗氧化酶。这些作用机制在人类健康领域有巨大的生物工程开发潜力，可以研制护肤产品，并克服衰老过程中的氧化胁迫。

7.6.6 高盐

盐环境在地球上广泛存在，包括海洋环境（盐度 30～40）、温泉（盐度 105）、苏打湖（盐度 371），以及盐度高达 497 的盐包裹体（salt inclusion）等。一般认为能够在盐度大于 10 的条件下生长良好的微生物称为嗜盐菌。根据生长的盐度范围，嗜盐菌又可以分为以下三类：极端嗜盐菌（extreme halophile），能够在盐度 200～300 的环境中生长；中度嗜盐菌（moderate halophile），能够在盐度 30～250 的环境中生长；微嗜盐菌（slight halophile），能够在盐度 10～50 的环境中生长。目前发现的最高盐度生长纪录保持者是分离自美国加利福尼亚州瑟尔斯湖（Searles Lake）的西尔维曼氏嗜盐砷酸盐杆菌（*Halarsenatibacter silvermanii*）SLAS-1^T，该盐湖的盐度达到 350。古菌中包含多种极端嗜盐菌，能够在盐田（saltern）、海底盐池（submarine brine pool）和海洋盐囊（brine pocket within sea）等盐浓度很高的地方生长。

海洋原核生物为了保护自身细胞免受水分丢失造成的脱水，必须维持很高的细胞质浓度。嗜盐菌在调节渗透压平衡方面主要有两种方式：一是在细胞内积累高浓度的无机离子（K^+、Na^+、Cl^-）用来抵抗胞外的高渗环境，这是一种平衡环境渗透压的"细胞内高盐"策略（salt-in strategy）。只有少数嗜盐菌采用这种策略来维持细胞内的盐平衡，如盐场杆菌属（*Salinibacter*）和嗜盐厌氧菌目（Halanaerobiales），它们的胞内蛋白需要 KCl 来辅助行使功能。二是渗透适应，该方式的本质是尽可能从细胞质中排出盐，并积累有机溶质以保持渗透压平衡。采用这种盐排出策略（salt exclusion strategy）的微生物可以耐受更大范围的盐浓度。这些非抑制性有机溶质，即相容性溶质（compatible solute），又称渗透压保护剂（osmoprotectant），通常是极易溶于水的各种糖、乙醇或氨基酸，主要包括甘油和其他糖醇、氨基酸及其衍生物，如甘氨酸甜菜碱、四氢嘧啶及其 5-羟基衍生物等，以及蔗糖和海藻糖等单糖。例如，许多革兰氏阴性菌能够合成甘氨酸甜菜碱（glycinebetaine）或者谷氨酸盐（glutamate），有些海洋蓝细菌还能合成α-甘油葡萄糖苷（α-glucosylglycerol）。当细胞裂解时，这些物质被释放到环境中，可供一些自己不能合成甘氨酸甜菜碱的细菌所利用。大多数革兰氏阳性菌能积累脯氨酸作为渗透压保护剂。在藻类中，DMSP 是主要的渗透压保护剂。一些常见的微生物渗透压保护剂见表 7-6。极端嗜盐菌多采用第一种方式，但胞内高浓度 K^+ 的存在使这类微生物对环境中离子浓度的降低缺乏有效的适应能力。中度嗜盐菌一般采取第二种方式，且产生的相容性溶质以四氢嘧啶为主。

表 7-6　常见的微生物渗透压保护剂（Madigan et al.，2018）

生物类群及例子	主要的细胞质渗透压保护剂	生长所需最低水分活度（a_w）[a]
大部分非光养细菌（如大肠杆菌）及淡水蓝细菌如鱼腥藻属（*Anabaena*）	氨基酸（主要是谷氨酸或脯氨酸）/蔗糖、海藻糖	0.98
海洋蓝细菌如聚球藻属（*Synechococcus*）	α-甘油葡萄糖苷	0.92
海洋藻类如棕囊藻属（*Phaeocystis*）	甘露醇、各种苷类、二甲基巯基丙酸内盐	0.92
耐盐细菌如葡萄球菌属（*Staphylococcus*）	氨基酸	0.90
盐湖蓝细菌如隐杆藻属（*Aphanothece*）	甘氨酸甜菜碱	0.75
嗜盐光合细菌如需盐红螺菌属（*Halorhodospira*）	甘氨酸甜菜碱、外毒素、海藻糖	0.75
极端嗜盐古菌如需盐小杆菌属（*Halobacterium*）和部分细菌如盐场杆菌属（*Salinibacter*）	KCl	0.75
嗜盐绿藻如杜氏藻属（*Dunaliella*）	甘油	0.75
嗜盐碱古菌如需苏打线菌属（*Natrinema*）	KCl	0.68
嗜干嗜渗酵母如接合酵母属（*Zygosaccharomyces*）	甘油	0.62[b]
嗜干丝状真菌如耐干霉菌属（*Xeromyces*）	甘油	0.605[b]

a. 为了实现 a_w 值低于 0.77 左右，除 NaCl 外的溶质也是必要的，如其他盐类（$MgCl_2$、$MgSO_4$ 或 $CaCl_2$）或非盐类，如蔗糖或甘油。对于列出的大多数生物（除了耐干生物），通过增加溶质可以降低生长所需的最低 a_w 值。

b. 接合酵母的生长测试在高蔗糖培养基中进行。通过土壤水势测定耐干霉菌孢子的萌发

　　目前，极端嗜盐古菌中防止细胞脱水的机制已研究得较为清楚。某些嗜盐菌细胞壁不含有肽聚糖，却有富含酸性氨基酸的糖蛋白，这些酸性氨基酸如谷氨酸、天冬氨酸等通常带有负电荷。这样在高盐浓度的溶液里面，钠离子会结合在嗜盐菌的表面，正好屏蔽掉这些氨基酸所带的负电荷。嗜盐菌细胞质中的 Na^+ 的浓度并不高，但是细胞质中的 K^+ 的浓度却很高，可以高达 7 mol/L。这是由于某些嗜盐菌利用了光介导的 H^+ 质子泵，进行了 Na^+/K^+ 反向转运，在向外排放 Na^+ 的同时吸收和浓缩 K^+。这样可以通过调节细胞内外的渗透压来对抗细胞外的高渗环境，进而提高其耐盐性。另外，胞内组分的聚合和活性也需要高浓度的 K^+，如核糖体和 DNA 复制酶，这是由于嗜盐菌的酶和结构蛋白中有很高比例的酸性氨基酸，有助于在酶表面形成水保护层，阻止酶分子相互碰撞，从而避免了它们之间的凝集，保护其构象不受高盐浓度的破坏。同时，碱性氨基酸残基能与酸性氨基酸形成盐桥来消除盐离子的屏蔽效应。而在低盐浓度下，由于电荷的排斥作用，酶反而会变性失活。此外，嗜盐菌中还进化出了能够在高盐环境中保持稳定和活性的特殊蛋白质。这些酶的稳定性取决于酸性氨基酸形成的蛋白质表面的负电荷、高盐浓度下的疏水基团以及天冬氨酸和谷氨酸中存在的羧基引起的蛋白质的水合作用。蛋白质表面的负电荷对嗜盐蛋白的可溶性非常重要，能够防止其变性、聚集和沉淀。南极洲深水湖被认为是地球上最寒冷和最极端的水生环境之一，湖中的高盐度（280）使其温度尽管低于–20℃但从未冻结。对分离自该环境的盐生古菌——湖渊盐红菌（*Halorubrum lacusprofundi*）中的半乳糖苷酶进行研究，发现该酶通过增加表面酸性（surface acidity）提高其耐盐性，通过提高结构柔性（structural flexibility）和调整氨基酸残基组成增加其

嗜冷性，从而最终达到同时具有嗜冷和嗜盐功能的效果。另外，对那些暴露于外部环境的酶（如 S-层蛋白）则需要高浓度的 Na^+ 来维持生理作用，同时一些嗜盐古菌的 S-层蛋白还富含酸性残基，这些都有助于保持细胞的稳定性。

高盐除改变盐水环境的渗透压外，还会降低水活度（water activity, a_w）。虽然 NaCl 浓度提高可以降低冰点，但饱和盐溶液的水活度较低。微生物可以通过产生与分泌具有吸水和储水活性的物质，如蛋白质、多糖等，来改变环境的水活度（表 7-6），这也是微生物除盐度和 pH 外，唯一能改变的环境参数。NaCl 饱和溶液的水活度约为 0.755，而纯水为 1。嗜盐古菌和细菌的理论水活度最小值为 0.611，真菌为 0.632。

7.6.7 多重极端条件

极端微生物对"极端"环境条件具有高度适应性，许多海洋环境中存在着一种或多种理化条件的极端性。因此，极端微生物特别是可以在多种极端条件下繁衍的微生物（即多极端微生物）可能是地球上最丰富的生命形式。

在各种极端环境中，实际上在有液态水可供生命利用的任何地方，都有着微生物的身影，表明微生物可以适应各类环境条件。此外，各类环境参数（温度、pH、压力、盐度和辐射等）彼此间相互关联，共同影响着微生物的生存环境。因此，除充分了解微生物对各种环境条件的适应机制外，更重要的是探究微生物在多重极端条件下的适应性。目前，已有针对多极端微生物对恶劣条件的适应性研究。

从日本北海道的酸性硫黄温泉中分离出来的两种嗜酸古菌——干热嗜酸古菌（*Picrophilus torridus*）和星名氏嗜酸古菌（*P. oshimae*），代表了迄今已知的最耐酸的嗜酸生物，其最适 pH 为 0.7。星名氏嗜酸古菌的脂质主要由甘油二烷基甘油四醚（glycerol dialkyl glycerol tetraether，GDGT）组成（详见 4.9 节），可适应低 pH。此外，这些异养需氧的多极端微生物还可以承受高达 65℃的温度（最适和最低生长温度分别为 60℃和 47℃）。这可能是通过增加四醚膜脂（tetraether membrane lipid）的环化，来作为对 pH、温度和营养胁迫的广义响应。

嗜冷菌和嗜热菌对极端温度的适应通常涉及高盐或高压条件。寒冷的环境有利于嗜盐菌的生长。与嗜盐嗜冷菌相反，嗜盐嗜热菌很少。几种极端嗜热微生物（生长温度＞80℃）必须在高压条件下生长，因为高压条件可使水在较高温度下也能保持液态。由于高温和高压的双重效应，极端嗜热微生物如产甲烷菌——坎氏甲烷火菌和 *Ca. Geogema barossii* 可以在 100℃以上的环境中保持细胞结构的完整性。

通过对可培养的极端微生物的分析，结果可知其中大多数是多极端微生物。尽管如此，现阶段关于微生物对多重极端条件耐受性的研究较少，妨碍了我们对生命极限的理解。在过去的有关研究中，我们得知当生物体同时面临多种极端条件时，生命的极限会发生变化。因此，在未来的研究中还需更多地关注多个环境条件之间的相互作用。

主要参考文献

美国国家海洋和大气管理局(National Oceanic and Atmospheric Administration, NOAA). http://www.

photolib.noaa.gov/index.html[2018-6-9].

张晓华, 等. 2016. 海洋微生物学. 2 版. 北京: 科学出版社.

Agogué H, Joux F, Obernosterer I, Lebaron P. 2005. Resistance of marine bacterioneuston to solar radiation. Appl Environ Microbiol, 71: 5282-5289.

Allen EE, Bartlett DH. 2002. Structure and regulation of the omega-3 polyunsaturated fatty acid synthase genes from the deep-sea bacterium *Photobacterium profundum* strain SS9. Microbiology (Reading), 148: 1903-1913.

Bale SJ, Goodman K, Rochelle PA, Marchesi JR, Fry JC, Weightman AJ, Parkes RJ. 1997. *Desulfovibrio profundus* sp. nov., a novel barophilic sulfate-reducing bacterium from deep sediment layers in the Japan Sea. Int J Syst Bacteriol, 47(2): 515-521.

Beaulieu SE. 2010. InterRidge Global Database of Active Submarine Hydrothermal Vent Fields, Version 2.0. http://www.interridge.org/irvents[2011-6-9].

Boetius A, Anesio AM, Deming JW, Mikucki JA, Rapp JZ. 2015. Microbial ecology of the cryosphere: sea ice and glacial habitats. Nat Rev Microbiol, 13(11): 677-690.

Cario A, Oliver GC, Rogers KL. 2019. Exploring the deep marine biosphere: challenges, innovations, and opportunities. Front Earth Sci, 7: 225.

Cavicchioli R. 2015. Microbial ecology of Antarctic aquatic systems. Nat Rev Microbiol, 13: 691-706.

Cowan DA, Makhalanyane TP, Dennis PG, Hopkins DW. 2014. Microbial ecology and biogeochemistry of continental Antarctic soils. Front Microbiol, 5: 154.

Cristóbal HA, Benito J, Lovrich GA, Abate CM. 2015. Phylogenentic and enzymatic characterization of psychrophilic and psychrotolerant marine bacteria belong to γ-Proteobacteria group isolated from the sub-Antarctic Beagle Channel, Argentina. Folia Microbiol (Praha), 60: 183-198.

Dalhus B, Laerdahl JK, Backe PH, Bjørås M. 2009. DNA base repair—recognition and initiation of catalysis. FEMS Microbiol Rev, 33: 1044-1078.

DeLong EF, Yayanos AA. 1985. Adaptation of the membrane lipids of a deep-sea bacterium to changes in hydrostatic pressure. Science, 228: 1101-1103.

Dick GJ. 2019. The microbiomes of deep-sea hydrothermal vents: distributed globally, shaped locally. Nat Rev Microbiol, 17: 271-283.

Engelhardt MA, Daly K, Swannell RP, Head IM. 2001. Isolation and characterization of a novel hydrocarbon-degrading, Gram-positive bacterium, isolated from intertidal beach sediment, and description of *Planococcus alkanoclasticus* sp. nov. J Appl Microbiol, 90: 237-247.

Feyhl-Buska J, Chen Y, Jia C, Wang JX, Zhang CL, Boyd ES. 2016. Influence of growth phase, pH, and temperature on the abundance and composition of tetraether lipids in the thermoacidophile *Picrophilus torridus*. Front Microbiol, 7: 1323.

Galéron J. 2014. Deep-sea environment. *In*: Fouquet Y, Lacroix D. Deep Marine Mineral Resources. Netherlands: Springer: 41-54.

German CR, Ramirez-Llodra E, Baker MC, Tyler PA, the ChEss Scientific Steering Committee. 2011. Deep-water chemosynthetic ecosystem research during the Census of Marine Life decade and beyond: a proposed deep-ocean road map. PLoS One, 6: e23259.

Jannasch HW, Taylor CD. 1984. Deep-sea microbiology. Annu Rev Microbiol, 38: 487.

Jones WJ, Leigh JA, Mayer F, Woese CR, Wolfe RS. 1983. *Methanococcus jannaschii* sp. nov., an extremely thermophilic methanogen from a submarine hydrothermal vent. Arch Microbiol, 136: 254-261.

Jørgensen B, Boetius A. 2007. Feast and famine-microbial life in the deep-sea bed. Nat Rev Microbiol, 5: 770-781.

Kashefi K, Lovley DR. 2003. Extending the upper temperature limit for life. Science, 301: 934.

Kelley DS, Karson JA, Gretchen LFG, Yoerger DR, Shank TM, Butterfield DA, Hayes JM, Schrenk MO, Olson EJ, Proskurowski G, Jakuba M, Bradley A, Larson B, Ludwig K, Glickson D, Buckman K, Bradley AS, Brazelton WJ, Roe K, Elend MJ, Delacour A, Bernasconi SM, Lilley MD, Baross JA, Summons RE, Sylva SP. 2005. A serpentinite-hosted ecosystem: the Lost City hydrothermal field. Science, 307: 1428-1434.

Kurth D, Belfiore C, Gorriti M, Cortez N, Farias M, Albarracín V. 2015. Genomic and proteomic evidences unravel the UV-resistome of the poly-extremophile *Acinetobacter* sp. Ver3. Front Microbiol, 6: 328.

Liu J, Zheng Y, Lin H, Wang X, Li M, Liu Y, Yu M, Zhao M, Pedentchouk N, Lea-Smith DJ, Todd JD, Magill CR, Zhang W-J, Zhou S, Song D, Zhong H, Xin Y, Yu M, Tian J, Zhang XH. 2019. Proliferation of hydrocarbon degrading microbes at the bottom of the Mariana Trench. Microbiome, 7: 47.

Lozada M, Riva Mercadal JP, Guerrero LD, Di Marzio WD, Ferrero MA, Dionisi HM. 2008. Novel aromatic ring-hydroxylating dioxygenase genes from coastal marine sediments of Patagonia. BMC Microbiol, 8: 50.

Madigan MT, Bender KS, Buckley DH, Sattley WM, Stahl DA. 2018. Brock Biology of Microorganisms. 15th ed. Harlow, UK: Pearson Education Limited.

Margesin R, Miteva V. 2011. Diversity and ecology of psychrophilic microorganisms. Res Microbiol, 162: 346-361.

Margesin R, Schinner F, Marx JC, Gerday C. 2008. Psychrophiles: from Biodiversity to Biotechnology. Berlin: Springer.

McKay CP. 2014. Requirements and limits for life in the context of exoplanets. Proc Natl Acad Sci USA, 111: 12628-12633.

Merino N, Aronson HS, Bojanova DP, Feyhl-Buska J, Wong ML, Zhang S, Giovannelli D. 2019. Living at the extremes: extremophiles and the limits of life in a planetary context. Front Microbiol, 10: 780.

Mikucki JA, Liu Y, Delwiche M, Colwell FS, Boone DR. 2003. Isolation of a methanogen from deep marine sediments that contain methane hydrates, and description of *Methanoculleus submarinus* sp. nov. Appl Environ Microbiol, 69: 3311-3316.

Munn CB. 2020. Marine Microbiology: Ecology and Applications. 3rd ed. London: CRC Press, Taylor & Francis Group.

Nakagawa S, Takai K. 2008. Deep-sea vent chemoautotrophs: diversity, biochemistry and ecological significance. FEMS Microbiol Ecol, 64: 1-14.

Nogi Y, Kato C. 1999. Taxonomic studies of extremely barophilic bacteria isolated from the Mariana Trench and description of Moritella yayanosii sp. nov., a new barophilic bacterial isolate. Extremophiles, 3: 71-77.

Nogi Y. 2008. Bacteria in the deep sea: Psychropiezophiles. *In*: Margesin R, Schinner F, Marx JC, Gerday C. Psychrophiles: from biodiversity to biotechnology. Berlin: Springer-Verlag: 73-82.

Nunoura T, Takaki Y, Hirai M, Shimamura S, Makabe A, Koide O, Makita H, Takaki Y, Sunamura M, Takai K. 2015. Hadal biosphere: insight into the microbial ecosystem in the deepest ocean on Earth. Proc Natl Acad Sci USA, 112: E1230-E1236.

Orcutt BN, Sylvan JB, Knab NJ, Edwards KJ. 2011. Microbial ecology of the dark ocean above, at, and below the seafloor. Microbiol Mol Biol Rev, 75: 361-422.

Peck LS, Convey P, Barnes DK. 2006. Environmental constraints on life histories in Antarctic ecosystems: tempos, timings and predictability. Biol Rev Camb Philos Soc, 81: 75-109.

Pelletier E, Delille D, Delille B. 2004. Crude oil bioremediation in sub-Antarctic intertidal sediments: chemistry and toxicity of oiled residues. Mar Environ Res, 57: 311-327.

Poli A, Finore I, Romano I, Gioiello A, Lama L, Nicolaus B. 2017. Microbial diversity in extreme marine habitats and their biomolecules. Microorganisms, 5: 25.

Santelli C, Orcutt B, Banning E, Bach W, Moyer C, Sogin M, Staudigel H, Edwards K. 2008. Abundance and diversity of microbial life in ocean crust. Nature, 453: 653-656.

Sheng Y, Abreu IA, Cabelli DE, Maroney MJ, Miller AF, Teixeira M, Valentine JS. 2014. Superoxide dismutases and superoxide reductases. Chem Rev, 114: 3854-3918.

Skropeta D. 2008. Deep-sea natural products. Nat Prod Rep, 25: 989-1216.

Takai K, Nakamura K, Toki T, Tsunogai U, Miyazaki M, Miyazaki J, Hirayama H, Nakagawa S, Nunoura T, Horikoshi K. 2008. Cell proliferation at 122 degrees C and isotopically heavy CH_4 production by a hyperthermophilic methanogen under high-pressure cultivation. Proc Natl Acad Sci USA, 105: 10949-10954.

Vezzi A, Campanaro S, D'Angelo M, Simonato F, Vitulo N, Lauro FM, Cestaro A, Malacrida G, Simionati B, Cannata N, Romualdi C, Bartlett DH, Valle G. 2005. Life at depth: *Photobacterium profundum* genome sequence and expression analysis. Science, 307: 1459-1461.

Wang H, Zhang Y, Bartlett DH, Xiao X. 2021. Transcriptomic analysis reveals common adaptation mechanisms under different stresses for moderately piezophilic bacteria. Microb Ecol, 81: 617-629.

Wang Y, Huang JM, Cui GJ, Nunoura T, Takaki Y, Li WL, Li J, Gao ZM, Takai K, Zhang AQ, Stepanauskas R. 2019. Genomics insights into ecotype formation of ammonia-oxidizing archaea in the deep ocean. Environ Microbiol, 21: 716-729.

Xiao X, Zhang Y, Wang F. 2021. Hydrostatic pressure is the universal key driver of microbial evolution in the deep ocean and beyond. Environ Microbiol Rep, 13: 68-72.

Xie Z, Jian H, Jin Z, Xiao X. 2018. Enhancing the adaptability of the deep-sea bacterium *Shewanella piezotolerans* WP3 to high pressure and low temperature by experimental evolution under H_2O_2 stress. Appl Environ Microbiol, 84: e02342-17.

Yayanos AA. 1995. Microbiology to 10 500 meters in the deep sea. Annu Rev Microbiol, 49: 777-805.

Yu Z, Yang J, Liu L, Zhang W, Amalfitano S. 2015. Bacterioplankton community shifts associated with epipelagic and mesopelagic waters in the Southern Ocean. Sci Rep, 5: 12897.

Zhang Y, Li X, Bartlett DH, Xiao X. 2015. Current developments in marine microbiology: high-pressure biotechnology and the genetic engineering of piezophiles. Curr Opin Biotechnol, 33: 157-164.

Zheng Y, Wang J, Zhou S, Liu J, Xue CX, Williams BT, Zhao X, Zhao L, Zhu XY, Sun C, Xiao T, Todd JD, Zhang XH. 2020. Bacteria are important dimethylsulfoniopropionate producers in marine aphotic and high-pressure environments. Nat Commun, 11: 4658.

Zhong H, Lehtovirta-Morley L, Liu J, Zheng Y, Lin H, Song D, Todd JD, Tian J, Zhang XH. 2020. Novel insights into the Thaumarchaeota in the deepest oceans: their metabolism and potential adaptation mechanisms. Microbiome, 8: 78.

复习思考题

1. 列举几种海洋极端微生物的栖息环境特征。
2. 能够在深海生活的微生物可能具有哪些特点？其环境适应机制如何？
3. 简述深海微生物的研究方法。要实现微生物的深海原位培养应注意哪些问题？
4. 简述深海古菌、病毒及真核生物的主要类群及多样性特点。
5. 简述典型极地环境特点及相应环境下微生物的多样性特点。
6. 列举几种极端环境微生物的代谢特征及其研究意义。
7. 想要分离一株具有嗜冷特性的细菌，可能从哪些环境获得？为什么？
8. 结合自己的感受，试述深海微生物及其产物给你的生活带来了哪些改变？
9. 结合本章内容，简述我们研究极端环境微生物的原因。

（史晓翀　张晓华　于　敏）

第8章 海洋微生物在生态系统中的作用

虽然海洋微生物的个体很小，但数量极大，是海洋生态系统中物质循环和能量流动的主要承担者。各种生源要素及其化合物在生态系统中的输入和输出，并在大气圈、水圈、岩石圈内外及生物间流动和交换的过程，称为生物地球化学循环（biogeochemical cycle），也称为物质循环（material cycle）。海洋微生物在驱动碳、氮、硫、磷、铁和硅等元素的生物地球化学循环中发挥着重要作用。

8.1 海洋微生物与碳循环

碳元素（carbon）是组成生物体中各种有机物的最主要成分，约占有机物干重的 50%。从全球范围来看，碳元素无处不在。碳循环（carbon cycle）发生于大气、陆地、海洋和其他水环境、沉积物以及岩石中。海洋由于面积广阔，在地球的碳循环中占有重要地位。微生物介导的含碳化合物的转化及其驱动的碳元素流向是海洋微生物生态学研究的重要方向之一。碳元素以多种不同的无机或有机形式存在于自然界中，包括空气中的 CO_2、溶入水中的其他形式 CO_2（如 H_2CO_3、HCO_3^- 和 CO_3^{2-}）、生物体内的各类有机物及岩石和化石燃料的组成成分。地壳沉积岩中的碳酸盐矿石、煤炭、石油和天然气是碳元素的主要储存库，它们是经过几百万年漫长的自然地质过程形成的碳汇（carbon sink）。由于近两百年人类对矿物燃料的大量燃烧及对土地的不合理使用等活动，加速了这些碳向大气圈释放的过程，最终导致了全球气候的变化。

微生物既可作为生产者，又可作为消费者，在海洋碳循环中发挥着关键作用。海洋浮游植物对 CO_2 的固定量约占全球 CO_2 固定量的一半，蓝细菌和微微型真核生物在寡营养（oligotrophic）海区的 CO_2 固定中起主导作用，而真核浮游植物在富营养（eutrophic）近岸海区中对 CO_2 的固定作用更为重要；化能无机自养细菌和古菌则在深层无光区域的 CO_2 固定中发挥重要作用。海洋初级生产者固定的碳，大部分可以通过主动分泌、被动裂解或死亡等方式，以溶解有机物（dissolved organic matter，DOM）的形式进入微食物环（microbial loop），被异养细菌、古菌和真菌等利用。另外一小部分在胞外聚合物（extracellular polymeric substance，EPS）的作用下形成颗粒有机物（particulate organic matter，POM）聚集体，这些 POM 通过生物碳泵作用被输送到深海和沉积物中。

根据 DOM 的反应活性，可将其划分为活性 DOM（labile DOM，LDOM）、半活性 DOM（semi-labile DOM，SLDOM）和惰性 DOM（recalcitrant DOM，RDOM）。LDOM 一部分被异养微生物降解，为自身提供能量，另一部分转化为微生物自身生物量。微生物对 LDOM 的利用会改变 DOM 的分子组成，在微型生物碳泵（microbial carbon pump，MCP）的作用下产生 RDOM，这些 RDOM 可以在深海中积累上千年之久。异养微生物吸收 DOM 后，在被原生动物捕食（grazing）和被囊动物滤食的作用下，将有机质转移至更高的营养级别。在该过程中，病毒可对细菌、古菌和真核微生物进行裂解，从而释放食物链中的碳，推动海洋中营养物质的再生。

8.1.1　海洋微食物环

8.1.1.1　海洋微食物环的提出

在 20 世纪 70 年代中叶，海洋中微生物的重要性还没有得到广泛认可，其仅被认为是碎屑的分解者。关于海洋中各营养级间的相互关系，经典观点认为其只是一个简单的食物链。初级生产力（primary productivity）主要来自能够被传统的浮游生物网采集的藻类，这些藻类可被桡足类动物捕食，而桡足类又会被更大的浮游动物捕食，最终到达食物链的终端——鱼类。人们认为浮游生物被消费的速度与其生产的速度相同，所有的初级生产力都进入了"草食性"浮游动物体内，而细菌在这一食物链中不发挥作用，事实上当时估计的细菌丰度远低于实际情况。这符合当时流行的观点，即海洋的大部分区域是生物的"荒漠"，营养物质的流通量小、浮游生物的生物量少、生产力低。

随着放射性同位素标记、腺苷三磷酸（adenosine triphosphate，ATP）水平测定等技术的发展，人们意识到海水中的新陈代谢活动和生产力比以前认为的高得多。人们通过使用不同孔径的滤膜，结合落射荧光显微镜与 DNA 荧光染色技术，发现海洋中充满了微微型浮游生物大小（粒径<2 μm）的微生物（$10^5 \sim 10^7$ 个细胞/mL）。通过落射荧光显微镜，人们在海洋中首次发现了聚球藻（*Synechococcus* sp.），这是一种以前未被发现的蓝细菌，现在则被认为是海洋初级生产力的主要生产者之一。这些新方法的应用也表明细菌是营吞噬营养的原生动物的重要食物，也为细菌的生产力与食物网中更高一级成员之间存在直接联系提供了证据。

另一个重要的技术进步是流式细胞术（flow cytometry，FCM）的应用，该技术可在调查船上使用。科学家利用流式细胞术于 1988 年发现了营光合营养的另一种单细胞蓝细菌——原绿球藻（*Prochlorococcus* sp.），现在认为原绿球藻与聚球藻一样，是海洋中的主要初级生产者之一，并且很可能是地球上数量最多的光合生物。

1955 年海洋病毒首次被发现后，人们用透射电镜对海洋病毒的结构进行了详细的描述。然而，直到 1990 年左右才发现病毒广泛存在于海洋环境，并且其在海水中的丰度远远高于海洋细菌。另外，在 20 世纪 90 年代初，微生物学家应用分子生物学技术揭示了原核生物的多样性，证实了古菌是海洋微微型浮游生物的重要组分，这是人们以前未曾发现的。近些年，人们还发现了以前并不清楚的几种光合作用类型和其他几种能量产生机制，并认识到原核生物和病毒在调控浮游生物群落结构中发挥了重要作用。

美国佐治亚大学的 Lawrence Pomeroy 在 1974 年撰写了题为"海洋食物网：变革中的范式"（"*The ocean's food web: a changing paradigm*"）的论文，该论文针对微生物在海洋系统中的作用提出了诸多前瞻性观点，因此受到了人们的广泛关注。这篇文章的主要观点有：①海洋中的主要初级生产者是"微型浮游生物"（<60 μm 的光合生物），而不是先前认为的"浮游生物网"中的大型浮游生物（>60 μm）；②微生物的代谢活动在海水中发挥主要作用；③DOM 和 POM 是海洋食物网中的重要营养来源，并且可以被异养微生物消费。

1983 年，加利福尼亚大学斯克利普斯海洋研究所的 Farooq Azam 等首次提出了"微食物环"这一概念，用来解释海洋中 DOM 的流动和循环。微食物环是指微型生物之间的摄食关系，即海洋中 DOM 被异养浮游细菌摄取从而形成生物颗粒物，也即异养浮游细菌的生产力；浮游细菌再被原生动物（鞭毛虫、纤毛虫）捕食，形成微型生物捕食关系；原生动物可进一步被桡足类利用，从而进入经典食物链。DOM 是指可溶性的单体物质、寡聚物和聚合物，以及胶状物和小细胞碎片。因有一些测量 DOM 含量的方法只关注碳的含量，从而提出了溶解有机碳（dissolved organic carbon，DOC）的概念，而另一些研究则主要关注 POM。事实上，DOM 和 POM 之间并没有非常严格的界限，一般认为粒径大于 0.45 μm 的有机物为 POM。微食物环模型的提出是海洋学领域的重要突破之一，后续科学界以此为基础的拓展包含了更多的营养关系，完善了这一模型。

8.1.1.2　经典食物网与现代食物网的比较

经典食物网观点认为，海洋中各营养级之间的相互关系是一种简单的金字塔式食物链关系，概括为微藻（主要是硅藻）、桡足类、鱼和鲸；而现代海洋食物网观点（图 8-1）展示了一个更为复杂的多水平营养关系，微生物的活动占据了其中心位置。

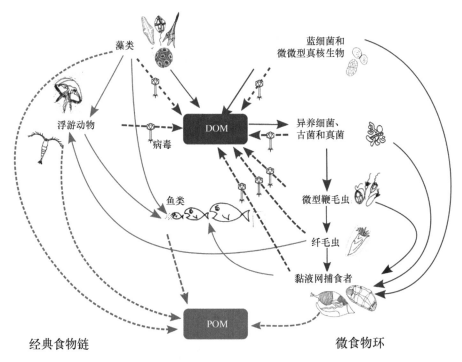

图 8-1　海洋中简化的食物网（Munn，2020）
DOM，溶解有机物；POM，颗粒有机物

实际上，在现代食物网中，经典模型中的各种因素仍然是适用的，但图中不同成员的相对重要性会随着环境的变化而变化。在具有较高程度的混合和湍流现象且分层不明显的海区（如极地海域）中，小型或中等大小的浮游生物，即硅藻（diatom）、甲藻

（dinoflagellate）或者定鞭金藻（prymnesiophyte）等微藻以及桡足类捕食者，通常在食物网中占据优势地位，因而经典食物链为主导。相反，在水体高度层化且营养水平较低的大部分海区（尤其是热带、亚热带区）中，浮游细菌、鞭毛虫和纤毛虫的生物量占优势，因而微食物环在食物网中占优势地位。一般来说，在寡营养海水中，微生物产生的影响是最大的，这是因为寡营养条件会对小型个体产生正向选择。随着营养物浓度的升高，可捕食颗粒的原生动物、浮游动物及鱼类等生物的相对重要性逐步变大，同时微生物的角色也有一些转变。值得一提的是，许多厌氧的生物地球化学过程如甲烷的产生与氧化作用、硫的氧化作用和硫酸盐还原作用等完全依赖于微生物。

自然界中食物网的行为可与实验室培养物的行为进行类比。由微食物环支配的食物网的行为类似于恒化器（chemostat）中培养物的行为。虽然在组成食物网的生物中，有许多种类繁殖迅速，但从长时间范围来看，寡营养海域中的物种丰度（和相伴随的生物地球化学过程）呈稳定状态。相比之下，以春季水华为典型代表的、由微藻和桡足类占支配地位的食物链则是动态的，类似于分批培养（batch culture）。首先，藻类的生物量和光合作用强度迅速增加；随后，随着营养物的耗尽及桡足类的捕食作用，藻类的生物量和光合作用强度下降；最后，由于浮游动物排泄物的沉积作用，由光合作用固定的大量有机碳向深水输入。

8.1.1.3 初级生产力

大气中到底有多少 CO_2 被固定从而转化为细胞物质呢？这是近百年来生物海洋学的一个中心问题。初级生产力可以定义为固定于细胞物质中的总 CO_2 量（即总生产力）或者是经浮游植物呼吸作用消耗后剩余的生产力（即净生产力）。群落净生产力（net community productivity）是指进一步扣除异养生物的呼吸作用后剩余的生产力。

有多种方法可以测定初级生产力，其中最普通的方法是测定 $H^{14}CO_3^-$ 掺入到有机物中的量，并比较明暗培养条件下获得的结果。另外还可采用测氧法，O_2 浓度的变化可以通过高精度滴定法测出，该法可以测定出通过产氧光合作用释放的 O_2 量及通过呼吸作用消耗的 O_2 量。还有一种方法是用特殊的仪器追踪从 $H_2^{18}O$ 中释放的 $^{18}O_2$ 的量，这代表不受呼吸作用干扰的光合作用。然而，由于不同方法测定的参数及采用的时间不同，且部分方法会受到一些特定因素的干扰，如同位素掺入效率的差异，以及由于物种和营养条件不同而产生的光合商（photosynthetic quotient），即被同化的 HCO_3^- 和产生的 O_2 分子量质量比的差异，因此产生的结果会存在差异性。

浮游植物的生长并不是一个简单的过程，需要依靠同化其他营养物质并通过许多代谢转化过程来生产细胞中的大分子物质。显而易见，大量厌氧光合细菌的发现意味着我们需要重新考虑基于上述方法的一些早期设想是否合理。在自然环境中测定光合作用的反应速率是十分困难的，大多数实验是将含有自然群落的海水密封在瓶子中，将其放在实验场地的不同深度，然后在一定时间内，测定光照等不同环境条件下的光合速率。瓶子实验具有明显缺陷，主要原因是其无法与外界交流而造成营养物质很快耗竭。另外，样品的添加、回收和污染或者进入容器光线的光谱性质改变等因素也能造成假象，而中宇宙（mesocosm）实验可以在一定程度上解决上述某些问题。

　　浮游植物的总生产力与净生产力之间的比率会受到一系列因素的影响，如温度、水文条件（湍流、上升流和扩散）、光照、营养物质的可利用性及生物之间的相互作用等。例如，温度升高不仅可提高光合作用速率，也可提高呼吸速率，因此海洋中的各种过程非常复杂。事实上，尽管大多数富含营养的上升流水温较低，但是高营养水平对光合作用速率的刺激作用远远超过了低温对光合作用速率的抑制作用。

　　不同波长的光线在水中的穿透能力不同，使光合作用多限制在海水的上层区域——真光层（即水层中有光线透过的部分，一般为 0～200 m），在有悬浮物的海水中光合作用大大降低。由于不同类型的光能营养生物含有不同类型的叶绿素及辅助色素，并且在水域中的分布范围也有所不同，因此它们可以利用不同波长的光线进行生长。传统上对真光层定义的界限为当光强度减弱到海面光强度 1% 时的深度，但现在很多研究已将真光层定义为当光强度减弱到海面光强度 0.1% 时的深度，这是因为一些原绿球藻在不足海面光照强度 0.1% 的光照水平下也可以进行光合作用。过高的光照强度反而会抑制光合作用，尤其是其中的紫外线会破坏光合系统，但是生物体本身也具有一些光防护和修复机制以避免这些影响。

　　补偿深度（compensation depth）是指光合作用同化的 CO_2 与呼吸作用释放的 CO_2 达到平衡时的水深。由于浮游植物的组成种类、地理位置、季节性、白天光的穿透力及可利用的营养物质的差异，补偿深度也会随之发生变化。云层和空气中的灰尘对光的穿透力有显著影响，而且浮游植物自身的密度也是一个主要的影响因素。现在认为"最大初级生产力在海洋最表层"这一观点是错误的，最大的初级生产力相反可能产生于海洋表层以下的特定深度，因为该处的光照和营养水平都比较适合浮游植物的生长。

　　由于初级生产力的分布具有高度动态性且受许多因素的影响，目前人们往往采用卫星上的海岸带水色扫描器（coastal zone color scanner，CZCS）和海洋宽视野遥感器（sea-viewing wide field-of-view sensor，SeaWiFs）进行遥感测定，以此对初级生产力进行评估。通过测定叶绿素和其他光合色素对光线的不同吸收量，计算出每天的浮游生物生物量（biomass）的现存量（standing crop）。建立数学模型将叶绿素的测定结果、光合作用速率及光照强度结合，可用来推断不同深度的数值并估计每日变化所产生的影响。全世界海洋的年净生产力约为 $5×10^{13}$ kg C，这与陆地生态系统的年总生产力相近。如果按单位面积计算，全球海洋年生产力的固碳量大约为 50 g/m^2，而这只是陆地单位面积生产力的 1/3。产生这一差异的原因是海洋浮游植物对太阳辐射能的利用率低于陆地植物，而利用率低的主要原因是海洋中营养物质的缺乏及光合作用受到可吸收光的悬浮颗粒（包括浮游植物细胞本身）的影响。

8.1.1.4　营养物质对初级生产力的影响

　　光合作用以光作为能源，同时依赖于营养物质的可利用性。如表 8-1（a）所示，全世界海洋中不同海区的初级生产力存在很大差异。在大洋中，生产力的高产区主要是靠近非洲的西北部大西洋、靠近秘鲁及美国西海岸的东部太平洋、靠近纳米比亚的西部印度洋及阿拉伯海的主要上升流区域。生产力的低产区主要位于大洋盆地的中央环流（central gyre）。从全球角度看，虽然生产力在一年中是相当稳定的 [表 8-1（b）]，但在某些海域生产力有着高度的季节性特征。例如，在高纬度温带地区（尤其是北大西洋）具有独特的春季藻华（algal bloom）现象。这些区域在寒冷、多风的冬季，海水会发生巨大的对流混合现象，将营养带到海洋表层，当春季光照加强时可以迅速加快光合作用。在夏季，尽管光照达到了最高水平，但是层化现象的加剧及营养物质的耗竭会导致生产力下降。在秋季，海水又一次发生对流混合，生产力水平达到次于春季高峰的第二高峰。而在热带海区，季节的影响则不明显，除非这个海区像阿拉伯海一样有着季节性的上升流（upwelling）存在。由于河流及季风带起的灰尘向海域中输入了营养物质，海岸线附近区域的生产力一般较高。

表 8-1　海洋中净初级生产力的估测（Munn，2020）

	初级生产力/（×10^{15} g 固定碳）	占比/%
（a）在不同海域的年生产力		
太平洋	19.7	42.8
大西洋	14.5	31.5
印度洋	8.0	17.3
南极圈	2.9	6.3
北极圈	0.4	0.9
地中海	0.6	1.2
全球的年生产力	46.1	100.0
（b）全球海洋生产力的季节估测		
3～5 月	10.9	23.0
6～8 月	13.0	28.2
9～11 月	12.3	26.7
12 月至次年 2 月	11.3	22.1
全球的年生产力	47.5	100.0

因为海水中含有丰富的 HCO_3^-，所以碳一般不是生产力的限制因子。然而氮、磷、硅、微量矿质元素（尤其是可利用的铁）及一些微量有机化合物（如 B 族维生素等），都有可能作为营养限制因子从而影响生产力。单一营养限制因子的概念来源于利比希最小养分定律（Liebig's law of minimum nutrient），即单一营养物质的缺乏会限制化学反应的进行，从而影响浮游生物的生长。人们对浮游生物组成元素与海水组成元素之间的关系进行研究，提出了 Redfield 比（Redfield ratio）这一概念，即海水中浮游生物的 C∶N∶P 平均值约为 106∶16∶1（摩尔数比）。但是，也有一些环境中浮游植物生物量的平均 N∶P 值并非是 16∶1，在这些环境中微生物的作用（尤其是固氮作用和反硝化作用）尤为重要。不同种类的浮游生物或者同一种类浮游生物生活周期的不同阶段，可能受不同营养因子的影响。同时，它们对不同营养元素的利用也是互相制约的，而在混合的自然群落中，很难厘清这些复杂的相互关系。在近几十年中，科学界对各种海洋营养物质的循环又重新进行了描述。

直到现在，仍被普遍接受的观点是，氮是海洋水体中最重要的营养限制因子，这是将最小养分定律应用于北大西洋温和水域的春季水华研究时提出的观点。研究者观察到，随着藻类生物量的增长，硝酸盐的浓度在不断下降。实验中加入铵盐（而不是加入磷酸盐）能加快海水中浮游植物的生长。另外，在比较海水表面磷酸盐和硝酸盐被利用的情况时发现，硝酸盐含量达到零时，磷酸盐还有剩余。通过对叶绿素分析发现，在温暖的海水中，当春季水华刚形成时，浮游生物的生物量在整个混合层中都是一致的；但是随着层化的发生，在较高硝酸盐水平的次表层水体中叶绿素水平较高。这就催生了新生产力（new production）和再生生产力（regenerated production）这两个概念，前者依赖于深水的硝酸盐库、陆源径流中的氮和微生物固定的氮等"新"氮，而后者依赖于真光层中通过细菌分解而再循环的氮（主要是铵盐）。

遥感技术证实了高营养素低叶绿素（high-nutrient, low-chlorophyll，HNLC）特征存在于广阔的海域中，全球 HNLC 海域（主要包括亚北极太平洋、南大洋和赤道太平洋海域）约占全球海洋面积的 30%，它们通常具有高硝酸盐浓度（>2 μmol/L），但却只有极低的浮游生物量（叶绿素含量<0.5 g/L）。实际上，这种反常现象大多是由铁元素含量太低造成的。寡营养海区约占海洋面积的 70%，具有低营养素低叶绿素（low-nutrient, low-chlorophyll，LNLC）的特征。高营养素高叶绿素区域和低营养素高叶绿素区域在近岸水体中很典型，各自占据约 5%的海区。在一些区域，如在地中海东部，磷酸盐是关键的限制因子。硅的缺乏则能限制近岸水域中硅藻的生长，造成种群动态的不平衡现象，从而引起其他浮游生物（如有害藻类）的大量繁殖。关于海洋中生产力与营养动力学之间复杂关系的假说及相关的实验依据，不在本书的讨论范围之内。

8.1.1.5 DOM 和 POM 的形成及其命运

每天约有 50%的光合作用净生产力以 DOM 的形式进入海洋系统，这些有机物可以维持异养细菌的生长，因此微食物环将大量的溶解营养物质保留在海洋的上层水域。有一些 DOM 直接来自细菌及浮游植物细胞生长过程中产生的胞外产物，如碳水化合物、氨基酸、脂类和有机酸等。通过这种途径释放的 DOM 量变化很大，并且一般在光照最强、光合作用最活跃的区域释放量最大。浮游植物的胞外产物可能是由光合作用生产过剩造成的，还有可能是因细胞在溶质浓度极低的海水中产生浓度差，从而导致小分子组分通过细胞膜发生持续渗漏。有计算结果显示，浮游植物的细胞每天损失 5%～10%的细胞物质。

大量的 DOM 和 POM 是由以微微型浮游生物为食的原生动物释放出来的。在原生动物的排泄过程中，被部分消化的颗粒、未被吸收的小分子物质及消化酶都以胶体的形式释放出来。DOM 和 POM 也会在浮游动物的捕食过程中释放出来，如在桡足类捕食过程中，当其利用口器使浮游植物的细胞破碎时，大量的 DOM 和 POM 会以渣状小球的形式释放出来。剩余的 DOM 是由病毒裂解浮游植物、细菌和原生生物细胞产生的。人们直到近些年才认识到病毒在海洋系统中发挥着非常重要的作用，但目前对病毒在DOM 释放中的具体贡献还不清楚，不过可以确定的是，它们的作用极大，而且很可能超过捕食性原生动物的作用。在浮游植物水华衰败时，约 80%的光合作用总生产力会以DOM 的形式释放出来。

浮游动物和鱼类的粪便颗粒及来自裂解细胞的聚合物、碎片等是海洋聚集体

（aggregate）的主要组成部分，这些聚集体由于重力作用而逐步沉入深水中，被称为海雪（marine snow）。这样一来，部分在海洋上层被固定的有机碳被转移到深层，有机碳的周转时间变长。随着海雪的沉降，微生物、浮游动物和鱼类的呼吸作用使 POM 中的部分碳被重新矿化（mineralization）成 CO_2。此外，病毒裂解和海雪颗粒附着细菌胞外酶的作用会导致大量 DOM 从沉降颗粒中释放出来。

有一些 DOM 可通过非生物催化的化学过程转变为腐殖质（humics），这一复杂的聚合物可以抵抗生物降解并形成惰性有机物的储存库，最终沉入海底。浮游植物如颗石藻（coccolithophore）和原生动物有孔虫（foraminifera）残骸中大量的碳（约为净生产力的 1/4），也会以 $CaCO_3$ 的形式沉入海底。在超过 3000 m 的深水中，一些 $CaCO_3$ 会重新溶解成 HCO_3^-，但是在较浅的水域中，浮游植物的残骸会形成钙质（calcareous）沉积物。浮游生物每日在水体中进行数百米的迁移，这使得有机物的垂直移动更为显著。总之，这些移动过程构成了生物碳泵，将 CO_2 由大气中转移至海洋深处。虽然近二十几年在该方面的研究取得了许多进展，但人们对海洋上层的碳输出量，以及混合流和水的流向对碳重新分布的影响至今还没有作出可靠的评估。细菌的生长效率普遍很低（即有大量营养物质及能量的输入却只能得到极低的生物量产出），表明细菌存储的有机碳大部分被分解或矿化，因此它们在碳流量中的总体作用更有可能是作为碎屑食物链的末端类群进行营养物质再生，而不是与更高营养级连接。

8.1.1.6　原生生物的捕食作用

在微食物环中，最关键的环节是食细菌（bacterivorous）过程，即异养细菌被原生生物捕食的过程，并且此过程可以用来解释为什么细菌的生物量总是保持在近似不变的水平上。在食细菌过程中，细菌细胞被较大粒径的浮游生物利用，这在海洋食物网中非常重要。原生生物对细菌的捕食作用不仅对细菌生产量进行了重要的 "下行（top-down）" 控制，其对蓝细菌的捕食还将影响到初级生产力。应该注意到，细菌对大多数食细菌的原生生物而言并不是唯一的食物。通过投喂实验和对原生生物食物泡中内含物的分析，结果显示，许多食细菌原生生物既可以捕食较大的能进行光合作用的细菌及异养细菌，也可捕食无生命的有机颗粒（通过吞噬营养作用）或者是溶解的组分（通过吸收作用）。最活跃的食细菌原生生物是鞭毛类，鞭毛类属于微型浮游生物（2～20 μm），大多数不足 5 μm。小型浮游生物（20～200 μm）中具鞭毛的原生生物[包括甲藻、隐藻（cryptomonad）、眼虫（euglenoid，又称裸藻）和纤毛虫]也是活跃的食细菌生物。这些生物体通过纤毛和鞭毛摆动产生的水流来滤食，它们每小时能过滤大于自身体积上千倍的水。不过目前对放射虫（radiolarian）和有孔虫等这些大型原生生物的重要性还知之甚少。

有一些中型浮游动物也可以直接捕食细菌。实验发现，桡足类的幼体可以捕食粒径 1～5 μm 的细菌，但它们对在浮游生物中占主导地位的细菌（多数<1 μm）的捕食效率很可能不高。浮游动物的幼虫能利用由凝胶状黏液构成的细小网孔（<1 μm）来捕获细菌，而被丢弃的网孔及被捕获的细菌对形成海雪具有很大的贡献。事实上，许多浮游细菌不以自由悬浮的形式存在，而是附着于海雪颗粒上。而海雪中的细菌可被更大的中型

浮游动物或小型鱼类捕食，但这些动物不能直接捕食单个的细菌。

微食物环的另一个关键过程是通过原生生物的捕食而释放 DOM。大量的 DOM 被原生生物排出，进入 DOM 库，其中一部分有机物很容易被代谢，并经细菌进入再循环，同时另一些剩余物进入惰性物质的"汇（sink）"。原生生物捕食者具有相对较高的呼吸率和排泄率，这意味着通过微食物环"丢失"的光合作用生产力的循环效率是很低的。

对捕食率的精确测定是一项难度较大的工作。在一类实验研究中，可用荧光显微镜法（用荧光标记被捕食者）和放射性示踪法（radioactive tracer method）（用 ^{3}H 或 ^{14}C 标记被捕食者）研究标记菌被捕食以及它们在食物泡中的积累情况。另外一类研究使用稀释法。在这一方法中，先准备一系列的稀释海水，使被捕食的细菌的自然生长率保持不变，但捕食者与被捕食者之间的比例下降。然后，测定在不同稀释水平下进行培养时细菌密度的变化速率。许多研究者应用这类技术来评价海洋中原生生物的捕食对细菌种群密度、动态和结构的影响。在低生产力的水域中，捕食者似乎是维持细菌生长平衡的主要因素。然而，在高生产力的水域（如近岸海区和河口区）中，其他因素也可能在控制细菌数量上起重要作用，比如底栖滤食性动物的滤食作用、病毒的裂解作用等，后者在细菌种群密度过高时发挥的作用尤为重要。

在一定的范围内，原生生物偏爱捕食较大的个体，这当然也取决于原生生物自身的大小。因此，捕食压力促使由小细胞形成的微生物群落占据优势地位。在寡营养的浮游环境中，大多数细菌的尺寸不到 0.6 μm，还有许多细菌甚至不到 0.3 μm，这些极微小的细菌可能只维持能量代谢而不进行活跃的细胞分裂。因此，一个有趣的现象是：原生生物偏爱捕食大的、生长活跃和正在分裂的细菌，而留下大量生长缓慢的或不生长的细菌。而对大的、比较活跃的细菌进行选择性捕食时，似乎可以通过释放"再生产"的营养物质如铵盐和磷酸盐等来刺激其他细菌的生长。高分辨率的视频技术显示，鞭毛虫既可随机取食，又可十分活跃地选择它们的食物。在处理食物颗粒的过程中，不同的物种具有不同的特性，尺寸在 3～5 μm 的各种食细菌的微型鞭毛类可以共存，而且对不同细菌存在特定的捕食压力。在捕食、吸收和消化的不同阶段，细菌的运动能力、表面特征及毒性都可以影响细菌与原生生物之间的关系。

8.1.1.7 病毒的裂解作用

随着对感染浮游生物的病毒丰度的认识更加深入，人们开始对病毒在海洋生态系统中的作用展开研究。当噬菌体感染海洋细菌时，既有裂解周期又有溶原周期。虽然溶原状态十分普遍，而且在基因转移中具有重要作用，但其在自然海洋生态系统中的诱导率相当低，所以多数病毒的侵染过程是通过活跃的病毒粒子侵染细菌，然后进入裂解周期。这一过程是高度动态的，受病毒与宿主数量的比率、病毒复制速率、病毒子代的释放量及病毒衰退率的影响。

有一些研究者试图评估噬菌体裂解对细菌种群的影响，但往往由于使用方法的不同而得到不同的结果。其所使用的方法包括：用放射性同位素标记的底物来测定病毒 DNA 的净合成量；在无原生生物的情况下（通过过滤法去除），测定细菌中被标记 DNA 的减少量；或者测定荧光标记与非荧光标记病毒的相对比例随时间的变化情况。一系列的研究结果表明，病毒对海洋浮游细菌的死亡率有很大的贡献，死亡率变化范围为 10%～50%。

病毒在细菌释放 DOM 的过程中发挥了关键性作用。病毒裂解（viral lysis）导致了细菌内容物的释放，其中大部分细菌内容物进入了 DOM 库中，这些物质很容易通过异养作用进入再循环。然而，细胞碎屑和部分 DOM 组分很可能是惰性的。例如，当细菌的孔蛋白（外膜蛋白）作为膜碎屑的嵌入组分被释放时，相对而言它能抵抗蛋白酶的降解。藻类细胞被病毒裂解后释放的某些组分也是惰性的。这些由于病毒裂解而产生的惰性组分的数量和动态变化目前还不清楚。人们通过构建数学模型来比较不同致死率的病毒对营养收支的影响，当病毒的致死率达到 50% 时，细菌生产力及呼吸速率的总水平增长了 1/3（与病毒的致死率为零时相比较）。在这些模型中，原生生物的大量捕食，将碳流向食物链中更高的营养级（动物）；而病毒的大规模裂解作用，可将碳流从食物链转移到由细菌摄取和释放有机物质组成的半封闭循环中。

因为细胞碎屑、病毒及溶解物都不能发生沉降（除非它们聚集成大的颗粒），所以在海洋的上层水域中，病毒的裂解作用可使碳及无机营养物质如氮、磷（可能还有铁）等的含量得以维持在一定水平。病毒的裂解作用可以释放海雪中的聚合物并溶解海雪颗粒物质，因此其对海水微生境的不均一性也有贡献。

8.1.2　海洋碳循环的微生物过程

海洋微生物的碳源范围很广，可从如 CO_2、CO 和 CH_4 等简单分子到复杂的有机分子。海洋浮游生物（包括藻类、蓝细菌和光合细菌）是地球上光合作用的主要参与者，是海洋中有机碳的主要来源；另外，化能自养菌也对有机物的合成有重要的贡献。微生物的降解作用、呼吸作用、发酵作用或甲烷形成作用，会使形成的有机物分解、矿化和释放，从而使生物圈处于碳平衡状态。据估计，地球上 90% 以上的有机物的矿化作用是由微生物完成的，而海洋中的光合微生物能吸收 40% 的人类排放的 CO_2。

8.1.2.1　自养菌的 CO_2 固定

自养菌的 CO_2 固定（carbon dioxide fixation）可将无机碳转化为有机碳，是全球碳循环的核心组成部分，包括蓝细菌、化能自养菌等微生物在有氧环境的碳固定，以及光合细菌等微生物在无氧环境的碳固定等。目前在微生物中已发现 6 条碳固定途径。

1. 卡尔文循环

卡尔文循环（Calvin cycle）又称 CBB 循环（Calvin-Benson-Bassham cycle）或还原磷酸戊糖途径（reductive pentose phosphate cycle），是最重要的 CO_2 固定途径，主要存在于藻类、蓝细菌、绝大多数光合细菌和好氧化能自养菌中。该途径的两个关键酶是核酮糖-1,5-二磷酸羧化酶（ribulose-1,5-bisphosphate carboxylase，RubisCO）和磷酸核酮糖激酶（phosphoribulokinase，PRK）。1,5-二磷酸核酮糖（ribulose-1,5-bisphosphate，RuBP）

的羧化，使得每进行一个循环就能掺入 1 分子的 CO_2，但其中间产物不稳定，会迅速分解成 2 分子的 3-磷酸甘油醛（又名甘油醛-3-磷酸）。然后，3-磷酸甘油酸再磷酸化形成糖酵解途径中的一个关键中间产物——甘油醛-3-磷酸。因此，通过反向糖酵解过程就可合成己糖单体。全部的反应过程使得每掺入 6 分子的 CO_2 就可生成 1 分子的己糖（图 8-2A）。这一过程还需要消耗 12 分子的 NADPH 和 18 分子的 ATP。己糖可以通过不同的反应转变成其他代谢物或者形成其他大分子的元件。如果能量和还原力十分充足，己糖就会转变成可以储存的聚合物，如淀粉、糖原或者聚羟基丁酸盐，并以细胞内含物的形式沉积下来。卡尔文循环的最后一步是通过另一种独特的酶——磷酸核酮糖激酶形成 1 分子的二磷酸核酮糖。

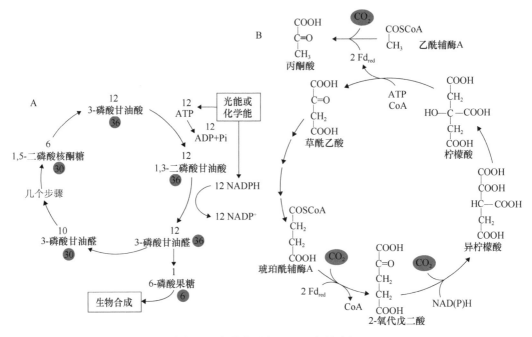

图 8-2 自养菌进行 CO_2 固定的途径

A. 卡尔文循环，1 分子的己糖由 6 分子的 CO_2 掺入形成，圆圈中的数字表示参与反应的碳原子数量；

B. 还原性三羧酸循环

2. 还原性三羧酸循环

还原性三羧酸循环（reductive tricarboxylic acid cycle，rTCA 循环）又称反向三羧酸循环或还原性柠檬酸循环，是三羧酸循环的反向过程，可将 2 分子的 CO_2 合成乙酰辅酶 A（图 8-2B）。rTCA 循环的多数酶与三羧酸循环相同，但前者的特有酶包括延胡索酸还原酶（fumarate reductase）、2-酮戊二酸合成酶（2-oxoglutarate synthase）和柠檬酸裂解酶（citrate lyase）。该途径包括两个还原性羧化反应，一是由 2-酮戊二酸合成酶催化，琥珀酰辅酶 A 生成 2-酮戊二酸；二是 2-酮戊二酸生成异柠檬酸，该步反应在不同的微生物中由不同的酶催化。该途径的关键步骤是由 ATP 柠檬酸裂解酶（ATP-citrate lyase）将柠檬酸裂解形成草酰乙酸和乙酰辅酶 A。rTCA 循环存在于绿色光合细菌如泥生绿菌（*Chlorobium limicola*）、一些能利用氢气生长的嗜热细菌如嗜热氢杆菌（*Hydrogenobacter thermophilus*）

以及特定的硫酸盐还原细菌如嗜水脱硫杆菌（*Desulfobacter hydrogenophilus*）中。

3. Wood-Ljungdahl 途径

Wood-Ljungdahl 途径（Wood-Ljungdahl pathway，WL 途径）又称还原性乙酰辅酶 A 途径（reductive acetyl-CoA pathway，rACA 途径）或厌氧乙酰辅酶 A 途径。该途径是一种古老的非循环式 CO_2 固定机制，关键酶是厌氧 CO 脱氢酶和乙酰辅酶 A 合成酶，催化 CO_2 还原为 CO，再经过甲基分支途径转化为乙酰辅酶 A。很多产乙酸菌如伍氏醋杆状菌（*Acetobacterium woodii*）、产甲烷古菌如热自养甲烷杆菌（*Methanobacterium thermoautotrophicum*）及大多数自养的硫酸盐还原细菌如自养脱硫杆菌（*Desulfobacterium autotrophicum*）等化能自养的厌氧细菌和古菌均采用该途径进行 CO_2 的固定。

4. 3-羟基丙酸循环

3-羟基丙酸循环（3-hydroxypropionate cycle，3-HP 循环）又称 3-羟基丙酸双循环（3-hydroxypropionate bi-cycle），是一个双循环偶联的代谢过程，其关键中间产物是 3-羟基丙酸。在第一个循环中，2 分子的 CO_2 被固定为乙醛酸；在第二个循环中，乙醛酸和丙酰辅酶 A 歧化为丙酮酸与乙酰辅酶 A。该途径的关键酶是乙酰辅酶 A 羧化酶（acetyl-CoA carboxylase）和丙酰辅酶 A 羧化酶（propionyl-CoA carboxylase），两者最终将 CO_2 固定形成苹果酰辅酶 A（maloyl-CoA）；苹果酰辅酶 A 被进一步裂解形成乙酰辅酶 A 和乙醛酸，后者被细胞用作碳源。该途径最初发现于绿色非硫嗜热光合细菌——橙色绿弯菌（*Chloroflexus aurantiacus*）中，后来又在多种自养古菌中发现。

5. 3-羟基丙酸/4-羟基丁酸循环

3-羟基丙酸/4-羟基丁酸循环（3-hydroxypropionate/4-hydroxybutyrate cycle，3-HP/4-HB 循环）的第一部分，即从乙酰辅酶 A 形成琥珀酰辅酶 A，与有些菌中的 3-HP 循环类似；该循环的第二部分，即从琥珀酰辅酶 A 重新生成乙酰辅酶 A，与 3-HP 循环明显不同。琥珀酰辅酶 A 被转化为乙酰乙酰辅酶 A，然后被裂解为 2 分子的乙酰辅酶 A。在该循环的 4-羟基丁酸部分，关键酶是 4-羟基丁酰辅酶 A 脱水酶（4-hydroxybutyryl-CoA dehydratase），催化 4-羟基丁酰辅酶 A 生成巴豆酰辅酶 A。该途径存在于一些嗜热嗜酸的古菌如硫化叶菌属（*Sulfolobus*）和生金球菌（*Metallosphaera sedula*），以及海洋中丰度很高的奇古菌门 MG-I 等类群中，这表明该途径是海洋碳循环中的关键途径之一。

6. 二羧酸/4-羟基丁酸循环

二羧酸/4-羟基丁酸循环（dicarboxylate/4-hydroxybutyrate cycle，DC/4-HB 循环）包括一些 rTCA 循环的酶（将草酰乙酸转变为琥珀酰辅酶 A）和 3-HP/4-HB 循环中 4-HB 部分的酶（将琥珀酰辅酶 A 转变为乙酰辅酶 A），在最近几年才被发现。除此之外，该循环还需要另外 3 种酶，即丙酮酸合成酶、丙酮酸：水双激酶（pyruvate：water dikinase）和磷酸烯醇式丙酮酸羧化酶（PEP carboxylase）来完成乙酰辅酶 A 到草酰乙酸的转化。DC/4-HB 循环并无特异性酶，主要被发现于嗜热性泉古菌如适宜粒状火球古菌（*Ignicoccus hospitalis*）和其他泉古菌中。

8.1.2.2 异养菌对有机碳的分解作用

海洋异养细菌和古菌在代谢活性及基因多样性等方面均超过了其他代谢类型的微生物，是碳循环中不可或缺的"主角"。异养菌的生长需要现成的有机化合物，包括糖类、氨基酸、肽和有机酸等。这些化合物，即 DOC，在海洋环境中的起源问题已在前面阐述（8.1.1.5 节）。通常认为，没有任何一类细菌能够在各类 DOC 的利用中均占主导地位，不同类群细菌发挥各自的代谢特点，充分吸收 DOC 以获取生存空间，同时推动海洋食物环中的物质循环与能量流动。例如，α-变形菌纲（Alphaproteobacteria）中个体小且基因组小的 SAR11 类群，偏好氨基酸，能利用 DMSP（详见 8.3.4 节）；玫瑰杆菌类群（Roseobacter clade）是海洋中的"多面手"，可以利用 DMSP、有机酸及来源于浮游植物的碳水化合物等；鞘脂醇单胞菌目（Sphingomonadales）的细菌拥有降解复杂化合物如芳香类物质的能力；γ-变形菌纲（Gammaproteobacteria）如交替单胞菌目（Alteromonadales）的细菌能利用 N-乙酰基-D-葡糖胺和芳香族化合物，还能利用甲基化合物进行生长代谢；拟杆菌门（Bacteroidetes）的某些细菌能利用 N-乙酰基-D-葡糖胺、浮游植物产生的高分子量化合物如多糖等。由此可见，海洋异养细菌对有机物的利用具有多样性的特点。

一般来说，大分子有机物不能被原核生物细胞直接吸收，所以许多海洋细菌会分泌各种胞外酶（图 8-3），如几丁质酶（chitinase）、褐藻胶酶、淀粉酶、脂肪酶和蛋白酶等，这些酶通过降解作用将复杂的大分子物质降解为单体。例如，几丁质（chitin，一种由 N-乙酰葡糖胺构成的聚合物）是海洋中含量非常丰富的化合物，是许多无脊椎动物（尤其是甲壳动物）外骨骼的主要组成成分，也是一些真菌和藻类细胞壁的重要组成成分。许多海洋细菌具有几丁质酶，其水解作用释放出的 N-乙酰葡糖胺（N-acetyl glucosamine，NAG）是 C 和 N 的良好来源。

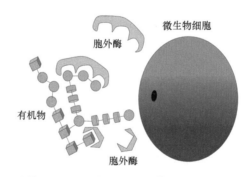

图 8-3　异养微生物对有机物降解的模式图（Arnosti，2014）

通常情况下，细菌能将生存环境中的大分子有机物降解成小分子化合物，所以细菌中必定存在将小分子化合物转运到细胞内的机制，或者可能存在特殊的转运系统，但是目前对其知之甚少。目前已知的转运蛋白主要是种类繁多的细胞膜蛋白，包括 ABC 转运蛋白（ABC transporter）、TonB 依赖型转运蛋白（TonB dependent transporter，TBDT）、磷酸转运体系等。ABC 转运蛋白承担了碳水化合物、氨基酸等营养物质的转运工作。TBDT 允许革兰氏阴性菌转运铁载体、血红素和维生素 B_{12} 等。细菌也可以利用 TBDT 获取各种碳水化合物、有机酸、氨基酸甚至高分子量的 DOC（如多糖水解后的寡糖等）。

研究表明，ABC 转运蛋白是玫瑰杆菌类群的重要核心蛋白，且其转运碳水化合物的类型较多，如能转运五碳糖的转运蛋白；而在 SAR11 类群的 ABC 转运蛋白中，转运氨基酸的类型较多，它们对 DOC 的偏好性或许与此有关。玫瑰杆菌类群和 SAR11 类群的 ABC 转运蛋白基因丰富，但缺乏 TBDT 基因；而拟杆菌门、γ-变形菌纲及鞘氨醇单胞菌目（Sphingomonadales）细菌的 TBDT 基因数量较多，但 ABC 转运蛋白基因较少。

在自然细菌聚集体中，由一种微生物降解复杂大分子有机物而产生的营养物质可能被多种微生物利用。这一降解过程在海雪颗粒中尤为重要，当这些颗粒在水体中下沉时，会导致羽状 DOM 的生成，这是因为定居在颗粒中的细菌产生 DOM 的速率远高于它们利用 DOM 的速率。而定居在羽状物中的细菌，其生长速率可能远高于那些分散在海水中的细菌。

8.1.2.3　产甲烷作用及甲烷氧化作用

1. 产甲烷作用

产甲烷作用（methanogenesis）通常是一种厌氧呼吸作用，代谢的终产物是甲烷（CH_4）。在好氧呼吸中，有机物（如葡萄糖）被氧化为 CO_2，O_2 被还原为 H_2O。与之相反，在氢营养型产甲烷作用中，H_2 被氧化为 H^+，CO_2 被还原为 CH_4。产甲烷作用产生的能量非常少，每产生 1 分子甲烷，最多只产生 1 个 ATP。产甲烷古菌可以进行这一特殊的新陈代谢过程，即生物产甲烷作用。产甲烷古菌是专性甲烷生产者，不能利用发酵作用或其他电子受体进行呼吸。此外，产甲烷古菌是严格的厌氧菌，在有氧条件下不能生长。近年来研究发现，有许多细菌在有氧条件下，可以裂解甲基膦酸酯等甲基化合物生成甲烷。

根据底物不同，可将产甲烷古菌分为 3 类：氢营养型、解乙酸型和甲基营养型。氢营养型产甲烷古菌可氧化 H_2、甲酸盐或简单的乙醇类物质，并将 CO_2 还原为 CH_4；目前已描述的产甲烷古菌多为氢营养型，并且氢营养型是深海沉积物中的优势产甲烷古菌。解乙酸型产甲烷古菌可将乙酸裂解生成 CH_4 和 CO_2，其主要存在于滨海湿地等环境中。甲基营养型产甲烷古菌可利用甲基化合物如甲醛、甲醇、三甲胺和二甲基硫（dimethyl sulfide，DMS）产生甲烷，其广泛存在于海洋和高盐环境下富含硫酸盐的沉积物中。糖类、脂肪酸等分子不能直接用于甲烷的生成，但产甲烷古菌往往与细菌处于共生关系，因此任何有机成分最终都能被转化为甲烷。

尽管产甲烷古菌仅能利用少部分简单底物，但其新陈代谢过程相当复杂。甲基辅酶 M 还原酶（methyl-coenzyme M reductase，MCR）承担催化生成 CH_4 的最后一步，即以载体的形式将一碳从底物（CO_2）转移到产物（CH_4），它是所有产甲烷通路的关键酶，也是产甲烷古菌特有的酶。此外，所有的产甲烷古菌还含有一种叫作杂二硫化物还原酶（heterodisulfide reductase，HDR）的铁硫蛋白，与产甲烷通路的能量传递相关，但不同的产甲烷古菌的能量传递机制有所不同。

产甲烷古菌一般存在于厌氧环境中，这是无氧海洋沉积物中含有大量甲烷的主要原因，其中很多甲烷以甲烷水合物（methane hydrate）的形式被隔绝了几千年。甲烷水合物作为未来的能量来源，对全球经济发展及能源利用具有重要意义。CH_4 是仅次于 CO_2 的重要温室气体，其去向对气候变化有重要影响。

虽然产甲烷古菌是专性厌氧菌，但也存在于微生物席和海水中，这些区域的溶解甲烷含量均很高。据推测，产甲烷古菌存在于颗粒内部的厌氧区，这些区域中的氧已被其他生物的呼吸活动耗尽。某些上升流海水携带的营养物质会引起浮游植物的快速生长，导致氧气耗尽，从而为甲烷的产生提供了条件。此外，有些产甲烷古菌能够抵抗氧化应激反应，因此能够耐受一定量的氧气。

2. 好氧性和厌氧性甲烷氧化作用

如上所述，甲烷一般是在无氧沉积物中由古菌产生的。甲烷在沉积物中向上扩散时，根据环境条件不同，通常被三种不同类型的甲烷营养菌所氧化：①好氧甲烷氧化细菌；②厌氧甲烷氧化古菌（与硫酸盐还原细菌耦合，通过产甲烷作用的逆反应进行）；③与反硝化作用耦合的甲烷氧化细菌（图 8-4）。

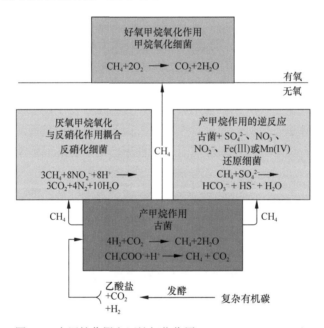

图 8-4　产甲烷作用和甲烷氧化作用（Willey et al.，2020）

好氧甲烷氧化细菌，又称嗜甲烷菌（methanotrophs）和甲基营养菌（methylotroph），广泛分布于沿岸和大洋海域，尤其是海洋沉积物的表层，它们利用厌氧性产甲烷古菌所产生的甲烷进行生长。甲基营养菌能将各种一碳化合物（C1），如 CH_4、甲醇、甲胺、DMS 等，作为碳源和电子供体。许多细菌类群都可进行该过程，包括常见的异养菌如弧菌属（*Vibrio*）和假单胞菌属（*Pseudomonas*）等。α-变形菌纲和γ-变形菌纲中的某些细菌是专性甲基营养菌，它们在代谢过程中只能利用一碳化合物，而其中的嗜甲烷菌只能以甲烷和几种简单的一碳化合物作为碳源。嗜甲烷菌中有一种独特的铜络合酶，即甲烷单加氧酶（methane monooxygenase），催化反应生成甲醇。

$$CH_4+O_2+XH_2 \longrightarrow CH_3OH+H_2O+X（X 是一种还原性的细胞色素）$$

在反应中甲醇又被甲醇脱氢酶转化成甲醛。

$$CH_3OH \longrightarrow HCHO+2e^-+2H^+$$

嗜甲烷菌的细胞膜中含有固醇（sterol），这在原核生物中非常罕见，此前只在支原体中发现。嗜甲烷菌如隶属于 γ-变形菌纲的甲基单胞菌属（*Methylomonas*）、甲基杆状菌属（*Methylobacter*）和甲基球菌属（*Methylococcus*），其细胞质内含有液泡，可利用独特的磷酸核酮糖途径同化甲醛；而隶属于 α-变形菌纲的甲基弯曲菌属（*Methylosinus*）和甲基胞囊菌属（*Methylocystis*），其细胞中含有围绕细胞周质空间的膜，可以利用丝氨酸途径同化甲基化合物。营自由生活的嗜甲烷菌对 CH_4 氧化非常重要，除此之外，嗜甲烷菌也可与生长在"冷泉"周围海底富含 CH_4 区域的贝类共生，为动物直接提供营养物质。此外，嗜甲烷菌也对低分子量的卤代化合物的生物降解非常重要，这是污染区海洋沉积物进行环境修复的重要过程。

除上述好氧甲烷氧化细菌以外，某些未培养的厌氧甲烷氧化古菌（anaerobic methanotrophic archaea，ANME）能耦合硫酸盐或亚硝酸盐的还原等过程，在厌氧条件下对甲烷进行氧化。此外，还有一些反硝化细菌，可以将反硝化作用与厌氧甲烷氧化作用相耦合，进行厌氧甲烷氧化。

8.1.3　海洋对 CO_2 的吸收机制

海洋（除沉积物以外）是最大的生物活性炭的储存库，约含碳 4×10^{13} t（是大气含量的 47 倍多，是陆地生物圈含量的 23 倍多）。海洋不仅可以通过物理过程进行储碳，即溶解度泵，还可以通过生物过程进行储碳，即生物碳泵与微型生物碳泵。

8.1.3.1　溶解度泵

溶解度泵（solubility pump）是指大气中的 CO_2 以溶解无机碳的形式从海洋表面输送到海洋内部的物理化学过程。CO_2 气体在海水中高度可溶，形成碳酸（H_2CO_3）。目前，海水的自然 pH 通常为 7.8～8.2，可使碳酸迅速解离，形成碳酸氢根（HCO_3^-）。CO_2 在海洋和大气交界处的吸收及 CO_2 向深层区域的转移，在一定程度上受到海洋物理运动的影响。由于海洋表面风力引起湍流及温度梯度的变化，因此产生了水循环。在极地区域，高密度的低温海水可垂直下沉到 2000～4000 m 深处，然后分散至海洋盆地中；下沉的水团（water mass）与海洋深处的海水发生交换，后者通过上升流到达海洋表面。上升流是指因表层流场的水平辐散，使表层以下的海水发生沿密度面的涌升。当水温逐渐上升时，CO_2 就会逃逸并重新进入到大气中。

8.1.3.2　生物碳泵

生物碳泵（biological carbon pump，BCP）是指大气中的 CO_2 在海水中的溶解吸收是通过一系列生物学过程即有机物的生产、消费、传递、沉降和分解等引起的，最终将碳从表层向深层垂直转移。海洋中的浮游植物通过光合作用吸收大气中的 CO_2，并成为海洋食物链中其他各级生物的有机质来源；这些被固定的 CO_2 大部分会通过浮游植物、浮游动物和微生物的呼吸作用以及微生物的降解作用等途径，重新回到大气中，而另外一小部分（大约 0.1%）会通过颗粒有机碳（particulate organic carbon，POC）向深海海床输出，进而由短时间周期的水圈碳循环进入地质周期的沉积物碳循环（图 8-5）。海洋浮游生物贡献了全球近一半的初级生产力。这些有机质或者在海洋浮游生物生活过程中以溶解物的形式释放出来，或者在生物死亡后被分解而释放出来。异养微生物不仅可以通过同化 DOC 为固定的碳提供"汇"，还可通过呼吸作用将吸收的碳重新矿化为 CO_2。另外，异养微生物能通过微食物环与更高一层的营养级相联系。

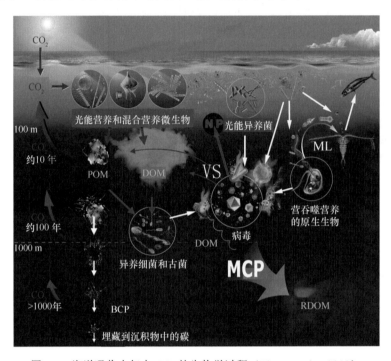

图 8-5 海洋吸收大气中 CO_2 的生物学过程（Zhang et al.，2018）
BCP，生物碳泵；MCP，微型生物碳泵；VS，病毒回流；ML，微食物环；POM，颗粒有机物；DOM，溶解有机物；RDOM，惰性溶解有机物；NP：氮、磷元素

尽管生活在海洋上层水域（真光层或称透光层）的浮游植物的光合作用是海洋初级生产力的最主要来源，但值得注意的是，在真光层以下更广阔的区域，包括海底的微生物席、热液喷口及冷泉处的光能自养菌和化能自养菌，在局部区域的初级生产力中也有极为重要的作用。传统上研究初级生产力时，仅考虑浮游生物网中的浮游生物（主要为浮游植物，如硅藻和甲藻），而现在发现光能营养型原核生物和混合营养型原生生物（其贡献较光能营养型原核生物稍低）对初级生产力的贡献也很大。

8.1.3.3 微型生物碳泵

除溶解度泵和生物碳泵以外，2010 年焦念志等还提出了基于微型生物生态过程的"微型生物碳泵"理论。该理论认为微型生物生态过程能把活性 DOC 转化为惰性溶解有机碳（recalcitrant dissolved organic carbon，RDOC），这些 RDOC 可长期储存在海洋中

（图 8-5，图 8-6）。RDOC 的含量巨大（约 650 Gt），约占 DOC 的 95%，可与大气 CO_2 总碳量相媲美。

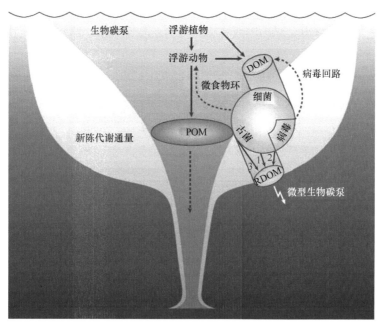

图 8-6　海洋碳循环的生物学机制（焦念志，2012）

绿色表示"生物碳泵"，黄色表示"微型生物碳泵"。1. 微生物细胞在生长和增殖过程中直接渗出；2. 病毒裂解微生物细胞，释放微生物细胞和细胞表面大分子；3. 颗粒有机物（POM）降解

与上文所述 DOM 的不同反应活性相一致，海洋有机碳被生物利用的效率差别很大，有周转时间为几分钟到几小时的活性溶解有机碳（labile dissolved organic carbon，LDOC），还有周转时间为几周到几年的半活性溶解有机碳（semi-labile dissolved organic carbon，SLDOC），以及可以在海洋中停留几十年到几千年的 RDOC。LDOC 是海水中最具生物活性的有机组分，包括溶解的游离态化合物如中性单糖和溶解氨基酸。因微生物利用 LDOC 十分快速，使得这些化合物周转速度很快，因此在海洋中只能维持在纳摩尔水平上。从表层到深海，DOC 的浓度呈现降低趋势。然而，一般认为，RDOC 的浓度在不同水层中几乎不变，DOC 中浓度发生垂直变化主要是由 SLDOC 浓度的改变而引起的。

初级生产力是海洋中有机物的最初来源，活生物体中的有机物占海洋总有机物的比例不超过 1%，海洋总有机物中有 90% 的有机物是非生物的 DOC。海洋 DOC 库的形成过程目前还不清楚，具体来源及化学结构也都还不明了。最新的研究结果表明，大部分海洋 DOC 是低分子质量 DOC（<1000 Da），可抵抗微生物降解，属于 RDOC。

8.2　海洋微生物与氮循环

氮元素（nitrogen）是核酸、蛋白质和其他细胞物质的关键组成成分，是构成生物体的必需元素，大约占细胞干重的 12%。尽管氮循环的主要原理已了解了 120 余年，但是近年来对海洋氮循环的研究发现了一些新的微生物过程。氮在海洋中的主要存在形式有：NO_3^-、NO_2、NO_2^-、NO、N_2O、N_2、NH_2OH、N_2H_4、NH_3（NH_4^+）和 $R\text{-}NH_2$（有机氮，如氨基酸、尿素、甲基胺等）。海洋中的氮循环包括固氮作用、硝化作用、反硝化作用、厌氧氨氧化作用、异化硝酸盐还原为铵、氨化作用、铵盐和硝酸盐的同化作用等（图 8-7、图 8-8）。

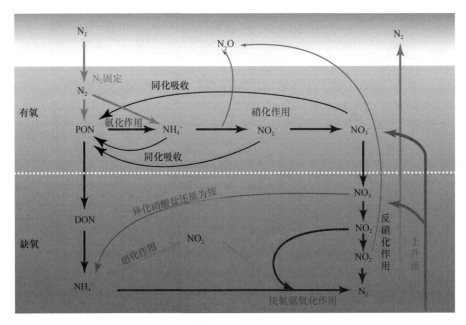

图 8-7 海洋氮循环（Arrigo，2005）

PON，颗粒有机氮，包括浮游植物中的氮；DON，溶解有机氮

在海洋水体中，氮通常被认为是初级生产力的限制因子。微生物参与氮元素循环的所有过程，并在每个过程中都发挥主要作用，其综合作用的结果维持着海洋环境中氨态氮和硝态氮等生物可利用氮的动态平衡。

8.2.1 固氮作用

固氮作用（nitrogen fixation）是指 N_2 转化为 NH_4^+ 的过程。大气中含有大量的氮，以分子态氮（N_2）的形式存在。与以硝酸盐和铵盐形式存在的低浓度溶解无机氮（dissolved inorganic nitrogen，DIN；<0.25 μg/L）相比，大洋中溶解态 N_2 的浓度非常高（800 μg/L）。

生物固氮作用受到严格的限制。固氮作用仅发生在一些特殊的细菌和古菌中，如光能自养菌、化能自养菌和化能异养菌中的一些类群。从根本上来讲，地球上所有的生命几乎都要依靠原核生物将大气中的 N_2 固定入细胞物质，这些细胞物质通过微食物环进入再循环过程。N_2 是非常不活泼的分子，因此要将 N_2 还原为 NH_4^+ 需要大量的能量。生物固氮作用由固氮酶复合体执行，它包括固氮酶（nitrogenase，钼铁蛋白）和固氮酶还原酶（nitrogenase reductase，铁氧还蛋白）（图 8-9）。固氮酶对 O_2 十分敏感，在无氧条件下，反应可顺利进行，但是需氧的固氮菌必须通过一种独特的策略防止固氮酶受到 O_2 的抑制。在海洋固氮过程中，好氧的蓝细菌和厌氧的产甲烷古菌起到了尤为重要的作用。

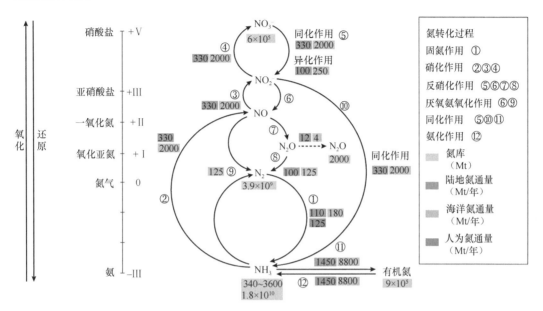

图 8-8　海洋、陆地和人为因素引起的氮库存与氮转化通量概况（Kuypers et al., 2018）

这些过程不能形成平衡的氮循环。全球最大的氮库是封存于岩石和沉积物中的氮，约 1.8×10^{10} Tg，然而仅有少部分会因侵蚀作用释放出来，如在海洋中可被自由利用的氮仅为 $340 \sim 3600$ Tg

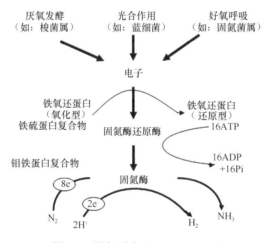

图 8-9　固氮反应（Munn, 2003）

固氮微生物广泛存在于海水、沉积物、微生物席和珊瑚礁中。蓝细菌是大洋中的主要固氮微生物类群，其主要可以分为以下三大类群。

（1）丝状不形成异形胞蓝细菌。例如，束毛藻属（*Trichodesmium*）在马尾藻海固氮作用的研究中首次被发现，其是一种大型的自由生活的丝状蓝细菌，经常形成聚集体。其在没有异形胞形成的情况下也可以固氮，这种固氮作用大致是通过与产氧光合作用在空间和时间上的分离来完成的。尽管束毛藻在热带水域中可以大量繁殖，并且其固氮量占总固氮量的一半以上，但是它的数量不足以解释目前观测到的总固氮量以及海洋氮收支的不平衡。

（2）丝状形成异形胞蓝细菌。它们与单细胞真核藻类如根管藻属（*Rhizosolenia*）或半管藻属（*Hemiaulus*）形成共生体，并且能形成异形胞进行固氮作用。

（3）单细胞固氮蓝细菌（unicellular diazotrophic cyanobacteria，UCYN）。该类群是在通过以固氮酶基因 *nifH* 为分子标记，对海洋固氮微生物的多样性进行研究时发现的，其在热带和亚热带海洋中的丰度甚至超过了其他固氮蓝细菌。根据 *nifH* 的多样性，又可将其分为 UCYN-A、UCYN-B 和 UCYN-C3 个类群。研究表明，UCYN-B 与鳄球藻属（*Crocosphaera*）的 *nifH* 序列几乎相同，但目前已被培养的蓝细菌没有与 UCYN-A 和 UCYN-C 相近的。

除此之外，越来越多的证据显示，一些属于变形菌门（Proteobacteria）的异养微生物可能在海洋表层 N_2 的固定过程中也发挥着非常重要的作用。

8.2.2 硝化作用

硝化作用（nitrification）是指 NH_4^+ 经过硝化细菌/古菌的氧化，转化为 NO_3^- 的过程。硝化作用一般分两个阶段：第一阶段将 NH_4^+ 氧化为 NO_2^-，由一群化能自养菌如氨氧化细菌或氨氧化古菌完成，这通常是硝化作用的限速步骤；第二阶段将 NO_2^- 氧化为 NO_3^-，由一群化能自养菌即亚硝酸氧化细菌完成。在很长的一段时间内，科学家未发现能直接把 NH_4^+ 转化为 NO_3^- 的微生物，因此他们认为必须通过两类微生物的共同作用才能完成硝化作用。然而，在 2015 年有两个不同的研究团队同时发现了可直接将氨氧化为硝酸盐的微生物，该微生物被称为全程硝化细菌（comammox）。

硝化作用是海洋氮循环中不可缺少的一环。比如，在深海中，颗粒有机氮通过氨化作用被重新矿化为 NH_4^+，NH_4^+ 再通过硝化作用转化为 NO_3^-。NO_3^- 慢慢混合到表层海水中，或者通过上升流、涡旋等动力过程回到表层。

海洋中的氨氧化作用，最初是在氨氧化细菌（ammonia-oxidizing bacteria，AOB）中发现的，如β-变形菌纲（Betaproteobacteria）中的亚硝化单胞菌属（*Nitrosomonas*）、亚硝化螺菌属（*Nitrosospira*）及γ-变形菌纲中的一些菌属，这些细菌在海洋中广泛分布，即使在极地区域也有发现。后来发现海洋奇古菌门的某些种类也能进行氨氧化作用，称为氨氧化古菌（ammonia-oxidizing archaea，AOA），且在海洋中分布更为广泛。AOA 与 AOB 相比，能利用更低浓度的氨，因此其在氨浓度较低的环境中更占优势。由 NO_2^- 氧化为 NO_3^- 的过程，是由亚硝酸氧化细菌完成的，如硝化螺菌门（Nitrospirae）的硝化螺菌属（*Nitrospira*）和硝化刺菌门（Nitrospinota）的硝化刺菌属（*Nitrospina*）以及变形菌门的一些菌属。全程硝化细菌目前仅发现于隶属硝化螺菌门的硝化螺菌属。

8.2.3 反硝化作用

反硝化作用（denitrification），又称脱氮作用，是指在厌氧微生物的作用下，从 NO_3^-

开始，经过一系列的异化还原反应，将 NO_3^-、NO_2^-、NO 和 N_2O 最终还原为游离态的 N_2 的过程。反硝化作用除了能将大量被固定的氮释放入大气，还能产生 N_2O 这一温室气体，因此该途径在氮循环中十分重要。反硝化作用广泛发生于海洋细菌中，在古菌中也存在反硝化基因，但目前还没有实验能证明古菌可以进行这一过程。反硝化作用一般存在于富含有机质的沉积物或缺氧水体中。反硝化作用中所包含的几种酶（硝酸盐还原酶和亚硝酸盐还原酶等）的合成受到 O_2 分子的抑制及高浓度 NO_3^- 的诱导。大多数的反硝化作用均由有机质的氧化为开端，因此其通常被称为异养反硝化。此外，有些化能自养菌能通过氧化 H_2S 耦合反硝化作用，还有一些原核生物在有氧条件下也能进行反硝化作用，但是这一现象对海洋系统是否有重要意义目前尚不清楚。

8.2.4　厌氧氨氧化作用

厌氧氨氧化作用（anaerobic ammonia oxidation，anammox）是指在厌氧条件下，无机化能自养细菌以 NO_2^- 为电子受体，以 NH_4^+ 为电子供体进行的微生物氧化还原过程，此过程的最终产物只有一种，即游离态的 N_2。这类无机化能自养细菌被称为厌氧氨氧化细菌，其细胞中含有特殊的厌氧氨氧化体（anammoxosome）。

厌氧氨氧化作用是由厌氧氨氧化细菌完成的新型氨氧化过程，这一过程于 20 世纪 90 年代中期在污水处理厂首次被发现。21 世纪初，又陆续在海洋沉积物和海水最低溶氧带（oxygen minimum zone，OMZ）中发现了大量的厌氧氨氧化细菌。科学家通过大量的研究认识到，海洋细菌的厌氧氨氧化过程所产生的 N_2 占全球海洋 N_2 产生量的 1/3～1/2，厌氧氨氧化作用与全球氮循环密切相关。这一发现从根本上颠覆了人们对全球氮循环的传统认知，让人们认识到能进行反硝化作用的细菌并不是海洋中能产生 N_2 的唯一微生物。

到目前为止，还无法获得厌氧氨氧化细菌的纯培养菌株，但是可以对其进行富集培养。人们通过分子生物学技术已经鉴定出多个厌氧氨氧化细菌物种，它们均属于浮霉菌门（Planctomycetes），分别属于 *Ca.* Brocadia、*Ca.* Kuenenia、*Ca.* Scalindua、*Ca.* Anammoxoglobus 和 *Ca.* Jettenia 这 5 个属。其中，海洋和淡水中的厌氧氨氧化类群具有明显的系统发生差异，*Ca.* Scalindua 是海洋环境中的唯一优势属。近年来，人们将 16S rRNA 基因等作为分子标记基因研究厌氧氨氧化细菌的多样性，结果发现了一些新的分支。

厌氧氨氧化细菌属于化能自养菌，专性厌氧，直径不到 1 μm，菌体呈现明亮的红色，具有蛋白质的 S 层，细胞壁上存在漏斗状结构，无肽聚糖，对青霉素不敏感。厌氧氨氧化细菌含有一个双分子层的厌氧氨氧化体，其占细胞总体积的 30% 以上。有实验证据表明，厌氧氨氧化体是一个独立的产能细胞器，是发生厌氧氨氧化作用的核心场所。厌氧氨氧化细菌的脂质含有通过酯键连接和醚键连接形成的混合脂肪酸，并具有环状系统 X、环状系统 Y 和同时包含 2 种不同的环状系统（X+Y）的独特膜脂结构。环状系统 X 和环状系统 Y 的所有环被 cis 环连接，形成楼梯式的结构，因此称为梯形烷脂（ladderane lipid），该结构可以防止肼的外泄，避免其毒害作用，目前这种梯形烷脂只在厌氧氨氧化细菌中被发现。

厌氧氨氧化反应的关键酶之一是位于厌氧氨氧化体上的肼氧化酶（Hzo），Hzo 与羟胺氧化还原酶（Hao）有些相似，NH_4^+ 和由 NO_2^- 转化而成的羟胺（NH_2OH）在肼水解酶（hydrazine hydrolase，HH）的作用下结合为肼，肼又被 Hzo 氧化。氧化反应发生在厌氧氨氧化体内，最终生成 N_2、4 个质子和 4 个电子。这 4 个电子和来自核糖细胞质（riboplasm）中的 5 个质子一起被亚硝酸还原酶（Nir）用于将亚硝酸盐还原为羟胺。

8.2.5 异化硝酸盐还原为铵

异化硝酸盐还原为铵（dissimilatory nitrate reduction to ammonium，DNRA）过程是指在异化硝酸盐还原细菌的作用下，经过一系列的还原过程将 NO_3^- 直接还原为 NH_4^+ 的过程。在细菌和真菌中均可发生该过程。

8.2.6 氨化作用

氨化作用（ammonification）是指某些微生物分解含氮有机物（DOM 和 POM），最终将其重新矿化为氨的过程。氨化作用是海洋生物（尤其是深海生物）获取氮源的另外一种重要途径。许多海洋细菌如弧菌属、梭菌属（Clostridium）、变形杆菌属（Proteus）、沙雷氏菌属（Serratia）、假单胞菌属、芽孢杆菌属（Bacillus）等都具有较强的氨化作用。

8.2.7 铵盐和硝酸盐的同化作用

海洋原核生物可以吸收 NH_4^+、NO_3^- 形式的氮，或者通过固定大气中的 N_2 来吸收氮。相对于 NH_4^+，NO_3^- 和 NO_2^- 较难被浮游生物吸收，NO_3^- 和 NO_2^- 的同化作用需要消耗更多的能量。异养菌也能吸收氨基酸前体、嘌呤和嘧啶中的氮。通过以下两种途径，无机氮可以 NH_4^+ 形式被很容易地吸收。

（1）NH_4^++HCO_3^-+2ATP $\longrightarrow$ NH_2-COO-PO_3^{2-}+2ADP+Pi+2H^+（反应由氨甲酰磷酸合成酶催化）。

（2）2NH_4^++α-酮戊二酸+NADPH+2ATP $\longrightarrow$ 谷氨酰胺+$NADP^+$+2Pi（反应由谷氨酸脱氢酶和谷氨酰胺合成酶催化）。

经过多个反应步骤，产物中的氨基在细胞中最终形成了大量的氨基酸、嘧啶和嘌呤。

几乎所有的原核生物都能以 NH_4^+ 作为氮源；在某些种类中，有 NH_4^+ 存在时还可以吸收 NO_3^-，这些生物利用同化硝酸盐还原酶系统，通过一系列中间过程，将 NO_3^- 转化为 NH_4^+；而有一些微生物不能吸收 NO_3^-。

与陆生植物相比，浮游植物长期被认为是以硝酸盐为主要氮源的。然而，利用分子探针直接探测调控硝酸盐还原酶的关键基因，结果显示上述设想不完全正确。浮游植物群落中的不同成员在同化不同的 DIN 的能力上不相同，而且有的种类具有可诱导的高亲和力吸收系统。特别是原绿球藻的强光适应性生态型（high-light-adapted ecotype）（发现于真光层的上层），由于其缺少编码硝酸盐还原酶及亚硝酸盐还原酶的基因，因此它只能利用铵盐生长，完全依赖于矿化再生的氨氮。由于弱光适应性生态型（low-light-adapted ecotype)（发现于深海中）只缺乏硝酸盐还原酶，因此其能够同化亚硝酸盐和铵盐，但不能同化硝酸盐。

现在认为原绿球藻是地球上广阔的热带和亚热带海区初级生产力的主要贡献者，这一发现对营养动力学产生了巨大的影响。在微食物环中，异养微生物既可同化 DIN，又可同化有机氮化物，通过 DOM 循环向食物网提供了较多的营养。浮游生物的物种组成不同会影响到氨的产生、硝化作用及 DIN 吸收之间的平衡。光能自养菌和异养菌的氮同化基因只有在氮作为限制因子时才能表达。目前针对这些基因在不同浮游生物、不同条件下的分布及表达有大量研究，其普遍运用了免疫分析技术、反转录 PCR（RT-PCR）技术及生物芯片技术。

总之，微生物在海洋氮循环中发挥了至关重要的作用。目前，海洋微生物学家通常采用分子生物学手段对微生物中氮循环相关功能基因进行分析（表 8-2），来评价微生物在海水或沉积物中的氮代谢相关机制及其对氮循环的贡献。

表 8-2　海洋氮循环的主要途径和相关基因（修改自 Zehr and Kudela，2011）

反应名称	化学反应	基因
固氮作用	$N_2+8H^++8e^-+16ATP \rightarrow 2NH_3+H_2+16ADP+16Pi$	$nifH$、$nifD$、$nifK$、$nifG$（后面三种在固氮酶成分 I 中，以 Fe 或 V 代替 Mo）
氨氧化作用	$NH_3+O_2+2H^++2e^- \rightarrow NH_2OH+H_2O$ $NH_2OH+H_2O \rightarrow HNO_2+4H^++4e^-$ $0.5O_2+2H^++2e^- \rightarrow H_2O$	$amoC$、$amoA$、$amoB$、hao
亚硝酸氧化作用	$NO_2^-+H_2O \rightarrow NO_3^-+2H^++2e^-$ $2H^++2e^-+0.5O_2 \rightarrow H_2O$	$norA$、$norB$
异养硝化作用	$R\text{-}NH_2 \rightarrow NO_2$ $R\text{-}NH_2 \rightarrow NO_3$	相关基因不太清楚，但是可能与异养反硝化作用的硝酸盐还原酶基因 $narH$、$narJ$ 相关
厌氧氨氧化作用	$HNO_2+4H^+ \rightarrow NH_2OH+H_2O$ $NH_2OH+NH_3 \rightarrow N_2H_4+H_2O$ $N_2H_4 \rightarrow N_2+4H^+$ $>HNO_2+NH_3 \rightarrow N_2+2H_2O$ $>HNO_2+H_2O+NAD \rightarrow HNO_3+NADH_2$	200 多个基因参与厌氧氨氧化代谢，包括 9 个 hao 相关基因，肼水解酶（bzf）及肼脱氢酶
异化硝酸盐还原作用和反硝化作用	$5[CH_2O]_n+4NO_3^-+4H^+ \rightarrow 5CO_2+2N_2+7H_2O$ $5H_2+2NO_3^-+2H^+ \rightarrow N_2+6H_2O$ $NO_3^- \rightarrow NO_2^-$ $NO_2^- \rightarrow NO+N_2O$ $N_2O \rightarrow N_2^-$	$narDGHIJ$； $napA$、$napB$、$napD$、$napE$ $nirB$、$nirC$、$nirK$、$nirU$、$nirN$、$nirO$、$nirS$ $norB$ $nosZ$
同化硝酸盐和亚硝酸盐还原作用	$NAD(P)H+H^++NO_3^-+2e^- \rightarrow NO_2^-+NAD(P)^++H_2O$ 6 铁氧还蛋白（red）$+8H^++6e^-+NO_2^- \rightarrow NH_4^++6$ 铁氧还蛋白（ox）$+2H_2O$	$nasA$、$nasB$、$nasC$、$nasD$（非蓝细菌的细菌） $narB$（蓝细菌） $nrtA$、$nrtB$、$nrtC$、$nrtD$（或 nap）透性酶（蓝细菌）
异化硝酸盐还原为氨	$NO_3^-+2H^++4H_2 \rightarrow NH_4^++3H_2O$	nir、nar、nap、$nrfABCDE$
氨化作用	$R\text{-}NH_2 \rightarrow NH_4^+$	—
铵盐的同化作用	NH_3+2-酮戊二酸$+NADPH+H^+ \leftrightarrow$ 谷氨酸$+NADP^+$（谷氨酸脱氢酶） NH_3+谷氨酸$+ATP \rightarrow$ 谷氨酰胺$+ADP+$磷酸谷氨酰胺$+2$-酮戊二酸$+NADPH+H^+ \rightarrow 2$ 谷氨酸$+NADP^+$（谷氨酰胺合成酶和 NADH-依赖性谷氨酰胺-2-酮戊二酸酰胺转移酶）	$gdhA$、$gdhA$、$gltB$

8.3 海洋微生物与硫循环

硫元素（sulfur）是地球上第五大常见元素，是构成生命物质所必需的 6 种大量元素之一。尽管硫元素仅约占生物体干重的 1%，但它是一些必需氨基酸（半胱氨酸和甲硫氨酸）、蛋白质（硫氧还蛋白、铁硫蛋白等）、多糖、维生素与辅酶（生物素、硫胺素、硫辛酸、辅酶 A 等）的重要组成成分。这些有机硫分子在生物体的光合作用、呼吸作用、氮固定、蛋白质及脂类的生物合成等途径中均发挥着重要的生理生化作用。

海洋是地球上最主要的硫库之一，蕴含着大量沉积态的含硫矿物质（黄铁矿、石膏等）和溶解态的硫酸盐。在海洋有氧环境中，硫酸盐（海水中浓度高达 28 mmol/L）是硫最主要的存在形式；在缺氧水层或沉积物中，低价态（有机硫、硫单质和硫化物等）及混合价态（如硫代硫酸盐、连多硫酸盐）的硫则更为常见。由于硫存在多种不同的化合态，即从完全还原态的–2 价（H_2S、FeS、DMSP、生物体硫等），到中间过渡态的 0 价（S、DMSO）、+2 价（二甲基砜）、+4 价（SO_2），再到完全氧化态的+6 价（SO_4^{2-}），因此硫的转化是一个复杂的过程，并且转化过程的每个环节都有相应的微生物参与。

尽管硫循环中涉及的微生物的类群及代谢途径多种多样（图 8-10），但绝大多数属

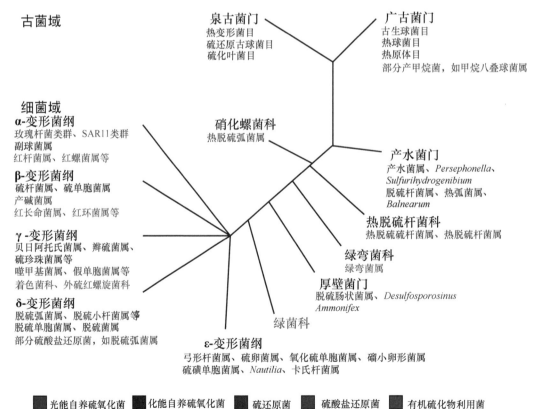

图 8-10 硫代谢相关的主要微生物类群（Sievert et al., 2007）

于细菌域且大部分居于海洋环境中,而参与这一过程的海洋古菌多限于高温环境中,如深海热液喷口等。虽然海洋中浓度很高的硫元素很少成为微生物生长的营养限制因子,但硫元素不同价态及有机态和无机态之间的转化却有着重要的生态学意义。例如,有机态的硫可以为上层水体中的微生物提供能源,其不同有机态间的转化过程与气候调节有着重要关联,能影响浮游植物及浮游细菌的群落结构。一些与硫代谢相关的微生物类群通过硫的氧化还原反应(如沉积物中的硫酸盐还原作用和深海热液喷口附近的硫氧化作用等)在各自的生境中发挥重要的生态作用。

8.3.1 硫氧化作用

硫氧化作用(sulfur oxidation),又称硫化作用,是指在有氧或无氧条件下细菌利用还原态的 H_2S、S 或硫代硫酸盐等作为电子供体将氧气(有氧条件)或硝酸盐(无氧条件)还原,而自身氧化成硫或硫酸的过程。这一过程在微生物席及厌氧硫化的封闭水体环境中发挥着重要的作用,此外也发生在厌氧不产氧的光合细菌中。硫的氧化过程可由多种化能自养硫氧化细菌(sulfur-oxidizing bacteria,SOB)完成,它们利用还原态硫化物作为能源,最终的产物大多数是硫酸盐。γ-变形菌纲的贝日阿托氏菌属(*Beggiatoa*)、辫硫菌属(*Thioploca*)和硫珍珠菌属(*Thiomargarita*)均可以把 H_2S 作为电子供体,为自身提供能量。在无氧条件下,这些细菌可以利用硝酸盐代替氧气作为电子受体,将硝酸盐还原作用与硫氧化作用相耦合。然而,与一般的反硝化细菌不同的是,硫氧化细菌将硝酸盐还原为铵盐而不是 N_2,产生的铵盐又可被重新氧化成硝酸盐继续参与氮循环。

深海热液喷口所喷发出的高浓度的 H_2S 可以作为电子供体,为该生境中营自由生活或营共生生活的硫氧化细菌提供能量。ε-变形菌纲(Epsilonproteobacteria)的氧化硫单胞菌属(*Sulfurimonas*)和硫卵菌属(*Sulfurovum*)是全球范围热液喷口环境的主要硫氧化细菌。弓形杆菌属(*Acrobacter*)能够氧化 H_2S 并生成细丝状的硫单质,这与深海火山喷发后形成的物质在形态和化学组成上都非常相似。这些细菌进行碳固定的方式是较为少见的还原性三羧酸循环。除 H_2S 外,硫单质也是深海热液喷口附近微生物的重要底物和能源物质之一,一些嗜热或极端嗜热的细菌及古菌能利用硫单质作为电子供体以维持其自养代谢或异养代谢。

8.3.2 异化硫酸盐还原作用

异化硫酸盐还原作用(dissimilatory sulfate reduction)是指专性厌氧的硫酸盐还原细菌(sulfate reducing bacteria,SRB)和硫酸盐还原古菌(sulfate reducing archaea,SRA)在无氧条件下,利用硫酸盐代替氧气作为呼吸链的末端电子受体来氧化有机物,而自身被还原为亚硫酸或 H_2S 的过程(图 8-11)。参与催化该过程的关键酶为异化亚硫酸盐还原酶(dissimilatory sulfite reductase,DSR),其编码基因为 *dsrAB*。约50%的边缘海沉积物中的有机质通过这一过程被矿化。绝大多数的硫酸盐还原细菌属于 δ-变形菌纲(Deltaproteobacteria),此外细菌厚壁菌门(Firmicutes)和古菌的部分类群也能进行该过程。硫酸盐还原细菌是专性厌氧菌，在有氧条件下可以存活，但是不能生长。

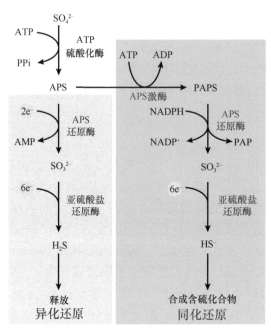

图 8-11　异化和同化硫酸盐还原作用途径

APS，腺苷 5′-磷酰硫酸；PAPS，3′-磷酸腺苷-5′-磷酰硫酸；PAP，3′,5′-二磷酸腺苷

由于海洋中存在着大量的 SO_4^{2-} 形式的硫，因此海洋沉积物中硫酸盐的还原过程是硫循环的主要部分（图 8-12）。SRB 可以利用的底物范围很广，包括一些石油降解物如烷烃、甲苯、苯或多烃类物质等。有些 SRB 并不完全依赖于 SO_4^{2-} 作为电子受体，也可以利用 Fe^{3+} 或者 NO_3^- 作为电子受体。在海洋沉积物中，硫酸盐还原和甲烷氧化间存在耦合作用，SRB 和厌氧甲烷氧化古菌形成紧密的互养共栖关系。硫酸盐还原作用甚至可以发生在 110℃的热液喷口高温环境中，而这样的温度已经超过了目前可培养的极端嗜热古生球菌属（*Archaeoglobus*）中 SRA 的最高生长温度，这些 SRA 在还原硫酸盐的同时，也可利用热液沉积物中有机质矿化所产生的液态和气态脂肪族与芳香族的烃类物质作为碳源来生长。近年来，人们发现脱硫葱状菌科（Desulfobulbaceae）的一些类群可以形成很长的多细胞丝状物，可以在沉积物中进行约 1 cm 距离的电子传递，将缺氧沉积物中的硫化物氧化与沉积物表层的氧还原进行远程耦合，这类细菌被称为电缆细菌（cable bacteria）。

大洋中 SO_4^{2-} 的含量比较高，说明硫酸盐还原作用比较少，甲烷氧化过程也不活跃，但是大洋的体积很大，所以大洋中硫酸盐还原作用也是不容忽视的。然而，在大陆架海区的硫酸盐还原和甲烷氧化代谢活动还是很活跃的，硫酸盐还原细菌在该类型海区中的作用比较明显。对硫酸盐还原作用功能基因（如异化亚硫酸盐还原酶基因）的研究结果表明，主要的 SRB 类群还未被培养，因此真正意义上的硫酸盐还原细菌还有待进一步发现。

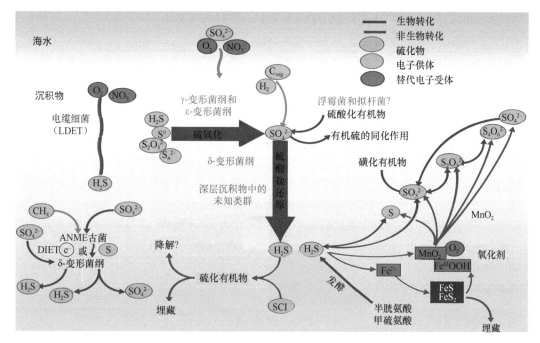

图 8-12　海洋沉积物中的硫循环（Munn，2020）
ANME，厌氧甲烷氧化古菌；DIET，直接种间电子传递；SCI，硫循环中间产物；Corg，有机碳

8.3.3　同化硫酸盐还原作用

同化硫酸盐还原作用（assimilatory sulfate reduction）是指硫酸盐被还原后，最终以巯基形式被固定在蛋白质等生物大分子中。大多数原核生物在有氧条件下，可以同化海洋中大量以 SO_4^{2-} 形式存在的硫。SO_4^{2-} 的还原过程包括硫氧还蛋白、ATP 和 NADPH 参与的一系列反应（图 8-11）。硫酸盐还原的第一个产物即腺苷酰硫酸，在同化硫酸盐还原作用中，ATP 上的一个 Pi 基团转到腺苷酰硫酸上，形成磷酸腺苷酰硫酸；磷酸腺苷酰硫酸可被诱导形成 SO_3^{2-}，通过亚硫酸盐还原酶进一步转变成 HS^-。硫化物可用来合成氨基酸中的半胱氨酸和甲硫氨酸；另外，辅酶 A 及其他一些细胞因子的功能也依赖于硫的存在。在无氧条件下，HS^- 不需要还原作用就可以直接掺入细胞中。硫的同化作用与能量生成过程中利用含硫物质作为电子供体或电子受体的过程是完全不同的。表 8-3 是海洋硫循环的主要途径和相关基因。

8.3.4　DMS 和 DMSP 循环

二甲基巯基丙酸内盐（dimethylsulfoniopropionate，DMSP）是一种叔鎓两性离子（tertiary sulfonium zwitterion），其硫原子连接到 3 个非氢取代基上从而荷正电，化学结构简式为 $(CH_3)_2S^+CH_2CH_2COO^-$。DMSP 是地球上含量最丰富的有机硫分子之一，年产量高达 10^9 t。DMSP 的裂解产物 DMS 是海洋中主要的挥发性生源硫化物。

表 8-3　海洋硫循环的主要途径和相关基因

反应名称	化学反应	基因
异化硫酸盐还原和氧化	$SO_4^{2-}+ATP\leftrightarrow APS+PPi$	sat
	$APS+2e^-\leftrightarrow SO_3^{2-}+AMP$	$aprAB$
	$SO_3^{2-}+6e^-+8H^+\to H_2S+3H_2O$	$dsrAB$
同化硫酸盐还原	$SO_4^{2-}+ATP\leftrightarrow APS+PPi$	$PAPSS$、sat、$cysNC$、$cysN$、$cysD$
	$APS+ATP\leftrightarrow PAPS+ADP$	$PAPSS$、$cysNC$、$cysC$
	$PAPS+硫氧还蛋白\to 硫氧还蛋白二硫化物+SO_3^{2-}+PAP$	$cysH$
	$SO_3^{2-}+3NADPH+3H^+\to H_2S+3NADP^++3H_2O$	$cysJI$、sir
亚硫酸盐→硫化物	$SO_3^{2-}+6e^-+8H^+\to H_2S+3H_2O$	$dsrAB$
	$SO_3^{2-}+3NADPH+3H^+\to H_2S+3NADP^++3H_2O$	$asrABC$
	$SO_3^{2-}+3$ 还原型辅酶 F420$\to H_2S+3$ 辅酶 F420$+3H_2O$	fsr
硫代硫酸盐→硫化物	$S_2O_3^{2-}+甲基萘醌醇\leftrightarrow SO_3^{2-}+H_2S+甲基萘醌$	$phsABC$
硫代硫酸盐↔连四硫酸盐	$S_2O_3^{2-}\leftrightarrow S_4O_6^{2-}$	$doxDA$、$ttrABC$、$tsdA$
单质硫/多聚硫化物还原	$S\to H_2S$	$sreABC$
	硫化物（S_n）$+H_2\to$硫化物（S_{n-1}）$+H_2S$	$hydABGD$、$shyABCD$
亚硫酸盐氧化	$SO_3^{2-}+醌+H_2O\to SO_4^{2-}+氢醌$	$soeABC$
	$SO_3^{2-}+2$ 高铁细胞色素 c$+H_2O\to SO_4^{2-}+2$ 亚铁细胞色素 c$+2H^+$	$sorAB$
硫氧化	$H_2S\to S$	sqr、$fccAB$
	$S_2O_3^{2-}/SO_3^{2-}\to SO_4^{2-}$	$soxXAYZBCDL$

注：APS，腺苷 5′-磷酰硫酸；PAPS，3′-磷酸腺苷-5′-磷酰硫酸；PAP，3′,5′-二磷酸腺苷

　　海洋表层水体中的硫循环始于浮游生物（真核藻类或原核蓝细菌）对硫酸盐的同化，其中一小部分硫酸盐以氧化物的形式被用于合成多糖类物质，而绝大部分硫酸盐在浮游生物的同化作用下被用于合成甲硫氨酸或半胱氨酸。甲硫氨酸可被藻类进一步合成 DMSP。DMSP 作为一种高度稳定且可溶的还原性硫化物，在藻类中可积累到较高的浓度，并可作为渗透压保护剂、抗氧化剂、冷冻保护剂、捕食抵御剂等对藻类起保护作用。在甲藻、定鞭金藻及部分其他金藻（chrysophyte）的细胞中，DMSP 的浓度可达 100～300 mmol/L，在近岸丰度较高的硅藻细胞中其浓度也可达到 1～50 mmol/L。

　　DMSP 除直接参与硫循环外，在碳循环中也发挥重要作用。据估计，DMSP 占全球初级生产力以及海洋表层水体中异养细菌碳需求的 3%～10%。DMSP 的重要意义还在于它是 DMS 最主要的前体物质。DMS 是参与全球硫循环的最主要的有机硫化物，每年从海洋释放到大气当中的 DMS 可达 3×10^7 t，其在大气中的氧化产物可以吸收和反射太阳光辐射并形成云凝结核以促进云层的形成，从而对全球气候变化发挥重要的调节作用（图 8-13）。合成 DMSP 的藻类同时可以合成 DMSP 裂解酶，但在完整的细胞中 DMSP 和 DMSP 裂解酶是分开的，而浮游动物对藻类的捕食可以使 DMSP 与 DMSP 裂解酶接触而产生 DMS，DMS 的释放可以作为一种防御机制以防止藻类被进一步捕食。在过去的几年中，人们发现病毒对浮游植物细胞的裂解也是导致 DMS 释放的重要原因。尽管如此，DMS 的产生主要还是源于海洋细菌对 DMSP 的裂解。有趣的是，尽管海水中硫

酸盐的含量较 DMSP 高出 6~7 个数量级,但 DMSP 仍是海洋异养细菌最偏好的还原性硫源物质,它可以满足海洋异养细菌生物量对硫需求的 50%乃至 100%。

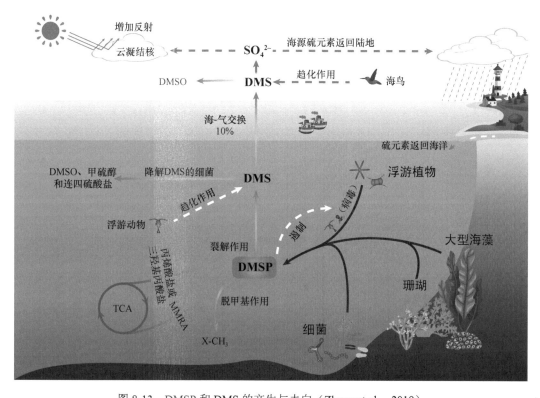

图 8-13 DMSP 和 DMS 的产生与去向(Zhang et al.,2019)

DMSP,二甲基巯基丙酸内盐;DMS,二甲基硫;DMSO,二甲基亚砜;MMPA,3-甲基巯基丙酸盐;TCA,三羧酸循环;
X,四氢叶酸

　　海洋细菌可以通过脱甲基反应催化 DMSP 脱甲基产生甲硫醇(CH$_3$SH,MeSH),其中约 70%的 DMSP 经这一通路被细菌降解,但此过程不产生 DMS。由于化学性质不稳定,大部分 MeSH 被微生物同化,参与到含硫氨基酸(如甲硫氨酸)的生物合成过程中,只有很少一部分能直接进入大气中参与海-气-陆间的硫循环过程。目前,已报道参与脱甲基过程的基因有 dmdA、dmdB、dmdC 和 dmdD,表层海水中约 60%的细菌(包括玫瑰杆菌类群、SAR11 类群等)直接参与了 DMSP 的脱甲基反应。

　　剩余 30%的 DMSP 经细菌裂解产生 DMS,参与全球硫循环过程。已报道的 DMSP 裂解基因有 dddD、dddL、dddP、dddQ、dddW 和 dddY,它们主要存在于玫瑰杆菌类群及 γ-变形菌纲的细菌中。经 DMSP 降解产生的 DMS 一部分进入大气,而另一部分则进一步被海洋微生物转化为没有挥发性的产物——二甲基亚砜(DMSO)或硫酸盐,进而调控 DMS 向大气中的释放。目前,已报道的 DMS 降解类群有好氧的细菌类群如嗜甲基菌属(Methylophaga)及生丝微菌属(Hyphomicrobium),也有厌氧的古菌类群如甲基营养的甲烷产生菌(methylotrophic methanogens)等。

　　尽管只有 1%~2%的 DMSP 经由细菌代谢最终形成 DMS 释放到大气中,但正是通过该转化过程完成了海-气-陆间最主要的硫循环过程。除依赖裂解 DMSP 产生 DMS 的途径外,目前也有报道发现,在好氧及厌氧的沉积物中均存在不依赖 DMSP 的 DMS 产生途径,这种途径可将硫化物或甲硫醇甲基化来产生 DMS,进而维持甲基营养菌的生长。

近年来研究发现,有着巨大生物量和活跃代谢能力的异养细菌也具有 DMSP 合成活性,并鉴定出了 DMSP 合成的关键基因 *dsyB*。Zheng 等(2020)还发现异养细菌是深海海水和沉积物中的重要 DMSP 合成者,其产生的 DMSP 可帮助深海细菌抵抗高压(图 8-14)。

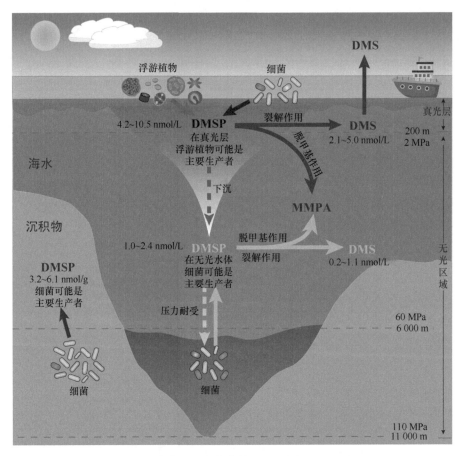

图 8-14 马里亚纳海沟水体和沉积物中的 DMSP 循环(Zheng et al.,2020)

DMSP,二甲基巯基丙酸内盐;DMS,二甲基硫;MMPA,3-甲基巯基丙酸盐

8.4 海洋微生物与磷、铁和硅循环

8.4.1 在海洋磷循环中的作用

磷元素(phosphorus)是核酸、ATP 和膜磷脂的重要组成成分,在生物体的能量储存、物质转变中发挥关键作用,同时无机磷在光合作用中也发挥重要作用。海洋环境中新磷的主要来源是富磷矿石的风化,少部分通过大气沉降输入;磷的主要输出途径是沉积物埋藏。这些磷被海洋微生物通过复杂的代谢途径与生物地球化学过程利用和转化,包括无机磷和有机磷、溶解态磷与颗粒态磷之间的转化(图 8-15)。

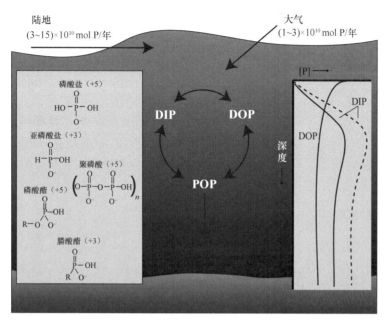

图 8-15　海洋磷循环概况（Gasol and Kirchman，2018）
DIP，溶解无机磷；DOP，溶解有机磷；POP，颗粒有机磷

在海洋中存在着各种形式的溶解无机磷（dissolved inorganic phosphorus，DIP），其中正磷酸盐（orthophosphate，PO_4^{3-}）的含量最高。在表层寡营养海水中，很大比例的磷以溶解有机磷（dissolved organic phosphorus，DOP）的形式存在。磷的生物地球化学循环与碳通量密切相关，磷的可获得性是海洋初级生产力和微生物群落组成的主要或共同限制因素。

海洋中 PO_4^{3-} 的分布特征与 NO_3^- 类似，在垂直交换弱的海域，PO_4^{3-} 的浓度往往低于 30 nmol/L。磷元素也可作为细菌生长的限制因子，有报道称 PO_4^{3-} 可得性的提高对细菌生长及 DOC 消耗具有明显的刺激作用。为了适应磷限制，很多细菌能够编码高亲和力的磷转运蛋白，从而与浮游植物竞争环境中的磷元素。此外，在磷营养匮乏的环境下，某些细菌如蓝细菌和 SAR11 类群能够改变其细胞膜的脂质组成，以含硫和糖的脂质取代磷脂，以此来适应环境。在多数情况下，磷循环中不涉及价态的变化，主要围绕有机磷和无机磷、溶解态磷与颗粒态磷之间的相互转化，但近年来逐渐认识到磷循环也存在着价态变化。

8.4.1.1　不溶性无机磷的可溶化

海水和沉积物中的磷酸盐非常容易与 Ca^{2+}、Mg^{2+} 等结合形成不溶性磷化物，不能被生物利用，但微生物在代谢过程中产生的有机酸和无机酸都可促进无机磷化物的溶解。

8.4.1.2　磷的同化作用

磷的同化作用是指 DIP 通过生物作用转化为有机磷的过程。浮游生物通常可直接同化海水中 PO_4^{3-} 形式的磷（没有化合价的变化）。浮游生物对磷酸盐的利用在其生长阶段起着极为重要的作用，尤其是在经受地表径流（surface runoff）的近岸海域及经历营养上升流的海域，磷酸盐的作用更为重要。微生物有很强的磷同化能力，海洋异养浮游细菌可与浮游植物竞争吸收无机磷酸盐，从而抑制浮游植物的生长。

8.4.1.3 有机磷的矿化作用

有机磷的矿化作用是指有机磷化物转化为 DIP 的过程。PO_4^{3-}是最容易被生物有机体利用的磷形式,但其在大洋表层海水中的浓度低于 DOP。很多微生物能够分泌核酸酶、磷脂酶等催化水解核酸、膜磷脂等含磷有机物，释放无机磷，因此微生物在海洋有机磷的矿化作用中发挥了重要作用。

8.4.1.4 膦酸酯的利用

通过使用核磁共振的方法，人们发现海洋中约有 1/3 的高分子 DOP 由膦酸酯（phosphonate）构成。常见的有机磷的原子连接方式为 C—O—P，而在膦酸酯中 C 原子和 P 原子直接相连。C—P 键是惰性的，不容易被酶类断裂，因此起初人们认为这种化合物不能被生物有机体利用。然而，随着与膦酸酯代谢相关的基因的发现，在属于蓝细菌门、变形菌门和浮霉菌门微生物中均发现了多种膦酸酯降解基因，分别涉及不同的通路。Carini 等（2014）发现 α-变形菌纲的 SAR11 类群能在磷酸盐匮乏的条件下利用 2-甲基膦酸酯，以获取足够的磷元素。此外，2-甲基膦酸酯的降解也是海水中甲烷的重要来源之一。

长期以来，人们认为磷的循环不涉及价态的变化。然而，不同于磷酸盐中的+5 价磷，磷在膦酸酯中是以+3 价形式存在的。因此，这两种化合物可能会相互转化，这一猜想在最近 van Mooy 等（2015）的发现中得到了证实，即表层海水中的固氮蓝细菌及深水中的古菌能够将+5 价的磷还原为+3 价，该过程对理解海洋磷的生物地球化学循环具有重要的意义。

8.4.2 在海洋铁循环中的作用

铁是生物体细胞色素和铁硫蛋白的重要组分，两者在能量产生的电子传递过程中均起到决定性作用。由于固氮作用中的固氮酶复合物和光合作用中的光系统-细胞色素复合物均依赖于含铁蛋白，因此固氮作用和光合作用过程尤其需要铁的存在。

尽管铁是地壳中最常见的元素之一，但由于铁在 pH 为 8 左右时溶解度极低，因此海水中具生物可利用性的铁浓度极低。如果不借助高分辨率分析技术，很难在大洋中发现游离铁的存在（每升仅含几皮克）。在含氧的海水中，铁常以高价铁（Fe^{3+}）的形式存在并形成高度不溶的复合物。99.9%以上的"溶解性"铁是与有机物紧密结合的；这些铁主要以氢氧化高铁[Fe(OH)₃]胶体的形式存在，其溶解度极低，可以迅速沉淀，并与有机颗粒紧密结合（图 8-16）。

细菌还原 Fe^{3+} 为 Fe^{2+} 是自然界中铁被溶解的主要方式。对于海洋微生物来说，获得充足的铁用于生长是一个重要挑战。许多细菌包括自养菌和异养菌，能够分泌可以结合

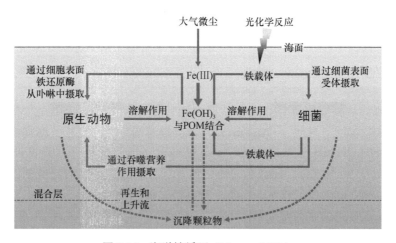

图 8-16　海洋铁循环（Munn，2020）

铁的螯合剂——铁载体（siderophore），它可以抑制铁的氧化作用并能通过细胞表面的特殊受体将铁转运至细胞内。只有在铁为限制因素的条件下进行培养时，微生物才能产生铁载体复合物。铁载体复合物的部分结构已被描述，其包括一些酚类和氨基酸的衍生物（或氧肟酸）。第一个被描述的大洋细菌铁载体是可自我装配的两亲分子，在结构上与先前描述的铁载体完全不同。海水盐单胞菌（*Halomonas aquamarina*）中的铁载体 aquachelin 和海杆菌属（*Marinobacter*）中的海杆菌素（marinobactin）都具有一个由肽链组成的亲水头部与一个由脂肪酸组成的疏水尾部。在实验室进行缺铁情况的研究发现，这些铁载体复合物可以靠脂肪酸尾部相互连接形成簇状分子团。这些微团结合 Fe^{3+} 后，聚集形成小泡。虽然现在还不清楚这种聚集现象在自然条件下是否可以发生，也不清楚细胞吸收这些铁载体的机制，但是这些铁载体对于那些生活在局部富含高浓度有机物的颗粒物中的细菌可能具有重要作用。在脊椎动物宿主组织中生长的细菌也面临着缺铁问题，这是由于动物本身能够制造铁结合蛋白来作为其防御机制。例如，创伤弧菌（*V. vulnificus*）与鳗利斯顿氏菌（*Listonella anguillarum*）分别产生的创伤弧菌铁载体（vulnibactin）和鳗利斯顿氏菌铁载体（anguibactin）可以从宿主中夺取铁，因此这些病原菌的铁载体是导致其致病性的重要因子。

在生物的不同进化谱系中，许多含铁蛋白是高度保守的。人们普遍认为，早期生命的进化发生在缺氧条件下（在产氧光合作用发生之前），那时生物可以利用的铁是以溶解 Fe^{3+} 形式存在的。当大气和海洋开始氧化时，铁开始大量沉淀，使得如今海水中铁的含量极少。水生微生物（包括蓝细菌的祖先，它们引起了大气中含氧量的变化）面临着缺铁的危机，因此它们必须进化出新的铁获取机制来消除低铁环境造成的不良影响。

8.4.3　在海洋硅循环中的作用

硅元素（silicon）是地球上最丰富的元素之一。硅酸钙和硅酸镁矿物是地壳岩石的主要成分。溶解态 CO_2 对这些矿物的风化导致溶解态硅酸盐（dissolved silicate，DSi）的形成，然后通过河流进入海洋。DSi 的其他来源包括海底和热液喷口的风化。DSi 被浮游植物吸收转化为生物硅（biogenic Si，BSi），并通过生物碳泵的作用运输到深海沉积物中。多种海洋微生物可将 DSi 掺入细胞膜中，并控制颗粒水合二氧化硅（hydrated silica）等成分以特定形式沉淀，形成细胞壁的结构成分。硅藻和放射虫是含硅质最多的生物，此外一些鞭毛虫、领鞭毛虫和蓝细菌也含有较多的硅质成分。

硅藻在硅循环中发挥重要作用。不同种类硅藻的细胞壁的硅化程度存在很大的差异。有些种类，如脆杆藻属（*Fragilaria*），具有很厚的外壳，在浮游动物捕食过程中可以抵抗口器的咀嚼，因此其活细胞可完整地通过肠道。另外一些种类，如海链藻属（*Thalassiosira*），外壳较薄，很容易破碎，但是这种硅藻在光线和营养条件合适的情况下可以快速繁殖。硅化作用相对而言是一种高效节能的过程，因为硅藻形成硅质壳需要消耗的能量远低于形成多糖细胞壁。

大范围的硅藻藻华通常发生于高纬度地区的春季和夏季以及富营养化区域。硅藻细胞的平均 Si：N 大约为 1：4，因此二氧化硅（SiO_2）的浓度通常是限制因素。活跃生长的硅藻由于气泡的浮力作用一般停留在真光层，但当条件不适宜的时候，硅藻会产生黏性物质聚成团状或形成静息孢子，而从表层水体中迅速沉降。因此，在真光层中，SiO_2 很少能够发生循环，它在氮或磷被耗尽之前首先被硅藻消耗掉，这使得其他浮游生物在硅藻藻华结束后可以利用剩余的营养物质进行繁殖。大多数沉降的硅藻细胞落到海底，或通过生物碳泵的作用埋到沉积物中。而在水体或表层沉积物中的硅藻又会通过垂直混合造成下一个季节性藻华。硅藻外壳表面的有机质会被细菌降解，进而影响生物硅的溶解率并影响其重新进入 DSi 库。

8.5 海洋微生物与全球变化

8.5.1 微生物与海洋酸化

自然界大气中的 CO_2 资源几乎被平均地分配到海洋和陆地。在过去的 200 多年中，大气中的 CO_2 量增加了 25%，这是由工业革命后矿质燃料的燃烧及其他人为因素的影响导致的。海洋是全球最大的碳汇之一，CO_2 排放量的增加在加剧温室效应的同时也引发了另外一个重要的环境问题——海洋酸化（ocean acidification，OA）。在过去的 200 多年间，由人类活动产生的约 50% 的 CO_2 被海洋吸收，导致表层海水的平均 pH 由 8.21 下降到了 8.10，与此同时海洋表层海水中的 H^+ 浓度增加了约 30%。预计到 2100 年，海水中的 H^+ 浓度会增加 3 倍，而表层海水的 pH 会下降到 7.9，达到几百万年以来的最低点。

海洋酸化会直接威胁到利用 $CaCO_3$ 合成自身骨骼系统或外部贝壳的生物的生存，其中包括珊瑚、甲壳动物、软体动物及颗石藻等。在 $CaCO_3$ 饱和度更低的极地海洋中，海洋酸化对这些生物带来的影响更加突出。微宇宙模拟实验的研究表明，当海水中 H^+ 浓度达到 21 世纪末的预计水平（与现在的水平相比上升 3 倍）时，赫氏艾密里藻（*Emiliania huxleyi*）的钙化率呈显著下降趋势。但是，也有学者对海洋酸化的影响持有不同的观点，他们认为不同类群的生物对海水 pH 及 CO_2 浓度变化的响应也不尽相同。海水 CO_2 浓度的提升能增强部分浮游植物光合作用及碳固定的速率，使某些钙化浮游生物从中受益。对北大西洋沉积物的研究结果显示，在过去 220 年 CO_2 水平不断上升的同时，颗石藻的钙化率增加了约 40%；另外，赫氏艾密里藻的纯培养实验也支持了这一观点：在高浓度的 CO_2 培养环境中，赫氏艾密里藻的光合速率及钙化率均提升了 100%~150%。

　　海洋酸化、CO_2 浓度的上升可以导致微生物摄入的 C/N 增加，而有趣的是其胞内 C/N 维持不变。一个合理的解释是：海水 CO_2 水平提升，导致光合作用固定的额外的有机碳迅速地被微生物转化为胞外聚合物，并参与海雪的形成，进而加速了有机碳从表层海水向深海的运输。这样一来，生产力的提升就对海洋酸化及 CO_2 浓度的升高产生了一个负反馈效应，使溶解的高浓度 CO_2 可以被迅速地消耗和移除。对蓝细菌的研究结果证实了这一观点，即在高浓度的 CO_2 中，束毛藻的固氮率显著上升。因此，有人认为 CO_2 浓度的提升能够提高寡营养海域中由氮限制导致的低生产力，同时也能提高寡营养海域生物碳泵中的碳通量。然而，近期的研究显示，CO_2 对束毛藻固氮的提升作用低于 pH 降低产生的抑制作用。

　　CO_2 浓度升高引起的化学效应，给海洋生态系统带来了较大挑战。有科学家建议施用铁肥来加速海洋光合植物和微生物的生长，进而增加海洋对 CO_2 的吸收，使其从大气转入到海洋中长期储存。还有人建议向深海中注入 CO_2。由于目前还不清楚这些措施对物质循环、浮游植物和微食物环的群落结构以及碳输出过程会产生什么样的影响，因此还不能确定用这些措施来解决问题是否可行或明智。

8.5.2　微生物与海洋富营养化

　　河口和近岸海域的富营养化（eutrophication）问题日益严重，这主要是由人为的污染源（如下水道污水、过量施肥的土地、农业和水产养殖产生的动物废物等）引起的。富营养化产生的效应取决于营养物质输入的来源、种类和含量，以及水文因素（尤其是潮汐的涌动和混合）及其他物理因素（尤其是光线和温度）的影响。营养物质负荷的增加（尤其是硝酸盐和磷酸盐肥料的输入）刺激了浮游植物的生长，导致其数量远远超出了浮游动物捕食或病毒裂解可以控制的范围。例如，在波罗的海（Baltic Sea）经常发生大量的蓝细菌如节球藻属（*Nodularia*）、微囊藻属（*Microcystis*）和颤藻属（*Oscillatoria*）的水华，而且富营养化可能是有毒甲藻水华发生频率增加的主要原因。活跃的微食物环过程可以转换过剩的初级生产力，但这也有可能超出其负荷，最终导致大量的腐化碎屑及有机物颗粒下沉到海底。在这些区域，细菌的分解作用需要消耗大量的 O_2，从而导致水体缺氧，以至于水体中的氧气浓度不足以支持鱼类和许多无脊椎动物的生长。即便是轻微的低氧，也会破坏重要经济鱼类或贝类的食物链或引起由氧气胁迫产生的疾病，从而导致底栖动物和鱼类的大量死亡。

　　在浅的近岸水体中，这类"死亡区（dead zone）"的数量自 20 世纪 60 年代以来增加了两倍左右。值得注意的是，用农作物（如玉米）生产生物乙醇以减少化石燃料使用的方案，可能会扩大近岸水体的死亡区，除非能够控制由于增加肥料使用而排出的径流。除这些局部影响外，死亡区的扩大还可能会对气候变化造成严重影响。比如，死亡区中异养反硝化作用增强，可导致更多的温室气体氧化亚氮（nitrous oxide，N_2O）的产生，N_2O 在大气中浓度的增加又会进一步加剧温室效应并造成臭氧的损失，导致有害紫外线辐射量的增加。

8.5.3 微生物与海洋升温

随着温室效应不断加剧，自 19 世纪末以来，全球平均温度上升了约 0.8℃，并且近 25 年间正以每 10 年 0.2℃的速度增长，与此同时，海洋温度也在不断升高。Arrhenius（1986）提出，若大气中 CO_2 浓度增高 2～3 倍，全球平均温度将会上升 5℃。在众多环境因子中，温度是对微生物活动影响最为显著的因素。代谢速率对温度的响应通常用 Q_{10} 表示，它是指当温度升高 10℃时的代谢速率变化，海洋细菌的 Q_{10} 值通常为 1～3。

相对于光能自养微生物而言，温度对异养微生物代谢的影响更加显著。对气候变化效应模型的研究也表明，初级生产力更多地受光照的影响而非直接受温度的影响，这是由于光合作用中的光反应与温度无关。相反，异养代谢及呼吸作用则与温度变化息息相关。然而，光能自养微生物在进行光反应的同时，也进行着其他很多受温度变化影响的生化反应，因此有科学家指出海洋升温对异养微生物和自养微生物代谢的影响很可能是无差异的。温度还会影响海洋细菌的生长速率。与其他的环境因子（DOC、叶绿素 a 和初级生产力等）相比，海洋环境中细菌的生物量与温度呈现出的相关性最强。1972 年，Eppley 等提出"Eppley 曲线"，认为微生物的最大生长速率与温度呈指数关系，即随着海洋温度的升高，海洋微型生物特别是浮游植物的增长会呈现指数增加的趋势。

受海洋升温影响最为显著的地区当属极地区域，温度仅升高几摄氏度便会引发永冻层的融化，使其中储藏的有机碳被释放出来并被矿化为 CO_2，同时大量的甲烷也将被释放进入大气，这两种气体的释放可进一步加剧温室效应。升温对温带及热带海域微生物生长速率的影响并不如对寒带海域那样显著。例如，在靠近赤道的太平洋海域及阿拉伯海域（5～28℃），微生物的生长速率虽然变化较大，但依然维持在 0.1/d（代时约 7 d）。

由于温度升高可以提高微生物的代谢速率，因此一定程度的海洋升温可能会促进海洋微生物新物种的形成，进而使海洋微生物的物种多样性增加，然而这一假设是否成立还未得到证实。海洋升温对微生物生长代谢的影响是一个较为复杂且综合的议题，因为海洋升温的同时会产生一系列的间接效应，如海-陆-气间水循环的改变，所以海洋升温对海洋微生物活动的影响是目前多个相关领域的研究热点。

8.5.4 微生物与海洋缺氧

溶解氧（dissolved oxygen，DO）是海洋生态系统中的核心环境因子之一。随着其浓度的下降，能量代谢不断从较高的营养级向微生物代谢转化，可引起海洋中固定氮的流失及温室效应气体（N_2O、CH_4 等）的产生。通常将含氧量低于 3 mg/L 的水体称为低氧水体，含氧量低于 2 mg/L 的水体称为缺氧水体。

随着全球气候变暖及海洋酸化，海洋生态系统的结构及食物网关系正经历着重大的改变，海水 OMZ 在这一变化中首当其冲。在混合较差的水体中，当水体中溶解氧的消耗速率大于海气交换引入及光合作用产生 O_2 的速率时，OMZ 就会产生，而热盐环流（thermohaline circulation）可以为深层的水体带来新鲜及高含氧量的水体，这样一来 OMZ 就夹在两层富氧水体之间。一般定义的 OMZ 的界限为每千克水中溶氧量小于 20 μmol，根据这一标准，全球范围内有 1%~7%的海洋水体属于 OMZ，约占 $1.02×10^8$ km^2。因海洋升温引发水体的温度分层现象可导致 O_2 溶解度及水体通气条件的下降，进而导致 OMZ 的扩大。此外，在河口等咸淡水交界处，DO 浓度往往很低，是常见的缺氧区，还有非常著名的赤道上升流缺氧区。

随着 DO 浓度的下降，海洋生态系统中好氧生物的栖息地范围会缩减，使生物的群落组成及食物网结构发生变化，导致一些无法离开低氧环境的生物死亡或适应性下降。尽管 OMZ 中好氧呼吸生物的生长被抑制，但这些区域中微生物介导的营养物质循环仍相当活跃，其可以产生众多具有重要气候效应的生源气体，如 CO_2、CH_4 及 N_2O。全球至少 1/3 的 N_2O 来自海洋环境，其中一大部分是由 OMZ 中微生物对亚硝酸盐（NO_2^-）及硝酸盐（NO_3^-）的代谢产生的。因此，OMZ 的扩大也改变着这些气体的循环。另外，OMZ 中微生物介导的氮流失占海洋固定态氮总移除量的一半以上，对海洋生物地球化学循环产生重要影响。

主要参考文献

焦念志. 2012. 海洋固碳与储碳——并论微型生物在其中的重要作用. 中国科学: 地球科学, 42(10): 1473-1486.

焦念志, 汤凯, 张瑶, 张锐, 徐大鹏, 郑强. 2013. 海洋微型生物储碳过程与机制概论. 微生物学通报, 40(1): 71-86.

张晓华, 等. 2016. 海洋微生物学. 2 版. 北京: 科学出版社.

Arnosti C. 2014. Patterns of microbially driven carbon cycling in the ocean: links between extracellular enzymes and microbial communities. Adv Oceanogr, 8: 1-12.

Arrhenius S. 1896. On the influence of carbonic acid in the air upon the temperature of the ground. Philos Mag J Sci, 41: 237-276.

Arrigo KR. 2005. Review marine microorganisms and global nutrient cycles. Nature, 437: 349-355.

Azam F, Fenchel T, Field JG, Gray JS, Meyer-Reil LA, Thingstad F. 1983. The ecological role of water-column microbes in the sea. Mar Ecol Prog Ser, 10: 257-263.

Carini P, White AE, Campbell EO, Giovannoni SJ. 2014. Methane production by phosphate-starved SAR11 chemoheterotrophic marine bacteria. Nat Commun, 5: 4346.

Carrión O, Curson AR J, Kumaresan D, Fu Y, Lang AS, Mercadé E, Todd JD. 2015. A novel pathway producing dimethylsulphide in bacteria is widespread in soil environments. Nat Commun, 6: 6579.

Curson A, Liu J, Martinez AB, Green R, Chan Y, Carrion O, Williams BT, Zhang SH, Yang GP, Page PCB, Zhang XH, Todd JD. 2017. Dimethylsulfoniopropionate biosynthesis in marine bacteria and identification of the key gene in this process. Nat Microbiol, 2: e17009.

Curson ARJ, Todd JD, Sullivan MJ, Andrew WBJ. 2011. Catabolism of dimethylsulphoniopropionate: microorganisms, enzymes and genes. Nat Rev Microbiol, 9: 849-859.

Gasol JM, Kirchman DL. 2018. Microbial Ecology. 3rd ed. Hoboken: John Wiley & Sons, Inc.

Giovannoni SJ, Stingl U. 2005. Molecular diversity and ecology of microbial plankton. Nature, 437: 343-348.

Hugler M, Sievert SM. 2011. Beyond the Calvin cycle: autotrophic carbon fixation in the ocean. Ann Rev Mar Sci, 3: 261-289.

Jiao N, Herndl GJ, Hansell DA, Benner R, Kattner G, Wilhelm SW, Kirchman DL, Weinbauer MG, Luo T, Chen F, Azam F. 2010. Microbial production of recalcitrant dissolved organic matter: long-term carbon storage in the global ocean. Nat Rev Microbiol, 8: 593-599.

Kirchman DL. 2008. Microbial Ecology of the Oceans. 2nd ed. New Jersey: John Wiley, Sons Inc.

Kirchman DL. 2012. Processes in Microbial Ecology. Oxford: Oxford University Press.

Kuypers MMM, Marchant HK, Kartal B. 2018. The microbial nitrogen-cycling network. Nat Rev Microbiol, 16: 263-276.

Lyu Z, Shao N, Akinyemi T, Whitman WB. 2018. Methanogenesis. Curr Biol, 28: R727-R732.

Moran MA, Reisch CR, Kiene RP, Whitman WB. 2012. Genomic insights into bacterial DMSP transformations. Ann Rev Mar Sci, 4: 523-542.

Munn CB. 2003. Marine Microbiology: Ecology and Applications. London and New York: BIOS Scientific Publishers.

Munn CB. 2020. Marine Microbiology: Ecology and Applications. 3rd ed. London: CRC Press, Taylor & Francis Group.

Sievert S, Kiene R, Schulz-Vogt H. 2007. The sulfur cycle. Oceanography, 20: 117-123.

Spencer R. 1955. A marine bacteriophage. Nature, 175: 690-691.

Stein LY, Klotz MG. 2016. The nitrogen cycle. Curr Biol, 26: R94-R98.

van Mooy BAS, Krupke A, Dyhrman ST, Fredricks HF, Frischkorn KR, Ossolinski JE, Repeta DJ, Rouco M, Seewald JD, Sylva SP. 2015. Major role of planktonic phosphate reduction in the marine phosphorus redox cycle. Science, 348: 783-785.

Willey JM, Sandman KM, Wood DH. 2020. Prescott's Microbiology, 11th ed. New York: McGraw Hill Education.

Wright JJ, Konwar KM, Hallam SJ. 2012. Microbial ecology of expanding oxygen minimum zones. Nat Rev Microbiol, 10: 381-394.

Zehr JP, Kudela RM. 2011. Nitrogen cycle of the open ocean: from genes to ecosystems. Annu Rev Mar Sci, 3: 197-225.

Zhang C, Dang H, Azam F, Benner R, Legendre L, Passow U, Polimene L, Robinson C, Suttle CA, Jiao N. 2018. Evolving paradigms in biological carbon cycling in the ocean. Natl Sci Rev, 5: 481-499.

Zhang XH, Liu J, Liu J, Yang GP, Xue C, Curson ARJ, Todd JD. 2019. Biogenic production of DMSP and its degradation to DMS– their roles in global sulfur cycle. Sci China Life Sci, 62: 1296-1319.

Zheng Y, Wang J, Zhou S, Liu J, Xue CX, Williams BT, Zhao X, Zhao L, Zhu XY, Sun C, Zhang HH, Xiao T, Yang GP, Todd JD, Zhang XH. 2020. Bacteria are important dimethylsulfoniopropionate producers in marine aphotic and high-pressure environments. Nat Commun, 11: 4658.

复习思考题

1. 试述微食物环的概念、关键环节及其在海洋食物链中的作用

2. 初级生产力的概念、组成及限制因素是什么？

3. 什么是甲基营养菌？其甲基代谢是厌氧还是需氧过程？

4. 比较海洋碳循环的溶解度泵、生物碳泵和微型生物碳泵。

5. 基于 DOM 是否容易降解，可将其分为哪三类？这些 DOM 又是如何随水深变化而变化的？

6. 甲烷是海洋环境中的一种重要生源气体,根据所学知识请简述哪些典型生境中的微生物可以产生甲烷？

7. 列举 4 种与碳循环相关的碳转换或碳反应的名称。

8. 海洋环境中存在形式最多、化合价变化最为丰富的即为氮元素。请论述不同海洋

生境中的微生物参与氮循环的基本途径。

9. 简述海洋微生物在硫循环中的作用以及海洋生境中硫的存在形式和化合价变化。

10. 简述海洋微生物在磷、铁和硅循环中发挥的作用。

11. 海洋环境看似平静实际上复杂多变，不同生境中的微生物会受到各项环境因子的调控。请论述影响微生物动态变化的环境因子有哪些。它们对微生物群落的变化又是如何调控的。

（张晓华　薛春旭　　刘吉文　于　敏　陈　星）

第9章 海洋环境中活的非可培养状态细菌

细菌活的非可培养（viable but nonculturable，VBNC）状态，是指某些细菌在不良环境条件下形成的一种休眠状态。在该状态下它们的细胞常浓缩成球形，在常规条件下培养不能繁殖，但仍保持代谢活性，是细菌为抵抗不良环境而进入的一种特殊存活状态。进入 VBNC 状态的细菌（以下简称 VBNC 细菌），其形态、生理生化及遗传特征均会发生变化，在适宜条件下，部分 VBNC 细菌可以复苏为可培养状态并恢复正常生理功能。其中，某些致病菌复苏后仍具有很强的致病性。由于 VBNC 细菌在常规培养基上不能生长，因此采用常规的检测方法可能会出现漏检的情况。

VBNC 细菌这一概念是由中国海洋大学徐怀恕教授于 1982 年在访问美国马里兰大学期间与 Rita R. Colwell 教授等首次提出的，此后在国内外引起了极大反响和关注，40 年来国际上已发表 1 万余篇与 VBNC 状态相关的论文，并形成了独立的研究领域。目前，绝大多数海洋微生物尚未实现纯培养，因此对 VBNC 细菌进行复苏可能会成为分离培养海洋环境中未培养微生物的重要手段。

9.1 VBNC 细菌的发现及主要微生物类群

9.1.1 VBNC 细菌的发现过程

在 20 世纪 70 年代，海洋微生物生态学研究中存在着一些令人困惑的问题，其中包括霍乱弧菌（*Vibrio cholerae*）的"冬隐夏现"现象。霍乱弧菌是国际上被广为关注的病原菌，曾引发 6 次世界性霍乱病大流行。同时，它也是海洋与河口环境中天然微生物区系的成员，在春夏秋季水温较高时，可以通过常规手段从水体、沉积物和浮游生物中分离培养出来，但在冬季水温下降到 10℃ 以下时，在以上环境中均不能分离培养出霍乱弧菌，而待第二年水温明显回升时霍乱弧菌又能再次被分离培养出来，这种现象称为霍乱弧菌的"冬隐夏现"现象。类似的现象同样存在于副溶血弧菌（*V. parahaemolyticus*）中。这些弧菌的"冬隐夏现"现象，一直未得到合理的解释，因此无法确定弧菌在冬季能否存活。另外，有研究发现海洋环境中并非所有的细菌都能够通过人工培养的方法获得纯培养菌株，采用直接镜检计数法获得的细菌数量往往要比常规培养计数法获得的细菌数量高出很多倍，且原因不明。此外，尽管在 4℃ 的条件下储藏是临时保存陆生细菌最常用的手段，但许多海洋细菌在 4℃ 条件下保存超过一周后就无法继续传代培养，因此如何对海洋细菌进行临时保存一直是海洋微生物学家面临的重要难题之一。

针对以上科学问题，徐怀恕等研究人员以霍乱弧菌和大肠杆菌（*Escherichia coli*）为模式菌株，开展了其在海洋与河口环境中的存活规律的研究。他们以美国东海岸切萨皮克湾（Chesapeake Bay）的陈化河口水或将添加少量蛋白胨的人工海盐溶液作为模拟水体，将霍乱弧菌和大肠杆菌接种到相应的液体培养基中并培养至对数期，收集菌体后接种到灭菌处理的模拟水体中（最终含菌量为 $10^5\sim10^6$ 个细胞/mL），置于 $4\sim6℃$ 的温度条件下进行静置培养。通过定期取样，利用总菌计数法和可培养菌计数法检测细菌的数量随时间的变化情况。结果显示，尽管细菌总数并未出现明显变化，但可培养细菌数量却迅速下降；在培养约 10 d 后，可培养细菌数降至零，由此表明此时大部分细菌进入了不可培养的状态（图 9-1）。

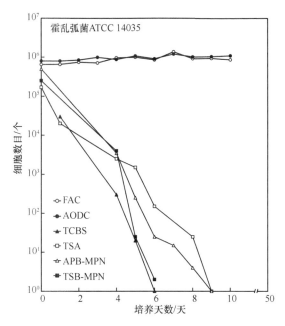

图 9-1　切萨皮克湾河口海水中霍乱弧菌 ATCC 14035 的存活状态（Xu et al.，1982）
采用荧光抗体染色计数法（FAC）和吖啶橙直接计数法（AODC）对霍乱弧菌的总菌数进行统计；可培养的霍乱弧菌通过 TCBS 和 TSA 培养基进行平板培养计数，并接种于 APB 和 TSB 培养基以最大可能数法（MPN）进行计数

　　如何证明这些用常规方法不能培养的细菌仍然具有活性？所采用的检测方法是发现细菌 VBNC 状态的关键。1982 年，徐怀恕等采用日本科学家 Kazuhiro Kogure 等当时新建立的直接活菌计数法（direct viable count，DVC）对细菌进行了检测，即向水样中加入萘啶酮酸（nalidixic acid；0.001%，m/V）和酵母膏（0.025%，m/V），在 37℃ 下培养 $6\sim24$ h 后采用吖啶橙直接计数法（acridine orange direct count，AODC）进行计数。萘啶酮酸是 DNA 促旋酶的抑制剂，能抑制 DNA 的复制，但对 RNA 的复制和蛋白质的合成影响较小，使得处理后的细菌只能生长但无法分裂，而凡是能够合成自身物质并长大的菌体都可被认定为活菌（图 9-2）。采用该方法发现，模拟水体中的活菌数量一般只降低一个数量级，由此表明大部分细菌仍然存活，只是进入了非可培养状态。基于以上研究，徐怀恕等最终提出了细菌 VBNC 状态的概念。

　　尽管进入 VBNC 状态的细菌无法通过传统培养方法检出，但是它们仍然能够摄取营养物质，并维持基本的代谢活动。近年来，越来越多的研究表明，VBNC 状态是细菌遇到不利环境条件下的一种特殊存活机制。当处于不利环境时，细菌无法在培养基上正常生长并形成菌落，但其细胞仍具有完整性，且仍能维持呼吸作用、基因转录及蛋白质合成等生理过程，只是其细胞形态及细胞壁的结构会发生一系列变化（图9-3）。

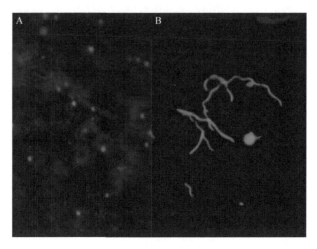

图 9-2 用吖啶橙直接计数法（AODC）及直接活菌计数法（DVC）观察处于活的非可培养（VBNC）状态的霍乱弧菌（1000×）（徐怀恕摄）

A. AODC 法；B. DVC 法

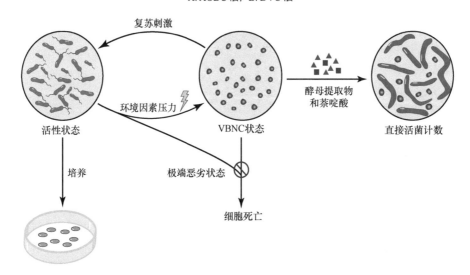

图 9-3 活的非可培养（VBNC）细胞的生活周期（Zhang et al.，2021）

9.1.2 已报道可进入 VBNC 状态的主要微生物类群

自从徐怀恕等首次报道了细菌的 VBNC 状态后，这一领域的研究工作进展迅速，已陆续出现大量不同种类的细菌或酵母在不利环境条件下能进入 VBNC 状态的研究报道。迄今为止，已报道能进入 VBNC 状态的细菌至少有 50 属 100 种，酵母 7 属 7 种（表 9-1）。

表 9-1　已报道可进入 VBNC 状态的主要微生物类群（修改自 Zhang et al.，2021）

拉丁文学名	中文名	拉丁文学名	中文名
细菌种类（50 属 100 种）			
Proteobacteria 变形菌门（38 属 74 种）		Gammaproteobacteria γ-变形菌纲（续）	
Alphaproteobacteria α-变形菌纲（6 属 8 种）		Pasteurella piscicida	杀鱼巴斯德氏菌
Acetobacter aceti	醋化醋杆菌	Pseudomonas aeruginosa	铜绿假单胞菌
Agrobacterium tumefaciens	根瘤农杆菌	Pseudomonas fluorescens	荧光假单胞菌
Methylocella tundrae	苔原甲基胞菌	Pseudomonas putida	恶臭假单胞菌
Methylocystis hirsuta	发状甲基胞囊菌	Pseudomonas syringae	丁香假单胞菌
Methylocystis parvus	小甲基胞囊菌	Salmonella bovismorbifican	病牛沙门氏菌
Rhizobium leguminosarum	豌豆根瘤菌	Salmonella enterica	肠沙门氏菌
Rhizobium meliloti	苜蓿根瘤菌	Salmonella enteritidis	肠炎沙门氏菌
Sinorhizobium meliloti	苜蓿中华根瘤菌	Salmonella montevideo	蒙得维的亚沙门氏菌
Betaproteobacteria β-变形菌纲（5 属 6 种）		Salmonella oranienburg	奥拉宁堡沙门氏菌
Acidovorax citrulli	西瓜食酸菌	Salmonella typhi	伤寒沙门氏菌
Alcaligenes eutrophus	真养产碱杆菌	Salmonella typhimurium	鼠伤寒沙门氏菌
Burkholderia cepacia	洋葱伯克霍尔德氏菌	Serratia marcescens	褪色沙雷氏菌
Burkholderia pseudomallei	类鼻疽伯克霍尔德氏菌	Shigella dysenteriae	痢疾志贺氏菌
Cupriavidus metallidurans	耐重金属贪铜菌	Shigella flexneri	弗氏志贺氏菌
Ralstonia solanacearum	茄科罗尔斯通氏菌	Shigella sonnei	宋内氏志贺氏菌
Gammaproteobacteria γ-变形菌纲 （23 属 52 种）		Listonella anguillarum	鳗利斯顿氏菌
		Vibrio alginolyticus	解藻酸弧菌
Acinetobacter calcoaceticus	醋酸钙不动杆菌	Vibrio campbellii	坎氏弧菌
Aeromonas hydrophila	嗜水气单胞菌	Vibrio cholerae	霍乱弧菌
Aeromonas salmonicida	杀鲑气单胞菌	Vibrio cincinnatiensis	辛辛那提弧菌
Citrobacter freundii	弗氏柠檬酸杆菌	Vibrio harveyi	哈维氏弧菌
Edwardsiella tarda	迟钝爱德华氏菌	Vibrio mimicus	拟态弧菌
Enterobacter aerogenes	产气肠杆菌	Vibrio natriegens	需钠弧菌
Enterobacter agglomerans	聚团肠杆菌	Vibrio parahaemolyticus	副溶血弧菌
Enterobacter cloacae	阴沟肠杆菌	Vibrio proteolyticus	解蛋白弧菌
Erwinia amylovora	解淀粉欧文氏菌	Vibrio vulnificus	创伤弧菌
Escherichia coli	大肠杆菌	Aliivibrio fischeri	费氏另类弧菌
Francisella tularensis	土拉热弗朗西丝氏菌	Aliivibrio salmonicida	杀鲑另类弧菌
Legionella pneumophila	嗜肺军团菌	Xanthomonas axonopodis	地毯草黄单胞菌
Methylocaldum gracile	纤细甲基嗜热菌	Xanthomonas campestris	野油菜黄单胞菌
Methylococcus capsulatus	荚膜甲基球菌	Yersinia enterocolitica	小肠结肠炎耶尔森氏菌
Methylomicrobium alcaliphilum	嗜碱甲基微菌	Yersinia pestis	鼠疫耶尔森氏菌
Methylomonas methanica	甲烷甲基单胞菌	Epsilonproteobacteria ε-变形菌纲（4 属 8 种）	
Methylosarcina fibrata	纤丝甲基八叠球菌	Arcobacter butzleri	布氏弓形菌
Methylosinus sporium	生孢甲基弯曲菌	Campylobacter coli	大肠弯曲杆菌
Methylosinus trichosporium	发孢甲基弯曲菌	Campylobacter jejuni	空肠弯曲杆菌

续表

细菌种类（50 属 100 种）			
拉丁文学名	中文名	拉丁文学名	中文名
Epsilonproteobacteria ε-变形菌纲（续）		Bacteroidetes 拟杆菌门（1 属 1 种）	
Campylobacter lari	海鸥弯曲杆菌	*Cytophaga allerginae*	变态噬纤维菌
Helicobacter pylori	幽门螺杆菌	Firmicutes 厚壁菌门（6 属 13 种）	
Klebsiella aerogenes	产气克雷伯氏菌	*Enterococcus faecium*	屎肠球菌
Klebsiella planticola	植生克雷伯氏菌	*Enterococcus faecalis*	粪肠球菌
Klebsiella pneumoniae	肺炎克雷伯氏菌	*Enterococcus hirae*	小肠肠球菌
Actinobacteria 放线菌门（5 属 12 种）		*Lactobacillus brevis*	短乳杆菌
Arthrobacter albus	白色节杆菌	*Lactobacillus lactis*	乳酸乳杆菌
Arthrobacter crystallopoietes	成晶节杆菌	*Lactobacillus lindneri*	林氏乳杆菌
Bifidobacterium animalis	动物双歧杆菌	*Lactobacillus paracollinoides*	类丘状菌
Bifidobacterium lactis	乳酸双歧杆菌	*Lactobacillus plantarum*	植物乳杆菌
Bifidobacterium longum	长双歧杆菌	*Listeria monocytogenes*	单核增生李斯特氏菌
Micrococcus flavus	黄色微球菌	*Oenococcus oeni*	酒酒球菌
Micrococcus luteus	藤黄微球菌	*Staphylococcus aureus*	金黄色葡萄球菌
Mycobacterium bovis	牛分枝杆菌	*Streptococcus faecalis*	粪链球菌
Mycobacterium smegmatis	耻垢分枝杆菌	*Streptococcus pyogenes*	酿脓链球菌
Mycobacterium tuberculosis	结核分枝杆菌		
Rhodococcus biphenylivorans	联苯红球菌		
Rhodococcus rhodochrous	玫瑰色红球菌		
真菌：酵母（7 属 7 种）			
Brettanomyces bruxellensis	布鲁塞尔酒香酵母	*Rhodotorula mucilaginosa*	胶红酵母
Candida stellata	星状假丝酵母	*Saccharomyces cerevisiae*	酿酒酵母
Cryptococcus neoformans	新型隐球酵母	*Zygosaccharomyces bailii*	拜耳接合酵母
Dekkera bruxellensis	布鲁塞尔德克酵母		

　　VBNC 细菌类群包括变形菌门的α-变形菌纲（6 属 8 种）、β-变形菌纲（5 属 6 种）、γ-变形菌纲（23 属 52 种）、ε-变形菌纲（4 属 8 种），拟杆菌门（1 属 1 种），放线菌门（5 属 12 种）和厚壁菌门（6 属 13 种）（表 9-1）。其中，大多数种类（75 种）属于革兰氏阴性菌（G⁻细菌；变形菌门和拟杆菌门），少数种类（25 种）属于不产孢的革兰氏阳性菌（G⁺细菌；放线菌门和厚壁菌门）。之后，在真核生物（尤其是酵母）中也陆续发现了 VBNC 状态（表 9-1）。

　　此外，许多 VBNC 细菌类群属于人类病原菌，包括类鼻疽伯克霍尔德氏菌（*Burkholderia pseudomallei*）、空肠弯曲杆菌（*Campylobacter jejuni*）、幽门螺杆菌（*Helicobacter pylori*）、肺炎克雷伯氏菌（*Klebsiella pneumoniae*）、嗜肺军团菌（*Legionella pneumophila*）、单核增生李斯特氏菌（*Listeria monocytogenes*）、结核分枝杆菌（*Mycobacterium tuberculosis*）、铜绿假单胞菌（*Pseudomonas aeruginosa*）、肠沙门氏菌（*Salmonella enterica*）、霍乱弧菌和鼠疫耶尔森氏菌（*Yersinia pestis*）。已发现的种类中有许多是海洋细菌，包括解藻酸弧菌（*V. alginolyticus*）、鳗利斯顿氏菌（*Listonella anguillarum*；又称鳗弧菌 *V. anguillarum*）、辛辛那提弧菌（*V. cincinnatiensis*）、费氏另类弧菌（*Aliivibrio fischeri*）、哈维氏弧菌（*V. harveyi*）、副溶血弧菌、创伤弧菌（*V. vulnificus*）等海洋弧菌及迟钝爱德华氏菌（*Edwardsiella tarda*）等。

目前，被证实能够进入 VBNC 状态的细菌主要是科学家感兴趣的微生物类群，包括人类和动植物病原菌以及与食品安全或环境应用相关的细菌，因此目前的研究仅仅反映了部分微生物类群的状态，而 VBNC 细菌在自然环境中可能普遍存在。另外，海洋环境中大部分尚未被培养的微生物可能同样存在 VBNC 状态。

9.2　诱导细菌进入 VBNC 状态的环境因素

在复杂多变的海洋环境中，海洋细菌的生长受到各种理化因子和生物因子的影响。有些类群（如弧菌）在不良环境条件下可进入 VBNC 状态（图 9-4）。已知能诱导细菌进入 VBNC 状态的环境因素主要有高/低温、寡营养（oligotrophy）、盐度或渗透压、辐射、氧气浓度、杀生剂、干燥、pH 剧烈变化等。这些环境因素可以引起细菌的一系列变化，包括细胞形态变化、主要生物大分子密度和结构的变化及其菌体在固体或液体培养基中生长能力的变化等，最终导致细菌进入 VBNC 状态。

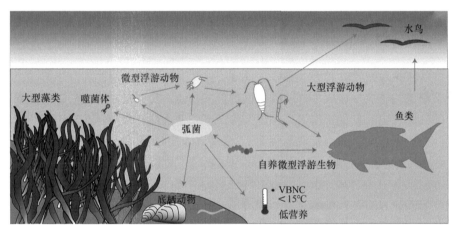

图 9-4　弧菌与其他生物及环境的相互作用（Lutz et al.，2013）

VBNC，活的非可培养

9.2.1　温度

温度是诱导细菌进入 VBNC 状态的最重要因素。温度变化对于不同种类的细菌甚至同种细菌的不同菌株，可能会产生不同的反应。弧菌通常受低温（4～6℃）的影响较为明显，而其他细菌（如空肠弯曲杆菌）似乎对高温（25～37℃）更加敏感。温度胁迫常伴随着寡营养等其他不良环境因素的协同作用。徐怀恕等于 1982 年首次报道了低温对霍乱弧菌进入 VBNC 状态的诱导作用，发现霍乱弧菌在 4～6℃无营养的海水中培养，可培养菌数迅速下降，但 DVC 计数结果显示活菌数变化不大，而在 10℃和 25℃条件下可培养菌数下降较少。已知的受单一低温因素诱导就可进入 VBNC 状态的创伤弧菌，在

5℃培养条件下，不论其处于寡营养还是富营养环境中，均可快速进入 VBNC 状态；而当培养温度高于 10℃时，即使处于寡营养条件下，其在 40 d 后仍然能够保持可培养状态。

9.2.2 营养缺乏

营养缺乏是诱导细菌进入 VBNC 状态的另一个重要因素。40 年来，许多研究探讨了自然环境条件下营养缺乏对土著细菌和外来细菌的影响。一般来说，海水中有机物的含量很低，常处于寡营养（1～15 mg C/L，毫克总有机碳/升）状态。许多细菌在海洋沉积物中的代谢活性比其在水体中更强，且生存时间更长。这表明在有机营养物质存在的情况下，细菌的适应能力会增强。根据细菌对营养物质的需求程度不同，细菌可分为寡营养菌和富营养菌。寡营养菌能在低营养浓度条件下生长，并能在饥饿条件下生存很长时间，而且寡营养菌"不挑食"，能利用多种寡营养底物，因此它们已自然地适应了在营养缺乏的环境中生存。相反，富营养菌必须在高营养浓度条件下才能生长，进入 VBNC 状态可增强其在寡营养水体中的存活能力。例如，弧菌属、假单胞菌属（*Pseudomonas*）等富营养细菌均可在饥饿状态下进入 VBNC 状态。

9.2.3 盐度或渗透压

盐度（salinity）或渗透压（osmotic pressure）对多数肠道菌的生存影响很大，但对水生土著细菌的影响一般较小。渗透压保护剂如甘油、甜菜碱、谷氨酸钾和海藻糖等对海水中的大肠杆菌具有保护作用，一定条件下可以使大肠杆菌复苏。有研究将大肠杆菌置于不同盐度下培养 96 h，发现盐度为 25 时进入 VBNC 状态的细菌数量比盐度为 5 时高 40 倍。此外，在对肠沙门氏菌的研究中也发现了类似的现象。另有研究发现肠道细菌在高渗培养基中预培养一段时间后可增强它们对海水的抗性，研究还指出肠道细菌在海水中可培养能力的丧失可能是由高渗透压而非某种特定的无机盐导致的，而盐度或渗透压对海洋或河口的土著细菌的影响却相对较小。

9.2.4 辐射

可见光和紫外线辐射对水生环境中的细菌影响较大，且影响程度因菌种而异。研究人员通过对比近海海水中大肠菌群数量的日变化情况，指出太阳辐射是造成海水中肠道细菌减少的主要因素。在淡水或海水中培养的大肠杆菌、鼠伤寒沙门氏菌（*Salmonella typhimurium*）、蒙得维的亚沙门氏菌（*S. montevideo*）和奥拉宁堡沙门氏菌（*S. oranienburg*），在相当强度的自然光线或人工光线照射下（不管是否有紫外线）都能进入 VBNC 状态，而且温度、盐度和腐殖酸等都能影响光线的诱导作用。光线对细菌可培养能力的影响可能是由细胞光化学反应过程中产生的过氧化氢（H_2O_2）造成的。

9.2.5　氧气浓度

空肠弯曲杆菌经振荡培养约 3 d 后，再通过约 10 d 的相对静止培养，可更快进入 VBNC 状态，推测该现象可能与空肠弯曲杆菌的微好氧特性有关。据报道，空肠弯曲杆菌暴露在空气中时会进入休眠状态。类似的发现表明，氧胁迫（详见 7.6.4 节）会影响细菌，尤其是肠道菌的存活状态。

9.2.6　杀生剂

杀生剂（biocidal agent）如重金属、消毒剂及食品保鲜剂等也可诱导细菌进入 VBNC 状态。产肠毒素的大肠杆菌在含有有毒矿物质和有机物的天然淡水中可快速进入 VBNC 状态。研究发现，铝盐也能诱导细菌进入 VBNC 状态。例如，在含有明矾的人工海水中霍乱弧菌 O1 有相当多的细胞失去可培养能力，但用活菌计数法测定后发现，大多数细菌仍为活菌。

9.3　VBNC 细菌的检测方法

对 VBNC 细菌的检测通常基于以下几个方面：细胞的代谢活性或对底物的吸收情况、细胞结构和细胞膜的完整性、DNA 和 RNA 存在与否、蛋白质的合成能力等，然而从这些角度出发所得的检测结果只能反映细胞活性的某个方面。有时在活性低于检测阈值，或者不可逆失去繁殖能力的细胞中仍然可检测到代谢活性，从而导致检测结果不准确。唯一可以作为细胞活性检测的充分必要标准是细胞的复苏和生长，但是一些常用培养基和培养条件可能并不适合细胞的复苏与生长，因此不能真实反映细胞是否具有代谢活性。检测方法选择不当可能会造成假阳性或假阴性结果，因此对细胞活性检测方法的选择取决于检测目的，即是要获取最大可能的活细胞数还是最严谨意义上的活细胞数。在研究 VBNC 细菌时，经常使用的检测方法列于表 9-2。

表 9-2　检查水环境中 VBNC 细菌的常用实验方法

计数方法	方法特点	计数细菌的类别
直接计数法		
吖啶橙直接计数法（acridine orange direct count，AODC）	使用专染核酸的吖啶橙荧光染料	计数细菌总数（死菌+活菌）
荧光抗体染色计数法（fluorescent antibody staining count，FAC）	使用特异性抗体血清或单克隆抗体及免疫荧光抗体血清	计数菌体抗原系统完整的细菌总数（死菌+活菌）
直接活菌计数法（direct viable count，DVC）	使用萘啶酮酸（DNA 促旋酶抑制剂）处理细菌及核酸荧光染料	计数具有代谢活性的细菌数（活菌）
培养计数法		
最大可能数法（most probable number，MPN）	使用选择性或非选择性的液体培养基	计数能在液体培养基中生长的细菌数（活菌）
异养平板计数法（heterotrophic plate count，HPC）	使用选择性或非选择性的平板培养基	计数能在平板培养基中生长而形成菌落的细菌数（活菌）

9.3.1 荧光显微镜检测方法

9.3.1.1 吖啶橙直接计数法（AODC）

根据核酸染色的特点，一些研究者使用吖啶橙或 DAPI（4′,6-diamidino-2-phenylindole，4′,6-二脒基-2-苯基吲哚）染色法来确定菌体的存活状态。吖啶橙结合 RNA 时，显示橙红色荧光；结合 DNA 时，显示绿色荧光。通常认为活的细菌中 RNA 含量多于 DNA，从而显示橙红色荧光；在稳定期细胞、饥饿细胞和 VBNC 细胞中，RNA 含量较少，从而显示绿色荧光。但吖啶橙的荧光颜色在很大程度上还受其他一些因素的影响，如 pH、培养时间、吖啶橙浓度、培养基类型、细菌生长阶段及染色前细菌的固定方法等因素，因此该方法不完全可靠。一般采用 AODC 或 DAPI 染色法作为总菌数的计数方法。AODC 法的基本原理与操作步骤等详见 15.1.1.1 节。

9.3.1.2 直接活菌计数法（DVC）

该方法是基于不同活性细胞对底物吸收能力不同的检测方法。在细菌培养物中添加少量的营养物和 DNA 合成抑制剂——萘啶酮酸，培养 6 h 后固定，利用吖啶橙染色，然后在荧光显微镜下进行观察，若细胞伸长则为活细胞（图 9-5）。DVC 法的基本原理与操作步骤等详见 15.1.1.2 节。

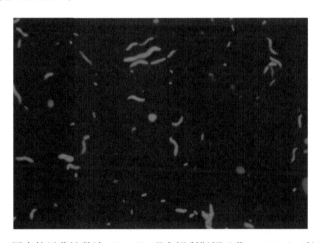

图 9-5　用直接活菌计数法（DVC）观察鳗利斯顿氏菌（1000×）（杜萌摄）

DVC 法是目前最常用的检测方法，如检测自然环境中某种特定的细菌时，结合单克隆抗体和原位杂交等技术，可特异性地检测目标菌体，且灵敏度很高。有研究者利用 DVC-FISH（活菌直接计数-荧光原位杂交技术）在 10^8 个非目标菌体中可检测到一个目标菌体；也有研究将 DVC 方法结合间接免疫荧光抗体试验（indirect immunefluorescent antibody test，IFAT）检测 VBNC 状态的副溶血弧菌，其优点是特异性强、重复性好。但该方法也存在局限性，即绝大多数 G⁺细菌和少数 G⁻细菌对萘啶酮酸具有抗性，并且培养所用的酵母膏能和甲醛（固定细菌时使用）反应产生沉淀，被吖啶橙染色后导致背景过亮，影响观察效果。后来选用环丙沙星（ciprofloxacin）等替代萘啶酮酸作为 DNA

合成抑制剂，并将营养物换成 10%的大豆蛋白胨，发现该方法不仅可以有效地抑制 G⁺ 细菌和 G⁻细菌的细胞分裂，提高活菌直接计数的准确性，并能很好地解决背景的荧光问题，避免了上述弊端。

9.3.1.3　死/活细菌检测试剂盒检测法

死/活细菌检测试剂盒（live/dead BacLight bacterial viability kit）检测法是一种基于活性细菌细胞质膜结构完整性的检测方法。该试剂盒包含两种核酸染料，即 SYTO 9 和碘化丙啶（propidium iodide，PI）。SYTO 9 在 480 nm/500 nm 波长下呈现绿色，且死/活细胞均能被染色；碘化丙啶由于不能进入具有完整细胞膜结构的细菌，因此只能染色"死"细胞，并且会降低 SYTO 9 造成的绿色荧光效果，最终死细胞在 490 nm/635 nm 波长下呈现红色，因此死、活细胞在荧光显微镜下分别显示红色和绿色。

9.3.2　分子生物学方法

利用分子生物学手段检测细菌已成为趋势，但对于 VBNC 细菌，由于其 DNA、RNA 等含量减少，这些方法所宣称的高灵敏度优势明显降低。故利用 PCR 等手段检测 VBNC 细胞时，对 DNA 模板的需要量可能会增多。研究人员利用随机扩增多态性 DNA（random amplified polymorphic DNA，RAPD）技术检测 VBNC 细菌，结果发现在细菌进入 VBNC 状态的过程中，检测信号逐渐消失。由于氯霉素可以抑制检测信号的消失，说明细菌在进入 VBNC 状态过程中产生的 DNA 结合蛋白可能是检测信号消失的原因。以 DNA 为基础的检测手段还有一个明显的缺点，即无法区分细胞的死活，死细胞或自由状态的 DNA 仍然可被检测出来，导致出现假阳性的结果。

mRNA 在细胞代谢中处于中心地位且具有非常短暂的半衰期（只有 3～5 min），因此其被认为是检测细胞存活的良好标志。利用反转录 PCR（reverse transcription-PCR，RT-PCR）可以检测基因表达的情况，非可培养细胞的基因持续表达表明细菌具有活性。研究人员利用半套式 RT-PCR 检测创伤弧菌 vvhA 基因的 mRNA，并将其与通过煮沸 10 min 处理后获得的死细胞的检测信号进行比较，发现可能由于死细胞中的 mRNA 快速降解，信号也随即消失，因此 mRNA 的检测可作为判断细胞死活的标准之一。

9.3.3　免疫学方法

荧光抗体染色计数法（fluorescent antibody staining count，FAC）一般被用于样品中总菌的计数，具有操作简便、特异性强、重复性好等优点。研究发现，VBNC 细菌保持着和正常细菌一样的表面抗原，因此可以利用荧光抗体技术对这些细菌进行检测。曾有研究者采用间接酶联免疫吸附试验（enzyme-linked immunosorbent assay，ELISA）检测处于 VBNC 状态的大肠杆菌 O157：H7，发现此方法可以快速有效地将其检出，最小检测浓度为 10⁵ 个细胞/mL，同时还发现在相同的抗原浓度下，

VBNC 细菌测得的 OD 值要远远低于正常细菌，原因可能是进入 VBNC 状态的细菌的形态发生了变化，由杆状变成圆球状，并且体积缩小，从而使得二者菌悬液的光密度和透光度出现差异。

9.4　VBNC 细菌的生物学特性

除 VBNC 状态之外，早期在细菌细胞中发现的其他休眠体形式主要包括芽孢（endospore 或 spore）和孢囊（cyst）。芽孢是芽孢杆菌属（*Bacillus*）等少数 G^+ 细菌在生长后期的细胞内形成的球形或椭球形休眠体，对不良环境具有极强的抗性，而孢囊是固氮菌属（*Azotobacter*）等少数 G^- 细菌在营养缺乏的条件下营养细胞外壁加厚并失水缩小所形成的球形休眠体。VBNC 细菌与芽孢和孢囊在很多方面存在较大差异。VBNC 细菌的主要生物学特征列于表 9-3。

表 9-3　VBNC 细菌的主要特征

类型	特征
培养特征	（1）在常规培养基上用常规培养条件，不繁殖； （2）在适宜的环境条件下，可以复苏，恢复生长繁殖
细胞特征	（1）细菌细胞个体变小，往往呈球形；个别的 G^+ 细菌有轻微伸长现象； （2）用 AODC 和 FAC 方法染色检查，细菌细胞壁完整； （3）用 DVC 法检查，细胞对底物有反应，能吸收营养并长大
毒力特征	一些 VBNC 细菌仍然具有毒力

9.4.1　形态特征

大多数细菌进入 VBNC 状态后，细胞体积变小，浓缩成球状。在寡营养条件下，进入 VBNC 状态的细菌由于体积缩小，比表面积增加，提高了对营养物质的亲和能力，这样不但可以使细菌耐受营养缺乏的环境，而且可增强它们对其他环境胁迫因子如温度、氧化还原电位、渗透压改变等的抵抗能力。

霍乱弧菌进入 VBNC 状态后，细胞变成球状（图 9-6），个体缩小，直径仅为 0.55 μm，且与其正常细胞相比，VBNC 细胞内的核糖体和核酸的密度明显降低，但细胞仍保持着正常的细胞外膜。有研究者用冷冻固定和电子显微技术对霍乱弧菌 TSI-4 的 VBNC 细胞进行了观察，结果显示 VBNC 细胞的大小约为正常细胞的 2/3，由完好的细胞质、细胞膜、细胞壁及外膜 4 部分构成。创伤弧菌进入 VBNC 状态后，细胞形态由从弧状变为球状，细胞长度由对数期的 2 μm 缩小为 0.6 μm。

虽然个体缩小是细菌进入 VBNC 状态的常见变化，但也会出现某些细菌变大或变长的现象，如 G^+ 菌粪肠球菌（*Enterococcus faecalis*）进入 VBNC 状态后，其细胞不但没变小，反而有轻微的伸长。另外，VBNC 细菌的细胞周质空间往往变大，细胞表面出现泡状的小突起，外膜呈波浪状（图 9-7）。

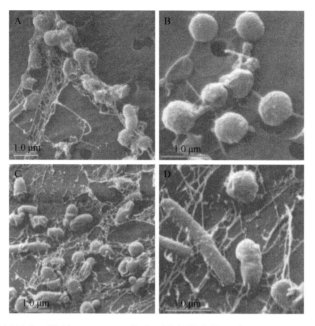

图 9-6　霍乱弧菌活的非可培养（VBNC）状态两个月的电镜照片（Colwell and Grimes，2000）

A. O1 型霍乱弧菌；B. O139 型霍乱弧菌；C. O1 型霍乱弧菌（加 1%的酵母膏）；D. O139 型霍乱弧菌（加 1%的酵母膏）

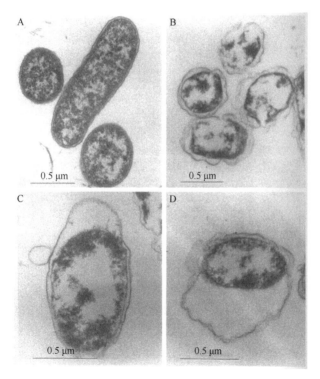

图 9-7　霍乱弧菌（O1 型 ATCC 14035）活的非可培养（VBNC）状态的透射电镜照片

（Colwell and Grimes，2000）

A. 可培养状态；B、C. VBNC 状态 2 个月；D. VBNC 状态 6 个月

9.4.2 生理生化特性

VBNC 细菌的细胞质浓缩，对底物的吸收减少，大分子物质的合成量大幅度下降，蛋白质和脂质总量下降，胞内蛋白质发生聚集现象，核糖体及核区 DNA 的密度明显降低，但细菌质粒（plasmid）不会丢失，且 ATP 一般维持在较高水平。另外，细菌在刚进入不良环境时，一般会合成一些新的蛋白质。若在此阶段加入抑制蛋白质合成的抗生素，细菌则无法在不良环境中长期存活，因此推测这些蛋白质是细菌为适应不良环境而进行重组所产生的。蛋白质组学研究表明，大肠杆菌进入 VBNC 状态后，其外膜蛋白会发生明显的重排，出现 100 多个新的蛋白质位点。此外，VBNC 细菌的基因表达水平也与正常生长的细胞有所不同，如参与转录（RNA 聚合酶）、翻译、ATP 合成、糖异生代谢（3-磷酸甘油醛脱氢酶）及抗氧化等的基因的表达水平均有所提高。

许多研究指出，VBNC 细菌对多种胁迫条件的抗性增强。一些报道对 VBNC 细菌的细胞壁、细胞膜进行了研究，透射电镜观察的结果显示，VBNC 细菌的细胞膜结构完整但不对称；色谱分析发现，主要膜脂（C16、C16：1、C18）含量下降，同时一些短链脂肪酸和长链脂肪酸含量增加；细胞壁的合成或代谢状况仍然维持在细菌开始进入 VBNC 状态时的水平，且仍有肽聚糖的合成。有研究指出，VBNC 状态的粪肠球菌细胞壁中肽聚糖的交联程度从 39% 增加到 48%，并且胞壁肽的 O-乙酰化程度能够增长 44%～72%。这些有关细胞壁结构和成分的改变能够增强 VBNC 细菌的机械强度及其对水解酶的抵抗能力。综合上述现象，推测细胞壁或细胞膜成分的改变及新产生的蛋白质可能有助于 VBNC 细菌抵抗不良生存环境下的压力胁迫。

此外，VBNC 细菌的营养盐转运及呼吸速率均明显下降。有研究发现，空肠弯曲杆菌进入 VBNC 状态后，膜内外 pH 梯度、膜内 K^+ 浓度及膜势能均会降低，ATP 和 ADP 浓度也会降低，30 d 后仅能检测到 AMP 的存在。在研究氧气浓度对幽门螺杆菌生长和细胞形态的影响时，结果还发现 VBNC 状态的幽门螺杆菌有聚集成群的倾向。

9.4.3 VBNC 状态病原菌的致病性

研究表明，病原微生物进入 VBNC 状态并不代表它们失去致病能力。Colwell 等（1996）证实，注射 VBNC 状态的霍乱弧菌仍能导致受测试人员腹泻，同时发现霍乱弧菌进入 VBNC 状态 28 d 后仍能产生霍乱毒素（cholera toxin），且 PCR 检测结果显示产生霍乱毒素的基因仍然存在。其他研究人员从进入 VBNC 状态 133 d 后的创伤弧菌中检测到了细胞毒素——溶血素 VvhA 的 mRNA 存在；有研究者发现进入 VBNC 状态的痢疾志贺氏菌（*Shigella dysenteriae*）不但保留着志贺氏菌毒素 *stx* 基因和具有生物活性的 ShT 毒素蛋白，而且对小肠表皮细胞还具有吸附能力。但并非所有的 VBNC 病原菌都具有毒性，细菌进入 VBNC 状态的时间越久，其完整性越易受到破坏，致使其感染力下降，甚至丧失复苏能力。例如，杀鲑气单胞菌（*Aeromonas salmonicida*）在河水或海水中进入 VBNC 状态会丧失毒性。有研究表明膜脂成分的改变可能是造成非可培养创伤弧菌丧失对小鼠的感染能力的原因之一，但在实验室中得到的结果与实际情况可能存在一定差距，细菌在实验条件下的存活状态及相应致病性的变化并不能完全反映自然环境中的真实情况。曾有研究者在 28℃ 条件下将施罗氏弧菌（*V. shilonii*）注射到珊瑚虫体内，然后降低温度至 16℃，结果发现弧菌细胞死亡并溶解；而处于自由状态（培养基中或海水中）的细菌在此温度下仍然存活并进入 VBNC 状态。由此可推测，珊瑚虫体内的细菌可能被宿主的防御机制杀死，不能简单地归纳为 VBNC 状态的弧菌不具有致病性。

9.5　细菌进入 VBNC 状态的机制

9.5.1　对细菌 VBNC 状态概念的争议

自徐怀恕等首次提出细菌 VBNC 状态的概念以来，微生物学界对此一直存在着争议。然而，近几年来，随着大量分子生物学研究的发展，大多数研究均支持 VBNC 状态的存在。

国内最初有人认为 VBNC 细菌是细胞壁受损的 L 型细菌，徐怀恕等使用透射电镜和荧光抗体染色技术，对处于可培养和 VBNC 状态的霍乱弧菌进行了细胞形态结构的比较研究，观察了 382 个 VBNC 细菌，结果发现，VBNC 状态的霍乱弧菌的细胞壁是完整的，并不是 L 型细菌。

国际上也有观点认为，VBNC 细菌是由一种自杀性行为造成的。鉴定细菌是否为活菌的传统观点认为细菌的生存能力等于可培养能力，即在营养琼脂培养基表面形成可见的菌落或在液体培养基中增加浑浊度的能力。根据这种观点，非可培养的微生物被断定是死的，而可培养的微生物才是活的。而实际上，用常规方法无法培养的微生物，未必是死的。大量观察结果表明，微生物在停止细胞分裂之后仍然可以具有完整的细胞形态和活跃的新陈代谢活动。有研究者提出，把一个细菌群体从饥饿或低温等不良环境突然转移到营养丰富、温度适宜的琼脂培养基时，会导致其代谢失衡，瞬时产生大量过氧化物和自由基，造成部分或全部细胞死亡，所以用常规方法验证细菌是否复苏时，即使未形成可见菌落，也不一定是由细菌的自杀性行为引起的，还有可能是细菌不适应环境的突然变化所致。也有研究认为，细菌的可培养能力和生存能力是两个不同的概念，微生物的生活史可能同大型生物一样，也包括 3 个不同的时期，即幼年期、成年期和老年期，细菌只在成年期有繁殖能力，在此前后均没有；另外，繁殖体系结构的破坏或非生理因素的信号干扰也可能会降低其繁殖能力。

随着近年来相关研究的系统化，VBNC 状态与已报道的其他非生长状态（芽孢等）的差异也逐渐明确，VBNC 细菌的形态、生理特性也逐步得到证实。细菌通过进入非生长状态来抵抗各种环境压力，当外界环境适宜时，又可以恢复到正常生长状态。然而，芽孢是细菌形成的一种代谢惰性的状态，细胞的代谢活性难以检测，而 VBNC 细菌却能够进行正常的呼吸作用和蛋白质的合成。此外，芽孢的形态与正常的生长细胞具有较大的差异，而 VBNC 细胞与正常细胞的形态大致相似，只是细胞壁的组成略有不同。

近期有学者认为 VBNC 细胞跟细菌在抗生素诱导下形成的持留细胞（persister cell）

是同一概念，但多数学者持不同观点，认为二者有明显的差别（图 9-8）。持留细胞最初是由 Hobby 及其同事在研究细菌的抗生素耐受作用时发现的一种现象。当用致死剂量的抗生素处理细菌时，大多数对抗生素敏感的细胞丧失生长能力并最终死亡，而仅有少量的细胞能耐受致死剂量的抗生素。这些细胞可在抗生素存在的条件下，缓慢生长并保持细胞活性，形成所谓的持留细胞；当去除抗生素后，这些细胞可以迅速恢复繁殖能力。这些持留细胞被认为是通过抗生素的诱导作用而随机形成的，是改变了生理特性的抗生素耐受型细胞。

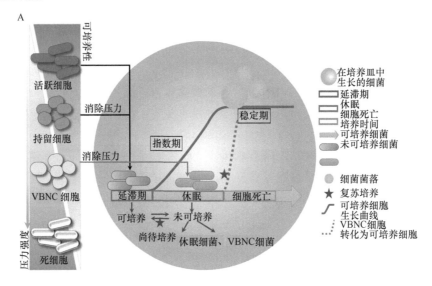

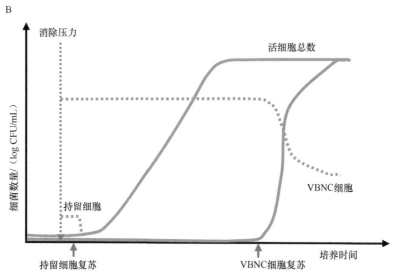

图 9-8　持留细胞和活的非可培养（VBNC）细胞的比较（Mu et al.，2021）

A. 基于休眠连续体假说（dormancy continuum hypothesis）可培养细胞和未可培养细胞之间的转换示意图；B. 持留细胞和 VBNC 细胞的复苏动态

持留细胞和 VBNC 细胞有许多相似的特征，比如都是在环境胁迫诱导下形成的，具有完整的细胞膜结构、相似的细胞形态与细胞内蛋白质表达和调节机制，以及相似的细胞内蛋白聚集和异源蛋白表达等。二者的主要区别是：持留细胞由抗生素等特定胁迫因素诱导形成，当除去抗生素等因素后，持留细胞迅速恢复为可培养形式；而诱导 VBNC 细胞形成的环境因素更加广泛，如低温、氧化应激或渗透压等，因此 VBNC 细胞的复苏时间要缓慢许多（图 9-8）。在大多数情况下，除去应激因素后 VBNC 细胞并不能复苏为可培养形式，还需要改变其他理化条件或添加某些化学物质才能使细胞复苏。有学者发现，在同种细胞培养物中，用抗生素等环境胁迫诱导时，VBNC 细胞和持留细胞会同时存在，且前者的数量比后者高。持留细胞处于一种早期的或者更容易逆转的休眠状态，而 VBNC 细胞则被认为是处于一种更深程度的休眠状态。

9.5.2　细菌进入 VBNC 状态的内在机制

目前，关于细菌进入 VBNC 状态的机制的报道较少，尚未得到任何明确结论，不过也提供了一些重要的信息。多年来，普遍认为 H_2O_2 可能在诱导包括大肠杆菌在内的许多细菌进入 VBNC 状态的过程中发挥重要作用。有研究者将创伤弧菌的过氧化氢酶（catalase）进行突变，使该菌无法降解胞内生成的 H_2O_2，发现突变后的菌株更容易进入 VBNC 状态，进一步表明 H_2O_2 可能参与 VBNC 状态的诱导。然而，当把即将进入 VBNC 状态的创伤弧菌涂布于添加有过氧化氢酶的常规培养基上时，其可培养性大大增加。该研究小组在随后的研究中发现，低温（诱导细菌进入 VBNC 状态的条件）抑制过氧化氢酶的合成和活性，使细菌细胞对培养基中的 H_2O_2 高度敏感（细胞损伤后不容易被培养）。因此，低温培养会使细菌产生冷激反应而进入 VBNC 状态。

得益于现代技术的飞速发展，研究者能够在代谢物、蛋白质及核酸等分子水平上对细菌进入 VBNC 状态的内在机制进行研究。利用核磁共振（nuclear magnetic resonance，NMR）及气相色谱-质谱法（gas chromatograph-mass spectrometer，GC-MS）等手段分析细菌进入 VBNC 状态过程中胞外成分的变化，结果发现一些小分子物质如卤化呋喃等可能在细胞进入 VBNC 状态过程中起到信号传递作用；通过比较分析 VBNC 状态、饥饿状态和对数生长期的细菌蛋白表达图谱，结果发现 VBNC 状态和饥饿状态的细胞间蛋白表达差异较大，说明它们是两种不同的应答机制，但两者间仍有共同之处；而通过比较分析处于 VBNC 状态和稳定生长期的霍乱弧菌基因表达的差异情况，结果发现霍乱弧菌在 VBNC 状态下有多达 100 个基因的表达量上升为原来的 5 倍以上，其中包括编码含铁（III）ABC 转运蛋白、lB、FliG 和 FlaC 等蛋白的基因的 mRNA。

利用基因突变技术阐释蛋白质的功能，已成为研究细菌各种生理功能的有效手段。目前，尚未开展通过大规模突变技术构建细菌 VBNC 状态缺陷型的研究，因此对于细菌进入 VBNC 状态的遗传机制也不是很清楚。已有的研究发现有 3 个蛋白与 VBNC 状态的诱导密切相关，分别为 RNA 聚合酶的 σ 因子 RpoS、多聚磷酸盐激酶 1（PPK1）和渗透压外膜受体蛋白（EnvZ）。RpoS 的突变能够使大肠杆菌和肠沙门氏菌更快地进入 VBNC 状态，并且突变后大肠杆菌细胞长时间维持 VBNC 状态的能力及复苏的能力均有所下降；PPK1 通过参与多磷酸合成影响细胞的各种生理功能，在空肠弯曲杆菌中 PPK1 的突变使细菌进入 VBNC 状态的能力有所下降。大肠杆菌中 EnvZ 蛋白的突变会使其丧失进入 VBNC 状态的能力。

9.6　VBNC 细菌的复苏研究

尽管 VBNC 细胞的代谢水平很低，但经过特殊处理后，许多细胞可以在常规的细菌培养基中转变为代谢活跃的可培养状态。VBNC 细胞转变为可培养状态的过程称为复苏（resuscitation）。如前所述，多种环境胁迫因子可以诱导细菌进入 VBNC 状态，通过直接逆转不利条件（消除环境胁迫），仅能使某些 VBNC 细菌复苏，并不适用于所有 VBNC 细菌。值得注意的是，VBNC 细菌的种类（50 属 100 种）远远多于目前已知的可复苏的种类（20 种），这主要是因为目前对其复苏机制知之甚少，还有很多未知的复苏条件仍待确定。目前，已经鉴定出许多促进复苏的条件，包括物理刺激因素（如升温）、化学刺激因素（如丙酮酸盐、谷氨酸盐、氨基酸、吐温 20、维生素、金属络合剂或铁载体、群体感应信号分子等）、活性蛋白质（如 Rpfs、YeaZ 和过氧化氢酶）以及宿主相关刺激因子等（表 9-4）。不同种类细菌的复苏过程有很大的差异，且存在多种复苏因子都能使其复苏的情况。以下将详细阐述 VBNC 细胞复苏的具体条件及关于 VBNC 细胞复苏的争论与假说。

表 9-4　诱导 VBNC 细胞复苏的因素（Zhang et al., 2021）

复苏刺激因素	细菌种类	
	拉丁学名	中文名
物理刺激		
提高培养温度	*Aeromonas hydrophila*	嗜水气单胞菌
	Escherichia coli	大肠杆菌
	Vibrio parahaemolyticus	副溶血弧菌
	Vibrio vulnificus	创伤弧菌
	Vibrio alginolyticus	解藻酸弧菌
在有酵母、吐温 20、维生素 B 或者过氧化氢酶存在的条件下提升培养温度	*Edwardsiella tarda*	迟钝爱德华氏菌
	Vibrio alginolyticus	解藻酸弧菌
	Vibrio cincinnatiensis	辛辛那提弧菌
	Vibrio harveyi	哈维氏弧菌
富营养培养并热激	*Salmonella enterica*	肠沙门氏菌
化学刺激		
丙酮酸钠	*Salmonella enteritidis*	肠炎沙门氏菌
	Legionella pneumophila	嗜肺军团菌
谷氨酸盐	*Legionella pneumophila*	嗜肺军团菌
葡糖酸盐	*Cupriavidus metallidurans*	耐重金属贪铜菌
氨基酸	*Escherichia coli*	大肠杆菌
螯合剂	*Pseudomonas aeruginosa*	铜绿假单胞菌
铁载体	*Escherichia coli*	大肠杆菌
	Micrococcus luteus	藤黄微球菌

续表

复苏刺激因素	细菌种类	
	拉丁学名	中文名
化学刺激		
富营养培养	*Arcobacter butzleri*	布氏弓形菌
	Enterococcus faecalis	粪肠球菌
	Enterococcus hirae	小肠肠球菌
	Escherichia coli	大肠杆菌
维生素	*Vibrio cincinnatiensis*	辛辛那提弧菌
	Vibrio harveyi	哈维氏弧菌
吐温 20	*Salmonella enterica*	肠沙门氏菌
混合气体	*Campylobacter jejuni*	空肠弯曲杆菌
群体感应信号分子	*Escherichia coli*	大肠杆菌
	Vibrio vulnificus	创伤弧菌
复苏促进因子 Rpf	*Micrococcus luteus*	藤黄微球菌
	Salmonella enterica	肠沙门氏菌
	Vibrio vulnificus	创伤弧菌
YeaZ 蛋白	*Vibrio parahaemolyticus*	副溶血弧菌
	Vibrio harveyi	哈维氏弧菌
过氧化氢酶	*Escherichia coli*	大肠杆菌
	Salmonella enterica	肠沙门氏菌
宿主相关刺激		
原生动物	*Legionella pneumophila*	嗜肺军团菌
兔回肠环（rabbit ileal loop）	*Vibrio cholerae*	霍乱弧菌
老鼠模型（mouse model）	*Vibrio vulnificus*	创伤弧菌
	Campylobacter jejuni	空肠弯曲杆菌
鸡胚模型（embryonated chicken egg model）	*Edwardsiella tarda*	迟钝爱德华氏菌
	Listeria monocytogenes	单核增生李斯特氏菌
	Campylobacter jejuni	空肠弯曲杆菌

9.6.1　诱导 VBNC 细胞复苏的因素

9.6.1.1　物理刺激因子

诱导细菌（如弧菌或其他属细菌）进入 VBNC 状态最常见的因素是低温。许多研究表明，升温足以复苏由低温诱导的 VBNC 细胞，因此气候变化很有可能会提高弧菌的复苏速率。升温结合化学刺激（如酵母膏、吐温 20、维生素 B 或过氧化氢酶等）也有助于 VBNC 细胞的复苏（表 9-4）。

9.6.1.2　化学刺激因子

丙酮酸钠（sodium pyruvate）是使 VBNC 细胞复苏的最主要的化学刺激因子之一，其主要是作为活性氧清除剂（reactive oxygen scavenger）或称抗氧化剂，也可以作为细菌生长的碳源。丙酮酸钠可恢复 DNA、蛋白质和其他生物大分子的合成，从而使 VBNC

细胞复苏到可培养状态。人类病原菌嗜肺军团菌的 VBNC 细胞可被其他活性氧清除剂如谷氨酸盐（glutamate）复苏，并且谷氨酸盐还可使土壤细菌耐金属贪铜菌（*Cupriavidus metallidurans*）从 VBNC 状态复苏为可培养状态。

在基础培养基中添加多种氨基酸的组合，如天冬氨酸、谷氨酸、甲硫氨酸、丝氨酸和苏氨酸，可有效复苏大肠杆菌的 VBNC 细胞。富营养培养基和维生素也可以使多种细菌从 VBNC 状态复苏，然而该培养基中究竟是何种物质对细菌的复苏发挥了最关键的作用尚未明晰。

向肠沙门氏菌 VBNC 细胞中添加吐温 20（3%，*V/V*），可以使之在 24～48 h 内复苏为可培养状态，通过动物感染实验证实复苏后的细胞仍然具有毒力。由低氧诱导进入休眠状态的空肠弯曲杆菌，可在含有微量氧气的混合气体下复苏。由具有毒性浓度的铜离子诱导进入 VBNC 状态的铜绿假单胞菌，在添加铜离子络合剂二乙基二硫代氨基甲酸酯（diethyldithiocarbamate）后可得到复苏，复苏后的细胞对中国仓鼠卵巢细胞系具有细胞毒活性。另外，由于铁载体（siderophore）可以促进细胞的分裂，因此大肠杆菌和藤黄微球菌（*Micrococcus luteus*）的铁载体均可作为未培养细菌的生长刺激因子，促进这两种菌从 VBNC 状态复苏。

群体感应（quorum sensing，QS）是细菌之间的一种通信方式（详见 2.4.1 节）。研究发现，细菌 QS 信号分子也与 VBNC 细胞的复苏相关，其作用原理可能与其提高 VBNC 细胞的抗氧化能力相关。添加 QS 自诱导分子 2（autoinducer 2，AI-2）可以使大肠杆菌和创伤弧菌的 VBNC 细胞得到复苏。此外，研究发现 QS 可以激活过氧化氢酶的表达，使鼠伤寒沙门氏菌得到复苏。这些研究结果表明 QS 在复苏过程中发挥重要作用。

9.6.1.3 活性蛋白

在 G⁺细菌中，发现了一组能在 VBNC 细胞复苏中发挥重要作用的胞外蛋白质，被称为复苏促进因子（resuscitation-promoting factor，Rpf）。Rpf 最初发现于藤黄微球菌中，后来发现其广泛存在于高 G+C 含量的 G⁺细菌中，如分枝杆菌属（*Mycobacterium*）、链霉菌属（*Streptomyces*）、棒杆菌属（*Corynebacterium*）等。Rpf 除能促进 VBNC 细胞复苏以外，还可以刺激正常细菌的生长繁殖，其功能类似于真核生物的生长因子，因此被称为细菌的细胞因子。Rpf 样蛋白和溶菌酶的功能相似，可以水解 *N*-乙酰胞壁酸和 *N*-乙酰葡糖胺之间的糖苷键，在肽聚糖的合成、循环及 1,6-脱水胞壁酸的形成过程中发挥重要作用。在藤黄微球菌中只有一个 *rpf* 基因，其编码的蛋白质均具有 Rpf 样结构域，即高度保守的 70 个氨基酸残基，这是 Rpf 发挥促生长作用的重要结构。在结核分枝杆菌中发现了 5 个与藤黄微球菌 *rpf* 基因有显著同源性的基因，这些基因编码的蛋白质被称为 Rpf 样蛋白。

在 G⁻细菌中，也发现了在功能上类似于复苏促进因子的蛋白质，被称为 YeaZ，可以促进 VBNC 细胞的复苏，但 YeaZ 与 Rpf 在蛋白质结构上有明显差异，YeaZ 在蛋白质结构上类似于糖蛋白酶（glycoprotease）。研究发现，鼠伤寒沙门氏菌中的复苏促进因子 YeaZ 可以促进肠沙门氏菌 VBNC 细胞的复苏。副溶血弧菌的 YeaZ 在其 VBNC 细胞的复苏中发挥重要作用，其作用方式类似于经典的肌动蛋白样核苷酸结合蛋白（actin-like nucleotide-binding protein）。然而，YeaZ 对 VBNC 细胞的复苏机制目前尚不清楚。

过氧化氢酶是一种能够降解 H_2O_2 的蛋白质，可以促进由可见光光毒性（phototoxicity）效应诱发的大肠杆菌 VBNC 细胞的复苏。过氧化氢酶可以通过消除过氧化氢从而有效地降低光毒性效应。

9.6.1.4　宿主相关刺激因子

除以上的理化因素外，多种动物模型（尤其是自然宿主）可以作为细菌从 VBNC 状态复苏的生物媒介。在海水环境中，有些 VBNC 细菌的复苏可能是通过鱼类及无脊椎动物，特别是通过一些桡足类（Copepoda）等浮游动物实现的，但这些宿主动物体内的环境是否真正对这一转变起作用，尚缺少足够的实验证据。研究发现，嗜肺军团菌的 VBNC 细胞可以在原生动物——多噬棘阿米巴（*Acanthamoeba polyphaga*）和卡氏棘阿米巴（*Acanthamoeba castellanii*）中得到复苏，说明一些原生动物对 VBNC 细菌的复苏起着重要作用。

霍乱弧菌的 VBNC 细胞可以通过接种于兔回肠环模型（rabbit ileal loop model）进行孵育，复苏为致病状态和可培养状态。兔回肠环模型是进行 VBNC 细胞复苏的第一个动物模型。最初的兔回肠环模型采用的是"肠道四段结扎法（four segment ligation of the intestine）"（图 9-9A），后来中国海洋大学徐怀恕和纪伟尚等改进为"肠道双重结扎法（double segment ligation of the intestine）"（图 9-9B）。

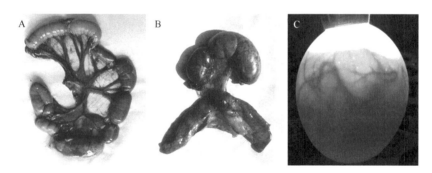

图 9-9　用于活的非可培养（VBNC）细胞复苏的家兔肠结扎术模型和鸡胚模型（Zhang et al.，2021）
A. 肠道四段结扎法，该法将兔肠扎成 4 段，易形成肠梗阻，因不能给水，兔只能存活 18～22 h；B. 肠道双重结扎法，该法由通用肠结扎法改进而成，因为可给兔喂水，因此兔可存活 36～72 h；C. 7 日龄的鸡胚模型

肠道双重结扎法是将两只实验兔的结肠作一双重结扎段，标记后剪下，使其与肠系膜相连后游离于腹腔中，然后将断肠缝合（图 9-8B）。在实验兔肠结扎段中注射 1 mL 含菌量为 4.12×10^8 个细胞/mL 的 VBNC 状态霍乱弧菌（El Tor 型），对照兔肠结扎段注射 1 mL 无菌的营养肉汤。家兔术后可给水，实验兔一般可存活 24～36 h，对照兔可存活 72 h。对死亡后的实验兔肠结扎段进行病理观察，并对其肠积液进行细菌学分析，结果发现，AODC 法计数细菌总数为 9.35×10^9 个细胞/mL，DVC 法计数活菌数为 7.22×10^8 个细胞/mL，菌液与霍乱弧菌"O"多价血清发生典型的凝集反应，且可在 TCBS 平板上长出优势的典型霍乱弧菌菌落，而对照段中无霍乱弧菌生长。复苏后的霍乱弧菌仍具有毒性，使兔肠结扎段严重积水肿胀，肠壁呈紫红色，并有溃烂坏死现象。然而，

常规兔肠道四段结扎法（图 9-8A）会使兔形成肠梗阻，实验兔仅可存活 18～22 h，使实验缺乏可靠性。Colwell 等（1996）将霍乱弧菌 O1 减毒株的 VBNC 细菌注射到两名志愿者体内，结果一人患病，一人携带有大量活的霍乱弧菌 O1，说明 VBNC 状态的霍乱弧菌 O1 可在人体内复苏，并保留了毒性。

　　将 VBNC 细菌接种于鸡胚（图 9-9C）的卵黄囊，也有复苏成功的例证（图 9-10）。有研究用三种方法复苏 VBNC 状态的迟钝爱德华氏菌，一是将处于 VBNC 状态的迟钝爱德华氏菌接种到 10 日龄的鸡胚卵黄囊中，鸡胚在实验期间保持存活状态，在接种后的第 6 天，从鸡胚内分离出了迟钝爱德华氏菌；二是在含有 VBNC 状态的迟钝爱德华氏菌培养液中添加营养物质后，升温至 25℃培养，第 8 天在 LB 平板上发现了大小一致的单菌落，经 PCR 扩增及 16S rRNA 基因序列比对证明，该单菌落确实为迟钝爱德华氏菌；而三是仅单纯用升温的方法，并没有使处于 VBNC 状态的迟钝爱德华氏菌复苏。这三种方法中，鸡胚复苏法效果最佳（图 9-11）。与其他动物模型相比，鸡胚模型使用起来更加方便。

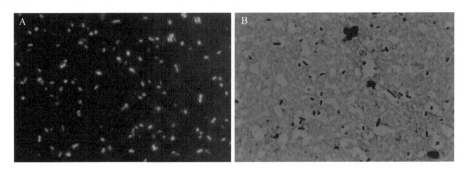

图 9-10　活的非可培养（VBNC）状态大肠杆菌 O157：H7 接种至鸡胚模型后的
复苏情况（1000×）（徐怀恕摄）

A. 进入 VBNC 状态的大肠杆菌 O157：H7；B. 从 VBNC 状态复苏的大肠杆菌 O157：H7

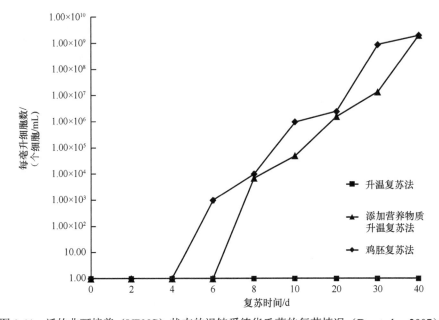

图 9-11　活的非可培养（VBNC）状态的迟钝爱德华氏菌的复苏情况（Du et al.，2007）

9.6.2　关于 VBNC 细菌复苏的争论及复苏假说

9.6.2.1　关于 VBNC 细菌复苏的争论

对于重新出现的可培养细菌是来自 VBNC 细菌的复苏,还是残存的可培养细菌的重新生长,一直存在争议。有科学家研究了低温诱导的非可培养副溶血弧菌在升温条件下的复苏情况,认为复苏可能只是一些活细胞的重新生长而造成的假象,由于数量极少,因此之前几乎检测不到。另有科学家在对系列稀释实验、可培养细菌出现的起始时间及添加营养盐对细菌复苏的影响等进行综合分析后,认为至少创伤弧菌存在着真正意义上的复苏。Oliver（1995）根据可培养细菌出现的时间和数量,以及以往的可培养细菌稀释培养实验,也认为即使有少量残存的可培养细菌,在短时间内也无法生长繁殖出如此大量的群体。另有研究发现在 DNA 合成抑制剂萘啶酮酸存在时,盐度胁迫形成的非可培养大肠杆菌在去除胁迫条件后,仍然能恢复可培养能力,据此认为菌落的产生是其中的 VBNC 细菌复苏的结果。

近年来,一些研究应用混合复苏技术来证实重新出现的可培养细菌的来源,结果不尽相同。一般认为营养盐在某种意义上抑制了 VBNC 细菌的复苏。但目前验证细菌是否复苏所使用的培养基多为营养丰富、含有大量的过氧化物和自由基的培养基,反倒抑制了 VBNC 细菌的生长,而残存的可培养细菌由于具有降解这些化合物的能力而得以存活并繁殖。因此,细菌复苏检验方法的选择是十分重要的。值得注意的是,在复苏实验中,除了残存的可培养细菌,培养液中由于过氧化物的存在而产生的敏感型损伤细胞也难以与 VBNC 细胞相区别。在富营养培养基中加入丙酮酸盐以降解培养基中的过氧化物后,损伤细胞能够得到复原（retrieval）,但此时 VBNC 细胞仍无法复苏。

9.6.2.2　复苏假说

目前的研究发现,大部分细菌细胞能够从 VBNC 状态复苏的时间为 10 d 至 3 个月。随着 VBNC 状态诱导时间的延长,可培养细菌的数目逐渐减少,VBNC 细菌的数目逐渐增加,但在菌悬液中,不同的 VBNC 细胞的"年龄"各不相同。如果每个细胞从 VBNC 状态复苏的时间限制是一定的,能够复苏的细胞则会随着时间的延长而逐渐减少,这可能是实验中检测到的能够复苏的细胞数目较低的原因之一（图 9-12）。

目前发现能进入 VBNC 状态的细菌已有 100 余种,但已报道的能够复苏成功的细菌种类却并不多,并且相应的复苏刺激因素也各不相同（表 9-4）。有研究发现 G⁻ 细菌能够产生一种热稳定的非蛋白自诱导分子来刺激自身在停滞期的生长,在培养基中添加含有该自诱导分子的生长细胞培养液上清,能使进入 VBNC 状态的大肠杆菌得到复苏;对创伤弧菌从 VBNC 状态复苏的研究也发现,加入群体感应自诱导分子 AI-2 能够诱导 VBNC 细菌的复苏,而无法产生 AI-2 的突变株培养液上清则不能够诱导 VBNC 细菌的复苏。

基于以上实验结果,研究者提出了 VBNC 细菌复苏的"侦查假说":随着时间的延长,在 VBNC 细菌中会随机产生某些复苏的细胞;当外界环境仍不适宜生长时,这些"侦查细胞"会逐渐死亡;而当这些"侦查细胞"感应到外界环境适宜其生长时,则开始生长并分泌自诱导分子以刺激其他细胞复苏（图 9-13A、B）。然而,这种"侦查假说"并不能解释所有的复苏机制，如在培养基中添加氨基酸的复苏机制，其与芽孢萌发类似，添加的氨基酸与相应的受体相结合，从而复苏 VBNC 状态的细菌（图 9-13C）。

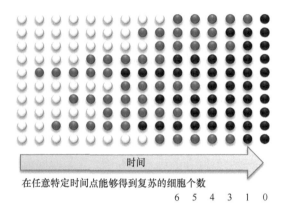

图 9-12　简化的细菌活的非可培养（VBNC）状态复苏时间表（未考虑在诱导过程中产生的损伤细胞和死细胞）（Pinto et al.，2015）

白色圈表示可培养细胞，灰色圈表示能够复苏的 VBNC 细胞，黑色圈表示丧失复苏能力的细胞。
在不同时间点，能够复苏的 VBNC 细胞的数目是不同的

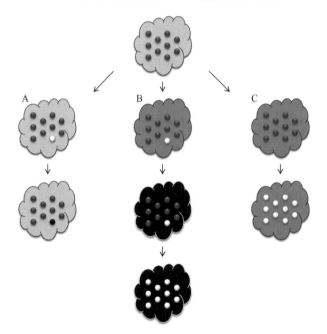

图 9-13　革兰氏阴性菌的复苏机制（Pinto et al.，2015）

白色圈代表可培养细胞，灰色圈代表活的非可培养（VBNC）细胞，黑色圈代表死亡细胞

9.7　细菌 VBNC 状态的理论及实际意义

细菌 VBNC 状态概念的提出，揭示了细菌的另一种休眠体形式，为霍乱弧菌的越冬机制提供了合理的解释，并且对传统的微生态学、食品安全、水质监测、菌种保藏及流行病学研究等领域均提出了新的挑战，也为基因工程菌的危险性评估提供了新的认识。

9.7.1　揭示了细菌的另一种休眠体形式

细菌 VBNC 状态的发现揭示了自然界的细菌为抵御不良环境所形成的又一种休眠体形式。此前已知的休眠体形式主要有芽孢和孢囊。芽孢是某些细菌在其生长发育后期，在细胞内形成的对不良环境具有极强抗性的一种球形或椭球形休眠体。能产生芽孢的细菌种类不多，主要是 G$^+$细菌中好氧性的芽孢杆菌属。孢囊是少数 G$^-$菌如固氮菌属在营养缺乏的条件下，由营养细胞的外壁加厚并失水聚缩而形成的一种球形休眠体。与芽孢相比，孢囊具有抗干旱的能力，但不抗热，也不完全休眠，遇到适宜条件，它还能通过迅速氧化外源性的能源而萌发。另外，在蛭弧菌属（*Bdellovibrio*）中也发现有蛭孢囊（bdellocyst）。黏球菌属（*Myxococcus*）细菌子实体（fruiting body）中含有的营养细胞也能转变形成被称为微包囊（microcyst）的休眠体。

VBNC 细菌与芽孢截然不同，虽然与孢囊在形成方式上有相似之处，但是在性质上却有很大差异。应该说它是细菌适应环境胁迫的一种生存状态，是细菌的另一种特殊存活形式，或者说是自然界中细菌具有的第三种休眠体形式。

9.7.2　解开了霍乱弧菌的"冬隐夏现"之谜

霍乱弧菌是世界上最早发现的弧菌，Pacini 于 1854 年最先发现它能引起霍乱病。霍乱是起源于印度的一种烈性肠道传染病，主要临床表现为剧烈的呕吐、腹泻、脱水，严重者可致死。该病曾引发 6 次世界性大流行，导致大批患者死亡，所以在流行病学研究中，霍乱弧菌一直是国际上广为关注、研究最多的病原体之一。20 世纪 70 年代后期的研究工作证明，霍乱弧菌是海洋与河口环境中天然微生物区系的成员，但在冬季水温降到 10℃ 以下时，从水体、沉积物和浮游生物体中都不能将其分离培养出来。令人遗憾的是，其"冬隐夏现"现象始终没有得到一个合理的解释。

除霍乱弧菌外，人们还发现其他病原细菌也存在类似的"年循环"现象，如副溶血弧菌在春、夏、秋季水温较高时，从水体、沉积物和浮游生物体中均可分离培养出来，而在冬季水温下降到 10℃ 以下时，只能从沉积物中分离出来。长期以来，人们普遍认为多数肠道病原细菌进入水环境后会逐渐"衰亡（die off）"，但这个结论是通过常规培养法进行研究而得出来的。实际上，直接从环境中分离或检测肠道病原细菌或其指示菌是不合适的，因为这些细菌已经受到环境的胁迫，肠道细菌在海水中的"衰亡"现象可能意味着受到环境胁迫的细菌仍然是活的，只是在常规培养平板上不能生长。

细菌 VBNC 状态的发现，解开了 100 多年以来在流行病学研究中一直存在的霍乱弧菌的"冬隐夏现"之谜，合理地解释了该菌是通过 VBNC 状态的存活形式来抵御低温以度过冬天的。

9.7.3　对生物地球化学循环的重要性

在微生物生态学研究中已经发现，自然界中并非所有细菌都能用人工培养的方法分离培养出来，尤其是在水环境中。采用直接计数法所得到的总菌数往往比常规培养计数法高出数倍，而导致这种现象的原因并不明晰。大量的证据表明，传统的微生物学培养分析方法获得的微生物不足实际环境样品中的 1%，远远无法代表自然界中真实的微生物多样性及其所参与的生物地球化学循环。VBNC 细菌的发现为这些现象提供了一种合理的解释。这些所谓"休眠"状态的细菌虽然无法通过常规方法分离培养，但它们在 VBNC 状态时仍保持一定的代谢活性，在适宜条件下可"复苏"并恢复活性，维持着海洋微生物的生态平衡。因此，VBNC 细菌对整个生物地球化学循环的贡献无法估量，且对自然界的生物修复过程作用显著。

9.7.4　对基因工程微生物危险性评估的影响

　　基因工程微生物（genetically engineered microorganism，GEM）被释放到特定环境后，可能会产生有利或有害的影响，影响的性质及程度可以通过对基因工程菌和土著菌的危险性评估来确定。细菌的 VBNC 状态增加了危险性评估的难度，在检测时不能确定被评估菌是否能进入 VBNC 状态，进入 VBNC 状态后是否会导致不利的生态学效应或对公众健康产生不利的影响，若生存条件变得适宜是否会复苏，复苏前后致病性是否会发生变化，对于以上种种可能情况我们均知之甚少，这使得对基因工程菌危险性评估的可靠性降低。要确定基因工程微生物释放到环境后的安全性，必须对它们在环境中的存在和分布情况进行准确的检测与密切的监视。徐怀恕等（1990）曾研究过来源于水环境和陆地环境的可用于基因工程实验的 7 种不同细菌在水环境中的存活情况。结果表明，大多数细菌均能进入 VBNC 状态。无论是选择性培养基还是非选择性培养基，均不能用于检测处于 VBNC 状态的细菌，因此必须重新评估用于检测水环境中微生物（尤其是经过基因工程改造的微生物）的分布与存活方法的准确性与适用性。显然，以荧光显微镜检测为基础的直接计数法，优于常规的培养方法。另外，还可用基因探针等分子生物学方法来进行检测。

9.7.5　评价现有常规消毒措施的有效性问题

　　细菌暴露在亚致死水平的抗生素或不利条件下时，常常发生形态改变并产生细胞损伤，进而导致可培养性降低，呈现被抑制状态；然而一旦胁迫去除，条件好转，这些细菌往往又能恢复到正常状态甚至更加活跃的状态。这种现象广泛存在于自然环境和人类生活领域中。例如，肠道细菌进入水生环境后，由于受到盐度、温度及营养等条件或某些理化消毒措施的影响，很容易进入 VBNC 状态，如氯处理就常常会导致生活用水中的细菌进入 VBNC 状态，而当环境条件好转时，它们又可能恢复活性，从而给公众健康带来潜在风险。曾有研究者分别以平板计数法、绿色荧光蛋白报告基因的表达和直接活菌计数法检测经巴斯德法消毒的牛奶中的细菌数量，发现直接活菌计数法结果比平板计数法结果高出 1.5 个数量级。这说明经巴斯德法消毒过的牛奶中很大一部分细菌只是进入了 VBNC 状态，仍然具有代谢活性。如果其中的某些病原菌在牛奶保存过程中恢复活性，则极有可能产生一些破坏性的脂肪酶或蛋白酶等，从而导致牛奶的腐败。因此，提高检测方法的灵敏度和精确度，以及采取更加严格的消毒措施十分必要。

9.7.6　对公众健康及流行病学研究的意义

由于常规的培养方法不能检测出 VBNC 细菌，因此对食品、饮用水和药物等中的细菌检验结果很可能不准确，导致漏检一些致病菌，而这些致病菌在适当的条件下又可恢复到正常状态，从而会给人类健康造成潜在的威胁。例如，1991 年 6 月，一些学者对黑海的水体及浮游生物样品做了霍乱弧菌 O1 型的现场检测，用常规培养方法得到的数据全部为阴性，仅荧光单克隆抗体检测浮游生物样品的结果为阳性。然而 4 周后，一家当地报纸便报道了这个黑海沿岸城市霍乱的大暴发。这次大暴发给人类敲响了警钟，改进现行检测方法迫在眉睫。常规方法可能漏检自来水中的克雷伯氏菌属（*Klebsiella*）、土壤杆菌属（*Agrobacterium*）、肠杆菌属（*Enterobacter*）、链球菌属（*Streptococcus*）和微球菌属（*Micrococcus*）等。这些现象为我们认识感染性疾病的起因、探索其流行规律及采取相应防治措施提供了新的思路。

有科学家提出应对传统的确定病原体的四要素（即科赫法则，Koch's postulates）加以改进，除原来的四条（在该疾病的每一发病动物体中必须发现病原体；病原体必须能够被纯培养；纯培养物接种于易感动物时也能产生此病；从实验致病的动物中需能发现同种病原体）以外，应再增加对细菌休眠体的检出一项。

另外，要特别注意的是，VBNC 细胞非常稳定，可显著增强对多种胁迫的抗性。例如，VBNC 状态的副溶血弧菌和创伤弧菌对高静水压的抗性增强，200 MP 处理 10 min 后，VBNC 细胞的活菌降低程度明显小于对数期细胞。细菌能进入 VBNC 状态的这种特性，使得目前对食品、水等的常用消毒手段效果不佳。

VBNC 细菌的潜在影响关系到临床诊断的正确性，越来越多的报道显示，有些心脏病、猝死等很可能是由一些 VBNC 细菌的急性感染引发的。虽然这些病原菌不能被常规培养，但可用分子生物学方法检测出来。

目前，在对水质和食品的常规卫生检验及进出口商品检疫等方面，细菌检测大多还使用常规的培养方法，这样的检测结果显然很不可靠。基于对公众健康和安全的考虑，加强对细菌 VBNC 状态的研究显得尤为迫切。

9.7.7　对菌种保存方法的意义

菌种是国家的重要资源，在微生物种质的保存过程中，多数常规保存方法是有意创造低温、厌氧、寡营养等不利于微生物生长的条件，而这些条件也正是微生物进入 VBNC 状态的诱导条件。VBNC 细菌的研究，对有效地保存种质也具有非常重要的意义。例如，常规的菌种保存方法之一是 4℃冰箱内保存，但有些细菌如霍乱弧菌和其他多种海洋细菌，在 4℃冰箱中保存一段时间之后，很快就"死亡"了，也就是说，使用常规培养方法无法再培养出这些细菌。VBNC 细菌的发现，可以解释这种"死亡"现象，因此某些菌种尤其是一些弧菌菌种不能用普通冰箱保存，因为 4℃保存时，这些菌种很容易出现菌种假死现象。

越来越多的研究报道表明，VBNC 状态可能是海洋细菌适应环境胁迫的主要存活形式。海洋环境因子复杂多变，已知的寡营养、高压、pH 或盐度等环境因子的剧烈变化都可能引起细菌产生一系列变化,具体包括细胞形态、主要生物大分子密度和结构的变化,以及细菌在常规培养基中生长能力的改变等,从而导致其进入 VBNC 这种休眠状态,最终得以渡过难关而存活下来。这也可能是用常规方法分离培养海洋细菌所计得的菌数与环境中实际存在的菌数相差悬殊的主要原因之一。因此,深入研究 VBNC 细菌并探索创新海洋细菌培养方法,是开发利用海洋微生物工作的一项重要任务。

9.7.8 对分离培养未培养微生物的意义

分子生物学技术已经证实,海洋中实际存在的微生物类群远远超过已培养的类群。目前,分离培养获得的海洋微生物种类不到全部微生物种类的 1%,其不能被分离培养的原因众多,包括培养条件不适宜、微生物生长速度慢、不能形成菌落以及微生物处于 VBNC 状态等。使 VBNC 细胞复苏可能是分离培养未培养微生物的一个重要策略。近年来,许多复苏刺激因子(如 Rpf、YeaZ、丙酮酸钠等)已被成功用于复苏自然环境中的微生物。比如,添加藤黄微球菌来源的 Rpf 蛋白,不仅可以促进正常细菌的生长,还能使多种细菌的 VBNC 细胞复苏,从而可从环境中分离培养出多种特殊类型的微生物。Mu 等(2021)通过添加丙酮酸钠等复苏刺激因子,从近海沉积物中分离培养出 97 个潜在的新分类单元,包括 1 个新目、1 个新科、16 个新属和 79 个新种。可以预计,将来会有更多的复苏刺激因子被用于分离培养未培养微生物。

主要参考文献

徐怀恕, 纪伟尚, 黄备, 祁自忠, 王祥红. 1997. 霍乱弧菌(*Vibrio cholerae*)的细胞形态研究——活的非可培养状态细胞. 青岛海洋大学学报, 27(2): 187-190.

徐怀恕, 许兵, Colwell RR. 1990. 微生物在水环境中的存活与生长. 中国微生态杂志, 2(3): 34-68.

许兵, 纪伟尚, 徐怀恕. 1990. 一种新发现的细菌的特殊存活形式——活的非可培养状态. 中国微生态学杂志, 2(3): 60-65.

张晓华, 等. 2016. 海洋微生物学. 2 版. 北京: 科学出版社.

张晓华, 钟浩辉, 陈吉祥. 2020. 细菌活的非可培养状态研究进展. 中国海洋大学学报, 50(9): 153-160.

Ayrapetyan M, Williams T, Oliver JD. 2018. Relationship between the viable but nonculturable state and antibiotic persister cells. J Bacteriol, 200: e00249-18.

Ayrapetyan M, Williams TC, Oliver JD. 2014. Interspecific quorum sensing mediates the resuscitation of viable but nonculturable vibrios. Appl Environ Microbiol, 80: 2478-2483.

Colwell RR, Brayton P, Harrington D, Tall B, Hug A, Levine MM. 1996. Viable but non-culturable *Vibrio cholerae* 01 revert to a culturable state in human intestine. World J Microbiol Biotech, 12: 28-31.

Colwell RR, Grimes DJ. 2000. Nonculturable Microorganisms in the Environment. Washington, D.C.: ASM Press.

Du M, Chen J, Zhang X, Li A, Li Y, Wang Y. 2007. Retention of virulence in a viable-but-nonculturable *Edwardsiella tarda* isolate. Appl Environ Microbiol, 73: 1349-1354.

Faucher SP, Charette SJ. 2015. Editorial on: bacterial pathogens in the non-clinical environment. Front Microbiol, 6: 331.

Li L, Mendis N, Trigui H, Oliver JD, Faucher SP. 2014. The importance of the viable but non-culturable state in human bacterial pathogens. Front Microbiol, 5: 258.

Lutz C, Erken M, Noorian P, Sun S, McDougald D. 2013. Environmental reservoirs and mechanisms of persistence of *Vibrio cholerae*. Front Microbiol, 4: 375.

Mira NP, Teixeira MC. 2013. Microbial mechanisms of tolerance to weak acid stress. Front Microbiol, 4: 416.

Mu DS, Liang QY, Wang XM, Lu DC, Shi MJ, Chen GJ, Du ZJ. 2018. Metatranscriptomic and comparative genomic insights into resuscitation mechanisms during enrichment culturing. Microbiome, 6: 230.

Mu DS, Ouyang Y, Chen GJ, Du ZJ. 2021. Strategies for culturing active/dormant marine microbes. Mar Life Sci Technol 3: 121-131.

Oliver JD. 1995. The viable but nonculturable state in the human pathogen, *Vibrio vulnificus* (Minireview). FEMS Microbiol Lett, 133: 203-208.

Oliver JD. 2005. The viable but nonculturable state in bacteria. J Microbiol, 43: 93-100.

Oliver JD. 2010. Recent findings on the viable but nonculturable state in pathogenic bacteria. FEMS Microbiol Rev, 34: 415-425.

Pinto D, Santos MA, Chambel L. 2015. Thirty years of viable but nonculturable state research: unsolved molecular mechanisms. Crit Rev Microbiol, 41: 61-76.

Weichart DH, Kell DB. 2001. Characterization of an autostimulatory substance produced by *Escherichia coli*. Microbiology, 147: 1875-1885.

Xu HS, Roberts N, Singleton FL, Attwell RW, Grimes DJ, Colwell RR. 1982. Survival and viability of nonculturable *Escherichia coli* and *Vibrio cholerae* in the estuarine and marine environment. Microb Ecol, 8: 313-323.

Zhang XH, Ahmad W, Chen J, Austin B. 2021. Viable but nonculturable bacteria and their resuscitation: implications for cultivating the uncultured marine microorganisms. Mar Life Sci Technol, 3: 189-203.

复习思考题

1. 海洋细菌在应对不利外界环境时能够形成休眠体，不同休眠体形式之间有何区别？它们最主要的特点有哪些？持留细胞是休眠体或者 VBNC 细胞吗？

2. 霍乱弧菌的"冬隐夏现"之谜是如何解开的？其中使用的关键检测方法有哪些？

3. 诱导细菌进入 VBNC 状态的主要环境因素有哪些？这些环境因素分别在哪些情况下占主要地位？请举例说明。

4. VBNC 细菌的主要生理生化特征是如何帮助其对抗外界不良环境的？

5. 在使用 AODC 法对海水样品中的细菌进行计数时发现有很多细菌呈橙红色，如何判断这些细菌是活细菌？拟采用的实验方法的原理及主要步骤有哪些？还有其他能检测 VBNC 细菌的办法吗？它们的优势和局限性是什么？

6. 已报道能够进入 VBNC 状态并得到复苏的细菌类群是如何在不同诱导因子的作用下得到复苏的？

7. 能够从 VBNC 状态得到复苏的细菌数目较少，如何才能够有效地诱导 VBNC 状态的细菌得到复苏？

8. 目前，对食品、饮用水和药物中残留的细菌主要通过平板涂布培养的方式来进行检测，用此种方式有哪些弊端？你能提出更准确便利的检测方法吗？

9. 目前有哪些已知的复苏刺激因子？它们对未培养微生物的分离培养有什么应用价值？

（张晓华　冉凌蔓）

第 10 章　鱼类的微生物病害及防治

关于鱼类微生物病害的首次报道可追溯到 1718 年对意大利鳗鲡红瘟（red pest）病的描述，该病是鳗鲡受鳗利斯顿氏菌（*Listonella anguillarum*）感染而引起的流行性急性败血症，其在 18～19 世纪曾引起洄游鳗鲡的大量死亡。病鱼在自然条件下难以长时间生存，很快会被食肉动物吞食从而将病原体带到其他地方，因此微生物病害对野生鱼类的影响是难以预测的。像鲑鱼和鳗鲡这样的洄游鱼类对传染病尤其敏感，原因在于这些鱼类的生理状况在淡水和海水之间的洄游途径中发生了变化。目前，人们已从多数野生鱼类中分离出病原菌，这些病原菌通常可引起野生鱼类的慢性病害。

水产养殖业的发展也饱受微生物病害的困扰，世界各地的鱼、虾、贝类等养殖水产品都有受病害影响的报道，疾病的暴发给当地水产养殖业造成了巨大的经济损失。据英国环境、渔业和水产养殖科学中心 2017 年的一项数据统计，每年由于病害导致的水产品经济损失超过 60 亿美元；2020 年，中国水产养殖因病害造成的经济损失约为 589 亿元，占渔业总产值的 4.4%，其中鱼类损失达 154 亿元。在各种形式的高密度养殖中，养殖鱼类的大规模死亡及其造成的惨重经济损失向近海密集型人工养殖业提出了严峻的挑战。

鱼类发病是由宿主、环境和病原体相互作用的结果（图 10-1）。本章主要涉及图 10-1 中病原体部分的内容，重点是病原细菌的致病机制及病害的防治手段。有关鱼类的病毒性疾病已在第 6 章介绍，本章不再赘述。

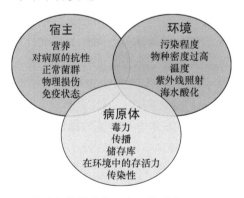

图 10-1　影响鱼类发病的因素（修改自 Munn，2020）

10.1　微生物病害的诊断

病害暴发后需要及时采取有效的控制措施，这就要求研究者必须尽快判断病害的类型并且找到引起病害的原因。病害包括生物性病害和非生物性病害，其中微生物病害是生物性病害的重要一类，其主要特征是死亡率高，有明显的病症，且因疾病的种类不同，其临床症状也不相同，主要分为三大类：①菌血病或败血症；②皮肤、肌肉和鳃的病变；③缓慢扩散的损伤部位。

由于腐败类菌群在鱼死亡后繁殖很快，并会对鱼病诊断产生干扰，因此应该在鱼死亡之前对其进行检查。首先进行体表观察，观察病鱼是否有鳃和组织腐烂、眼睛异常、体表出血、脓肿、溃疡或腹部肿胀等表面症状。其次进行解剖检查，观察病鱼的器官损伤和体腔积水等症状。最后需要对病症组织进行微生物分离培养或辅以其他免疫学及分子生物学检测。有经验者根据症状能够大致判断出病害的类型，但为了确保诊断的正确性，必须对病原进行分离鉴定，病原菌的鉴别对动物流行病学的研究至关重要。对于细菌性病害，最好用广谱的培养基，比如 BHI 培养基等，而对于症状比较明确的病例，可以用选择性培养基（如 TCBS 培养基）对病灶组织进行病原菌的分离培养，随后进行各种生理生化反应来鉴定病原菌的种类。但该法并不适用于新病原菌或由选择性培养基获得的细菌，如肾杆菌属（*Renibacterium*）和分枝杆菌属（*Mycobacterium*）细菌。

对病原菌的种类进行检测时，常使用免疫学和分子生物学等方法。例如，运用酶联免疫吸附试验（enzyme linked immunosorbent assay，ELISA）或荧光抗体技术（fluorescent antibody technique，FAT）等方法检测血液或组织中的细菌抗原，或检测鱼体对病原菌产生的抗体效价。基于 ELISA 技术的免疫测试纸条（immuno-strip）、免疫浸染棒（immuno-dipstick）试剂盒已成功应用于病害的快速诊断。对许多病原菌来说，目前已建立了基于 PCR 扩增和基因探针的精确分子生物学诊断技术。由于病毒的检测需要在宿主组织细胞中对其进行增殖培养，因此病毒性传染病的诊断比较困难且费时，此时可用血清学和分子生物学方法进行快速鉴定。

10.2　细菌性病原的致病机制

病原菌的感染致病过程包括侵入、定植、逃避宿主免疫防御、损害宿主组织和细胞、扩散到其他组织或其他宿主并开始新的感染周期。整个致病过程涉及多种毒力因子，以下介绍一些重要的毒力因子及其作用机制，以及毒力基因表达的调控。

10.2.1　毒力因子

病原菌产生的毒力因子及其作用见图 10-2。

10.2.1.1　鞭毛、趋化蛋白和黏附素

定植和黏附到宿主表面是病原菌成功感染宿主的重要一步。病原体通过鞭毛运动促进其对宿主细胞的定植和黏附。另外，细菌的运动具有趋化性（chemotaxis），趋化蛋白能对环境中的化学信号作出反应，帮助菌体趋利避害。趋化性和鞭毛运动均在病原的感染中发挥作用。例如，鳗利斯顿氏菌的鞭毛或趋化性蛋白基因缺失后，其向鱼类皮肤黏液和肠道黏液的移动能力下降，感染鱼的能力也明显降低。病原菌还能利用多种黏附素（adhesin）与宿主细胞表面受体结合，因此黏附素对建立感染非常关键。例如，许多病原菌缺失 I 型菌毛黏附素基因后，其菌膜形成能力下降，对宿主的毒力也明显降低。

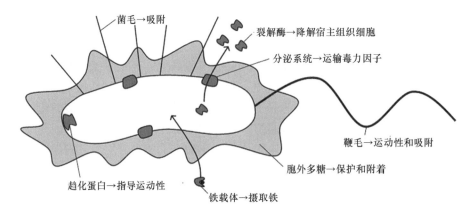

图 10-2　致病菌产生的多种毒力因子及其作用（Defoirdt，2013）

10.2.1.2　胞外多糖与生物被膜

细菌在生长代谢过程中将胞外多糖（exopolysaccharide，EPS）分泌到细胞外。EPS 含有碳水化合物、蛋白质（如糖蛋白）、糖脂、细胞外 DNA 和腐殖质，它们有的依附于细胞壁形成荚膜多糖，有的进入培养基形成黏液多糖。有荚膜的病原菌对宿主细胞不仅附着能力强，还能抵抗宿主免疫细胞的吞噬和补体介导的杀伤作用，其在免疫逃逸中发挥重要作用。

生物被膜（biofilm）是细菌在生长代谢过程中被黏液多糖等胞外大分子包裹而形成的有一定结构和功能的细菌群体，具有黏附性、抗药性、抗吞噬性、抗捕食性、抗干燥性等特点。在弧菌属（*Vibrio*）的细菌中，生物被膜的形成受到鞭毛、菌毛和胞外多糖的影响，同时受到群体感应（quorum sensing，QS）系统和环二鸟苷酸（c-di-GMP）的调控。生物被膜还被认为是养殖环境中的潜在病原库，对养殖动物的安全造成威胁。

10.2.1.3　水解酶

病原菌在感染过程中产生多种酶（溶血素、蛋白酶、脂肪酶和几丁质酶等）用于分解宿主组织，从中获得营养用于生长繁殖，并突破组织屏障进而扩散到其他组织。具磷脂酶活性的溶血素（hemolysin）可裂解宿主细胞膜，或者形成孔蛋白引起胞质流出而导致宿主细胞死亡，具有细胞毒性、肠毒性和心脏毒性。病原菌产生的蛋白酶包括金属蛋白酶、丝氨酸蛋白酶、酪氨酸蛋白酶和明胶蛋白酶等，这些酶能够分解明胶、纤维连接蛋白和胶原蛋白等一系列的宿主蛋白，导致宿主组织瓦解；产生的脂肪酶能将长链甘油三酯分解成脂肪酸和甘油，帮助病原菌获取营养、定植和入侵宿主细胞、损坏宿主免疫系统等；产生的几丁质酶可以分解宿主的几丁质骨骼，进而引起甲壳类等动物的病变。

10.2.1.4　铁摄取系统和铁载体

铁是细菌维持细胞基本功能不可缺少的元素。动物体内存在大量的铁，但是这些铁在动物细胞内与血红蛋白、肌红蛋白及其他蛋白发生结合，在细胞外（如在血清中）与转铁蛋白结合，从而减少了组织中游离铁的积累，使游离铁的浓度降到 10^{-18} mol/L，该浓度比细菌生长所需的铁浓度低约 10^8 倍，因此细菌很难从动物体内获取铁。病原菌为了在宿主体内生存，必须从宿主组织中获取铁，从而进化出了一种铁摄取系统。铁摄取系统编码的铁载体（siderophore）能够与宿主的铁结合系统竞争铁，结合了铁的铁载体与病原菌表面的受体结合后被内化，将结合的铁释放到细胞质中，为细菌自身生长提供足够的铁离子。某些病原菌还进化出了一种能够感应宿主组织是否处于低铁环境的系统，该系统的铁摄取调节蛋白 Fur（ferric uptake regulator）在低铁环境中调控铁代谢相关基因和毒力基因的表达。例如，迟钝爱德华氏菌（*Edwardsiella tarda*）的 Fur 通过感受宿主中铁离子的不同浓度，与调节子 EsrC 相互作用，共同调节III型分泌系统（T3SS）和VI型分泌系统（T6SS）的表达，从而影响病原体的致病性。

10.2.1.5　分泌系统

分泌系统（secretion system，SS）存在于 G⁺细菌、G⁻细菌以及分枝杆菌中，目前已报道了 8 种 SS（T1SS～T7SS，T9SS）（图 10-3）。分泌系统本身不具备毒性，是多种毒力因子或效应蛋白分泌的通道。

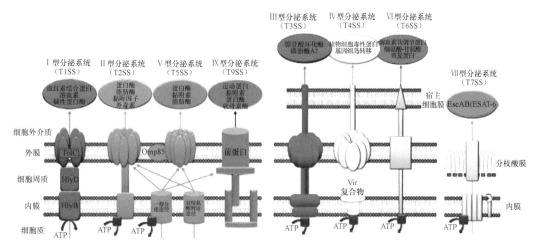

图 10-3　细菌的分泌系统（Pena et al.，2019）

T1SS 广泛存在于 G⁻细菌中，许多病原菌利用 T1SS 分泌毒力因子，如霍乱弧菌（*V. cholerae*）的 MARTX（multifunctional autoprocessing repeats-in-toxin）毒素、褪色沙雷氏菌（*Serratia marcescens*）的 HasA 血红素、肠致病性大肠杆菌（enteropathogenic *Escherichia coli*，EPEC）的 HlyA 溶血素、铜绿假单胞菌（*Pseudomonas aeruginosa*）的碱性蛋白酶等。

T2SS 在 G⁻细菌中很保守，分泌的底物有水解酶（蛋白酶、脂肪酶和磷酸酶）、毒素、黏附素、细胞色素等，其主要功能是有助于细菌获取营养，并在呼吸、生物被膜形成和运动方面发挥作用。有研究报道了一些病原菌的 T2SS 分泌物具有致病性，如霍乱弧菌的霍乱毒素能够引起宿主的水样腹泻，铜绿假单胞菌的外毒素 A 能够阻止宿主细胞蛋白质的合成、促进病原体的感染，创伤弧菌（*V. vulnificus*）的 PlpA 磷脂酶能够引起宿主上皮细胞裂解和坏死。

T3SS 存在于许多病原菌中，其结构像一个注射器，可将细胞内的效应蛋白（effector

protein）直接运输到宿主细胞内，颠覆宿主一系列的生理活动，如运用调控宿主细胞骨架的功能来帮助病原建立感染，靶向作用宿主的运输途径来帮助病原实施免疫逃逸，利用焦亡（pyroptosis）和凋亡（apoptosis）两种途径来精确调控宿主细胞的"生"与"死"，并且可以通过调节宿主的核因子 κB（NF-κB）信号通路和丝裂原活化蛋白激酶（MAPK）信号通路来影响宿主的炎性反应，还可以影响宿主的 B 细胞和 T 细胞进而推迟或限制宿主免疫反应的发生。

T4SS 在 G⁺细菌、G⁻细菌及古菌中均有发现。与其他 SS 不同的是，T4SS 不仅分泌蛋白质，还能够分泌 DNA。T4SS 的致病性在一些人类病原菌中已有描述，如淋病奈瑟氏球菌（*Neisseria gonorrhoeae*）的 T4SS 直接分泌单链 DNA 到外界环境中，不仅有助于提高该菌种群的多样性，还有助于其生物被膜的形成和定植。幽门螺杆菌（*Helicobacter pylori*）的 T4SS 效应蛋白 CagA 可与 25 种宿主信号蛋白发生作用，进而干扰宿主的细胞黏附、极性、增殖、抗凋亡和炎症等信号传递系统。嗜肺军团菌（*Legionella pneumophila*）利用 T4SS 将 200 多个效应蛋白转运到宿主细胞中重塑其结构，以建立一个适合病原体复制的液泡环境。

T5SS 分泌的蛋白为毒素和受体结合蛋白，多数具有致病性。例如，淋病奈瑟氏球菌的免疫球蛋白 A 蛋白酶可裂解宿主的抗体；弗氏志贺氏菌（*Shigella flexneri*）的 IcsA 蛋白可促进肌动蛋白运动；小肠结肠炎耶尔森氏菌（*Yersinia enterocolitica*）的 YadA 蛋白不仅可增强 T3SS 的运输能力，还在抵抗宿主补体系统攻击方面发挥作用。

T6SS 广泛存在于 G⁻细菌中，其效应蛋白不仅能分泌到真核细胞内，还能分泌到原核细胞内。在自然生境中，细菌利用 T6SS 将抗菌效应蛋白运送到邻近的靶细菌里，破坏靶细胞的细胞壁、细胞膜、DNA 及其他重要分子，导致靶细菌溶解死亡或抑制其生长，从而在生态位中争得优势，同时通过产生免疫蛋白来抵消 T6SS 效应蛋白对自身的伤害。病原菌还利用 T6SS 将效应蛋白运送到真核宿主细胞里，破坏肌动蛋白骨架、增强病原体的内化、逃避宿主的免疫杀伤、抵抗阿米巴的吞食、引发真核细胞膜去极化和自噬等。最新的研究表明，T6SS 分泌的一些效应蛋白不需要输送到靶细胞里，而是分泌到细胞外环境发挥作用，如从环境中摄取金属离子（Zn^{2+}、Fe^{3+}），提高病原体在生境中的竞争力和生存力。

T7SS 存在于一些 G⁺细菌里，是重要的毒力因子。2003 年首次在结核分枝杆菌（*Mycobacterium tuberculosis*）中报道 T7SS（称为 ESX-1）。目前，已从该菌中鉴定了 5 种 T7SS，但其跨膜转运机制几乎未知。金黄色葡萄球菌（*Staphylococcus aureus*）的 T7SS（称为 Ess）至少分泌 5 种效应蛋白来调节宿主细胞的凋亡和细胞因子的产生，此外还参与种内生态位的竞争。

T9SS 为拟杆菌门（Bacteroidetes）细菌特有，分泌蛋白酶、黏附素、纤维素酶、几丁质酶和 S-层蛋白（S-layer protein）等效应蛋白。T9SS 是拟杆菌门细菌滑行运动必需的元件，同时也是一些人类、鸟类和鱼类病原菌的致病因子。目前，人们对 T9SS 的结构和分子机制知之甚少。已知牙龈卟啉单胞菌（*Porphyromonas gingivalis*）可引起人牙周病，其 T9SS 分泌至少 30 种蛋白质，包括银杏素（Kgp、RgpA、RgpB）等主要毒力因子。嗜冷黄杆菌（*Flavobacterium psychrophilum*）是虹鳟鱼苗综合征和冷水病的病原，该菌 T9SS 的结构蛋白缺失后，不仅其滑行运动、黏附性、胞外蛋白活性和溶血活性等能力丧失，致病性也呈现下降。

10.2.2　毒力基因表达的调控

毒力基因表达的调控对病原菌的毒力至关重要，以下重点描述 6 种调控系统及其调控机制。

10.2.2.1　群体感应（QS）系统

QS 系统对病原菌毒力的调控机制详见 2.4.1 节和 3.3.3.1 节。

10.2.2.2　ToxR 调节子

ToxR 为弧菌的调节子，其在霍乱弧菌中的作用已得到较详细的研究。ToxR 不仅是霍乱毒素基因 *ctx* 的正调控因子，还是协调霍乱毒素、毒素共调节菌毛、运动性和趋化性、生物被膜形成等多种致病因素表达的必要调节子；此外，ToxR 还可以通过 AphA 与 QS 的调控网络连接，对霍乱弧菌进行更广泛的调控。目前，关于其他弧菌 ToxR 调节子的报道相对较少。副溶血弧菌（*V. parahaemolyticus*）*toxR* 操纵子的结构和功能与霍乱弧菌的相似，并在转录水平上控制热稳定直接溶血素基因的合成、调控 T3SS 的转录。

10.2.2.3　RNA

在转录水平和转录后水平上，具有调节性的 RNA 通常可以调控基因的表达，其调节元件包括 5′非翻译区 RNA（5′UTR）、3′非翻译区 RNA（3′UTR）、顺式作用的反义 RNA（asRNA）和反式作用的 RNA。5′UTR 有核糖开关、温度感应器和 pH 感应器，分别对宿主环境中的小金属离子、小分子物质或代谢物的浓度变化，以及温度和 pH 的变化作出反应。3′UTR 决定基因转录的终止和转录产物的稳定性。asRNA 在转录效率、RNA 稳定性和翻译起始方面发挥作用。反式作用 RNA 如 sRNA，通过结合 RNA 导致双链 RNA 降解，或结合靶蛋白影响其活性来发挥作用。sRNA-mRNA 的相互作用通常需要 RNA 伴侣蛋白 Hfq 来维持其稳定性。在弧菌里，sRNA 和 Hfq 与 QS 调控通路连接，对病原菌进行广泛的调控。

10.2.2.4　第二信使分子

第二信使分子主要有环腺苷酸（cAMP）、环二鸟苷酸（c-di-GMP）和环二腺苷酸（c-di-AMP）。cAMP 在调节细菌生物被膜形成、T3SS 分泌、碳代谢以及毒力基因方面起核心作用；c-di-GMP 广泛参与细菌的运动性、细胞毒活性、细胞周期进程和胞外多糖合成等多种功能的信号转导；c-di-AMP 调控细菌的生长、生物被膜形成、细胞壁代谢平衡、脂肪酸合成、钾离子转运等生命过程，同时参与调节 DNA 的完整性以及细菌的毒力，其在真核宿主细胞抗感染的固有免疫中也发挥重要作用。c-di-GMP 和 c-di-AMP 的信号通路还和 QS、ToxR 调节子等其他调控通路结合，从而对病原体进行全局调控。

10.2.2.5 σ 因子

σ 因子是细菌 RNA 聚合酶的固有组分，能够可逆地与 RNA 聚合酶结合使其成为聚合酶全酶，并能够识别启动子、启动基因的表达。在细菌中存在多种 σ 因子，一个 σ 因子可以启动数百个基因的表达。例如，σ^S（RpoS）不仅影响鳗利斯顿氏菌对高温、UV 辐射和氧化环境的敏感性，还控制该菌色素的产生、金属蛋白酶的产生以及致病性。σ 因子参加的调控通路也与其他调控通路相互作用，如鳗利斯顿氏菌的 RpoS 与 Hfq 结合后，能稳定 QS 调节子 VanT 的 mRNA；霍乱弧菌的 σ^{28} 不仅调控运动基因的表达，还抑制 QS 的主控基因 *hapR*。

10.2.2.6 宿主的应激激素和胆汁

病原与宿主相互作用的过程也是病原和宿主共同进化的过程。众所周知，应激会影响动物肠道的屏障功能，降低宿主免疫力。动物在应激情况下产生儿茶酚胺类激素（肾上腺素、去甲肾上腺素、多巴胺），这些激素有利于病原从宿主的转铁蛋白中竞争铁来促进其生长繁殖、增强其毒力基因的表达，而病原体也相应地进化出能够监测宿主应激激素水平并及时作出反应的适应性机制。例如，许多病原菌利用双组分系统 QseBC 对应激激素作出响应。QseC 是存在于细菌内膜上的儿茶酚胺类激素受体，通过磷酸化反应将信号转移到细胞内的反应调节子 QseB 来调控相关基因的表达。嗜水气单胞菌（*Aeromonas hydrophila*）的 QseBC 能够调节运动性、蛋白水解活性和溶血活性，可与 QS 调控通路结合，共同调节毒力基因的表达。迟钝爱德华氏菌的 QseBC 调节运动性、鞭毛主调基因和 T2SS 基因的表达，QseBC 的缺失可延迟病原体对斑马鱼的致死时间。

动物分泌的胆汁有助于肠道的消化和营养吸收，同时也是天然的杀菌剂。然而，肠道病原菌不仅进化出抗胆汁杀伤的能力，还进化出以胆汁为信号对其毒力和感染力进行调节的能力。例如，副溶血弧菌和创伤弧菌利用一些外排泵（VmeAB、VmeCD、VmeTUV）来增强抗胆汁杀伤的能力。RpoS 是创伤弧菌抗胆汁杀伤的一个必需调节子，并参与调控病原菌在低盐条件下生存的能力。另外，在副溶血弧菌中，胆汁诱导 T3SS 和热稳定直接溶血素等毒力相关基因的表达，诱导荚膜多糖的产生，促进病原体与宿主上皮细胞的黏附。

10.3 细菌性传染病

本节叙述一些代表性的海洋鱼类病原菌及其引起的疾病特征、致病阶段和致病机制。只有了解这些过程，才能针对性地研发有效措施来防控病害的发生。

10.3.1 弧菌科

弧菌科（Vibrionaceae）是海洋环境中最常见的细菌类群之一（详见 3.3.3.1 节），可引起人类、无脊椎动物及鱼类患多种疾病，统称为弧菌病（vibriosis），往往一种症状可能由多种弧菌共同引起，而同一种弧菌也可能引发不同的症状。弧菌科目前共有 11 个属，其中弧菌属、利斯顿氏菌属（Listonella）、另类弧菌属（Aliivibrio）、发光杆菌属（Photobacterium）等均有引起鱼类病害的报道。弧菌病的诊断过去多依赖弧菌的分离和鉴定，并通过人工感染实验进行确定，目前多种检测技术可用于弧菌病的诊断，如免疫印迹、ELISA、荧光抗体及 PCR、基因芯片等。国内外已公认的弧菌种类超过 130 种，而已公认的致病性弧菌仅有 20 多种，因此真正的致病性弧菌仅占少数，大部分弧菌是有益或是无害的，而将致病性弧菌制成疫苗对鱼类进行免疫，可有效地预防疾病发生。

10.3.1.1　哈维氏弧菌

哈维氏弧菌（V. harveyi），又称哈氏弧菌，是发光性弧菌病的主要病原，能够感染多种海洋脊椎动物和无脊椎动物，是养殖对虾的主要病原菌，也是多种鱼类的病原菌。该菌已引起我国的养殖大黄鱼、花鲈、斜带石斑鱼、青石斑鱼及大菱鲆发病。哈维氏弧菌引起的病症各有不同，一般会出现体表出血、肌肉溃烂等症状。已有多例该菌通过伤口感染人的报道，表明这种菌是人畜共患菌。

哈维氏弧菌的致病性与其胞外蛋白酶、磷脂酶或溶血素、脂多糖（lipopolysaccharide，LPS）、结合铁能力、菌膜形成、群体感应系统和 T3SS 相关。研究人员对多株不同来源的哈维氏弧菌的致病性及其可能的多种致病因子进行了比较研究，发现哈维氏弧菌对鱼类的致病性与其分泌的胞外产物中的溶血素相关。绝大多数菌株仅有一个溶血素基因，而致病力最强的菌株有两个溶血素基因（vhhA 和 vhhB）。这两个基因的氨基酸序列完全相同，且与副溶血弧菌的热不稳定溶血素（thermolabile haemolysin，TLH）具有高度的相似性。这些结果表明，哈维氏弧菌的致病性可能与溶血素基因的拷贝数有关。研究人员进一步研究了溶血素的致病机制，发现其在大肠杆菌（Escherichia coli）中表达的哈维氏弧菌溶血素（Vibrio harveyi hemolysin，VHH）有很强的溶血活性和磷脂酶活性，对牙鲆鳃细胞系有强细胞毒性，对牙鲆有强致病性，半数致死量（LD_{50}）为 1.2 μg 蛋白/g 鱼。而将 VHHA 活性中心的 Ser153 诱变为 Gly，突变的 VHH 失去了溶血活性和磷脂酶活性，并丧失了对鱼的致病性。VHH 作用于鱼类细胞的细胞质膜，通过激活半胱氨酸天冬氨酸蛋白酶-3（caspase-3）途径诱导鱼类细胞发生凋亡（图 10-4）。有趣的是，致病性最强的哈维氏弧菌菌株的一个溶血素基因位于染色体上，而另一个溶血素基因则位于一个 65.6 kb 的质粒上。

多种快速、灵敏和特异的检测方法已被用于检测哈维氏弧菌，以监测病害发生，包括免疫荧光法、多重 PCR 法、肠杆菌基因间重复共有序列（ERIC）-PCR 法和重组酶扩增法（RPA）。单抗荧光斑点法可以在 2 h 内检出该病原，检测灵敏度为 2×10^5 个细胞/mL。当该菌浓度大于 4.0×10^3 个细胞/mL（包括细胞和发病组织）时，利用 PCR 技术检测其 toxR 基因，5 h 之内即可检出。

该菌的毒力相关基因如 luxICDABE（生物发光）、T3SS、铁载体、多糖、金属蛋白酶、菌膜、鞭毛等，均受到 QS 的调控，但调控方式却各不相同。例如，哈维氏弧菌向胞外分泌的明胶酶和脂肪酶受 QS 的正调控，而卵磷脂酶和溶血素受 QS 的负调控；鞭毛运动、T3SS（在细菌数量较高的情况下）受 QS 的正调控。研究还发现哈维氏弧菌的 QS 可被多种物质抑制，如苏云金芽孢杆菌（Bacillus thuringiensis）的 AiiA 蛋白，由此

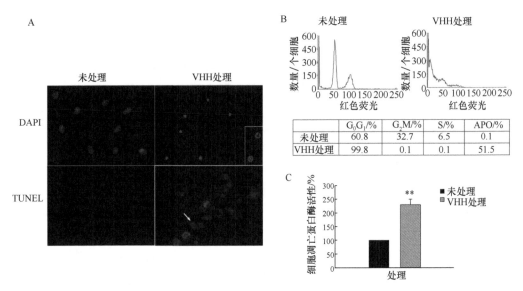

图 10-4　哈维氏弧菌溶血素（VHH）引起牙鲆鳃上皮细胞发生凋亡（Bai et al.，2010）

A. VHH 对牙鲆鳃上皮细胞 FG-9307 的 TUNEL 检测，箭头指向 TUNEL 阳性细胞；B. 流式细胞仪分析；C. caspase-3 检测。G0, 细胞退出活跃细胞周期的静止期；G1, 细胞为 DNA 合成作准备；S, DNA 合成，导致遗传物质的复制；G2, 细胞为有丝分裂作准备；M, 发生有丝分裂和细胞分裂期；APO, 细胞凋亡期；TUNEL, 末端脱氧核苷酸转移酶介导的 dUTP 缺口末端标记

可研发新的病害防治方法。用哈维氏弧菌灭活疫苗免疫大菱鲆和鲑点石斑鱼获得了成功；重组疫苗也是前景良好的候选疫苗，谷胱甘肽过氧化物酶（GPx）DNA 疫苗、ompK-ompU 多肽疫苗、外膜蛋白 TolC 亚单位疫苗在实验室阶段也获得了良好的保护效果。

10.3.1.2　创伤弧菌

创伤弧菌（*V. vulnificus*）能够感染人类和鱼，并且从病鱼中分离的菌株与从患者中分离的菌株有很高的相似性，根据其表型、培养特性及血清特性的不同，将其定为生物型 2（biogroup 2）。鳗鲡是其最易感的宿主，1989 年由于进口了受到感染的鳗鲡，生物型 2 创伤弧菌扩散到西班牙，并蔓延到欧洲多个鳗鲡养殖农场。受感染的鳗鲡主要症状是体表呈现出血发红现象，在体侧和/或尾部尤为严重；消化道、鳃、心脏、肝脏和脾脏发生病变（图 10-5）。我国也发现了创伤弧菌引起美洲鳗、石斑鱼等养殖鱼类发病的情况。目前，创伤弧菌已经成为一种全球性的海洋致病菌，可感染对虾、鱼类、牡蛎和蛤蜊等多种水产品，已报道被感染的鱼类有罗非鱼、条纹鲈、军曹鱼、斑点海鳟和真鲷等。根据生理生化反应，创伤弧菌可分为 3 个生物型，其中生物型 1 主要引起人类的感染；生物型 2 主要引起鳗鲡等水生动物疾病，极少感染人；生物型 3 是生物型 1 和生物型 2 的杂合体，可感染罗非鱼和人，但引起的死亡率不高。创伤弧菌的致病性与铁离子的获取，以及荚膜多糖、脂多糖的 *O*-抗原、溶血素、金属蛋白酶 Vvp 和 Rtx 的产生相关。

10.3.1.3　解藻酸弧菌

解藻酸弧菌（*V. alginolyticus*），又称溶藻弧菌，是海水养殖环境中极为常见的弧菌，是鱼、虾、贝的病原菌，甚至还可以感染人，但也有些菌株被用作益生菌控制疾病。该菌为嗜中温菌，动物在免疫机能下降或环境恶化时容易被其感染，感染多发生在夏季。该菌导致的疾病暴发时危害范围广、发病率高，在欧洲和南亚等地曾导致重大经济损失。近年来，研究人员陆续发现该菌可导致鲷鱼、石斑鱼、大菱鲆、军曹鱼、美国红鱼及大黄鱼等发病，病鱼的主要症状是游动缓慢，皮肤发暗，鳞片松散脱落和体表溃疡，肝脏、肠壁毛细血管和鳔充血。此外，解藻酸弧菌还能引起珊瑚的白化病（图 10-6）。

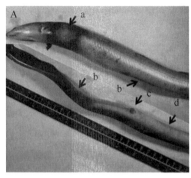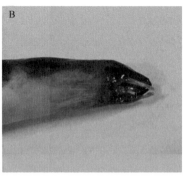

图 10-5　自然条件下受创伤弧菌感染的鳗鲡的症状（Amaro et al.，2015）

A. 受海水来源的创伤弧菌感染的鳗鲡；B. 受淡水来源的创伤弧菌感染的鳗鲡。大溃疡（A-a）和下颌腐烂（B）的症状能将两种来源的创伤弧菌区分开来。鳍（A-b）、肛门（A-c）出血及其他的出血点出血（A-d）在这两种来源的创伤弧菌感染中普遍存在

图 10-6　被解藻酸弧菌感染的珊瑚（Xie et al.，2013）
箭头所示为白化病个体

解藻酸弧菌的致病因子有很多种，主要为黏附素、胞外产物（如碱性丝氨酸蛋白酶和胶原蛋白酶等）、脂多糖、外膜蛋白、T3SS 和 T6SS 等。解藻酸弧菌是否因存在多种血清型而具有不同的致病性，尚需进一步研究。

10.3.1.4　鱼肠道弧菌

鱼肠道弧菌（*V. ichthyoenteri*）可引起养殖牙鲆鱼苗的消化道出现不透明和坏死现象，

并且死亡率很高。目前，关于该菌致病的报道主要集中在东亚地区，包括日本、韩国和中国。国内报道了该菌感染红鳍东方鲀、牙鲆、许氏平鲉、斜带髭鲷、大菱鲆的病例。例如，2007年1月，山东省胶南市某大菱鲆养殖场发生严重的病害，鱼体表和鳍有出血现象、腹腔与消化道充水、肝脏萎缩及胆囊颜色暗绿等，经检验确定病原为鱼肠道弧菌。利用该菌制备的灭活疫苗对鱼的免疫保护率达到75%，其重组外膜蛋白OmpA和OmpT亚单位疫苗对鱼的免疫保护率分别达到73.1%、76.9%，显示了它们作为候选疫苗的良好应用前景。

10.3.1.5 奥氏弧菌

奥氏弧菌（*V. ordalii*）于1976年首次从美国西北太平洋发病的鲑鱼体内分离出，最初认为该菌是鳗利斯顿氏菌（10.3.1.6节）的一个变种（生物型2），后来根据生理生化和DNA杂交结果把它们归为不同的种。这两种菌的发病时期不同：鳗利斯顿氏菌在感染的早期引起菌血症，可以使宿主体内各种器官的结缔组织松散，其在血液中的丰度最高；奥氏弧菌只在发病晚期引起菌血症，其在血液中的丰度低于鳗利斯顿氏菌。受奥氏弧菌侵染后，鱼体的许多组织出现组织病理学的变化，包括骨骼、心肌、消化道、鳃；该菌并非分散分布，而是形成菌落或者聚集存在。自发现伊始，该菌在日本、澳大利亚、新西兰陆续被报道可引起鲑鱼发病，给美国俄勒冈、华盛顿和加拿大不列颠哥伦比亚附近的太平洋近岸网箱鲑鱼养殖业造成了巨大的经济损失。自2004年开始，该菌对智利南部养殖的大西洋鲑鱼、太平洋银大麻哈鱼及虹鳟鱼都有很高的致死率。目前，对奥氏弧菌的致病性研究不如鳗利斯顿氏菌透彻，已发现该菌也存在诸多的毒力相关因子，如对宿主补体系统的抗性、分泌的一种溶白细胞毒素、在宿主细胞内的兼性寄生行为、对外膜囊泡的溶血活性、在缺铁条件下产生的一种载铁素Piscibactin等。基于该菌溶血素基因*vohB*建立的PCR和qPCR扩增技术，能够快速、特异、敏感地检测到被感染组织的奥氏弧菌，为该菌的检测提供了一种有效的工具，同时该方法还发现分离自不同鱼类的24种奥氏弧菌具有物种特异性。

10.3.1.6 鳗利斯顿氏菌

鳗利斯顿氏菌（*Listonella anguillarum*），又称鳗弧菌（*V. anguillarum*），是第一个被鉴定的鱼类病原菌，能够引起50多种鱼类发病，也能使双壳类、甲壳类等动物发病，是北美鲑鱼、地中海鲈鱼和海鲷、日本黄尾鰤与鲶鱼养殖的重要致病菌。在中国已发现该菌可使大菱鲆、牙鲆、舌鳎、鲈鱼、石斑鱼、大黄鱼和欧洲鳗鲡等鱼类发病。被感染的鱼类主要表现为急性败血症，体表常有出血现象（图10-7），体内则有大范围的溶血，组织器官也遭到破坏。例如，被感染的鱼类出现眼球突出的症状，抑或是肠道膨胀并充满黏稠液体，有些鱼类还出现体色变黑、皮肤溃疡的症状。多数情况下，鳗利斯顿氏菌通过鱼类皮肤的渗透作用进行感染；少数情况下，通过被污染的食物或者水进入鱼类胃肠道而进行感染。Grisez和Pedersen于1999年将鳗利斯顿氏菌分为23种血清型，O1、O2及部分的O3血清型为主要的致病型，O2a和O2b亚型是大西洋鳕鱼的主要病原；其他血清型为环境菌株，对鱼类没有致病性。

图 10-7　被鳗利斯顿氏菌感染的鲈鱼（Austin and Austin，2007）

　　鳗利斯顿氏菌的主要致病因子是一个大小约为 65 kb 的质粒（pJM1），该质粒携带一个铁摄取系统，具有编码铁载体、外膜转运蛋白及铁吸收调节因子的基因，帮助病菌在宿主组织内夺取铁离子，从而使该菌在宿主体内快速繁殖。鳗利斯顿氏菌在铁浓度很低的条件下表达一些与毒力相关的外膜蛋白，称为铁限制性外膜蛋白（iron-restricted outer membrane protein，IROMP）。已知鳗利斯顿氏菌染色体编码的 Fur 蛋白及 pJM1 质粒编码的调节因子在转录水平上对 IROMP 基因的表达起负调控作用。一些不携带 pJM1 质粒的致病菌株可以在染色体上编码铁摄取系统，帮助细菌在铁缺少的环境中生存、定植。鳗利斯顿氏菌的致病性也与运动性、趋化性、蛋白酶、溶血素、脂多糖和胞外多糖等其他毒力因子有关。金属蛋白酶（EmpA）帮助致病菌穿越鱼体皮肤黏液层而进入体内，引起全身感染。在一些鳗利斯顿氏菌的基因组中发现至少有 5 种溶血素编码基因（*vah1*～*vah5*），溶血素可使血红素从红细胞中释放出来，引起出血性败血症。另有一些重复子毒素（repeat-in-toxin，RTX）不仅具细胞毒性，还可溶解鱼类的红细胞。鞭毛鞘上的脂多糖可能对鳗利斯顿氏菌穿越鱼体表面黏液层及菌膜形成起重要作用，因为鞭毛基因 *flaA*、*flaD* 和 *flaE* 的突变可导致其毒性降低。部分鳗利斯顿氏菌编码 2 套 T6SS，它们利用 T6SS 的效应蛋白杀死其他细菌，从而在生态位中占据优势。调控因子在调节鳗利斯顿氏菌致病基因的表达方面发挥了非常重要的作用。Milton 等于 2011 年在鳗利斯顿氏菌 O1 血清型中鉴定出了 3 种群体感应系统，分别为 VanM/N、VanS/PQ 和 VanI/R，可调节细菌蛋白酶、色素、胞外多糖的产生和菌膜的形成。RpoN（σ^{54}）可通过调控细菌鞭毛的形成，进而影响细菌的运动力和黏附力。不同的调控因子之间也存在相互调控，如 RpoS（σ^{38}）不仅调控 EmpA 的产生，还可以调控 VanT，从而对细菌的抗应激能力及多种胞外酶（蛋白酶、淀粉酶、脂肪酶、磷脂酶、酪蛋白酶、溶血素和过氧化氢酶）进行全局调控；T6SS 直接调控 VanT 和 RpoS 来应对来自环境的变化。目前，鳗利斯顿氏菌的致病机制在 QS 和铁吸收方面研究得比较透彻，但其完整的致病机制仍需开展更多更深入的研究。

　　目前已建立了多种针对鳗利斯顿氏菌的检测方法，传统的检测方法有选择性培养基培养法、血清学鉴定方法、间接酶联免疫吸附法、单克隆荧光抗体检测法、乳胶球凝集法、快速检测试纸条等。基于 PCR 技术的分子检测方法具有快速、敏感、特异等特点，因此其被普遍用到鳗利斯顿氏菌的快速检测中，已成功建立的有基于溶血素基因 *vah*、*rpoN*、*empA*、*rtxA* 和肽聚糖水解酶基因 *amiB* 的检测方法。环介导等温扩增反应（LAMP）也用于鳗利斯顿氏菌的检测，已建立了基于 *vah4*、*amiB*、*empA* 及分子伴侣 *groEL* 的检测方法。

疫苗免疫常用于预防鳗利斯顿氏菌病，在挪威和北美已有多种商业化疫苗销售，主要是 O1、O2 血清型灭活疫苗，能够对多种鱼类提供有效的保护，但依然未能对 O2 血清型引起的疾病提供完全的保护，其原因可能是 O2 血清型出现了抗原变异。国内的研究人员制备了基于 O1、O2、O3 血清型的二价、三价灭活疫苗，可对养殖牙鲆、大菱鲆起到完全的保护。此外，基于 EmpA、外膜蛋白 OmpU 和 OmpK、转录调节子 VAA 制备的 DNA 疫苗以及基因工程减毒活疫苗对预防鳗利斯顿氏菌病都起到了有效的保护作用。国际上首例被行政许可的海水鱼类鳗利斯顿氏菌基因工程活疫苗已在中国问世。一些益生菌，如乳酸杆菌（*Lactobacillus* sp.）、芽孢杆菌（*Bacillus* sp.）、酵母等，也具有良好的预防鳗利斯顿氏菌病的效果。最后，噬菌体治疗已用于鱼类育苗水体，提高了鱼苗的成活率，因为噬菌体能够裂解水体的致病性鳗利斯顿氏菌和副溶血弧菌，从而减少了病原对鱼体的感染率。

10.3.1.7 杀鲑另类弧菌

杀鲑另类弧菌（*Aliivibrio salmonicida*），原名为杀鲑弧菌（*V. salmonicida*）。20 世纪 80 年代，该菌在欧洲的一些养殖场流行，对挪威水产养殖业造成了高达 80% 的经济损失。该病原能引起大西洋鲑鱼、虹鳟鱼及大西洋鳕鱼的冷水弧菌病（cold-water vibriosis，CWV），也被称为 Hitra 病（Hitra disease）。发病时间主要从深秋到初春（水温低于 10℃），主要症状为贫血和出血。杀鲑另类弧菌可从被感染鱼的粪便中排出，在海底沉积物中有很强的存活能力，因此养殖场中的隔年养殖会导致疾病的重染。流行病学研究指出，鳕鱼和鲑鱼体内的病原菌可以相互感染。不同菌株的质粒图谱有所不同，Sørum 等于 1990 年共鉴定出了 11 种不同的质粒谱，但是否拥有质粒与细菌是否具有毒性似乎没有直接关系。2008 年，杀鲑另类弧菌菌株 LFI1238 的基因组序列显示该菌基因组由两条染色体和 4 个质粒组成，基因组至少存在 370 个不活跃基因,还存在高丰度的插入序列（insertion sequence，IS）。

杀鲑另类弧菌可产生有细菌毒性的各种胞外酶，还可产生羟肟酸铁载体（hydroxamate siderophore）及由 *fur* 调节的铁吸收系统。转运铁所需的大量铁载体和 IROMP 具有温度敏感性，在 10℃ 以下的表达效率比 15℃ 时更高，这就解释了为什么此病在冬天时发病率较高。该菌在挪威的水产养殖业已经出现了 40 余年，科学家对该菌的毒力因子如表面抗原 VS-P1、温度敏感的铁封存蛋白、过氧化物酶、QS 及运动性等开展了研究，为制备疫苗打下了基础。1987 年首次报道运用浸泡灭活疫苗防治大西洋鲑鱼的 CWV 取得了成功。

10.3.1.8 美人鱼发光杆菌

美人鱼发光杆菌（*Photobacterium damselae*）最初从患皮肤溃疡的美人鱼中分离出

来。杀鱼巴斯德氏菌（*Pasteurella piscicida*）于 20 世纪 90 年代对地中海的养殖鲈鱼和海鲷等造成了惨重的损失。后来发现美人鱼发光杆菌和杀鱼巴斯德氏菌在 DNA-DNA 杂交和 16S rRNA 序列上的相似性极高，故将它们重新命名为美人鱼发光杆菌的两个亚种，即美人鱼发光杆菌美人鱼亚种（*P. damselae* subsp. *damselae*）和美人鱼发光杆菌杀鱼亚种（*P. damselae* subsp. *piscicida*）。

目前，杀鱼亚种引起的疾病是温水海洋鱼类的主要病害之一，当水温超过 25℃时，鱼类的死亡率可高达 70%，在仔鱼和稚鱼时期尤为敏感。主要的症状为体色变黑、内脏器官和组织有白色结节。该亚种常感染军曹鱼、卵形鲳鲹、许氏平鲉、半滑舌鳎（图 10-8）。美人鱼亚种能够引起败血症，主要症状为体表出血和溃疡，胃肠肿胀，内脏肿大并伴有出血瘀点，该亚种是一些野生鱼类的原发性病原，其感染的常见养殖鱼类有大菱鲆、虹鳟、鳗鲡、红带鲷、大西洋白姑鱼等，在中国常见其感染龙胆石斑，并可通过直接接触途径感染人类。

图 10-8　受美人鱼发光杆菌杀鱼亚种（*Photobacterium damselae* subsp. *piscicida*）
感染的半滑舌鳎
体表有明显的出血现象

目前，人们对美人鱼发光杆菌致病机制的研究主要集中在胞外蛋白酶、黏附机制及多糖荚膜等方面。铁离子浓度对超氧化物歧化酶（superoxide dismutase，SOD）和过氧化氢酶（catalase）表达的调节极为重要，这两种酶可以使细菌免受氧化反应的伤害，对细菌的胞内存活具有重要作用。该病原菌的铁离子吸收系统与致病性密切相关，除以铁载体吸收铁元素以外，还可通过血红素分子和外膜蛋白（outer membrane protein，OMP）的直接相互作用来获取铁。病害的 PCR 快速诊断方法的建立，以及疫苗的成功研制使该病害得到了有效控制。有研究表明，用美人鱼发光杆菌的外膜蛋白、脂多糖及甲醛灭活全菌对卵形鲳鲹进行免疫，都能显著地提高免疫指标，并且 LPS 和 OMP 疫苗的免疫保护效果更好。目前，日本已研发出杀鱼亚种的商品化灭活疫苗，用于黄条鰤和高体鰤的免疫；而对于寄生在鱼类细胞内的美人鱼发光杆菌来说，弱毒疫苗的预防效果较明显。

10.3.2　爱德华氏菌属

爱德华氏菌属（*Edwardsiella*）最初只有三个成员：迟钝爱德华氏菌、鲇鱼爱德华氏菌（*E. ictaluri*）、保科氏爱德华氏菌（*E. hoshinae*），2013 年，研究人员发现鱼源的迟钝爱德华氏菌菌株同标准菌株 ATCC 15947^T 差异较大，并将研究的鱼源菌株新命名为杀鱼爱德华氏菌（*E. piscicida*）。根据基因多态性分析以及 DNA-DNA 杂交结果，2015 年，Shao 等发现来自鳗鲡的爱德华氏菌形成了一个独立的特殊类群，并将其命名为鳗鲡爱德华氏菌（*E. anguillarum*）。至此，爱德华氏菌属共有 5 个成员（图 10-9），其中杀鱼爱德华氏菌、鳗鲡爱德华氏菌和鲶鱼爱德华氏菌为鱼类病原菌，其引起的鱼类爱德华氏菌病（edwardsiellosis）已遍布欧洲、北美洲和亚洲等地，可感染近 20 种海水及淡水鱼类，造成了巨大的经济损失。而迟钝爱德华氏菌则是一种人畜共患菌，能感染哺乳类（包括人类）、鸟类、爬行类和两栖类，少数菌株可以感染鱼类。

图 10-9 爱德华氏菌属的多位点序列分型（MLST）（Shao et al.，2015）

杀鱼爱德华氏菌是一种细胞内寄生菌（图 10-10），可以在宿主细胞内存活并复制，从而逃避宿主吞噬细胞的杀伤，并造成宿主细胞死亡，导致病鱼出现大范围的皮肤损伤和菌血症，病症进而发展为肌肉和多脏器的脓肿，最终造成大量病鱼死亡。图 10-11 为发病大菱鲆的内脏器官，可以看出肝脏明显肿胀，并有白色脓点。

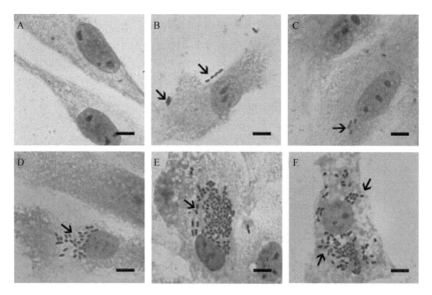

图 10-10 杀鱼爱德华氏菌对牙鲆鳃上皮细胞侵染的吉姆萨（Giemsa）染色观察（Wang et al., 2013）

A. 对照组牙鲆鳃上皮细胞；B～F. 杀鱼爱德华氏菌侵染的牙鲆鳃上皮细胞，显示出其吸附、内化和胞内复制的
整个过程。箭头示杀鱼爱德华氏菌。比例尺=5 μm

图 10-11 受杀鱼爱德华氏菌（*Edwardsiella piscicida*）感染的大菱鲆

体表无明显病变，但肝脏明显肿胀，并有白色类结节

目前，人们对爱德华氏菌致病机制的研究已进行了几十年，其中多数集中在对其毒力因子的研究上。图 10-12 总结了爱德华氏菌侵染宿主并引起发病的主要过程。溶血素、T3SS 和 T6SS 均与该菌的致病性相关。菌毛对该菌导致的血凝有重要作用，当培养基中氯化钠含量增加时，菌毛蛋白产量增加，并伴随血凝活性的增加与菌株毒力的上升，在海水环境下，这对该菌的致病性非常重要。血凝和菌毛编码基因的转录受双组分系统 QseBC 的调节。杀鱼爱德华氏菌产生的抗吞噬细胞杀伤酶类，如过氧化氢酶、超氧化物歧化酶等，也对其致病性具有重要作用，根据相应酶类编码基因（*katB* 和 *sodB*）的有无，可将杀鱼爱德华氏菌分为强毒株和无毒株。目前，随着多株强毒株全基因组测序的完成，人们发现了编码分泌系统、鞭毛、黏附因子、溶血素，以及与抗药性、压力适应、

厌氧代谢相关的潜在毒力基因。对该菌的胞内寄生机制研究也取得了一定的进展，研究发现该菌可诱导宿主细胞凋亡，在不同宿主细胞中诱导不同的细胞死亡通路。由于杀鱼爱德华氏菌的细胞内寄生方式，灭活疫苗的防治效果不高。目前，国内外研制的基因工程疫苗和减毒活疫苗已取得较大进展，弱毒活疫苗 EIBAV1 在 2015 年获得了我国农业部（现农业农村部）的新兽药注册证书，并于 2016 年开始上市销售。

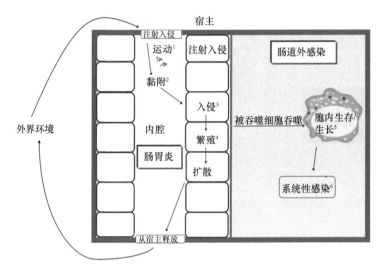

图 10-12　杀鱼爱德华氏菌侵染宿主的主要步骤（Leung et al.，2012）

10.3.3　杀鲑气单胞菌

　　杀鲑气单胞菌（*Aeromonas salmonicida*）是人们在 1896 年从鲑鱼中分离到的第一种鱼类病原菌，有广泛的宿主范围与地理分布。其分类学地位存在很多争论，目前被认可的亚种有 5 个：杀鲑气单胞菌杀鲑亚种（*A. salmonicida* subsp. *salmonicida*）、杀鲑气单胞菌无色亚种（*A. salmonicida* subsp. *achromogenes*）、杀鲑气单胞菌日本鲑亚种（*A. salmonicida* subsp. *masoucida*）、杀鲑气单胞菌溶果胶亚种（*A. salmonicida* subsp. *pectinolytica*）和杀鲑气单胞菌史氏亚种（*A. salmonicida* subsp. *smithia*）。现在普遍认为，杀鲑亚种能够引起鲑鳟鱼的典型疖疮病（furunculosis），因此也称该病原为"典型"杀鲑气单胞菌。疖疮病的特征是病鱼皮肤上有像疖子一样的坏死症状。海水养殖鱼类的疖疮病主要表现为严重的败血症，常造成鱼类大规模死亡。如 20 世纪 80 年代，英国苏格兰和挪威暴发的疖疮病导致了 50% 的鱼死亡。患病鱼外部症状主要是体色变黑，鳍和口周出血，内脏器官大面积出血和损伤。此外，其他 4 个亚种被称为"非典型"杀鲑气单胞菌，可根据生理生化反应、色素产生与分子生物学技术（如基因探针和 DNA 杂交）进行区分。这些亚种与多种淡水鱼和海水鱼（如大菱鲆、星鲽及比目鱼类）的体表溃疡有关，还可以导致棘皮动物海胆及刺参的感染，有些甚至可以导致人类的腹泻及败血症等多种症状。

　　杀鲑气单胞菌的致病机制相当复杂，研究者已对其进行了 40 余年的探索。其中一个主要的致病因子是 S 层（被命名为 A 层），其由一系列特殊的二维四面晶体结构的 A 蛋白构成，A 层位于细菌外膜的外侧，通过脂多糖的 *O*-特异侧链连接在细菌细胞表面。

毒性菌株和非毒性菌株通常以是否有 A 层结构来区分，A 层覆盖了毒性菌株的大部分表面。脂多糖的 O-抗原和 A 层共同保护细菌免受宿主细胞血清中补体的杀伤作用。由于 A 层结构的疏水性很强，因此在培养过程中有自动聚集的特性。A 层的疏水特性增强了病原菌对宿主组织的黏着能力，并有利于病原菌生存于吞噬细胞中。因为考马斯亮蓝或刚果红可被 A 蛋白吸收，所以可通过加有这两种染料的琼脂培养基来区分 A^+ 和 A^- 菌株。

杀鲑气单胞菌能够产生多种毒素，这些毒素之间还存在协同作用。其主要的毒力因子包括甘油磷脂酶（glycerophosphatide enzyme）、甘油磷脂：胆固醇酰基转移酶（glycerophospholipid: cholesterol acyltransferase，GCAT）和丝氨酸蛋白酶。GCAT 可与脂多糖形成复合物，具有溶血活性、白细胞溶性、细胞毒作用和致死性。丝氨酸蛋白酶的表达受 AHL 介导的 QS 调节，该酶与 GCAT 协同作用导致溶血。杀鲑气单胞菌在宿主体内的生存依赖于铁载体（2,3-二酚儿茶酚）及由 IROMP 介导的铁吸收。虽然有 1942 年首次应用灭活的杀鲑气单胞菌口服免疫硬头鳟获得成功的报道，但直到 1995 年以后人们才成功研制出能有效控制养殖鲑鱼疖疮病的疫苗。

杀鲑气单胞菌在生态学领域也有许多争议，一些学者认为它是鱼类的一种专性病原菌，而另一些人则认为它可以在自然环境中存活。在自然环境中，它可能进入活的非可培养（viable but nonculturable，VBNC）状态（详见第 9 章）。该菌以前主要生活于淡水，其生长是不需要钠离子的，而现在它已适应了海水环境，生长需要钠离子。养殖鱼类可以把病原菌传染给周围的野生鱼类，这些野生鱼类又把病原菌扩散到其他地方。例如，隆头鱼（wrasse）曾被用于除掉鲑鱼上的海虱，却反被该菌感染而成为病原菌的"储存库"。

10.3.4　香鱼假单胞菌

香鱼假单胞菌（*Pseudomonas plecoglossicida*）为 G^- 细菌，最早由日本学者从患有细菌性出血性腹水症的香鱼上分离。已有报道指出该菌可以感染淡水鱼中的银汉鱼，此外还可感染海水鱼，如虹鳟、大黄鱼。香鱼假单胞菌是引起国内养殖大黄鱼患内脏白点病的主要元凶，被感染的大黄鱼在早期没有明显的外部症状，待其发病时则表现出消瘦、嗜睡、游泳异常和食欲不振等迹象，观察不到外部病变，而脾脏、肝脏和肾脏出现结节状病灶。该菌为一种胞内菌，在感染过程中能够在巨噬细胞内存活并增殖。已报道香鱼假单胞菌的 T3SS、T6SS、ATP 酶基因 *clpV*、*secY*、δ^{28} 基因 *fliA*、RNA 聚合酶结合转录因子基因 *dksA* 等与该菌的致病性相关。由于大黄鱼在水族箱中不易饲养，研究人员以斜带石斑鱼为实验动物，研制出具有良好免疫保护效果的香鱼假单胞菌灭活疫苗，但目前尚没有在大黄鱼中应用的报道。

10.3.5　近海黏着杆菌

近海黏着杆菌（*Tenacibaculum maritimum*）属于拟杆菌门（Bacteroidetes）（详见 3.9.1 节），曾被命名为海洋屈挠杆菌（*Flexibacter maritimus*）。1977 年报道了首例近海黏着杆菌感染病例，在日本广岛县的一个育苗场出现真鲷和黑鲷的大规模死亡，随后该病蔓延到日本的其他重要养殖鱼类。目前，该病已在欧洲、亚洲、大洋洲和美国的多地得到报道，感染的鱼类至少有 30 种，其主要感染症状是鱼体产生大量黏液、鳃组织受损、口和鳍周围组织坏死和皮肤受损，以致死亡。年龄越小的鱼越易被该菌感染，其中体重在 2～80 g 的鱼受感染率最高。该病原至少存在 3 种血清型，目前对其致病机制和毒力因子的报道相当匮乏。抗生素对这种病害十分有效，目前已研制了一些试验性疫苗，并获得了不同程度的成功，但是市场上现今只有一种疫苗，仅限于保护大菱鲆。另外，在养殖过程中，有学者建议养殖温度保持在 15℃左右，盐度小于 10，控制养殖密度，在池塘中加入一些沙子作为基质也能降低该菌的感染率。

10.3.6 鲑鱼鱼立克次氏体

鲑鱼鱼立克次氏体（*Piscirickettsia salmonis*）属于 γ-变形菌纲（Gammaproteobacteria），作为鱼类的病原菌，人们对其研究得很少。该菌为专性细胞内寄生菌，只有在相应的鱼类细胞系中才能繁殖。鲑鱼鱼立克次氏体在 1989 年被鉴定，是鲑鱼立克次氏体败血症（salmonid rickettsial septicemia，SRS）的病原。智利银鲑养殖业每年都发生 SRS，死亡率达 90%以上，在挪威、冰岛、爱尔兰和加拿大偶尔也会有病害暴发。目前已建立了一系列血清学检测方法，还建立了利用 23S rRNA 基因扩增子来分析不同菌株间遗传差异的方法。大多数鱼立克次氏体都有一个中间宿主（如体外寄生虫），但目前尚未发现鲑鱼鱼立克次氏体有中间宿主。该菌在海水中的生活力很强，这使得 SRS 极易传播。由于使用抗生素治疗不起作用，人们已经把精力集中到了疫苗的研究上。目前，智利已有 33 款商品化疫苗用于防治 SRS（4 款亚单位疫苗、29 款灭活疫苗），但这些疫苗提供的保护期都比较短。

10.3.7 鲑肾杆菌

鲑肾杆菌（*Renibacterium salmoninarum*）是一种不产芽孢的 G⁺细菌，可引起细菌性肾病（bacterial kidney disease，BKD）。BKD 在欧洲、北美洲、亚洲多个国家的野生和养殖鲑鱼中广泛传播，造成了太平洋和大西洋鲑鱼的大量死亡。为了扩大鲑鱼的养殖，鲑鱼卵被转运到世界各地，这在一定程度上也扩大了 BKD 的传播。研究发现，鲑肾杆菌对虹鳟鱼的感染能力比对大西洋鲑鱼的要高。BKD 的病理学特征表现为慢性、系统的组织侵蚀，部分内部器官（尤其是肾）发生颗粒状损伤。BKD 的外部症状主要为皮肤变黑、腹部肿胀、眼球突出和皮肤溃疡。血液参数明显变化，这可能是肾脏、肝脏和脾脏中造血组织与淋巴细胞生成组织受到损伤的缘故。细菌释放的水解酶和裂解因子使损伤的组织形成一个坏死中心。鲑肾杆菌的分离培养需要在平板上培养长达几周的时间，此过程易被生长快的细菌污染，这就给人们研究其致病机制带来许多不便，而且在实验室中进行人工感染试验也非常困难。

分析鲑肾杆菌的基因组时发现了一些毒力相关因子，包括与铁代谢相关的基因、溶血素、金属蛋白酶等。总体上，目前对该菌的毒力基因及其作用机制的研究还非常有限。其中的一个重要的致病因子是一个 57 kDa 的表面蛋白，此蛋白质的疏水特性使该菌能够附着在宿主细胞上，从而使鲑鱼白细胞产生凝聚，因此对宿主有免疫抑制作用。该菌的主要特征是能够侵入宿主吞噬细胞内并能生存和繁殖，吞噬细胞的补体成分 C3 与细菌表面的结合加强了细菌的内化作用。正常情况下，吞噬细胞会杀死吞入的病原菌，但为什么不能杀死鲑肾杆菌呢？原来这种病原菌能溶解吞噬小体的膜，以避开较强的杀菌环境，抵抗（至少可以部分抵抗）巨噬细胞的细胞内杀伤作用，并能在细胞内繁殖（虽然很慢）。目前已建立了检测该病原菌的血清学技术（ELISA 和 FAT）、基因探针技术，以及能精确区分临床菌株的技术（基于 tRNA 基因间区长度多态性 PCR 扩增），这些技术常用于检测亲鱼和卵是否携带病菌，还用于常规检疫以控制疾病暴发。至今尚未发现有效的抗生素来治疗该病，因此许多学者都在尝试开发疫苗进行防治。但因该病原菌生长较慢，使得这些工作受到限制。近年来，许多研究者致力于利用 DNA 重组技术表达融合蛋白，开发 DNA 疫苗，包括 p57 蛋白和两种溶血素在内的几种致病因子的基因已被克隆，并在大肠杆菌中得到表达，然而这些因子的免疫原性还有待于进一步研究。

10.3.8　链球菌属和乳球菌属

链球菌属（*Streptococcus*）和乳球菌属（*Lactococcus*）均为链球菌科（Streptococcaceae）的成员，为 G$^+$细菌。2001 年版《伯杰氏系统细菌学手册》将乳球菌从链球菌属中分出，成为链球菌科的第 2 个属，即乳球菌属。

10.3.8.1　链球菌属

链球菌属球形，呈短链状排列。该属的许多成员能够感染水生动物。鱼类被链球菌感染的最早报道见于 1957 年日本的养殖虹鳟，目前该病已在全球流行，能感染多种野生或养殖的海水和淡水鱼类，温水性鱼类受到的危害尤其严重。常见的病原种类有海豚链球菌（*S. iniae*）、副乳房链球菌（*S. parauberis*）、无乳链球菌（*S. agalactiae*）。病鱼的主要临床症状为体色发黑、眼球突起、出血，角膜白浊，鳃盖、鳍基、体表充血或出血；脑膜充血或出血，肝脏呈浅黄色或肿胀出血，胆囊、脾脏和肾脏肿大；部分鱼体肠道发炎，腹腔充满淡黄色液体。

副乳房链球菌病在日本、韩国、美国等国家均有报道，目前已经成为鱼类的重要病原菌，大菱鲆（图 10-13）、牙鲆、星斑川鲽、许氏平鲉和条纹鲈等均会遭受该菌的感染，感染呈现出慢性感染、高死亡率的特点，累积死亡率可能超过 70%。根据荚膜多糖编码基因簇的基因结构的多样性，可将副乳房链球菌分为Ⅰ、Ⅱ、Ⅲ、Ⅳ、Ⅴ等 5 种血清型。血清Ⅰ型细分为三个亚型：Ⅰa、Ⅰb 和Ⅰc；有个别的分离株与血清Ⅰ型和血清Ⅱ型的抗体均可产生凝集，被认为是不可分型菌株 NT。

海豚链球菌可以感染 30 多种鱼类，在中国、美国、日本、澳大利亚、以色列、西班牙、新加坡等多个国家和地区均有报道。国内报道的受感染的有尖吻鲈、花鲈、卵形鲳鲹、眼斑拟石首鱼和罗非鱼等种类。病鱼临床症状分为急性型和亚急性型，急性型感染常出现暴发性死亡，但无典型症状。该菌分为Ⅰ型和Ⅱ型两个血清型，可产生 α 和 β 两种溶血类型，主要的致病因子有 M 蛋白、链球菌溶血素 S、荚膜多糖、葡萄糖磷酸变位酶、α-烯醇化酶、C5α肽酶等毒力因子。

图 10-13　被副乳房链球菌感染的大菱鲆（李杰提供）
箭头示眼球突出，星号示鱼鳍基部脓肿

无乳链球菌多数具有 β 溶血性，少部分呈现 α 溶血性或 γ 溶血性。对该菌最敏感的宿主是罗非鱼。近 10 年来，无乳链球菌病在巴西、美国、泰国、越南、哥伦比亚、洪都拉斯、哥斯达黎加等多个国家的罗非鱼养殖场暴发流行，在我国的广东、广西、海南、福建等地每年均暴发流行。该病传染力强、致死率高，对当地水产养殖造成了巨大的经济损失。该菌分为Ⅰa、Ⅰb 和Ⅱ～Ⅸ共 10 种血清型。目前，Ⅰa 型在全球广泛流行，Ⅰb 型主要在巴西养殖区暴发流行，Ⅲ型菌株存在人鱼共患的风险。流行于国内养殖区的罗非鱼无乳链球菌主要为Ⅰa 型，Ⅰb 型菌株仅在少数地区流行。已报道无乳链球菌的荚膜、转铁蛋白、富含丝氨酸重复蛋白（SSr-1）在感染过程中发挥重要作用。

鱼链球菌的检测方法主要包括传统的细菌学方法、免疫学检测和分子生物学检测方法。近年来，分子生物学的检测技术得到了广泛应用，根据 16S rRNA 基因 V2 区序列变异可以有效鉴别乳房链球菌（*S. uberis*）和副乳房链球菌；基于 23S rRNA、16S rRNA、*gyrB* 基因的多重 PCR，可检测副乳房链球菌、海豚链球菌、迟钝爱德华氏菌。由于缺乏高效疫苗，链球菌的防治主要以抗菌药物为主。国内研究人员利用中草药抑制链球菌获得了较好的效果，但是尚需体内试验和综合评价。鱼链球菌疫苗的研究主要包含灭活疫苗、减毒活疫苗、亚单位疫苗和 DNA 疫苗，其在实验室阶段均取得了较好的效果，其临床效果有待于进一步检验。

10.3.8.2　乳球菌属

乳球菌属（*Lactococcus*）的格氏乳球菌（*L. garvieae*）为人畜鱼共患菌，能够感染淡水鱼和海水鱼并引起鱼乳球菌病（lactococcosis）。1988 年，西班牙一个虹鳟养殖场首次发生乳球菌病，随着该病的蔓延，致使意大利、英国、法国、葡萄牙、澳大利亚等多个国家和地区的虹鳟养殖业损失严重。该菌还引起美鳊、黄盖鲽、日本鳗鲡、牙鲆、鲶、罗非鱼等发病。据我国报道，受该菌感染致病的种类有牙鲆、梭鱼、鲻、中华鳖、罗氏沼虾。常用抗生素来治疗乳球菌病，但因病鱼厌食而导致治疗效果不佳。

10.3.9　分枝杆菌属和诺卡氏菌属

分枝杆菌属（*Mycobacterium*）和诺卡氏菌属（*Nocardia*）均为细胞内寄生的 G⁺细菌，属于放线菌类，能够引起机体的慢性传染病，并且潜伏期长。

10.3.9.1　分枝杆菌属

分枝杆菌属的一些成员可以感染哺乳类、两栖类和鱼类。已报道有 4 种分枝杆菌可以感染鱼类，分别为海分枝杆菌（*M. marinum*）、偶发分枝杆菌（*M. fortuitum*）、戈登氏分枝杆菌（*M. gordonae*）和龟分枝杆菌（*M. chelonae*），它们广泛存在于淡水、海水、盐湖和沉积物中，能感染 150 多种鱼类，引起分枝杆菌病（mycobacteriosis）。鱼类通过获取食物和水而被感染，因此保证饲料中不被此类病菌污染是非常重要的。受感染的鱼多数表现为个体消瘦，部分鱼出现体表溃疡，组织病理学观察到内脏组织中有大范围的肉芽肿性损伤，并有干酪样坏死中心。这与结核分枝杆菌（*M. tuberculosis*）引起的人类疾病情况相似，因此这类病害一般被称为"鱼类结核病"。但目前认为该定义不准确，因为在病鱼体内并没有形成真正的结核，由此将它们定义为非结核分枝杆菌（non-tuberculous mycobacteria）。和结核患者相似，发病鱼体也产生迟发型超敏反应，并有细胞免疫的介入。用于防控分枝杆菌病的灭活疫苗、DNA 疫苗和亚单位疫苗（RpfE 酶）取得了良好的效果，但是目前尚未有商品化疫苗可用。分枝杆菌中最具代表性的是海分枝杆菌，其会感染人，感染导致的疾病被称为游泳池肉芽肿。其生长速度缓慢，首次分离需要在 35℃以下培养 2～4 周，对我国大菱鲆和半滑舌鳎的养殖影响较大（图 10-14）。

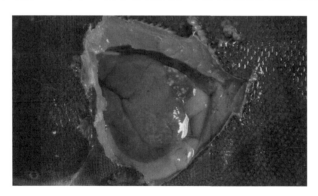

图 10-14　感染海分枝杆菌（*Mycobacterium marinum*）的半滑舌鳎（李杰提供）

脾脏可见大量白色结节

10.3.9.2　诺卡氏菌属

诺卡氏菌属广泛分布于自然界中，以腐生为主。该菌具有弱抗酸性，在固体培养基上形成白色或淡黄色菌落，呈沙粒或花瓣状。第一例正式命名的诺卡氏菌为星状诺卡氏菌（*N. asteroides*），于 1963 年从阿根廷的虹彩脂鱼中分离出来。目前共发现 3 种诺卡氏菌对鱼类具有致病性，即星状诺卡氏菌、黄鲕鱼诺卡氏菌（*N. seriolae*）、杀鲑诺卡氏菌

（*N. salmonicida*）。诺卡氏菌能够引起鱼类诺卡氏菌病（nocardiosis），主要症状是鳃结节、皮肤脓疮和内脏肉芽肿病变。该菌可以通过消化道、鳃或者伤口感染鱼类。诺卡氏菌能够引起和分枝杆菌病相似的肉芽肿性症状，但在实验室能够把两者区分开。我国已有关于养殖卵形鲳鲹、花鲈被诺卡氏菌感染的病例报道。

分枝杆菌属和诺卡氏菌属细菌的生长都比较缓慢，受感染的鱼在发病初期没有明显的外部特征，因此在早期检测时主要采用 PCR 的方法。此外，这两类菌为细胞内寄生，其细胞壁脂类含量丰富，具有大量的分枝杆菌酸，一般抗酸染色呈阳性，部分菌株还有荚膜，这些结构有助于菌体抗吞噬。菌体无鞭毛、无芽孢且不产生内、外毒素，其致病性和菌体成分有关，引起的疾病都呈慢性，抗生素对其治疗效果不佳。灭活疫苗、DNA疫苗、亚单位疫苗已在实验室阶段取得了一定的效果，但是目前尚未有商品化疫苗可用。

10.4 鱼类传染性病害的控制

10.4.1 海水养殖鱼的健康管理

如表 10-1 所示，病害是鱼、病原体和环境之间相互作用的结果，预防和控制病害发生的最重要措施是减少病原胁迫、环境应激并保持种群健康（表 10-1）。同时，建立病害的诊断和监控体系、开发多种有效的疾病防治方法也是至关重要的。

表 10-1　海水养殖中病害的控制（修改自 Munn，2011）

病害控制措施	实际操作
养殖系统的设计和操作	育苗期和养成期设施分开；良好的管理措施并做好养殖记录
卫生	网箱消毒；保护性衣物和设备；尽快移出濒死或已死的鱼；改善水质，进行生物修复
营养	在生活史的各个阶段保持最佳生长率；用免疫增强剂或免疫促进剂作为饵料添加剂；添加益生菌
降低胁迫作用	密度不要过高；保持良好的水质；捕捉前避免喂食；捕捉时要麻醉；养殖本地鱼类
破坏病原体的生活史	鱼池和设备消毒；不同年龄的鱼分池养殖；养殖场地要空置 6 个月至 1 年
诊断疾病	用快速诊断方法（如抗体检测和 PCR 检测）
消除垂直传染	检测卵和精子是否有病原体
防止水平扩散	有水产苗种生产许可证；有向卫生当局报告病害情况的法规；限制感染场地的活动范围
根除措施	对已发现的感染鱼采取宰杀政策；政府补偿
抗微生物治疗	抗生素和人工合成的抗菌剂；药敏试验；药物使用要有限制，以避免产生抗性；群体感应淬灭
免疫	浸泡、口服或注射疫苗；保证用于疫苗的菌株符合当地的病害实际；全面设计估测特定疫苗效价的试验；估测是否需要再次免疫；DNA 疫苗
种群遗传因素的优化	病害抗性特征的选择；转基因（病害抗性基因）

10.4.2 抗微生物制剂

大多数细菌性病原能被多种抗生素和人工合成的抗微生物制剂消灭或抑制，因此抗微生物制剂常被用来控制海水鱼的细菌性疾病。

第一，必须保证抗微生物制剂能够杀死或抑制病原菌，且对宿主产生的副作用极小。最有效的抗微生物制剂是能够作用于细菌的某一生命过程，而这一生命过程在真核宿主中是不存在的或与细菌不同的。例如，氟苯尼考主要作用于细菌 70S 核糖体的 50S 亚基，多西环素抑制原核生物核糖体的 30S 亚基。

第二，到达病灶的药物必须要有足够的剂量以杀死病原菌，或者有效抑制病原菌的生长，以便宿主的免疫系统清除这些病原菌。不同种类的鱼对药物的吸收、组织分布、代谢转化及排泄等差别很大，而且由于鱼是变温动物，这些过程会随温度的变化而变化。因此，要真正确定一种抗微生物制剂的使用剂量，必须在一定的温度范围内明确药物在宿主体内的药代动力学以及使用过程中的药效学。

第三，必须评价药物的排除率，以保证食用鱼体内的药物残留对人的影响达到最小。鱼对药物的排泄率和降解率依赖于温度，所以在最后一次使用抗微生物制剂和鱼进入市场之间规定相应的停止服药期是非常有必要的。例如，多西环素的停止用药期是 750 度日（即在 15℃时 50 d 或 25℃时 30 d）。

目前，可以应用于水产养殖的抗微生物制剂非常有限。在英国，明确规定可以用于食用养殖鱼类的抗微生物制剂只有 4 种，即阿莫西林、三甲氧苄二氨嘧啶、羧氢萘酸和土霉素。在我国，有 11 种/类药物获批使用，包括甲砜霉素、多西环素、氟苯尼考、新霉素、恩诺沙星、环丙沙星、氟甲喹、部分磺胺类药物等。在加拿大、美国和挪威也有类似的严格规定，但规定的药物有所不同。在日本，允许使用的药物高达 30 多种。在世界的另外一些国家和地区，对抗微生物制剂的应用则根本没有限制。

抗微生物制剂的施用形式有药饵、药浴、注射。一般常用药饵方式，但是病鱼通常食欲降低，所以受感染的鱼也许不会从药饵中获取足够量的抗微生物制剂。药浴的方式对鳃病和皮肤病非常有效。然而，药饵、药浴这两种施药方法都会造成浪费以及对环境的污染。亲鱼和水族馆的观赏鱼通常采用注射的方法。

使用抗微生物制剂的一个主要顾虑是病原菌会产生抗性。细菌的耐药分为固有耐药和获得性耐药。固有耐药是指细菌对某些特定药物有特定的抗性，是由这类细菌固有的结构或代谢特征决定的。获得性耐药是指细菌在药物的诱导下内部的遗传物质发生改变而产生的耐药性，包括染色体突变和水平基因转移，细菌的获得性耐药给医学领域提出了巨大挑战。细菌获得性耐药的主要策略如表 10-2 所示。

表 10-2　在水产养殖中细菌获得对抗生素的抗性的生物化学基础（Munn，2020）

策略	例子	机制
修饰目标结合位点	喹啉青霉素	改变青霉素结合的膜蛋白，改变 DNA 促旋酶
酶的降解	青霉素	产生 β-内酰胺酶
降低对抗生素积累	四环素	提高细胞膜的主动外排
代谢旁路	磺胺	产生过量底物（p-氨基苯甲酸）
外膜通透性的降低	喹诺酮类、β-内酰胺类	细胞膜通透性下降，阻碍抗生素进入细胞内膜靶位
生物被膜的形成	新霉素等	减少抗生素渗透，吸附抗生素钝化酶，促进抗生素水解等

抗微生物制剂通过杀灭或是抑制不具有抗性记忆的菌株，从而筛选出抗性菌株。抗微生物制剂使用越多，对抗性菌株演化的选择压力就越大。如果停止使用某种抗生素，对这种抗生素具有抗性的菌株就会减少，因为具有抗性的菌株由多余的抗性遗传信息造成的额外负担使它们的竞争力降低。当然，有的抗性质粒可能对多种抗生素具有抗性。这种抗性给水产养殖业带来了许多问题。例如，在苏格兰的鲑鱼养殖中，20%～30%的疖疮病是由杀鲑气单胞菌引起的，而这种菌对 3 种甚至更多种抗生素都具有抗性。

人们已经开始关注到抗微生物制剂的应用对人类健康和环境的危害。多项研究表明，海水养殖网箱下面的沉积物中抗性菌株不断增加。从养殖逃逸的鱼中也分离到了抗性菌株，这些鱼曾接受过大量抗生素处理。抗性基因可以转移到其他海洋细菌中，也可转移给人类病原菌和共生菌，如沙门氏菌属（*Salmonella*）和大肠杆菌，因此，抗性基因有转移到消费者的风险。人畜共患病的出现，如由海豚链球菌和分枝杆菌引起的侵染性感染，也是一件令人担忧的事情。如果是由抗性菌株引起的感染，那将会导致非常严重的后果。在成功使用疫苗的地方，抗微生物制剂的使用已大幅度降低。例如，挪威在疖疮病疫苗应用后的短短几年里，对抗微生物制剂的应用就降低了 50%以上。

10.4.3　疫苗

硬骨鱼类已有较完善的免疫系统，具有非特异性与特异性两大免疫防御类型，对疫苗抗原的应答持续时间较长，一般都能达到 3～5 个月，有的甚至在 1 年以上。已发现鱼类体内的免疫球蛋白主要有 IgM，另外还有 IgT/Z 和 IgD，免疫球蛋白产生细胞存在于前肾和脾脏，也分布于肠道、心脏和血液中。不同组织中的抗体蛋白可能由不同的细胞合成分泌。与哺乳动物相比，鱼类抗体形成期较长，抗体浓度增加缓慢，冷水性鱼则更长、更慢。鱼体存在免疫记忆，但较哺乳动物弱。

应用疫苗免疫接种是防治鱼类病毒性病害和细菌性病害的有效方法。一种好的疫苗应符合以下条件：①安全性，即毒性作用小，对养殖鱼类影响较小；②有效性，即能够激发淋巴细胞强烈应答并能保持免疫记忆，保护时间长；③实用性，即易于生产、成本低廉、应用方便；④稳定性，即易于保存。但在生产实践中，任何一种疫苗都很难同时达到以上要求，不同的疫苗有不同的特点，但也有其不足之处。

作为符合环境友好、可持续发展战略的海洋生物病害防控措施，疫苗正成为国际上海洋生物研究开发的热点领域。1975 年，美国疫苗有限公司（AVL）开始生产商品性鱼用疫苗生物制品，开启了海洋生物疫苗制品的商品化进程。不久以后，英国、法国、加拿大、丹麦、日本以及我国的台湾也出现了类似的公司。目前，挪威、美国、加拿大、荷兰等国家水生生物疫苗产业化程度高、市场成熟，培育出了众多从事海洋生物疫苗开发的跨国公司，如 Zoetis（Pharmaq）、Lilly（Aqua Health）、MSD（Intervet）、Bayotek、共立制药等，并开发了多种多联疫苗、多价疫苗、减毒活疫苗、DNA 疫苗、亚单位疫苗及水产专用佐剂。其中，挪威的大西洋鲑鱼海洋产业是海洋生物疫苗成功应用的范例，有 17 种疫苗实现了商业化应用，使得抗生素使用量降低了 99%。海洋生物疫苗等生物制品已成为全球新兴产业中的热点产品之一，并在海洋产业中发挥了不可替代的重要作用。据不完全统计，全球商品化鱼用疫苗约 160 种，多联多价等新型疫苗成为国外发达国家未来海洋疫苗开发的主流，在海洋生物制品行业中发挥着极其重要的作用。近来国外海洋疫苗有进入我国的趋势，目前已有两种水产疫苗在我国进行了进口兽药的注册，分别是日本研制的鰤鱼虹彩病毒病灭活疫苗和鰤鱼格氏乳球菌病灭活疫苗（BY1 株），但由于疫苗生物制品大多存在病原株血清型等免疫特性的差异，进口生物制品无法解决我国海洋生物病害问题。

我国水生生物疫苗研究始于 20 世纪 60 年代末，与国外相比，存在 20 年的起步差距，但现在经过科技工作者的努力，我国水生生物疫苗研制水平已经和国外水平接轨。近 10 多年来，随着人们对药物残留及其危害认识的不断加深，水生生物免疫研究成为我国水生生物研究领域的热点，一些重要海洋生物的高效疫苗研究有了飞跃式的进展。但遗憾的是，多数疫苗处于基础研究阶段。到目前为止，我国共有 7 种水生生物疫苗获得国家新兽药证书，分别为草鱼出血病活疫苗、草鱼出血病细胞灭活疫苗、嗜水气单胞菌病灭活疫苗及牙鲆鱼解藻酸弧菌、鳗利斯顿氏菌、迟钝爱德华氏菌病多联抗独特型抗体疫苗和海水鱼迟钝爱德华氏菌减毒活疫苗、大菱鲆鳗利斯顿氏菌基因工程活疫苗、鳜传染性脾肾坏死病灭活疫苗。

10.4.3.1　鱼类疫苗的种类

鱼类疫苗通常可分为 4 种基本类型，即灭活疫苗、减毒活疫苗、亚单位疫苗和核酸疫苗。

1. 灭活疫苗

灭活疫苗（inactivated vaccine）是由高密度培养后的细菌细胞经灭活（福尔马林、苯酚、加热等手段）后制备的，是常用的鱼类疫苗，免疫效果非常好。虽然灭活疫苗的技术简单，但必须注意细菌培养基的成分和培养条件，以确保疫苗中含有适当的保护性抗原。最早运用成功的灭活疫苗是鳗利斯顿氏菌疫苗，它对鳗利斯顿氏菌引起的鲑鱼传染病十分有效。然而，灭活疫苗也存在一些缺点，如某些病原菌的灭活疫苗对鱼类有毒性作用，保护性抗原在灭活过程中可能被破坏，在疫苗制备中会存在复杂的代谢产物可能导致抗原的竞争等。杀鲑气单胞菌的灭活疫苗最初未能取得成功，在随后的研究中人们认识到了该菌胞外蛋白酶和 IROMP 在致病性中的关键作用，并掌握了该菌的培养方法，摸清了颗粒性抗原和可溶性抗原的混合条件后，最终生产出了有效的、持久性的疖疮病疫苗。许多细菌性病原，如鲑肾杆菌、分枝杆菌和诺卡氏菌，生长缓慢而且难以培养，而病毒和立克次氏体（rickettsia）只能在培养的细胞中增殖，这意味着如果利用培养方法来生产灭活疫苗则需花费很高。

根据疫苗的组成成分不同，可将灭活疫苗制成多价疫苗和联菌疫苗。仅由一种纯培养的菌灭活制成、只对一种血清型的病原菌有保护作用的疫苗，称为单价疫苗。由同一种病原菌的若干型（株）混合制成，或者由与其他型（株）有交叉反应的某种病原菌某型（株）纯培养制成的疫苗，根据疫苗能对同一种病原菌的若干血清型或不同种（亚种）病原菌的交叉保护作用，又称为二价、三价或多价疫苗。例如，鳗利斯顿氏菌与奥氏弧菌的疫苗有交叉保护作用，以其任何一种所制成的疫苗均称为二价疫苗。联菌疫苗是指由一种以上的病原菌制成的疫苗，该疫苗的各抗原成分一般不会相互竞争，因此它能对一种以上的病害起到免疫保护作用。施用多价疫苗或联菌疫苗，不仅会提高防病效果，而且可降低施用疫苗的工作量。目前，应用鳗利斯顿氏菌和哈维氏弧菌的联菌疫苗对大菱鲆进行免疫处理，已取得显著的免疫效果。

2. 减毒活疫苗

减毒活疫苗（attenuated live vaccine）中的病原体已失去毒性，但病原可在宿主体内繁殖一段时间，这就延长了抗原作用的时间。活疫苗更易激活黏膜免疫和细胞免疫，而且它们更适于口服，对需要进行大量免疫接种的集约化养殖鱼类极为便利。不过由于细菌的基因组非常复杂，病原菌不能完全丧失毒性，有通过基因重组恢复毒性的可能性，所以其安全性难以得到确切保证，因此，减毒活疫苗并不受人们的欢迎。

随着 DNA 重组技术而发展起来的"理性减毒"，即通过敲除或替代病原体的毒力基因和在宿主中生存所必需的基因，可以保证减毒能够受到更多的控制并更具有目的性。该法已用于多种病原菌减毒活疫苗的研发。在杀鲑气单胞菌减毒活疫苗中，敲除了 *aroA* 基因，且把这个基因等位替代并进行进一步的减毒，这样就降低了毒性恢复的可能性，并且这个疫苗菌株还可被改造以携带其他抗原。研究人员用类似的方法制备了美人鱼发光杆菌杀鱼亚种的铁载体基因缺失的减毒株和杀鱼爱德华氏菌 T3SS 调控基因 *esrB* 缺失的减毒株等候选减毒活疫苗，对于病毒性出血败血症也开发了减毒活疫苗。

3. 亚单位疫苗

亚单位疫苗（subunit vaccine）是去除病原体中不能激发机体产生保护性免疫，甚至对机体有害的成分，但仍保留其免疫原成分的疫苗，多指提取病毒的亚单位成分而制成的疫苗。其优点是：疫苗中含有病原体的一种化学结构和性质已知的成分；免疫特性稳定，不会出现异常反应或抗原间的竞争；感染成分被除去，不存在毒性恢复的隐患；疫苗可以直接合成或通过重组 DNA 技术生产（图 10-15）。

许多细菌性病原（如鲑肾杆菌）生长缓慢而且难以培养，而病毒和立克次氏体只能用细胞培养增殖，因此用培养方法来生产灭活疫苗则需要花费很高。目前，人们更关注应用 DNA 重组技术生产疫苗，在体外克隆和表达病原体中编码保护性抗原（细菌毒素或表面蛋白或病毒的外壳蛋白）的基因，用于制备亚单位疫苗（图 10-15）。该法已被用于几种疫苗的生产中，包括能对疖疮病（基于丝氨酸蛋白酶）、立克次氏体病（基于 OspA 膜蛋白）与细菌性肾病（基于溶血素和金属蛋白酶）起到预防作用的疫苗。病毒性疾病如鲑传染性贫血病（ISA）和传染性胰脏坏死病（IPN）的亚单位疫苗都是以衣壳蛋白为基础生产的。开发重组亚单位疫苗的花费很高，但若用大肠杆菌或酵母表达疫苗的亚单位，所需花费比传统的全菌或全毒苗要少。国际上注册的亚单位疫苗已报道 2 种：传染性胰脏坏死病毒（IPNV）亚单位疫苗和鲤春病毒血症病毒（SVCV）亚单位疫苗。

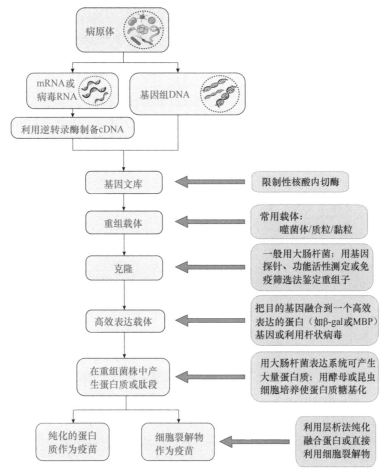

图 10-15　基因克隆法生产融合蛋白疫苗的主要步骤

β-gal，β-半乳糖苷酶；MBP，麦芽糖结合蛋白

4. 核酸疫苗

核酸疫苗（nucleic acid vaccine）是将编码某种抗原蛋白的外源基因（DNA 或 RNA）直接导入动物体细胞内的表达系统合成抗原蛋白，诱导宿主产生对该抗原蛋白的免疫应答，以达到预防和治疗疾病的目的。核酸疫苗具有减毒活疫苗和亚单位疫苗的综合特性，但没有致病性，且容易生产，不需要冷藏，使用安全，在生产灵活性、可扩展性和成本竞争方面比其他疫苗更有优势，近 20 年来已经研发了几种用于水产养殖的核酸疫苗。

1）DNA 疫苗

DNA 疫苗（DNA vaccine）是一种含有编码保护性抗原决定簇的真核表达质粒，其上含有宿主的高效启动子，可利用宿主细胞表达病原的抗原分子。可通过"基因枪（gene gun）"把表面覆盖有 DNA 的细小金颗粒射入到宿主皮肤和肌肉组织中。鱼类细胞能够高效表达由真核表达载体编码的外源蛋白。有研究表明病毒性出血败血症（VHS）和传染性造血器官坏死病（IHN）的 DNA 疫苗已产生了保护性免疫，但人们仍需要对质粒载体和转化系统、免疫保护期限、激活恰当的免疫反应及安全性问题进行进一步研究。

遗憾的是,公众不喜欢把基因工程技术应用到食物链中,人们仍不能接受融合了快速生长基因的转基因鱼。但 DNA 疫苗并不是转基因,因为这种 DNA 没有被引入到生殖细胞中。DNA 疫苗在水产养殖中有极大的潜力,尤其是在由病毒、寄生虫和难培养细菌引起的病害控制方面作用更为显著。

DNA 疫苗用于鱼类疾病的防治可以产生很强的免疫应答,可以在鱼体内长期表达,而质粒本身并不引起机体产生免疫应答。与蛋白质疫苗相比,DNA 疫苗受温度的影响较小,生产成本低。同时,DNA 疫苗也有不完善之处,如产生 DNA 抗体、过敏反应、注射部分损伤、炎性反应、全身性组织毒性、遗传和繁殖毒性等,且其多采用肌内注射,耗时费力,不适用于鱼苗和经济价值较低的鱼类,在实际生产中有一定的局限性,因此探索有效的免疫方法是 DNA 疫苗研究亟需解决的问题。对于 DNA 可能整合到宿主细胞染色体上造成插入突变的问题,到目前为止,诸多研究都未发现该现象,在鱼用疫苗的应用实验上也没有发现质粒整合到鱼类染色体上的现象。目前,国际上已有一种注册的 DNA 疫苗用于免疫鲑鱼,即加拿大生产的 IHNV 疫苗。

2) RNA 疫苗

RNA 疫苗(RNA vaccine)由编码病原体特异性抗原蛋白的 mRNA 序列组成,具有许多优势。在安全性上,RNA 在胞质中发挥作用,没有整合到基因组的风险,且 RNA 在细胞内易降解,没有感染性。在免疫效率上,RNA 免疫原性高,可多次翻译。在生产应用上,RNA 可以在短时间内合成,能快速规模化生产。RNA 疫苗有非复制型 RNA 和自我复制型(self-amplifying,SAM)RNA 两种疫苗应用形式。前者仅编码抗原蛋白,结构简单,但需要成熟的优化工艺才能在较低的剂量下诱发有效的免疫应答;后者是利用病毒为载体,将外源抗原基因替换病毒的非结构基因,病毒在转染细胞内扩增,从而使抗原基因大量表达。SAM 疫苗需要的免疫剂量低,起效时间长,多以甲病毒为载体。Kalsen 等于 2009 年以一种鲑甲病毒(SAV)为载体构建了鲑贫血病病毒(ISAV)的 SAM 疫苗,该疫苗在不加佐剂的情况下对鱼肌内注射进行免疫,对 ISA 有很高的保护作用,显示了其作为水产养殖候选疫苗的巨大潜力。

10.4.3.2 鱼类疫苗的接种途径

鱼类疫苗的接种途径主要有浸泡、注射和口服。

1. 浸泡免疫

对幼鱼(15 g 以下)常用浸泡免疫,即把鱼放在疫苗稀释液中进行短时间浸泡。该方法适于幼鱼的大量接种,应用方便,效果较好。Amend 和 Frender 于 1976 年首次成功应用该法对鱼类进行接种。

鱼体大小是影响浸泡免疫应答的主要因素。大部分浸泡免疫的实验用鱼都在 10 g 以上,有研究报道 1 g 以上的鲑鱼也能成功获得抗鳗利斯顿氏菌病的免疫力,2.5 g 或更大的免疫应答效果更好;也有实验表明 0.5 g 的虹鳟鱼和大菱鲆在浸泡免疫中也能获得有效的免疫力。对大菱鲆的浸泡免疫多用体长为 40~70 mm、体重为 4~10 g 的幼鱼。

鳃、皮肤和肠道均是抗原的吸收部位，鳃是主要吸收部位。鱼体经高渗处理后，鳃、皮肤、血液及肠道吸收抗原的数量均比直接浸泡法高，原理是高渗处理使鱼表皮脱水，促进了抗原的吸收。具体处理方法：鱼体先在 5.3% NaCl 溶液中充气浸泡 10 min 或在 8% NaCl 溶液中充气浸泡 5 min，再放入 10 倍稀释的疫苗（10^8 CFU/mL）中浸泡。免疫效果与疫苗浓度和浸泡时间呈正相关，浸泡免疫时间通常为 10～60 min，适当地延长浸泡时间会获得更高的免疫保护力，且不会对鱼体造成伤害。另外，在浸泡免疫中结合使用超声波技术处理，可获得相当于注射免疫的抗体应答水平与免疫保护力。

浸泡免疫的鱼产生血清抗体较慢、抗体效价较低、免疫应答持续时间短，抗体效价有时从第 4 周即开始下降，且免疫效果与鱼的个体大小关系密切。因此，最好间隔适当时间进行再次免疫，其体内抗体效价会很快升高并高于初免效价。

2. 注射免疫

注射免疫效果可靠，是最有效的接种方法。疫苗通过腹腔注射法获得的免疫保护力比其他方法高，尤其是含有可溶性成分的病毒疫苗和细菌疫苗更适合采用该法。注射时，经常要用佐剂使抗原缓慢释放并提高免疫反应。

该法的不足之处：一般不能够应用于小于 7 g 的幼鱼，多应用于 10 g 以上的鱼；注射的过程会对鱼造成损伤；操作烦琐，工作量大。国外使用疫苗自动注射装置，即先将鱼从水中转运到注射仓，再利用连续注射器进行注射，即使这样人工成本仍很高。2002年，有学者研发了一种疫苗穿刺接种器，可使正在接受免疫的鱼在浸泡免疫的同时在鱼体两侧进行多孔穿刺免疫，其免疫效果与注射免疫效果完全相同。

3. 口服免疫

这是鱼类疫苗最理想的施用方式。Duff 于 1942 年首次将灭活的杀鲑气单胞菌疫苗口服免疫硬头鳟，并获得成功。口服疫苗可用投喂方式免疫大规模的粗养鱼群，不受鱼体大小及时间的限制，对鱼类不产生伤害，且便于再次免疫。主要问题是：肠道相关淋巴组织是免疫应答的部位，位于鱼后肠；然而抗原在到达后肠前，就会在胃和前肠中被降解。如果将疫苗加到饵料中投喂，而饵料不经灭菌处理，其中的杂菌会对疫苗进行降解，从而降低抗原的免疫效果。这些问题可通过微胶囊来解决，即利用可被生物降解的聚合物如丙交酯乙交酯共聚物（poly DL-lactide-co-glycolide）把疫苗包裹起来形成微胶囊。用微胶囊弧菌疫苗对草鱼和虹鳟进行的口服免疫有效地预防了鳗利斯顿氏菌感染。许多商业性疫苗也是利用这种方法或类似的方法制备的。另外，用价格较低且能被鱼类消化吸收的褐藻胶包被灭活菌体抗原制成的口服疫苗，也取得了理想的免疫效果。将免疫与营养相结合研制新型口服免疫制剂，将会是鱼类免疫的一条新途径。

10.4.3.3　免疫效果的测定方法

对鱼类免疫效果的测定主要通过两种方式：攻毒实验和抗体效价的测定。

1. 攻毒实验

通过攻毒实验，计算疫苗的相对免疫保护力（relative percent survival，RPS）。通常免疫接种后 4 周，对免疫组注射活菌攻毒，同时设对照组。攻毒后正常饲养，连续观察比较，统计死亡率，计算相对免疫保护力。

$$RPS=(1-免疫组死亡率/对照组死亡率)\times100\%$$

鱼用疫苗的安全性与有效性最为重要。美国农业部曾规定商用疫苗在鱼体接种 1～14 d 的存活率要达到 95%以上才允许生产。测定 RPS 可以对疫苗的有效性作出判断。实验用鱼的健康状况也影响到上述计算结果。

2. 抗体效价的测定

一般利用微量凝集反应测定鱼血清中所含抗体的效价。抗原为免疫用疫苗，从免疫鱼体采血制成血清用于测定抗体效价。抗体效价测定能真实地反映出鱼经免疫后所产生抗体的作用效果，对鱼的采血量很少，不影响鱼的存活，因此该方法已在鱼的免疫效果测定中被广为采用。

10.4.4 免疫增强剂和益生菌

许多复杂的化学物质，如酵母和双歧杆菌属（*Bifidobacterium*）的葡聚糖、甘露寡聚糖和肽聚糖等复杂的多聚糖类，可提高鱼类的非特异性免疫反应水平。有研究表明，对大西洋鲑鱼腹腔注射或者口服葡聚糖，可提高其对鳗利斯顿氏菌和杀鲑弧菌的免疫力。有些化合物可与鱼体的吞噬细胞和淋巴细胞表面的特异性受体结合，使酶、干扰素、白细胞介素和补体蛋白的合成量增加，并增强 T 淋巴细胞（T 细胞）和 B 淋巴细胞（B 细胞）的免疫活性。用含有这些化合物的饲料投喂养殖的鲑鱼，可增加其对弧菌病、疖疮病、细菌性肾病和一些病毒的抗性。

益生菌（probiotics）一般被定义为活的微生物食物添加剂，它们通过与有害细菌的竞争诱导肠道菌群发生有利的变化，对生物的健康有益。益生菌往往通过竞争排斥病原菌、产生抗菌物质或与病原体争夺营养，或者作为非特异性免疫刺激物而发挥作用；也可能通过产生维生素、降解有害化合物或消化复杂的化合物来保证机体健康（详见 11.1 节）。

10.4.5 病原菌群体感应淬灭技术

抗生素的滥用进一步加快了细菌抗药性的出现，而新型抗生素的研发速度已经大大降低，由此促使人们开发不同于传统抗生素的细菌性病害治疗手段。其中一种具有开发前景的方法为抗毒力治疗（antivirulence therapy），该法是以细菌的毒力（毒力因子的表达、功能与运输及细菌的黏附作用等）为靶位，能够大大降低细菌的侵袭力，从而减少疾病的发生。

很多病原菌的 QS 与毒力关系密切。由于 QS 信号分子不是细菌生存所必需的，群体感应淬灭（quorum quenching，QQ）分子可以在不杀死细菌的情况下通过抑制/分解 QS 信号分子的表达或释放，从而降低其毒力基因的表达，减少病原菌毒性，因此 QQ 是一种极具开发前景的抗毒力治疗手段。QQ 作用可发生在 QS 通路的各个阶段：①抑制信号分子的合成；②阻断信号分子的传导，包括抑制信号分子的运输和分泌，或隔离信号分子；③化学或生物降解信号分子；④抑制信号分子受体蛋白的活性。根据 QQ 活性物质的分子量大小，将其分为小分子 QS 阻抑物（QS inhibitor，QSI）及大分子 QQ 酶。

10.4.5.1　小分子 QSI

小分子 QSI 主要是通过与 QS 信号分子合成酶或受体蛋白特异性结合，而使信号分子的合成或识别过程受阻，最终阻断整个 QS 信号通路传递，达到反向调控靶基因表达的目的。

目前对 N-酰基高丝氨酸内酯（N-acyl homoserine lactone，AHL）类 QSI 的研究最广泛，也最深入。海洋 AHL 类 QSI 主要来自细菌、真菌、藻类、苔藓虫、珊瑚和海绵；陆地 AHL 类 QSI 大部分来自植物，小部分来自细菌、真菌和昆虫。卤化呋喃酮是 AHL 分子的类似物，最常见的结构式如图 10-16 所示，栉齿藻（*Delisea pulchra*）能够产生至少 30 种不同的卤化呋喃酮，能有效降低由 AHL 调控的铜绿假单胞菌致病因子和生物被膜的形成。呋喃酮能够抑制费氏另类弧菌（*Aliivibrio fischeri*）及哈维氏弧菌的毒力基因表达，还能通过抑制 AI-2 信号分子的活性来降低大肠杆菌产生生物被膜的能力。海洋红藻（*Ahnfeltiopsis flabelliformis*）产生的 QSI 活性物质有红藻糖、左旋水苏碱和羟乙磺酸。巨大鞘丝藻（*Lyngbya majuscula*）产生多种物质来抑制铜绿假单胞菌 QS 的 Las 通路，包括鞘丝藻内酯（malyngolide，MAL）、鞘丝藻酰胺（malyngamide）、lyngbic acid 及 lyngbyoic acid。瘦鞘丝藻属的 *Leptolyngbya crossbyana* 能够合成化合物 honaucins A-C，其具有抗炎症以及抑制 QS 的双重活性。

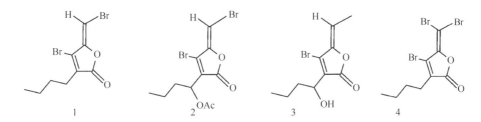

图 10-16　最常见的 4 种呋喃酮结构式（Singh，2015）

多种海洋微生物也能够产生 QSI。盐渍喜盐芽孢杆菌（*Halobacillus salinus*）产生两种 QSI 化合物，即 N-2-苯乙基-异丁酰胺（N-[2-phenylethyl]-isobutyramide）和 3-甲基-N-2-苯乙基-丁酰胺（3-methyl-N-[2-phenylethyl]-butyramide），其能有效地抑制紫色色杆菌（*Chromobacterium violaceum*）中紫色杆菌素的合成及 AHL 报告菌 JB525 中 GFP 的表达。蜡样芽孢杆菌（*Bacillus cereus*）和海杆菌（*Marinobacter* sp.）SK-3 能够产生抑制 AHL 类 QS 的环缩二氨酸（diketopiperazine，DKP）。海洋放线菌产生的杀粉蝶菌素（piericidin）能抑制紫色色杆菌的紫色杆菌素的合成。

很多水果、食物和药用植物也具有 AHL 类 QS 抑制活性。很多 QSI 分子属于酚类化合物，如类黄酮、单宁类物质。风车子植物 *Combretum albiflorum* 的树皮存在一种儿茶素（flavan-3-ol catechin），是具有 QSI 活性的类黄酮物质，能抑制铜绿假单胞菌转录调控因子 RhlR 的活性，从而降低该菌的毒力。柑橘类和中医药用植物的类黄酮也具有很强的 QSI 活性。鞣花单宁及植物的单宁物质能够抑制紫色色杆菌和铜绿假单胞菌的 QS 系统。拟南芥的 γ-羟基丁酸、樟属植物的肉桂醛、西柚汁的内酯和花椰菜的萝卜硫素都具有 QSI 活性。

相比于 AHL 类 QSI，抑制其他 QS 系统的天然化合物数量很有限。寡肽类物质和金缕梅单宁能够抑制葡萄球菌属（*Staphylococcus*）的 Agr 类的 QS 系统。白假丝酵母（*Candida albicans*）的 QS 信号分子金合欢醇能够通过促进 PQS 系统中 PqsR 和 pqsA 启动子的结合，从而抑制铜绿假单胞菌的毒力。呋喃酮和肉桂醛类物质是最有效的 AI-2 抑制物。肉桂醛是一种在食品工业中广泛使用的调味料，能够通过降低哈维氏弧菌 LuxR 的 DNA 结合能力来抑制其 AI-2 类和 AHL 类 QS 通路，并且能显著地提高秀丽隐杆线虫（*Caenorhabditis elegans*）抗弧菌的能力。

10.4.5.2　QQ 酶

已发现的大分子 QQ 物质主要是针对 AHL 类 QS。哺乳动物、植物、真菌、古菌和细菌等都存在能够降解 AHL 的活性物质。AHL 降解酶根据降解机制可分为 AHL 内酯酶（内酯环的水解作用）、AHL 酰基转移酶（氨基水解作用）和 AHL 氧化还原酶（图 10-17）。但是也有少数研究报道了 DSF、PQS 和 AI-2 分子的酶解现象。例如，芽孢杆菌属、葡萄球菌属和假单胞菌属（*Pseudomonas*）的多种细菌能够降解 DSF 分子；节杆菌属（*Arthrobacter*）的 2,4-双加氧酶 Hod 能够降解 PQS 分子。胞内酶 LsrK 能够使 AI-2 分子磷酸化，但磷酸化的 AI-2 非常不稳定。

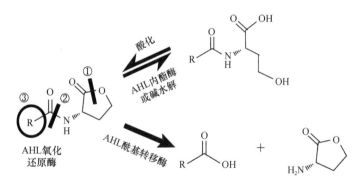

图 10-17　AHL 降解酶的不同作用方式
①～③分别为 AHL 内酯酶、酰基转移酶和氧化还原酶的切割或催化位点

1. AHL 内酯酶

AHL 内酯酶可分为金属-β-内酰胺酶家族、磷酸三酯酶（phosphotriesterase，PTE）家族及一些其他特殊的 AHL 内酯酶类。从环境中能分离到在不同程度上降解 AHL 的菌株。芽孢杆菌的 AiiA 酶是第一个被鉴定的 AHL 内酯酶，属于金属-β-内酰胺酶家族，对不同长度的 AHL 分子都具有强降解活性，但更倾向于降解长链的 AHL 分子。除芽孢杆菌外，还发现了很多具有 AHL 内酯酶活性的细菌及相应的内酯酶，如根癌土壤杆菌（*Agrobacterium tumefaciens*）产生的 AttM 和 AiiB 内酯酶，节杆菌属产生的 AhlD，肺炎

克雷伯菌（*Klebsiella pneumonia*）产生的 AhlK，苍白杆菌属（*Ochrobactrum*）产生的 AidH，微杆菌属（*Microbacterium*）产生的 AiiM，红球菌属（*Rhodococcus*）产生的 QsdA 等。汤开浩等于 2013 年从健康牙鲆中发现了 25 株（14 个种）具有 AHL 降解活性的菌株，其中 12 种细菌的 AHL 降解活性为首次报道；还发现了一种新型的 AHL 内酯酶 MomL，能够显著降低铜绿假单胞菌对秀丽隐杆线虫的致病性。

2. AHL 酰基转移酶

争论贪噬菌（*Variovorax paradoxus*）VAI-C 是最早被发现具有 AHL 酰基转移酶活性的细菌，第一个经实验证明的 AHL 酰基转移酶是罗尔斯通氏菌（*Ralstonia* sp.）XJ12B 的 AiiD。大多数的 AHL 酰基转移酶都属于 Ntn 水解酶家族，如丁香假单胞菌（*Pseudomonas syringae*）的 HacA、链霉菌（*Streptomyces* sp.） M664 的 AhlM、鱼腥藻（*Anabaena* sp.）PCC7120 的 AiiC、马耳他布鲁氏菌（*Brucella melitensis*）的 AibP、希瓦氏菌（*Shewanella* sp.）MIB015 的 Aac 等，这类转移酶通常由两个或更多亚基构成，其酶原需经过一系列翻译后修饰才能产生有活性的酶。体外实验表明，AiiD 和 AhlM 能大大地降低铜绿假单胞菌的涌动性、胞外弹性蛋白酶活性、绿脓菌素的分泌及对线虫的致病性。与 AHL 内酯酶相比，AHL 酰基转移酶通常对不同酰基侧链长度的 AHL 的降解能力不同，而内酯酶则对链长无偏好性，具有更广泛的底物特异性。

3. AHL 氧化还原酶

AHL 氧化还原酶的作用是修饰 AHL 分子的部分官能团，经修饰后的 AHL 分子就不能被相应的受体识别。红平红球菌（*Rhodococcus erythropolis*）W2 是最早发现具有 AHL 还原活性的菌株，能降解 3-oxo-AHL；巨大芽孢杆菌（*Bacillus megaterium*）的 P450 单氧化酶 CYP102A1 能够氧化一系列 AHL；通过宏基因组筛选获得的 NADH-依赖性 AHL 氧化还原酶 BpiB09 具有降解 3OC12-HSL 的活性，该酶在铜绿假单胞菌中的异源表达能够有效地减少 AHL 的积累，从而抑制其涌动性、绿脓菌素的产生、生物被膜的形成及对秀丽隐杆线虫的致病性。

利用 QQ 技术来抵抗病原菌的感染，不易诱导细菌的耐药突变，有望替代抗生素，在水产养殖业中具有重要价值。在将这种新的策略应用于水产养殖业之前，要注意以下几点：第一，需要更深入地研究 QQ 对水生病原菌的作用机制，进而阐明它能否成为一种在水产养殖业中真正有效的抗感染策略；第二，需要进一步研究 QQ 的多种不同技术，来确定哪种最适合于水产养殖业，并且应当考虑这种技术对人的健康和水产养殖系统本身的影响；第三，需要考虑 QQ 化合物的使用方法等；第四，不能忽视病原菌对 QQ 分子产生抗性的可能性。

10.4.6　噬菌体治疗

噬菌体治疗（phage therapy）是指利用噬菌体能够裂解细菌的特性来治疗人或动物的细菌性感染。噬菌体分为烈性噬菌体（lytic phage）与温和噬菌体（temperate phage），在实际养殖中通常采用前者来进行治疗。目前，已有大量水产病原菌的噬菌体及其在水产养殖中进行应用试验的报道，结果显示其能减少养殖环境中的病原数量、有效提高养殖动物的存活率，其中主要的病原为弧菌、格氏乳球菌、香鱼假单胞菌、嗜水气单胞菌等。噬菌体具有宿主特异性高、裂解性强、自我复制快、绿色环保等特点，因此其作为抗生素替代品来防控细菌性疾病具有潜在的市场前景。但噬菌体治疗在应用中仍存在一些问题：①细菌对噬菌体可能产生抗性；②裂解细菌谱窄；③可能携带毒素基因；④可能参与毒力基因转移。噬菌体最终是否能成为控制致病菌的替代品，仍然需要研究者和管理者的共同努力。

主要参考文献

崔利锋, 张显良, 李书民. 2020. 2020 中国水生动物卫生状况报告. 北京: 中国农业出版社.

张晓华, 等. 2016. 海洋微生物学. 2 版. 北京: 科学出版社.

Abayneh T, Colquhoun DJ, Sørum H. 2013. *Edwardsiella piscicida* sp. nov., a novel species pathogenic to fish. J Appl Microbiol, 644-653.

Amaro C, Sanjuan E, Fouz B, Pajuelo D, Lee CT, Hor LI, Barrera R. 2015. The fish pathogen *Vibrio vulnificus* Biotype 2: epidemiology, phylogeny, and virulence factors involved in warm-water vibriosis. Microbiol Spectrum, 3(3). doi: 10.1128/microbiolspec. VE- 0005-2014.

Austin B, Austin DA. 2007. Bacterial Fish Pathogens: Diseases of Farmed and Wild Fish. 4th ed. New York-Chichester: Springer-Praxis Publishing.

Avendano-Herrera R, Maldonado JP, Tapia-Cammas D, Feijoo CG, Calleja F, Toranzo AE. 2014. PCR protocol for detection of *Vibrio ordalii* by amplification of the *vohB* (hemolysin) gene. Dis Aquat Organ, 107: 223-234.

Avendaño-Herrera R, Toranzo AE, Magariños B. 2006. Tenacibaculosis infection in marine fish caused by *Tenacibaculum maritimum*: a review. Dis Aquat Org, 71: 255-266.

Bai F, Han Y, Chen J, Zhang XH. 2008. Disruption of quorum sensing in *Vibrio harveyi* by the AiiA protein of *Bacillus thuringiensis*. Aquaculture, 274: 36-40.

Bai F, Sun B, Woo NYS, Zhang XH. 2010. *Vibrio harveyi* hemolysin induces ultrastructural changes and apoptosis in flounder (*Paralichthys olivaceus*) cells. Biochem Biophys Res Commun, 395: 70-75.

Bjelland AM, Fauske AK, Nguyen A, Orlien IE, Ostgaard IM, Sorum H. 2013. Expression of *Vibrio salmonicida* virulence genes and immune response parameters in experimentally challenged Atlantic salmon (*Salmo salar* L.). Front Microbiol, 4: 401.

Chen F, Gao YX, Chen XY, Yu ZM, Li XZ. 2013. Quorum quenching enzymes and their application in degrading signal molecules to block quorum sensing-dependent infection. Int J Mol Sci, 14: 17477-17500.

Chen YM, Wang TY, Chen TY. 2014. Immunity to *Betanodavirus* infections of marine fish. Develop Comparat Immunol, 43: 174-183.

Clara FÁ, Ysabel S. 2018. Identification and typing of fish pathogenic species of the genus *Tenacibaculum*. Appl Microbiol Biotech, 102: 9973-9989.

Defoirdt T. 2013. Virulence mechanisms of bacterial aquaculture pathogens and antivirulence therapy for aquaculture. Reviews in Aquaculture, 5: 1-15.

Frans I, Michiels CW, Bossier P, Willems KA, Lievens B, Rediers H. 2011. *Vibrio anguillarum* as a fish pathogen: virulence factors, diagnosis and prevention. J Fish Dis, 34: 643-661.

Hall LM, Duguid S, Wallace IS, Murray AG. 2015. Estimating the prevalence of *Renibacterium salmoninarum*-infected salmonid production sites. J Fish Dis, 38: 231-235.

Jones MK, Oliver JD. 2009. *Vibrio vulnificus*: disease and pathogenesis. Infect Immun, 77: 1723-1733.

Leung KY, Siame BA, Tenkink BJ, Noort RJ, Mok YK. 2012. *Edwardsiella tarda*-virulence mechanisms of an emerging gastroenteritis pathogen. Microbes Infect, 14: 26-34.

Ma J, Timothy JB, Evan MJ, Kenneth DC. 2019. A Review of fish vaccine development strategies: conventional methods and modern biotechnological approaches. Microorganisms, 7: 569.

Mohammad RD, Mansour ElM, Simon ML. 2020. Mycobacteriosis and infections with non-tuberculous Mycobacteria in aquatic organisms: a review. Microorganisms, 8: 1368.

Munn CB. 2011. Marine Microbiology: Ecology and Applications. 2nd ed. London and New York: BIOS Scientific Publishers.

Munn CB. 2020. Marine Microbiology: Ecology and Applications. 3rd ed. London: CRC Press, Taylor & Francis Group.

Pena RT, Blasco L, Ambroa A, Bertha GP, Laura FG, Maria L, Bleriot I, German B, Rodolfo GC, Keith WT, Maria T. 2019. Relationship between quorum sensing and secretion systems. Front Microbiol, 10: 1100.

Romero M, Martin-Cuadrado AB, Roca-Rivada A, Cabello AM, Otero A. 2011. Quorum quenching in cultivable bacteria from dense marine coastal microbial commmuities. Fems Microbiology Ecology, 75(2): 205-217.

Shao S, Lai Q, Liu Q, Wu H, Xiao J, Shao Z, Wang Q, Zhang Y. 2015. Phylogenomics characterization of a highly virulent *Edwardsiella* strain ET080813T encoding two distinct T3SS and three T6SS gene clusters: Propose a novel species as *Edwardsiella anguillarum* sp. nov. Syst Appl Microbiol, 38: 36-47.

Singh RP. 2015. Attenuation of quorum sensing-mediated virulencein Gram-negative pathogenic bacteria: implications for the post-antibiotic era. Med Chem Comm, 6: 259-272.

Tang K, Su Y, Brackman G, Cui F Y, Zhang Y, Shi X, Coenye T, Zhang XH. 2015. MomL, a novel marine-derived *N*-acyl homoserine lactonase from *Muricauda olearia*. Appl Environ Microbiol, 81: 774-782.

Tang K, Zhang XH. 2014. Quorum quenching agents: resources for antivirulence therapy. Mar Drugs, 12: 3245-3248.

Tang L, Yue S, Li GY, Li J, Wang XR, Li SF, Mo ZL. 2016. Expression, secretion and bactericidal activity of type VI secretion system in *Vibrio anguillarum*. Arch Microbiol, 198: 751-760.

Wang B, Yu T, Dong X, Zhang Z, Song L, Xu Y, Zhang XH. 2013. *Edwardsiella tarda* invasion of fish cell lines and the activation of divergent cell death pathways. Vet Microbiol, 163: 282-289.

Wang Q, Yang M, Xiao J, Wu H, Wang X, Lv Y, Xu L, Zheng H, Wang S, Zhao G, Liu Q, Zhang Y. 2009. Genome sequence of the versatile fish pathogen *Edwardsiella tarda* provides insights into its adaptation to broad host ranges and intracellular niches. PLoS One, 4: e7646.

Xie ZY, Ke SW, Hu CQ, Zhu ZQ, Wang SF, Zhou YC. 2013. First characterization of bacterial pathogen, *Vibrio alginolyticus*, for *Porites andrewsi* white syndrome in the south China Sea. PLoS One, 8: e75425.

Xu T, Zhang XH. 2014. *Edwardsiella tarda*: An intriguing problem in aquaculture. Aquaculture, 431: 129-135.

Ye G, Yaokuan L, Pengmei W, Zhaolan M, Ming Z, Jie L, Shulan L, Guiyang L. 2021. Isolation, identification and vaccine development of serotype III *Streptococcus parauberis* in turbot (*Scophthalmus maximus*) in China. Aquaculture, 538: 736525.

Zhang Z, Yu Y, Wang K, Wang Y, Jiang Y, Liao M, Rong X. 2019. First report of skin ulceration caused by *Photobacterium damselae* subsp. *damselae* in net-cage cultured black rockfish (*Sebastes schlegeli*). Aquaculture, 503: 1-7.

复习思考题

1. 简述微生物引起的鱼类疾病有哪些主要临床症状？病原菌的诊断方法有哪些？

2. 鱼类的主要病原菌都有哪些？试举一例说明你对该种病原菌的致病机制及其防治手段的了解，并说明应如何研究病原菌的致病机制。

3. 病原菌的分泌系统有哪些特点?它们在病原菌的致病过程有哪些作用？

4. 请简要描述病原菌在不同致病阶段的致病机制。

5. 举例说明病原菌的毒力因子都有哪些？这些毒力因子在病原菌致病过程中发挥着什么作用？

6. 列举鱼类传染性病害的主要防控策略。

7. 鱼类疫苗主要有哪些种类？请列举各种疫苗的制备方法及优缺点。

8. 一种好的疫苗需要符合哪些条件？在大规模的水产养殖中哪种疫苗是最适合生产应用的？在保证安全的前提下应如何应用疫苗以取得最大的收益？

9. 对鱼类免疫的效果有哪些测定方式？

10. 群体感应淬灭主要包括哪些作用方式？目前已发现应用群体感应淬灭技术进行病害防控时也可以产生抗性，这种抗性的产生与应用抗生素有何不同？如何调整群体感应淬灭技术的应用以减少抗性的产生？

11. 海洋病原菌给我国海水养殖鱼类造成了极大的危害，你认为有哪些对环境友好的病害防治措施？

12. 在某一大菱鲆养殖场，养殖工人发现部分鱼游动缓慢，且有少量死亡。如果你是该养殖场的技术经理，你将如何诊断此鱼所患疾病？并采取什么措施以使经济损失降到最低？

（莫照兰　张晓华　王晓磊）

第 11 章　海洋微生物的开发利用

本章彩图请扫二维码

微生物是地球上种类最多、分布最广、与人类关系最密切的生物。如果陆地土壤被称为微生物的"大本营"，那么占地球面积 71%的海洋，则可被称为海洋微生物的"根据地"。辽阔、特殊的海洋环境赋予了海洋微生物独特的物种、生理功能和代谢类型的多样性，且这些海洋微生物与陆地生态环境及人类的生存有着密切的关系。自然界的微生物对人类的作用，无论是在体内或体外、直接或间接，均可归结为两种关系：有益无害或有害（包括病原微生物）（图 11-1）。下文中"有益"或"有害"均从人类及社会的角度出发，毕竟对整个自然界而言，没有单纯的"有害"微生物。

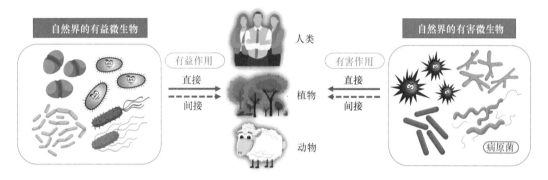

图 11-1　自然界的微生物与人类的作用关系

虽然许多海洋微生物是有害的（如有些类群是人类及动植物的病原体，还有些类群会造成金属等材料的腐蚀或引起生物污损等危害），但这些有害类群在所有海洋微生物中仅占少数。绝大多数海洋微生物对人类是有益的，它们在海洋生态系统的物质循环和能量流动、生态平衡及环境保护等方面均发挥重要作用。海洋微生物资源的综合开发利用在当今尤为重要，是向海洋进军的重要方面。我们的目的是通过开发利用海洋中的有益微生物资源，消除或控制有害菌，化弊为利；或以菌制菌、以菌治害，从而保护生态环境，造福人类。表 11-1 总结了海洋微生物在多个领域的应用价值及部分微生物所造成的危害。

表 11-1　海洋微生物的应用价值及造成的危害

海洋微生物的应用	举例
水产养殖	益生菌，疫苗，疾病诊断
化妆品	脂质体，聚合物，防晒油中的遮光剂
环境和生态保护	污染物的生物降解，无毒防污剂，杀虫剂，毒理学中的生物测定，废物处理，疾病诊断
食品加工	酶，香料，色素，防腐剂，质地改良
制造工业	生物电子学，聚合物，结构成分

续表

海洋微生物的应用	举例
矿石和燃料	石油和煤的脱硫，锰结核形成，石油提炼，生物制氢
营养保健品	抗氧化剂，滋补品，健康食品
医药品	抗细菌、抗真菌及抗病毒制剂，抗肿瘤制剂和免疫抑制剂，药物传递，酶，神经刺激剂，自洁式埋植剂
纺织业和制纸业	酶，表面活性剂

海洋微生物造成的危害	举例
生物腐蚀	生物污损，金属等材料的腐蚀，石油的硫污染，木材腐烂，重金属迁移
疾病	人类感染和食物中毒，捕捞业与水产养殖的损失
食品腐败	海洋食品腐败变质

11.1 益生菌在海水养殖中的应用

11.1.1 益生菌的概念

益生菌（probiotics）是指为促进动物健康而添加到饲料或以其他方式使用的活的微生物，具有维持宿主的微生态平衡、调节环境微生态失调和提高动物健康水平的功能。广义的益生菌还包括微生物的代谢产物。益生菌及其代谢产物可被开发为微生态制剂应用于水产养殖中。在水产养殖中，益生菌的作用一般包括 4 个方面：①能够调节水产养殖环境的微生物生态平衡；②能够作为活的微生物添加剂提高动物对饲料的利用或增加饲料的营养价值；③能够提高动物对病害的抵抗力；④能够改善养殖环境。水产养殖中的益生菌主要包括细菌（如乳酸菌、芽孢杆菌、光合细菌等）和真菌（如酵母）。

11.1.2 益生菌的作用机制

生物防治理论在高等陆生动植物病虫害防治方面的应用由来已久，并已取得显著成就。近几十年来，该理论被应用于水产养殖领域。但海水环境远比陆地环境复杂多变，相关有益微生物的作用机制尚缺乏系统深入的研究。许多研究者试图通过在养殖水体中添加有益微生物来调节养殖系统中微生物区系的组成和分布，抑制有害微生物的过量增殖，或加速降解环境中的多余有机质，从而改善养殖生态环境。另外，还可以通过增加饲料生物的产量，提高养殖动物的营养水平，使用免疫制剂增强其抗病能力，减少抗菌药物的使用，最终有效地控制养殖环境的生态平衡，防止暴发性病害的发生，形成水产养殖业的良性循环，达到可持续发展的目的。

综合国内外近 40 年的研究成果，海水养殖中有益微生物主要有以下几种可能的作用机制。

11.1.2.1 产生抑菌物质或竞争性排斥病原菌

在养殖水体和养殖动物消化道内，益生菌通过与病原菌竞争营养物质、生存和繁殖空间，从而抑制病原菌的生长。另外，益生菌能在宿主体表或体内黏膜上皮生长繁殖，形成阻碍病原菌入侵的一道微生物屏障；特别是益生菌在消化道内能产生短链脂肪酸和乳酸，调节环境中的 pH 和氧化还原电位（Eh），并产生抑菌物质，从而抑制病原菌的生长繁殖。

1. 产生抑菌物质

通常细菌之间的拮抗作用包括：产生抑菌物质、铁载体、溶菌酶、蛋白水解酶、过氧化氢酶或通过有机酸改变 pH。这些因素可以单独作用，也可以联合作用。尽管目前已发现很多具有抑菌活性的菌株（表 11-2），但大多数仅进行了体外拮抗实验，而对抑菌物质进行分离纯化和分析的有关报道多集中于芽孢杆菌属（*Bacillus*）、乳杆菌属（*Lactobacillus*）和假交替单胞菌属（*Pseudoalteromonas*）产生的细菌素。

表 11-2　水产养殖动物病原微生物的拮抗菌

拮抗菌	来源	被测试的致病微生物
交替单胞菌（*Alteromonas* sp.）	对虾育苗场	假单胞菌（*Pseudomonas* sp.）、弧菌（*Vibrio* sp.）
芽孢杆菌（*Bacillus* sp.）	多毛类动物	创伤弧菌（*V. vulnificus*）
假交替单胞菌（*Pseudoalteromonas* sp.）	大菱鲆养殖水体	鳗利斯顿氏菌（*Listonella anguillarum*）、哈维氏弧菌（*V. harveyi*）、嗜水气单胞菌（*Aeromonas hydrophila*）、感染性造血细胞坏死病毒（IHNV）
荧光假单胞菌（*Pseudomonas fluorescens*）	虹鳟	鳗利斯顿氏菌
肉杆菌（*Carnobacterium* sp.）	鲶鱼	嗜水气单胞菌、鳗利斯顿氏菌
弧菌（*Vibrio* sp.）	对虾育苗场	副溶血弧菌（*V. parahaemolyticus*）、感染性造血细胞坏死病毒

假交替单胞菌能够产生抑菌、抗病毒等的多种天然生物活性物质，使其在微生物群落中保持生长优势，有效地竞争营养物质和生存空间。产色素和不产色素的假交替单胞菌所产生的生物活性物质有较大差别：产色素种类能够分泌多种胞外活性物质，具有抗细菌、真菌和溶解藻类等活性；而不产色素种类多具有各种胞外酶活性，如卡拉胶降解酶、几丁质酶、褐藻酸酶等。假交替单胞菌产生的生物活性物质主要为低分子质量的抗生素类似物和色素，以及高分子质量的蛋白质、多糖等。

研究者从健康的斑节对虾幼体及其养殖环境中筛选出 5 株对养殖鱼虾的主要病原菌有明显抑菌效果的细菌，发现其均属假交替单胞菌属，其中活性最高的一株被鉴定为橙色假交替单胞菌（*P. aurantia*），该菌能产生一种抗菌蛋白，在生产试验中也表现出一定的应用价值。此外，研究者从海水养殖池中筛选出一株气味黄杆菌（*Flavobacterium odoratum*），发现其对一些主要病原弧菌有较强的抑菌活性。

Yu 等（2012）对分离自健康大菱鲆养殖海水的金丽假交替单胞菌（*P. flavipulchra*）JG1 的抑菌活性进行了研究，发现其对多个种属的菌株具有较强的抑菌活性，如哈维氏弧菌（*Vibrio harveyi*）、鳗利斯顿氏菌（*Listonella anguillarum*）、枯草芽孢杆菌（*Bacillus subtilis*）等，并从中分离出 6 种抑菌物质，包括一种抑菌蛋白（图 11-2A）和 5 种小分子抑菌物质（图 11-2B）。

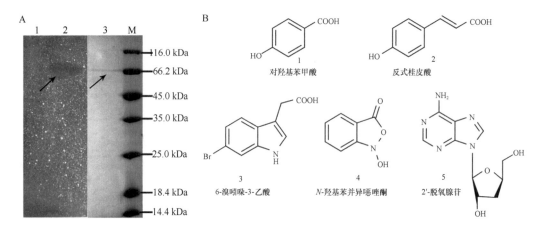

图 11-2　金丽假交替单胞菌分泌的抑菌物质（Yu et al., 2012）

A. 抑菌蛋白 PfaP 的 SDS 聚丙烯酰胺凝胶电泳（SDS-PAGE）及抑菌活性检测。1，对照；2，抑菌蛋白胶内活性检测；
3，抑菌蛋白考马斯亮蓝染色；M，蛋白质标准分子质量。B. 5 种小分子抑菌物质的结构

　　该抑菌蛋白（被命名为 PfaP）共由 694 个氨基酸组成，理论分子质量为 77.0 kDa，不含有信号肽序列。氨基酸序列比对结果显示，PfaP 蛋白与被囊假交替单胞菌（*P. tunicata*）D2 的 L-赖氨酸氧化酶 AlpP 和地中海海单胞菌（*Marinomonas mediterranea*）MMB-1 的抗微生物蛋白 marinocine 分别具有 58% 和 54% 的一致性。由此推测，PfaP 蛋白为一种 L-氨基酸氧化酶，其抑菌活性是由过氧化氢介导的，过氧化氢酶能够抑制其抑菌活性的产生。

　　金丽假交替单胞菌 JG1 中 5 种具有抑菌活性的单体小分子化合物分别为：对羟基苯甲酸、反式桂皮酸、6-溴吲哚-3-乙酸、N-羟基苯并异噁唑酮和 2′-脱氧腺苷（图 11-2B）。这 5 种小分子化合物对鳗利斯顿氏菌均具有抑菌活性，最小抑菌浓度分别为 1.25 mg/mL、1.25 mg/mL、0.25 mg/mL、0.25 mg/mL 和 5.0 mg/mL，其中 6-溴吲哚-3-乙酸的抑菌活性最强，抑菌范围也最广，对革兰氏阳性菌和革兰氏阴性菌均具有抑菌活性。该化合物仅带有一个溴原子，为黄褐色，稀释后呈鲜艳黄色，推测其为菌株 JG1 形成的一种色素分子，使菌落呈现金黄色，该色素分子与抑菌蛋白协同作用使菌株 JG1 表现出良好的抑菌活性。

2. 营养竞争

　　假单胞菌属（*Pseudomonas*）的细菌通常能够与病原菌竞争游离铁离子，从而抑制病原菌的生长繁殖，以保持养殖水体或养殖动物消化道内的微生态平衡，使动物健康生长。研究者发现荧光假单胞菌（*P. fluorescens*）能通过竞争培养基中的游离铁离子，抑制杀鲑气单胞菌（*Aeromonas salmonicida*），减少养殖鲑鱼病害的发生率。另有研究报道荧光假单胞菌也可通过竞争铁离子而抑制病原菌的生长。此外，有研究发现鳗利斯顿氏菌能产生铁载体与奥氏弧菌（*V. ordalii*）争夺铁离子，从而抑制奥氏弧菌的生长。

3. 竞争生态位或附着位点

　　养殖动物的消化道组织表面是益生菌和病原菌竞争的主要附着位点。细菌若要在动

物肠道内生存，内膜和细胞壁表面之间的吸附能力非常重要。因此，对附着点受体的竞争是益生菌对病原菌抑制作用的第一步。研究发现从大菱鲆肠道分离出的细菌对鱼的肠道黏膜的吸附能力强于鳗利斯顿氏菌，且大菱鲆肠道的土著菌能特异性附着于其肠道黏膜，而从皮肤黏膜上分离的细菌对大菱鲆肠道黏膜的附着能力则较差。此外，在体外进行的细菌附着黏膜实验表明肉杆菌可附着于虹鳟肠道黏膜表面。以上结果证实细菌可以通过对肠黏膜表面附着位点受体的竞争来有效阻止病原菌的附着。

4. 群体感应淬灭作用

群体感应淬灭作用详见 10.4.5 节，此处不再赘述。

11.1.2.2　提供营养成分或分泌消化酶

有些益生菌能够合成多种氨基酸和维生素供宿主利用；有些能产生蛋白酶、脂肪酶、β-葡聚糖酶等，以促进宿主对营养物质的消化和对一些抗营养因子的消除；还有一些益生菌能降低肠道的 pH，有利于铁、钙等元素的吸收，促进 B 族维生素和维生素 K 的合成。

研究者将细菌 CA2 作为饵料添加剂投喂太平洋牡蛎幼虫，提高了幼体的存活率和生长率，他们推测细菌 CA2 为牡蛎幼体提供了藻类中缺少的必需营养元素，或产生了可供幼体消化食物的酶，从而促进了幼体的生长。另有研究者用细菌、硅藻和鞭毛藻制成微生物团块饵料投喂蟹苗，通过荧光染色发现蟹苗消化道内有摄入的微生物食物团块，说明蟹苗以微生物食物团为开口饵料。由此可见，微生物食物团在水产养殖动物幼体食物链中起重要作用，为幼体生长发育提供了营养。比如，光合细菌和海洋红酵母均可被用作养殖动物的饲料添加剂或开口饵料。

11.1.2.3　调节养殖环境中的微生物生态平衡

微生态系统（microecosystem）通常是指生态系统中的正常菌群、宿主以及各种环境因子彼此相互作用而形成的生物与环境的联合体。因此，在讨论微生态系统时，必须重视微环境因子，即微生物等生物因子和 pH、Eh、营养物质、药物及水质条件等非生物因子。

对海水养殖动物的生态学研究表明，正常养殖水体及养殖动物本身都存在一定数量的条件病原菌，其是正常菌群的一部分。具有致病基因或毒力因子的病原菌能使养殖动物患病，但在正常环境中并不占优势，反而能刺激鱼体内产生特异性免疫球蛋白（Ig），提高鱼类抗病能力。因此，养殖动物通常生活的水环境中病原菌和益生菌是相互制约、此消彼长的，达到了动态平衡，而细菌性病害发生的最主要原因则是养殖水体中正常菌群比例失调，病原菌占据了优势地位。调节养殖水体菌群的比例关系，使益生菌群占优势，这样不仅能竞争性抑制病原菌，还可通过产生非特异性免疫调节因子来提高养殖动物的免疫功能。

在海水养殖中，盲目、频繁地施用抗生素，不但难以杀灭病原菌，还会导致养殖环境中正常菌群的比例严重失调，甚至可能催生具有强耐药能力的"超级细菌"；同时抗生素在养殖动物体内的残留，也会对人类的健康造成潜在的危害。

11.1.2.4 修复和改善养殖水环境条件

益生菌主要通过絮凝（flocculation）作用和生物代谢有毒有害物质来修复与改善养殖水环境条件。养殖水体受养殖动物的排泄物及饲料残饵等的影响，会含有较高浓度的有机物，而水体中异养菌数量与有机质的含量呈正相关。养殖水体中的异养菌群多为兼性厌氧菌，通常无法彻底降解有机物。在养殖水体中加入益生菌，一方面可使养殖水体中的颗粒物相互凝聚、沉淀，从而改良水质；另一方面可利用具有独特代谢特点的益生菌降解或转化有害的非生物因子（主要有 NH_3-N、NO_2^--N 及厌氧环境下产生的 H_2S），从而达到净化水质的目的。

1. 微生物絮凝作用

水产养殖业的高密度养殖方式往往使得养殖水体中累积大量的养殖动物排泄物及残饵，导致水质恶化。由于近岸海域环境污染日益严重，即使在养殖中采取循环海水，若中间不加以处理，也只能是污染水的相互转换。在对陆地污水的处理中常加入一些化学絮凝剂以提高处理效果。絮凝剂（flocculant）是一类可使液体中不易沉降的固体悬浮颗粒（粒径 $10^{-7}\sim10^{-3}$ cm）凝聚、沉降的物质。然而，化学絮凝剂并不适宜处理养殖用水，因为这会给养殖水体带入大量无机离子，从而影响水产品的品质甚至人类健康。

相比于传统化学絮凝剂，微生物絮凝剂具有高效、安全的特点。絮凝剂产生菌是一类能合成并分泌有絮凝活性物质的微生物，其种类较多，在细菌、放线菌和酵母中都有发现。微生物产生的絮凝活性物质和水体中颗粒的化学基团发生化学反应，产生沉淀而发生絮凝。研究表明，在海洋细菌中，诸如铜绿假单胞菌（*P. aeruginosa*）、荧光假单胞菌和施氏假单胞菌（*P. stutzeri*），既能高效降解养殖海水中的有机物，又是絮凝剂产生菌，是具有重要开发价值的益生菌菌种。

2. 对养殖水体中有机物及有害无机氮的消减作用

养殖水体中的有机物主要分为两类，即有机碳化物和有机氮化物。益生菌对有机碳化物的降解，主要是利用一些产芽孢菌，如枯草芽孢杆菌、地衣芽孢杆菌（*B. licheniformis*）、多黏类芽孢杆菌（*Paenibacillus polymyxa*）和一些假单胞菌如铜绿假单胞菌、施氏假单胞菌、荧光假单胞菌、恶臭假单胞菌（*P. putida*）等的混合菌制剂，在有氧条件下，通过三羧酸循环将有机碳化物彻底氧化降解为 CO_2 和 H_2O。

有机氮化物中影响养殖动物健康的主要有氨类化合物和亚硝酸盐化合物。鱼类的氨代谢产物可通过三条途径排出：①通过鳃把血液中的 NH_3 排到水中；②NH_4^+ 和 Na^+ 互相转换；③产生无毒的化合物（如尿素等）。以 NH_3 的形式直接排出是大多数鱼类氨代谢产物排出的重要途径。水环境中氨的增加会导致大多数鱼类氨的排出量减少，使得其血液和组织中氨的浓度升高，严重影响动物细胞、器官和系统的生理活动，进而影响鱼类的摄食与生长。亚硝酸盐的毒性则主要表现在影响氧的运输、重要化合物的氧化及损坏器官组织等方面。对有机氮化物的降解需要通过多种微生物的联合作用，经过氨化作用、硝化作用和反硝化作用（详见 8.2 节）多个步骤来完成。

专性好氧的施氏假单胞菌能在半好氧的条件下进行以氧或硝酸盐作为电子受体的

呼吸代谢，具有活跃的反硝化作用且不需要在厌氧的环境中进行。因此，它作为益生菌在修复、改善养殖水环境上有很高的应用价值。施氏假单胞菌中的细胞色素含量较高，其菌落具有特征性颜色。研究者利用间歇曝气法和选择性富集培养基，从养虾池水中筛选到一株具有较高亚硝酸盐去除活性的施氏假单胞菌。在溶解氧（DO）为 $3.80\sim5.21$ mg/L 的培养条件下，该菌株 10 h 内将 NO_2^--N 由 26.18 mg/L 降至零。该菌株只含有亚硝酸盐还原酶 nirS 基因，对于去除养殖水体中的 NO_2^--N 有较高的潜在应用价值。

11.1.2.5　增强养殖动物的免疫功能

迄今为止，非特异性免疫被认为是无脊椎动物仅有的机体防御机制。对虾等甲壳类的非特异性免疫分为细胞因子（cytokine）和体液因子（humoral factor）两种类型，但由于一些体液因子是在细胞内产生的或者储存于细胞内，因此很难将这两种因子严格区分开来。

细胞因子主要是指吞噬细胞的吞噬作用，以及由血细胞产生的包围化及结节形成现象。当大量异物进入机体后，吞噬细胞的吞噬作用难以除去异物，便会与其他细胞联合，将异物包围在由细胞形成的层状结构中使之隔离，形成结节并最终黑色素化。体液因子主要是指存在于血清中的自然凝集素，存在于肝脏、血清及血细胞的杀菌活性因子，以及存在于吞噬细胞或血清中的酚氧化酶前体活化系统等。

甲壳动物机体防御机制的活化，并不像脊椎动物那样必须要求用致病菌作为免疫原，许多微生物多糖如脂多糖、肽聚糖和酵母的 β-1,3-葡聚糖，甚至一些海藻多糖都可以作为激活剂，使受免疫的对虾体内的酚氧化酶活性升高，起到免疫防病效果。

硬骨鱼类虽然是低等脊椎动物，但已有较完善的免疫系统，能行使非特异性与特异性两大免疫防御功能。其对疫苗抗原的应答持续时间较长，一般都能达到 $3\sim5$ 个月，有的在一年以上。细菌性病害是阻碍海水鱼类养殖业发展的重要因素之一，分离病原菌并灭活制成疫苗对养殖鱼类进行免疫，能够增强鱼体自身的抗病能力，从而减少养殖鱼类病害。

11.1.3　光合细菌作为益生菌在海水养殖中的应用

光合细菌（photosynthetic bacteria，PSB）是最早应用于水产养殖的益生菌，可用作养殖动物的饲料添加剂或开口饵料，其色泽鲜艳，修复和改善养殖水环境条件的效果明显。日本在 1965 年就开展了光合细菌在水产养殖中的应用研究，我国于 20 世纪 80 年代首次将光合细菌作为益生菌应用于海水对虾养殖中（图 11-3）。目前，光合细菌在商业微生态制剂中仍占有很大的份额，可以单独使用，也可以与其他种类的益生菌搭配形成复合微生态制剂。

光合细菌是能进行光合作用的一类原核生物。根据光合作用是否产生氧气，可将光合细菌分为产氧和不产氧两大类。产氧的光合细菌又称蓝细菌，能以水为供氢体还原 CO_2 进行产 O_2 的光合作用。不产氧的光合细菌，即狭义的光合细菌，包括厌氧光合细菌与好氧但不产氧光合细菌。

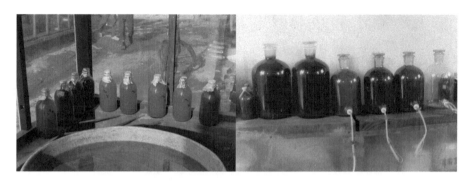

图 11-3 应用于我国水产养殖业的光合细菌（Qi et al., 2009）

光合细菌主要具有两类光合色素，即细菌叶绿素（bacteriochlorophyll，BChl）和类胡萝卜素（carotenoid）。BChl 作为光合细菌的主要色素，是一种含镁的卟啉衍生物，在通过光合磷酸化将光能转变为化学能的过程中起媒介作用。目前，已分离到 6 种带不同侧链基团的 BChl，分别为 BChl a、BChl b、BChl c、BChl d、BChl e 和 BChl g。不同的光合细菌具有不同的 BChl，如紫硫细菌主要具有 BChl a 或 BChl b，而绿硫细菌主要具有 BChl c、BChl d 或 BChl e。类胡萝卜素是光合细菌的辅助色素，共 30 余种，是由 40 个碳原子组成的不饱和烃类化合物。

由于 BChl 和类胡萝卜素具有不同的吸收光谱，且不同光合细菌中这两类色素的种类和数量比例也存在差异，从而影响菌体吸收光谱的波长（图 11-4），使菌体呈现不同的颜色。不同光合细菌的颜色在特定培养条件下具有特征性，但单个菌种的颜色可能会随着培养条件的不同而产生变化。光照强度对光合细菌的 BChl 及类胡萝卜素的合成有显著影响。细菌的生长速率随光强度的增加而上升，而 BChl 和类胡萝卜素的生成量随光强度的减弱而增加。当光照达最大值时，光合细菌的生长速率急剧下降。这一现象可理解为光合细菌适度地吸收光能是其对环境的适应。在超饱和强光下，色素的生成反应及光合膜的生物合成过程受到抑制，同时促进色素的分解。

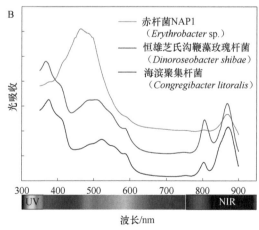

图 11-4 不同光合细菌的颜色（A）和吸收光谱（B）（Koblížek，2015）

UV，紫外光；NIR，近红外光

光合细菌可用作养殖动物的饲料添加剂或开口饵料。光合细菌蛋白质含量（约 65%）高于小球藻（54%）及大豆（39%），此外光合细菌含有对动物生长发育起重要作用的生理活性物质，即辅酶 Q 和多种 B 族维生素，尤其是维生素 B_{12} 含量高，能维持动物正常生长和营养，促进核蛋白的合成。其氨基酸组成接近含甲硫氨酸多的动物蛋白，是养殖动物的优质饲料添加剂，已有许多研究证实其对动物无任何毒性。另外，光合细菌菌体大小仅为小球藻的 1/20，更适于用作刚孵化还不能捕食轮虫的仔鱼的开口饵料。

光合细菌还可改善养殖水体的环境条件。光合细菌能直接利用铵盐、氨态氮作氮源，也有一部分能利用硝酸盐类和尿素，因此这类菌对消除养殖水体中 NH_3-N 或 NO_2^- 的危害发挥了重要作用。然而，光能异养、兼性厌氧的光合细菌在光合作用中不产氧；在有氧存在时，可通过有氧呼吸氧化有机物，这一过程反而会消耗氧气，因此无论是直接的还是间接的增氧之说均是没有依据的。目前，虽然发现某些光合细菌能产生抑菌物质，但未发现其有"噬菌现象"。常见并适于水产养殖应用的光合细菌主要有沼泽红假单胞菌（*Rhodopseudomonas palustris*）、胶状红长命菌（*Rubrivivax gelatinosa*）、荚膜红细菌（*Rhodobacter capsulatus*）等，这些菌广泛分布在近海潮间带表层沉积物中。

11.1.4　益生菌在海水养殖中的应用前景

水产养殖病害的防治方法有很多种，其中鱼用疫苗的开发利用有广阔的前景，它在防病效果上具有不可替代的优越性。然而，目前在鱼用疫苗的开发过程中还面临许多困难，最主要的问题在于，部分鱼用疫苗的免疫效果不稳定，在一定程度上制约了当前疫苗的推广应用。与陆地环境相比，养殖水体中复杂多变的环境因子与养殖动物及正常微生物群落构成一个生态系统，其相互影响、相互作用。国内外大量的研究与实践表明，益生菌应用于海水养殖中能减少和抑制病原微生物的致病作用、加强养殖动物的营养作用、改善养殖水质条件，是维持海水养殖业可持续发展的一条切实可行的途径。

益生菌的有益作用通常是就其在养殖水体中的综合作用而言的，所用的益生菌要比例适当、相互配合。不同类群的益生菌，其作用机制不尽相同。养殖水体的环境受多种因素影响，在施用益生菌时首先需要了解养殖生态环境的基本情况，有针对性地科学施用，而且需要具备监测设施与手段。如果检测到水体中异养菌数量增多，则表明水体中有机物含量增加；如果发生细菌性病害，则表明正常菌群比例可能已经失调，据此则可以采取相应的对策。拮抗菌常被列入益生菌的类群，其加入后会对病原菌起抑制作用，但如果过量加入，则可能会导致副作用。这说明在益生菌施用过程中要有针对性，尤其是单一作用的益生菌种类在施用中需要更加慎重。

有益微生物在海水养殖中的应用研究方兴未艾，世界各国早已对有益微生物在水产养殖中的应用开展了广泛的实践，并已创造了巨大的经济效益和社会效益。我国是一个水产养殖大国，走过了藻—虾—贝—鱼—参的开发历程，掀起过 5 次海水养殖"浪潮"。然而，我国在水产养殖业益生菌制剂或免疫制剂的开发应用方面却相对落后。近年来，我国政府已意识到水产养殖中应用有益微生物和免疫制剂的经济价值及潜在的社会效益，因此日益重视有益微生物的研究与开发，加大了该领域的科技投入，并设立了相关科技攻关项目。在高度关注海洋生态文明建设和保护海洋生态环境的新形势下，海水养殖业的发展面临新的挑战，急需用益生菌和疫苗作为抗生素等化学药物的替代品，以减少海水养殖对周边海域环境的压力，因此，亟需尽快地将科技成果转化为生产力，使我国也能拥有自主知识产权的益生菌制剂和鱼用疫苗，以加快我国海水养殖业可持续性绿色发展的进程。

11.2 海洋微生物在海洋药物开发中的应用价值

海洋微生物具有产生生物活性物质的巨大潜力，所产生的活性次级代谢产物数目可达 23 000 多种。目前已发现的海洋生物活性物质主要产自海洋细菌、真菌和微藻，尤其是蓝细菌和放线菌能产生多种具有药效活性的次级代谢产物。这些化合物的化学结构丰富多样，主要有萜类、内酯类、肽类、醌类、生物碱类等，许多分子结构新颖独特，是陆地生物所不具有的。这些海洋生物活性物质大多具有很强的生理活性，可作为抗肿瘤、抗病毒、细胞毒活性（cytotoxic activity）、抗菌、抗凝血、降压等药物与药物先导化合物，具有广阔的药用前景。从海洋真菌中发现的次级代谢产物头孢菌素 C（cephalosporin C）是开发成临床药物最成功的案例，成为临床使用的所有头孢菌素类抗生素的先导化合物。头孢菌素类抗生素的使用量仅次于青霉素。有一些来自海洋微生物的天然产物作为潜在药物处于临床研究阶段，如尾海兔素 10（dolastatin 10），曾发现于软体动物短头海兔（*Dolabella auricularia*），后来发现于蓝细菌中，具有抗癌活性，正处于临床二期阶段；再比如噻可拉林（thiocoraline），来源于放线菌海沙小单孢菌（*Micromonospora marina*），具有抗癌活性，处于临床前研究阶段。它们在细胞内均是通过非核糖体多肽合成酶（nonribosomal peptide synthetases，NRPS）途径合成的。从海洋细菌已经获得的具有药效活性的化合物数以百计，主要来自蓝细菌和放线菌。

近年来，海洋微生物和浮游植物对海洋天然产物的贡献率迅速上升，其中海绵一直是最有前景的海洋天然产物的来源。研究表明，许多分离自海洋大型生物的化合物是由与之共生或附生的微生物产生的。海绵是海洋微生物的储藏库，很多海绵动物产生的具有重要药理活性的化合物与微生物有关。在海绵动物的 92 科中，有 26 科产生的有药效活性的化合物来源于与海绵共生的微生物。从闪光海绵（*Tedania ignis*）中分离的几种二酮哌嗪（diketopiperazine）化合物均是由与这种海绵共生的一种微球菌属细菌产生的。从加勒比海的硬海绵纲（Sclerospongiae）中分离出的某些细菌菌株同样能够产生具抗菌和抗肿瘤活性的化合物。此外，也有研究者发现一些软体动物、海绵动物和被囊动物的次级代谢产物与来自蓝细菌的天然产物非常相似。例如，从蓝细菌中分离的 Scytophilin C 的结构与从隋氏蒂壳海绵（*Theonella swinhoei*）中分离的抗真菌化合物 Swinholide A 的结构非常相似。图 11-5 中列举了 2001～2010 年从不同类型的海洋资源中分离出的新化合物总数。

海洋天然产物的发现最初聚焦于体型较大、容易获取的生物（如藻类、软珊瑚、海绵）上，并发现了很多具有良好药效的化合物。然而，许多有前途的海洋天然产物药物在临床试验阶段被迫中止，原因是临床试验阶段需要的样品量常为千克级，因而天然产

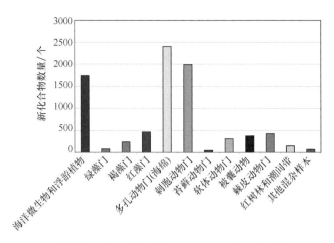

图 11-5　2001～2010 年从不同类型的海洋资源中分离出的新化合物总数（Mehbub et al.，2014）

物的产量成为限制其开发的主要瓶颈。大多数具有药效活性的海洋天然产物是从自然界生物量很小的生物体中发现的，无法依靠野生捕捞获取，否则会导致海洋物种的灭绝。微生物来源的天然产物种类丰富，易于大量合成，或可解决药源的供应问题。越来越多的研究证明，很多来源于大型生物的活性化合物，如草苔虫素（bryostatins）、patellazoles、曲贝替定（yondelis，ET-743）、onnamides、psymberin、polytheonamides、花萼海绵诱癌素（calyculin A）等，均来源于与其共附生的微生物，或者一些其他的海洋微生物也可以产生同样的化合物或其结构类似物/前体化合物。基于微生物的化合物生产、使用可培养海洋微生物（发酵）的方式，为攻克药源瓶颈问题提供了可持续发展的解决方案。

目前，宏基因组技术已经成为海洋微生物多样性研究的重要策略之一，其中靶向宏基因组学作为研究海洋天然产物多样性的工具也越来越受到更多的关注（图 11-6）。

经典的功能宏基因组筛选（functional metagenomic screening）策略是指在天然产物的发现过程中针对环境样品或其他样品，构建宏基因组文库，并从克隆文库中筛选和检测具有潜在疗效的代谢物活性（如抗细菌、抗真菌、抗肿瘤、抗病毒等活性）。对于某些类型的次生代谢产物，需要克隆组成整个代谢途径的大片段 DNA，通过对活性克隆进行测序以确定其生物合成途径，进而解析表达产物的结构,进行化学重排和功能表征。如果是新的代谢物，将进一步进行功能特性和成药潜力的评估。

靶向宏基因组筛选（targeted metagenomic screening）策略是先从环境样品中分离鉴定新的天然产物，然后基于代谢产物的化学结构，确定其是否由微生物编码，并进一步鉴定其生物合成基因簇。该策略使用到原位杂交、单细胞分选和全基因组扩增等多种技术。基于序列的宏基因组 DNA 分析包括基因靶向 PCR 筛选和克隆文库测序，还可以进行基因组组装，描述和发现未培养细菌。基因簇的鉴定为通过代谢工程手段进行药物及其类似物的直接生产奠定了基础，为通过异源表达生产药物提供了可能性。

虽然许多海洋无脊椎动物也能产生丰富的活性物质，但是它们在自然生态系统中往往难以捕获。另外，大量捕获无脊椎动物可能会威胁到某些濒危种群。当然，也可建立特殊培养体系对无脊椎动物进行人工养殖，但这往往要经过较长的摸索过程；或者从无脊椎动物中克隆出特定基因并转移至微生物或无脊椎动物细胞系中，用于生产活性产

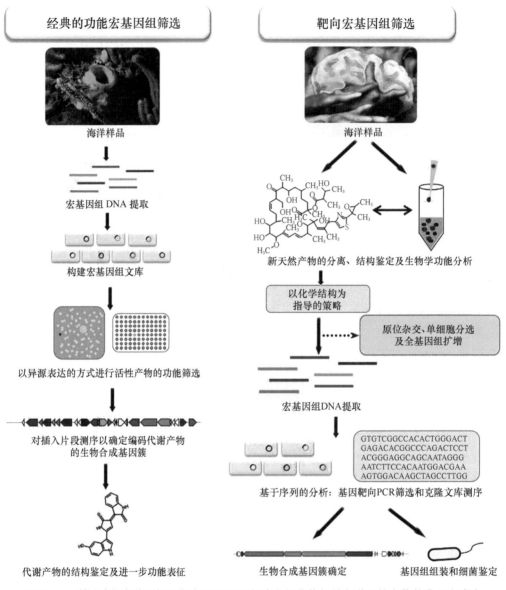

图 11-6 利用功能宏基因组和靶向宏基因组方法进行药物相关海洋天然产物的发现和生产
（Trindade et al.，2015）

物。然而，目前对无脊椎动物的分子遗传学知之甚少，其体外培养细胞系的建立尚需较长时间的探索。由此可见，海洋微生物作为生物活性物质的来源有诸多优势，庞大的海洋微生物群落是新型生物活性分子和药物先导化合物的重要来源，有望通过代谢工程手段进行药物及其新类似物的直接生产。

11.2.1 抗生素

在 1996～2020 年的 25 年，关于海洋微生物抗菌活性及抗菌物质的相关文献数量迅速增加，其中，来自中国、印度、美国、韩国和德国的研究机构是海洋微生物抗菌活性相关研究的主要贡献者（图 11-7）。此外，关于海洋微生物抗菌活性及抗菌物质的报道主要集中于放线菌、拟杆菌以及蓝细菌等菌群（图 11-7）。

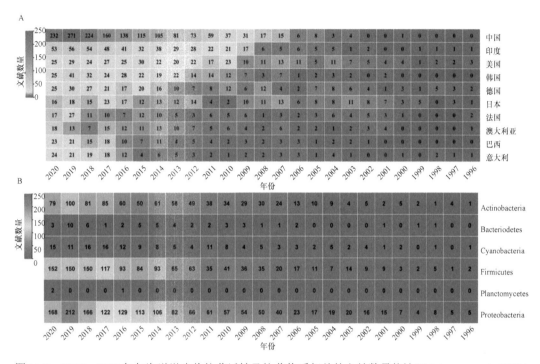

图 11-7 1996～2020 年与海洋微生物抗菌活性及抗菌物质相关的文献数量统计（Srinivasan et al., 2021）

A. 按发表国家分类；B. 按抗菌微生物所属门分类。相关数据来源于 PubMed 数据库（检索时间为 2021 年 5 月）

耐甲氧西林金黄色葡萄球菌（methicillin-resistant *Staphylococcus aureus*，MRSA）及其他抗药细菌的出现，促使人们去发现新型抗生素。海洋生态环境的多样性和复杂性造就了丰富、独特的海洋微生物代谢产物，从海洋微生物中分离潜在的抗生素一直是研究热点。有关海洋微生物产生抗生素的报道文献很多，但真正实现临床应用的却很少。这些抗生素主要分离自放线菌和霉菌，也有部分分离自一些革兰氏阴性菌。

放线菌门（Actinobacteria）是高 G+C 含量的革兰氏阳性菌。在海洋环境中，放线菌是一类研究相对较少的微生物，但其具有代谢多样性并能产生多种生物活性物质，尤其是抗生素。陆生放线菌产生的抗生素超过天然来源抗生素的 2/3，其中包括许多在医药上有重要作用的抗生素。在海洋生态系统中，尽管放线菌不是主要的微生物区系，但近年来，有报道表明海洋环境可能是放线菌和放线菌代谢产物的重要新来源。据报道，我国福建沿海海泥中鲁特格斯链霉菌鼓浪屿亚种（*Streptomyces rugersensis* subsp. *gulangyuensis*）含有 Minobiosamin 糖苷和由三个氨基酸残基组成的小肽，属春日霉素类，尤其对铜绿假单胞菌和一些耐药性革兰氏阴性菌具有强抑菌活性。另有研究者从 α-变形菌纲（Alphaproteobacteria）的鲁杰氏菌属（*Ruegeria*）SDC-1 菌株中分离到两种环肽类化合物，对枯草杆菌均有抑制作用。

美国马里兰大学的研究人员建立了一种从海洋样品中分离放线菌的有效方法，用该方法从切萨皮克湾（Chesapeake Bay）沉积物中发现了许多罕见的放线菌，这些放线菌与陆生放线菌有很大的不同。考虑到过去几十年从陆生放线菌中分离到了大量的重要化合物，因此有必要从海洋环境中密集分离和筛选放线菌，并探索这些放线菌的潜在应用价值。例如，研究者从海洋放线菌链霉菌属菌株 B8251 中分离到一种吩嗪生物碱（phencomycin），能显著抑制大肠杆菌（*Escherichia coli*）、枯草芽孢杆菌及白色假丝酵母（*Canidia albicans*）的生长。

海洋真菌枝顶孢霉（*Actmonium chrysogenum*）可产生抗生素头孢菌素 C，并且其已经用于临床医疗，这是第一种海洋来源的抗生素。该菌株于 1945 年从意大利撒丁岛海洋污泥中分离出来，其发酵液具有广泛的抗菌谱，所产生的次级代谢产物可抵抗伤寒杆菌。1948 年，通过次级代谢产物生物活性追踪分离法鉴定出其主要活性成分为头孢菌素 C，并于 1961 年鉴定出头孢菌素 C 的分子结构，找到其抗菌的药效基团、抗菌母核结构。最终第一个临床应用的头孢菌素类药物于 1962 年研制成功，并于 1964 年上市，相关研究历时 17 年。头孢菌素 C 在被发现后的 60 多年内已发展成包括 5 代共 40 余种头孢菌素类药物在内的抗生素系列。这类化合物与青霉素类化合物一样，属于 β-内酰胺类化合物，但头孢菌素类化合物的独特优势是不会被 β-内酰胺酶水解，可用于治疗对青霉素耐药的细菌性感染，全球对头孢菌素类抗生素的需求量为每年约数千吨，且以 4%～5% 的速度持续增长。

随着研究的不断深入，海洋真菌由于其资源优势和代谢产物的新颖性已成为研究热点。近年来，从海洋真菌中分离到大量次级代谢产物，有些已经成为药物先导化合物的重要来源。在国际上已进入市场的 4 种主要海洋药物中，就有一种来自海洋真菌。最新统计表明，除已进入市场的药物外，有 34 种药物先后进入临床研究，其中有 6 种与海洋微生物有关。表 11-3 列举了一些从海洋细菌（包括蓝细菌）和真菌中发现的抑菌化合物。

表 11-3 分离自海洋细菌和真菌的抗菌化合物（Bhatnagar and Kim，2012；Eom et al.，2013；Stonik et al.，2020；Srinivasan et al.，2021）

抗菌化合物	来源	抑制活性（IC_{50}）
真菌来源		
Ascochital	*Kirschsteiniothelia maritima*	枯草芽孢杆菌（500 ng/mL）
$CJ^{-1}7665$	赭曲霉（*Aspergillus ochraceus*）	金黄色葡萄球菌和酿脓链球菌（12.5 μg/mL）；粪肠球菌（25 μg/mL）
7-deacetoxyyanuthone A	青霉菌（*Penicillium* sp.）	MRSA（50 μg/mL）
恩镰孢菌素 B（Enniatin B）	镰孢菌（*Fusarium* sp.）	金黄色葡萄球菌和万古霉素肠球菌 VRE788（2.5 μg/mL）
夫西地酸（Fusidic acid）	尖束梗孢菌（*Stilbella aciculosa*）	金黄色葡萄球菌和枯草芽孢杆菌（0.05 mg/mL）
Halorosellinic acid；苯丙酸内酯（Phenyl lactone）	*Halorosellinia oceanica*	结核分枝杆菌（200 μg/mL）
Sufoalkylresorcinol	*Zygosporium* sp. KNC52	MRSA（12.5 μg/mL）*
Trichodermamide B	绿木霉菌（*Trichoderma virens*）	金黄色葡萄球菌和粪肠球菌（15 μg/mL）

续表

抗菌化合物	来源	抑制活性（IC$_{50}$）
细菌来源		
Abyssomicin C	疣孢菌（*Verrucosispora* sp.）AB-18-032	MRSA（4 µg/mL）*
放线菌素 V（Actinomycin V）	链霉菌（*Streptomyces* sp.）	MRSA（0.1～0.4 µg/mL）
蒽醌类化合物（Anthraquinone）	链霉菌（*Streptomyces* sp.）	MRSA（0.15～130 µmol/L）
氯化对苯二酚（Chlorinated dihydroquinone）	放线菌（*Actinomycete* sp.）CNQ-525	MRSA（1.90～1.95 µg/mL）*
色霉素（Chromomycin）	链霉菌（*Streptomyces* sp.）	金黄色葡萄球菌；枯草芽孢杆菌；粪肠球菌
沙漠霉素 G（Desertomycin G）	链霉菌（*Streptomyces* sp.）	结核分枝杆菌（16 µmol/L）
Gageomacrolactin	海洋枯草芽孢杆菌（*Bacillus subtilis*）	金黄色葡萄球菌；枯草芽孢杆菌；大肠杆菌；铜绿假单胞菌（0.02～0.05 µmol/L）
Kokurin	放线菌（*Micrococcaceae* sp.）	金黄色葡萄球菌；枯草芽孢杆菌；鲍曼不动杆菌；白色念珠菌
Lajollamycin	结节链霉菌（*Streptomyces nodosus*）	金黄色葡萄球菌（5 µg/mL）；肺炎链球菌（1.5 µg/mL）；粪肠球菌（14 µg/mL）
Lipoxazolidinone A-C	放线菌（*Actinomycete* sp.）NPS8920	MRSA（2 µg/mL）*
Lynamicins A-D	海孢菌（*Marinispora* sp.）NPS12745	MRSA（2.2～6.2 µg/mL）*
Marinopyrroles A；Marinopyrroles B	链霉菌（*Streptomyces* sp.）CNQ-418	MRSA（0.31～0.61 µmol/L；1.1 µmol/L）**
MC21-A；MC21-B	酚假交替单胞菌（*Pseudoalteromonas phenolica*）O-BC30^T	MRSA（1～2 µg/mL；1～4 µg/mL）*
Neomaclafungin	异壁放线菌（*Actinoalloteichus* sp.）	毛癣菌（1～3 µg/mL）
α-吡喃酮-Ⅰ（α-Pyrone-Ⅰ）；α-吡喃酮-Ⅱ（α-Pyrone-Ⅱ）	假单胞菌（*Pseudomonas* sp.）F92S91	MRSA（4 µg/mL；16 µg/mL）*
抗黄素甲醚（Resistoflavin methyl ether）	链霉菌（*Streptomyces* sp.）B4842	枯草芽孢杆菌（3.1 µg/mL）
Saadamycin	链霉菌（*Streptomyces* sp.）	白色念珠菌、曲霉菌、隐球菌（1～5.2 µg/mL）
Sealutomicins	放线菌（*Nonomuraea* sp.）	耐碳青霉烯类肠杆菌（0.05～0.2 µg/mL）

注：MRSA 为耐甲氧西林金黄色葡萄球菌（methicillin-resistant *Staphylococcus aureus*）
** MIC$_{90}$：抑制 90%被测试菌株需要的化合物最低浓度
* MIC：最低抑菌浓度

11.2.2　抗病毒和抗肿瘤化合物

虽然大多数研究集中于海洋微生物中的抗菌物质，但也有少量研究描述了抗病毒和抗肿瘤化合物的产生菌。有科学家从深海沉积物的一种 G$^+$菌中分离出一组新的抗病毒和细胞毒活性的大环内酯物质大环内酰亚胺（macrolactin）A～F。其主要代谢物大环内酰亚胺 A 在体外能抑制 B16-F10 鼠黑素瘤细胞，对哺乳动物疱疹病毒（Ⅰ型和Ⅱ型）有显著的抑制作用，并能抑制人类免疫缺陷病毒（HIV）在 T 淋巴母细胞中的复制。Feling 等（2003）从浅海水区采集的海泥中分离到一株稀有放线菌盐生孢菌（*Salinospora* sp.）CNB-392，其产生的一个内酯类化合物对一系列细胞系均显示出很强的细胞毒性，其中对结肠癌 HCT116 细胞系的半致死浓度为 11 ng/mL。Stritzke 等（2004）从海洋链霉菌

B6007 菌株中分离到两个己内酯类化合物，具有较强的抗肿瘤活性，其中对肝癌细胞的半致死浓度为 2～5 µg/mL。

表 11-4 为近年来海洋研究者从海洋细菌（包括蓝细菌）和海洋真菌中分离到的具有抗肿瘤活性的物质。

表 11-4　从海洋微生物中分离得到的抗肿瘤化合物（修改自 Manivasagan et al.，2014；Stonik et al.，2020）

抗肿瘤化合物	来源	活性
Apratoxin	鞘丝藻（*Lyngbya* spp.）	干扰肿瘤细胞的信号转导和转录
草苔虫素（Bryostatins）	未鉴定的苔藓虫共生菌	抑制蛋白激酶 C；抗肿瘤；治疗白血病和食道癌等
Caboxamycin	链霉菌（*Streptomyces* sp.）NTK 937	抗肿瘤性
教酒菌素（Chartreusin）	链霉菌（*Streptomyces chartreusis*）	抗肿瘤性
Coibamide A	海洋蓝细菌（*Leptolyngbya* sp.）	诱导肿瘤细胞凋亡
Cryptophycin	念珠藻（*Nostoc* sp.）	抑制肿瘤细胞微管蛋白聚合
Curacin	巨大鞘丝藻（*Lyngbya majuscula*）	阻滞肿瘤细胞有丝分裂
Daryamide	链霉菌（*Streptomyces* sp.）CNQ-085	抗肿瘤、抗真菌性
尾海兔素（Dolastatin）	蓝细菌（*Symploca hydnoides* 和 *Lyngbya majuscula*）	抗肿瘤性
Largazole	束藻（*Symploca* sp.）	抑制组氨酸脱羧酶；抗癫痫；防止情绪波动；抑制癌细胞生长
Lucentamycin	卢森坦拟诺卡氏菌（*Nocardiopsis lucentensis*）	细胞毒活性
Lyngbyabellin B	鞘丝藻（*Lyngbya* spp.）	抗肿瘤性
Mechercharmycin	高温放线菌（*Thermoactinomyces* sp.）	抗肿瘤性
Thiocoraline	小单孢菌（*Micromonospora* sp.）	抗肿瘤、抗菌性
Proximicin	疣孢菌（*Verrucosispora* sp.）	抗肿瘤、细胞毒活性
Piericidin	链霉菌（*Streptomyces* sp.）	抗肿瘤性
Psymberin	未培养的海绵共生菌	细胞毒活性
Piperazimycin	链霉菌（*Streptomyces* sp.）	抗肿瘤性
Saliniketal	盐生孢菌（*Salinispora arenicola*）	抗肿瘤性
Salinosporamide A	盐生孢菌（*Salinospora* sp.）	抑制蛋白酶体中的蛋白降解；有效控制多种癌症；抗疟疾等

11.2.3　抗心脑血管病化合物

二十碳五烯酸（eicosapentaenoic acid，EPA）是哺乳动物体内不可缺少的一种不饱和脂肪酸，具有抗凝血功能，可有效预防和治疗血栓的形成、动脉硬化及其引起的血液循环性疾病。EPA 在体内能转化成前列腺素 I3，可有效降低血脂，EPA 凭借在医学上的特殊作用已受到人们的广泛关注。EPA 在海洋鱼类的鱼油和浮游微生物中广泛存在。鱼油中 EPA 含量较低，而且由于鱼油的不饱和脂肪酸除 EPA 外尚有其他种类，分离纯化比较困难。此外，由于鱼类的生长周期较长，体内可能累积重金属和其他有害物质；而浮游微生物中 EPA 含量较高，并且由于生长周期短，不会累积大量的有害物质。同时，人们还发现许多微生物、一些植物和动物可以通过改变脂类中饱和脂肪酸与不饱和脂肪酸的组成比例来调节细胞的功能，保证膜的流动性，以适应环境温度和静水压力的变化。有研究者发现，嗜冷嗜压的交替单胞菌属细菌在培养时增加压力和降低温度，其不饱和脂肪酸含量增高，其中 EPA 含量也增高。对于 EPA 产生菌的筛选，韩国学者利用 EPA 能抑制海洋细菌发光的特性（EPA 存在时 5 min 内即能抑制发光），用鲹发光杆菌（*Photobacterium leiognathi*）作为指示菌来定量检测 EPA。由于细菌的 EPA 以磷脂酰乙醇胺和磷脂酰甘油的形式存在，在室温下很容易被胞内磷脂酶转化为游离脂肪酸，因此可用超临界液体色谱法和超临界液体提取法来分离纯化细菌的 EPA。

二十二碳六烯酸（docosahaenoic acid，DHA）是一种 n-3 系列高度多不饱和脂肪酸（polyunsaturated fatty acid，PUFA），可以辅助脑细胞发育。DHA 以前的来源——鱼油被发现存在痕量污染物，且污染程度有加重的趋势，所以逐渐被新来源——寇氏隐甲藻（*Crypthecodinium cohnii*）所代替。由于不饱和脂肪酸对于微生物适应高压低温有重要作用，深海嗜冷菌也成为多不饱和脂肪酸的新来源。过去研究发现产 EPA 和 DHA 的细菌都来源于海洋，Gemperlein 等（2014）首次发现来自土壤的黏细菌——纤维堆囊菌（*Sorangium cellulosum*），黏细菌的以太杆菌属（*Aetherobacter*）具有产多不饱和脂肪酸的能力，并鉴定了两个不同于海洋细菌中负责合成多不饱和脂肪酸的基因簇。

表 11-5 列出了目前发现的具有产 EPA 和 DHA 能力的代表性微生物。

表 11-5　代表性微生物中 EPA 和 DHA 占总脂质的含量（Adarme-Vega et al.，2012）

物种	EPA 或 DHA 含量/%
细菌	
腐败希瓦氏菌（*Shewanella putrefaciens*）	40.0 EPA
腐败交替单胞菌（*Alteromonas putrefaciens*）	24.0 EPA
发光杆菌属（*Photobacterium* sp.）	4.6 EPA
微藻	
大洋微拟球藻（*Nannochloropsis oceanica*）	23.4 EPA
盐微拟球藻（*Nannochloropsis salina*）	约 28 EPA
粉核油球藻（*Pinguiococcus pyrenoidosus*）	22.03 EPA+DHA
极微小球藻（*Chlorella minutissima*）	39.9 EPA
盐生杜氏藻（*Dunaliella salina*）	21.4 EPA
绿色巴夫藻（*Pavlova viridis*）	36.0 EPA+DHA
路氏巴夫藻（*Pavlova lutheri*）	27.7 EPA+DHA
等鞭金藻（*Isocrysis galbana*）	约 28.0 EPA+DHA
真菌	
金黄色破囊壶菌（*Thraustochytrium aureum*）	62.9 EPA+DHA
被孢霉属（*Mortierella* sp.）	20.0 EPA
畸雌腐霉（*Pythium irregulare*）	8.2 EPA

注：EPA，二十碳五烯酸（eicosa pentaenoic acid）；DHA，二十二碳六烯酸（docosahaenoic acid）

11.2.4 海洋生物毒素

河鲀毒素（tetrodotoxin，TTX）是一种毒性很强的海洋生物毒素，为典型的神经 Na^+ 通道阻断剂，最初在鲀科鱼中发现。TTX 具有镇痛、镇静、降压、解痛等功效，在临床上可作为局部麻药，并用于治疗多种疾病。近年来，人们发现许多海洋细菌也可以产生 TTX，主要包括弧菌属（*Vibrio*）、假单胞菌属、发光杆菌属（*Photobacterium*）、气单胞菌属（*Aeromonas*）、邻单胞菌属（*Plesionmonas*）、芽孢杆菌属、不动杆菌属（*Acinetobacter*）、微球菌属（*Micrococcus*）、链霉菌属（*Streptomyces*）等属的细菌。表 11-6 是历年来分离的能够产生 TTX 的代表性海洋细菌。

表 11-6 产生河鲀毒素的海洋细菌（修改自 Jal and Khora，2015）

发表年份	产河鲀毒素的细菌	细菌宿主
1987	解藻酸弧菌（*Vibrio alginolyticus*）	东方鲀肠道
1987	解藻酸弧菌	海星（*Astropecten polycanthus*）
1987	费氏另类弧菌（*Aliivibrio fischeri*）	扇蟹科花纹爱洁蟹
1987	解藻酸弧菌、副溶血弧菌（*V. parahaemolyticus*）、鳗利斯顿氏菌（*Listonella anguillarum*）、明亮发光杆菌（*Photobacterium phosphoreum*）、杀鲑气单胞菌（*Aeromonas salmonicida*）、类志贺邻单胞菌（*Plesiomonas shigelloides*）	菌株来自 ATCC 和 NCMB
1988	解藻酸弧菌	圆尾鲨胃肠道
1989	解藻酸弧菌	4 种毛颚动物的毒液
1989	腐败希瓦氏菌（*Shewanella putrefaciens*）	河鲀、星点东方鲀
1990	海利斯顿氏菌（*Listonella pelagia*）、河鲀毒假交替单胞菌（*Pseudoalteromonas tetraodonis*）、藻希瓦氏菌（*S. algae*）	红藻和河鲀
1994	解藻酸弧菌	纹玉螺壳内
1995	解藻酸弧菌、副溶血弧菌	腹足类动物
2004	软体动物气单胞菌（*A. molluscorum*）	双壳类软体动物
2004	解阿拉伯半乳聚糖微杆菌（*Microbacterium arabinogalactanolyticum*）	河鲀卵巢
2004	褪色沙雷氏菌（*Serratia marcescens*）	河鲀皮肤
2005	达氏拟诺卡氏菌（*Nocardiopsis dassonvillei*）	河鲀卵巢
2008	腐败希瓦氏菌	海洋腹足类的肌肉和消化腺
2010	纺锤形赖氨酸芽孢杆菌（*Lysinibacillus fusiformis*）	河鲀肝脏
2011	土壤柔武氏菌（*Raoultella terrigena*）	河鲀

11.2.5 酶

酶在工业上用途十分广泛，海洋微生物是开发新型酶制剂的重要来源。来自深海、盐湖、极地等极端环境的酶具有耐低温、耐酸、耐碱、耐高盐、耐高压等特性，在开发工业酶制剂方面有诸多用途。其中，弧菌是已报道的产酶种类最多的海洋细菌，来自弧菌的酶有蛋白酶、几丁质酶、卡拉胶酶、琼脂酶等，其中蛋白酶被广泛应用于洗涤剂配方中。弧菌产生的蛋白酶有多种，如解藻酸弧菌（*V. alginolyticus*）可产生 6 种蛋白酶，其中一种是比较罕见的、可抗洗涤剂破坏的碱性丝氨酸蛋白酶。解藻酸弧菌还可产生胶原酶，能在生理 pH 和温度条件下特异性水解天然胶原蛋白的三维螺旋结构，而不损伤其他蛋白质和组织。胶原酶在工业上和医药上均有多种应用价值，如能有效地溶解髓核和纤维环，被用于治疗腰椎间盘突出症。

现代食品加工行业广泛使用多种酶制剂。淀粉是食品工业最常用的原料之一，可达到改善产品质地、控制含水量和延长保质期等目的。淀粉酶可水解淀粉的 α-1,4 糖苷键，产生葡萄糖、麦芽寡糖和糊精的混合物；剩余的 α-1,4 糖苷支链被支链淀粉酶水解。当淀粉酶和支链淀粉酶在高温条件下同时作用于淀粉时，就可以产生大量理想的末端产物。从极端嗜热菌海栖热袍菌（*Thermotoga maritima*）中获得的支链淀粉酶和其他酶，已经被引入食品加工行业，从而可以在高温条件下获得理想淀粉产物。目前已从海洋嗜热菌中分离出更多的其他碳水化合物的修饰酶。

琼脂降解酶可以从弧菌属、假单胞菌属、假交替单胞菌属、交替单胞菌属（*Alteromonas*）、深海单胞菌属（*Thalassomonas*）、噬纤维菌属（*Cytophaga*）、食琼脂菌属（*Agarivorans*）等多种海洋细菌中获得。琼脂降解酶可以水解琼脂生成低聚合度的琼脂寡糖，再分解为新琼脂二糖。红藻来源的琼脂常作为冰淇淋、奶酪加工的添加剂，可以改善食品的质地。利用琼脂降解酶生产的功能性琼脂寡糖，在健康食品和化妆品的开发中具有良好的应用前景。琼脂降解酶还可用于降解红藻的细胞壁，以便于分离提取生物活性不稳定的物质，如不饱和脂肪酸、维生素和类胡萝卜素等。此外，硫酸酯酶等琼脂改性酶在分子生物学实验室中也被广泛使用，用于脱去琼脂的硫酸基以开发高纯度的琼脂糖，其是 DNA 的琼脂糖凝胶电泳分离实验的必备试剂。

来源于嗜热菌的热稳定酶有很多应用价值。嗜热古菌可在 100℃以上温度生长，因此它需要能在高温下稳定的酶系统。人们已从深海热液喷口处获得的嗜热古菌中分离出多种热稳定酶。热稳定酶在工业加工中很有优势，而且热稳定性 DNA 修饰酶，如聚合酶、连接酶和限制性内切酶等在分子生物学中有重要的应用价值。聚合酶链反应（polymerase chain reaction，PCR）技术是一种在体外模拟生物体内 DNA 复制过程的核酸扩增技术，能够以待扩增的 DNA 链为模板，通过 DNA 聚合酶的作用，在体外快速扩增出特异的 DNA 序列。目前，PCR 技术已被广泛应用于生物学的各个领域。在 PCR 技术中，热稳定性 DNA 聚合酶（表 11-7），在诊断试剂盒的应用与先天性代谢缺陷相关基因的检测等方面都取得了突破性进展。嗜热古菌——激烈火球菌（*Pyrococcus furiosus*）产生的热稳定性 DNA 聚合酶，既有聚合酶的功能，又有校对功能，使 PCR 产物具有高度的精确性。

从嗜冷菌中分离的酶也有很多应用价值。由于食品加工业中有需要低温处理的步骤，从深海或极地中分离的嗜冷菌株已被广泛应用于食品加工业，以防止食品的腐败、关键成分（如维生素）的破坏及食品风味的损失等。例如，将嗜冷细菌产生的半乳糖苷酶用于去除牛奶中的乳糖，以利于消化；将木聚糖酶应用于面包烘焙，可以改善面包纹理；来自嗜冷菌的蛋白酶可在低温条件下用于嫩化肉质；将能在低温（10℃或更低）下保持活性的蛋白酶和脂肪酶应用于冷水洗涤剂中，还可节约能源。例如，从黄海黄杆菌中提取的海洋低温碱性蛋白酶，可作包覆型蛋白酶，此蛋白酶含有一个狭缝，底物就在狭缝处催化水解反应，与常规洗涤剂各成分配伍性良好，在低温条件下能有效降解蛋白污渍。表 11-8 列举了从极端微生物中分离得到的酶等产物在工业上的应用。

表 11-7　热稳定性 DNA 聚合酶及其来源（Munn，2020）

DNA 聚合酶	产生菌	来源	95℃半衰期/min	校对功能
Taq	水生栖热菌（Thermus aquaticus）	T（N 或 R）	40	–
Amplitaq®	水生栖热菌	T（R）	40	–
Vent™	Thermococus litoralis	M（R）	400	+
Deep Vent™	火球菌属（Pyrococcus）GB-D	M（R）	1380	+
Tth	嗜热栖热菌（T. thermophilus）	T（R）	20	–
Pfu	激烈火球菌（Pyrococus furiosus）	M（N）	120	+
ULTma™	海栖热袍菌（Thermotoga maritima）	M（R）	50	+

注：M，海洋热液喷口；N，天然的；R，重组的；T，陆地热泉

表 11-8　从海洋中分离的极端微生物在生物技术上的应用（Munn，2020）

极端微生物	产物	应用
嗜热微生物和超嗜热微生物	淀粉酶、支链淀粉酶、脂肪酶、蛋白酶	烘焙，酿造，食品加工
	DNA 聚合酶	PCR 扩增 DNA
	脂肪酶、支链淀粉酶、蛋白酶	洗涤剂
	S 层蛋白	超滤，电子，聚合物
	木聚糖酶	纸张漂白
嗜盐微生物	细菌视紫红质	生物电子设备，光学开关，光电流发生器
	相容性物质	蛋白质，DNA，细胞保护剂
	脂类	脂质体（药物传递、化妆品）
	S 层蛋白	超滤，电子，聚合物
	γ-亚油酸、β-胡萝卜素、细胞提取物	健康食品，营养保健品，食用色素，水产饲料
嗜冷微生物	冰核蛋白	人工冰，冷冻食品加工
	多不饱和脂肪酸	食品添加剂，保健食品
	蛋白酶、脂肪酶、纤维素酶、淀粉酶	洗涤剂
嗜碱微生物和嗜酸微生物	嗜酸细菌	高级纸，废物处理
	弹性蛋白酶、角蛋白酶	皮革制品加工
	蛋白酶、纤维素酶、脂肪酶	洗涤剂
	嗜酸硫氧化菌	金属修复剂，煤矿石油的脱硫作用

11.3　海洋微生物在环境修复中的作用

11.3.1　海洋微生物对石油污染物的降解

石油主要由烷烃、芳香烃及环烷烃组成，简称石油烃，占原油含量的 50%～98%，其余为含氧、含硫及含氮等的非烃类化合物。石油烃类相对分子质量变化范围很大，包括从甲烷到分子质量为 1500～2000 Da 的烃类。

石油及其产品的污染是海洋中最主要的污染源之一。近年来，随着大陆架、海洋石油资源的开发及沿岸石油化工的发展，海上溢油事故和战争致使局部海域受到严重的石油污染。据联合国环境规划署报道，泄流入海洋的石油每年为 200 万～2000 万 t。大西洋及其所属海域主航道承担了大量石油及其产品的运输任务，也是石油污染物最为集中的地方，在公海也聚集着大量石油污染物。

石油污染干扰污染水域生物群落的正常生理、生化活动，使生物的生长和繁殖受到严重损害。污染严重的区域，一些物种甚至面临灭绝的危险，其生态系统的恢复需要 10 年以上的时间，从而危及人类的健康。石油污染造成灾难性的生态破坏，引起了各沿岸国家的普遍关注，因此各国纷纷研制和开发出了一系列石油污染治理技术。

目前，清除海上石油污染主要有物理、化学和生物等方法。运用物理方法消除石油污染，主要靠吸油船和运用吸附材料等手段。运用化学消油剂实际上是向海洋中投入人工合成的化学物质，造成了新的污染。运用生物方法，主要是利用海洋微生物将烃类降解成 CO_2 和 H_2O 等对环境无害的产物，具有安全、效果好、费用低、处理彻底、无二次污染等优点，已成为一种经济效益和环境效益俱佳、解决石油污染最有效的手段，受到人们的普遍重视。

自 20 世纪 70 年代起，美国率先开展了用细菌消除石油污染的研究。早期的研究主要是筛选能氧化石油烃的海洋细菌，进行石油降解能力的测定和加速消除石油污染的环境条件研究。近年来除对降解机制、代谢途径继续深入研究外，大多运用分子生物学技术深入研究携带降解基因的质粒，运用基因工程技术进行质粒改造，培养具有降解原油中多种石油烃能力的超级石油降解菌。然而，基因工程菌在应用中需要严格控制，避免释放到环境中而造成有害作用。

随着基因组学技术的不断推进，研究者开始从功能基因入手来研究自然界中微生物对石油的降解。烷烃羟化酶是微生物降解烷烃途径第一步中的酶，也是整个降解过程的关键酶，能将烃类物质转变为醇类，进一步氧化为脂肪酸。Nie 等（2014）对来自淡水、海洋和陆地中已测序的 3979 个微生物基因组和 137 个宏基因组进行了研究，分析了烷烃羟化酶 AlkB 和 CYP153 编码基因在淡水、海洋、陆地微生物基因组中的分布情况，发现烷烃羟化酶 AlkB 和 CYP153 编码基因在细菌基因组中广泛存在，也存在于一些细菌新种中，但不存在于古菌基因组中。

目前，已从全世界水体中分离出多种石油降解微生物（至少有 160 个属），其中细菌是最重要的石油降解微生物，一些酵母和丝状真菌也能降解石油烃。大多数能降解烃类的异养细菌属于变形菌门（Proteobacteria），如假单胞菌属、不动杆菌属、解环菌属（*Cycloclasticus*）、食烷菌属（*Alcanivorax*）、产碱菌属（*Alcaligenes*）、弧菌属、气单胞菌属等。革兰氏阳性的烃类降解菌包括棒杆菌属（*Corynebacterium*）、节杆菌属（*Arthrobacter*）、芽孢杆菌属、葡萄球菌属（*Staphylococcus*）、微球菌属（*Micrococcus*）和乳杆菌属（*Lactobacillus*）等。光能自养细菌中蓝细菌门（Cyanobacteria），如阿格门氏藻属（*Agmenellum*）、席藻属（*Phormidium*）等，也与烃类降解有关；有些种类可以在液泡中积累烃类化合物，却不能对其进行降解。有些蓝细菌可与一些异养菌形成集合体，最终将烃类降解。一些古菌也可以降解烃类，作为其唯一的碳源和能量来源。在无氧环境中，硫酸盐还原菌和产甲烷古菌是烃类降解的主要参与者。对石油的降解往往是多种石油烃降解菌协同完成的，每种微生物降解不同类型的烃分子。有研究表明石油降解菌与浮游藻类的共同作用对多环芳香烃的降解有独特的作用效果。一般来说，能降解石油的微生物只占海水中微生物区系很小的比例（小于1%），但当海水被石油污染后，石油降解菌迅速增殖，其数量可高达种群数量的10%。此外，在生物被膜中的混合微生物群落可能在有效的生物降解中起着非常重要的作用。

实践结果表明，生物修复技术是治理大面积污染区域的有效方法。1989年阿拉斯加埃克森公司瓦尔迪兹号（Exxon Valdez）油轮泄漏事件和2010年美国墨西哥湾原油泄漏事件后的石油清理是用生物法处理石油污染最成功的例子。1989年3月，当埃克森-瓦尔迪兹号油轮驶到阿拉斯加威廉王子海湾时，泄漏了1100万gal[1 gal（US）=3.785 43 L]的原油，很快污染了约500 km的海岸线。2010年4月，美国南部路易斯安那州沿海的"深水地平线（Deepwater Horizon）"钻井平台起火爆炸，造成1500 m深海的原油泄漏，导致超过5000 km²的污染区，是美国历史上最严重的一次漏油事故。两次漏油事故中人们都通过投加营养盐和高效降解菌对其进行处理，取得了非常明显的效果，使得相关海域的环境质量得到明显改善。

11.3.2 海洋微生物对持久性有机污染物的降解

持久性有机污染物（persistent organic pollutant，POP）是指由人为原因造成的具有亲脂性和毒性、在环境中难以降解的一类化学物质，其对光化学、生物学和化学的降解有很强的抗性。大多数POP是卤化物，在油脂中有很高的溶解性，经动物摄食后主要富集在脂肪组织中。它们具半挥发性质，能够蒸发或被吸附于空气的颗粒中，因而能传播很远的距离。例如，尽管在极地区域并不使用某些POP，但在极地生活的人和动物组织中也含有高浓度的POP。大量的证据表明，POP可导致许多海洋生物不育、免疫功能破坏、畸形及其他功能障碍。人们食用鱼类或其他原因使这些POP进入人体，从而对人体产生毒害。POP包括有机氯杀虫剂，如滴滴涕（DDT）、艾氏剂（aldrin）和氯丹（chlordane）等；工业化学物质，如多氯联苯（polychlorinated biphenyl，PCB）、三硝基甲苯（TNT）、三亚甲基三硝基胺（RDX）、三氯乙烯（TCE）；一些副产物，如二噁英（dioxin）和呋喃（furan）等。这些物质通过陆地径流或者大气沉降进入海洋。因为它们在沉积物和垃圾中可持久存在，现在许多国家已经禁止制造和使用这类化学物质。

此外，应引起重视的是在许多电子产品中都存在 POP，一些废旧设备是这些化学物质的重要来源。

在海洋上层水域中，浮游生物吸收的 POP 通过微食物环进入海洋食物网。浮游细菌为吸收 POP 提供了较大的表面积，浮游生物碎片和颗粒有机物在沉降时的微食物环过程中会向水体中释放 POP，但有些吸附了 POP 的颗粒会被埋入沉积物中。由于潮汐、海流、拖网及底栖动物的活动可使沉积物被搅起，从而使大量的 POP 重新进入水体。许多好氧细菌可以降解多氯联苯中的联苯环，但不能降解氯键。现已发现有些微生物能够在厌氧条件下降解多氯联苯，但对这些微生物进行分离和鉴定还有一定的难度。不同种细菌的脱氯酶截然不同，其作用类型也就不尽相同。目前，比较常用的方法是对被多氯联苯污染的沉积物样品进行选择性富集培养，并结合针对环境 DNA 的高通量测序，从中鉴定新的多氯联苯降解菌及降解氯键的基因。硫酸盐还原菌与氯降解菌的共生聚合体或可降解多氯联苯。

11.3.3　海洋微生物在降解微塑料中的作用

塑料是一种以高分子量的合成树脂为主要组分的聚合物，每年约有 1000 万 t 废弃塑料排入海洋，由于塑料具有难以降解的特性，其造成的环境问题引起国际广泛关注。塑料污染广泛分布于全球各海域，据估计，在北太平洋和大西洋环流中塑料垃圾超过 10^5 t，还有一些海域，如南大西洋、太平洋、印度洋环流，尚未进行充分的采样研究。塑料在海洋中因磨损和风化而碎片化为塑料颗粒，其中直径小于 5 mm 的塑料颗粒被称为微塑料（microplastic）。根据颗粒的尺寸，微塑料又可进一步分为纳米塑料（1～100 nm）、亚微米塑料（100 nm～1 μm）、微米塑料（1 μm～5 mm）。

微塑料可保持悬浮状态并随洋流漂流，已在全球所有深度的水体、潮汐、次潮汐和深海沉积物中被发现。即使是海底最深处——马里亚纳海沟也发现了微塑料的存在。大量的微塑料颗粒通过多种方式影响食物网和碳泵中的微生物过程，对海洋生物和生态系统造成严重的负面影响。微塑料与有机物或金属的结合，以及本身的增塑剂都可产生毒理作用，被海洋动植物摄入后，不仅损害海洋环境的生态平衡，也会通过食物链威胁人类健康。

微塑料进入海洋后，被海洋微型生物（如细菌、真菌、硅藻、原生动物等）迅速定植，所形成的生物被膜被称为"塑料圈"。有研究观察到细菌嵌在塑料表面的凹槽中，表明细菌可能对塑料有降解作用。Yoshida 等（2016）从聚对苯二甲酸乙二醇酯（polyethylene terephthalate，PET）瓶回收站沉积物中分离出的酒井艾德昂菌（*Ideonella sakaiensis*）可以分泌两种水解酶，可水解 PET 及其中间产物，证明了通过微生物降解塑料的可行性。然而，目前能够高效降解塑料的微生物尚未发现，大多可降解塑料的微生物降解效率非常缓慢。未来仍需加大对具有微塑料降解潜力的自然微生物群落的研究与发掘，并结合物理化学诱变、分子生物学等手段来筛选具有产业化开发价值的塑料高效降解菌。

11.3.4 作为生物传感器检测环境有毒化合物

Microtox®系统是用于快速监测水体、沉积物、土壤中毒性污染物的生物传感器，其原理是毒性化合物能够抑制海洋细菌——费氏另类弧菌（*Aliivibrio fischeri*）的生物发光。检测中需要提供标准化的费氏另类弧菌冻干培养物，使用分光光度计检测激发光，这种检测技术对亚致死浓度的毒性化合物的反应非常灵敏。最近，又开发出了原理相同的QwikLite™生物传感器，但检测的是新月梨甲藻（*Pyrocystis lunula*）的生物发光，该技术更灵敏、更便于操作。可通过基因修饰的方法将污染物对生物的降解基因表达与报告系统（如费氏另类弧菌的发光基因 *lux* 或水母的 *gfp* 基因）关联起来，这些报告系统已经广泛应用于细胞生物学和环境研究领域。目前，在发光细菌对不同污染物的敏感性和响应性方面已有相关国家标准，但检测技术仍然存在局限性。

11.4 海洋微生物引起的生物污着、生物腐蚀及其防护

11.4.1 生物污着及其防护

所有的浸海物体，不管是生物体还是非生物体，不管何种材料、有毒与否，其表面均可被混合的微生物群落所占据，从而形成具有复杂物理结构和化学互作的生物被膜（biofilm；图 11-8）。生物污着（biofouling）过程通常从形成分子调节膜（molecular conditioning film）开始，该分子调节膜是在材料浸入海水后几分钟内，有机碎片和无机颗粒沉降于其表面形成的。分子调节膜由氨基酸、蛋白质、脂类、核酸、多糖等许多化合物组成。在接下来的几个小时中，运动性细菌会作为主要定植者，通过鞭毛首先附着于分子调节膜，然后产生侧生鞭毛或分泌黏着性聚合物使其黏附于表面并很快增殖。细菌分解有机物产生的 CO_2、NH_3 为硅藻的生长提供了条件，随后几天内各种细菌和底栖硅藻组合会继续附着，在物体表面构成一个相对稳定的微生态系统，形成了一层肉眼可见、厚达 500 μm 的黏滑生物被膜，且其分泌的黏性胞外聚合物使之紧密黏合。微生物被膜中产生的化合物又继续吸引其他微生物、浮游藻类孢子和无脊椎动物幼虫的定植，藤壶等大型污损生物也随之快速定植。

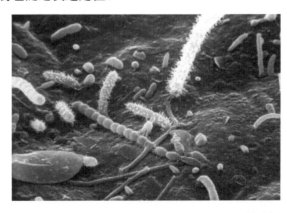

图 11-8 生物被膜的扫描电镜照片（5600×）（纪伟尚摄）

在自然环境中，固体表面都有生物被膜的存在，而且在一定时期内是比较稳定的。当大型附着生物的幼虫和孢子进入后，其生态平衡遭到破坏，代之以大型附着生物群落。附着生物的大量繁殖，会引起所有类型的海洋固体表面（如海岸带植物、大型藻类、动物、栈桥和码头、石油钻井平台、船外壳、渔具、水产养殖网箱、工程材料、混凝土、金属结构等）发生生物污着，严重时还会堵塞管道和过滤器、降低加热和冷却设备的效率、干扰船只的有效运行等。

船舶和一些水下设施的生物污着，给人类带来极大的危害和经济损失，主要表现在以下 5 个方面：①大型船只的生物污着带来的经济损失是巨大的，摩擦阻力导致了使用燃料的大量增加。单是微生物形成的生物被膜就能使阻力增加 1%～2%；随后大型藻类的定植将阻力增加到 10% 左右；如果不加以控制，硬壳无脊椎动物（如藤壶、管虫、苔藓虫或贻贝）的大量定植会导致阻力增加 30%～40%。全世界的航运公司和海军部队每年需要花费 2000 多亿美元来支付燃油效率的损失和防污措施的费用。燃料使用量的增加也会导致二氧化碳和含硫污染物排放量的增加。②海上勘探平台因大量生物附着而增加重量，降低抗风浪能力，造成倾斜或倒塌。③生物污着也是海水淡化厂面临的一个主要问题，海水淡化厂需要使用反渗透膜处理海水。过滤器上的微生物被膜降低了水的流速和盐的提取效率。生物污着还会降低沿海发电厂的热交换器的效率。④如果水下声呐设施上有藤壶附着，会引来一种鼓虾共栖而发出噪声，干扰声呐系统声波的发射与接收。⑤船只和其他漂浮物可以将生物被膜中的非本地物种运送到世界各地。此外，帆船爱好者为去除游艇底部的生物污着，需要进行游艇底部刮擦，从而增加了运行成本。

在古今中外的记载中，对船舶防污（antifouling）历来都备受关注。我国明代的《瀛涯胜览》中就有涂刷防污漆对船舶防污的记载。几百年前，国内外都曾认为在木质船壳上包被铜是理想的防污措施，从而启发人们最先开发了含铜化合物的防污漆（antifouling paint）。在钢质舰船出现后，不再使用铜包被，防治污损生物的方法主要是涂刷防污漆。防污漆浸海后，其表面会很快形成一层生物被膜，界于漆膜与海水之间，使幼虫和孢子难以与漆膜直接接触。生物被膜中的细菌能使漆膜表面成分部分降解，毒物释放，并在生物被膜中累积储存一定浓度的毒物，在生物被膜上固着生长的幼虫或孢子间接中毒死亡。因此，防污漆的毒杀作用主要是靠生物被膜的协助间接实现的，并非漆膜的直接作用。含有铜或锡化合物的自抛光共聚物防污漆在 20 世纪下半叶得到了广泛的应用。20 世纪 70 年代开发的三丁基锡（tributyl tin，TBT）与高分子树脂聚合为共聚物防污漆，在船舶防污上特别有效，然而因其对环境有严重影响，尤其是造成了生态系统的破坏，并对海洋无脊椎动物的繁殖行为以及海洋哺乳动物的免疫系统均造成了严重的危害。自 2008 年以来，国际海事组织已经严令禁止使用三丁基锡。

目前，人们正在积极寻找有效的、"环境友好型"的替代产品。理想的替代产品最好分离自海洋生物，具有低毒性、在低浓度下有效、释放到环境后可被迅速分解等特点。目前已经研究了数百种具有防污性能的分子，其中最丰富的来源是营固着生活的海洋生物，特别是海绵、珊瑚、海藻和海鞘，因为这些生物通常具有避免其他生物在其体表过度生长的机制。生物污着过程的多个关键点可以受到抑制。从微生物学的角度来看，人们的兴趣在于防止生物被膜的初始形成。该领域的一个成功例子是发现了由一种海洋红藻——栉齿藻（*Delisea pulchra*）产生的溴化呋喃酮（brominated furanone）化合物，它通过群体感应淬灭（quorum quenching）来阻止生物被膜的形成。目前正在研究一系列其他群体感应淬灭化合物。另外，鲸和鱼类体表的黏液，棘皮动物海胆产生的萘醌（naphthoquinone），褐藻产生的多酚和丹宁（tannin）等都能防止污损生物的附着。

有些藻类的表面被细菌占据，这些细菌会干扰无脊椎动物幼虫或其他藻类孢子的定植信号。从藻类表面细菌生物被膜中分离得到的假交替单胞菌属和暗棕色杆菌属（*Phaeobacter*）细菌，产生一系列抑菌化合物，在抗污着处理中具有潜在的应用价值。将从海洋环境中分离的芽孢杆菌、假单胞菌和链霉菌的提取物与水性树脂（water-based resin）混合，还开发了许多塑料表面的涂层。这些"活油漆"在实验室检测中有很好的效果，然而活性化合物的配方和使用方式还存在问题，这意味着实验室研究结果往往无法在野外试验中得到证实。

11.4.2　生物被膜在大型生物附着过程中的作用

虽然生物污着过程造成许多有害后果，但值得注意的是，生物被膜也发挥着许多非常重要的积极作用。微生物产物可以促进藻类和无脊椎动物幼虫的附着（settlement）与变态（metamorphosis），这在海洋生态（如珊瑚礁形成）和水产养殖（如贻贝在悬索养殖中的附着）中具有重要意义。

生物被膜通常被认为是大型生物附着的先驱，许多动物幼虫或藻类孢子的固着、变态对生物被膜有很强的依赖性。生物被膜中微生物的生长代谢，可为动物幼虫提供食物，也为藻类孢子的生长发育创造了条件。对扇贝幼虫的附着实验显示，在仅有细菌存在的菌膜阶段和形成菌藻膜的阶段均对扇贝幼虫的固着具有促进作用，但是菌膜上幼虫的固着量却明显地高于菌藻膜，说明细菌在促进幼虫的固着中起主要作用（图 11-9）。在扇贝育苗中，可通过添加适当的菌剂促进扇贝幼虫在附着基表面的附着。

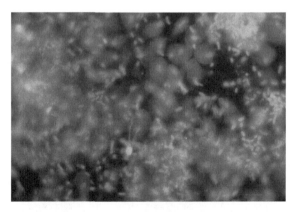

图 11-9　吸引扇贝幼虫附着的附着基表面的细菌被膜（1000×）（纪伟尚摄）

11.4.3　微生物对金属的腐蚀及其防护

据报道，全世界因腐蚀而损失的金属（主要是钢铁）占产量的 10% 以上，因腐蚀造成的间接损失往往比金属本身的损失更大。在海洋环境中，虽然溶解氧和海水可使金属发生氧化腐蚀或电化学腐蚀现象，但是微生物腐蚀（microbially induced corrosion，MIC）作用造成的损失更为严重。在海洋环境中，微生物腐蚀主要由一系列好氧和厌氧细菌造成，使金属结构、容器和仪器设备产生点蚀与断裂应力（fracture stresses）。腐蚀是由附着于金属和海水界面的生物被膜上的细菌引起的，它们在有氧或无氧环境中都对金属有腐蚀作用。

腐蚀性细菌多与自然界的硫元素循环有关，包括硫氧化细菌和硫酸盐还原细菌（sulfate reducing bacteria，SRB）。长期以来，厌氧硫酸盐还原细菌被认为是海洋腐蚀的最主要原因。然而，现在人们认识到含有复杂的、多种微生物混合的生物被膜在海洋腐蚀中发挥重要作用，生物被膜中的微生物能够协同进行一系列生化和电化学反应。在固体表面接触含氧海水处，生物被膜上层的好氧微生物会消耗掉氧气，SRB 可以占据较低层。许多其他种类的细菌和真菌通过发酵作用产生有机酸，从而腐蚀钢铁、锰和锌合金。微生物腐蚀对海上油气工业造成严重危害，一方面会腐蚀碳钢管道、钻井平台和设备，另一方面微生物腐蚀过程产生的 H_2S 会导致原油"变酸"。其他细菌可以侵蚀钢铁表面耐腐蚀的锰或氧化铁薄膜。嗜热硫酸盐还原古菌也存在于海洋热液系统和油藏中。

深水锻铁或钢结构中出现了一种特殊类型的微生物腐蚀。铁锈聚集形成类似于钟乳石或冰柱一样的锈蚀柱结构。1912 年，泰坦尼克号在距纽芬兰海岸约 3.8 km 的地方沉没，76 年后，人们在对泰坦尼克号残骸的探索中首次发现了该种结构，并将其命名为"锈蚀柱（rusticles）"（图 11-10）。锈蚀柱由氧化铁、碳酸盐和氢氧化物组成，上面附着了由细菌和真菌组成的复杂的共生群落，这些微生物对金属进行腐蚀从而产生铁化合物。微生物群落中包括一种名为泰坦尼克号盐单胞菌（*Halomonas titanicae*）的新物种。泰坦尼克号残骸中约 1 m 长的脆弱锈蚀柱结构被水通道渗透，水可以从结构中流过，预计到 2030 年将导致残骸完全破坏。随后，在其他深水沉船和石油钻井平台锚链上也发现了这种锈蚀柱结构。

图 11-10　泰坦尼克号钢船壳上微生物引起的锈蚀柱（Munn，2020）

锈蚀柱经过一个生长和成熟的周期，然后脱落，5～10 年为一个周期

由于生物被膜可以耐受许多化学处理，因此生物被膜的控制特别困难，有时需要反复施加高浓度的杀菌剂（如戊二醛、季铵盐和磷化物）进行处理。使用阴极保护（cathodic protection）可以限制钢结构的腐蚀，但这可能导致结构上的缺陷，除非对电势进行仔细监测；过量氢的形成会导致金属疲劳。对可培养的产酸细菌的水平进行常规监测，并在钻井注入液中使用杀菌剂，有助于控制这一问题。由于 SRB 需要厌氧培养，其检测更加困难，开发分子生物学检测试剂盒将为该行业带来便利。在石油萃取过程中，由于硝酸盐还原细菌可能与 SRB 竞争，因此有时会将硝酸盐添加到注入油层的液体中。然而，这一过程需要仔细监测，如果硝酸盐进入管道中，硝酸盐还原作用可能与铁氧化作用耦合，导致腐蚀作用。

此外，不同钢材的抗腐蚀能力有较大差别，如选择去硫钢材，就会除去硫杆菌的代谢物，抑制其腐蚀作用，增加抗腐蚀能力。在防护涂料中添加硫杆菌的生长抑制剂，或者防止缺氧条件，控制钢铁表面的 pH，使之不能过低，亦可增加金属的抗腐蚀能力。

11.4.4 微生物对木材的腐损及其防护

海洋中的木质结构（如码头、栈桥、桥墩和木船只）以及海上运输或储藏的木材，由于生物腐解（decay）所造成的经济损失相当可观，价值数十亿美元。造成腐损的主要原因是蛀木无脊椎动物的穿透，尤其是船蛆（shipworm）以对木船造成破坏而得名。船蛆不是蠕虫，而是一类小型瓣鳃类海洋软体动物，身体可以伸展得很长，有时可长达 60 cm，宽约 1 cm。船蛆科（Teredinidae）包含超过 70 种。它们利用锯齿状的壳体阀（shell valve）钻穿海水中的木质结构从而居住其中，并以木材为食；它们还可分泌出富含碳酸钙的涂层，以保护脆弱的组织不被压碎。船蛆及其他消化木材的海洋无脊椎动物与白蚁一样，能吞噬木材却不能直接消化利用木质纤维，需要依赖与之共生的纤维素降解微生物才能生存。已发现隶属γ-变形菌纲（Gammaproteobacteria）的一种纤维素降解菌涂氏船蛆杆菌（*Teredinibacter turnerae*），是位于刚毛节铠船蛆（*Bankia setacea*）鳃部并与之专性外共生的细菌。这种细菌能合成纤维素酶和蛋白酶，以船蛆粗加工的木质纤维为碳源，以通过固氮酶固定的大气中的分子态氮为氮源，合成营养物质，既供给本身，也为其宿主提供了以木为食的条件，与铠船蛆形成了一种互养共栖（syntrophism）的关系。用特异性的 rRNA 探针检测显示，这种细菌也存在于铠船蛆的生殖组织和卵子中，说明该细菌能通过其宿主的幼虫垂直传播，以确保其共生体广泛分布。木材也会被蛀木水虱（gribble），如木制蛀木水虱（*Limnoria lignorum*）和相关物种的小型等足类甲壳动物降解，它们用切割和研磨型口器来分解木材表面。尽管船蛆和蛀木水虱因其破坏性而臭名昭著，但由于它们可以引起红树林等沿海地区的倒木（fallen wood）腐烂，因此在生态环境中扮演着重要角色。

历史上使用的大多数木材都容易受到木蛀虫的破坏，造船者在传统上使用密度更大的心材（heartwood），这样的木材具有一定的抵抗能力。几种热带硬木对木蛀虫有很强的抵抗力，但是其来源是不可持续的。使用各种防腐木材处理可以延缓变质，但是处理费用昂贵，而且不能用于运输过程中的新木材。防腐油（creosote for preservation）和铬化砷酸铜（chromated copper arsenate）等处理方法会对环境造成相当大的破坏，目前许多国家都严格管制它们的使用。糠醇树脂改性（furfurylation）是一种环境友好型的处理方法，该方法先将木材浸泡在糠醛醇（$C_5H_6O_2$；从甘蔗或玉米饼等植物废料中制备）中，然后结合热处理和压力处理对木材进行改性。该方法提高了木材的机械强度和对抗生物腐损的能力。研究铠船蛆与共生细菌之间的关系及其传播模式，有可能鉴定出抑制其共生细菌定植或代谢的化合物，为生物腐损的预防提供了一定的思路。

此外，铠船蛆与其鳃部的共生菌都是好氧的，将木材在厌氧条件下保存，应该是有效的防腐方法。例如，在那些古代沉船中发现的木材，多年浸在水下且覆盖于厌氧环境的沉积物中（当然还应考虑水的压力条件），基本没有腐解现象，可一旦出水，暴露在空气中，但很快被一些真菌降解。

11.5 海洋微生物在仿生学领域中的应用价值

海洋微生物还是仿生学（biomimetics）的丰富资源。在材料科技领域，仿生学指从大自然中获取好的设计灵感。自然界中某些生物具有的功能比任何人工制造的机械都优越得多，仿生学是专门模仿生物的特殊本领，利用生物的结构和功能原理来研制机械或各种新技术，并进行有效地应用的一门学科。此处主要介绍海洋微生物在纳米技术（nanotechnology）和生物电子学（bioelectronics）中的应用。

11.5.1 海洋微生物在纳米技术领域的应用潜力

纳米技术是研究结构尺寸在 1～100 nm 材料的性质和应用的一种技术，实际上是一种用单个原子、分子制造物质的技术，为开发新的计算机技术乃至显微级的仪器等新产品提供了可能。海洋微生物细胞和生物被膜内就存在纳米级的结构，为这些新技术提供了丰富的材料来源。细菌和古菌的 S 层（S-layer）由于在其表面及孔内具有有序排列的功能基团，可以实现非常精确的化学修饰和分子结合，因此已应用于纳米技术。分离出来的 S 层亚基可以在固体支持物（如脂质薄膜、金属、聚合物、硅晶片）上自我组装成单层膜，也可以用来组成不同性质的"积木（building block）"，如蛋白质、核酸、脂类和多糖等。这一特性可广泛地应用于胶体和高分子科学以及电子工业中，如作为疫苗或药物、"生物芯片（biochip）"感应器和生物催化剂的载体。S 层均一的大小和孔隙排列，也使得它们适合作为超滤滤膜。

不同种类的硅藻的硅壳结构有巨大的多样性，其形态和表面结构各不相同。阐明硅藻细胞壁构建的分子机制，对将纳米材料组装成期望的结构方式有重要的指导意义。来源于硅藻的硅质材料在药物载体、生物传感器、组织工程和能量储存设备中有重要的应用价值。颗石藻（coccolithophore）中的方解石鳞片（calcite scale）也可以通过吸收蛋白质或掺入金属离子进行修饰，对颗石藻的遗传修饰可以使其能够生产定制的表面结构材料。

细菌鞭毛中显微级别的旋转马达（rotary motor）吸引了工程师的注意力，从细菌鞭毛分离的基体（basal body）有可能形成自力推进的微型机器的基础组成，可用于靶向药物的载体系统。对海洋细菌中趋化现象和超速游泳现象的发现及其分子机制的深入研究，可能会促进该领域的快速发展。

趋磁细菌（magnetotactic bacteria）可在细胞内产生稳定的单磁畴磁性晶体（magnetic crystal），其结构一致性和纯度利用化学过程很难达到。这些特性在电子工业和生物医药（如生产磁性抗体、酶的固定化、细胞分离、核磁共振成像等）中有重要的应用价值。了解细菌构建磁小体的机制以及通过遗传修饰可以使其具有展示特定蛋白质的能力。趋磁细菌虽然非常难以培养，但目前很多科学家都在积极优化培养基和培养条件以提高其产量。

11.5.2　海洋微生物在生物电子学技术领域的应用潜力

生物分子电子学依赖于天然的或经过遗传修饰的生物分子，如蛋白质、载色体和DNA。到目前为止，最好的例子之一是分离于嗜盐古菌——盐沼需盐小杆菌（*Halobacterium salinarum*）中细菌视紫红质（bacteriorhodopsin）的应用。细菌视紫红质每隔几毫秒就改变一次结构，将光子转化成能量。嵌入在蛋白质基质中的发色团（chromophore）吸收光线，诱发了一系列的变化，改变了蛋白质的光学及电学性能。细菌视紫红质能在三维膜上存储海量信息（全息记忆），通过遗传修饰产生多种具有理想性能的蛋白质。细菌视紫红质也被用于构建人工视网膜，并用于构建纳米大小的太阳能电池和移动传感器。

1973 年，Oesterhelt 等发现了新的具有光感功能的生物传感器，并于 1976 年提出细菌视紫红质是光驱动质子泵的一种新的方式，这种细菌视紫红质只存在于古菌中。变形菌视紫红质（proteorhodopsin）于 2000 年首次发现于东太平洋、北太平洋中部和南部及南极洲的未培养的海洋 γ-变形菌的基因组中，这种物质为光敏视黄醛蛋白，在海洋浮游细菌、古细菌和真核生物中都有发现，与古细菌中发现的细菌视紫红质是同源的。新发现的变形菌视紫红质预期将在生物技术领域中发挥作用。

主要参考文献

徐怀恕, 杨学宋, 李筠, 等. 1999. 对虾苗期细菌病害的诊断与控制. 北京: 海洋出版社.

徐怀恕, 张晓华. 1998. 海洋微生物技术. 青岛海洋大学学报, 28(4): 265-269.

张晓华, 等. 2016. 海洋微生物学. 2 版. 北京: 科学出版社.

Adarme-Vega TC, Lim DK, Timmins M, Vernen F, Li Y, Schenk PM. 2012. Microalgal biofactories: a promising approach towards sustainable omega-3 fatty acid production. Microb Cell Fact, 11: 96.

Akhter N, Wu B, Memon AM, Mohsin M. 2015. Probiotics and prebiotics associated with aquaculture: a review. Fish Shellfish Immunol, 45: 733-741.

Austin B, Sharifuzzaman SM. 2022. Probiotics in Aquaculture. Cham, Switzerland: Springer.

Bhatnagar I, Kim SK. 2012. Pharmacologically prospective antibiotic agents and their sources: a marine microbial perspective. Environ Toxicol Phar, 34: 631-643.

Blunt JW, Copp BR, Keyzers RA, Munro MHG, Prinsep MR. 2014. Marine natural products. Nat Prod Rep, 31: 160-258.

Dinh HT, Kuever J, Mussmann M, Hassel AW, Stratmann M, Widdel F. 2004. Iron corrosion by novel anaerobic microorganisms. Nature, 427: 829-832.

Eom SH, Kim YM, Kim SK. 2013. Marine bacteria: potential sources for compounds to overcome antibiotic resistance. Appl Microbiol Biot, 97: 4763-4773.

Feling RH, Buchanan GO, Mincer TJ, Kauffman CA, Jensen PR, Fenical W. 2003. Salinosporamide A: a highly cytotoxic proteasome inhibitor from a novel microbial source, a marine bacterium of the new genus *Salinospora*. Angew Chem Int Ed, 42: 355-357.

Gemperlein K, Rachid S, Garcia RO, Wenzel SC, Muller R. 2014. Polyunsaturated fatty acid biosynthesis in *Myxobacteria*: different PUFA synthases and their product diversity. Chem Sci, 5: 1733-1741.

Gutierrez T, Rhodes G, Mishamandani S, Berry D, Whitman WB, Nichols PD, Semple KT, Aitken MD. 2014. Polycyclic aromatic hydrocarbon degradation of phytoplankton-associate *Arenibacter* spp. and description of *Arenibacter algicola* sp. nov., an aromatic hydrocarbon-degrading bacterium. Appl Environ Microbiol, 80: 618-628.

Jal S, Khora SS. 2015. An overview on the origin and production of tetrodotoxin, a potent neurotoxin. J Appl Microbiol, 119: 907-916.

Koblížek M. 2015. Ecology of aerobic anoxygenic phototrophs in aquatic environments. FEMS Microbiol Rev, 39: 854-870.

Manivasagan P, Kang KH, Sivakumar K, Li-Chan EC, Oh HM, Kim SK. 2014. Marine actinobacteria: an important source of bioactive natural products. Environ Toxicol Phar, 38: 172-188.

Mehbub MF, Lei J, Franco C, Zhang W. 2014. Marine sponge derived natural products between 2001 and 2010: Trends and opportunities for discovery of bioactives. Mar Drugs, 12: 4539-4577.

Munn CB. 2020. Marine Microbiology: Ecology and Applications. 3rd ed. London: CRC Press, Taylor & Francis Group.

Nie Y, Chi CQ, Fang H, Liang JL, Lu SL, Lai GL, Tang YQ, Wu XL. 2014. Diverse alkane hydroxylase genes in microorganisms and environments. Sci Rep, 4: 4968.

Qi Z, Zhang X-H, Boon N, Bossier P. 2009. Probiotics in aquaculture of China-current state, problems and prospect. Aquaculture, 290: 15-21.

Srinivasan R, Kannappan A, Shi C, Lin X. 2021. Marine bacterial secondary metabolites: a treasure house for structurally unique and effective antimicrobial compounds. Mar Drugs, 19: 530.

Stonik VA, Makarieva TN, Shubina LK. 2020. Antibiotics from marine bacteria. Biochemistry (Moscow), 85: 1362-1373.

Stott JFD. 1993. What progress in the understanding of microbially induced corrosion has been made in the last 25 years? A personal view point. Corros Sci, 35: 667-673.

Stritzke K, Schulz S, Laatsch H, Helmke E, Beil W. 2004. Novel caprolactones from a marine streptomycete. J Nat Prod, 67: 395-401.

Suez J, Zmora N, Segal E, Elinav E. 2019. The pros, cons, and many unknowns of probiotics. Nat Med, 25: 716-729.

Thomas TRA, Kavlekar DP, LokaBharathi PA. 2010. Marine drugs from sponge-microbe association-a review. Mar Drugs, 8: 1417-1468.

Trindade M, van Zyl LJ, Navarro-Fernández J, Abd Elrazak A. 2015. Targeted metagenomics as a tool to tap into marine natural product diversity for the discovery and production of drug candidates. Front Microbiol, 6: 890.

Wright RJ, Gibson MI, Christie-Oleza JA. 2019. Understanding microbial community dynamics to improve optimal microbiome selection. Microbiome, 7: 85.

Yoshida S, Hiraga K, Takehana T, Taniguchi I, Yamaji H, Maeda Y, Toyohara K, Miyamoto K, Kimura Y, Oda K. 2016. A bacterium that degrades and assimilates poly (ethylene terephthalate). Science, 351: 1196-1199.

Yu M, Wang J, Tang K, Shi X, Wang S, Zhu WM, Zhang XH. 2012. Purification and characterization of antibacterial compounds of *Pseudoalteromonas flavipulchra* JG1. Microbiology (SGM), 158: 835-842.

复习思考题

1. 结合益生菌的作用机制，在实际生产中如何应用以预防水产养殖病害的发生？

2. 阅读有关资料，简述在水产养殖中，使用抗生素的弊端有哪些？根据所了解的相关知识，思考一下减毒疫苗（live-attenuated vaccine）是否就是安全的？

3. 结合头孢菌素 C 的发现及应用历史，若你发现一种对某种致病菌拮抗作用良好的化合物，请设计一套详细的实验方案进行鉴定及检测。

4. 列举几种海洋微生物产生的生物活性物质并描述其应用前景。

5. 试比较经典的功能宏基因组筛选和靶向宏基因组筛选概念的异同。举例说明二者在实践中的应用。

6. 来自海洋的很多药物都表现出巨大的潜力，为什么很少被制药公司研发生产及广泛地应用于医药领域？

7. 简述海洋微生物对人类生产生活不利的方面及其大致应对策略。

8. 结合有关文献，思考一下在对海洋石油污染物降解方面，海洋浮游藻类是否扮演着重要的角色？

（张晓华　张蕴慧　翟欣奕）

第 12 章　海洋微生物的采样技术

本章彩图请扫二维码

样品采集是海洋科学研究中最重要的，但同时也是常被忽视的步骤。由于普通海洋学研究中对海水和沉积物样品的采集相对比较简单，因此人们往往认为对海洋微生物的采样也很简单。然而，海洋微生物学工作者所遇到的最重要的挑战之一就是如何在特定海区的特定深度采集到不受外界环境污染的水体和沉积物样品。理想的海洋微生物检样品应该只含取样现场的微生物，因此需保证无菌条件，尽量防止从采样器械和采样操作中引入的污染。需要注意的是，由于金属对微生物有杀伤作用，因此一般不用金属来制造直接盛取水样的容器。此外，鉴于在远离海岸的调查船上进行采样操作时有诸多困难，设计采样器时应考虑做到操作简单而又牢固可靠。

12.1　海水样品的采集

早在 100 多年前，当海洋微生物学作为海洋学的一个分支出现时，科学家就开始考虑无菌采样装置的问题了。海洋是垂直分层的，但早期研制的采水器大多只适用于表层海水的采集，因此真光层可能是对海洋微生物研究得最为详尽的区域。随着海洋采样技术的不断发展，商品化或自制的采水装置相继被发明，使得我们可以对深层海水样品进行采集，并且实现不同水体深度样品的分层采集，以分析其中的化学组分、浮游微生物和非生命颗粒物。根据实验目的的不同，所采集样品的体积可从小于 1 mL 到大于 30 L，前者用于从不连续的微环境中采样，后者一般用于可溶性物质和颗粒物质的常规采样。

世界各国曾经设计出来的微生物采水器达百种以上，结构和性能各有不同，但多数只适用于采取浅层水，且存在不同的弊端，因此这些采水器中的绝大部分已经不再继续使用。下面仅介绍几种比较常见的采水器。

12.1.1　国际上常用的采水器

12.1.1.1　佐贝尔采水器

大多数早期的采水器都采用合金制品，如铜、镍、锡、锌或铅，但是许多金属都有杀菌效果。在发现金属采水器的杀菌弊端之后，Johnston（1892）最先发明了一种采水器，即将一个玻璃瓶子连在一个较重的金属架上，通过绳子把整个装置放入海里。在瓶塞上系上两根绳子，只要拉第二根绳子就能把瓶塞打开让海水进入消毒过的采样瓶。放松第二根绳子时，瓶塞又能回到原来的位置。该采水器的主要缺点是在深度超过 40 m时，瓶塞受到海水压力而无法打开，因此在应用上受到限制。

C.E. ZoBell 于 1941 年在 Johnston 采水器的基础上设计出 J-Z（Johnston-ZoBell）细

菌学采水器，又称佐贝尔采水器（Johnston-ZoBell sampler，简称 J-Z 采水器）。该装置包括真空的灭菌玻璃瓶、固定销以及玻璃和橡胶制管，玻璃管一端封闭，一端开放，封闭端与橡胶管相连，而开放端则插入到玻璃瓶中。整个装置可在海上现场高压灭菌，然后固定到一个呈 90°开角的翼形铜架上，再拴到采样用的缆绳上。一个铜制重物锤（又称传令器），在接到指令后沿同一缆绳下沉，触碰到制动杆后，制动杆将玻璃管的封闭端敲破，水通过开放端被自动吸入已灭菌的玻璃采样瓶中。为了适应更高的压力，在更深处采样时可用一个可压缩的橡胶球来代替玻璃瓶（因在水深约 200 m 处玻璃瓶会开始破碎，到 600 m 深时所有玻璃瓶会由于海水静压力而全部破裂）。J-Z 采水器后来被改进为复背式（piggy-back），常与当时（1965 年以前）使用最普遍的金属南森采样瓶（Nansen bottle）一起使用。

Johnston 采水器和 J-Z 采水器的采样原理代表了早期海水样品采集的两种主要策略。前者依赖于机械装置控制采样瓶口的开关；而后者则是使用单端密封的毛细管，该方法在取样结束时，无法对已经敲破的玻璃管进行重新密封，且毛细管无法重复利用。此外，J-Z 采水器和复背式采水器上使用的橡胶球对某些微生物也有毒害作用。

12.1.1.2 Jannasch & Maddux 采水器

尽管采水装置有了很大的改进，但是仍然有人对这些"无菌"采水器感到不放心，这是因为这些采水器需要在采样点用非无菌的方式打开采样容器的入口，且采水器入口靠近某些潜在的污染源，如未灭菌的金属制品表面及采样缆绳等，故而影响了采样的可靠程度。基于这些原因，Jannasch 和 Maddux 于 1967 年设计了一种新的采水装置，该装置包括一个无菌注射器和一个玻璃采样管，后者被放入一个充满无菌水的透析袋中。整个装置被装在一个可移动臂上，而可移动臂被固定在支架上，支架则被拴在采样缆绳上。一个风向标使注射器处于上升流方向以降低潜在污染的可能性。当传令器激活采水器时，可移动臂从支架上移开，这样可把保护性透析袋从无菌玻璃采样管上剥开。同时连接注射器活塞的绳子绷紧，并在可移动臂离开支架最大距离时（大约 75 cm）开始吸入海水。

对该装置的实地测试显示，与改进的 J-Z 采水器或无菌的 Niskin 袋式采水器相比，污染菌（故意涂在绳子上的已知菌）的进入大大减少了。但具有讽刺意味的是，这一相对简单且有效的无菌水样采集器从未在实地研究中被广泛使用，这可能与当时的观念有关，即当一个比较干净和无污染的样品已满足要求时，完全无菌的样品就不那么必需了。

12.1.1.3 尼斯金采水器

尼斯金采水器（Niskin sampler），又称蝴蝶袋式采水器（butterfly baggie sampler），是由尼斯金（S. Niskin）于 1962 年设计的一种气囊式采水器。它包括一个弹簧式金属支架和一个可拆卸、密封无菌的一次性聚乙烯袋（容量为 2 L）。接到指令后，传令器控制刀片（未消毒）切开与聚乙烯袋相连的玻璃管的密封口部，然后释放扭杆弹簧打开气囊；由此产生一个吸力，可把海洋中任何深度的水样吸入采样袋中。采样完成后，弹簧控制的机械装置将采样袋重新封口，防止采水器内外海水发生交换。有报道称这种采水器的问题在于塑料袋中可溶性有机物会发生渗漏，因此尽管样品是无菌采集的，但是可能仍不符合某些生态学测试的要求。

　　目前，微生物海洋学上最常用的水样采集器是尼斯金采水瓶（Niskin bottle）。尼斯金采水瓶（图 12-1）不同于以往的尼斯金蝴蝶袋式采水器，它是一种卡盖式采水器，主体为聚氯乙烯（polyvinyl chloride，PVC）圆筒，圆筒两端的盖子由一个内置弹性绳索或弹簧固定。这个未经灭菌的采样瓶通常敞口拴在采样缆绳上，被放至目标深度，然后由传令器用机械方式激活入口关闭。关于这个装置有很多精细的改进，如在采水瓶上配置压力控制开关，当瓶子穿过表层至目标深度后瓶口打开；为了减少潜在的化学污染，采用机械方式从外部关闭入口。

图 12-1　卡盖式尼斯金采水瓶（引自美国国家海洋和大气管理局图片库）

　　球阀式采水瓶是基于卡盖式采水瓶改进而来的，在其下潜时保持球阀关闭，到达指定深度时打开球阀，海水进入采样瓶采样完毕后，关闭球阀。该方式能够避免下潜时海水对采样容器的污染。

　　当然，像其他采水装置一样，采水瓶的一些细节也需要考虑，尤其是其体积与表面积比和内部是否容易冲洗等因素。瓶身内部的高度可冲刷性可一定程度上弥补采水瓶无法灭菌的缺点。另外，还需考虑出水口的位置，否则大颗粒有可能排放不完全。因为微生物分布是不均一的，或自由生活，或附着于颗粒，因此为了去除大颗粒而进行的机械分拣和二次挑选将成为误差的一大可能来源。

12.1.1.4　玫瑰花式采水器

　　大多数现代海洋学研究都把多个尼斯金采水瓶安装在一个直径为 1～2 m 的环形支

架上，形如玫瑰花，因此被称为玫瑰花式采水器（rosette sampler，图 12-2），每个支架上通常装载有 12～24 个采样瓶。在采水时，采水器通过内含电缆的特制缆绳进行下放，采水瓶的闭合由一个被称为电缆塔（pylon）的电控装置所控制。这种采水器需要配备一个被称为温盐深测量仪（conductivity-temperature-depth，CTD）的环境感应器，用于实时反馈海水电导（盐度）、温度和深度等环境信息，从而辅助对特定深度的水样采集。现代的 CTD 装置允许附加其他的水下环境传感器，以提供更多的生态参数，如光线、光的吸收和散射、荧光与溶解氧等。这些实时环境数据（如荧光最大值、颗粒最大值和溶解氧最小值等）可用于将采样瓶定位于一些重要或感兴趣的深度并进行采样。

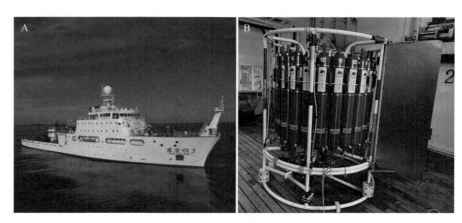

图 12-2　东方红 3 船（A，吴涛拍摄）和船载玫瑰花式采水器（B，作者拍摄）

利用玫瑰花式采水器可在同一深度采多个样，以满足统计学分析和大量样品的需要，也可预先设定不同的采水深度来进行采样。在采样前，可使用 1 mol/L 的盐酸对缆绳和 PVC 采水瓶进行彻底清洗，再用蒸馏水冲洗干净。而实际上，由于 PVC 采水瓶的冲刷性较好，因此许多情况下并不对其进行彻底清洗。需要注意的是，对于大量样品（>5 L）的采集，使用玫瑰花式采水器一般很难做到真正的无菌采集。

此外，还有一些其他的新颖装置，如利用潮汐力和渗透压推动力的采水器，可用于无人值守的时序采样。

12.1.1.5　界面区采水器

空气-海洋界面区是指海平面以下 150～1000 μm 的区域，具有特殊的高表面张力和强光照（尤其是 UV-B 射线），其温度和盐度变化很大。这个微表层区（surface microlayer）的生态环境及微生物群落与其下面的真光层相比，具有更高浓度的有机质、微量元素和微生物，这可能是由于表层海水形成的泡沫携带这些物质进入到了微表层。作为海洋的"皮肤"，微表层对于热量交换、动量交换和包括气体通量在内的质量交换具有重要意义，因此可能对全球环境变化起很重要的作用。海洋微表层区极有可能由一系列相互重叠的区域组成，这无疑给量化采样带来很大的困难。

多年来，科学家设计了多种界面区采水器，主要包括：①棱镜浸入采水器（prism dip sampler）；②筛网式采水器（screen sampler）；③旋转陶瓷鼓式采水器（rotating ceramic drum sampler）；④不锈钢托盘采水器（stainless steel tray sampler）；⑤玻璃板采水器（glass plate sampler）。这些采水器的效果都已在实验室和实地研究中进行过测试。另外，还有报道述及研究海表薄层（sea-surface film）的移动式平台。

12.1.1.6　深海采水器

在水平面 2000 m 以下深度（即海洋深层和海洋深渊层）采样需要一些特殊的考虑（依赖于调查目的）和复杂的采样传送装置。曾有人成功地分离出了专性嗜压菌，表明压力是海洋微生物呈区带分布的一个重要决定因素。有些专性嗜压菌可以耐受低压，但很多种类可能不行。目前，我们对深海微生物的认识还很不全面。

一份理想的用于微生物研究的深海样品应该保存在黑暗中，维持其原位温度和压力，并且不受机械和化学干扰，但这在现实中很难做到。在过去的 40 年间，美、日、荷等多个国家成功研制出了不同类型的保压采水器，但由于技术和设备方面的原因，这些采水器均没有得到广泛使用。在我国，浙江大学研发的深海序列采样器于 2016 年在马里亚纳海沟首次采集了最深海水（>6000 m）的序列保压样品，且其研制了国际首例万米深渊保压气密取样器，成功取得超万米深保真水样。虽然保压采水器的研发实现了样品的保压采集，但在回到甲板或实验室进行后续操作时，仍会经历减压的过程。针对该问题，Jannasch 等（1973）发明了一个体积为 1 L 的、可保持压力和温度的深海水样采集器，与一个可添加和取出小体积样品（13 mL）的转移单元相连接，该采水器还可在调查船或实验室里作为培养容器。1999 年，一种无菌的玫瑰花式高压采水器出现，它能够使样品不用减压即能进行二次采样，这种采水器已经被用来估算地中海微生物群落的压力效应。2019 年，法国学者研制出了一款可搭载到 CTD 的保压取样器，并能通过压力生成器实现样品的等压转移和处理。

后来深海采水器经过改进，能够在原位过滤，从而将水样浓缩几百倍。深海原位过滤对研究微生物的原位代谢活性具有重要意义。较为知名的水下原位过滤和处理系统包括由美国蒙特利海湾研究所研发的环境样品处理器（environmental sample processor），该装置可实现高时间分辨率样品的采集与保存，并能通过芯片杂交进行初步的微生物多样性分析。美国伍兹霍尔海洋研究所研发的水下培养装置（submersible incubation device）可用于微生物与环境因子间的互作研究。另外，中国科学院深海科学与工程研究所研发的深海微生物原位过滤与固定装置（ISMIFF）能够实现在万米海底进行大体积水体过滤和 RNA 固定。

对于深海热液和冷泉等极端环境，由于环境变化较快，因此样品的精准获取是探究微生物分布及功能的重要前提。在这些环境中的样品采集需借助载人型潜水器（human occupied vehicle，HOV）、遥控型潜水器（remotely operated vehicle，ROV）或自主式潜水器（autonomous underwater vehicle，AUV）。我国自主研制的 HOV 包括"蛟龙"号（7000 米级）、"深海勇士"号（4500 米级）和"奋斗者"号（全海深）。2020 年 10 月 27 日，"奋斗者"号在马里亚纳海沟成功下潜至 10 058 m，创造了中国载人深潜的新纪录。我国的 ROV 潜水装备包括"海龙Ⅲ"号（6000 米级）、"海马"号（4500 米级）和"发现"号（4500 米级）等。这些设备依靠机械手臂实现水体样品的精准采集（采水瓶搭载潜水器），同时能采集/捕获大型生物，对深海研究具有重要意义。

12.1.2　国内改制的采水器

我国国家海洋局于 1975 年和 1992 年制定的《海洋调查规范》中规定，使用的微生物采水器是击开式采水器和复背式采水器，这两种采水器均由中国海洋大学徐怀恕和纪伟尚改制而成。

12.1.2.1　击开式采水器

击开式采水器（图 12-3A）是根据佐贝尔采水器改制而成的，适用于在 500 m 以内的水层中采样。该采水器由机架和采水瓶两部分组成。采水瓶为 500 mL 的注射用盐水瓶，瓶口由一个带有进水管的橡皮塞封闭（在深水采样时，为了防止橡皮塞被压入瓶内，可在瓶内安放一根适当长度的玻璃棒来支撑橡皮塞）。进水管由一根弯曲成直角形的玻璃管（内径 6～7 mm）、一段长 260 mm 的厚壁橡皮管与一段长 160 mm 的进水管三部分连接而成。直角形玻璃管的一端从橡皮塞中央插入盐水瓶内与盐水瓶相通，另一端与厚壁橡皮管连接。进水玻璃管的一端与厚壁橡皮管连接，其自由端则事先用酒精喷灯拉细，并在端部塞入少量棉花，整根进水管安装在盐水瓶上即组成采水瓶。将采水瓶用纸包好，经 121℃高压蒸汽灭菌 20 min，取出并立即用酒精喷灯把进水玻璃管上事先拉细的部分烧融密封。这样整个采水瓶内可以保持无菌的半真空状态，有利于水样进入瓶内。

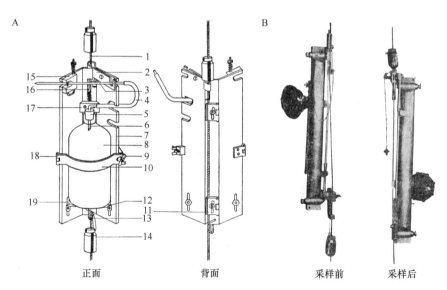

图 12-3　击开式（A）和复背式（B）采水器（引自国家海洋局，1975）

1. 钢丝绳；2. 敲击杠杆；3. 进水玻璃管；4. 橡皮管；5. 橡皮塞；6. 玻璃管；7. 机架；8. 采水瓶；9. 元宝螺母；10. 铜带；11. 固定夹；12. 托板；13. 挂钩；14. 使锤；15. 弹簧夹；16. 弹簧连接杆；17. 连接杆固定板；18. 枢铰；19. 托板升降孔

机架部分由一块黄铜板制成，呈梯形，两翼呈 72°角张开，高为 290 mm，宽为 210 mm，厚约 6 mm。采水瓶被安装在可以上下调节的半圆形托板上，并由半环形铜带加以固定。进水管的橡皮管部分卡在机架右上角下侧的半圆形缺口内，进水管玻璃部分则横放在机架左右两翼上角的两个缺口内，并被敲击杠杆和弹簧夹所固定。整个采水器用两个固定夹固定在钢丝绳上。在分层采水时，要在上一个采水器的弹簧连接杆下部的挂钩上挂一个使锤。

将挂有采水器的钢丝绳放入水中后，下放到预定的深度并投放使锤，使锤打击在敲击杠杆的后部，使其前端向上弹起，从而折断进水玻璃管。由于瓶内是半真空状态，会产生负压而使海水进入采水瓶内。与此同时，弹簧连接杆受到敲击杠杆后部的压力而下降，致使其下端挂钩上的使锤脱落，沿着钢丝绳下滑，打击第二个采水器的敲击杠杆，折断第二个采水瓶的进水玻璃管，使第二个采水瓶进水，如此连续进行，使钢丝上的采水器全部采到预定水层的水样。

12.1.2.2　复背式采水器

复背式采水器（图 12-3B）是由一个球口直径约 8 mm、容量约 500 mL 的厚壁橡皮球附加在颠倒采水器上构成的，可以在较深的水层中使用。使用前，将一个金属装配环安装在颠倒采水器的下部，然后用此环将事先已灭菌的、压扁排去空气的、用无菌塞子塞紧的橡皮球卡在颠倒采水器的装配环上。球塞与一条铜链连接，链的另一端装一卡式挂钩，钩在颠倒采水器的释放装置和弹簧片之间的钢丝绳上，铜链的长度必须恰当，既足以让颠倒采水器颠倒，又能够在颠倒的时候把球塞拔下，从而使水样进入球内。

12.2　海洋沉积物样品的采集

目前，还很少有为微生物学研究专门设计的采泥器，因此在采集泥样时，多借用底栖生物的采泥器。海洋沉积物中的微生物数量远高于上层水体，且具有更高的种群多样性。例如，近海沉积物中的微生物丰度为 $10^8 \sim 10^9$ 个细胞/cm^3，相比其上层海水可高出 3～4 个数量级。至于采泥器本身携带的微生物，则会在采集器下沉到海底的过程中受到充分的冲刷，因此采泥器在使用前一般不必进行灭菌处理。

12.2.1　浅层泥样

采集海底浅层沉积物（表层至数米）的样品，通常可以使用抓斗式采泥器、箱式采泥器和柱状采泥器。采集表层泥样通常使用箱式采泥器或抓斗式采泥器，当采泥器提到甲板之后，用无菌铲刀轻轻刮去表面泥，采取暴露出的表层泥样，装入无菌器皿中保存备用。若采集稍深层的泥样（数米之内）可采用柱状采样器，当泥样采集之后，用无菌解剖刀将泥柱剖开，然后再用无菌铲刀采集不同层次的样品，放入无菌器皿中保存备用。

12.2.1.1　抓斗式采泥器

最常见的抓斗式采泥器（grab sampler）是 van Veen 抓斗式采泥器，通常是由不锈钢制成的蛤壳式铲斗（图 12-4A），适合在较软的海底采集相对较多的泥样。利用抓斗式采泥器一般最多可采集深 20 cm、大约 $0.2\ m^2$ 的沉积物。这种采泥器的优点是重量较轻、容易操作、技术含量较低；缺点是样品采集过程中沉积物容易发生搅动，失去原有形态。

图 12-4　抓斗式采泥器和电视抓斗式采泥器

A. 抓斗式采泥器（引自丹麦 KC-Denmark 公司网站）；B. 电视抓斗式采泥器（引自俄罗斯 HYCO 有限公司网站）

普通采泥器在船舶漂移和海流等的影响下，无法保证采样的准确定位。近年来，电视抓斗式采泥器（TV-guided grab sampler；图 12-4B）被广泛用于深海沉积物样品的采集。电视抓斗可通过光纤实时传回海底的视频图像，便于定位采样目标后再进行样品采集。

12.2.1.2　箱式采泥器

箱式采泥器（box corer）的设计克服了抓斗式采样器的缺点，最大程度地减少了采样过程中对沉积物的扰动，使其保持比较完整的状态（图 12-5），可用于底栖生物定量研究、生物地球化学过程研究及沉积物上覆水采集等。采泥器在下放的时候，为了减小压力对沉积物的扰动，其顶端和底端闭合铲保持敞开，允许水流自由通过，当采集器在海底着陆后闭合铲自动闭合，从而将沉积物保留在采泥器内。箱式采泥器的表面积为

图 12-5　箱式采泥器（引自丹麦 KC-Denmark 公司网站）

200～2500 cm^2，采样深度在 0.5 m 左右，随配重的增减有所变化。该类型采泥器需由缆绳悬挂，用绞车配合进行作业，一般适用于质地较软的沉积物样品采集。箱式采泥器采集上来的泥样，可以使用柱状管进行子样品的采集，便于区分不同层次。有一些类型的箱式采泥器内部含有隔板，可将沉积物分隔成不同的层次，不同层次的样品可以被分别取出用于科学研究。

12.2.1.3　柱状采泥器

柱状采泥器包括单管、多管（图 12-6）、重力柱状和重力活塞采泥器等。该装置可以保证采集样品的自然层次不被扰乱，适用于各层次沉积物中生物和化学成分的垂直分布状况的研究。

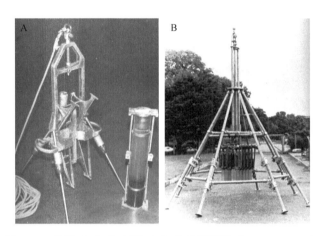

图 12-6　单管（A）和多管（B）柱状采泥器（Austin，1989）

单管和多管柱状采泥器的优势在于可在保持自然沉积层次的同时，获取沉积上覆水，这对于开展生物地球化学过程研究具有重要意义。与单管采泥器相比，多管采泥器可以一次性采集多管无扰动沉积物样品，可用于多学科的交叉研究。搭载高清深海摄像系统的电视多管采泥器可获得采样过程及采样环境的高清影像。由于采样管的长度有一定限制，这种管式柱状采泥器获取的沉积物深度十分有限，但可搭载到 HOV 和 ROV 等进行精准采样。

重力柱状采泥器（gravity core sampler）（图 12-7）是依靠重力将采样管插入到沉积物中，它同样能减小对沉积物的扰动，保证沉积物的完整性，但会对表层沉积物造成一定破坏。重力柱状采泥器的采样深度可达数米，是研究沉积过程（年代变化）、生物和化学物质的剖面分布及寻找化石证据等的理想工具，对人们了解过去及推测未来气候的变化历程具有重要意义。重力柱状采泥器易于使用，但由于其重量较大，一般需要专业人员进行操作。

重力活塞采泥器（gravity piston corer）同样依靠自重，靠自由下落的冲力进行取样，其优势在于活塞在向上移动的同时可在取样管内形成局部真空环境，对样品产生抽吸作用，以此提高取样率，获得更高的岩芯长度。例如，中国海洋大学"东方红 3"船曾在南海东沙群岛附近海域，使用 30 m 大型重力活塞取样器成功获取长度为 23.6 m 的柱状沉积物样品。实现沉积物样品的保压采集，对天然气水合物等特殊沉积样品的获取具有重要意义，浙江大学研制的重力活塞取样器曾在南海获得过长 14.15 m 的保压柱状样品。

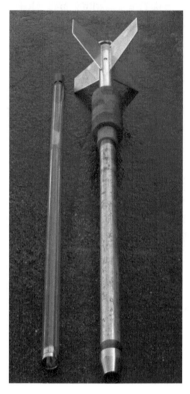

图 12-7　重力柱状采泥器及其内衬管（引自美国锚泊系统公司网站，
https://www.mooringsystems.com/sediment.htm）

12.2.2　深层泥样

海洋深层泥样是指处于海底表面以下到坚硬岩石之间的沉积物，其生命类型主要以微生物为主，占全球微生物总量的 1/2～5/6。这些海底深部的微生物可能代表了地球上最古老的微生物类群，同时，海底深部的高压、低温等极端环境可能孕育着一些嗜冷、嗜压和嗜寡营养等的特殊微生物，对研究生命的起源、进化和环境适应具有非常重要的意义。海底深部生命的发现得益于深海钻探技术的不断发展。深海钻探计划（Deep Sea Drilling Program，DSDP；1968～1983 年）、大洋钻探计划（Ocean Drilling Program，ODP；1983～2003 年）和综合大洋钻探计划（Integrated Ocean Drilling Program，IODP；2003～2013 年）是 20 世纪迄今为止地球科学领域规模最宏大、历时最久的系列国际合作研究计划，其以美国"乔迪斯·决心"号（非立管式，图 12-8）和日本"地球"号（立管式）钻探船为主要载体，通过钻取海底沉积物和岩石来探索地球历史与地球结构。综合大洋钻探计划的实施已在化学、物理、生物和地质等多个学科取得了丰硕的成果。例如，2010年实施的 IODP 329 航次对南太平洋环流区洋底进行了首次钻探，研究人员发现该区域的洋底沉积物富含氧气，与近海沉积物具有明显的理化性质差异。大洋钻探计划项目已于 2013 年正式更名为国际大洋发现计划（International Ocean Discovery Program，IODP；2013～2023 年），在新的研究计划中重点发展海洋与气候变化、生物圈前沿、地球表面环境的联系和运动中的地球四大领域。我国的大洋钻探船正在建设过程中，但作为国际大洋发现计划的参与成员，可以申请实施和参加大洋钻探航次。我国曾于 1999 年在南海成功实施了第一个大洋钻探航次（ODP 184 航次）；2014 年 1 月 26 日至 3 月 30 日开展了南海的第二个大洋钻探航次（"国际大洋发现计划" IODP 349 航次）；2017 年 2 月 8 日至 6 月 11 日在南海北部开展了第三个（IODP 367 航次）和第四个（IODP 368 航次）大洋钻探航次。这些航次的实施对研究南海过去的气候演变、地质构造及地球运动等过程具有重要意义。

图 12-8　美国"乔迪斯·决心"号大洋钻探船（A）以及 IODP 329 航次中样品处理（B）

大洋钻探计划所采集的沉积物样品为长柱状，可达千米，因此需要先在低温室中进行现场切割，分成不同的层次再用于科学研究。防止外源微生物污染是进行大洋钻探样品微生物学研究的一个棘手问题。例如，在南太平洋环流区等极端寡营养海域，其沉积物所含的微生物量极低（$10^2 \sim 10^3$ 个细胞/g），比近海沉积物低了几个数量级，任何外源微生物的引入都会对研究结果造成严重影响。因此，在进行类似沉积物的采集及后续分析时，要采取严格的污染防控措施。

12.3　海冰样品的采集

海冰是极地海洋的一种重要环境，目前一般使用冰芯钻采集海冰样品。冰芯钻由切割头、钻管、延长杆、手柄（手动采样）、钻机（动力采样）和相关配件组成。钻管由特殊合金做成，质量轻、强度高且耐磨，长 115 cm，外附塑料材质螺纹。切割头后端为铝质，前端钻头材质为经过特殊热处理的高强度钢。切割头内置不锈钢卡销，当钻管从冰中提出时，卡销会卡住冰芯，防止脱落。切割头和钻管之间，既连接紧密，又拆卸方便，是一项专利技术。标准配置带有 2 根 100 cm 长的不锈钢延长杆，如果采样深度超过 3 m，可以额外增加延长杆数量。T 型手柄用于手动旋转采样。另有适配器，用于连接钻管和钻机，实现动力采样，钻机的转速小于 400 r/min（图 12-9）。在冰芯样品采集后一般先要观察是否存在藻类富集层，然后根据研究工作的需要在黑暗条件下选择直接融化或添加无菌海水等渗融化。

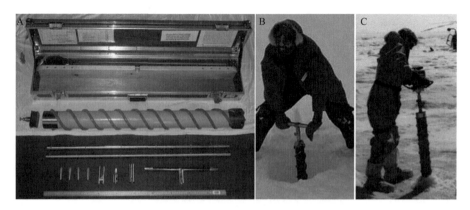

图 12-9　Mark Ⅱ型冰芯钻（A）及手动（B）和动力（C）取样（引自美国 Kovacs Enterprises Inc.网站）

12.4　海水和沉积物样品的储存

海水和沉积物样品经过储存，首先发生的变化是微生物数量稍微减少，这主要是由部分微生物死亡引起的。然而，接下来发生的通常是微生物数量大量增加，而种类不断减少。这是由于部分微生物类群在新的环境条件下发生增殖，而其他一些类群则由于不适应该环境条件而死亡。这种变化在样品采集后 1～2 h 时最为显著，而如果将海水及海泥样品储存在低温条件下，就能减少其中的微生物种类与数量的变化，但即使在 0℃也不能避免这种变化。

水样和泥样的储存需要根据不同的分析目的进行相应的保存。用于微生物培养的样品要放置到 0～4℃进行保存，或添加防护剂后在–80℃条件下保存，以防止冷冻对微生物的杀伤。在进行微生物生态学研究时，一般需要将水样进行过滤，将细胞收集到 0.22 μm 的滤膜上。针对不同的研究目标，也可选择其他孔径的滤膜，比如分析颗粒附着微生物时，需使用 0.8 μm、3 μm 或更大孔径的滤膜。对于病毒，多使用切向流超滤系统膜包（如 50 kDa）进行浓缩，也可先使用 $FeCl_3$ 溶液絮凝病毒颗粒，再使用 0.8 μm 孔径的滤膜进行过滤收集。目前，国际上普遍认同的方法是将含有微生物细胞或病毒颗粒的滤膜和泥样保存在–80℃下，以最大程度地减小样品中微生物组成的变化。然而，在分析样品中微生物的活性或基因表达时，需要提取样品中的 RNA。而与 DNA 不同，RNA 极易被降解，因此需要将进行 RNA 分析的样品（沉积物一般取未受污染的内芯，RNA 提取质量较好）保存在 RNA 保护剂中。目前常用的商用 RNA 保护剂是一种水溶性、无毒性的储存试剂 RNAlater，可迅速渗透到细胞内以稳定和保护细胞的 RNA。

由于在出海采样时，常常不能装备–80℃的超低温冷冻设备。因此，从样品采集到最终运输到实验室的中间阶段，一般是暂时将样品存放到–20℃。此外，如果样品数量少，还可将样品存放到液氮（–196℃）中，以最大程度地保存样品中微生物的完整性。

12.5　海洋调查装备

海洋调查船主要分为三类，包括综合科考船、破冰科考船和大洋钻探船。综合科考船排水量一般在 5000 t 以下，破冰科考船排水量一般在 10 000 t 以上，而大洋钻探船排水量一般在 25 000 t 以上。

　　我国现役的科考船超 50 艘，分为远洋调查船和近海调查船两类。近海调查船排水量一般小于 1000 t，自持力小于 30 d，主要用于近海海洋地质调查、海洋渔业和油气资源勘查及海岸带研究等。远洋调查船有 30 余艘（表 12-1），分别隶属于自然资源部、教育部和中国科学院等部委的涉海机构，能够承担国家重大海洋研究计划，进行多学科海上综合考察。近年来，中国海洋大学、厦门大学、中山大学等多家涉海单位所属的新型科考船进入科考船舶行列，有效提升了我国海上科技研发实力，为服务我国未来海洋发展战略奠定了基础。

表 12-1　我国主要的现役远洋调查船

序号	船舶名称	所属单位	母港	建成年份	排水量/t
1	向阳红 20 号	国家海洋局东海分局（现自然资源部东海局）	上海	1969	3 090
2	向阳红 09 号	国家海洋局北海分局（现自然资源部北海局）	青岛	1978	4 435
3	探宝号	中国地质调查局广州海洋地质调查局	广州	1978	2 619
4	海洋四号	中国地质调查局广州海洋地质调查局	广州	1980	2 608
5	发现号	上海海洋石油局第一海洋地质调查大队	拿骚	1980	4 000
6	科学一号	中国科学院海洋研究所	青岛	1981	3 324.35
7	实验 3 号	中国科学院南海海洋研究所	广州	1981	3 324.35
8	向阳红 14 号	国家海洋局南海分局（现自然资源部南海局）	广州	1981	4 400
9	中国海监 168 号	中国海监第八支队	广州	1982	3 356.73
10	中国海监 169 号	中国海监第八支队	广州	1982	4 590
11	大洋一号	中国大洋矿产资源研究开发协会	青岛	1984	5 600
12	发现 2 号	上海海洋石油局第一海洋地质调查大队	拿骚	1993	2 722
13	雪龙号	中国极地研究中心（中国极地研究所）	上海	1993	21 025
14	东方红 2 号	中国海洋大学	青岛	1995	3 500
15	向阳红 06 号	国家海洋局北海分局（现自然资源部北海局）	青岛	1995	4 900
16	育鲲号	大连海事大学	大连	2008	5 878.8
17	实验 1 号	中国科学院南海海洋研究所	广州	2009	2 555
18	海洋六号	中国地质调查局广州海洋地质调查局	广州	2009	5 287
19	中国海监 84 号	国土资源部（现自然资源部）南海局	广州	2011	1 740
20	科学号	中国科学院海洋研究所	青岛	2012	4 711
21	向阳红 10 号	国土资源部（现自然资源部）第二海洋研究所/浙江太和航运有限公司	温州	2014	4 615.8
22	向阳红 18 号	国土资源部（现自然资源部）第一海洋研究所	青岛	2015	1 900
23	嘉庚号	厦门大学	厦门	2016	3 500
24	探索一号	中国科学院深海科学与工程研究所	三亚	2016	6 250
25	张謇号	上海海洋大学	上海	2016	4 800
26	蓝海 101 号	中国水产科学研究院黄海水产研究所	青岛	2018	3 281.5
27	东方红 3 号	中国海洋大学	青岛	2019	5 000
28	雪龙 2 号	中国极地研究中心（中国极地研究所）	上海	2019	13 990
29	中山大学号	中山大学	珠海	2021	6 880

隶属于中国科学院海洋研究所的"科学"号是综合科考船的典型代表，也是我国新一代综合科考船。该船总投资 5.5 亿元，于 2012 年 6 月 28 日交船。核定总吨位 4711 t，总长 99.80 m，型宽 17.80 m，型深 8.90 m，续航力 15 000 n mile（1 n mile=1.852 km），自持力 60 d，最大航速 15 节，载员 80 人。"科学"号配备国际先进的船载科学探测与实验系统，以及 ROV 和电视抓斗等探测设备，具备全球航行及全天候观测能力，是国际最先进的海洋科学综合科考船之一。

由沪东造船厂建造并于 1978 年 12 月服役的"向阳红 09"海洋综合调查船，是我国自行设计、自行建造的第一艘 4500 t 级远洋科学考察船。其最高航速 18.2 节，自持力 60 d，定员 150 人。2007 年 11 月 28 日，经过中海工业有限公司增改装的"向阳红 09"船成为国内第一艘深潜试验母船。其搭载的"蛟龙"号载人深潜器是中国首台自主设计、自主集成研制的作业型深海载人潜水器，设计最大下潜深度为 7000 米级，也是世界上下潜能力最深的作业型载人潜水器。"蛟龙"号的研制成功使中国成为继美、法、俄、日之后世界上第 5 个掌握大深度载人深潜技术的国家。"蛟龙"号可在占世界海洋面积 99.8%的广阔海域中使用，对于中国开发利用深海的资源有着重要的意义。

"探索一号"隶属于中国科学院深海科学与工程研究所，是载人潜水器母船及具备通用深水科考和海洋工程应用能力的科考船舶。该船是在"海洋石油 299"号多功能作业船的基础上改建而成的，改建后的船只长 94.45 m，排水量为 6250 t，续航能力超 1 万 n mile。"探索二号"是专为"万米级载人潜水器"而生的科考船，船长 87.2 m，满载排水量 6700 t。2020 年 10～11 月，在"探索一号"和"探索二号"两艘母船的联合支持保障下，"奋斗者"号载人深潜器下潜深度突破万米。

"雪龙"号是中国第三代极地破冰船和科学考察船，属于 PC6 级破冰船，由乌克兰赫尔松船厂在 1993 年 3 月 25 日完成建造，船长 167 m，型宽 22.6 m，满载排水量 21 025 t，可乘载人员 130 人，最大航速 17.9 节，续航力 19 000 n mile。"雪龙"号是中国最大的极地考察船，能以 1.5 节航速连续冲破 1.2 m 厚的冰层（含 0.2 m 雪）。"雪龙"号先后经过三次大规模改造，最近一次始于 2007 年，投入 2 亿元，更新了通信导航系统、机舱自动化控制系统等。2009 年，船上的海洋科学考察设备也全部升级换代，首次在国内船上安装了当时世界上最先进的表面海水采集分析系统。2019 年，我国第一艘自主建造的极地科学考察破冰船"雪龙 2"号交付使用，这是全球第一艘采用船艏、船艉双向破冰技术的极地科考破冰船，装备有国际先进的海洋调查和观测设备。该船破冰能力达到 PC3 级，能够在 1.5 m 厚冰、0.2 m 厚雪的海况下，以 2～3 节航速连续破冰航行。其船长 122.5 m，型宽 22.32 m，吃水深度 7.85 m，满载排水量 13 990 t，定员 90 人，续航 2 万 n mile，能全球无限航区航行。该船还是一艘智能化船舶，能实现船舶和科考的智能化运行与辅助决策。

"东方红 2"号海洋综合调查船隶属于中国海洋大学，由当时我国国家计划委员会、财政部、教育部和地方政府共同投入 9000 万元建造，1996 年 1 月正式投入使用。"东方红 2"号是当时国内最先进的海洋综合调查船之一，用于替代服役 30 年的"东方红"号科考船。"东方红 2"号船长 96 m，型宽 15 m，型深 8 m，排水量 3235 t，定员 196 人，包括船员 45 人。全船设有 15 个不同类型的实验室，总面积达 325 m^2，甲板作业面积 330 m²。"东方红 2"号自投入运行至 2014 年 9 月，共承担国家 126 海洋环境项目、国家重点基础研究发展计划（973 计划）项目、国家高技术研究发展计划（863 计划）项目、国家 908 专项调查项目和国家自然科学基金重大项目、海洋工程及教学实习等项目 248 个航次，安全航行 40 余万海里，总计出海 4000 余天，航迹遍布渤海、黄海、东海、南海和西北太平洋等海域。

　　"东方红 3"号是我国自主创新研发的新一代深海大洋综合科学考察实习船，于 2019 年加入中国海洋大学"东方红"科考船舶序列，该船长 103 m、型宽 18 m、定员 110 人，是综合科考功能最完备的国际顶尖海洋综合科考实习船，也是国内首艘、国际上第四艘获得挪威船级社-德国劳氏船级社（DNV GL）签发的船舶水下辐射噪声最高等级——静音科考级（SILENT-R）证书的海洋综合科考船。

　　目前，能够进行海底深地层研究的大洋钻探船主要包括美国的"乔迪斯·决心"号和日本的"地球"号。1985～2003 年的 IODP 计划主要使用"乔迪斯·决心"号。该船长 143 m，排水量 1.69 万 t，钻塔高 61 m，属于非立管、动态定位的现代化钻探船。最大钻探水深 8235 m，船上备有 1400 m² 的实验室，可供 50 位科学家使用。该船于 2006 年进行全面改造和升级，2008 年完成改造，自 2009 年起再次用于 IODP 计划钻探。"地球"号是目前世界上最大的海洋科考船，于 2005 年建成投入使用，总造价 3.5 亿英镑。该船全长 210 m，型宽 38 m，排水量 5.68 万 t，全船最大定员 200 人。"地球"号采用立管钻探方式，该方式是首次在科学研究领域采用，钻井架高出海平面 121 m，为全球最高，并具有动态定位能力。"地球"号最大工作水深为 2500 m，最大钻探深度可达 7000 m，直达地幔层，可进行原始地下生命的研究，探索地球生命起源。

主要参考文献

国家海洋局. 1975. 海洋调查规范: 海洋生物调查(第五分册). 北京: 国家海洋局.

沈苏雯. 2011. 世界先进科考船技术动向. 中国船检, 7: 54-129.

薛廷耀. 1962. 海洋细菌学. 北京: 科学出版社.

张晓华, 等. 2016. 海洋微生物学. 2 版. 北京: 科学出版社.

Austin B. 1988. Marine Microbiology. Cambridge: Cambridge University Press.

Austin B. 1989. Methods in Aquatic Bacteriology. Chichester: John Wiley and Sons.

D'Hondt S, Inagaki F, Zarikian C, Abrams L, Dubois N, Engelhardt T, Evans H, Ferdelman T, Gribsholt B, Harris R, Hoppie B, Hyun JH, Kallmeyer J, Kim J, Lynch J, McKinley C, Mitsunobu S, Morono Y, Murray R, Pockalny R, Sauvage J, Shimono T, Shiraishi F, Smith D, Smith-Duque C, Spivack A, Steinsbu B, Suzuki Y, Szpak M, Toffin L, Uramoto G, Yamaguchi Y, Zhang GL, Zhang XH, Ziebis W. 2015. Presence of oxygen and aerobic communities from sea floor to basement in deep-sea sediments. Nat Geosci, 8: 299-304.

Garel M, Bonin P, Martini S, Guasco S, Roumagnac M, Bhairy N, Armougom F, Tamburini C. 2019. Pressure-retaining sampler and high-pressure systems to study deep-sea microbes under *in situ* conditions. Front Microbiol, 10: 453.

Jannasch HW, Wirsen CO, Winget CL. 1973. A bacteriological pressure-retaining deep-sea sampler and culture vessel. Deep Sea Res Oceanogr Abstr, 20: 661-664.

Johnston W. 1892. On the collection of samples of water for bacteriological analysis. Can Rec Sci, 5: 19-28.

Munn CB. 2020. Marine Microbiology: Ecology and Applications. 3rd ed. London: CRC Press, Taylor &

Francis Group.

Paul JH. 2001. Methods in Microbiology. Marine Microbiology. San Diego: Academic Press.

复习思考题

1. 为实现海水样品的无污染采集，需要注意哪些问题？

2. 列举几种常见的泥样采集器及其原理。

3. 比较界面采水器和深海采水器的异同，针对不同的样品采集需要注意哪些方面？

4. 根据国际大洋发现计划的发展历程，思考一下未来远洋科考船的发展趋势。针对深远海的样品采集你能提出哪些更好的建议？

5. 如何保存用于微生物研究的样品？

（刘吉文　张晓华）

第 13 章 海洋微生物的分离培养与保藏技术

本章彩图请扫二维码

随着高通量测序技术的快速发展,针对海洋微生物的群落结构、多样性、生理特征、遗传特征及生物地球化学作用的研究逐步深入。然而,将海洋微生物从自然生境中分离出来并建立纯培养,是研究其形态特征、生理特性和生态作用的基础。自从 ZoBell(1941,1946)开拓性地开展了海洋细菌的培养工作以来,海洋微生物的培养技术有了很大的进步,越来越多的微生物被分离出来,并获得了纯培养(图 13-1)。虽然有许多方法可用来培养海洋环境中的微生物,但没有任何一种单独的方法能够适用于所有的微生物种类。其中,每一种方法都只能培养出一小部分海洋微生物,只有综合运用多种培养技术才能获得更多的海洋微生物未培养类群。

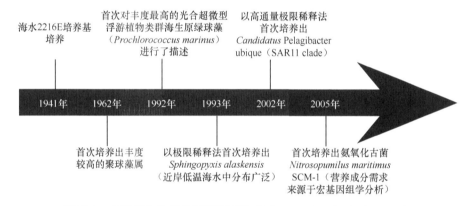

图 13-1 海洋微生物培养里程碑事件(Giovannoni and Stingl,2007)

13.1 海洋异养细菌分离与培养的基础方法

典型的海洋细菌由于长期适应寡营养的大洋环境,生长较慢,对它们进行分离时,应尽量满足其营养需求,并抑制陆源菌,延长培养时间。目前分离和培养海洋异养细菌,采用的培养基大多是 ZoBell 创制的 2216E 培养基。

13.1.1 ZoBell 2216E 培养基

ZoBell 2216E 培养基基本配方(ZoBell,1941)如下。

蛋白胨	5 g
酵母膏	1 g

硝酸铵	1.6 mg
硼酸	22 mg
$CaCl_2$	1.8 g
Na_2HPO_3	8 mg
柠檬酸铁	0.1 g
$MgCl_2$	8.8 g
KBr	0.08 g
KCl	0.55 g
$NaHCO_3$	0.16 g
NaCl	19.45 g
NaF	2.4 mg
硅酸钠	4 mg
Na_2SO_4	0.324 g
$SrCl_2$	34 mg
蒸馏水	1000 mL
pH	7.6

121℃高压蒸汽灭菌 20 min。如需制备固体培养基，则加入 1.5%琼脂。目前，国外主要使用人工合成的成品培养基，如海洋琼脂 2216（marine agar 2216）或者海洋肉汤 2216（marine broth 2216），国内也有类似产品（如青岛海博生物技术有限公司）。

13.1.2　简化的 2216E 培养基

简化的 2216E 培养基配方如下。

蛋白胨	5 g
酵母膏	1 g
$FePO_4$	0.01 g
陈海水	1000 mL
pH	7.6

陈海水：将新鲜的海水装入玻璃瓶或塑料容器中，在暗处室温条件下储存数周，使海水中所含的杀菌成分和有机物减少，将海水放置在暗处主要是为了抑制能进行光合作用的生物的生长。

121℃高压蒸汽灭菌 20 min。如需制备固体培养基，还应加入 1.5%琼脂。

13.1.3　海洋 R2A 培养基

海洋 R2A 培养基配方（Reasoner and Geldreich，1985）如下。

酵母提取物	0.5 g
胨蛋白胨	0.5 g

酪蛋白	0.5 g
葡萄糖	0.5 g
可溶性淀粉	0.5 g
丙酮酸钠	0.3 g
海水	750 mL
蒸馏水	250 mL

在加入琼脂前需将 pH 调整为 7.6，112℃灭菌 30 min。如需制备固体培养基，还应加入 1.5%琼脂。

13.1.4 人工海水培养基

13.1.4.1 人工海水组成（Lyman and Fleming，1940）

NaCl	23.477 g
$MgCl_2$	4.9810 g
Na_2SO_4	3.9170 g
$CaCl_2$	1.1020 g
KCl	0.6640 g
$NaHCO_3$	0.1920 g
KBr	0.0960 g
H_3BO_3	0.0260 g
$SrCl_2$	0.0240 g
NaF	0.0030 g
蒸馏水	1000 mL

为了避免沉淀的产生，人工海水的各成分需要分别溶解，然后再混合。最后以 1 mol/L NaOH 或 1 mol/L HCl 调节 pH 至 7.5。

13.1.4.2 人工海水 AMS1 培养基（Carini et al.，2013）

人工海水 AMS1 培养基修改自人工海水培养基 AMP1，主要去除了有机缓冲液如 4-(2-羟乙基)-1-哌嗪乙磺酸（HEPES）、乙二胺四乙酸（EDTA），以避免有机缓冲液对培养的目的微生物产生潜在的毒性，同时避免了这些有机物质作为微生物生长的能量来源的可能性。此培养基可用于分离培养海洋难培养的微生物种类，如 SAR11 等。

基本盐溶液：	
NaCl	28.11 g
$MgCl_2 \cdot 6H_2O$	5.49 g
$CaCl_2 \cdot 2H_2O$	1.47 g
KCl	0.67 g
$NaHCO_3$	0.50 g

MgSO$_4$·7H$_2$O	0.69 g
(NH$_4$)$_2$SO$_4$	0.05 g
NaH$_2$PO$_4$（pH 7.5）	0.006 g
微量金属元素溶液	1 mL
维生素溶液-SAR11	1 mL
蒸馏水	定容至 1000 mL

微量金属元素溶液：

FeCl$_3$·6H$_2$O	31.62 mg
MnCl$_2$·4H$_2$O	1.78 mg
ZnSO$_4$·7H$_2$O	0.23 mg
CoCl$_2$·6H$_2$O	0.12 mg
Na$_2$MoO$_4$·2H$_2$O	0.07 mg
Na$_2$SeO$_3$	0.17 mg
NiCl$_2$·6H$_2$O	0.24 mg
蒸馏水	1000 mL

维生素溶液-SAR11：

硫胺素（VB$_1$）	2.02 g
烟酸（VB$_3$）	98.49 mg
D-泛酸钙（VB$_5$）	101.26 mg
盐酸吡哆素（VB$_6$）	102.82 mg
生物素（VB$_7$）	0.98 mg
叶酸（VB$_9$）	1.77 mg
钴胺素（VB$_{12}$）	0.95 mg
肌醇	1.08 mg
对氨基苯甲酸	8.23 mg
蒸馏水	1000 mL

维生素溶液可预先配制成母液，过滤除菌后稀释到相应浓度使用。4℃下黑暗保存。AMS1 培养基经高压蒸汽灭菌后，加入维生素溶液及适合寡营养菌生长所需的有机物。如若培养 SAR11 类群中的遍在远洋杆菌（*Pelagibacter ubique*）HTCC1062，加入甲硫氨酸（1 μmol/L）、甘氨酸（1 μmol/L）和丙酮酸钠（50 μmol/L）可有效地促进此寡营养菌的生长。

13.1.5 单一基础培养基

单一基础培养基（single basal medium，SBM）通过添加多种电子供体和受体，可用于培养目前难分离培养的海洋微生物。目前，通过添加相应成分可分离培养的微生物包括：硫氧化菌、铁氧化菌、氢氧混合气细菌、产甲烷菌、硝酸盐还原菌、硫酸盐还原菌、硫还原菌、铁还原菌、发酵型及有机营养型微生物等，具体添加成分详见表 13-1。

13.1.5.1　微量元素溶液

$Na_2EDTA \cdot 2H_2O$（pH 8.0）	29 g
$MnSO_4 \cdot H_2O$	3.26 g
$CoCl_2 \cdot 6H_2O$	1.8 g
$ZnSO_4 \cdot 7H_2O$	1.0 g
$NiSO_4 \cdot 6H_2O$	0.11 g
$CuSO_4 \cdot 5H_2O$	0.10 g
H_3BO_3	0.10 g
$KAl(SO_4)_2 \cdot 12H_2O$	0.10 g
$Na_2MoO_4 \cdot 2H_2O$	0.10 g
$Na_2WO_4 \cdot 2H_2O$	0.10 g
Na_2SeO_3	0.05 g
蒸馏水	1000 mL

13.1.5.2　维生素溶液

生物素（VB_7）	2 mg
叶酸（VB_9）	2 mg
盐酸吡哆素（VB_6）	10 mg
硫胺素（VB_1）	5 mg
核黄素（VB_2）	5 mg
烟酸（VB_3）	5 mg
D-泛酸钙（VB_5）	5 mg
钴胺素（VB_{12}）	0.1 mg
对氨基苯甲酸	5 mg
硫辛酸	5 mg
蒸馏水	1000 mL

维生素溶液可预先配制成母液，经 0.22 μm 的滤膜过滤除菌后稀释到相应浓度使用。4℃下黑暗保存。

13.1.5.3　SBM 基础培养基配方

哌嗪-N,N'-双(2-乙磺酸)（PIPES）	6.5 g
NaCl	25 g
$MgSO_4 \cdot 7H_2O$	2.7 g
$MgCl_2 \cdot 6H_2O$	4.3 g
NH_4Cl	0.25 g

KCl	0.5 g
$CaCl_2 \cdot 2H_2O$	0.14 g
$K_2HPO_4 \cdot 3H_2O$	0.14 g
$Fe(NH_4)_2(SO_4)_2 \cdot 6H_2O$	0.002 g
微量元素溶液	1 mL
刃天青	0.001 g
维生素溶液	10 mL
海水	定容至 1000 mL

表 13-1　培养不同海洋微生物的附加配方

目标细菌类群	附加配方
产甲烷菌	H_2/CO_2+半胱氨酸（0.05%）+乙酸盐（5 mmol/L）
产甲烷菌	甲醇（0.1%）+半胱氨酸（0.05%）+$FeCl_2$（1 mmol/L）
硫酸盐还原菌	乳酸盐（20 mmol/L）+酵母膏（0.01%）+SO_4^{2-}（20 mmol/L）
硫还原菌	H_2/CO_2+酵母膏（0.01%）+$S_2O_3^{2-}$（10 mmol/L）
硫还原菌	H_2/CO_2+乙酸盐（10 mmol/L）+$S_2O_3^{2-}$（10 mmol/L）
发酵型微生物	酪蛋白氨基酸（0.1%）+酵母膏（0.01%）
硫酸盐还原菌	H_2/CO_2+乙酸盐（5 mmol/L）+SO_4^{2-}（20 mmol/L）
硝酸盐还原菌	H_2/CO_2+酵母膏（0.01%）+NO_3^-（10 mmol/L）
好氧氢氧化菌	H_2/CO_2+空气（20%）
好氧氢氧化菌	H_2/CO_2+酵母膏（0.01%）+空气（20%）
有机营养型微生物	葡萄糖（0.05%）+蛋白胨（0.01%）+酵母膏（0.01%）+空气
铁氧化型微生物/硝酸盐还原菌	$FeCl_2$（5 mmol/L）+NO_3^-（10 mmol/L）
硝酸盐还原菌	H_2/CO_2+NO_3^-（10 mmol/L）
硝酸盐还原菌	H_2/CO_2+酵母膏（0.1%）+NO_3^-（10 mmol/L）
硫氧化菌	$S_2O_3^{2-}$（10 mmol/L）+空气（20%）
有机营养型	胰蛋白胨（0.1%）+酵母膏（0.1%）+空气（100%）

13.1.6　低营养富集培养基

NH_4Cl	1 g
CH_3COONa	2 g
$MgSO_4 \cdot 7H_2O$	0.2 g
酵母提取物	0.2 g
蛋白胨	0.2 g
EDTA-Na_2	1 g
丙酮酸钠	1.1 g
海水	1000 mL

调整 pH 为 7.5，121℃灭菌 20 min。另外，还需单独配制 10%的 NaHCO$_3$ 溶液（m/V，过滤除菌）和 2%的 KH$_2$PO$_4$ 溶液（m/V，121℃灭菌 20 min）。在灭菌后的上述培养基中加入除菌后的 10 mL 的 10% NaHCO$_3$ 溶液和 10 mL 的 2% KH$_2$PO$_4$ 溶液后即可使用。富集培养时将培养基装满培养瓶进行厌氧富集。

13.1.7　寡营养异养培养基

寡营养异养培养基（low-nutrient heterotrophic medium，LNHM）（Stingl et al., 2007）采用处理后的原位海水作为培养基。具体处理步骤为：采集原位海水，经 0.2 μm 微孔滤膜过滤后，立即进行灭菌处理。为补充经高压蒸汽灭菌后碳酸盐缓冲液的损失，需对灭菌后的海水进行至少 6 h 的无菌 CO$_2$ 充气，然后再以过滤空气充气处理至少 12 h。处理后的液体培养基经 DAPI（4′,6-diamidino-2-phenylindole）染色后，直接计数，在确保无菌后即可使用。可用此培养基对寡营养异养细菌如 SAR11 类群进行分离培养。

如培养 SAR11 类群，在上述处理后的海水培养基中加入以下成分可促进 SAR11 的生长。

DMSP	100 nmol/L
NH$_4$Cl	10 μmol/L
K$_2$HPO$_4$	1 μmol/L
有机碳混合物（MC）	0.001%（m/V）或 0.002%（V/V）
维生素溶液-SAR11	终浓度详见 13.1.4 节

有机碳混合物包括 D-葡萄糖、D-核糖、琥珀酸、丙酮酸、甘油、N-乙酰葡糖胺（0.001%，m/V）、乙醇（0.002%，V/V）。

13.2　特殊海洋异养细菌的分离与培养

13.2.1　海洋弧菌的分离与培养

海洋弧菌可在多种不同的培养基上生长，但在不同培养基上其生长的形态不同（图 13-2）。

13.2.1.1　TCBS 培养基

TCBS（硫代硫酸钠柠檬酸盐胆盐蔗糖）培养基是分离和鉴定弧菌最常用的培养基。弧菌一般可在 TCBS 平板上生长，菌落一般呈现绿色、黄绿色和黄色等颜色。TCBS 培养基的配方如下。

蛋白胨	10 g
酵母膏	5 g

硫代硫酸钠	10 g
柠檬酸钠	10 g
牛胆盐	8 g
蔗糖	20 g
NaCl	10 g
柠檬酸铁	1 g
溴麝香草酚蓝	0.04 g（1%溶液 4 mL）
琼脂	10～15 g
蒸馏水	定容至 1000 mL
pH	8.6

注意不要高压灭菌，煮沸 10 min 即可。目前国内外一般都使用人工合成的成品 TCBS 脱水培养基。

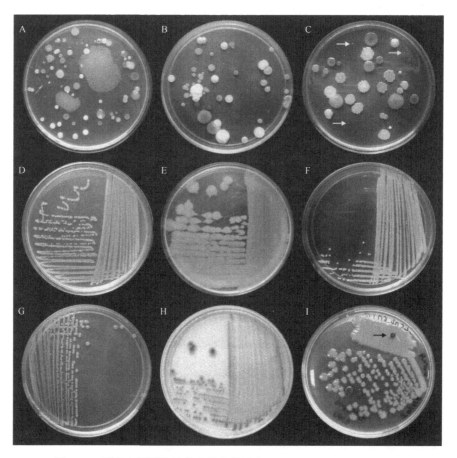

图 13-2　弧菌在不同培养基上的菌落形态（Thompson et al.，2006）

A. 水样涂布于海洋琼脂平板；B. 水样涂布于 TCBS 平板后培养 24 h；C. TCBS 平板上的弧菌，非弧菌形成很小的菌落（箭头所示）；D. 溶藻弧菌在海洋琼脂平板上培养；E. 溶藻弧菌在胰大豆琼脂（tryptone soya agar，TSA）平板上培养，菌落有涌动现象；F. 溶藻弧菌在 TCBS 平板上培养，菌落呈黄色；G. 副溶血弧菌在 TCBS 平板上培养，菌落呈绿色；H. 副溶血弧菌在 CHROMagar Vibrio 显色培养基上培养，菌落呈紫红色；I. 低温储藏的玻璃珠（箭头）接种到 TSA 平板上

13.2.1.2　CV（CHROMagar Vibrio）显色培养基

CV 显色培养基是 Hara-Kudo 等于 2001 年开发的一种能特异性鉴定副溶血弧菌的培养基，该培养基中含有β-半乳糖苷酶的底物。副溶血弧菌在该培养基中培养时菌落呈现紫红色，霍乱弧菌和创伤弧菌在该培养基上的菌落呈翠蓝色，溶藻弧菌在该培养基上的菌落无色。CV 显色培养基比 TCBS 培养基对弧菌的区分效果更好。目前，法国 CHROMagar 公司已批量生产该种培养基。

13.2.2　海洋放线菌的分离与培养

13.2.2.1　样品的预处理

采用 55℃下 6 min 对样品进行水浴加热预处理，以减少在培养过程中不耐热细菌的数量，促进放线菌的分离。或将少量样品平铺于无菌培养皿内，在无菌操作台风吹干燥约 24 h，以促进放线菌孢子的产生，将干燥后的样品磨细成粉末，稀释后进行分离（Jensen et al.，2005）。

13.2.2.2　海洋放线菌分离培养基 M1 配方（Takizawa et al.，1993）

可溶性淀粉	5 g
K_2HPO_4	2 g
KNO_3	2 g
NaCl	5 g
酪蛋白（casein）	0.3 g
$MgSO_4·7H_2O$	0.05 g
$CaCO_3$	0.02 g
$FeSO_4·7H_2O$	0.01 g
琼脂	20 g
陈海水或人工海水	1000 mL

13.2.2.3　海洋放线菌分离培养基 M2 配方

酵母浸出粉	0.5 g
蛋白胨	0.5 g
酪蛋白水解物	0.5 g
葡萄糖	0.5 g
可溶性淀粉	0.5 g
K_2HPO_4	0.3 g
$MgSO_4$	0.024 g
丙酮酸钠	0.3 g
琼脂	20 g
陈海水或人工海水	1000 mL

13.2.2.4 海洋放线菌分离培养基 M3 配方

天冬氨酸	0.1 g
蛋白胨	2 g
丙酸钠	4 g
$FeSO_4 \cdot 7H_2O$	0.01 g
琼脂	20 g
陈海水或人工海水	1000 mL

13.2.2.5 海洋放线菌分离培养基 M4 配方

甘油	6 mL
精氨酸	1 g
K_2HPO_4	1 g
$MgSO_4 \cdot 7H_2O$	0.5 g
琼脂	20 g
陈海水或人工海水	定容至 1000 mL

13.2.2.6 海洋放线菌分离培养基 M5 配方

分离纯化后的放线菌可用以下培养基进行培养。

蛋白胨	1 g
酵母粉	1 g
葡萄糖	1 g
陈海水或人工海水	1000 mL

调整 pH 至 7.2～7.4；分离放线菌时，以上 5 种培养基均可加入终浓度为 25 μg/mL 的萘啶酮酸（nalidixic acid，NA）以抑制革兰氏阴性菌的生长，还可以加入终浓度为 100 μg/mL 的制霉菌素（nystatin）和 10 μg/mL 的放线菌酮（cycloheximide）以减少霉菌的污染。在 25～28℃条件下培养 7～28 d。

13.2.2.7 海洋放线菌分离培养基 M6 配方

分离纯化后的放线菌可用以下培养基进行培养。

蛋白胨	10 g
酵母粉	1 g
葡萄糖	2 g
陈海水或人工海水	1000 mL

在加入琼脂前调整 pH 为 7.0，115℃灭菌 30 min。如需制备固体培养基，可加入 2% 琼脂。

13.2.3　海洋趋磁细菌的分离与培养

趋磁细菌普遍存在于自然环境中，其最高丰度可达 10^7 个细胞/cm³，可用磁收集的方法获得趋磁细菌。目前，趋磁细菌在实验室的分离培养较困难，大多通过模拟自然环境来对其进行分离培养。

13.2.3.1　海洋趋磁细菌的富集培养基配方

无机盐混合液：

次氮基三乙酸（NTA）	1.5 g
$MgSO_4 \cdot 7H_2O$	3.0 g
$MnSO_4 \cdot 2H_2O$	0.5 g
NaCl	1.0 g
$FeSO_4 \cdot 7H_2O$	0.1 g
$CoSO_4 \cdot 7H_2O$	0.18 g
$CaCl_2 \cdot 2H_2O$	0.1 g
$ZnSO_4 \cdot 7H_2O$	0.18 g
$CuSO_4 \cdot 5H_2O$	0.01 g
$KAl(SO_4)_2 \cdot 12H_2O$	0.02 g
H_3BO_3	0.01 g
$Na_2MoO_4 \cdot 2H_2O$	0.01 g
$NiCl_2 \cdot 6H_2O$	0.025 g
$Na_2SeO_3 \cdot 5H_2O$	0.3 mg
蒸馏水	1000 mL
pH	7.0

奎尼酸铁溶液（0.01 mol/L）配方：

$FeCl_3 \cdot 6H_2O$	0.45 g
奎尼酸	0.19 g
蒸馏水	100 mL

富集培养基配方：

琥珀酸钠	1.00 g
$NaNO_3$	0.25 g
乙酸钠	0.20 g
巯基乙酸钠	0.075 g
维生素溶液	10 mL
无机盐混合液	10 mL

0.01 mol/L 奎尼酸铁	2.5 mL
无菌海水	定容至 1000 mL

维生素溶液的配方详见 13.1.5.2 节。首先,将沉积物样品加入到富集培养基中(样品与富集培养基的体积比约为 1:2),之后装入 500 mL 玻璃瓶中,塞紧橡皮塞,置于 24℃恒温培养箱中,避光富集。其次,在富集瓶顶部套一个环形磁铁,其 S 极朝下,过夜收集。最后,用一次性无菌注射器抽取富集瓶顶部的富集液,来收集趋磁细菌。

13.2.3.2　磁螺旋菌 MSGM(magnetic spirillum growth medium)培养基

用于培养磁螺旋菌的修订后的 MSGM 培养基配方如下。

维生素溶液	10 mL
无机盐混合液	5 mL
奎尼酸铁溶液	2 mL
刃天青	0.05 mg
K_2HPO_4	0.68 g
$NaNO_3$	0.12 g
抗坏血酸(维生素 C)	0.035 g
酒石酸	0.37 g
琥珀酸	0.37 g
乙酸钠	0.05 g
蒸馏水	定容至 1000 mL

维生素溶液、无机盐混合液和奎尼酸铁溶液配方详见 13.2.3.1 节。以 NaOH 调节 pH 为 6.75,若制备固体培养基,则需加入 2%琼脂。

13.2.3.3　海洋磁弧菌属(*Magnetovibrio*)MV-1 培养基

分离自盐沼池水的兼性厌氧海洋趋磁细菌布莱克莫尔氏磁弧菌(*Magnetovibrio blakemorei*)MV-1 是目前研究得比较透彻的趋磁细菌之一,其培养基配方如下。

NaCl	16.5 g
$MgCl_2 \cdot 6H_2O$	3.5 g
Na_2SO_4	2.75 g
KCl	0.5 g
$NaNO_3$	0.5 g
$CaCl_2 \cdot 2H_2O$	0.4 g
NH_4Cl	0.25 g
微量元素溶液	10 mL
乙酸钠	0.25 g

琥珀酸钠	0.5 g
酪蛋白氨基酸	0.5 g
刃天青	0.5 mg
K_2HPO_4	0.15 g
$NaHCO_3$	2.5 g
维生素溶液	10 mL
L-半胱氨酸·H_2O	0.25 g
蒸馏水	定容至 1000 mL

微量元素溶液配方：

次氮基三乙酸（NTA）	12.8 g
$FeCl_2·4H_2O$	1.00 g
$MnCl_2·4H_2O$	0.1 g
$CoCl_2·6H_2O$	0.03 g
$CaCl_2·2H_2O$	0.1 g
$ZnCl_2$	0.1 g
$CuCl_2·2H_2O$	0.02 g
H_3BO_3	0.01 g
$Na_2MoO_4·2H_2O$	0.03 g
NaCl	1 g
$NiCl_2·6H_2O$	0.1 g
$Na_2SeO_3·5H_2O$	0.03 g
$Na_2WO_4·2H_2O$	0.04 g
蒸馏水	1000 mL

配制微量元素溶液时，先溶解 NTA 于 200 mL 蒸馏水中，用 KOH 调节其 pH 为 6.5 后，再溶解其他微量元素。维生素溶液配方详见 13.1.5.2 节。除磷酸盐、碳酸盐、维生素和半胱氨酸外的其他物质溶解后，培养基煮沸 1 min，在 80% N_2 和 20% CO_2 混合气体下冷却至室温，然后分装至培养瓶中进行高压蒸汽灭菌。磷酸盐、维生素溶液及半胱氨酸溶液需在 N_2 中配制成母液，碳酸盐溶液需在 80% N_2 和 20% CO_2 混合气体下配制成母液，并加至灭菌后的培养基中。调节培养基 pH 至 7.0~7.2。

13.2.4　海洋 DMSP 合成/降解菌的富集培养

13.2.4.1　海洋基础培养基（marine basal medium，MBM）配方

基础培养基（basal medium，pH 7.5）：

Tris	34.61 g
K_2HPO_4	0.17 g
蒸馏水	1000 mL

用浓盐酸调 pH 至 7.5，121℃灭菌 20 min 后保存备用。

1 mol/L NH$_4$Cl 贮藏液：

NH$_4$Cl	5.35 g
蒸馏水	100 mL

121℃灭菌 20 min 后保存备用。

FeEDTA 贮藏液：

FeEDTA	0.05 g
蒸馏水	100 mL

121℃灭菌 20 min 后保存备用。

常规 MBM（pH 7.5）：

海盐	35 g
基础培养基	250 mL
FeEDTA 贮藏液	50 mL
NH$_4$Cl 贮藏液	10 mL
蒸馏水	680 mL

121℃灭菌 20 min 后保存备用。

高盐低氮 MBM（pH 7.5）：

海盐	50 g
基础培养基	250 mL
FeEDTA 贮藏液	50 mL
NH$_4$Cl 贮藏液	1 mL
蒸馏水	688 mL

121℃灭菌 20 min 后保存备用。

混合碳源溶液：

六水琥珀酸钠	54 g
葡萄糖	36.3 g
蔗糖	68.4 g
丙酮酸钠	22 g
丙三醇	14.6 mL
蒸馏水	985.4 mL

0.22 μm 滤膜过滤除菌，4℃保存。

0.1 mol/L 甲硫氨酸（L-Met）贮藏液：

L-Met	1.49 g

| 蒸馏水 | 100 mL |

0.22 μm 滤膜过滤除菌，4℃保存。

0.1 mol/L DMSP 贮藏液：

| DMSP | 1.34 g |
| 蒸馏水 | 100 mL |

0.22 μm 滤膜过滤除菌，–20℃避光保存。
维生素溶液配方参见 13.1.5.2 节。

13.2.4.2　DMSP 合成细菌的富集培养方法

向 97.5 mL 高盐低氮 MBM 中添加 1 mL 混合碳源溶液、1 mL 维生素溶液以及 0.5 mL 甲硫氨酸贮藏液作为富集培养基。将 5 mL 海水或 2 g 沉积物分别添加至 30 mL 富集培养基中进行避光培养，定期取样 200 μL 至气相色谱瓶，向瓶中加 100 μL 的 10 mol/L NaOH 进行碱解（振荡 1 h），之后用气相色谱检测是否有二甲基硫（DMS）峰。若出现稳定的 DMS 峰，则对富集物中的细菌进行分离培养，进一步检测其 DMSP 合成能力。

13.2.4.3　DMSP 合成细菌的培养及活性检测

向 97.5 mL 常规或高盐低氮 MBM 中添加 1 mL 混合碳源溶液、1 mL 维生素溶液以及 0.5 mL 甲硫氨酸贮藏液，然后挑取单菌落或将种子液添加至上述培养基中避光振荡培养，待菌株生长至平台期后吸取 200 μL 菌液至气相色谱瓶，向瓶中加 100 μL 的 10 mol/L NaOH 进行碱解（振荡 1 h），之后用气相色谱检测是否产生 DMS 峰。

13.2.4.4　DMSP 降解细菌的培养及活性检测

向 97.5 mL 常规 MBM 中添加 1 mL 混合碳源溶液、1 mL 维生素溶液以及 0.5 mL DMSP 贮藏液，然后分装 200 μL 至无菌的气相色谱瓶。挑取单菌落至气相色谱瓶，密封后振荡培养，待菌株生长至平台期后直接用气相色谱检测是否出现 DMSP 降解产生的 DMS 和甲硫醇（methanethiol，MeSH）峰。

13.2.5　海洋烷烃降解菌的分离与培养

在分离培养海洋烷烃降解菌时，一般先利用以混合烷烃为唯一碳源的人工海水培养基（ONR7a）进行富集培养，之后再进行细菌的分离与培养。

13.2.5.1　人工海水培养基

人工海水培养基 ORN7a 溶液配方如下。
溶液 I：

| NaCl | 22.79 g |
| Na$_2$SO$_4$ | 3.98 g |

KCl	0.72 g
NaBr	83.00 mg
NaHCO₃	31.00 mg
H₃BO₃	27.00 mg
NaF	2.60 mg
NH₄Cl	0.27 g
Na₂HPO₄·7H₂O	89.00 mg
N-[三(羟甲基)甲氨基]-2-羟基丙磺酸（TAPSO）	1.30 g
三蒸水	500 mL
pH	7.6

溶液Ⅱ：

MgCl₂·6H₂O	11.18 g
CaCl₂·2H₂O	1.46 g
SrCl₂·6H₂O	24.00 mg
三蒸水	450 mL

溶液Ⅲ（过滤除菌）：

FeCl₂·4H₂O	2.00 mg
三蒸水	50 mL

人工海水 ORN7a 培养基由三种溶液组成，分别为溶液Ⅰ、溶液Ⅱ和溶液Ⅲ。溶液Ⅰ和溶液Ⅱ需单独 121℃灭菌 20 min。溶液Ⅲ需用 0.22 μm 的滤膜过滤除菌。使用时，将三种溶液混合。若需制备固体培养基，可加入 2%的琼脂。按需将不同链长的烷烃（如十六烷、十八烷、二十烷）用 0.22 μm 滤膜过滤除菌。

制备混合烷烃时，C16 及以下的烷烃为液态，可直接用滤膜过滤，C16 以上的烷烃为固态，需要用石油醚溶解后再过滤除菌。向灭菌的人工海水 ORN7a 培养基中加入 1%的除菌的混合烷烃，制成混合烷烃唯一碳源培养基。

13.2.5.2 海洋烷烃降解菌的富集培养及分离纯化

（1）沉积物样品和海水样品的处理步骤略有差异。若为沉积物样品，则需将一定量的沉积物样品用生理盐水稀释（*m/V*=1∶100），然后将 2 mL 稀释样品接种于 50 mL 混合烷烃唯一碳源培养基中。若为海水样品，则直接将 2 mL 海水接种于 50 mL 混合烷烃唯一碳源培养基中。最后将培养基置于恒温培养箱中静置培养 20~30 d。培养温度一般以样品分离地的环境温度为参考。

（2）根据培养状况，将培养液进行梯度稀释（10^{-1}、10^{-2}、10^{-3} 等多个浓度梯度），取一定稀释浓度的样品 100 μL，涂布至人工海水 ORN7a 固体培养基上。待平板表面的菌液干燥后，取混合烷烃 60 μL，涂布至涂有菌液的固体培养基上，最后置于培养箱中进行培养，直至长出单菌落。

（3）菌株纯化即从涂布平板上挑取单菌落，三区划线接种于涂有 60 μL 混合烷烃的人工海水 ORN7a 固体培养基上，置于培养箱中进行培养。待长出单菌落，继续进行两次纯化，直至菌落形态、颜色一致。获得纯化的单菌落后，即可对菌株进行鉴定与保藏。

13.2.6　海洋厌氧菌的分离与培养

13.2.6.1　厌氧培养基的配制

由于厌氧菌对氧气的敏感性，因此对其的分离与培养，即从样品采集、培养基配制、涂布纯化到生长，都需要在严格的无氧条件下进行。在一般的海洋细菌培养基的基础上需要添加适量还原剂和氧气指示剂，常用的还原剂有 L-半胱氨酸、硫化钠、连二硫酸盐、硫代乙醇酸钠、维生素 C 及葡萄糖；氧气指示剂通常使用刃天青，在有氧时呈现蓝色或粉红色（随 pH 变化），无氧时无色。

添加还原剂和氧气指示剂的 2216E 厌氧培养基配方如下。

蛋白胨	5 g
酵母膏	1 g
$FePO_4$	0.01g
L-半胱氨酸	0.1 g
刃天青	1 mg
陈海水	1000 mL
pH	7.6

制备液体培养基时，需立即将培养基分装至厌氧瓶或厌氧管（分装液体体积约占容器的 1/4）中，并对瓶内或管内剩余空间进行气体置换，充入无氧气体（如 N_2 或 N_2/CO_2 混合气）将氧气排尽，然后迅速盖上瓶盖密封，121℃灭菌 20 min。如需制备固体培养基，可加 2%琼脂，灭菌后迅速转移至厌氧操作箱（图 13-3）倒平板备用。培养基配好后呈现无色或未加指示剂时其原本的颜色，说明其为无氧状态。

图 13-3　厌氧操作箱

13.2.6.2 海洋厌氧菌的分离培养

样品的稀释涂布、单菌落的分离纯化等过程均需在厌氧操作箱中进行。若无厌氧操作箱，需将培养平板放入厌氧袋中维持厌氧环境，以便选取不同培养温度进行培养。

13.3 海洋化能自养菌的分离与培养

13.3.1 海洋自养硫氧化菌的 MMJHS 培养基

基本盐配方：

NaCl	30 g
NH_4Cl	0.25 g
KCl	0.33 g
$CaCl_2 \cdot 2H_2O$	0.14 g
$MgCl_2 \cdot 6H_2O$	4.18 g
K_2HPO_4	0.14 g
$NaHCO_3$	1 g
$Na_2S_2O_3 \cdot 5H_2O$	终浓度为 10 mmol/L
维生素溶液	1 mL
微量元素溶液	10 mL

微量元素溶液配方：

次氮基三乙酸	1.5 g
$MgSO_4 \cdot 7H_2O$	3 g
$MnSO_4 \cdot 2H_2O$	0.5 g
NaCl	1 g
$FeSO_4 \cdot 7H_2O$	0.1 g
$CoSO_4 \cdot 7H_2O$	0.18 g
$CaCl_2 \cdot 2H_2O$	0.1 g
$ZnSO_4 \cdot 7H_2O$	0.18 g
$CuSO_4 \cdot 5H_2O$	0.01 g
$KAl(SO_4)_2 \cdot 12H_2O$	0.02 g
H_3BO_3	0.01 g
$Na_2MoO_4 \cdot 2H_2O$	0.01 g
$NiCl_2 \cdot 6H_2O$	0.025 g
$Na_2S_2O_3 \cdot 5H_2O$	0.3 mg
$Na_2WO_3 \cdot 2H_2O$	0.4 mg
蒸馏水	1000 mL

维生素溶液配方详见 13.1.5.2 节。培养基以蒸馏水定容至 1000 mL 后使用。在富集培养时培养基中需充入不同混合气体以培养不同硫氧化菌，如 80% H_2 和 20% CO_2 用于

培养厌氧具硝酸盐还原作用的自养硫氧化菌（300 kPa，需额外添加 10 mmol/L 的硝酸盐）；78%～79% H_2、20% CO_2 和 1%～2% O_2（300 kPa）用于培养微好氧具氢氧化作用的自养硫氧化菌；75% H_2、15% CO_2 和 10% O_2（300 kPa）用于培养好氧具氢氧化作用的自养硫氧化菌。另外，应采用极限稀释法对自养硫氧化菌进行分离纯化。

13.3.2　海洋硫氧化菌的富集培养

培养基基本盐配方：

$MgSO_4·7H_2O$	1.5 g
$CaCl_2·2H_2O$	0.42 g
K_2HPO_4	0.5 g
KCl	0.7 g
维生素 B_{12}	0.05 mg
含 EDTA 的微量元素溶液	1 mL
陈海水	定容至 1000 mL

培养基底物及碳源、氮源：

$Na_2S_2O_3$	20 mmol/L
硫粉	20 mmol/L
$NaHCO_3$	20 mmol/L
NH_4Cl	5 mmol/L

含 EDTA 的微量元素溶液配方：

$FeSO_4·7H_2O$	2.1 g
H_3BO_3	30 mg
$MnCl_2·4H_2O$	100 mg
$CoCl_2·6H_2O$	190 mg
$NiCl_2·6H_2O$	24 mg
$CuCl_2·2H_2O$	2 mg
$ZnSO_4·7H_2O$	144 mg
$Na_2MoO_4·2H_2O$	36 mg
EDTA	5.2 g
蒸馏水	1000 mL

微量元素溶液配制好后，以 NaOH 调节 pH 为 6.0，经 121℃灭菌后，加入到培养基中，调节培养基 pH 最终为 7.5。培养基中可加入溴百里酚蓝（终浓度为 4 mg/L）作为 pH 指示剂。

13.3.3　海洋硝化细菌的分离与培养

硝化细菌是一类具有硝化作用的化能自养菌,包括硝化细菌和亚硝化细菌两个生理菌群,其主要特性是自养性、生长速率低、好氧性、依附性和产酸性等。硝化作用包括两个步骤:氨转化为亚硝酸盐和亚硝酸盐转化为硝酸盐,这两个步骤分别由亚硝化细菌和硝化细菌完成,因此氨和亚硝酸盐分别是亚硝化细菌与硝化细菌的唯一能源。氨的氧化作用是硝化作用中的第一步,也是其中主要的限速步骤,许多氨氧化古菌(ammonia-oxidizing archaea,AOA)和氨氧化细菌(ammonia-oxidizing bacteria,AOB)均在此过程中发挥了重要的作用。目前发现的氨氧化细菌主要集中于 β-变形菌纲(Betaproteobacteria)中的亚硝化单胞菌属(*Nitrosomonas*)和亚硝化螺菌属(*Nitrosospira*)及 γ-变形菌纲(Gammaproteobacteria)中的亚硝化球菌属(*Nitrosococcus*)。

13.3.3.1　海洋亚硝化球菌培养基

海洋亚硝化球菌培养基配方:

$(NH_4)_2SO_4$	1.32 g
$MgSO_4 \cdot 7H_2O$	380.0 mg
$CaCl_2 \cdot 2H_2O$	20.0 mg
Fe 螯合剂（13%）	1.0 mg
$Na_2MoO_4 \cdot 2H_2O$	100 μg
$MnCl_2 \cdot 4H_2O$	200 μg
$CoCl_2 \cdot 6H_2O$	2 μg
$ZnSO_4 \cdot 7H_2O$	100 μg
K_2HPO_4	8.7 mg
酚红（0.04%）	3.25 mL
过滤后海水	定容至 1000 mL

以 1 mol/L HCl 调节 pH 为 7.5～7.8,后 121℃灭菌 20 min。

13.3.3.2　海洋亚硝化单胞菌培养基（Koops et al., 1991）

海洋亚硝化单胞菌培养基配方:

NH_4Cl	0.054 g
K_2HPO_4	0.074 g
KCl	0.049 g
$MgSO_4 \cdot 7H_2O$	0.147 g
$CaCl_2 \cdot 2H_2O$	0.584 g
NaCl	23.4 g
酚红（0.04%）	1 mL
微量元素溶液	1 mL

| 蒸馏水 | 定容至 1000 mL |

微量元素溶液配方：

HCl	终浓度为 1 mol/L
MnSO$_4$·2H$_2$O	44.6 mg
H$_3$BO$_3$	49.4 mg
ZnSO$_4$·7H$_2$O	43.1 mg
(NH$_4$)$_6$Mo$_7$O$_{24}$·4H$_2$O	37.1 mg
FeSO$_4$·7H$_2$O	173 mg
CuSO$_4$·5H$_2$O	25.0 mg
蒸馏水	1000 mL

以 0.5 g CaCO$_3$ 或 HEPES 溶液（11.9 g/L）调节 pH 为 7.0～8.0（7.8 最佳）。若所需培养基体积较大，则以 NaHCO$_3$ 溶液（10%，m/V）调节 pH。

13.3.3.3　海洋硝化菌培养基

海洋硝化菌培养基配方：

NaNO$_2$	1.0 g
MnSO$_4$·4H$_2$O	0.01 g
K$_2$HPO$_4$	0.75 g
MgSO$_4$·7H$_2$O	0.05 g
Na$_2$CO$_3$（无水）	1.0 g
NaH$_2$PO$_4$	0.25 g
陈海水	1000 mL
pH	7.5

121℃灭菌 20 min。如需制备固体培养基，可加入 2%琼脂。

大多数硝化细菌的适宜生长温度为 10～38℃，高于 20℃时硝化细菌的活性较高，但若超过 38℃其硝化作用将会消失。当环境温度低于 20℃时，氨的转化会受到影响。一般认为，适宜硝化菌和亚硝化菌生长的 pH 分别为 6.0～8.5 和 6.0～8.0，且存在光抑制现象。

13.4　海洋蓝细菌的分离与培养

13.4.1　分离海洋蓝细菌的 BG-11 培养基

BG-11 培养基配方：

NaCl	1.1 g
K_2HPO_4	0.04 g
$MgSO_4 \cdot 7H_2O$	0.075 g
$CaCl_2 \cdot 2H_2O$	0.036 g
柠檬酸	6.0 mg
柠檬酸铁铵	6.0 mg
EDTA	1.0 mg
Na_2CO_3	0.02 g
A_5 微量元素溶液	1 mL
人工海水	定容至 1000 mL
pH	7.2~7.6

A_5 微量元素溶液：

H_3BO_3	2.86 g
$MnCl_2 \cdot 4H_2O$	1.81 g
$ZnSO_4 \cdot 7H_2O$	0.222 g
$Na_2MoO_4 \cdot 2H_2O$	0.39 g
$CuSO_4 \cdot 5H_2O$	0.079 g
$Co(NO_3)_2 \cdot 6H_2O$	0.0494 g
蒸馏水	1000 mL

121℃灭菌 20 min。如需制备固体培养基，可加入 2%琼脂。

13.4.2 分离海洋蓝细菌的 SN 培养基

SN 培养基（Waterbury et al., 1988）是分离海洋聚球藻的常用培养基，其配方如下：将 750 mL 过滤海水和 250 mL 的蒸馏水混合，灭菌后加入如下溶液。

$NaNO_3$（300.0 g/L）	2.5 mL
K_2HPO_4（无水）（6.1 g/L）	2.6 mL
$Na_2EDTA \cdot 2H_2O$（1.0 g/L）	5.6 mL
Na_2CO_3（4.0 g/L）	2.6 mL
维生素 B_{12}（1.0 mg/L）	1.0 mL
蓝细菌微量金属溶液	1.0 mL

蓝细菌微量金属溶液配方：

柠檬酸·H_2O	6.25 g
柠檬酸铁铵	6.0 g

$MnCl_2 \cdot 4H_2O$	1.4 g
$Na_2MoO_4 \cdot 2H_2O$	0.39 g
$Co(NO_3)_2 \cdot 6H_2O$	0.025 g
$ZnSO_4 \cdot 7H_2O$	0.222 g

将每一种金属化合物分别溶于 100 mL 蒸馏水中，再把这 6 种溶液混合，然后加蒸馏水至终体积为 1000 mL。

分离纯化海洋蓝细菌时，可在 SN 培养基中加入放线菌酮（终浓度为 0.5 mg/mL）。接入海水或泥样后，在 25℃、光强为 20~40 μE/(m²·s)的白光光源下以 14 h ∶ 10 h 的光周期培养 2~4 周，之后将菌液加入 SN 半固体培养基中，在 5~10 μE/(m²·s)光强下培养，以获得纯的蓝细菌菌落，然后再将纯菌转入 SN 液体培养基中培养。

传代培养时，一般按 10%的比例接种于 SN 液体培养基中，在光照培养箱中 25℃条件下培养 20 d。

13.5 海洋古菌的分离与培养

在培养古菌的过程中需要的玻璃器皿均需要预先用 1% HCl 浸泡冲洗后，再以 MilliQ 水（电阻>18.2 Ω）进行冲洗，并且不应与培养其他细菌的器皿混用。

13.5.1 海洋氨氧化古菌合成培养基

海洋氨氧化古菌合成培养基（SCM）（Konneke et al.，2005；Martens-Habbena et al.，2009）的基本配方如下。

NaCl	26 g
$MgCl_2 \cdot 6H_2O$	5 g
$MgSO_4 \cdot 7H_2O$	5 g
$CaCl_2$	1.5 g
KBr	0.06 g
蒸馏水	1000 mL

121℃灭菌 20 min 后，冷却至室温，溶液无沉淀。在 1000 mL 培养基中加入过滤除菌或灭菌后的以下成分。

HEPES 缓冲液（1 mol/L HEPES，0.6 mol/L NaOH，pH 7.8）	10 mL
$NaHCO_3$ 溶液（1 mol/L）	2 mL
KH_2PO_4（0.4 g/L）	10 mL
FeNaEDTA（7.5 mmol/L）	1 mL
NH_4Cl 溶液（1 mol/L）	0.5 mL
非螯合微量元素溶液	1 mL

链霉素（50 mg/mL）1 mL

配制好的培养基最终 pH 约为 7.5，如果不在 pH 范围内，需用无菌的 HCl 或 NaHCO₃ 调节。氨氧化古菌需在黑暗中培养，培养过程中切忌摇动或搅拌。

其他组分的配方如下。

（1）非螯合微量元素溶液配方如下。

HCl（约 12.5 mol/L）	8 mL
H₃BO₃	30 mg
MnCl₂·4H₂O	100 mg
CoCl₂·6H₂O	190 mg
NiCl₂·6H₂O	24 mg
CuCl₂·2H₂O	2 mg
ZnSO₄·7H₂O	144 mg
Na₂MoO₄·2H₂O	36 mg
蒸馏水	987 mL

该溶液不含铁，需在玻璃瓶中配制（瓶顶预留 1/3 体积的空隙），121℃高压蒸汽灭菌 20 min 后使用。4℃黑暗保存。

（2）FeNaEDTA（7.5 mmol/L）溶液配方如下。

FeNaEDTA	2.753 g
MilliQ 水	1000 mL

121℃高压蒸汽灭菌 20 min 或经 0.22 μm 滤膜过滤除菌后使用。4℃黑暗保存。

（3）HEPES 缓冲液（1 mol/L HEPES，0.6 mol/L NaOH，500 mL）

NaOH	12.0 g
HEPES（游离酸）	119.2 g

将 NaOH 溶解于约 300 mL MilliQ 水中，剧烈搅拌，缓慢加入 HEPES 直至完全溶解。以 MilliQ 水定容至 450 mL，pH 约为 7.6（30℃）。若 pH 不在范围内，用 10 mol/L 的 NaOH 或浓 HCl 调节后，定容至 500 mL。用 0.22 μm 孔径的聚醚砜（polyethersulfone，PES）或聚碳酸酯（polycarbonate，PC）滤膜过滤，以除去缓冲液中的颗粒物，高压蒸汽灭菌后使用。4℃黑暗保存。

氨氧化古菌的培养过程中需定期检测 NO₂⁻ 的浓度，当 NO₂⁻ 的浓度达到 100 mmol/L 后应及时按 10%转接量进行转接。

13.5.2 海洋嗜盐古菌的分离与培养

嗜盐古菌大多为好氧或兼性厌氧，在实验室中的培养周期相对较长。

13.5.2.1　培养嗜盐古菌的富营养培养基——NTYE 培养基

NaCl	250 g
MgSO$_4$	20 g
KCl	5 g
CaCl$_2$	0.2 g
胰蛋白胨	5 g
酵母膏	3 g
蒸馏水	1000 mL

以 1 mol/L NaOH 溶液调节 pH 为 7.0。加入 20 g 琼脂配制固体培养基，121℃灭菌 20 min 后使用。

13.5.2.2　分离培养嗜盐古菌的 NGSM 培养基

NaCl	200 g
MgCl$_2$·6H$_2$O	13 g
CaCl$_2$·6H$_2$O	1 g
KCl	4 g
NaHCO$_3$	0.2 g
NH$_4$Cl	2 g
FeCl$_3$·6H$_2$O	0.005 g
KH$_2$PO$_4$	0.5 g
蒸馏水	1000 mL

以 1 mol/L KOH 溶液调节 pH 为 7.0。121℃灭菌 20 min，加入 0.2%过滤除菌的葡萄糖溶液后使用。若配制固体培养基，可加入 20 g 琼脂。琼脂需用三蒸水冲洗 2～4 遍后以筛绢过滤，置于烘箱中烘干后使用，也可直接以三蒸水冲洗 2～4 遍后直接加入培养基进行配制（冲洗琼脂会造成约 10%的损失，如琼脂含量为 2%，则需加入 22 g 的琼脂）。

13.5.2.3　分离培养嗜盐古菌的 MGM（modified growth medium）培养基

可通过添加不同体积的盐溶液来改变培养基的盐度（表 13-2），以适应不同嗜盐古菌的生长。不同盐度 MGM 培养基配方如下。

表 13-2　不同盐浓度的 MGM 培养基配方

	12% MGM	18% MGM	23% MGM	25% MGM
盐溶液（30%母液）	400 mL	600 mL	767 mL	833 mL
蒸馏水	567 mL	367 mL	200 mL	134 mL
蛋白胨*	5 g	5 g	5 g	5 g
酵母提取物	1 g	1 g	1 g	1 g

* 不能使用细菌蛋白胨，因为其含有的胆盐会裂解嗜盐古菌

盐溶液（30%母液）配方如下：

NaCl	240 g
$MgCl_2 \cdot 6H_2O$	30 g
$MgSO_4 \cdot 7H_2O$	35 g
KCl	7 g
Tris-HCl 溶液（1 mol/L，pH 7.5）	5 mL
NaBr	0.8 g
$NaHCO_3$	0.2 g
蒸馏水	定容至 1000 mL

盐溶液（30%母液）配制时，先加入接近 1000 mL 的蒸馏水，待上述无机盐全部溶解后缓慢加入 5 mL $CaCl_2$ 溶液（以 $CaCl_2 \cdot 2H_2O$ 配制，1 mol/L=147 g/L）。以 1 mol/L 的 Tris-HCl 溶液调节 pH 为 7.5。121℃灭菌 30 min，室温保存。

MGM 培养基配制时，以 1 mol/L Tris-HCl 溶液调节 pH 为 7.5 后，以蒸馏水补充体积至 1000 mL。加入 20 g 琼脂配制固体培养基，121℃灭菌 20 min 后使用。

13.5.2.4　分离培养嗜盐古菌的基础培养基——CDM（chemically defined medium）培养基

基本盐溶液：

NaCl	125 g
$MgCl_2 \cdot 6H_2O$	50 g
K_2SO_4	5 g
$CaCl_2 \cdot 2H_2O$	0.26 g
蒸馏水	1000 mL

补充成分配方（1000 mL）：

NH_4Cl（1 mol/L）	5 mL
K_2HPO_4（0.5 mol/L，pH 7.5）	2 mL
微量元素溶液	2 mL
硫胺素（VB_1）（1 mg/mL）	0.8 mL
生物素（VB_7）（1 mg/mL）	0.1 mL

微量元素溶液配方：

$MnCl_2 \cdot 4H_2O$	0.36 g
$ZnSO_4 \cdot 7H_2O$	0.44 g
$FeSO_4 \cdot 7H_2O$	2.3 g
$CuSO_4 \cdot 5H_2O$	50 mg
蒸馏水	1000 mL

唯一碳源配方（任加一种）：

乳酸钠	0.5%

乙酸钠	0.1%
琥珀酸钠	0.5%
葡萄糖	0.02%～0.5%
甘油	0.02%～0.5%
半乳糖	0.1%～0.5%

CDM 培养基配制时，先在基本盐溶液中加入蒸馏水使其溶解，然后以 1 mol/L Tris-HCl 溶液调节 pH 为 7.5。121℃灭菌 20 min，待冷却至 55～60℃时，加入补充成分和唯一碳源。当以葡萄糖、甘油或半乳糖为唯一碳源时，需加入 5 mL 的 $NaHCO_3$ 溶液（1 mol/L），并用 0.22 μm 滤膜过滤除菌。微量元素溶液配制时需加入几滴 HCl 以降低溶液的 pH，当一种微量元素溶解后再加入下一种，经 0.22 μm 滤膜过滤除菌后室温保存。若配制固体培养基，可加入 15～20 g 琼脂。

13.6　海洋真菌的分离与培养

13.6.1　海洋沉积物样品真菌的分离方法

针对沉积物样品，通常采用稀释平板法、接种平板法和颗粒平板法三种方法来分离海洋真菌。

（1）稀释平板法：在超净台内，称取 10 g 沉积物，放入加有 90 mL 灭菌海水的 200 mL 无菌玻璃三角瓶中，150 r/min、25℃振荡培养 20 min；静置 10 min；吸取 200 μL 上清液，均匀涂布到分离培养基上，每种培养基三次重复，置于超净台内吹干，用封口膜封口。

（2）接种平板法：在无菌环境下，取少量沉积物样品，以接种针挑取小颗粒，直接接种到分离培养基上，每种培养基三次重复，用封口膜封口。

（3）颗粒平板法：在超净台内，将 10 g 沉积物样品加入到无菌的培养皿中（带盖），25℃下烘干；在超净台内，粉碎沉积物颗粒，将能过 200 目但不能过 100 目网筛的颗粒撒到分离培养基上，每种培养基三次重复，用封口膜封口。

13.6.2　海水样品真菌的分离方法

针对海水样品，通常采用水样的涂布平板法、滤膜的涂布平板法和滤膜的直接培养法来分离海洋真菌。

（1）水样的涂布平板法：在超净台内，吸取 10 mL 海水，放入加有 90 mL 灭菌海水的 200 mL 无菌玻璃三角瓶中，轻轻摇晃混匀；吸取 200 μL 均匀涂布到分离培养基上，每种培养基三次重复，置于超净台内吹干，用封口膜封口。

（2）滤膜的涂布平板法：在超净台内，用灭菌剪刀将滤膜剪碎成 5 mm 左右长度的碎片，放入加有 100 mL 灭菌海水的 200 mL 无菌玻璃三角瓶中，150 r/min、25℃振荡培养 20 min；静置 10 min；吸取 200 μL 上清液，均匀涂布到分离培养基上，每种培养基三次重复，置于超净台内吹干，用封口膜封口。

（3）滤膜的直接培养法：在超净台内，用灭菌剪刀将滤膜剪碎成 5 mm 左右长度的碎片，用灭菌尖头镊子小心地将碎片转移到分离培养基上，每个培养基放置 3～5 块，每种培养基 6 个重复，其中三个重复滤膜的滤水面向上，另外三个向下，用封口膜封口。

13.6.3　藻类组织样品真菌的分离方法

（1）组织浸渍法：用灭菌海水将藻类表面洗净，用灭菌滤纸等吸干表面水分；在超净台内，称取 2～5 g 藻体，在 70%乙醇中浸泡 10 s 进行表面消毒，再在灭菌海水中浸泡 10 s，用灭菌滤纸将表面水分吸干；将藻体放在灭菌研钵中充分研磨，加入 8～45 mL（10 倍稀释）灭菌海水混合均匀，静置 10 min；吸取 200 μL 上清液，均匀涂布到分离培养基上，每种培养基三次重复，置于超净台内吹干，用封口膜封口。

（2）直接培养法：用灭菌海水将藻体表面洗净，用灭菌滤纸等吸干表面水分；在超净台内，称取 2～5 g 藻体，用灭菌剪刀和手术刀处理成 5 mm 左右长度的组织块；将组织块放入 70%乙醇中浸泡 10 s 进行表面消毒，再在灭菌海水中浸泡 10 s，用灭菌滤纸吸干表面水分；将藻体组织块均匀放置到分离培养基上，每个培养基放置 3～5 块，每种培养基三次重复，用封口膜封口。

13.6.4　海洋真菌的分离培养基

海洋真菌的分离培养基主要有玉米粉琼脂培养基（CMA）、蛋白胨葡萄糖酵母浸出粉培养基（YPG）、麦芽糖琼脂培养基（MEA）、沙氏培养基（SDA）等。需要注意的是，为了利于分离获得较丰富的真菌物种，分离培养基的营养物质含量应适当降低，以原培养基的 10%成分制作分离培养基的效果最佳。

培养基需经 121℃高压蒸汽灭菌 20 min。将灭菌后的培养基冷却至 40～60℃，加入青霉素和硫酸链霉素，使二者最终浓度为 0.5 g/L，主要是为了抑制细菌生长。倒板备用。

玉米粉琼脂培养基（CMA）配方：

玉米粉	30 g
琼脂	20 g
陈海水	1000 mL

蛋白胨葡萄糖酵母浸出粉培养基（YPG）配方：

蛋白胨	1.25 g
酵母粉	1.25 g
葡萄糖	4 g
琼脂	20 g
陈海水	1000 mL

麦芽糖琼脂培养基（MEA）配方：

麦芽粉	4 g
蛋白胨	0.2 g
葡萄糖	4 g
琼脂	20 g
陈海水	1000 mL

沙氏培养基（SDA）配方：

蛋白胨	10 g
葡萄糖	40 g
琼脂	20 g
陈海水	1000 mL

13.7 海洋微生物培养新技术

海洋微生物学家越来越清楚地认识到，经典的平板培养方法已无法完全满足海洋微生物的培养，海洋中有大量微生物尚未获得纯培养。近年来，一些研究者探究了微生物未获得培养的原因（表 13-3），并且开始尝试利用新的培养方法来增加可培养细菌的种类，这些新方法主要有改良的传统培养方法、微操作技术、稀释培养法和模拟原位环境培养法等。其中有些方法已经应用在海洋微生物的培养中，并培养出了稀有的或极难培养的海洋微生物种类，还有一些方法已经在淡水和土壤中应用并获得了显著的效果，对海洋微生物的培养有很大的借鉴价值。

表 13-3　微生物未培养的原因及解决方法

潜在原因	解决方法
微生物生长缓慢	延长培养时间为数周至数月
微生物的丰度很低	稀释培养，增加重复
同一生境中的不同微生物理特征相似或混合培养中其他微生物的抑制作用	通过过滤或密度梯度离心等物理方法去除样品中的其他微生物，或稀释培养
苛刻的培养要求	评估相似微生物的生长要求（若已知）；通过宏基因组注释推测微生物的营养能力和需求；采用扩散室培养法，扩散室中允许来自环境样品的营养物质流入而不会受到微生物的污染
共生或需要来自其他微生物的信号交流	共培养；使用扩散室培养；在含有"辅助"微生物代谢产物的培养基中培养
不存在生长或退出休眠状态的触发因子	添加已知的生长触发因子，如 N-乙酰胞壁酸

13.7.1 改良的传统培养方法

根据微生物的生长需要改良传统培养方法，可以使未培养的微生物获得培养。在原位环境中，微生物的生长除依赖于环境因子外，周围微生物提供的辅助作用也至关重要（图 13-4）。D'Onofrio 等（2010）在培养海洋底泥生物被膜上的微生物时，同时培养了能产铁载体（siderophore）的辅助细菌，结果培养出了之前未培养出的细菌。有些细菌的生长需要向培养基中添加微生物生长所需要的电子受体和供体、不同种类氨基酸、维生素及微量元素。Olson 等（2000）指出添加过氧化氢酶或丙酮酸钠，有利于海洋细菌的复苏。另外，Bruns 等（2002）发现，如果向培养基中加入 10 μmol/L 信号分子可使10%的微生物细胞（用显微镜直接计数法计算微生物细胞的总数）培养出来。然而，用加有环腺苷酸（cAMP）的培养基培养出来的细菌，如果不加信号分子，则不能生长。除此之外，有实验发现延长培养时间，用结冷胶替代琼脂作为凝胶剂也可以显著改善培养成效。

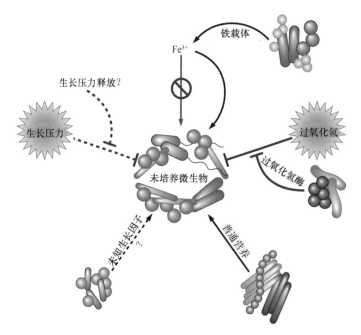

图 13-4　周围细菌对未培养微生物生长的辅助示意图（修改自 Stewart，2012）
箭头代表促进生长；停止线代表抑制生长；虚线代表未知因子；实线代表已知因子

13.7.2　微操作技术

微操作（micromanipulation）技术可分为机械微操作和光学微操作两种类型。Ishii 等（2010）指出通过机械微操作技术（图 13-5，图 13-6）可以把单细胞从复杂环境中分选出来用于纯培养。Frohlich 和 Konig（2000）及 Ashida 等（2010）用这一技术已经获得了不同种类的微生物，包括潜在的新菌。光学微操作也称为激光镊子（optical tweezer），通过高度集中的近红外激光束来捕获和操作细胞。因为没有物理接触，所以此操作可以在密闭无菌的培养室中进行，雷根斯堡大学（Universität Regensburg）的 Harald Huber 及其同事应用这种方法，发现了新型的纳米级极端嗜热共生古菌。

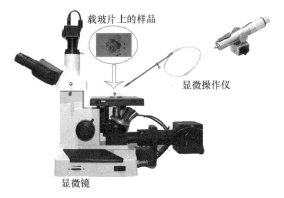

图 13-5　机械微操作流程图（修改自 Ishii et al.，2010）

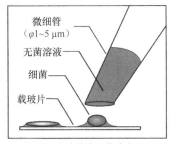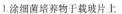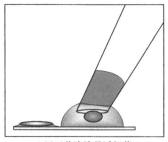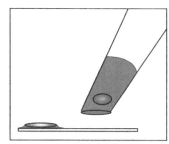

图 13-6　单细胞分离的示意图（Frohlich and Konig，2000）

13.7.3　极限稀释培养法

Connon 和 Giovannoni（2002）将样品密度稀释到 10^3 个细胞/mL，采用 48 孔细胞培养板分离培养海洋微生物，他们用这种极限稀释培养法（dilution-to-extinction culturing）可将样品中 14%的细胞培养出来，是一种高通量培养法。美国俄勒冈州立大学（Oregon State University）的 Stephen J. Giovannoni 及其同事应用此高通量培养法获得了独特的以前未被培养的海洋 SAR11、OM43、SAR92 和 OM60/OM241 类群（图 13-7）。Song 等（2009）用修改后的稀释培养法，也成功培养出 SAR11 类群的细菌，指出低温长期培养可以有效地培养出 SAR11 类群中的新成员。

13.7.4　扩散室培养法

Kaeberlein 等（2002）将海洋微生物样品加至封闭的扩散室（diffusion chamber）中，在模拟采样点环境条件的水族箱中进行培养，这种培养法称为扩散室培养法（diffusion chamber method）（图 13-8）。扩散室的膜可使化学物质在扩散室和环境之间交换，但是细胞不能自由交换。美国东北大学（Northeastern University）的 Slava S. Epstein 及其同事（Kaeberlein et al.，2002；Bollmann et al.，2007；D'Onofrio et al.，2010）利用这种方法，获得了大量平板法不易培养的物种。

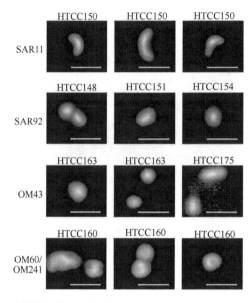

图 13-7 新型菌株的荧光显微镜照片（Connon and Giovannoni，2002）
用 DAPI 染色细胞，比例尺=1 μm

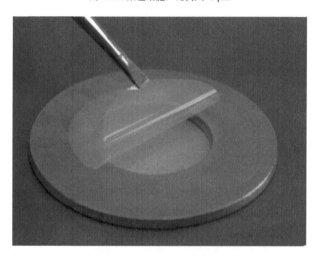

图 13-8 扩散室装置（Bollmann et al.，2007）

  利用不同形式的扩散室进行微生物培养取得了很好的效果。Aoi 等（2009）设计了中空纤维膜室（图 13-9）进行原位培养，中空纤维膜室系统包括 48～96 个中空纤维膜管，管壁含有 67%～70%的微孔，平均孔径为 0.1 μm。将环境样品稀释后注入中空纤维膜管中，微生物可以通过纤维膜管壁的孔与外界进行物质交换，但细胞不会自由通过，整个系统放入模拟的原位环境中培养。利用这种培养方法，获得了大量之前未被培养的海洋微生物。

13.7.5 分离芯片法

  Nichols 等（2010）设计了高通量原位培养装置——分离芯片（isolation chip，ichip）

装置（图 13-10），该装置的中央板由数百个两面相通的孔组成，当将其放置在细胞悬液中时，每一个微孔可以捕获一定数量的微生物细胞。之后用上下孔板分别把 0.03 μm 孔径的聚碳酸酯膜固定在中央板的两面，使每个孔成为相对独立的培养室。整个装置可置于原位培养，微孔中的细胞可以与外界环境进行物质交换，细胞可在微孔中生长。通过这种培养方法分离得到的菌株种类新颖，并且很少与传统方法分离得到的菌株类型重叠。

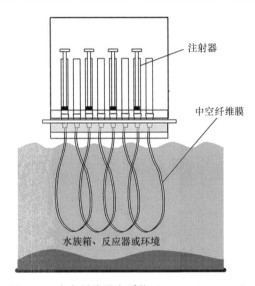

图 13-9　中空纤维膜室系统（Aoi et al.，2009）

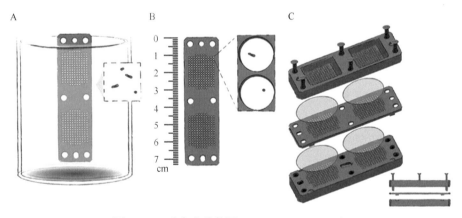

图 13-10　分离芯片装置（Berdy et al.，2017）

A. 在含有环境微生物的悬液里面浸泡多孔板；B. 每个孔中平均捕获一定数量的细胞；C. 分离芯片的组装

13.7.6　微囊化培养法

美国 Diversa 公司的 Karsten Zengler 及其同事于 2002～2005 年建立的微囊化（microencapsulation）培养法（图 13-11），是先制备包埋单个微生物细胞的琼脂糖微囊，然后将包埋在微囊中的微生物在缓慢流动的培养基中进行培养，培养结束后用流式细胞仪检测含有微菌落的微囊。该技术的主要优点是：①尽管每个细胞被单独包埋，但是来自环境的所有被包埋的细胞都在一起培养，这在一定程度上模拟了自然环境；而且由于微囊的孔径较大，代谢产物和一些其他分子（如信号分子）可以互相交换，这些由其他微生物产生的可以扩散的分子能够增加微生物的可培养性。②微囊是在一个开放的、连续补充营养的系统中，而不是在一个封闭的系统中，这也模拟了大多数自然环境的开放条件。③这种培养方法不仅能够高通量地分离和培养微生物，而且能够很容易地进行下游的扩大培养。长出的微菌落可用于接种，进行扩大培养。④该分离培养技术可使大量的微生物获得纯培养。经典的海洋微生物分离培养方法是将海洋环境中的微生物混合培养后再分离单菌落，最终只能得到少数几种微生物的纯培养，而该方法是将海洋环境中的单一微生物分离后再进行培养，最终使大量微生物获得纯培养。

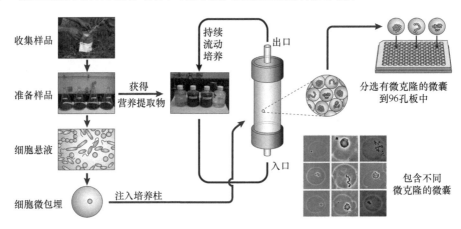

图 13-11　微囊化技术培养装置（Keller and Zengler，2004）

13.7.7　生物反应器连续培养法

日本国立海洋研究开发机构（Japan Agency for Marine-Earth Science and Technology，JAMSTEC）的 Hiroyuki Imachi 及其同事应用一种连续流动的生物反应器——降流悬挂海绵生物反应器（down-flow hanging sponge reactor，DHS 生物反应器，图 13-12），对沉积物微生物进行了富集培养。DHS 生物反应器最初应用于发展中国家低成本处理城市废水，而用于富集培养的 DHS 生物反应器由封闭的聚氯乙烯（PVC）柱构建，内容积为 4.4 L，中间悬挂聚氨酯海绵方块（直径 3 cm，孔径 0.83 mm）作为培养微生物的载体材料。接种时将浸泡过沉积物样品的海绵放入 PVC 柱中，充入氮气保持厌氧环境。富集培养过程中，需将厌氧处理后的培养基经顶部的进样口加入 PVC 柱，培养基随重力流向每个海绵块，最终从底部的出口排出。DHS 生物反应器培养法的优点是：①海绵为微生物的定植提供了较大的表面积以及较长的细胞停留时间。②反应器中加入的人工海水或培养基为微生物提供了低浓度的底物，接近于它们在自然条件下的营养状态。③连续流动的设计使微生物产生的抑制生长的次级代谢产物可以及时排出。因此，DHS 生物反应器可大大增加深海沉积物微生物的可培养能力。2020 年，Hiroyuki Imachi 及其同事利用 DHS 生物反应器进行富集培养，历经约 12 年的连续培养及分离，首次从深海样品中培养获得了阿斯加德古菌，极大地推动了人们对地球真核生命起源的认识。

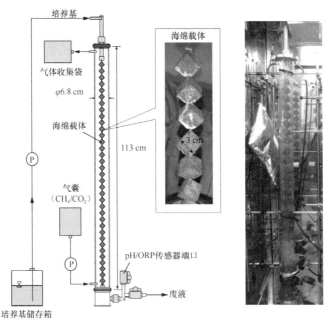

图 13-12　DHS 生物反应器系统的模式图及照片（引自 Aoki et al., 2014）

13.7.8　I-tip 原位培养法

以前的原位培养设备在比如水生沉积物和土壤等平坦表面的环境中工作良好，但很难在具有不规则表面的水生无脊椎动物中使用。因此，Jung 及其同事于 2014 开发了一种 I-tip 原位培养法（*in situ* cultivation by tip，I-tip），该方法对于水生无脊椎动物的共生微生物分离工作更为灵活（图 13-13；Jung et al., 2014）。I-tip 装置主要

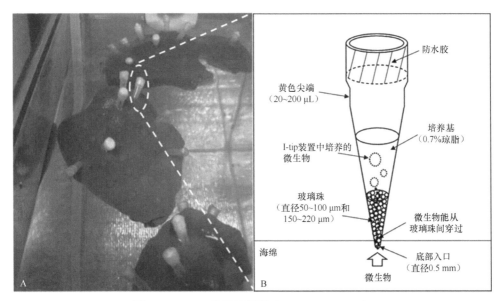

图 13-13　I-tip 装置示意图（Jung et al., 2014）

A. 在海绵中安装 I-tip 装置照片；B. I-tip 装置的结构和原理示意图

由微珠层和在尖端的琼脂层组成。装置的尖端使其可以放置在海绵等目标生物不规则的表面（图 13-13A）。微珠层可以防止外来微生物的入侵，为目标微生物的培养创造空间。I-tip 装置的上部被防水胶黏剂覆盖，以防止污染。I-tip 装置在目标宿主生物上安装后，微生物有望在琼脂层中生长，并从自然栖息地扩散出化学物质，而微珠层则可以防止环境中大多微生物和更大的生物进入（图 13-13B）。I-tip 装置在贝加尔湖特有的海绵上进行了测试，结果表明其在分离以前未培养的海绵相关细菌方面非常有效。

13.8　海洋微生物的保存方法

菌种保存可以保持菌种的长期存活、特性稳定及不受污染，对于微生物资源的保护、利用和研究开发意义非常重大。菌种保存开始于 19 世纪末，最早开始菌种保存的是捷克斯洛伐克的微生物学家 Frantisek Karl。他们利用玻璃管封闭的琼脂斜面、明胶或土豆的薄切片来保存菌种，并建立了世界上第一个菌种保存实验室。到目前为止，已建立发展了许多长期保存菌种的方法，其基本原理都是使细菌的新陈代谢处于最低或几乎停止的状态，但又具有复苏的能力。一般是使细菌处于低温、干燥、缺氧和营养成分极度贫乏的环境条件下，使细菌处于长期休眠状态，以达到长期保存的目的。

现有的保存菌种的方法大体分为传代法、悬液法、普通干燥法、冷冻法和真空干燥法等。不同方法所适用的菌种种类和效果各有差异，下面介绍保存海洋细菌的几种常用方法。

13.8.1　暂时保存法

13.8.1.1　斜面传代法

斜面传代法是最常用的暂时保存方法。把菌种接种到 2216E 斜面培养基上，在合适的温度下培养一定的时间，使之长成健壮的菌体。然后，用封口膜封口后保存于 15℃下，以后每隔一定时间重新接种传代一次，这样可以保存几周甚至数月。有些海洋细菌尤其是弧菌，在低于 10℃、渗透压变化、寡营养（oligotrophic）（含碳源 1～1.5 mg/mL）等环境中，容易进入活的非可培养（viable but nonculturable，VBNC）状态，难以用常规培养法使其恢复生长。已证实常见的约 20 种弧菌均可出现 VBNC 状态，因此不宜将弧菌置于 4℃的普通冰箱保存，以免出现"假死"现象。这种方法的缺点主要是：传代过程中有污染的风险，出现变异菌株的概率大，且菌株可能失活及存储时占用空间等。

传代保存中的 3 个重要因素：一是合适的培养基，一般情况下保藏时较少的培养基可以降低菌株的代谢率，以达到延长传代间隔时间的目的，但针对一些特殊菌株则需要复杂的培养基，以维持其特定的生理生化特性；二是存储温度和湿度，存储时最好冷藏双份，一般为 4～8℃以降低代谢率，室温保存时需要应用橡胶内塞或塑料封口膜以防止培养基干燥脱水；三是传代间隔时间，不同菌的间隔时间不同，传代过程中应尽量避免变异及失活，定期检查表型特征是否变化，转接时不要挑选单克隆，这样会使挑中变异菌的概率增大。

13.8.1.2　石蜡油封存法

石蜡油封存法是指在斜面或半固体穿刺培养基上，加封一层（2~3 cm）无菌液体石蜡，防止培养基干燥并隔绝氧气，使菌种代谢速率降低。置于 15℃培养箱中保存。这样一般每隔半年需接种传代一次。接种传代时，可直接用无菌接种环挑取斜面上的菌苔，然后在 2216E 平板上画线纯化，挑取典型单菌落接种斜面即可。

13.8.1.3　干燥法

一般细菌在干燥状态下容易失活，但一些细菌尤其是产孢子细菌可以通过干燥法保存数年。研究表明，细菌孢子的脱水原生质体在干燥环境下有很强的抵抗力。

其中一种既简单又实惠的干燥法是通过灭菌滤纸实现的。将灭菌好的滤纸条放置于无菌平板中，将菌液逐滴滴到滤纸条上直至饱和，然后置于真空干燥器中干燥，将干燥好的滤纸条密封于保种管中，放入干燥器中并置于冷藏室。其他干燥法是通过将菌保存于干燥的明胶滴或硅胶粒中进行的。

13.8.2　长期保存法

13.8.2.1　冷冻保存法

冷冻保存法在保存期间菌种不易变异，效率高。该方法已经被世界上许多菌种保存机构如美国的 ATCC 等作为常规的菌种保存方法应用。其中涉及的防冻剂主要有两种：甘油和二甲基亚砜（DMSO），这两种物质可以通过细菌细胞膜，在冷冻时可以对细胞膜内外进行保护。常规保种时，甘油和 DMSO 的终浓度分别为 15%和 5%（V/V）。保种前，甘油是通过 121℃ 20 min 灭菌，而 DMSO 是通过 0.22μm 的滤器过滤除菌（5℃避光保存）。其他的防冻剂还有葡萄糖、葡聚糖、乳糖、甘露糖、聚乙二醇、聚乙烯吡咯烷酮、山梨糖醇和蔗糖，这些物质只对细胞膜外部进行保护，所以保种效率没有甘油和 DMSO 高。对防冻剂的选择一般取决于细菌种类，在新种保种之前，都需要检测防冻剂对细菌是否有毒害作用。

具体操作方法：将培养好的菌种斜面用 0.1%的蛋白胨水洗下菌苔，制成菌悬液（菌浓度达 10^9 CFU/mL），或直接用液体培养物，加冷冻保护剂如甘油，至终浓度为 15%（V/V），然后转移至 2 mL 的塑料菌种保存管中。每个菌种一般保存 3~5 管，冷冻后置于–80℃的超低温冷冻箱，可保存 10 年以上。也可将加有甘油或二甲基亚砜等保护剂的菌种管，经预冷冻（低于–60℃）后保存于液氮中（–186℃），这样菌种可以保存 30 年以上。在没有超低温条件的单位，也可以将菌种管保存于–20℃冷冻箱中，这样也可以保存一年以上。

注意在超低温保存过程中，一定要通过几级预冷冻（–20℃、20 min；–40℃、20~

30 min；–60℃、20～30 min）处理，最后再长期保存于超低温（–80℃）条件下。在置于液氮中保存时，最好预先置于–80℃冷冻箱一段时间，然后置于液氮罐液面以上气态部分进一步预冷却几分钟，最后再置于液氮中长期保存，这样可以避免细胞冻伤。菌种复苏时，可直接从超低温条件下取出菌种管，置于室温条件下解冻，然后取菌悬液涂布平板或平板画线，培养至长成单菌落。

13.8.2.2　真空冷冻干燥法

真空冷冻干燥法是指向已培养好的菌种斜面，加入保护剂（如脱脂牛奶），制成菌悬液，装入特制的菌种冻干管中，迅速预冷冻至–70℃以下。然后将菌种冻干管置于真空干燥装置中冷冻干燥，直至水分含量降至 1%～2%。火焰熔封管口，4℃避光保存。该法对陆生菌种保存效果较好，保存时间一般为数年至 30 年，但对海洋细菌的保存效果稍差。

13.8.3　特殊菌株的保存

13.8.3.1　厌氧菌的保藏

厌氧菌不仅在分离纯化时需要无氧条件，而且在冷冻保藏时也需要严格的厌氧环境，包括保种液的预还原等。

预先将保种液（85%的生理盐水 700 mL、甘油 300 mL、半胱氨酸 0.1 g、刃天青 0.001 g）分装至厌氧保种管中（方法同厌氧液体培养基制作），然后将等量菌液用注射器加入到灭菌后的保种液中，使甘油终浓度为 15%，放置于–20℃冰箱冷冻保存。

13.8.3.2　蓝细菌的保藏

大多数蓝细菌都可以通过冷冻法进行保存，保存时的防冻剂是 DMSO（5%，V/V）。但对于可以产生异形胞（heterocyst）和厚壁孢子（akinete）的种类，保存时需要收集其稳定期前期的菌体，离心后将菌体重悬于由防冻剂（牛血清蛋白 10 g、蔗糖 20 g、双蒸水 100 mL，过滤除菌）和培养基组成的保种液中（1∶1），冷冻保存。

13.8.3.3　含质粒菌株（工程菌）的保藏

含有质粒的细菌由于遗传的不稳定性，很容易丢失其改造后的特性，对于这类菌株的保藏取决于质粒的稳定性。稳定的 *E. coli* 质粒可以通过标准的冻干法或冷冻法进行保存，而且活化时可以保证宿主和质粒的活性。针对不稳定的 *E. coli* 质粒，在保存前及活化时应在培养基中加入相应的抗生素。

13.8.4　菌种保藏中心

常见的保藏海洋微生物菌株的菌种保藏中心见表 13-4。

表 13-4　常见的海洋微生物菌种保藏中心

菌种保藏中心	英文及简称	网址链接
中国海洋微生物菌种保藏管理中心	Marine Culture Collection of China（MCCC）	http://www.mccc.org.cn/
中国普通微生物菌种保藏管理中心	China General Microbiological Culture Collection Center（CGMCC）	https://cgmcc.net/
中国典型培养物保藏中心	China Center for Type Culture Collection（CCTCC）	http://cctcc.whu.edu.cn/
美国模式培养物保藏中心	American Type Culture Collection（ATCC）	http://www.atcc.org/
德国微生物菌种保藏中心	German Collection of Microorganisms and Cell Cultures（DSMZ）	https://www.dsmz.de/
日本菌种保藏中心	Japan Collection of Microorganisms（JCM）	http://jcm.brc.riken.jp/en/
日本技术评价研究所生物资源中心	Biological Resource Center，NITE（NBRC）	http://www.nbrc.nite.go.jp/e/
韩国模式培养物保藏中心	Korean Collection for Type Cultures（KCTC）	http://kctc.kribb.re.kr/English/ekctc.aspx
英国菌种保藏中心	The United Kingdom National Culture Collection（UKNCC）	http://www.ukncc.co.uk/
西班牙标准菌保藏中心	Spanish Type Culture Collection（CECT）	http://www.uv.es/uvweb/spanish-type-culture-collection/en/spanish-type-culture-collection-1285872233521.html
比利时菌种保藏中心	Culture Collection of the Laboratorium voor Microbiologie，Universiteit Gent，Belgium（LMG）/Belgian Coordinated Collections of Microorganisms（BCCM）	http://bccm.belspo.be/

主要参考文献

徐怀恕, 杨学宋, 李筠, 等. 1999. 对虾苗期细菌病害的诊断与控制. 北京: 海洋出版社.

张晓华, 等. 2016. 海洋微生物学. 2 版. 北京: 科学出版社.

Aoi Y, Kinoshita T, Hata T, Ohta H, Obokata H, Tsuneda S. 2009. Hollow-fiber membrane chamber as a device for *in situ* environmental cultivation. Appl Environ Microbiol, 75: 3826-3833.

Aoki M, Ehara M, Saito Y, Yoshioka H, Miyazaki M, Saito Y, Miyashita A, Kawakami S, Yamaguchi T, Ohashi A, Nunoura T, Takai K, Imachi H. 2014. A long-term cultivation of an anaerobic methane-oxidizing microbial community from deep-sea methane-seep sediment using a continuous-flow bioreactor. PLoS One, 9: e105356.

Ashida N, Ishii S, Hayano S, Tago K, Tsuji T, Yoshimura Y, Otsuka S, Senoo K. 2010. Isolation of functional single cells from environments using a micromanipulator: application to study denitrifying bacteria. Appl Microbiol Biotechnol, 85: 1211-1217.

Berdy B, Spoering A, Ling L, Epstein S. 2017. *In situ* cultivation of previously uncultivable microorganisms using the ichip. Nat Protoc, 12: 2232-2242.

Bollmann A, Lewis K, Epstein SS. 2007. Incubation of environmental samples in a diffusion chamber increases the diversity of recovered isolates. Appl Environ Microbiol, 73: 6386-6390.

Bruns A, Cypionka H, Overmann J. 2002. Cyclic AMP and acyl homoserine lactones increase the cultivation efficiency of heterotrophic bacteria from the central Baltic Sea. Appl Environ Microbiol, 68: 3978-3987.

Carini P, Steindler L, Beszteri S, Giovannoni SJ. 2013. Nutrient requirements for growth of the extreme oligotroph 'Candidatus Pelagibacter ubique' HTCC1062 on a defined medium. ISME J, 7: 592-602.

Connon SA, Giovannoni SJ. 2002. High-throughput methods for culturing microorganisms in very-low-nutrient media yield diverse new marine isolates. Appl Environ Microbiol, 68: 3878-3885.

D'Onofrio A, Crawford JM, Stewart EJ, Witt K, Gavrish E, Epstein S, Clardy J, Lewis K. 2010. Siderophores from neighboring organisms promote the growth of uncultured bacteria. Chem Biol, 17: 254-264.

Frohlich J, Konig H. 2000. New techniques for isolation of single prokaryotic cells. FEMS Microbiol Rev, 24: 567-572.

Giovannoni S, Stingl U. 2007. The importance of culturing bacterioplankton in the 'omics' age. Nat Rev Microbiol, 5: 820-826.

Hara-Kudo Y, Nishina T, Nakagawa H, Konuma H, Hasegawa J, Kumagai S. 2001. Improved method for detection of *Vibrio parahaemolyticus* in seafood. Appl Environ Microbiol, 67: 5819-5823.

Huang ZB, Mo SQ, Yan LF, Wei XM, Huang YY, Zhang LZ, Zhang SH, Liu JZ, Xiao QQ, Lin H, Guo Y. 2021. A simple culture method enhances the recovery of culturable Actinobacteria from coastal sediments. Front Micbiol, 12: 675048.

Imachi H, Nobu MK, Nakahara N, Morono Y, Ogawara M, Takaki Y, Takano Y, Uematsu K, Ikuta T, Ito M, Matsui Y, Miyazaki M, Murata K, Saito Y, Sakai S, Song C, Tasumi E, Yamanaka Y, Yamaguchi T, Kamagata Y, Tamaki H, Takai K. 2020. Isolation of an archaeon at the prokaryote-eukaryote interface. Nature, 577: 519-525.

Ishii S, Tago K, Senoo K. 2010. Single-cell analysis and isolation for microbiology and biotechnology: methods and applications. Appl Microbiol Biotech, 86: 1281-1292.

Jensen PR, Gontang E, Mafnas C, Mincer TJ, Fenical W. 2005. Culturable marine actinomycete diversity from tropical Pacific Ocean sediments. Environ Microbiol, 7: 1039-1048.

Jung D, Seo EY, Epstein SS, Joung Y, Han J, Parfenova VV, Belykh OI, Gladkikh AS, Ahn TS. 2014. Application of a new cultivation technology, I-tip, for studying microbial diversity in freshwater sponges of Lake Baikal, Russia. FEMS Microbiol Ecol, 90: 417-423.

Kaeberlein T, Lewis K, Epstein SS. 2002. Isolating "uncultivable" microorganisms in pure culture in a simulated natural environment. Science, 296: 1127-1129.

Keller M, Zengler K. 2004. Tapping into microbial diversity. Nat Rev Microbiol, 2: 141-150.

Konneke M, Bernhard AE, de la Torre JR, Walker CB, Waterbury JB, Stahl DA. 2005. Isolation of an autotrophic ammonia-oxidizing marine archaeon. Nature, 437: 543-546.

Koops HP, Bottcher B, Moller UC, Pommereningroser A, Stehr G. 1991. Classification of 8 new species of ammonia-oxidizing bacteria – *Nitrosomonas communis* sp. nov., *Nitrosomonas ureae* sp. nov., *Nitrosomonas aestuarii* sp. nov., *Nitrosomonas marina* sp. nov., *Nitrosomonas nitrosa* sp. nov., *Nitrosomonas eutropha* sp. nov., *Nitrosomonas oligotropha* sp. nov. and *Nitrosomonas halophila* sp. nov. J Gen Microbiol, 137: 1689-1699.

Lyman J, Fleming RH. 1940. Composition of sea water. J Mar Res, 3: 134-146.

Martens-Habbena W, Berube PM, Urakawa H, de la Torre JR, Stahl DA. 2009. Ammonia oxidation kinetics determine niche separation of nitrifying Archaea and Bacteria. Nature, 461: 976-979.

Nichols D, Cahoon N, Trakhtenberg EM, Pham L, Mehta A, Belanger A, Kanigan T, Lewis K, Epstein SS. 2010. Use of ichip for high-throughput *in situ* cultivation of "uncultivable" microbial species. Appl Environ Microbiol, 76: 2445-2450.

Olson JB, Lord CC, McCarthy PJ. 2000. Improved recoverability of microbial colonies from marine sponge samples. Microb Ecol, 40: 139-147.

Rappe MS, Connon SA, Vergin KL, Giovannoni SJ. 2002. Cultivation of the ubiquitous SAR11 marine bacterioplankton clade. Nature, 418: 630-633.

Reasoner DJ, Geldreich EE. 1985. A new medium for the enumeration and subculture of bacteria from potable water. Appl Environ Microbiol, 49: 1-7.

Reddy CA, Beveridge TJ, Breznak JA, Marzluf G. 2007. Methods for General and Molecular Microbiology. 3rd ed. Washington DC: American Society for Microbiology Press.

Sembiring L, Ward AC, Goodfellow M. 2000. Selective isolation and characterisation of members of the *Streptomyces violaceusniger* clade associated with the roots of *Paraserianthes falcataria*. Antonie Van Leeuwenhoek, 78: 353-366.

Song J, Oh HM, Cho JC. 2009. Improved culturability of SAR11 strains in dilution-to-extinction culturing from the East Sea, West Pacific Ocean. FEMS Microbiol Lett, 295: 141-147.

Stewart EJ. 2012. Growing unculturable bacteria. J Bacteriol, 194: 4151-4160.

Stingl U, Tripp HJ, Giovannoni SJ. 2007. Improvements of high-throughput culturing yielded novel SAR11 strains and other abundant marine bacteria from the Oregon coast and the Bermuda Atlantic Time Series study site. ISME J, 1: 361-371.

Takizawa M, Colwell RR, Hill RT. 1993. Isolation and diversity of actinomycetes in the Chesapeake Bay. Appl Environ Microbiol, 59: 997-1002.

Thompson FL, Austin B, Swings JG. 2006. The Biology of Vibrios. Washington DC: American Society for Microbiology Press.

Waterbury JB, Willey JM. 1988. Isolation and growth of marine planktonic cyanobacteria. Meth Enzymol, 167: 100-105.

ZoBell CE. 1941. Studies on marine bacteria. 1. The cultural requirements of heterotrophic aerobes. J Mar Res, 4: 42-75.

ZoBell CE. 1946. Marine Microbiology. Waltham: Chronica Botanica Co.

复习思考题

1. 海洋微生物对海洋生态系统起着举足轻重的作用。目前认为只有不到 1%的海洋微生物能够培养出来，为改善海洋微生物的可培养性，你有何想法？

2. 根据不同类型海洋微生物的培养基，在培养寡营养海洋细菌和古菌时应注意哪些关键因素？

3. 在培养异养菌和自养菌时培养基中添加的成分有何不同？请根据不同菌的代谢特征说明这些差异的依据。

4. 假如有刚采集的深海沉积物样品，你打算采用怎样的微生物培养策略来获得最多样的微生物？

5. 不同类型海洋微生物的保存方法有哪些？长期保存需要注意哪些问题？

（于　敏　张晓华　张蕴慧　何新新　李　伟　李　静）

本章彩图请扫二维码

第 14 章　海洋细菌的分类与鉴定技术

　　细菌分类学（bacterial taxonomy）是指对细菌进行分类、命名与鉴定的一门科学，三者之间既相互区别又相互依存。分类（classification）是根据一定的原则（如表型特征相似性或系统发育相关性）对细菌分群归类的过程。命名（nomenclature）是根据命名法规，给每一个分类群一个专有的名称，细菌的命名原则沿用了瑞典植物学家 Carl von Linné（1707～1778 年）的双命名法。鉴定（identification）是指确定某一微生物属于某一分类群的过程。

　　细菌的分类单元（taxonomic rank）包含域（domain）、门（phylum）、纲（class）、目（order）、科（family）、属（genus）、种（species）7 个基本分类等级，最基本的分类单元是种。同种细菌应具备的基本条件（即金标准）是：在严谨型杂交条件下，菌株相互之间（特别是与该种的标准菌株之间）进行 DNA-DNA 杂交，杂交百分率为 70%及以上。随着基因组测序技术的发展，菌株之间的 DNA-DNA 杂交率也可通过基因组序列进行模拟计算。另外，菌株染色体 DNA 的 G+C 含量也能界定菌株是否属于同一个种，即同种菌株间的 G+C 含量差异应小于 5%。本章节重点描述海洋细菌新分类单元的分类鉴定技术。

14.1　海洋细菌分类与鉴定的基本流程

　　细菌分类学最初采用的是以表型特征为主的分类鉴定方法。然而，采用表型特征对细菌进行分类鉴定时，同一个种的所有菌株对某一特征的反应并不一定是 100%阳性或阴性，因此常因某个关键表型特征的结果差异而导致细菌鉴定结果有误。由于许多海洋细菌种间的表型特征差异较小，因此在其种属鉴定上往往受实验因素的影响较大。

　　随着技术的进步，细菌分类学已从过去以表型特征为主的数值分类阶段发展到目前综合表型（包括形态特征、生理特征、化学特征等）、基因型和系统进化关系的多相分类学（polyphasic taxonomy）阶段，后者的结果更能反映细菌间的自然种群、遗传及系统发生关系。用于多相分类学的表型特征信息来源于细菌的形态特征、生理生化特征及化学分类学特征，基因型特征信息来源于细菌的 DNA 或 RNA。

　　现在人们常用一条生产线来描述如何鉴定新物种，图 14-1 描绘了目前对海洋细菌进行分类鉴定的基本流程。

　　（1）对环境中采集的样品进行细菌的分离纯化，得到单菌落。

　　（2）通过 16S rRNA 基因序列分析发现潜在新种，再进一步根据系统进化分析结果购买相关的模式菌株（亦称标准菌株或参考菌株，可购买海洋微生物标准菌株的菌种保藏中心详见 13.8.4 节），并将该潜在新种提交到至少两个国家的菌种保藏中心（世界菌种保藏联合会会员单位）作为模式菌株进行保藏。

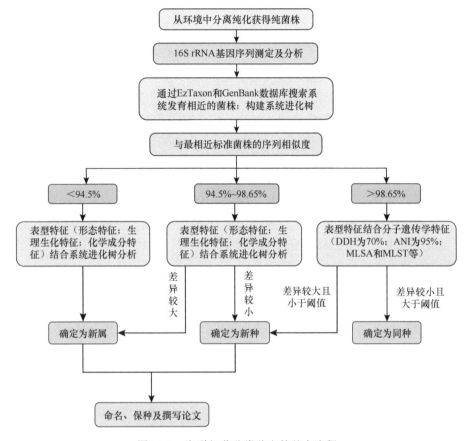

图 14-1　海洋细菌分类鉴定的基本流程

DDH，DNA 与 DNA 杂交；ANI，平均核苷酸一致性；MLSA，多位点序列分析；MLST，多位点序列分型

（3）进行形态特征、生理生化特征、化学成分特征和分子遗传学特征分析。

（4）综合鉴定结果，确定菌株的分类地位、命名并撰写论文。对该分类单元进行特征描述，正式确定新分类单元。

14.2　形态特征分析方法

细菌形态特征是细菌最原始的分类鉴定指标，是描述细菌特征不可或缺的一部分，主要包括细胞（微观）和菌落（宏观）的形态、色素及细胞运动性等。

14.2.1　菌落形态

菌落形态主要包括菌落的形状、大小、颜色、表面（粗糙或光滑，湿润或干燥，有无晕环，是否隆起等）和边缘（整齐与否）状况、透明程度、黏稠度、涌动（swarming）现象等。由于细菌在不同温度、pH、大气环境、菌龄和培养基上形成的菌落形态是不同的，因此需要将细菌在标准培养基和最适培养条件下培养，并进行定期观察。

14.2.2 细胞形态和大小

不论细菌还是古菌，不同种类细胞的形态和大小差异很大。光学显微镜是观察原核生物细胞形态的传统工具。扫描电镜和透射电镜目前也广泛应用于细胞形态的观察中，通过透射电镜可以观察到细胞内部结构（细胞内膜结构和细胞质内含物等）。常见的细胞形态有球状、杆状、弧状和螺旋状。另外，细菌的特殊排列方式以及细胞的特殊结构（如鞭毛、芽孢、孢子、荚膜和细胞附属物等）也是细菌的重要表型特征。

14.2.2.1 鞭毛

鞭毛是细菌分类中的一个重要指标。根据鞭毛的着生位置可以分为极生鞭毛、侧生鞭毛和周生鞭毛；根据鞭毛数量又可以分为单鞭毛、双鞭毛和多鞭毛。一般需要透射电镜来观察细菌的鞭毛（需经戊二醛固定、磷钨酸负染），也可将鞭毛染色后在光镜下观察，但必须选择处于最适生长时期的细胞。由于鞭毛的着生并不牢固，因此固定细菌时应避免鞭毛脱落而影响观察结果。以下为光镜观察时的鞭毛染色方法。

鞭毛染色 A 液：单宁酸，5.0 g；$FeCl_3$，1.5 g；蒸馏水，100 mL；福尔马林（15%），2 mL；NaOH（1%），1 mL。A 液在冰箱内可保存 3～7 d，延长保存期会产生沉淀，但用滤纸去除沉淀后仍可使用。

鞭毛染色 B 液：$AgNO_3$，2.0 g；蒸馏水，100 mL。

染色步骤：①制备轻度浑浊的菌悬液。②取一滴菌悬液于载玻片一端，然后将玻片倾斜，使菌液缓缓流向另一端，用吸水纸吸去玻片下端多余的菌液，室温（或 37℃温室）自然干燥。③涂片干燥后，滴加 A 液覆盖 3～5 min，然后用蒸馏水充分洗去 A 液；用 B 液冲去残水后，再加 B 液，覆盖涂片染色数秒至 1 min。当涂片出现明显褐色时，立即用蒸馏水冲洗。若加 B 液后显色较慢，可用微火加热，直至显褐色，立即水洗，自然干燥。④干燥后用油镜观察。菌体呈深褐色，鞭毛呈褐色，通常呈波浪形。

14.2.2.2 孢子形成

孢子可以分为内生孢子（芽孢）和外生孢子。芽孢是非常重要的细菌分类与鉴定指标，对其进行孔雀绿染色后可以在光镜下观察，并描述其位置和大小。此外，外生孢子的形状和颜色对于放线菌的鉴定非常重要。

14.2.2.3 细胞内含物

在细菌中，细胞内含物（cell inclusion）为细胞内部结构，包括聚磷酸盐颗粒、聚 β-羟基丁酸酯（poly-β-hydroxybutyrate）、气泡和硫磺状小粒等，这些物质用特定试剂染色后可在光学显微镜下观察。

聚磷酸盐颗粒，又称为异染粒，主要由多聚偏磷酸组成，对碱性染料亲和力强。染色方法：①制备涂片。②甲液染色 5 min。③倒去甲液，用乙液冲去甲液并染色 1 min。④蒸馏水冲洗，吸干后镜检。

甲液：甲苯胺蓝 0.15 g，孔雀绿 0.2 g，冰醋酸 1 mL，95%乙醇 2 mL，蒸馏水 100 mL。

先将染料溶于乙醇中,向其中加入事先混合好的冰醋酸和蒸馏水,放置 24 h 后过滤备用。

乙液:碘 2.0 g,碘化钾 3.0 g,蒸馏水 100 mL。

聚 β-羟基丁酸酯的染色常用方法为苏丹黑染色法,具体方法见 14.2.3.2 节。

14.2.3　细胞的染色反应

目前,对细菌经常使用的染色方法是革兰氏染色,此外苏丹黑染色和印度墨水染色也常应用于某些特定细菌的鉴定中。

14.2.3.1　革兰氏染色

革兰氏染色法于 1884 年由丹麦医生 C. Gram 发明,染色后阳性菌呈紫色,阴性菌呈红色。以下为染色时试剂配制及光镜观察。

结晶紫试剂:结晶紫 2.0 g,草酸铵 0.8 g,95%乙醇 20 mL,蒸馏水 80 mL。先将结晶紫溶于乙醇,草酸铵溶于蒸馏水,然后将两个溶液混匀置于密闭的棕色瓶,静置 48 h 后使用。

碘液:碘化钾 2.0 g,碘 1.0 g,蒸馏水 100 mL。应先溶解碘化钾,再将碘溶于碘化钾。

番红试剂:番红 2.5 g,95%乙醇 100 mL。先将番红溶于乙醇,再取 10 mL 番红乙醇溶液溶于 80 mL 蒸馏水,摇匀。

染色步骤:①挑菌:挑取对数期细菌。②涂片:在载玻片上滴加少量无菌水或生理盐水,将菌体均匀涂布其上。③固定:将涂布有菌体的载玻片快速通过酒精灯火焰,注意控制烘干温度,避免温度过高烫死菌体。④初染:结晶紫染色 1 min,蒸馏水冲洗。⑤媒染:碘液染色 1 min,水洗,并用吸水纸吸去水分。⑥脱色:滴加 95%乙醇,并轻轻摇动,脱色 20～30 s 后水洗,并用吸水纸吸去水分。⑦复染:番红染色液染色 1 min 后,蒸馏水冲洗。⑧干燥,镜检。

14.2.3.2　苏丹黑染色

苏丹黑 B(Sudan black B)是一种脂溶性染料,可将细胞中的中性脂肪、磷脂及胆固醇等脂类物质染成棕黑色颗粒。其常用于聚 β-羟基丁酸酯等脂类物质的染色。

苏丹黑染色剂:苏丹黑 B 0.3 g 溶于 100 mL 70%的乙醇。

染色方法:①菌体用 0.3%苏丹黑 B 染色 15 min,倾去染色液。②二甲苯冲洗至洗脱液无色。③番红水溶液(50 g/L)复染 10 min,去离子水冲洗。④干燥,镜检。

14.2.3.3　印度墨水染色

印度墨水(墨汁)染色液是优质的荚膜染色液,染色后荚膜取代了墨汁中的胶状碳粒。镜检时,在黑色背景下菌体被无色透明的晕圈所环绕。

染色方法:①涂片。②在样本涂片处滴加印度墨水(墨汁)染色液,用手指轻轻按压,使样本与印度墨水(墨汁)染色液混合变薄。③先在低倍镜下寻找有荚膜的细菌,再转高倍镜或油镜下仔细辨认。

14.2.4 细菌的运动性

由于不同微生物的运动速度和方式不同，因此运动性可以作为微生物分类中一个重要的参数。不同微生物的运动速度有快有慢，运动方式可分为由鞭毛引起的游动（swimming motility）、涌动，无鞭毛菌体的滑行运动（gliding motility）和由 IV 型菌毛引起的蹭行运动（twitching motility）。观察运动性时要使用新鲜菌体，可采用悬滴法用显微镜观察细菌的运动性，最好使用相差显微镜观察。此外，还可采用半固体培养基（添加 0.3%～0.6%的琼脂）穿刺培养法观察微生物的运动性。

14.2.5 色素

细胞的色素可通过细胞悬液和菌落颜色进行分析。细菌细胞中常见的色素包括：类胡萝卜素、Flexirubin 型色素、细菌叶绿素、黑色素和绿脓菌素等。

不同细胞色素的光吸收波长范围是不同的，所以可通过测定光吸收波长来判断细菌所含色素的类型。测定吸收光谱的具体方法：将待测菌株接种于 2216E 平板（酵母膏，1.0 g；蛋白胨，5.0 g；$FePO_4$，0.01 g；琼脂粉，20 g；陈海水，1000 mL；pH 7.6）上，在适宜温度下培养一段时间，收集菌体于 4 mL 离心管中，用丙酮-甲醇（7：2，V/V）溶液避光萃取菌体 12 h，轻微离心，吸取上清，利用分光光度计在 300～700 nm 测定吸收光谱。例如，类胡萝卜素的光吸收波长在 400～600 nm。因此，可以利用分光光度计或酶标仪来检测细胞的光吸收波长，从而判断细胞色素的类型。

拟杆菌门（Bacteroidota）的黄杆菌科（Flavobacteriaceae）通常能检测到 Flexirubin 型色素。具体方法：挑取菌体于载玻片，滴加 20%（m/V）KOH 溶液直至菌体浸没。若菌体颜色不发生变化，表明不产生 Flexirubin 型色素。若菌体颜色由黄色或橘黄色转变成红色、紫色或棕色等深色，则表明产生 Flexirubin 型色素。

14.3 生理生化特征分析方法

大多数情况下，生理生化实验是根据菌株与不同底物反应而产生的颜色和浑浊度变化，或通过其他检测试剂来检测产生的物质，以判断实验结果。这些反应的准确性依赖于接种液的浓度、培养条件和实验方法等。

14.3.1 温度试验

温度试验（temperature test）时，接种新鲜细菌培养物于 1%胰化蛋白胨水溶液（1%胰蛋白胨+3% NaCl+0.1%酵母膏）中，28℃培养 6～10 h，至培养液出现轻微浑浊。取 200 μL 菌液，接种于 5 mL 2216E 液体培养基（酵母膏，1.0 g；蛋白胨，5.0 g；$FePO_4$，0.01 g；陈海水，1000 mL；pH 7.6）中，以 5 mL 培养基作为空白对照，每组设 3 个平行试验。将试管分别置于 0℃、4℃、10℃、15℃、28℃（对照）、35℃、42℃和 45℃的条件下 170 r/min 振荡培养，每 24 h（具体时间视细菌生长情况而定）测一次吸光值（OD

值，590 nm），2～4 d 后（0℃和 4℃需测试 3 周）可判断菌株的温度生长范围及最适生长温度。

14.3.2　耐盐试验

耐盐试验（salt tolerance test）时，分别配制 NaCl 含量为 0%、1%、2%、3%、4%、5%、6%、7%、8%、9%、10%、11%、12%、13%、14% 和 15% 的 2216E 液体培养基（NaCl 溶液代替陈海水），分别分装至试管中，每管 5 mL。接种新鲜细菌培养物于正常 2216E 液体培养基中，28℃培养 6～10 h，至培养液出现轻微浑浊。取 200 μL 菌液，分别接种于装有不同 NaCl 浓度的 5 mL 2216E 液体培养基的试管中，用 5 mL 2216E 液体培养基作为空白对照，每组设 3 个平行试验。将试管置于 28℃培养 1 周，每 24 h 测一次吸光值（OD 值，590 nm），根据试验结果判断菌株的盐度生长范围及最适生长盐度。

14.3.3　pH 试验

pH 试验（pH test）时，分别配制 4 种缓冲液体系，调节 2216E 液体培养基 pH 至 3～12。接种新鲜细菌培养物于 1% 胰化蛋白胨水溶液中，28℃培养 6～10 h，至培养液出现轻微浑浊。将 0.5 mL 菌液和 9.5 mL 2216E 液体培养基混合，接种于小试管中，用 10 mL 2216E 液体培养基作为空白对照，每组设 3 个平行试验，28℃培养，分别测定 0 h、24 h、48 h、72 h、96 h 时的 OD 值（590 nm），从而确定菌株的 pH 生长范围及最适生长 pH。

当 pH 为 6～10 时，常用生物缓冲对：2-(4-吗啉)乙基磺酸（MES）（pH=6）；3-(4-吗啉)丙基磺酸（MOPS）（pH=7）；三（羟甲基）甲基甘氨酸（Tricine）（pH=8）；3-(环己胺)-1-丙磺酸（CAPS）（pH=9～10）。当 pH<5 或 pH>10 时，为嗜酸或嗜碱菌，常用无机缓冲对：磷酸-磷酸二氢钾缓冲体系（pH=2）；乙酸钠-乙酸缓冲体系（pH=3～5）；碳酸钠-碳酸氢钠缓冲体系（pH>10）。接种前需要调整溶液 pH，以防止培养液放置过久，吸收空气中过多的二氧化碳而导致 pH 发生变化。

14.3.4　O/129 敏感性试验

O/129 敏感性（O/129 sensitivity，150 μg，10 μg）主要用于弧菌科的属间鉴别。将 2216E 海洋琼脂培养基，121℃高压灭菌 20 min，冷却至 50℃左右。O/129（2,4-二氨基-6,7-二异丙基蝶啶，2,4-diamino-6,7-diisopropylpteridine）母液（0.3%，m/V）：称取 0.413 g 2,4-二氨基-6,7-二异丙基蝶啶磷酸盐（相当于 0.3 g O/129），溶于 100 mL 蒸馏水中，过滤除菌。取 950 mL 灭菌后冷却至 50℃的 2216E 培养基，加入 50 mL 新鲜配制的过滤除菌的 O/129 母液（0.3%，m/V），摇匀，倒平板，其 O/129 终浓度即为 150 μg/mL。取 897 mL 灭菌后冷却至 50℃的 2216E 培养基,加入 3 mL 新鲜配制的过滤除菌的 O/129 母液（0.3%，m/V），摇匀，倒平板，其 O/129 终浓度即为 10 μg/mL。接种新鲜细菌培养物于 1% 胰化蛋白胨水溶液中，28℃培养 6～10 h，至培养液出现轻微浑浊，点种于 O/129 平板，同时也点种于未加 O/129 的 2216E 平板作对照，28℃培养 2～4 d，观察有无菌落长出。若有菌落生长则不敏感，记录为"–"，阴性；否则为敏感，记录为"+"，阳性。

也可以制作或购买商业化的 O/129 纸片（含药 40 µg），将其放在已覆盖待测菌液的培养基平板中央，观察是否产生抑菌圈，以判断敏感性。制作 O/129 纸片，即将 10 µL 饱和的 O/129 溶液加到已灭菌的纸片上。

14.3.5　氧化酶和过氧化氢酶试验

氧化酶试验（oxidase test）：用几滴 1%四甲基对苯二胺二盐酸盐（tetramethyl-*p*-phenylene diamine didydrochloride）水溶液浸湿滤纸片，用白金环（用普通镍铬金属环可能出现假阳性反应）或灭菌牙签或细玻璃棒挑取新鲜活化的细菌培养物，点在上述溶液浸湿的滤纸上，在 10 s 内出现紫罗兰色或紫色者为阳性；在 10～60 s 出现紫罗兰色或紫色者则为延迟反应；60 s 以上出现反应或不反应者为阴性。因为试剂在空气中也会氧化变色，所以需要同时用氧化酶阳性和阴性的细菌作为对照。

过氧化氢酶试验（catalase test）：用接种环从新鲜活化的菌苔中央挑取一接种环菌于一干净载玻片上，滴 1 滴 30%的过氧化氢（H_2O_2）。立即出现气泡者为阳性，30 s 后不产生气泡者为阴性。也可以直接将 30%的过氧化氢加到斜面或平板的菌苔上，观察是否立即有气泡产生。

14.3.6　H_2S 产生试验

H_2S 产生（H_2S production）试验的培养基：蛋白胨，20 g；$Na_2S_2O_3$，0.5 g；柠檬酸铁铵，0.5 g；NaCl，30 g；琼脂，20 g；蒸馏水，1000 mL；pH 7.2。先将蛋白胨、琼脂加热溶解，冷却至 60℃左右，再加入其他成分，分装至小试管（高琼脂柱，管总高度的 2/5），112℃灭菌 30 min。穿刺接种，28℃培养 2～7 d，沿穿刺线或试管底部变黑者为阳性，不变黑者即为阴性。

14.3.7　柠檬酸盐利用试验

柠檬酸盐利用（citrate utilization；Simmons）试验的培养基：柠檬酸钠，2.0 g；$MgSO_4$，0.2 g；K_2HPO_4，1.0 g；$NH_4H_2PO_4$，1.0 g；NaCl，20 g；琼脂，20 g；蒸馏水，990 mL。溶解上述各成分，调 pH 至 6.8～7.0，加 1%（*m/V*）溴麝香草酚蓝溶液 10 mL，混匀，培养基呈黄绿色，分装试管。121℃高压灭菌 20 min，摆成斜面。冷却后接种新鲜活化的菌株，28℃培养，分别于 3 d、7 d 和 14 d 观察结果。培养基由黄绿色变为普鲁士蓝者为阳性，阴性则不变色。

14.3.8　硝酸盐还原试验

硝酸盐还原（nitrate reduction）试验的培养基：蛋白胨，5.0 g；牛肉膏，3.0 g；KNO_3，

1.0 g；NaCl，30 g；蒸馏水，1000 mL；pH 为 7.2。分装小试管，121℃灭菌 20 min。

试剂：①Griess 试剂。A 液，对氨基苯磺酸，0.5 g；稀乙酸（10%），150 mL。B 液，α-萘胺，0.1 g；蒸馏水，20 mL；稀乙酸（10%），150 mL。②锌粉或二苯胺试剂。二苯胺试剂：二苯胺 0.5 g，溶于 100 mL 浓硫酸，用 20 mL 蒸馏水稀释。

在上述培养基中接种细菌，28℃培养 24 h，取少许培养液于两个比色瓷盘中，在一个瓷盘中分别滴加 A 液、B 液各一滴，若出现红、橙、棕色则说明有 NO_2^- 产生，为阳性。若无红色出现，在另一瓷盘中加入少量锌粉（或滴加 2 滴二苯胺试剂，但二苯胺试剂和硝酸根反应为蓝色，不明显，结果较难观察），不显红色，表明硝酸盐和形成的亚硝酸盐都已还原成其他物质，按硝酸盐还原阳性处理；若显红色，表明培养液中仍有硝酸盐，为阴性反应（若为阴性，再培养 5 d 观察）。需要注意的是，A 液和 B 液应储存于棕色瓶中。

14.3.9 V-P 反应和甲基红反应

V-P 反应（Voges-Proskauer test）培养基：蛋白胨，5.0 g；葡萄糖，5.0 g；K_2HPO_4，5.0 g；NaCl，20 g；蒸馏水，1000 mL；pH 7.0~7.2。

试剂：甲液，5% α-萘酚无水乙醇溶液（避光密封保存）；乙液，40% KOH 溶液。

将培养基溶解后，分装试管，112℃灭菌 20~30 min（温度切勿过高）。于培养基中接种新鲜活化的菌种，28℃培养 24~48 h。将培养基分为两管，向一管中加入甲液，然后再加入等量的乙液，用力振荡，或置于涡旋振荡器上振荡，室温下静置 10~30 min，出现红色者为阳性。亦可置 28℃条件下保温，以加快反应速度。

甲基红反应（methyl red test）试剂：甲基红，0.04 g；95%乙醇，60 mL；蒸馏水，40 mL。先将甲基红溶于 95%乙醇中，然后加蒸馏水。向 V-P 反应剩余的另一管培养物中滴加 1 滴甲基红试剂，培养液变红色者为阳性，黄色为阴性。

14.3.10 吲哚产生试验

吲哚产生（indole production）试验的培养基：蛋白胨，10 g；NaCl，30 g；蒸馏水，1000 mL；pH 7.6。

Ehrlich 氏试剂：对二甲基氨基苯甲醛，8.0 g；95%乙醇，760 mL；浓盐酸，160 mL。Ehrlich 氏试剂避光、4℃储存。

将蛋白胨溶解制成 1%蛋白胨水溶液，分装试管（每管 3~5 mL），112℃灭菌 30 min。接种新鲜活化的菌种，28℃培养 24 h。加入 4~5 滴乙醚（或苯二醛），振荡，待分层后，沿管壁轻轻加入 2 滴 Ehrlich 氏试剂，液层界面出现玫瑰红色环者为阳性。

14.3.11 Thornley's 精氨酸双水解酶试验

Thornley's 精氨酸双水解酶（Thornley's arginine dihydrolase）试验的培养基：蛋白胨，1.0 g；K_2HPO_4，0.3 g；L-精氨酸，10 g；NaCl，30 g；酚红，0.01 g；琼脂，3.0 g；

蒸馏水，1000 mL；调 pH 至 6.8。

除琼脂和指示剂外，将其他成分充分溶解，调 pH 至 6.8，加入指示剂，培养基变为紫红色。加入琼脂，煮沸，分装小试管，112℃灭菌 30 min，冷却后培养基为橙红色。穿刺接种，加封无菌液体石蜡，28℃培养 1～2 d，观察培养基颜色变化，同时设不加 L-精氨酸的空白对照管。若培养基变为亮玫瑰红色，为阳性；若变为黄色，为阴性。如果是阴性，则需观察一周，若一周内转为红色则为弱阳性。

14.3.12 莫勒氏精氨酸、赖氨酸和鸟氨酸脱羧酶试验

莫勒氏精氨酸、赖氨酸和鸟氨酸脱羧酶（arginine-,lysine-,ornithine decarboxylase）试验的基本肉汤培养基：蛋白胨，5.0 g；牛肉膏，5.0 g；NaCl，30 g，葡萄糖，0.5 g；维生素 B$_6$（吡哆醛，pyridoxal）5.0 mg；溴甲酚紫溶液（1.6%），0.8 mL；甲酚红溶液（0.2%），2.5 mL；琼脂，3.0 g；蒸馏水，1000 mL。

除琼脂和指示剂外，将其他成分充分溶解，调 pH 至 6.0。再加琼脂和指示剂，将上述成分分为 4 等份，其中 3 份分别加入 L-精氨酸、L-赖氨酸和 L-鸟氨酸的盐酸盐，浓度为 1%，再调 pH 为 6.0。同时设置未加氨基酸的一份作为空白对照管。煮沸，分装小试管，112℃灭菌 30 min，取新鲜活化 18～24 h 的培养物，穿刺接种，加封无菌液体石蜡油，28℃培养 1～2 d，每天观察，阴性管培养 1 周。对照管培养基变黄色（仅葡萄糖发酵），实验管培养基变为紫色或带红色调的紫色者，为阳性。

14.3.13 苯丙氨酸脱氨酶试验

苯丙氨酸脱氨酶（phenylalanine deaminase）试验的培养基：酵母膏，3.0 g；L-苯丙氨酸，1.0 g；Na$_2$HPO$_4$，1.0 g；NaCl，30 g；琼脂，12 g；蒸馏水，1000 mL；pH 7.3。

将以上培养基成分加热溶解，煮沸，分装试管，121℃灭菌 20 min，制成斜面。大量划线接种，28℃培养 12～18 h，在斜面上滴加 4～5 滴 10%（m/V）的 FeCl$_3$ 溶液，斜面与试剂液面交界处呈现绿色者为阳性。

14.3.14 氧化/发酵试验

氧化/发酵试验（oxidation/fermentation test，O/F 试验）的培养基：蛋白胨，2.0 g；酵母膏，0.5 g；柠檬酸铁，0.1 g；Tris（三羟甲基氨基甲烷），0.5 g；NaCl，30 g；酚红，0.01 g；葡萄糖，10 g；琼脂，3.0 g；蒸馏水，1000 mL。

除琼脂和指示剂外，将其他成分充分溶解，调 pH 至 7.6，加入指示剂，培养基变为橙红色，加入琼脂，煮沸，分装小试管，112℃灭菌 30 min。每个菌株接种两管，穿刺接种，一管加封无菌液体石蜡为闭管，另一管不加为开管，28℃培养 1～2 d。观察培养基颜色变化，若闭管培养基全部变为黄色（开管或者全变，或者不变），则为发酵产酸，记为发酵"F"；若闭管培养基不变色，开管培养基变为黄色，则为氧化产酸，记为氧化"O"；若两管都不变色，为不反应。酚红在 pH 为 7.6 时为红色，低于 6.8 时则变为

黄色，细菌利用培养基中的糖产酸，使培养基 pH 下降，所以培养基变为黄色；若细菌利用培养基中的蛋白胨产碱，则培养基 pH 上升，颜色加深。

14.3.15　葡萄糖产气试验

葡萄糖产气（gas from glucose）试验是在 O/F 试验中同时观察培养基中及培养基与管壁之间是否有气泡产生，有气泡产生者为阳性。注意：接种后要及时观察，特别是一些生长快的菌株，要在几小时内就开始观察。否则，产生的气泡会散失，若错过观察时间会误记为阴性结果。

14.3.16　糖发酵产酸试验

糖发酵产酸（acid from sugar fermentation）试验的基础培养基：蛋白胨，5.0 g；酵母膏，1.0 g；NaCl，30 g；柠檬酸钠，0.1 g（可先制成浓的母液）；Tris，0.5 g；蒸馏水，1000 mL；琼脂，3.0 g；酚红，0.01 g（可先配制成 0.1%的母液，每 1 L 培养基加 10 mL）。

除琼脂和指示剂外，将其他成分充分溶解，调节 pH 至 7.6，加入指示剂，培养基变为橙红色，加入琼脂，煮沸溶解。试剂糖类：阿拉伯糖（arabinose）、肌醇（inositol）、D-甘露醇（D-mannose）、D-棉子糖（D-raffinose）、鼠李糖（rhamnose）、蔗糖（sucrose）、甘露醇（mannitol）、乳糖（lactose）、水杨苷（salicin）、α-氨基葡萄糖（α-glucosamine）、苦杏仁苷（amygdalin）和蜜二糖（melibiose）等。其中，鼠李糖、蜜二糖、阿拉伯糖、α-氨基葡萄糖等不能高压灭菌，需要过滤除菌（0.22 μm），然后以 1%终浓度加入经灭菌（121℃，20 min）冷却至 50～60℃的基础培养基中。其余的糖类可直接加入基础培养基中灭菌（112℃，30 min），终浓度为 1%。所有糖类最好都采用过滤法除菌。

分装小试管，每个菌株两管，穿刺接种，一管加封无菌液体石蜡，为闭管；一管不加，为开管，28℃培养 1～2 d。观察培养基颜色变化，若闭管培养基全部变为黄色，即呈阳性，则为发酵；若闭管培养基不变色，开管培养基变黄色，则为氧化；若两管都不变色，则不反应，阴性管继续观察一周，同时观察在培养基与管壁之间是否有气泡产生。酚红在 pH 为 7.6 时为红色，低于 6.8 时则变为黄色，若细菌利用培养基中的糖产酸，使培养基 pH 下降，所以培养基变为黄色；若细菌利用培养基中的蛋白胨产碱，则培养基 pH 上升，颜色加深。

对于好氧菌糖发酵产酸试验，还可采用液体振荡培养方法，接种量为 1%。然而，当培养基变为黄色时，此方法只能证明是否产酸，却不能区分是氧化产酸还是发酵产酸。

14.3.17　唯一碳源的利用试验

唯一碳源的利用（utilization as sole source of carbon）试验的基础培养基溶液 A：NH_4Cl，10 g；NH_4NO_3，2.0 g；Na_2SO_4，4.0 g；K_2HPO_4，6.0 g；KH_2PO_4，2.0 g；NaCl，20 g；双蒸水，1000 mL。

基础培养基溶液 B：$MgSO_4·7H_2O$，0.2 g；$MgCl_2·6H_2O$，8.0 g；双蒸水，1000 mL。

溶液 A 和 B 分别于 121℃灭菌 20 min，冷却至 50～60℃，均匀混合。

碳源底物：γ-氨基丁酸盐（γ-aminobutyrate）、纤维二糖（cellobiose）、乙醇（ethanol）、L-瓜氨酸（L-citrulline）、D-葡糖酸盐（D-gluconate）、D-葡糖醛酸盐（D-glucuronate）、L-谷氨酸盐（L-glutamate）、L-亮氨酸（L-leucine）、腐胺（丁二胺）（putrescine）、蔗糖（sucrose）、丁二酸盐（succinate）、木糖（xylose）、L-阿拉伯糖（L-arabinose）、丙二酸盐（malonate）、α-酮戊二酸盐（α-ketoglutarate）、L-山梨醇（sorbitol）、L-丙醇（propanol）等。

配制 10%浓度的碳源底物，用 0.22 μm 的乙酸纤维素滤膜过滤除菌（可事先配好保存于 4℃冰箱），然后每种底物以终浓度 0.1%（m/V）加入 A、B 混合液中，混合均匀。对于难溶的碳源底物可以 0.2%的终浓度加入溶液 A 煮沸溶解或 112℃灭菌 10 min 溶解，然后再与溶液 B 混合。菌种用蛋白胨水培养基（1%蛋白胨，2% NaCl）活化 8～10 h，培养基变浑浊，即可接种于上述混合液中，接种量为 1%。28℃振荡培养 1～2 周，检测 OD 值（590 nm）的变化情况。以不含维生素的 0.1 g 酪蛋白水解物培养基作为阳性对照，不加任何碳源的溶液 A、B 混合物为阴性对照，每组设 3 个平行试验，振荡培养后测 OD 值的变化。OD 值升高者表明菌株生长，为阳性。

需要注意的是，试验中所有玻璃器皿必须用洗液（如 1%稀盐酸）浸泡，双蒸水冲洗干净，所用试剂必须是高纯度，最好使用新开封的分析纯药品。

14.3.18 厌氧试验

厌氧试验（anaerobic test）的培养基：蛋白胨，5.0 g；酵母粉，1.0 g；磷酸铁，0.01 g；琼脂，20 g；陈海水，1000 mL（或以 3% NaCl 溶液代替）；刃天青，0.001 g；L-半胱氨酸，0.1 g；适当添加 NO_3^-、SO_3^{2-} 等生长因子；pH 7.6。

在验证菌株是否能在厌氧条件下生长时，可将待测菌株接种在该培养基上，于适宜温度、严格厌氧环境下倒置培养一个月（大约 30 d），观察菌株是否生长。若在平板上能观察到菌落，则证明该菌株在严格厌氧环境下可以生长。

14.3.19 酶的产生试验

14.3.19.1 褐藻酸酶（alginase）

选择性培养基：褐藻酸钠，5.0 g；$(NH_4)_2SO_4$，2.0 g；KH_2PO_4，3.0 g；$K_2HPO_4·3H_2O$，7.0 g；$MgSO_4·7H_2O$，0.1 g；$FeSO_4·7H_2O$，0.05 g；陈海水，1000 mL（或以 3% NaCl 溶液代替）；pH 7.5。固体培养基中添加 1.5%（m/V）的琼脂。

配制培养基时，应先将褐藻酸钠加适量水后水浴加热溶解，再加入其他成分，煮沸，待冷却至 50℃左右，调 pH 至 7.5（由于培养基黏性大，调 pH 时应充分摇匀），121℃灭菌 20 min，倒平板。用灭菌牙签或接种针点种，每个平板点种 3～5 株菌，28℃培养 1～2 周，观察菌落周围有无凹陷。若出现凹陷，则反应为阳性。若凹陷不明显，可在菌落周围滴加几滴 10% CaCl₂ 溶液。这是因为褐海藻酸是由甘露糖醛酸（M）和古罗糖醛酸（G）两部分组成的混合多糖，所以当平板上覆盖 CaCl₂ 溶液后，由于菌株能够产生不同的裂解酶而使菌落周围表现出差异，即裂解 M 和 G 部分的菌落周围会分别出现白色晕圈和透明圈。若菌株能够产生裂解两部分的双功能酶，则菌落周围出现透明圈，但产生双功能酶的菌株较少。

14.3.19.2　淀粉酶（amylase）

1. 固体平板检测法

培养基：蛋白胨，5.0 g；酵母粉，1.0 g；磷酸铁，0.01 g；可溶性淀粉，2.0 g；琼脂，20 g；陈海水，1000 mL（或以 3% NaCl 溶液代替）；pH 7.6。卢戈氏碘液：碘，1.0 g；碘化钾，2.0 g；蒸馏水，300 mL。该液体最好避光保存在棕色瓶中，且一周内使用。

称取淀粉，加入到适量的陈海水中，搅拌加热溶解，然后加入其他成分（琼脂除外），调 pH 至 7.6，加入琼脂煮沸，121℃灭菌 20 min。冷却至 50℃左右，倒平板。用灭菌牙签或接种针点种，每个平板点种 3～5 株，28℃培养 1～4 d，在菌落周围滴加新鲜配制的卢戈氏碘液，菌落周围出现无色透明圈者为阳性。

2. DNS 液体法检测还原糖

碱性条件下，还原糖与 3,5-二硝基水杨酸（DNS）共热发生氧化还原反应，DNS 被还原为 3-氨基-5-硝基水杨酸（棕红色），还原糖被氧化成糖酸及其他产物。在一定范围内，还原糖的量与棕红色物质颜色的深浅程度呈一定比例关系，在 540 nm 波长下测定棕红色物质的吸光值，与该波长下阳性对照的吸光值比较，便可得出该菌是否有淀粉酶活性。

14.3.19.3　几丁质酶（chitinase）

培养基：蛋白胨，5.0 g；酵母粉，1.0 g；磷酸铁，0.01 g；几丁质膏状物（10%），100 mL；琼脂，20 g；陈海水，900 mL（或以 3% NaCl 溶液代替）；pH 7.6。

将除琼脂外的其他成分溶解，调节 pH 至 7.6，加入琼脂煮沸溶解，121℃灭菌 20 min，冷却至 50℃，倒平板（平板凝固后，浅乳白色不透明的为好）。用灭菌牙签或接种针点种，每个平板点种 3～5 株，28℃培养 1～2 周，菌落周围出现透明圈者为阳性。

几丁质的配制：①粗制未漂白的几丁质粉末分别在 1 mol/L NaOH 和 1 mol/L HCl 溶液中轮流浸泡 5 次，约 24 h，95%乙醇洗涤 4 次，自然干燥；②取 20 g 漂洗过的几丁质，室温条件下溶解于 600 mL 50%的浓硫酸中，不断搅拌（4～5 h），加 10 L 0～4℃冰冷的蒸馏水沉淀几丁质，并加 10 mol/L NaOH 溶液，调 pH 至 7.0，沉淀 24 h 后，弃上清液，加蒸馏水，剧烈搅拌漂洗几丁质（反复沉淀洗涤，去除盐离子），4000 r/min，4℃离心 15 min，几丁质沉淀用蒸馏水悬浮，制成 10%膏状物，121℃灭菌 20 min，4℃保存。

目前已有商品化的几丁质粉，处理方法大大简化。

14.3.19.4　脂肪酶（lipase，Tween 20、Tween 40、Tween 80）

培养基：蛋白胨，10 g；$CaCl_2·H_2O$，0.1 g；琼脂，20 g；陈海水，1000 mL（或以 3% NaCl 溶液代替）；pH7.4。

将除琼脂外的其他成分充分混合溶解，调节 pH 至 7.4，加琼脂煮沸，121℃灭菌 20 min，冷却至 50℃左右，分别加入终浓度为 0.05%（V/V）的 Tween 20、Tween 40 及 Tween 80，充分摇匀，倒平板（注意：避免产生气泡）。用灭菌牙签或接种针点种，每个平板点种 3～5 株菌，28℃培养 3～5 d，菌落周围出现不透明晕圈者（表示能水解此脂类）为阳性。

14.3.19.5　明胶酶（gelatinase）

培养基：蛋白胨，5.0 g；酵母粉，1.0 g；磷酸铁，0.01 g；明胶，15.0 g；琼脂，20.0 g；陈海水，1000 mL（或以 3% NaCl 溶液代替）；pH7.6。

将除琼脂外的其他成分充分混合溶解，调节 pH 至 7.6，加琼脂煮沸，112℃灭菌 30 min，冷却至 50℃，倒平板。用灭菌牙签或接种针点种，每个平板点种 3～5 株菌，28℃培养 1～2 d，在菌落周围滴加酸性汞溶液（$HgCl_2$，15 g；浓 HCl，20 mL；加蒸馏水至 100 mL）或 20%～50% 的三氯乙酸。菌落周围出现透明圈者为阳性，出现白色沉淀者为阴性。亦可以去除培养基中的琼脂，直接观察明胶是否液化来判断明胶酶的活性。

14.3.19.6　卵磷脂酶（lecithinase）

培养基：1000 mL 2216E 海洋琼脂培养基，121℃灭菌 20 min，冷却至 55～60℃，无菌条件下加入 10 mL 蛋黄，充分混匀，倒平板。用灭菌牙签或接种针点种，每个平板点种 3～5 株，28℃培养 3～5 d，菌落周围出现乳白色浑浊圈为阳性。

14.3.19.7　酪蛋白酶（caseinase）

溶液 A：陈海水（或以 3% NaCl 溶液代替），500 mL；琼脂，10 g；蛋白胨，10 g；酵母膏，3.0 g。溶液 B：蒸馏水，250 mL；酪蛋白，10 g。溶液 C：蒸馏水，250 mL；琼脂，10 g。

酪蛋白需要在碱性条件下溶解，所以配制溶液 B 时，需滴加 NaOH 溶液使酪蛋白刚好全部溶解。分别将 3 种溶液于 121℃下灭菌 20 min，冷却到 50℃左右，先混合 B 液和 C 液，然后倒入平板形成一薄层，凝固后再倒入 A 液，制成双层平板（注意，勿将酪蛋白和琼脂混合灭菌，否则容易凝固）。不用调 pH。用灭菌牙签或接种针点种，每个平板点种 3～5 株菌，28℃培养 2～7 d。菌苔下或菌落周围出现透明圈者为阳性。

14.3.19.8　脲酶（urease）

培养基：蛋白胨，1.0 g；葡萄糖，1.0 g；KH_2PO_4，2.0 g；酚红，0.012 g；琼脂，20 g；陈海水（或以 3% NaCl 溶液代替），1000 mL。

除酚红和琼脂外，溶解上述各成分，调 pH 至 6.8～6.9（注意：pH 不要大于 7.0），加入酚红指示剂，培养基呈橙黄色（或橘黄色），煮沸过滤，加入琼脂，112℃灭菌 20 min。冷却至 50℃左右，加入过滤除菌的 20% 尿素水溶液，使培养基中脲的终浓度为 2%。然后立即分装至无菌试管，制备斜面。同时，制备不加尿素的基本培养基斜面作空白对照。取新活化的菌种在斜面上画线，28℃培养 1～4 d，培养基变红色者为阳性。

14.3.19.9　β-半乳糖苷酶（β-galactosidase）

ONPG 溶液：ONPG（邻硝基苯-β-D-吡喃半乳糖苷），0.6 g；0.01 mol/L Na$_2$HPO$_4$，100 mL。室温下溶解，调 pH 至 7.5，过滤除菌，避光 4℃保存。

培养基：ONPG 溶液 100 mL，蛋白胨水（1%蛋白胨+2% NaCl）300 mL。先将蛋白胨水溶液 121℃下灭菌 20 min，待冷却至室温，无菌操作，将 ONPG 溶液加入到蛋白胨水溶液中，混匀，分装至无菌小试管中（每管加入 1～2 mL），制备斜面。接种细菌，28℃培养 24 h，培养液变黄色者为阳性。

注意：①新鲜配制的 ONPG 溶液是无色的，变黄以后则不能使用；②ONPG 试剂的稳定性比较差，应置于棕色瓶中 4℃避光保存，使用前可用大肠杆菌（+）和变形杆菌（−）做质量检查；③接种前应事先在含乳糖的斜面培养基上活化细菌再接种，以加速 ONPG 反应。

14.3.19.10　琼脂酶（agarase）

培养基：蛋白胨，5.0 g；酵母粉，1.0 g；磷酸铁，0.01 g；琼脂，20 g；陈海水，1000 mL（或以 3% NaCl 溶液代替）；pH 7.6；121℃灭菌 20 min。冷却至 50℃左右，倒平板。用灭菌牙签或接种针点种，每个平板点种 3～5 株，28℃培养 1～4 d。在菌落周围滴加新鲜配制的卢戈氏碘液，其能使琼脂多糖着色，但不能使降解的琼脂寡糖着色，因此菌落周围出现无色透明圈者即为阳性。

14.3.19.11　纤维素酶（cellulase）

培养基：羧甲基纤维素钠（CMC-Na），10 g；KNO$_3$，1.0 g；K$_2$HPO$_4$，0.5 g；MgSO$_4$·7H$_2$O，0.5 g；FeSO$_4$·7H$_2$O，0.01 g；NaCl，0.5 g；琼脂，20 g；陈海水（或以 3% NaCl 溶液代替），1000 mL；pH 7.6；121℃灭菌 20 min。在配制该培养基时可先将 CMC-Na 溶解。

检测方法：将 1.0 mg/mL 刚果红溶液（刚果红，1.0 mg；蒸馏水，1.0 mL）滴加在菌落周围覆盖 1～2 h，倒去染液，再滴加 1 mol/L NaCl 溶液覆盖 1 h，倒去后观察，有透明圈者为阳性。

14.4　化学特征分析方法

化学特征分析方法主要是研究原核生物各种细胞组分的化学成分，包括脂肪酸、极性脂、呼吸醌和细胞壁的结构组分（肽聚糖、磷壁酸、分枝菌酸、脂多糖）等。

14.4.1　肽聚糖

无论是革兰氏阴性菌还是革兰氏阳性菌，肽聚糖（peptidoglycan）都是其最主要的细胞壁组分。革兰氏阳性菌具有复杂的多层肽聚糖结构，而革兰氏阴性菌的肽聚糖的结构简单，仅为单层。由于革兰氏阴性菌的肽聚糖组成差异不大，尤其是变形菌门

（Proteobacteria）和拟杆菌门细菌的肽聚糖结构几乎完全一致，因此以肽聚糖作为分类指标只适用于革兰氏阳性菌。

在鉴定新物种时，描述和鉴定肽聚糖的结构及其氨基酸组成是革兰氏阳性菌必不可少的特征分析之一，多肽链中氨基酸的组成在属水平上是一致的，所以在革兰氏阳性菌属的特征中应当包括对氨基酸组成的描述；另外，在鉴定新种时，也可以利用肽聚糖中肽桥的差异来区分不同物种。

14.4.2 脂肪酸

脂肪酸（fatty acid）是脂类和脂多糖的主要组成成分，已被广泛应用于细菌分类中。细菌脂肪酸在链长、共价键的位置、取代基等方面有较大的区别，具有饱和与不饱和直链脂肪酸、顺式与反式支链脂肪酸及环状分支脂肪酸等多种形式。多不饱和脂肪酸在细菌中并不常见，但常出现在低温环境下生长的细菌细胞膜中。对厌氧细菌来说，挥发性脂肪酸是其重要的鉴定指标之一。

目前，人们常用气相色谱（GC）分析法来鉴定脂肪酸。MIDI 系统（详见 14.6.3 节）为脂肪酸的分析提供了一个综合数据库，但该数据库并不完善，还需后续的补充。细菌的脂肪酸鉴定应当描述含量超过 1% 的所有已知脂肪酸，同时对于不是已知脂肪酸的物质也应当以等量链长（equivalent chain-length，ECL）的形式列出，结果通常保留一位小数。同一菌株生长时期不同，其脂肪酸组成也会有差异。在脂肪酸鉴定时，应收集处于指数后期的菌体，其中最为关键的是实验菌株要与模式菌株在相同条件下一起测定，这样它们的脂肪酸差异才有可比性。目前，国内主要菌种保藏中心均可提供脂肪酸组成分析服务。

14.4.3 极性脂

极性脂（polar lipid）是原核生物细胞膜脂类双分子层的主要组成部分，经常被用于细菌分类和鉴定研究中。原核生物细胞膜中含有各种各样的极性脂，根据其连接的官能团不同可以分为磷脂、糖脂、含糖磷脂、氨基磷脂、氨基脂和鞘脂类等。这些官能团能够被不同的染料所染色，因此可以根据各种显色反应和比移值（Rf 值）来确定脂质种类（表 14-1）。目前已知的古菌细胞膜中只含有磷脂、糖脂和含糖磷脂这三类极性脂。此外，甘油可以和不同类型的脂肪酸连接，而其与每一种脂肪酸的结合都将形成一种新的化合物，因此在薄层层析板上呈现出的单一点可能是连接不同脂肪酸的极性脂混合物。同属细菌的极性脂图谱往往差别很小。

表 14-1 部分极性脂类鉴定试剂及其颜色反应

极性脂	鉴定试剂	颜色反应
所有脂类	钼磷酸（molybdophosphoric acid，5%，m/V）	蓝色
糖脂	α-萘酚（α-naphthol，0.5%，V/V）；硫酸/乙醇（sulfuric acid/ethanol，50%，V/V）	褐色
磷脂	钼蓝显色剂（Dittmer-Lesterreagent）	蓝色
氨基脂	茚三酮/乙醇（ninhydrin/ethanol，0.5%，V/V）	红色至紫色

14.4.4　呼吸醌

呼吸醌（respiratory quinone）为非极性类脂，存在于多数原核生物的细胞膜中，在电子传递、氧化磷酸化中起着十分重要的作用。根据组成成分其主要分为两大类：泛醌（ubiquinone，Q）和甲基萘醌（menaquinone，MK）。不同类群的细菌的呼吸醌的侧链（长度、饱和度和氢化作用）有较大的差异。一般用 Q-n 和 MK-n 分别代表泛醌和甲基萘醌的不同种类，n 是指侧链中异戊二烯的数量，通常为 5～15 个。同时，含异戊二烯的侧链通常是不饱和的，在特定的基团上加氢形成不同类型的萘醌。泛醌和甲基萘醌之所以能作为微生物的分类指征，是因为其聚异戊二烯侧链的长度及氢的饱和度不同。

呼吸醌十分容易氧化分解，需要避光保存并避免接触强酸、强碱。在应用高效液相色谱（HPLC）或者液相层析-质谱联用（LC-MS）分析呼吸醌的组分之前，可以通过薄层层析板将泛醌和甲基萘醌先分离开。泛醌仅存在于 α-变形菌纲（Alphaproteobacteria）、β-变形菌纲（Betaproteobacteria）和 γ-变形菌纲（Gammaproteobacteria）中。

脂肪酸、极性脂和呼吸醌并称为细菌化学特征鉴定的三大指标。

14.5　分子遗传学特征分析方法

近年来，分子生物学的研究方法和理论被引入细菌鉴定中，从而形成了一种新的分类方法，即遗传学分类法。这种方法能够体现细菌的遗传进化过程，使细菌分类地位的确定得到分子水平的辅助。在分子生物学技术迅猛发展之前，原核生物的DNA G+C 含量就已经被广泛应用于原核生物的分类鉴定中。目前，比较常用的分子遗传学分类方法还有 16S rRNA 基因序列分析法、核酸杂交技术、多位点序列分析法、核酸指纹图谱技术、全基因组序列分析法等。随着越来越多的微生物全基因组序列被测定，越来越多的具有不同功能的特殊基因将被阐明，从而为研究物种的进化提供更多依据。

14.5.1　16S rRNA 基因序列分析

RNA 是基因型与表型之间的重要媒介，它们能够非常准确、保守地反映基因组的信息。核糖体 RNA 基因存在于所有细菌中，具有高度的保守性和良好的时钟性质，被称为"细菌化石"。16S rRNA 基因在细菌的进化过程中非常保守的同时，又具有高变区域，能在系统发育树中直观地反映出进化距离的不同。当然仅凭借 16S rRNA 基因序列这一个指标并不能判定一个物种是新物种，但它能为确定细菌的种属地位提供最基本的证据。

一般认为不同菌株间 16S rRNA 基因的序列相似性为 83%～86%，可初步定为同门（phylum）；序列相似性为 86%～89%，可初步定为同纲（class）；序列相似性为 89%～92%，可初步定为同目（order）；序列相似性为 92%～95%，可初步定为同科（family）；序列相似性达到 95%～98.65%，可初步定为同属（genus）；序列相似性达到 98.65%以上，可初步定为同种（species）。但是也有例外，如不同种弧菌间的 16S rRNA 基因的序列相似性有时可达 99.7%以上。对于暂定为新种的候选菌株，可以通过 16S rRNA 基因分析，找出与其系统发育关系最近的种，选定为标准菌株，与新种候选菌株进行 DNA-DNA 杂交，才能最终确定是否为新种。

16S rRNA 基因片段的长度约为 1500 bp。通过测序获得序列信息后，可进行菌株间序列相似性比较，并与 GenBank 数据库进行比对。在分析 16S rRNA 基因序列时，需要注意 3 个关键方面：序列质量、序列匹配排列和系统发育树的构建。

（1）序列质量。只有高品质的接近全长（至少 1400 bp）的序列才能被应用于序列分析中，因此需要对 16S rRNA 基因的 PCR 产物进行克隆测序，而不能使用 PCR 产物直接测序的结果。所有进行比对的序列都需要满足这项要求，否则将影响分析结果，因此在向数据库提交序列或者保藏菌株时都需要慎重选择高品质的序列。数据库中序列的品质并没有经过严格的控制，因此从初级数据库（如 NCBI 数据库）中选择使用序列时一定要慎重。韩国 Eztaxon 数据库是专门针对细菌 16S rRNA 基因鉴定所设立的，与 NCBI 数据库相比，该数据库的优点在于数据库中几乎所有序列都来自模式菌株，大大提高了序列比对的可信度。

（2）序列匹配排列。序列的匹配排列是系统发育分析中最困难也是最重要的一部分。因此我们需要使用专业的序列比对工具：ARB（www.arb-home.de）、RDP（http://rdp.cme.msu.edu/）或者 SILVA（www.arb-silva.de/）。从数据库中获得序列后，为了保持位点同源性，一般需要通过引入缺口（gap）的方式重新构建分子数据。

（3）系统发育树的构建。系统发育树是新类群与相近类群的系统发育关系图。一般运用 3 种计算方法来构建系统发育树：邻接法（neighbor-joining method）、最大似然法（maximum likelihood method）及最大简约法（maximum parsimony method）。虽然运用的分析方法不同，但最终所表示的亲缘关系是相似的。在构建系统发育树时，序列选择十分重要。对未知物种而言，需要选择属内所有物种标准株序列作为参照序列；当属内物种特别多时，只需保留不在一个分支上的少量种类。对新属而言，需要选择科内所有属的模式种；当科内属的数量较多时，只需对在同一分支上的属保留 2～3 个种，而其他分支上保留属的模式种。系统发育树分为有根树和无根树，在构建新物种系统发育树时一般选择有根树，并以一个与其他种属亲缘关系足够近但又不至于混到其中的种作为外群来确定树的根。外群的选择对树形结构影响很大，因此需要慎重，不能选取亲缘关系太远或太近的种作为外群。另外，系统发育树中还要标明自展值（bootstrap）不小于 70%的节点（node）。

一般而言，70%的 DNA 杂交率为判定相同物种的分界线，然而该方法工作量较大。根据平均核苷酸一致性（average nucleotide identity，ANI）可分析同源基因的相似性，进而判断物种间的亲缘关系。用 ANI（95%～96%）取代 DNA 杂交率（70%）后，用于物种界定的 16S rRNA 基因序列相似度的阈值由 97%变为 98.65%，ANI 成为初步判断新种的新指标（图 14-2）。此外，随着全基因组测序技术的发展，还可通过相近物种全基因组序列的比较来计算 DNA 杂交率。

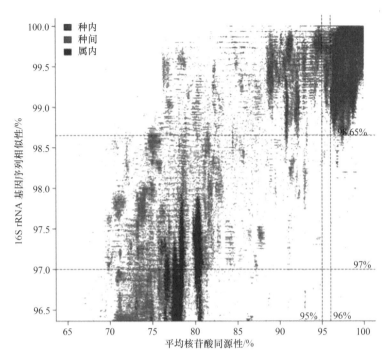

图 14-2 ANI 值和 16S rRNA 基因序列相似性的关系（Kim et al.，2014）

14.5.2 DNA G+C 含量测定

DNA 碱基组成测定是经典分子遗传学分类方法之一，也是细菌特征描述的重要指标。基因组 G+C 含量对密码子的选择模式具有重要影响，亲缘关系接近的物种的 G+C 含量也比较接近。

在原核生物中，每种生物基因组的 G+C 含量（即 G+C%）是固定的。DNA 的 G+C 含量在分类鉴定中具有一定价值，同属菌株间的 G+C 含量差异不大，而不同属菌株间的 G+C 含量差异可能很大，并且表现出系统发育差异。G+C 含量在细菌分类鉴定时一般只用于"否定"：当两个菌株的差异大于 10% 时，可判定它们不属于同一个属，但此法不能证明两个具有相同 G+C 含量的生物为同种。一般而言，同一物种的 G+C 含量差异不超过 5%，而同属的 G+C 含量差异小于 10%。最近研究发现，利用非传统方法即基因组测序计算得到的 G+C 含量在种内的差异不超过 1%（图 14-3）。

传统的测定基因组 G+C 含量的方法包括纸层析法、浮力密度法、热变性温度法（T_m）、高效液相色谱法（HPLC）等，目前最常用的方法是 HPLC 法。利用 HPLC 方法测定得到的 G+C 含量一般保留到小数点后一位。这些传统方法不计算核苷酸含量，而是根据提取和/或消化的基因组 DNA 中所表现出的物理性质来估算基因组 G+C 的含量。随着测序技术的快速发展，目前可以直接从微生物的全基因组中获得 G+C 含量，通过该方法得到的数据一般保留到小数点后两位。

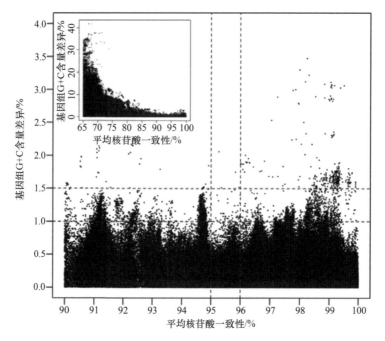

图 14-3　ANI 值和菌株基因组 G+C 含量差异之间的关系（Kim et al.，2015）

14.5.3　核酸杂交分析

核酸杂交技术是利用碱基互补配对的原理，使亲缘关系相近的变性核酸单链在特定的条件下形成双链杂交体的过程。由于这个技术是应用已知顺序的 DNA 作为分子探针，因此具有特异性强、定位准确和灵敏度高等优点，是目前生物学研究中应用最为广泛的技术之一。按杂交分子的种类可以分为 DNA 与 DNA 杂交（DNA-DNA hybridization，DDH），DNA 与 RNA 杂交和 RNA 与 RNA 杂交。在菌株分类方面，基本不使用后两种杂交方式。

在现有技术条件下，DDH 仍然是种（species）划分的"金标准（gold standard）"。采用严谨条件（stringent condition）的 DNA-DNA 杂交，菌株间 DDH 在 70%以上时，可以认定为同种；菌株间 DDH 在 70%以下时，可以认为分属不同的"基因种"；是否为不同物种，还仍需表型特征数据支持。

目前使用数据集按惯例确定 DDH 值和/或通过计算机模拟来分析 DDH 值，即数字DDH（digital DDH，dDDH），较为流行。dDDH 可通过基因组到基因组距离计算器（Genome-to-Genome Distance Calculator，GGDC；https://ggdc.dsmz.de/ggdc.php#）网络服务器的推荐设置（公式 2）计算得出。

14.5.4　多位点序列分析

多位点序列分析（multilocus sequence analysis，MLSA）是指对细菌多个保守性蛋白编码基因（即管家基因）序列进行比较分析，以判定相关细菌类群的多样性及种系发生关系。与基于 rRNA 基因序列的分析相比，MLSA 能够提供更高的分辨率，该方法的可靠性已被 DNA-DNA 杂交结果所证实，同时还具有结果可信息化，并且有利于资源共享，还可弥补 DNA 杂交技术不能构建数据库的缺陷等优点。目前，MLSA 已广泛用于较为复杂的弧菌属细菌的分类学研究中。在弧菌属中，基于 8 个基因的 MLSA 研究表明，98% 的序列相似性可以用来作为定义新种的分界线，这为细菌尤其是弧菌分类鉴定技术的发展提供了新的视角。随着全基因组测序的发展，所有相关基因都能从基因组序列中找到，然而在对大量菌株进行研究时，对每个菌株都进行全基因组测序显然是不现实的。因此，随着 MLSA 技术的发展，它将在群体遗传学和全球流行病学研究等方面发挥重要作用。

14.5.5　全基因组测序

细菌全基因组测序难度和成本的降低，使得细菌全基因组数据库的信息量飞速增加，也使得将细菌全基因组数据应用于细菌的分类鉴定成为可能。毋庸置疑，细菌全基因组序列所包含的分类信息远远多于 16S rRNA 基因序列，并且能够更加全面地反映细菌基因组的进化情况，如基因复制、基因水平转移和基因丢失等。目前，基于细菌全基因组序列的分类鉴定主要包括以下内容：大量保守基因的比对和分析、同源基因或基因家族存在与缺失的比较、基因组氨基酸和核酸组成的比较，以及基因插入和缺失的比较等。

正是由于全基因组测序技术的迅速发展，原核生物新属的界定也更加清晰。保守蛋白百分比（percentage of conserved protein，POCP）是一种基于基因组信息，通过比较菌株间进化和表型的差异来判断属间亲缘关系的方法。与 ANI 分析方法不同，POCP 更适于区分属间亲缘关系，该方法指出原核生物的所有形态、生理和生化特征都有与之相对应的发挥其功能的蛋白质，所以通过比较基因组蛋白质计算得到 POCP 值，把 50% 的 POCP 值作为初步鉴定新属的界线（图 14-4），即同属的菌株间蛋白质种类至少有一半是相同的。

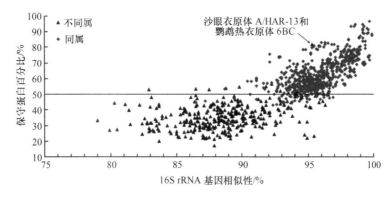

图 14-4　属间和属内成对基因组的 POCP 与 16S rRNA 基因序列相似性的关系（Qin et al.，2014）

14.6　细菌快速鉴定系统

传统鉴定方法需从形态、生理生化特征等方面进行数十项试验，才能将细菌鉴定到种，工作量大，花费时间长。然而，从 20 世纪 70 年代起，国际上开始实行成套的标准化鉴定系统，并采用与之相结合的计算机辅助鉴定软件，使细菌鉴定技术日益朝着简便化、标准化和自动化的方向发展。这些系统的共同特点是，采用数值分类法进行数据处理，并建立了相应的数据库，可以通过数据比对直接获得鉴定结果，克服了经典分类方法中"关键表型特征"的"突出"影响。目前，常见的细菌快速鉴定系统有 API 系统、BIOLOG 系统、MIDI 系统等。这 3 种鉴定方法，已经成为海洋细菌分类并获得新种表型特征的主要方法。应当注意的是，这些快速鉴定系统不是专门用于鉴定海洋细菌的，因此对海洋细菌鉴定的结果仍需要进行全面的评价和分析。需要对其中某些试验条件如温度、盐度等作出适当调整，才能符合海洋细菌的生长条件。

14.6.1 API 系统

法国生物-梅里埃公司开发的 API 系统是目前世界上应用最为广泛的细菌鉴定系统，主要由含几十种脱水基质的微型管组成的 API 试剂条、试验结果读数表及检测试剂等组成。每个试验条可对 1 株细菌进行几十项生化试验。挑取分离纯化后的细菌单菌落，制成菌悬液，按要求加入到 API 试剂条的微型管中，适宜温度下培养 24 h（具体培养时间参照说明书），并根据试验结果和说明书适当增加培养时间。根据待鉴定细菌的代谢产物颜色的变化或加入试剂后颜色的变化加以鉴定，其结果以一个 7 位数字形式表示，查对检索表或直接输入计算机即可得到相应的种名。API 系统常用类型主要包括 API 20E（肠杆菌科和其他非苛养 G⁻杆菌的标准鉴定系统，有 20 项生化试验）（图 14-5）、API 20NE（非肠杆菌非苛养 G⁻杆菌的标准鉴定系统，有 20 项生化试验）、API ZYM（半定量检测酶活性，有 19 项生化试验，1 个空白对照）和 API 50CH（利用糖类产酸鉴定或碳源利用，有 49 项生化试验，1 个空白对照），其中苛养菌是指对生长环境、营养要求较苛刻的细菌，在普通环境中不能或难以生长。

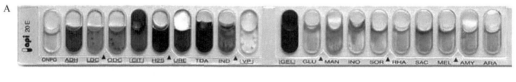

图 14-5　API 20E 试剂条示意图

A. 孵育后所有测试结果均为阳性；B. 孵育后所有测试结果均为阴性

若是对海洋细菌进行鉴定，则需要调整试验条件，如 API 20E、API 20NE、API ZYM 需用灭菌海水或最适浓度 NaCl 溶液制备菌悬液，而 API 50CH 需在弃去少量配套培养液（注意，培养液最多可吸出 2 mL）的同时，添加高浓度 NaCl 溶液以调节至其最适盐浓度。

14.6.2　BIOLOG 系统

美国 BIOLOG 公司开发的 BIOLOG 系统为碳源利用鉴定系统，主要由含有脱水培养基的 96 孔板及 BIOLOG 分析仪组成（图 14-6）。该 96 孔板含 71 种碳源、23 种化学敏感物质及阴性和阳性对照各 1 种。BIOLOG 微孔板的类型包括 BIOLOG GEN III、BIOLOG YT（酵母）、BIOLOG AN（厌氧细菌）和 BIOLOG FF（丝状真菌），每块 BIOLOG 板鉴定一株细菌。目前，市场上大部分基于表型特征的细菌鉴定分析系统普遍需要做革兰氏染色等前处理，否则容易因选错鉴定板而无法获得准确结果。而 BIOLOG GEN III 可同时检测革兰氏阴性菌和阳性菌，大大简化了鉴定步骤，既无需革兰氏染色，亦无需做氧化酶、三糖铁和过氧化物酶试验，一个细胞浓度、一块板、一个培养温度，无需附加试验，从而大大提高了鉴定的灵敏度和准确性。

图 14-6　BIOLOG 系统示意图

对细菌鉴定时，首先根据细菌所属类群选择对应培养液（具体选择参照说明书），然后根据待鉴定菌株生长需求调节培养液至最适 NaCl 浓度（海洋细菌通常采用灭菌海水或 3%的 NaCl 溶液），最后将分离纯化的细菌制成一定浊度的菌悬液，菌悬液内可适当添加生长因子以利于细菌的生长，用多通道移液器接种到 BIOLOG 板内，培养一定时间。放至 BIOLOG 分析仪上，仪器可通过检测微生物细胞利用不同碳源进行呼吸代谢过程中产生的氧化还原物质与显色物质发生反应而引起的颜色变化（吸光度），以及对由微生物生长造成的浊度差异进行自动分析，生成特征指纹图谱，然后从存储有数千种细菌资料的数据库中鉴定出细菌的种名，但目前已报道的细菌仅有一万多种，且大部分海洋细菌不在该数据库中。注意，与前文 API 系统相似，BIOLOG 系统在方便快捷的同时，也会存在假阳性反应，对于差异较大的特征需结合本章 14.3.6～14.3.19 的具体试验进行验证。

14.6.3 MIDI 系统

对分离纯化后的细菌，按规定方法提取脂肪酸并甲酯化，利用气相色谱按照 MIDI 标准程序运行，MIDI 软件能够自动分析细菌样品中的脂肪酸成分及相对百分含量，生成测定结果，并与软件数据库中储存的细菌资料进行比较，鉴定出细菌的种名。然而，由于该软件储存的海洋细菌资料有限，大部分海洋细菌并不能与数据库中的细菌比对上。

14.7 海洋细菌新分类单元的命名及发表

细菌的命名遵照国际微生物学会制定的细菌学规范（Bacteriological Code），采用"双名法（binomial nomenclature）"命名，即细菌学名由拉丁文形式的种名和属名构成，属名在前，种名在后，且属名首字母大写，斜体印刷，并添加 nov.（nov.是拉丁文新的缩写，有 3 种不同词性，即 *novus*、*novum* 或 *nova*）作为后缀（如新种为"sp. nov."，新属为"gen. nov.、sp. nov."）；而细菌中文译名的顺序与拉丁文正好相反，先种名，后属名。细菌名称的有效发表只有两条途径：其一，在 *International Journal of Systematic and Evolutionary Microbiology*（IJSEM）上发表；其二，若是在 IJSEM 以外的刊物发表的新分类单元，需提交发表论文和两个国家的菌株保藏证明至 IJSEM 编辑部，经国际原核微生物系统学委员会裁决分委会（ICSP-JC）定期审议后，名称在 IJSEM 期刊上有效公布。

14.8 展 望

16S rRNA 基因序列在细菌分类学中的应用彻底改变了我们对微生物世界的理解，导致新分类单元尤其是细菌新种大量增加。目前，细菌分类采用的多相分类学方法包括一系列对表型特征、化学分类特征及遗传学分类特征的鉴定。随着测序技术的不断发展，细菌全基因组序列测定所需的时间和成本都大大降低。目前已有 200 000 余株细菌及古菌的高质量基因组序列，其中 12 000 余株为模式菌株。获得模式菌株的全基因组序列对于微生物系统分类学未来的发展极为重要，将基因组数据应用于微生物系统分类学必将大大提高分类学研究的准确性与可信度。将基因组序列测定作为细菌分类的常规方法，还必须以客观的、可重复的生物信息学分析工具为基础。与功能基因组学和比较基因组学中所需要的复杂生物信息学方法相比，细菌分类所需要的分析方法相对简单，但目前尚未有相关的分析软件。随着计算科学如云计算及大数据分析等技术的不断发展，微生物分类学家必将会基于基因组数据提出更加客观可信的分类学方法。

近期涌现出大量将全基因组序列应用于微生物分类的相关研究。Ramasamy 等于 2014 年提出了一种将基因组数据应用到细菌新种鉴定中的多相分类学方法，并将其命名为"分类基因组学（taxogenomics）"。目前表型、化学分类特征鉴定方法的低效性已经阻碍了细菌分类学的快速发展，而一些新的研究结果将促进细菌及古菌系统分类学向下一个阶段即基因组阶段发展。其中，基于全基因组序列的 dDDH 和 ANI 已广泛用作原核生物物种定义的金标准。细菌基因组具有多样性和规律性等特征，为了更好地鉴定细菌类型以及明确不同菌群之间的亲缘关系，人们结合不同基因组序列构建细菌系统发育树，可从海量的基因组中挖掘有效信息。相较于 16S rRNA 基因及其他单一基因构建的系统发育树，基于基因组的多个直系同源单拷贝基因（甚至几百或上千个基因）、选择合适的进化方式并覆盖更多的基因组信息构建的系统发育树，分辨率更高、结果更可信。研究者能够更准确地辨别细菌的分类地位，从而开启细菌分类学的新时代。

主要参考文献

徐怀恕, 杨学宋, 李筠, 等. 1999. 对虾苗期细菌病害的诊断与控制. 北京: 海洋出版社.

张晓华, 等. 2016. 海洋微生物学. 2 版. 北京: 科学出版社.

Amaral GRS, Dias GM, Wellington-Oguri M, Chimetto L, Campeão ME, Thompson FL, Thompson CC. 2014. Genotype to phenotype: identification of diagnostic vibrio phenotypes using whole genome sequences. Int J Syst Evol Microbiol, 64: 357-365.

Chun J, Rainey FA. 2014. Integrating genomics into the taxonomy and systematics of the bacteria and archaea. Int J Syst Evol Microbiol, 64: 316-324.

Jain C, Rodriguez-R LM, Phillippy AM, Konstantinidis KT, Aluru S. 2018. High throughput ANI analysis of 90K prokaryotic genomes reveals clear species boundaries. Nat Commun, 9: 5114.

Kim M, Oh HS, Park SC, Chun J. 2014. Towards a taxonomic coherence between average nucleotide identity and 16S rRNA gene sequence similarity for species demarcation of prokaryotes. Int J Syst Evol Microbiol, 64: 346-351.

Kim M, Park SC, Baek I, Chun J. 2015. Large-scale evaluation of experimentally determined DNA G+C contents with whole genome sequences of prokaryotes. Syst Appl Microbiol, 38: 79-83.

Meier-Kolthoff JP, Klenk HP, Goker M. 2014. Taxonomic use of DNA G+C content and DNA-DNA hybridization in the genomic age. Int J Syst Evol Microbiol, 64: 352-356.

Munn CB. 2020. Marine Microbiology: Ecology and Applications. 3rd ed. London: CRC Press, Taylor & Francis Group.

Parker CT, Tindall BJ, Garrity GM. 2019. International Code of Nomenclature of Prokaryotes. Int J Syst Evol Microbiol, 69: S1-S111.

Qin Q, Xie BB, Zhang XY, Chen XL, Zhou BC, Zhou J, Oren A, Zhang YZ. 2014. A proposed genus boundary for the prokaryotes based on genomic insights. J Bacteriol, 196: 2210-2215.

Ramasamy D, Mishra AK, Lagier JC, Padhmanabhan R, Rossi M, Sentausa E, Raoult D, Fournier PE. 2014. A polyphasic strategy incorporating genomic data for the taxonomic description of novel bacterial species. Int J Syst Evol Microbiol, 64: 384-391.

Sawabe T, Ogura Y, Matsumura Y, Feng G, Amin AR, Mino S, Nakagawa S, Sawabe T, Kumar R, Fukui Y, Satomi M, Matsushima R, Thompson FL, Gomez-Gil B, Christen R, Maruyama F, Kurokawa K, Hayashi T. 2013. Updating the *Vibrio* clades defined by multilocus sequence phylogeny: proposal of eight new clades, and the description of *Vibrio tritonius* sp. nov. Front Microbiol, 4: 414.

Tindall BJ, Rosselló-Mora R, Busse HJ, Ludwig W, Kämpfer P. 2010. Notes on the characterization of prokaryote strains for taxonomic purposes. Int J Syst Evol Microbiol, 60: 249-266.

Wadhwa N, Berg HC. 2022. Bacterial motility: machinery and mechanisms. Nat Rev Microbiol, 20: 161-173.

Yoon SH, Ha SM, Kwon S, Lim J, Kim Y, Seo H, Chun J. 2017. Introducing EzBioCloud: a taxonomically united database of 16S rRNA and whole genome assemblies. Int J Syst Evol Microbiol, 67: 1613-1617.

复习思考题

1. 海洋细菌种类多样，对其进行分类鉴定很有必要。什么是细菌分类学？分类、命名和鉴定的含义是什么？

2. 海洋细菌种类多样，如果给你一个未知菌株，你将怎样确定它的分类地位？并阐述用到的主要技术手段。

3. 海洋细菌的分类鉴定是一个非常复杂的过程，需要完成百余项鉴定指标，从节省人力、物力和提高准确性的角度，思考快速鉴定菌株分类地位的方法及原理。

4. 随着生物技术手段的进步，海洋细菌的分类鉴定技术也在不断完善。目前，多相分类学方法得到了广泛认可，简述其内容，并查阅文献对该方法作出补充。

5. 海洋细菌遗传学特征鉴定在确定菌株分类地位过程中发挥着先导甚至决定性的作用，请谈谈你的理解。

6. 请查阅相关文献，预测细菌分类学的发展方向。

7. 海洋生态系统在整个生物地球化学循环中发挥着重要作用，而海洋细菌又是存在于该生态系统中的重要组成部分，请谈谈海洋细菌的分类鉴定有哪些重要意义？

（张晓华　刘荣华）

第 15 章　海洋环境微生物的检测技术

本章彩图请扫二维码

海洋微生物种类繁多，包括病毒、细菌、古菌、真菌等。海洋微生物在生物地球化学循环中具有重要作用，并且某些种类与人类的生产生活息息相关。在海洋微生物学研究工作中，不仅需要确定海洋微生物在环境中的数量，即海洋微生物生物量（microbial biomass），还需要了解微生物的群落组成及其代谢功能。海洋微生物生物量是指单位体积海水内（用毫升表示）、单位重量海洋沉积物中[用克（湿重）表示]或单位面积物体表面上（用平方厘米表示）的微生物数量。

传统的微生物定量检测方法主要有显微镜直接计数法、培养计数法及细菌活性物质的生物化学测定法等。其中，显微镜直接计数法及基于微生物活性物质的生物化学测定法，可用于测定所有微生物的生物量，但无法区分微生物的种类或代谢类型，也不能区分死菌和活菌。后来，在显微镜直接计数法的基础上，又发展出了直接活菌计数法，但这仍然无法用于估计某种代谢类型的微生物生物量。利用培养计数的方法，不仅可以对活菌进行生物量估计，还可以进一步区分相应的代谢类型。这是由于海洋环境中微生物的代谢类型多种多样，如光能自养、化能自养、化能异养、好氧、兼性厌氧、专性厌氧等，而每一种培养基都是针对某一代谢类型而设计的，因此可以用于测定某一类微生物的生物量。然而，培养基的选择性决定了任何一种培养基都不可能用于测定所有微生物的生物量。因此，在实际调查工作中需要根据研究目的选用相应的培养基。另外，基于16S rRNA 基因序列分析的研究显示，海洋中绝大多数微生物尚未获得纯培养。现在普遍认为，仅有不到 1%的海洋微生物可以在实验室条件下培养出来，因此常规的培养方法已不足以揭示海洋微生物群落的多样性。

近年来，随着分子生物学技术的发展，PCR 技术和 DNA 杂交技术已被广泛应用于海洋微生物的种群检测与生物量测定。这些方法克服了传统培养法费时、费力和不准确的局限性，尤其是定量 PCR 技术的发展，实现了快速、定量检测某一类微生物的目标。此外，近些年来扩增子高通量测序技术、环境微生物组学技术、单细胞分析技术、基因芯片技术等的发展，使规模化研究环境微生物的群落组成及其代谢功能成为可能。海洋微生物的每种检测方法都有其优缺点和适用范围，海洋微生物学工作者应根据实际条件和研究目的选用合适的方法。

15.1　海洋微生物计数法

15.1.1　显微镜直接计数法

15.1.1.1　吖啶橙直接计数法

吖啶橙直接计数法（acridine orange direct count，AODC）是测定水样中微生物（尤其是细菌）总数最常用的方法之一。该方法基于吖啶橙分子可以和细菌细胞中的核酸物质进行特异性结合。在 450～490 nm 波长的入射光激发下，吖啶橙与 RNA 或单链 DNA 结合发出橙红色荧光，与双链 DNA 结合发出绿色荧光。处于不同生理状态的细菌细胞可以发出不同颜色的荧光：处于快速生长状态的菌体细胞内含有较多的 RNA 和单链 DNA，它们与吖啶橙结合后，在荧光显微镜下呈现橙红色荧光；处于不活跃或休眠状态的菌体细胞内的主要核酸成分为双链 DNA，与吖啶橙结合后，会发出绿色荧光；死亡的细菌细胞中的 DNA 会被降解成单链 DNA，在结合吖啶橙后，亦呈现橙红色荧光。

除吖啶橙外，还有其他一些荧光染料，如 4′,6-二脒基-2-苯基吲哚（4′,6-diamidino-2-phenylindole，DAPI）、Yo-Pro-I 和 SYBR Green I 等，也可与细胞中的核酸物质特异性结合，被广泛用于海洋细菌的荧光显微计数。用荧光显微镜对那些体积微小的细菌进行计数，比使用普通光学显微镜和相差显微镜计数更为准确。

AODC 法可使用落射荧光显微镜观察菌体发射的荧光。落射荧光显微镜克服了透射荧光显微镜的许多不足，不仅可以用于多种水环境及沉积物样品的细菌测定，也可用于水下物体表面附着细菌的直接计数，包括钢片、塑料等不透明物体表面细菌的测定，大大增加了荧光显微计数法的应用范围。将落射荧光显微镜与影像分析仪及电脑联机，可实现水体中细菌数量、体积及生物量的测定过程的自动化。

AODC 法的注意事项：①应使用表面平滑、滤孔大小均匀的聚碳酸酯滤膜（nuclepore，即核孔滤膜，孔径为 0.2 μm，直径 25 mm）。为避免滤膜本身的自发荧光，应使用经 Irgalan 黑溶液预染的核孔滤膜；②应使用无颗粒水配制 0.1%吖啶橙染色液，且为保证无菌，每次使用前都要重新过滤；③所使用的稀释水应每天过滤一次，也可以加入终浓度为 2%的甲醛溶液保存稀释水，通常可储存数周；④吖啶橙溶液和稀释水使用前要检查含菌量，最好平均每个视野不超过 2 个细菌；⑤直径为 25 mm 的滤器须安装于抽滤瓶上，在使用前，滤器的上下两部分必须用无颗粒水冲洗。

AODC 法的主要操作步骤如下。①样品固定：在现场采取的水样中加入终浓度为 2%的甲醛混匀固定；②染色：取 1 mL 固定后的水样，滴加 0.1%的吖啶橙 0.1 mL，染色 3 min；③过滤：将染色后的水样用孔径为 0.2 μm、直径为 25 mm 的核孔滤膜过滤，然后用无颗粒水冲洗滤器 3 次，每次 3～5 mL；④镜检和计数：将冲洗后的滤膜置于载玻片上，滴加一滴无自发荧光的显微镜油，加盖玻片，用镊子轻压一下。用落射荧光显微镜计数时，视野中出现发橙色或绿色荧光的菌体（光源为 200 W 汞灯，激发光滤光片为 450～490 nm，光束分离滤光片为 510 nm，阻挡滤光片为 520 nm）。需要注意，使用荧光显微镜的油镜观察时，需将无自发荧光的显微镜油滴在盖玻片上。一般随机选取 10 个视野进行计数，每个视野的菌数以 30 个左右为宜，否则应进行稀释或加大样品体积。根据预先测量的视野面积及滤膜有效面积，可估算出样品中所含的细菌数量。

一般情况下，在吖啶橙最终浓度为 0.01%时，大约 95%的细菌发绿色荧光，而其余是红色或黄色的。处于静止期或不活动状态的细菌呈绿色荧光，因为它们所含有的核酸主要是双链 DNA；而死细菌细胞中的 DNA 则被破坏成单链 DNA，因此它与吖啶橙反应呈橙红色荧光；处于快速生长的细菌细胞中，由于其 RNA 占优势，也呈橙红色荧光。因此，最活跃的和已死亡的细菌，都是呈橙红色荧光。大多数自然界中出现的细菌发绿色荧光，表明它们是活菌但生长非常缓慢。当橙红色与绿色两种荧光混合在一起时，眼睛看到的会是黄色荧光。

需要注意的是，AODC 法计数的准确性在很大程度上取决于采集和处理样品过程中污染的颗粒与细菌数量。因此，实验中所有溶液都应当用 0.2 μm 孔径的滤膜预先过滤，所有的玻璃器皿都应使用无颗粒水冲洗，以减少操作过程中的污染。另外，不可使用普通香柏油，否则会在视野中激起其自发荧光而干扰观察；且菌体的荧光激发时间有限，因此进行计数观察时动作要迅速，尽量在菌体的荧光淬灭前完成视野观察。

15.1.1.2　直接活菌计数法

长期以来，困扰微生物生态学家的一个重要问题是绝大多数微生物无法用常规培养法计数。对于来自大洋的样品，平板计数法估算出的微生物数量只有显微镜直接计数法所估算数值的 0.1%。但由于 AODC 法不能区分活细菌、死细菌及非生命颗粒，因此用显微镜直接计数法所得的结果往往偏高。1979 年，Kogure 等将 AODC 法与培养法结合起来，建立了直接活菌计数法（direct viable count，DVC），较好地解决了水环境中活细菌的计数问题。其基本过程是先向海水样品中加入微量的酵母膏和萘啶酮酸（nalidixic acid）进行预培养，然后再用 AODC 法计数。萘啶酮酸是 DNA 促旋酶（gyrase）的抑制剂，能抑制细菌 DNA 的复制，但不影响其他合成代谢途径。在萘啶酮酸的作用下，具有代谢活性的细菌能够吸收营养物质而使菌体生长而伸长、变粗，但不能进行菌体分裂。经过萘啶酮酸预培养的水样再进行 AODC 法计数时，由于这些增大了的细菌细胞处于生长阶段，细胞内含有较多的 RNA，与吖啶橙结合后发橙红色荧光；而那些不活跃的细胞，由于细胞内含有较少的 RNA，与吖啶橙结合后发淡绿色的荧光。这样就很容易实现分别计数水样中的活菌数和总菌数。

DVC 法的主要操作步骤如下：①取一定体积的水样，向水样中加入已过滤除菌的 0.002%（m/V）的萘啶酮酸[预先用 0.05 mol/L 的 NaCl 溶液配制 0.2%（m/V）的萘啶酮酸母液，并经孔径为 0.2 μm 的滤膜过滤除菌]和 0.025%（m/V）的酵母膏[预先配制 2.5%（m/V）的酵母膏溶液，高压蒸汽灭菌]，置于黑暗条件下 20℃或 25℃培养 6 h；②加入终浓度为 2%的甲醛进行固定，然后按照 AODC 法进行吖啶橙染色及荧光显微镜计数。视野中那些长大或变粗并发出橙红色荧光的菌体被认为是活菌。

DVC 技术的一个重要应用是证明了细菌的一种新的存活形式——活的非可培养（viable but nonculturable，VBNC）状态。将细菌（尤其是人类肠道病原菌）置于模拟水体中进行实验时，水体中的细菌在低温条件下往往存在几天后便不能再用常规方法培养出来。但 AODC、荧光抗体染色计数法（FAC）计数结果表明，水体中的细菌数量并没有明显减少，且细胞仍保持完整形态。以 DVC 法计数时也可发现，水体中的细菌仍然是活的。另外，放射自显影技术证明，DVC 中伸长、变粗的菌体仍可吸收营养物质。现已证实，大多数人类肠道病原菌在环境中均可形成 VBNC 状态。因此，仅用常规培养法检测环境中的人类病原菌是不合适的。

15.1.2 培养计数法

15.1.2.1 涂布平板计数法

涂布平板计数法（spreading-plate count，SPC）是分析可培养细菌最常用的方法。由于没有任何一种培养方法是适合于所有海洋细菌的，因此该法只能用于计数一部分海洋细菌的数量。如果改变培养基的配方、pH、培养温度及通气条件，此法还可用于检测不同生理类型的活细菌数量。目前，可培养细菌的数量还不足自然界中细菌总数的1%，因此利用涂布平板计数法计数所得的结果会比实际值小约2个数量级。涂布平板计数法存在局限性，但同时该方法具有可以获得纯培养物的优点，而且该方法在检测环境中普通异养菌的数量方面，仍然具有较大的应用价值。

目前，我国的《海洋调查规范》中规定，ZoBell 2216E培养基平板（其配方见13.1.1节）主要用来计数海水和沉积物中可培养的总异养菌数，因为这种培养基适合于寡营养的海洋细菌生长。利用弧菌选择性培养基——TCBS平板（其配方见13.2.1节）可以计数绝大多数弧菌的总数。

总异养菌数测定的具体操作步骤如下：①无菌操作取1 mL水样进行10倍系列稀释，根据对水样中菌量的预测决定稀释倍数，在检测自然海水中的总异养菌时一般最多稀释到10^{-6}；②取10^{-4}、10^{-3}、10^{-2}、10^{-1}共4个稀释度的样品各0.1 mL，接种于ZoBell 2216E培养基平板上，每个稀释度接种2～3个平板，并用无菌涂布棒涂布均匀；③置于25～28℃培养箱培养2～7 d后观察，选择合适稀释度的平板（每平板30～300 CFU）进行计数，求其平均值，并根据稀释度计算水样中异养菌数。

弧菌数测定的具体操作步骤如下：①无菌操作取1 mL水样进行10倍系列稀释，根据对水样中菌量的预测决定稀释倍数，在检测自然海水中的弧菌时一般最多稀释到10^{-4}；②取10^{-3}、10^{-2}、10^{-1}、1共4个稀释度的样品各0.1 mL，接种于TCBS平板上，每个稀释度接种2～3个平板，并用无菌涂布棒涂布均匀；③置于25～28℃培养箱培养2～7 d后观察，选择合适稀释度的平板（每平板30～300 CFU）进行计数，求其平均值，并根据稀释度计算水样中弧菌数。

弧菌在TCBS平板上生长（少数几种弧菌除外）时，其菌落一般呈绿色、黄绿色或黄色。这是因为有些弧菌可以利用培养基中的蔗糖产酸，使培养基的pH降低，指示剂变黄色，而不能利用蔗糖的弧菌菌落仍呈绿色。有时随着培养时间的延长，黄色菌落的颜色会发生变化，变成浅绿色或绿色，这主要是由培养基pH的变化造成的。

15.1.2.2 最大可能数法

最大可能数法（most probable number，MPN）常用来估测特殊生理类型的微生物数目，如测定大肠杆菌、硝化细菌或硝酸盐还原菌的数目等。假设被测定的微生物在原始样品或富集培养液的稀释液中均匀分布且全部存活，随着稀释倍数的加大，稀释液中的微生物数量会越来越少，直到将某一稀释度的稀释液接种到液体培养基上培养后，没有或很少出现微生物，便可以根据没有出现微生物的最低稀释度和出现微生物的最高稀释度计算样品中微生物的数量（图15-1）。

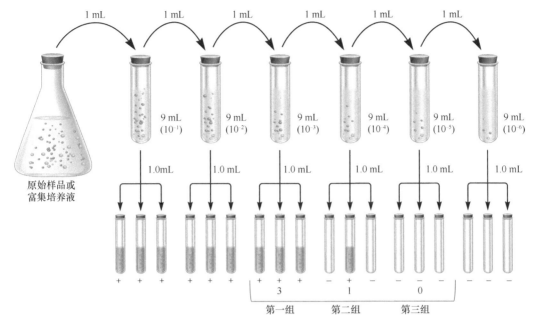

图 15-1　计数海洋微生物的最大可能数法

最大可能数法测得的结果有时比涂布平板计数法所得的菌数高，甚至高出 10 倍。这个方法的缺点是难以同时得到单个菌落，因而不能得到纯菌株以便为后续的细菌学分析所使用。其主要操作步骤如下。

（1）用无菌移液管分别吸取 3～6 个连续稀释度的样品各 1 mL，加至 9 mL 相应的液体培养基中，对菌量少的样品，可取 10 mL 原样，加入到 5 mL 三倍浓缩的培养基中。每个稀释度做 3 管或 5 管。

（2）将上述样品管置于 25～28℃或 37℃温箱中培养 2～7 d，观察细菌的生长情况，如培养液是否变浑浊、有无菌膜生成、有无沉淀等。

（3）分别记录各稀释度中有细菌生长的试管数目。

（4）依据各稀释液有细菌生长的试管数目，从 MPN 专用表格中查出每 100 mL 样品中细菌的最可能数，再依据其稀释倍数计算出每毫升水样中的含菌数。

15.1.2.3　微孔滤膜萌发计数法

微孔滤膜萌发计数法常用于含菌量较少的大洋水样的计数。这种计数方法易受多种因素影响，如过滤的机械作用会损伤或杀死一些细菌，不同品牌质量的滤膜、不同的培养基和培养条件也可能影响计数结果。此外，当细菌个体小于滤孔的直径时，这部分细菌就不能留在滤膜上，造成计数结果偏低。目前，计数海洋细菌时通常选用孔径为 0.22 μm 的微孔滤膜。如果使用特殊的选择性培养基，还可以用来分离含量极少的特殊细菌，如分离海洋与河口样品中的霍乱弧菌（*Vibrio cholerae*）、副溶血弧菌（*V. parahaemolyticus*）等。微孔滤膜萌发计数法的基本操作步骤如下。

（1）微孔滤膜和滤器应预先经过高压蒸汽灭菌。可以将滤膜夹于滤纸间放入培养皿中进行灭菌。通过无菌操作将滤膜放入滤器的上下两部分之间，为了封闭严密，可以在滤膜下部垫两层无菌滤纸。用固定夹将滤器的上、下两部分连接在一起，并将滤器安装于抽滤瓶上。

（2）用无菌移液器吸取 5 mL 原液。为了使细菌在滤膜上分布均匀，可再加 10 mL 无菌海水。

（3）用真空泵抽滤。当水样全部滤完后，关闭真空泵。打开滤器的上下两部分，用平头镊子以无菌操作取下滤膜，并将滤膜紧贴在平板培养基上（可用 2216E 培养基），应注意将滤膜的过滤面朝上。

（4）倒置培养皿，在 25～28℃温箱中培养 2～7 d 后，取出培养皿并计数滤膜上的菌落数。如果菌落较小，可用放大镜或解剖镜进行计数。

为了计数更加准确，保存滤膜标本，可以将滤膜取出，用甲醛蒸汽熏蒸 5 min，固定并杀死细菌。在 70℃条件下烘干滤膜，然后放在用石炭酸复红浸透的脱脂棉上染色 30 min。再将滤膜放在蒸馏水浸透的脱脂棉上脱色数次。直到将滤膜上吸附的染料洗脱干净为止。取出滤膜，晾干压平后计数。

（5）计算每毫升水样中的含菌数。

15.2　流式细胞术

流式细胞术（flow cytometry，FCM）是一种能同时检测和分析单个细胞或生物粒子多种特征的分析技术。它主要是通过检测样品在激光光源照射下产生的荧光、光散射和光吸收，从而测定细胞数量、体积和比例、细胞表面受体与抗原、细胞内色素、染色体核型、DNA 含量、RNA 含量、蛋白质含量及酶活性等多种重要参数。其检测的细胞和生物粒子的大小为 0.2～50 μm，而且检测样品必须是悬浮液的形式。流式细胞仪主要由液流驱动系统、光学系统、电信号分析系统及分选系统组成。

流式细胞术分析的基本过程如图 15-2A 所示。首先，将样品用荧光染料进行处理，使不同类型的细胞被标记上不同的荧光信号。当样品由鞘液包裹和推动着通过液流驱动系统时，样品中所有的单细胞在流体动力学聚焦作用下（图 15-2B）沿同一轴线依次通过检测区，在激光的照射下产生不同的光信号（前向散射光，forward scattered light，FSC；侧向散射光，side scattered light，SSC），而光信号通过放大、反射等过程转换成电信号。根据电信号可统计样品中不同细胞的数量，而利用不同的荧光、FSC 和 SSC 信号，可发现一些特殊的细胞类群（图 15-2C）。另外，在样品喷出液流驱动系统时，喷口处的超高频压电晶体充电产生振动，使喷出的液流样品断裂形成均匀的小液滴。根据检测的光信号，这些包含细胞的小液滴由逻辑电路决定是否充电，并在偏转板的高压静电场中发生偏转而落入不同的收集器，从而实现细胞的分离。

流式细胞术可对海洋微生物进行多种检测。

（1）利用自发荧光特征对微生物种类和数量进行分析。很多浮游细菌都含有光合色素，这些色素大多能够被蓝光（488 nm）激发产生不同波段的自发荧光，其中叶绿素和藻蓝蛋白均能产生红色荧光（>630 nm），藻红蛋白能产生蓝色荧光（570 nm）。结合光合色素的自发荧光和 SSC 信号（与细胞大小相关）可对浮游细菌的类群比例进行分析。

例如，原绿球藻属（*Prochlorococcus*）相比于聚球藻属（*Synechococcus*）来说，因为没有藻红蛋白而没有荧光信号，并且细胞较小（根据 SSC 信号来辨别），在经过流式细胞仪检测时很容易区分。

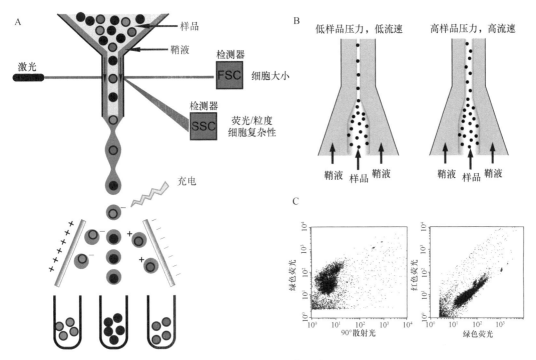

图 15-2　流式细胞术分析的基本原理和过程（修改自 Gasol and Del Giorgio，2000）

A. 流式细胞术分析的基本过程；B. 通过控制样品和鞘液的压力，利用流体动力学聚焦作用使样品中的单个细胞依次通过检测区；C. Gasol 和 Del Giorgio 利用流式细胞术对地中海表层海水进行研究，利用红色荧光、绿色荧光及侧向散射光（也称为 90°散射光）信号构建不同的坐标系来鉴别亚细胞类群

（2）通过向样品中加入人工合成的微球可对细胞进行绝对计数。样品一般需要用核酸染料进行处理，使其能与无机颗粒和背景信号区分开。SYBR Green I 由于敏感度高，能通过完整的细胞膜，因此常被用于海洋微生物的计数。相比于荧光显微镜计数，流式细胞术操作更加便捷，结果更加客观。

（3）在对样品进行计数的过程中，荧光信号强度和核酸含量成正比，因此结果通常会呈现两种不同核酸含量的细胞类群。有研究发现不管是淡水还是海水的浮游微生物中，都有这两个类群的细菌（图 15-3）。Zubkov 等（2007）通过荧光原位杂交发现浮游微生物中的一类异养微生物具有低核酸含量并且其中 60% 是 SAR11 类群。

（4）联合多种染料的应用可以了解微生物的活性或生理状态。如 SYBR Green I 能够通过完整细胞膜进入细胞，特异性地结合到双链 DNA 上，而 SYBR Green II 特异性地结合单链 DNA 或 RNA；碘化丙啶（propidium iodide，PI）不能通过完整细胞膜。由于 PI 和 SYBR Green I 可分别被蓝光激发出红色荧光和绿色荧光，因此 PI 可以和 SYBR Green I 结合使用来检测细胞的活性。活细胞的 DNA 只结合 SYBR Green I 发绿光，而细胞膜有破损或死亡的细胞能同时结合这两种染料，因此能表现出较弱的绿光，并能激发 PI 的红光（图 15-4）。

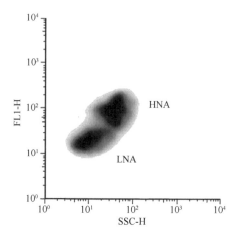

图 15-3　SYBR Green I 染色显示不同核酸含量细胞的点分布图（Manti et al.，2012）

FL1-H，绿色荧光（green fluorescence）；SSC-H，散射信号（scatter signal）；HNA，高核酸含量（high nucleic acid）；
LNA，低核酸含量（low nucleic acid）

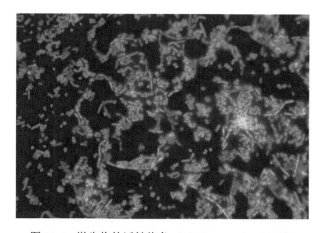

图 15-4　微生物的活性染色（Madigan et al.，2018）

采用 LIVE/DEAD BacLight 细菌活性染色法对藤黄微球菌（*Micrococcus luteus*；球形）和蜡状芽孢杆菌（*Bacillus cereus*；
杆形）的活细胞（绿色）与死细胞（红色）进行染色

　　（5）另外，可用一些荧光标记的抗体或特异性 rRNA 来检测特定的病原菌或其他微生物。现在可用于流式细胞术的染料越来越多，组合使用不同的染料可一次性得到更多关于环境微生物的数量、比例和生理状态等信息。

　　用流式细胞仪对水样进行常规计数的方法如下，该方法使用的流式细胞仪为 Guava Easy-Cyte 平板读数流式细胞仪，若使用其他型号的仪器，实验条件可能不完全相同：①用 TE 缓冲液 20 倍稀释 SYBR Green I 染料；②用无菌操作在 96 孔板中加入 198 μL 的样品；③在每个样品中加入 2 μL 稀释好的 SYBR Green I 染料；④暗处放置 60 min；⑤根据仪器使用说明书设置操作流程；⑥将上述 96 孔板小心放入机器中；⑦开启仪器收集不同的数据（注意调整检测绿色荧光的通道）；⑧分析数据，对样品进行计数；⑨对细胞浓度太高、染色效果不佳等样品进行稀释、重新染色并计数。

15.3　分子生物学技术

15.3.1　16S rRNA 基因分子标记

对可培养和未培养原核生物的分类鉴定，分子生物学手段都是较为常用的鉴定方法。目前，可通过鉴定不同的管家基因及各种生理生化特征来对原核生物进行分类，其中核糖体 RNA（rRNA）基因是最常用的一个分类标记。

原核生物的核糖体 RNA 根据沉降系数可分成 23S rRNA、16S rRNA 和 5S rRNA，其长度分别大约为 2900 个核苷酸、1550 个核苷酸和 120 个核苷酸（图 15-5）。由于核糖体 RNA 具有复杂的二级结构，在某些区域的突变通常是致死的，因此其进化速率很慢。5S rRNA 基因序列短，包含的系统发生信息少；23S rRNA 基因序列虽然足够长，但是对其测序较麻烦；16S rRNA 基因序列长度合适，其包含的信息足够用于原核生物的分类鉴定。此外，原核生物具有 16S rRNA 基因，而真核生物具有 18S rRNA 基因，

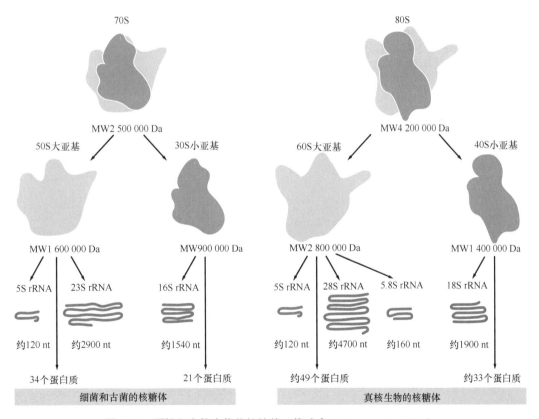

图 15-5　原核和真核生物的核糖体（修改自 Alberts et al.，2014）

这里根据沉降系数（sedimentation coefficient）*S* 来对核糖体亚基、蛋白质和 rRNA 进行区分。沉降系数由瑞典蛋白质化学家 Svedberg 于 1924 年提出，表示在单位离心力场中粒子移动的速度。沉降系数与颗粒的质量、形状和直径等有关，因此单独测定的大亚基、小亚基的沉降系数之和不等于完整核糖体的沉降系数。虽然原核和真核生物的核糖体大小有差别，但是它们的结构和功能比较相似。Da 为原子质量单位道尔顿（Dalton）的简写形式，是用来衡量原子质量或分子质量的单位，它被定义为碳 12 原子质量的 1/12。nt 为核苷酸（nucleotide）的简写

研究复杂环境中的原核生物用 16S rRNA 基因，易于将其和真核生物区分开。因此，16S rRNA 基因是原核生物分类学一个重要的标记分子。

16S rRNA 基因在一级结构上可分成 8 个保守域和 9 个可变域（图 15-6），其二级结构见图 15-6。16S rRNA 基因极少存在基因水平转移现象，通过对其保守域和可变域的比对分析可揭示物种之间的进化关系。根据可变域的分布，将全长 16S rRNA 基因序列人为分成 6 个区域，每个区域大约有 250 个碱基（图 15-6，图 15-7）。其中，V1 区的变异度最高。V1～V3 区（前 750 个碱基）包含的信息足够用于区分 90% 的科、属、种。当 V1～V3 区域一致度小于 84% 时，就需要用 16S rRNA 基因全长序列来鉴定物种。如果片段长度小于 V1～V3 区域，其信息不足以用于对属进行评估。因此 16S rRNA 基因序列越长，对物种评估得越准确。通过比较发现，如果一个物种的 16S rRNA 基因序列和已知物种的相似度分别小于 94.5%、86.5%、82.0%、78.5% 或 75.0%，分别表明其非常可能代表一个新的属、科、目、纲或门。

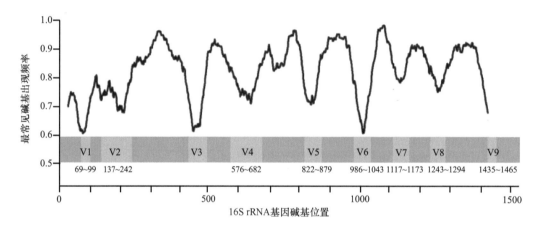

图 15-6　16S rRNA 基因的可变域（修改自 Ashelford et al.，2005 和 Yarza et al.，2014）

参考序列为大肠杆菌的 16S rRNA 基因，数字为大肠杆菌的 16S rRNA 基因碱基位置

数据库对于 16S rRNA 基因分析极为重要。RDP（ribosomal database project，http://rdp.cme.msu.edu）数据库提供经过质量控制、比对和注释的细菌、古菌 16S rRNA 基因序列与真菌 28S rRNA 基因序列。目前版本已经有 3 356 809 条 16S rRNA 基因序列，125 525 条真菌 28S rRNA 基因序列（RDP Release 18，2021.8.14）。RDP 数据库中的 RDP classifier 工具对分析二代测序产生的短片段很有效。Greengenes 数据库（http://greengenes.lbl.gov/）提供的全长 16S rRNA 基因序列已经过注释和嵌合体检查，可供微芯片数据分析使用。Silva 数据库（http://www.arb-silva.de）不仅提供细菌、古菌和真核生物的核糖体小亚基 RNA 基因（16S/18S）序列，还提供核糖体大亚基 RNA 基因（23S/28S）序列。EzTaxon 数据库（https://www.ezbiocloud.net）主要收集了大约 12 000 条标准菌的 16S rRNA 基因序列。桑格测序及下一代测序技术的发展，极大地丰富了 16S rRNA 基因数据。然而，一些公共数据库对提交的序列没有严格的质量控制，导致部分序列质量很低，这些错误通常来自 PCR 和测序过程。目前，GenBank 数据库中有超过

500 万条 16S rRNA 基因序列,但与原核生物鉴定相关的标准菌的 16S rRNA 基因序列只占了很少一部分。EzTaxon 数据库提供的标准菌 16S rRNA 基因主要为原核生物新种的鉴定提供支持。

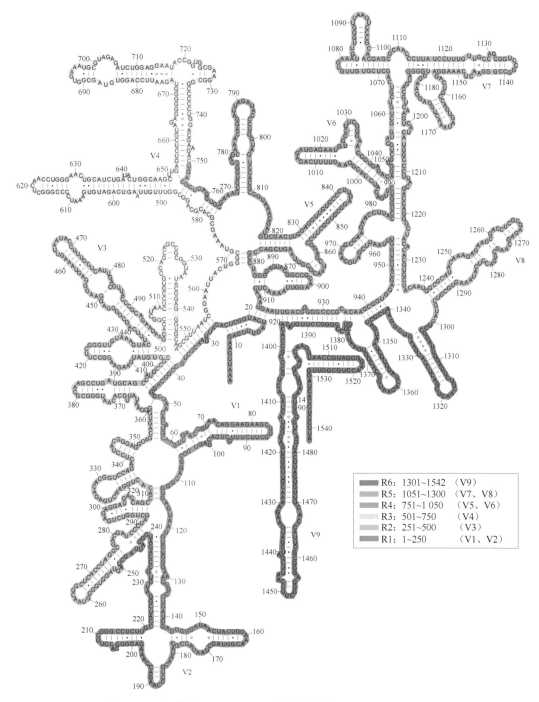

图 15-7　二级结构示 16S rRNA 可变域的分布（Yarza et al.，2014）

根据可变域的分布,将全长 16S rRNA 序列人为分成 6 个区域,每个区域大约有 250 个碱基

早期鉴定 16S rRNA 基因全长序列比较困难,在桑格测序及二代测序技术的发展下,这个问题得到了很好的解决。目前,有很多基于 16S rRNA 基因序列的保守域设计的引物,表 15-1 列出了目前最常用的一些引物。

表 15-1 常用的 16S rRNA 基因引物(Kim and Chun,2014)

引物	序列（5′—3′）	目标类群	碱基位置（大肠杆菌）
8f（27f）	AGAGTTTGATCMTGGCTCAG	细菌	8～27
341f	CCTACGGGRSGCAGCAG	细菌和古菌	341～357
519f	CAGCMGCCGCGGTAATWC	通用	519～536
968f	AACGCGAAGAACCTTAC	细菌	968～984
338r	TGCTGCCTCCCGTAGGAGT	细菌	337～355
518r	ATTACCGCGGCTGCTGG	细菌	518～534
907r（926r）	CCGTCAATTCCTTTRAGTTT	细菌	907～926
1392r	ACGGGCGGTGTGTRC	通用	1392～1406
1492r	TACGGYTACCTTGTTACGACTT	细菌	1492～1513

除了 16S rRNA 基因,还有一些基因可用于鉴定原核生物。使用 16S rRNA 基因区分属以上的物种比较有效,但是由于高度保守性及相对较小的分子质量,其在区分部分种属时分辨率较低。因此,有人通过扩增一些特殊的代谢酶来区分种间或种内的原核生物。此外,16S～23S 内部转录间隔区（16S～23S internally transcribed spacer,ITS）也具有较高的分辨能力。多位点序列分析（multilocus sequence analysis,MLSA）是指分析 6～10 个参与主要代谢途径的管家基因的系统进化关系,可结合 16S rRNA 基因鉴定原核生物。

15.3.2 PCR 检测技术

聚合酶链反应（polymerase chain reaction,PCR）是一种利用特异性 DNA 引物来对特定 DNA 片段进行体外扩增的分子生物学手段,可用于微生物的菌种鉴定及定量检测。目前,可通过使用 PCR 技术扩增 16S rRNA 基因约 1500 bp 的全长序列从而对原核微生物进行鉴定,而真核微生物则可以通过 18S rRNA 基因或 ITS 片段的 PCR 扩增进行鉴定。PCR 技术已在微生物检测中充分显示了其快速和灵敏的优点。在检测中只需短时间增菌,甚至不增菌,即可利用 PCR 进行检测。整个定量检测过程可在几小时内完成,节约了大量时间。此外,PCR 技术还可以检测出一些依靠培养法不能检测的微生物种类。PCR 技术比核酸探针技术的灵敏度高,且特异性强、检测成本低、容易自动化。

15.3.3 荧光原位杂交技术

核酸探针技术是把特异性 DNA/RNA 片段用放射性同位素或非放射性物质标记后制成探针,与微生物的 DNA 进行杂交,以此来检测微生物的一种分子生物学技术。探针标记方式分为放射性标记和非放射性标记。其中,放射性标记物有 ^{35}S、^{32}P、^{3}H 等。

目前应用较多的是非放射性标记物，包括生物素、地高辛、碱性磷酸酶、荧光素、核素等。核酸之间的识别与连接比抗原抗体间的结合要更准确。尽管抗原-抗体复合物的形成速度比核酸杂交快，但后者可以通过添加磺化葡聚糖使退火速度增加 100 倍，从而提高反应速度。而且通过该技术在一张滤膜上可同时进行多个样品的检测，这样就大大缩短了检测时间。另外，核酸耐受高温（100℃）、有机溶剂、螯合剂和高浓度工作液破坏的能力比蛋白质强，因而即使制备核酸的反应比制备蛋白质强烈得多，也不会影响杂交反应（RNA 探针除外，因为 RNA 不耐受碱处理）。

荧光原位杂交技术（fluorescent *in situ* hybridization，FISH）最早由马克斯-普朗克研究所（Max Planck Institute）的 Rudolf Amann 提出，该技术正如其英文简称的字面意思一样，是利用荧光标记的探针当"饵"，在含有大量不相关的序列的池子中"钓到"特异性的核酸序列。FISH 技术不需要培养微生物，因此在检测颗粒物中的微生物、生物被膜中的微生物分布，以及与宿主共生的微生物或致病菌在组织中的分布等方面非常有用。FISH 技术的基本过程见图 15-8A。首先对样品进行固定，并对细胞进行通透性处理。其次，将样品和探针进行孵育，使探针特异性地结合到细胞内的核酸上，并用缓冲液冲洗掉多余的探针。最后，使用荧光显微镜进行计数，或者采用流式细胞仪进行分析。

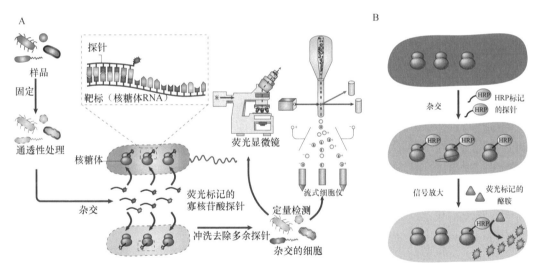

图 15-8　荧光原位杂交技术（修改自 Amann and Fuchs，2008）

A. FISH 技术的基本过程。固定细胞后对细胞进行通透性处理，使探针能够进入细胞内并结合到靶标分子上。用缓冲液洗去多余的探针后，被标记的细胞就能用显微镜进行计数或用流式细胞仪进行计数并分选。B. 酶联荧光原位杂交技术（CARD-FISH）基本过程。探针用辣根过氧化物酶标记（horseradish peroxidase，HRP）。杂交后，加入荧光标记的酪胺。由于一个辣根过氧化物酶能催化多个酪胺分子，因此起到一种荧光信号放大的作用，从而大大提高了 FISH 技术的灵敏度

FISH 技术通常用于检测 rRNA 分子。根据 16S rRNA 基因序列可以设计域、门和纲等分类水平的探针，因此其在检测特定的海洋微生物方面非常有用。利用不同荧光标记的探针，FISH 技术可用于对微生物群落中不同类群的计数，以及对其动态变化规律的分析。一个细胞中通常会有数千个稳定的 rRNA 分子，以大肠杆菌为例，处于对数生长期的一个大肠杆菌在 24 min 内能产生大约 7.2 万个核糖体。但是，由于海洋微生物细胞体积小、生长缓慢以及核糖体较少，常规的 FISH 技术往往不能获得很好的效果。

酶联荧光原位杂交技术（catalyzed reporter deposition-fluorescence *in situ* hybridization，CARD-FISH；直译为催化报告沉积荧光原位杂交技术），采用辣根过氧化物酶对探针进行标记（图 15-8B）。由于一个辣根过氧化物酶能催化多个酪胺分子，当加入荧光标记的酪胺时，酪胺会在探针部位沉积，荧光信号因而也得到累积，起到一种放大荧光信号的作用，从而大大提高了 FISH 技术的灵敏度。但是一个辣根过氧化物酶（约 40 kDa）比荧光染料（500～800 Da）大很多，因此细胞通透性处理显得尤为重要。最常用的方法是用琼脂糖包埋样品，从而保证用剧烈的酶或化学方法处理时细胞不会脱落。FISH 技术除检测 rRNA 外，还能检测一些具有特殊功能的特殊基因，但是往往这样的基因在细胞中的拷贝数会很低。Zwirglmaier 等（2004）开发了一种称为 RING-FISH 的技术，该技术是在一条探针上（300～800 个碱基）标记上很多不同的信号，并且在杂交的时候由于探针二级结构的存在，多条探针相互结合形成网络结构，从而能起到放大信号的作用。在荧光显微镜下被标记的细胞的外围显现一圈荧光信号。

此外，FISH 技术和显微放射自显影相结合（MAR-FISH）可用于研究特定种群微生物的单细胞生理生态特征。

15.3.4 实时荧光定量 PCR 技术

实时荧光定量 PCR（real-time fluorescence quantitative PCR，RT-qPCR）技术融合了 PCR 的高灵敏性、DNA 探针杂交的高特异性和光谱技术的高精确性等优点，把误差控制在最小范围内，具有很好的可重复性。在同一试管内进行 PCR 扩增，并且通过动态实时连续荧光检测，可避免标本和产物被污染，有效地解决了传统定量 PCR 中只能终点检测的局限性，且无复杂的产物后续处理过程，高效而且快速。实时荧光定量 PCR 技术已成为目前快速、精确定量核酸的最有效的方法之一，已广泛应用于基因表达、点突变检测、抗病毒药物筛选、海洋微生物检测等方面的研究中。Blackstone 等（2007）建立了检测霍乱毒素的实时荧光定量 PCR 检测体系，对 16 种环境样品评价后发现该体系对霍乱毒素的检测具有 100% 的特异性。利用该方法测定纯培养细菌，证实了这一体系的检测灵敏度可以达到每个 PCR 反应小于 10 CFU。该方法可用于检测海洋环境中霍乱弧菌的毒性菌株。

理论上，只要待检测样品中含有一个 DNA 片段，使用 PCR 技术就可以检测出来。但在实际应用中，一般只有当样品中含有 200 个以上的 DNA 片段时才能被检测到，所以有些被检测样品须经过富集才能达到可检测水平。另外，环境样品中的其他成分（如腐殖酸等）和增菌过程中的某些成分可能对 *Taq* 酶具有抑制作用，从而导致检验结果呈假阴性。PCR 技术对操作过程要求严格，一旦有微量的外源性 DNA 进入 PCR 体系，即可引起无限放大而产生假阳性结果；此外，扩增过程中的错配，也会对结果产生影响。

15.3.5 同位素示踪技术

同位素示踪（isotope tracer）技术，又称同位素标记（isotope probing）技术，主要用于追踪带有标记元素的物质被微生物代谢时的变化，有助于研究微生物参与的详细生物地球化学过程。用于标记的同位素包括稳定性同位素和放射性同位素，并非都具有放射性。其中，DNA 稳定同位素示踪（DNA stable isotope probing，DNA-SIP）是指利用同位素（如 ^{13}C、^{15}N 和 ^{18}O）标记微生物可吸收利用的底物，从而有针对性地富集出相应的功能微生物类群（图 15-9）。这种方法将取自环境中的微生物群落与带同位素标记的底物共同进行培养，可利用此底物的微生物会将同位素同化而形成分子量较大的 DNA，并在氯化铯密度梯度分离时处于高密度组分。通过分析微生物 DNA 密度的变化来推断其对标记底物的同化作用，从而将自然环境中的微生物类群与相关代谢过程之间进行关联。DNA-SIP 技术通常与 16S rRNA 基因高通量测序技术相结合，用于鉴定功能微生物的类群。这种方法通常将 16S rRNA 基因序列以 97% 的序列相似性聚类成可操作分类单元（operational taxonomic unit，OTU），以便于后续分析。实际上，单个 OTU 可能包含了不同的微生物组成，它们的 16S rRNA 基因片段具有较高的相似性，但在基因含量和功能活性上有很大的差异。DNA-SIP 技术与宏基因组测序结合则既能揭示功能微生物的种类，又能探究其代谢途径。这种方法可以示踪同位素标记的基因组，从而将同时具有不同的功能活性和较高 16S rRNA 基因序列相似性的功能微生物类群从密切关联的共存关系中区分出来。以基因组学为中心的示踪分析方法，不仅能够揭示哪些微生物吸收利用了标记底物，还可以建立底物在微生物群落中的代谢通路，从而为阐明微生物参与生物地球化学过程的方式提供新的见解。

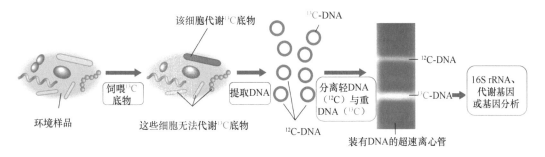

图 15-9　DNA 稳定同位素示踪（DNA-SIP）技术（Madigan et al.，2018）

15.3.6　克隆文库技术

克隆文库技术（clone library）是早期研究环境样本中 16S rRNA 基因或功能基因片段多样性的重要手段。例如，16S rRNA 基因克隆文库是指利用 PCR 扩增环境样品的 16S rRNA 基因序列，克隆到合适的载体上，并进一步转化到合适的宿主中，随后挑取阳性克隆进行测序。克隆文库的方法也可用于对环境 DNA 中某类功能基因进行检测，但需摸索克隆时的 PCR 条件，并注意避免嵌合体及假阳性克隆的大量产生。

克隆文库的构建有很多需要注意的事项。首先，有研究发现模板稀释倍数越多，克隆文库的多样性就越低。由于 PCR 的高灵敏性，模板浓度太低容易被实验室环境中的微生物污染。每一个 PCR 反应建议使用 1 ng 的 DNA 模板，大约含有 10^5 个细菌基因组。此外，研究发现 16S rRNA 基因序列的多样性会随着循环次数的增加而减小。如果提取的环境样品 DNA 质量较低，其中含有的杂质会影响 DNA 聚合酶的功能从而使扩增产生偏移。因此，通常使用多个平行 PCR 反应产物来进行后续的实验。另外，如果 PCR 反应过程因 DNA 聚合酶提前终止，可能会产生一些短的片段。这些短片段在下一轮反应中不会被扩增（只有一端引物），但会在退火过程中结合到相似的片段上，并作为引物和 16S rRNA 基因的另一端引物扩增出一条杂合序列。这种杂合序列的 5′端和 3′端分别来自两条不同的 16S rRNA 基因，被称为嵌合体。为了防止产生嵌合体，应该尽可能使用高质量的 DNA 模板。因为 16S rRNA 基因引物比上述短片段要小，也可以适当降低退火温度以减少嵌合体的产生。

一些热稳定性 DNA 聚合酶，如 *Taq* 聚合酶，不具有 3′→5′核酸外切酶活性，但具有末端转移酶活性。在 PCR 结束时，*Taq* 聚合酶会在 PCR 产物的 3′端加上一个碱基 A（互补链上没有配对的 T）。利用此特性可对 PCR 产物进行 TA 克隆，便于将 3′端带有 A 碱基的目的片段插入到相应的克隆载体上。TA 克隆最常用的筛选方法是蓝白斑筛选（blue-white screening）。许多克隆载体都带有 β-半乳糖苷酶基因（*lacZ*）的调控序列和 N 端 146 个氨基酸（即 α 肽链）的密码子，而一些大肠杆菌的工程菌则可编码 β-半乳糖苷酶 C 端部分序列。单独的宿主和质粒所编码的多肽片段都没有酶活性，但它们同时存在时，可形成具有活性的 β-半乳糖苷酶。这种 *lacZ* 基因通过质粒和宿主的结合实现了互补，称为 α-互补。含有这样质粒的宿主在诱导剂异丙基-β-D-硫代吡喃半乳糖苷（isopropyl-beta-D-thiogalactopyranoside，IPTG）的作用下会产生 β-半乳糖苷酶，并在含有底物 5-溴-4-氯-3-吲哚-β-D 半乳糖苷（5-bromo-4-chloro-3-indolyl-β-D-galactopyranoside，X-Gal）的平板中产生蓝色菌落。但是克隆载体上的 *lacZ* 基因编码区有一个多克隆位点，当外源 DNA 片段插入到质粒的这个多克隆位点后，会使 β-半乳糖苷酶失活，使细菌形成白色菌落。这种筛选阳性克隆的方法称为蓝白斑筛选。

该方法也存在一些问题。如果插入的短片段并不造成 β-半乳糖苷酶的移码突变，那么表现出来的也可能是蓝斑。这个问题可以通过在引物两头设计一段任何读码框都会有终止密码子的序列来避免。另外，该方法也会出现假阳性，其原因如下：①未纯化 PCR 产物中的引物等短核苷酸序列也能插入到载体中。如果不造成移码突变或者插入片段很小，并不会使 β-半乳糖苷酶失活。②培养时间过久后阳性克隆周围会因抗生素失效而长出卫星菌落。卫星菌落不带有质粒，呈现出较小的白色菌落，可与阳性克隆区分，但在挑取阳性克隆时容易造成污染。因此阳性克隆测序前可通过检测质粒大小或用特异性的引物 PCR 来验证插入片段。

16S rRNA 基因克隆文库的基本步骤如下。

（1）总 DNA 的提取。可使用商品化的试剂盒或常规酚氯仿法提取环境基因组 DNA。

（2）16S rRNA 基因的扩增。可使用引物 27f 和 1492r 进行 PCR，反应体系包含：TaKaRa *rTaq* 酶 0.25 μL（5 U /μL），10×PCR 缓冲液（已添加 Mg^{2+}）5 μL，dNTP 混合物（各 2.5 mmol/L）4 μL，模板 DNA<500 ng，引物终浓度各为 0.2 μmol/L，加灭菌蒸馏水到总体积为 50 μL。循环条件为 98℃ 10 s，55℃ 10 s，72℃ 2 min，循环 30 次。每个样品做 3 个平行实验。目前已有商品化的 2×PCR 反应混合物，其中包括了 DNA 聚合酶、dNTP、Mg^{2+}以及缓冲液，可减少 PCR 体系污染概率，并节约加样时间，提高 PCR 效率，重复性更好。

（3）PCR 产物的纯化。将上述 3 个平行实验的 PCR 产物合并后用 1%琼脂糖电泳进行分离，在紫外灯下迅速切下目的条带，用 TaKaRa 的 DNA 凝胶回收试剂盒（TaKaRa MiniBEST Agarose Gel DNA Extraction Kit）对 PCR 产物进行纯化。

（4）克隆文库的构建。将回收的 PCR 产物连接到 pUCm-T 载体上。反应体系包含纯化的 PCR 产物 4 μL，pUCm-T 载体（50 ng/μL）1 μL，Solution I（Sangon Biotech）5 μL，于 16℃反应 0.5～12 h。取上述连接产物 10 μL 加入到 100 μL 大肠杆菌 DH5α 感受态细胞中，先冰浴 30 min，随后 42℃水浴 90 s，处理完后立即置于冰水中 2～3 min（注意不要摇晃）。加入 LB 或者 SOC 培养基（不含抗生素）于 37℃振荡培养 1 h 后，取适量菌液涂布于含抗生素的 LB 平板上（青霉素 100 μg/mL；IPTG 0.1 mmol/L；X-gal 40 μg/mL）。待平板中液体被完全吸收后，倒置平板，于 37℃培养 12～16 h。在观察到菌落长出后，可将平板置于 4℃冰箱暂存待检测。

（5）阳性克隆的检测。挑取白色菌落接入含抗生素的 LB 培养基中，37℃振荡培养 1 h 后，使用载体上的特异性引物进行 PCR 检测。通常一次成功的克隆会产生几百或上千个菌落，但并不是每个菌落都需要测序，有很多序列是重复的，因此阳性克隆可用限制性片段长度多态性（RFLP）等方法进行初步筛选后再测序。

（6）测序数据的处理。利用 RDP、fs_DECIPHER 或 Uchime 等工具对嵌合体进行检测并删除序列。使用 Mothur 软件对数据的 OTU 进行分析。

15.4　高通量检测技术

15.4.1　扩增子高通量测序技术

在几十年的时间里，桑格测序是最主要的核酸测序技术，也被称为"第一代"技术。虽然桑格测序法的结果准确度高，但是其单向测序长度一般不会超过 1000 bp，因此如果要对基因组等一些含有大量 DNA 信息的样品进行测序会非常耗时费力，成本也很高。以 Roche 公司的 454 技术、Illumina 公司的 Solexa 和 Hiseq 技术，以及 ABI 公司的 Solid 技术为代表的下一代测序技术（next-generation sequencing）或二代测序技术，可以通过测序获得大量的短片段，并利用计算机进行拼接和注释，以获得物种或环境基因组等的大量核酸数据和群落组成信息。这些方法在保证准确性的同时，使研究工作的效率得到了巨大的提高，并将测序成本大大降低，但二代测序技术的读长比一代测序技术要短很多。

对于环境微生物的群落分析来说，克隆文库是最经典的方法，但是仍有缺陷。第一，该方法虽然能获得几乎完整的 16S rRNA 基因序列，但在一个平板上能挑取的克隆数较少，如果要获得大量数据，工作量较大。第二，在克隆的过程中，一些 G+C 含量特殊的物种的基因无法克隆到大肠杆菌中，从而造成结果的偏差。第三，在一个复杂的环境中，克隆文库检测到的大多是高丰度物种，而稀有物种可能检测不到。二代测序技术无需克隆基因到大肠杆菌中，并且能产生大量的数据，可以很好地解决上述问题。虽然二代测序技术只对 16S rRNA 基因的部分区域进行测序，但是数据信息足够用于群落结构的分析。

在代表性的二代测序技术中，Roche 公司的 454 技术最大的优势在于能获得较长的测序读长，其单端平均读长为 400 bp。与 Illumina 的 Solexa 和 Hiseq 技术相比，454 技术的主要缺点在于无法准确测量同聚物的长度，即序列中若有多个 T 存在，那么最终只能通过分析多个 A 产生的荧光强度来推断 T 的个数，因此 454 技术更易造成插入和缺失错误。454 技术扩增的片段主要是 16S rRNA 基因的 V3~V4 区域。生物信息学的分析和实际应用表明，引物 347F（5′-GGAGGCAGCAGTRRGGAAT-3′）和 803R（5′-CTACCRGGGTATCTAATCC-3′）能与 RDP 数据库中 98%以上 16S rRNA 基因退火（Nossa et al.，2010），而引物 S-D-Bact-0341-b-S-17（5′-CCTACGGGNGGCWGCAG-3′）和 S-D-Bact-0785-a-A-21（5′-GACTACHVGGGTATCTAATCC-3′）扩增的微生物多样性也很高。454 技术由于测序成本较高、错误率较高等原因，目前基本已被淘汰。

目前，Illumina 推出的 Miseq 测序已成为环境微生物群落结构分析中最常用的高通量测序技术，其单端测序读长为 300 bp，短于 454 技术的读长，但不会有同聚物测序不准确的问题。此外，由于其采用 pair-end 的测序方法，即对文库的插入片段进行双向测序，因此该技术所获得的片段长度能达到 550 bp 左右（50 bp 的重叠）。该系统配备的 MSR 软件（MiSeq reporter software）能对结构进行一些基本分析。相比于 454 技术，Miseq 系统最大的特点是测序通量高、错误率低和成本低。随着 Miseq 测序平台的普遍应用，基于引物 515F（5′-GTGCCAGCMGCCGCGGTAA-3′）和 806R（5′-GGACTACHVGGGTWTCTAAT-3′）的 16S rRNA 基因 V4 区测序也被广泛使用，并成为地球微生物组计划（Earth Microbiome Project，https://earthmicrobiome.org）推荐使用的测序引物及区域。引物 515F 和 806R 最初由 Caporaso 等（2011）设计，对细菌群落的覆盖度高，同时也可以检测到部分古菌类群。目前最常使用的高通量测序引物（515F：5′-GTGYCAGCMGCCGCGGTAA-3′；806R：5′-GGACTACNVGGGTWTC TAAT-3′）经过了 Parada 等（2016）和 Apprill 等（2015）的优化，可避免对泉古菌门（Crenarchaeota）、奇古菌门（Thaumarchaeota）、SAR11（远洋杆菌）等原核微生物类群的检测产生偏差。

15.4.2 基因芯片技术

基因芯片（gene chip）也称 DNA 芯片、DNA 微阵列（DNA microarray），是指以许多特定的寡核苷酸片段或基因片段作为探针，采用原位合成或显微打印手段，将数以万计的 DNA 探针有规律地排列固定于支持物表面上，产生二维 DNA 探针阵列。将微生物样品 DNA 经 PCR 扩增后制备荧光标记探针，与位于芯片上的已知碱基顺序的 DNA 探针按碱基互补配对原理进行杂交，最后通过扫描仪定量和分析荧光分布模式来确定检测样品是否存在某些特定微生物（图 15-10）。

基因芯片技术可实现对生物样品快速、并行和高效检测。其中，功能基因芯片 GeoChip 是一种强大的高通量检测工具，能同时鉴别和定量参与生物地球化学循环以及环境响应过程的微生物类群与关键功能基因。GeoChip 探针的设计基于公共基因组数据库，涵盖了多种微生物的相关功能基因，如碳氮硫磷等元素循环关键基因、多种金属代谢基因、胁迫响应基因、微生物抗性基因等。目前最新版的 GeoChip 5.0 包含了超过

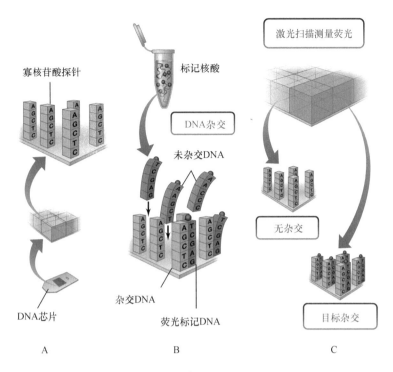

图 15-10　基因芯片技术（Madigan et al.，2018）

570 000 种探针，可检测涉及基础生物地球化学循环、能量代谢及热点研究的 2400 多种功能基因家族中 260 000 余种编码基因。与宏基因组测序技术相比，GeoChip 芯片技术无法检测未知的物种或功能基因，但可以对已知的功能基因进行高效检测，其重现性更好、灵敏度更高。因此，GeoChip 芯片技术被广泛地应用于各种环境的微生物群落分析中，以揭示微生物群落的组成结构、代谢途径和功能基因。基因芯片最大的特点在于其高通量，一次杂交反应就可达到检测众多靶点的目的，克服了 PCR 等传统分子生物学检测方法和免疫学检测方法低通量的缺点，并且减少了每次实验之间产生的检测误差，大大提高了检测的准确性，缩短了检测时间，在检测不同环境中微生物的基因表达模式方面非常有效。然而，基因芯片技术也具有灵敏度低的缺陷，特别是在检测低拷贝的基因时更为突出，只能通过对样品进行 PCR 或 RT-PCR 扩增以提高其检测的灵敏度，而且基因芯片的制作成本较高，应用操作和信号读取的设备昂贵，这也是目前 DNA 芯片应用中普遍存在的问题。

15.4.3　微生物宏基因组学技术

针对海洋环境微生物多样性的研究方法有很多，前面介绍的大部分方法是基于通用引物对 16S rRNA 基因的 PCR 扩增来进行后续分析的，但是这些方法都有一定的缺陷。首先，虽然已知的微生物 16S rRNA 基因比较保守，但是环境中很多不可培养的微生物可能具有差异较大的 16S rRNA 基因序列信息，而且目前很多引物主要是根据可培养微生物或不可培养微生物的部分保守区域设计的，因此通用引物并不能保证对环境中所有类型 16S rRNA 基因的扩增。其次，环境基因组 DNA 的 PCR 过程容易产生嵌合体，而这些嵌合体并不能在后续的生物信息分析过程中被完全过滤掉。另外，在环境中存在一些天然的类似嵌合体的 16S rRNA 基因，这些基因在用软件处理时容易被错误过滤掉。目前，对微生物群落的研究策略见图 15-11。组学技术除可以揭示微生物的多样性之外，还可以揭示微生物的功能特征。

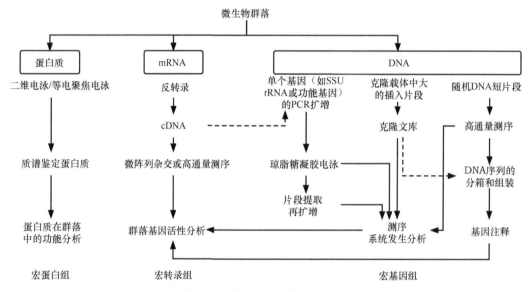

图 15-11 微生物群落的研究策略

　　宏基因组学（metagenomics）是一种分析环境中全部核酸信息的方法，其概念于 20世纪 90 年代末首次被提出。在该方法的首次应用中，利用提取的环境基因组 DNA 构建细菌人工染色体文库（bacterial artificial chromosomes library，BAC 文库），克隆的片段长达 300 kb。利用 16S rRNA 基因的核酸探针，通过 DNA 印迹（Southern blot）技术找到含有 16S rRNA 基因的 DNA 片段，然后用鸟枪法或焦磷酸法对其测序。这种测序方式成本较低，并且获得的数据也较好分析。

　　二代测序技术和生物信息学技术大大推动了宏基因组学的发展。二代测序技术的基本思想是把 DNA 样品随机打断，通过大量的测序获得重叠的 DNA 片段，并利用生物信息学技术将DNA 片段拼接成大片段，然后进一步分析DNA 中的基因特别是 16S rRNA基因中的信息，从而对环境中的微生物群落进行分析。这种方法可以获得环境中高丰度但不可培养的细菌的全基因组序列。微型宏基因组（mini-metagenome）的方法则可结合微流控分区（microfluidic partitioning）、荧光激活细胞分选法（fluorescence-activated cell sorting，FACS）等技术，从复杂的微生物群落中分离出较小的、多样性较低的目标微生物群体，从而提高对未培养微生物基因组进行复原的可能性。综合不同样本中重叠群（contig）覆盖度的协变性可以极大地改善宏基因组的分箱效果，但收集足够样本量以达到最大化覆盖度协变性的效果通常要面临很大的挑战。若将微生物群落基因组分为数十个微型宏基因组，从而产生多个具有不同系统分类组成的样本，则算法可以利用这些微型宏基因组之间的覆盖度协变性来改善分箱效果。采用微型宏基因组学和整体宏基因组学相结合的方式，很可能会提高微生物群落中基因组的复原程度，同时也能更好地利用微型宏基因组之间不同的覆盖模式。

宏转录组学（metatranomics）技术主要用于分析 mRNA，从而研究环境中的基因表达情况。虽然宏基因组技术可以用于分析环境中可培养或不可培养微生物的群落结构及其基因的功能，但是无法反映这些基因的表达情况，因此通常需要宏基因组和宏转录组结合才能深入研究环境中微生物的具体功能及其功能相关基因的表达调控。宏转录组的基本过程包括提取分离 mRNA、反转录获得 cDNA，然后测序并运用生物信息学技术进行分析。其中一种称为表达序列标签（expressed sequence tag，EST）的方法只对 cDNA 一端的短片段（500～800 bp）进行测序，然后在 EST 数据库中比对分析。

宏蛋白质组学（metaproteomics）技术用于研究环境中的部分或全部蛋白质。由于一些结构蛋白和酶类在翻译后须经过修饰才成为成熟的蛋白质，因此如果要了解环境中蛋白质的组成与丰度、蛋白质的不同修饰方式以及蛋白质和蛋白质之间的相互关系，就需要对环境中的蛋白质进行研究。早期的宏蛋白质组学研究主要利用 2D 凝胶电泳分离环境样品中的蛋白质，然后利用质谱（mass spectrometry，MS）技术对其中某些蛋白质进行鉴定。随着质谱技术的发展，利用高效液相色谱-质谱联用技术可一次性对大量的蛋白质进行分离鉴定。此外，轨道阱（orbitrap）质谱灵敏度高，可鉴定痕量样品，可应用于环境样品中低丰度蛋白质的分析检测。

15.5　单细胞分析技术

尽管宏基因组、宏转录组等分析技术可以在很大程度上揭示微生物群落整体的多样性组成和物质代谢功能，但是对其中微生物个体更加精准的研究往往需要单细胞基因组学、单细胞代谢分析等分析技术的协助。单细胞分析技术可以在细胞水平上提供系统发育和基因组的多样性、表型与代谢的异质性、微生物之间的相互关联等信息，使得对环境微生物的研究更加具有针对性，因此单细胞分析技术变得越来越重要。

15.5.1　单细胞基因组学

单细胞基因组学（single-cell genomics）是指在单细胞水平上对基因组进行分析，对于研究自然环境中微生物的代谢潜力非常重要。虽然宏基因组学分析可以确定特定代谢通路的基因是否存在，但是无法确定该代谢通路是否存在于单个微生物中。除分析单个细胞的基因组以外，还可分析单个细胞的转录组和蛋白质组。

要进行单细胞基因组学分析，首先需要对单个细胞进行分离。常见的单细胞分离方法包括微孔稀释、微囊化（microencapsulation）、荧光激活细胞分选法等技术。对分离的单细胞需要独立构建文库，然后进行基因组、转录组扩增、测序和分析（图 15-12）。然而，这种策略的通量较低，使得测序细胞数量受到成本限制。单细胞测序还可采用条码（barcode）标记对单细胞进行识别，即给每个细胞加上特异性的 DNA 序列标记。这种策略在测序时会将携带相同条码标记的序列视为来自同一个细胞,因而可以通过一次建库测得成千上万个单细胞的数据,但在不同的测序方案中条码标记的使用方法也有较大的差异,且容易出现一定比例的错误识别。

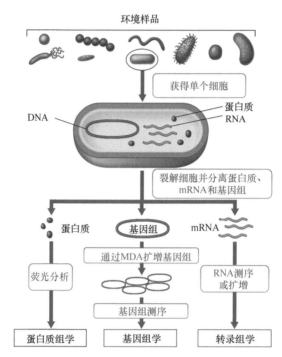

图 15-12 单细胞基因组学技术（Madigan et al., 2018）
从环境中分离的单个细胞可用于多组学研究。MDA,多重置换扩增

另外,质谱流式细胞技术（mass flow cytometry）结合了流式细胞术和质谱技术的主要优点,可用于单细胞蛋白质组的研究。该技术采用稳定的贵金属或稀土金属元素耦联特异性抗体来标记细胞表面蛋白和胞内蛋白,通过流式细胞术分离出单个细胞,并利用质谱检测每个细胞上各种金属标签的精确含量,最终可得到单细胞的质谱数据。除常规蛋白外,质谱流式细胞技术还可用于蛋白翻译后修饰以及蛋白降解产物和蛋白酶活性等的测定。

15.5.2 单细胞代谢分析技术

上述单细胞基因组学可以分析自然环境中微生物的代谢潜力,但不能完全展现出细胞中复杂的代谢过程。随着技术的发展,近年来已经出现一些针对单细胞代谢活性的研究方法,包括纳米二次离子质谱（nano-scale secondary ion mass spectrometry,NanoSIMS）技术、拉曼显微光谱（Raman microspectrum）技术等。

NanoSIMS 技术是一种超高分辨率显微镜成像技术与同位素示踪技术相结合的纳米二次离子质谱（图 15-13）,在检测同位素标记的化合物方面具有较高的灵敏度和离子传输效率、极高的质量分辨率与空间分辨率（<50 nm）。在实验室或原位条件下,将稳定

性同位素或者放射性同位素加入到环境样品或可培养的微生物中，经过一段时间的标记后，固定样品，再用 FISH 或 CARD-FISH 技术标记特定的微生物类群，从而能在单细胞水平上分析相同或不同微生物类群的代谢特点，进而认识其在生物地球化学循环中的作用。

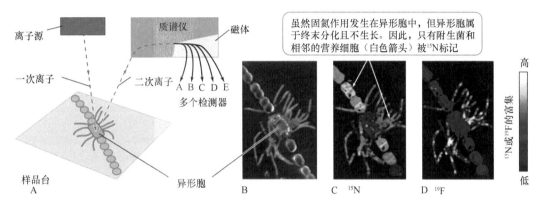

图 15-13　NanoSIMS 技术（Madigan et al.，2018）

A. NanoSIMS 操作示意图，展示了一次离子和二次离子波束与 5 个不同的检测器，后者可以鉴定不同质荷比的离子；B～D. 展示了一种丝状蓝细菌向附着在蓝细菌异形胞上的根瘤菌的种间营养转移。共培养液中添加了 ^{15}N，FISH 和 NanoSIMS 技术检测到了 ^{15}N 标记的化合物从蓝细菌转移到了根瘤菌。B. 灰色表示出 ^{12}C 的丰度；C. ^{15}N 富集；D. 利用只与根瘤菌杂交的探针检测 ^{19}F 的丰度

除可利用 NanoSIMS 技术从单细胞水平上研究微生物的代谢外，还可利用拉曼显微光谱技术描绘细胞的化学图像。不同的细胞结构和代谢产物都具有其独有的光谱学特征。单细胞拉曼图谱可以看作一个细胞所有分子光谱指纹的总和，而细胞任何代谢的变化都会引起细胞表型的变化。利用拉曼显微光谱技术检测细胞后也能对其进行分选，但与流式细胞术不同的是，其不需要外加标记，可无损地获得整个单细胞的化学物质指纹图谱，对于难培养微生物的功能鉴定和资源开发具有重要意义。然而，由于单细胞拉曼信号是很多分子叠加的结果，如何准确地解读分析光谱结果是该技术的一个难点。

总之，海洋微生物的检测方法多种多样，各有其优缺点，如传统的微生物培养法作为各种检测方法的基础，虽然耗时较长、效率较低，但其检测结果可靠，不需特殊条件和设备，可操作性强，而且具有获得单株纯培养的优点。分子生物学方法具有快速、灵敏、特异性强等优点，且适用于不常见或新的微生物的检测，但成本较高，且要求有较高的技术水平。研究者可根据需要和自身条件选择合适的方法。例如，使用显微镜直接计数或通过克隆文库等方法了解环境中微生物的种类比例，结合宏基因组学、宏转录组学和宏蛋白质组学技术了解微生物的功能及其在不同环境中的调控模式。结合不同的技术，从 DNA、RNA、蛋白质及代谢产物等方面开展综合性的研究，人们就可以全面、系统地认识微生物群落及其功能，进而开发微生物的种质及其酶资源，并且进一步了解海洋微生物在生物地球化学循环中的作用。

主要参考文献

徐怀恕, 杨学宋, 李筠, 等. 1999. 对虾苗期细菌病害的诊断与控制. 北京: 海洋出版社.

张晓华, 等. 2016. 海洋微生物学. 2 版. 北京: 科学出版社.

Alberts B, Johnson A, Lewis J, Morgan D, Raff M, Roberts K, Walter P. 2014. Molecular Biology of the Cell. 6th ed. New York: Garland Science.

Amann R, Fuchs BM. 2008. Single-cell identification in microbial communities by improved fluorescence *in situ* hybridization techniques. Nat Rev Microbiol, 6: 339-348.

Apprill A, McNally S, Parsons R, Weber L. 2015. Minor revision to V4 region SSU rRNA 806R gene primer greatly increases detection of SAR11 bacterioplankton. Aquat Microb Ecol, 75: 129-137.

Ashelford KE, Chuzhanova NA, Fry JC, Jones AJ, Weightman AJ. 2005. At least 1 in 20 16S rRNA sequence records currently held in public repositories is estimated to contain substantial anomalies. Appl Environ Microbiol, 71: 7724-7736.

Blackstone GM, Nordstrom JL, Bowen MD, Meyer RF, Imbro P, DePaola A. 2007. Use of a real time PCR assay for detection of the *ctxA* gene of *Vibrio cholerae* in an environmental survey of Mobile Bay. J Microbiol Methods, 68: 254-259.

Caporaso JG, Lauber CL, Walters WA, Berg-Lyons D, Lozupone CA, Turnbaugh PJ, Fierer N, Knight R. 2011. Global patterns of 16S rRNA diversity at a depth of millions of sequences per sample. Proc Natl Acad Sci USA, 108: 4516-4522.

Gasol JM, Del Giorgio PA. 2000. Using flow cytometry for counting natural planktonic bacteria and understanding the structure of planktonic bacterial communities. Scientia Marina, 64: 197-224.

Kim M, Chun J. 2014. 16S rRNA gene-based identification of bacteria and archaea using the EzTaxon server. Methods Microbiol, 41: 61-74.

Klindworth A, Pruesse E, Schweer T, Peplies J, Quast C, Horn M, Glöckner FO. 2012. Evaluation of general 16S ribosomal RNA gene PCR primers for classical and next-generation sequencing-based diversity studies. Nucl Acids Res, 41: e1.

Madigan MT, Bender KS, Buckley DH, Sattley WM, Stahl DA. 2018. Brock Biology of Microorganisms. 15th ed. Harlow: Pearson Education Limited.

Malmstrom RR, Eloe-Fadrosh EA. 2019. Advancing genome-resolved metagenomics beyond the shotgun. mSystems, 4: e00118-19.

Manti A, Papa S, Boi P. 2012. What flow cytometry can tell us about marine micro-organisms–current status and future applications. *In*: Schmid I. Flow Cytometry - Recent Perspectives. Rijeka, Croatia: Intech Open Access Publisher.

Metzker ML. 2010. Sequencing technologies-the next generation. Nat Rev Genet, 11: 31-46.

Munn CB. 2020. Marine Microbiology: Ecology and Applications. 3rd ed. London: CRC Press, Taylor & Francis Group.

Nossa CW, Oberdorf WE, Yang L, Aas JA, Paster BJ, Desantis TZ, Brodie EL, Malamud D, Poles MA, Pei Z. 2010. Design of 16S rRNA gene primers for 454 pyrosequencing of the human foregut microbiome. World J Gastroenterol, 16: 4135-4144.

Parada AE, Needham DM, Fuhrman JA. 2016. Every base matters: assessing small subunit rRNA primers for marine microbiomes with mock communities, time series and global field samples. Environ Microbiol, 18: 1403-1414.

Shi Z, Yin H, Van Nostrand JD, Voordeckers JW, Tu Q, Deng Y, Yuan M, Zhou A, Zhang P, Xiao N, Ning D, He Z, Wu L, Zhou J. 2019. Functional gene array-based ultrasensitive and quantitative detection of microbial populations in complex communities. mSystems, 4: e00296-19.

Tripp H. 2008. Counting marine microbes with Guava Easy-Cyte 96 well plate reading flow cytometer. Protocol Exchange, doi: 10.1038/nprot.2008.29

Yarza P, Yilmaz P, Pruesse E, Glockner FO, Ludwig W, Schleifer KH, Whitman WB, Euzeby J, Amann R, Rossello-Mora R. 2014. Uniting the classification of cultured and uncultured bacteria and archaea using

16S rRNA gene sequences. Nat Rev Microbiol, 12: 635-645.

Zubkov MV, Mary I, Woodward EMS. 2007. Microbial control of phosphate in the nutrient-depleted North Atlantic subtropical gyre. Environ Microbiol, 9: 2079-2089.

Zwirglmaier K, Ludwig W, Schleifer KH. 2004. Recognition of individual genes in a single bacterial cell by fluorescence *in situ* hybridization-RING-FISH. Mol Microbiol, 51: 89-96.

复习思考题

1. 请设计一个实验研究海洋微生物的活的非可培养状态。

2. 流式细胞术计数的基本过程。

3. 为什么 16S rRNA 基因是原核微生物鉴定的一个重要的标准？

4. 本章所述的方法中哪些技术可直接用于原位微生物的检测分析？哪些方法是基于 PCR 技术？简述其基本原理和优缺点。

5. 荧光原位杂交原理及信号放大的方法。

6. 假如需要研究一片海域海水细菌的多样性，请设计一套研究方案，简述使用的技术的大致原理及目的。

7. 比较扩增子测序、基因芯片和微生物组学技术三种高通量检测方法，思考其在微生物群落分析中的应用范围并简述其各自的特点。

8. 简述单细胞分析技术的基本策略、原理和目的。

9. 简述克隆文库技术的基本原理和实验过程。

（张晓华　于淑贤　刘吉文）

名 词 索 引

物种中文名索引

物种拉丁名索引